教育部高等学校电子信息类专业教学指导委员会规划教材
高等学校电子信息类专业系列教材·新形态教材

电磁场与电磁波

（第2版）

梅中磊 曹斌照 李月娥 马阿宁 编著

清华大学出版社
北京

内容简介

本书是教育部高等学校电子信息类专业教学指导委员会规划教材,高等学校电子信息类专业系列教材,兰州大学国家级"一流课程"使用教材。全书共分7章,从矢量分析与场论入手,着重讨论电磁场与电磁波的基本内容,包括矢量分析、静电场、稳恒电场与磁场、静态场边值问题的解法、时变电磁场、电磁波的传播、电磁波的辐射等内容。书末有部分习题参考答案和附录(三种常用坐标系下涉及的场论公式、重要的矢量恒等式、希腊字母表、常用保角变换对照表等)。

本书具有"一石三鸟"的功效。具体使用中,可以单纯将本书作为教科书使用,并使用配套的教学幻灯片;也可以将各章节中的MATLAB代码汇总,支撑相关课程的虚拟仿真实验或者课程设计;还可以将所涉及的科技前沿内容和电磁应用部分汇集,作为创新创业学院或者大学生科研的案例来实施。

本书适合电子信息类、电气类专业的本科生使用,尤其适合开展研究型教学的基础理论班、创新人才培养基地等使用,对于大学生进行科研有积极的促进作用;也可以作为相关专业研究生的参考教材。

图书在版编目(CIP)数据

电磁场与电磁波/梅中磊等编著. —2版. —北京:清华大学出版社,2022.1(2024.10重印)
高等学校电子信息类专业系列教材. 新形态教材
ISBN 978-7-302-58945-7

Ⅰ. ①电… Ⅱ. ①梅… Ⅲ. ①电磁场—高等学校—教材 ②电磁波—高等学校—教材 Ⅳ. ①O441.4

中国版本图书馆CIP数据核字(2021)第173713号

责任编辑: 盛东亮　钟志芳
封面设计: 李召霞
责任校对: 时翠兰
责任印制: 沈　露

出版发行: 清华大学出版社
网　　址: https://www.tup.com.cn, https://www.wqxuetang.com
地　　址: 北京清华大学学研大厦A座　　**邮　　编:** 100084
社 总 机: 010-83470000　　**邮　　购:** 010-62786544
投稿与读者服务: 010-62776969, c-service@tup.tsinghua.edu.cn
质量反馈: 010-62772015, zhiliang@tup.tsinghua.edu.cn
课件下载: https://www.tup.com.cn, 010-83470236
印 装 者: 三河市龙大印装有限公司
经　　销: 全国新华书店
开　　本: 185mm×260mm　　**印　　张:** 24.75　　**字　　数:** 603千字
版　　次: 2018年10月第1版　2022年1月第2版　　**印　　次:** 2024年10月第4次印刷
印　　数: 3501～4500
定　　价: 69.00元

产品编号:092959-01

思维导图

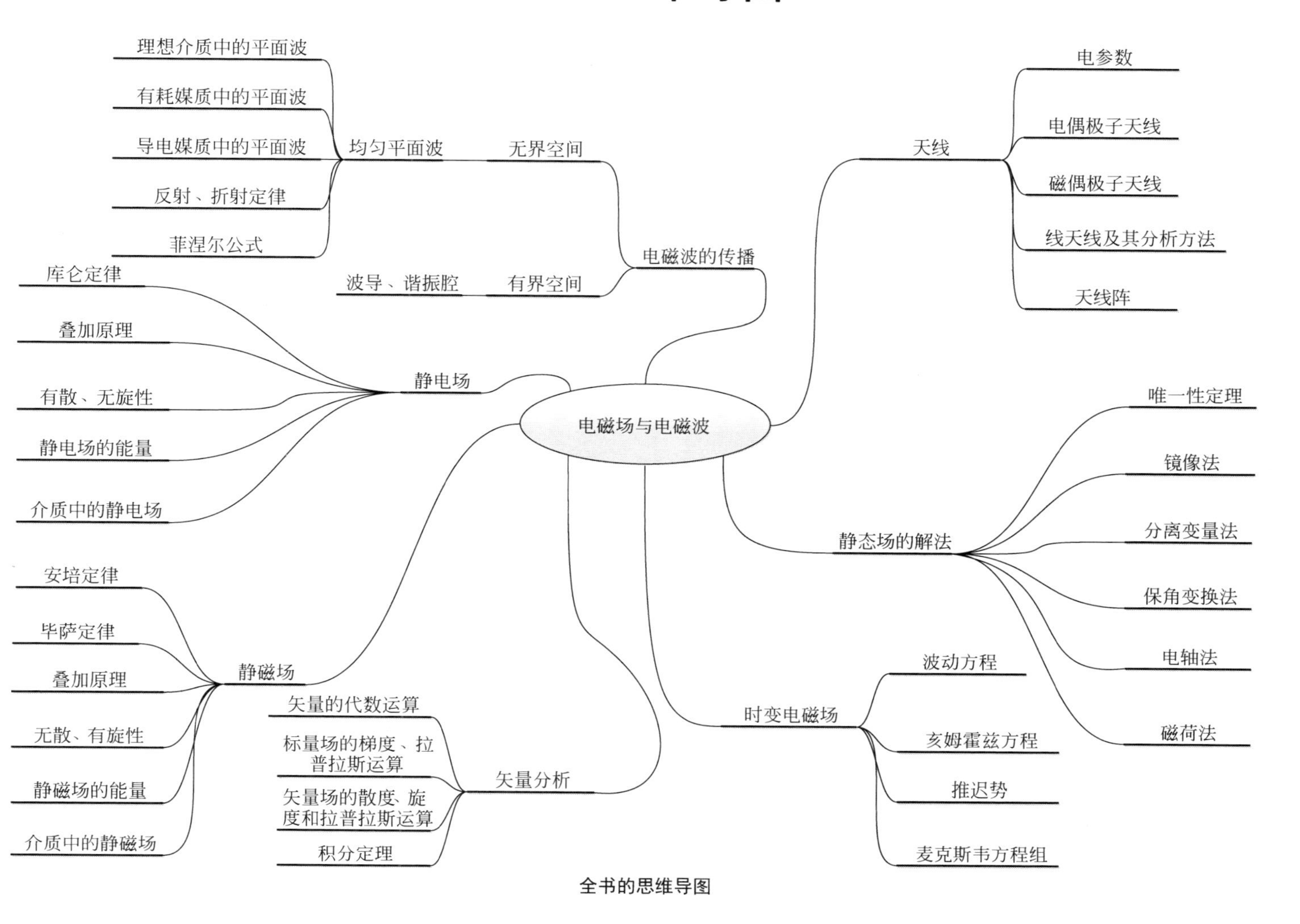

全书的思维导图

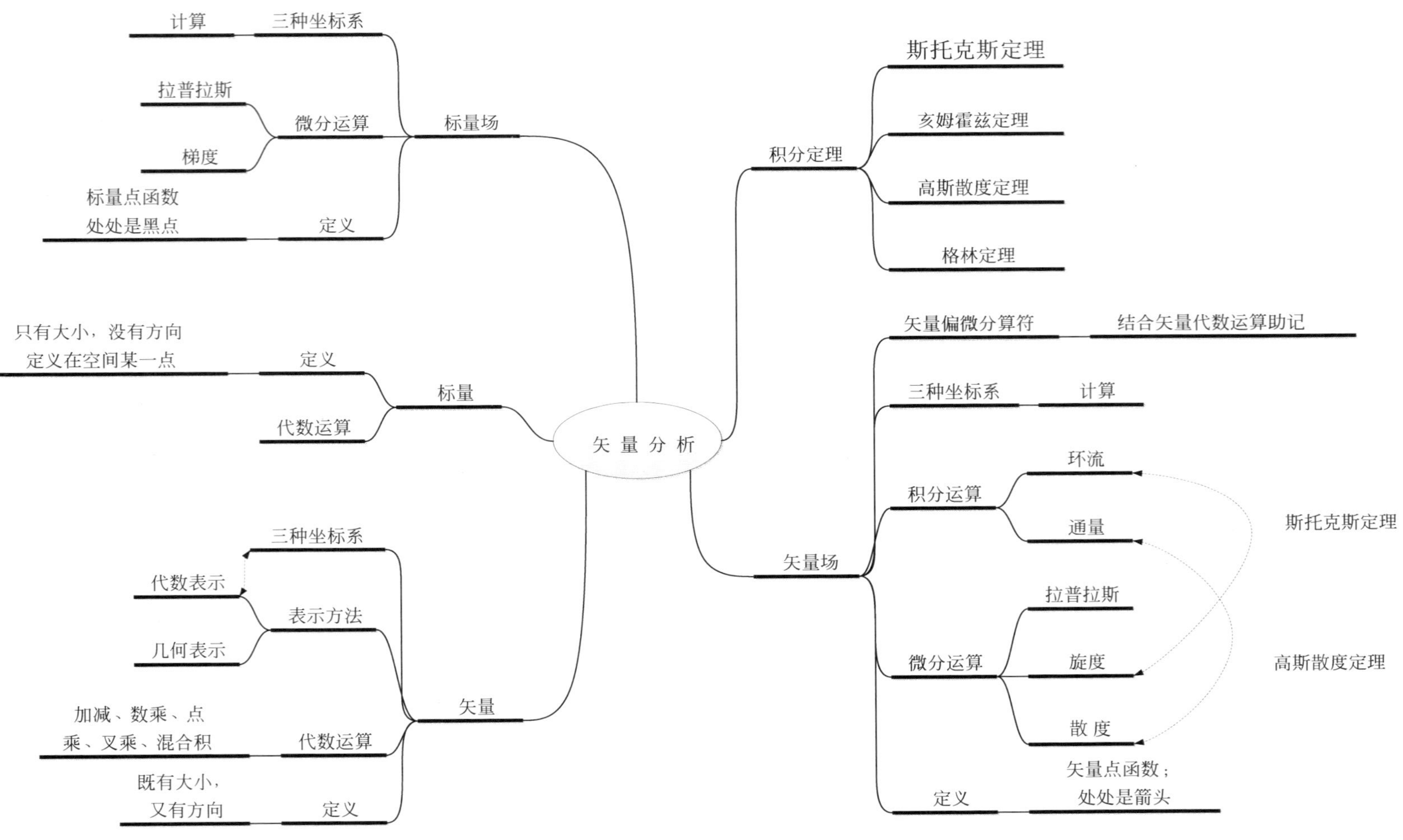
矢量分析
标量场
三种坐标系
计算
微分运算
拉普拉斯
梯度
定义
标量点函数
处处是黑点
标量
定义
只有大小，没有方向
定义在空间某一点
代数运算
矢量
三种坐标系
表示方法
代数表示
几何表示
代数运算
加减、数乘、点
乘、叉乘、混合积
定义
既有大小，
又有方向
积分定理
斯托克斯定理
亥姆霍兹定理
高斯散度定理
格林定理
矢量场
矢量偏微分算符
结合矢量代数运算助记
三种坐标系
计算
积分运算
环流
通量
微分运算
拉普拉斯
旋度
散度
定义
矢量点函数；
处处是箭头
斯托克斯定理
高斯散度定理

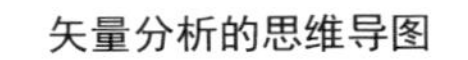
矢量分析的思维导图

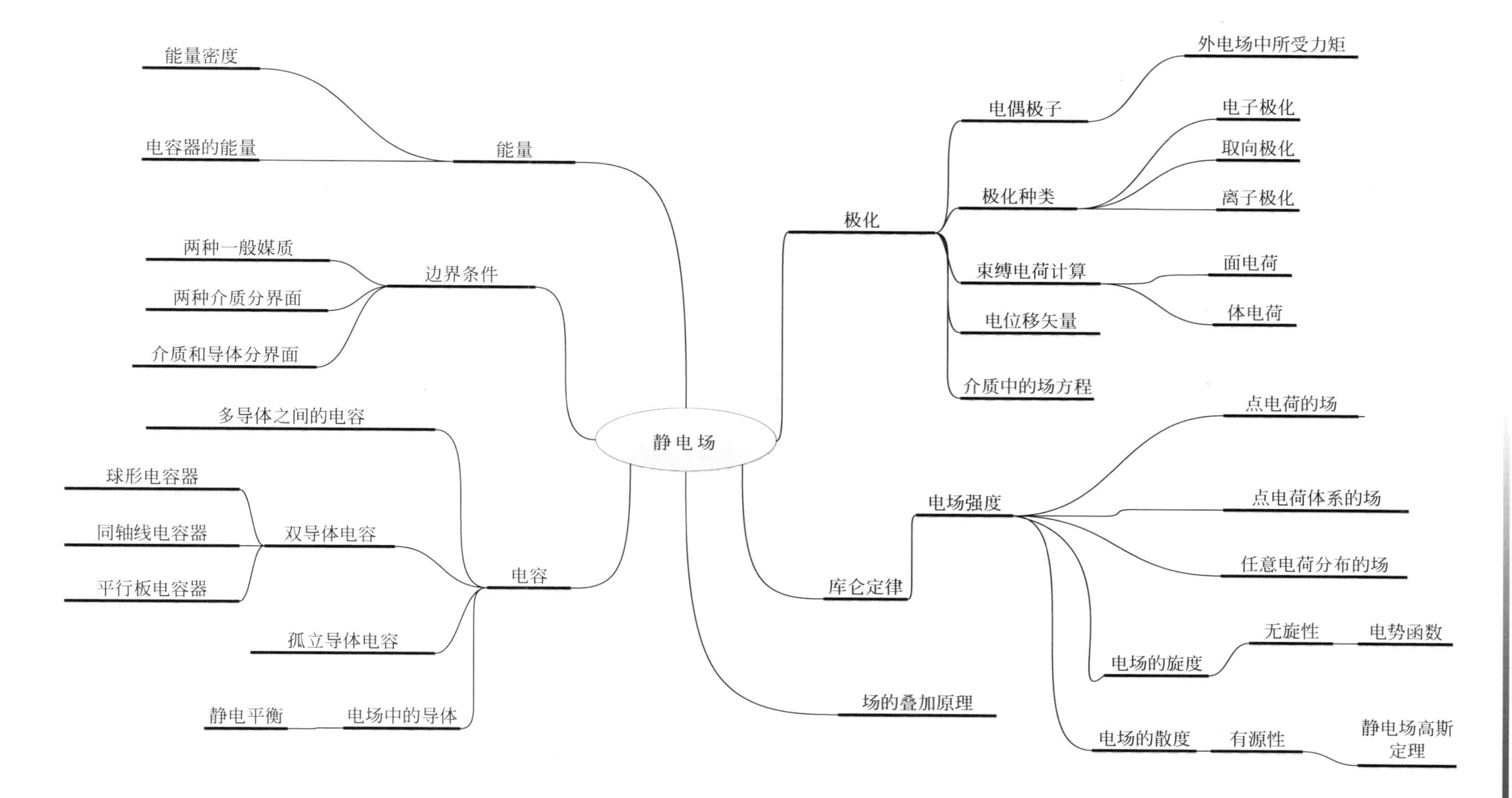
静电场
能量
能量密度
电容器的能量
边界条件
两种一般媒质
两种介质分界面
介质和导体分界面
电容
多导体之间的电容
双导体电容
球形电容器
同轴线电容器
平行板电容器
孤立导体电容
电场中的导体
静电平衡
极化
电偶极子
外电场中所受力矩
极化种类
电子极化
取向极化
离子极化
束缚电荷计算
面电荷
体电荷
电位移矢量
介质中的场方程
库仑定律
电场强度
点电荷的场
点电荷体系的场
任意电荷分布的场
电场的旋度
无旋性
电势函数
电场的散度
有源性
静电场高斯定理
场的叠加原理

静电场的思维导图

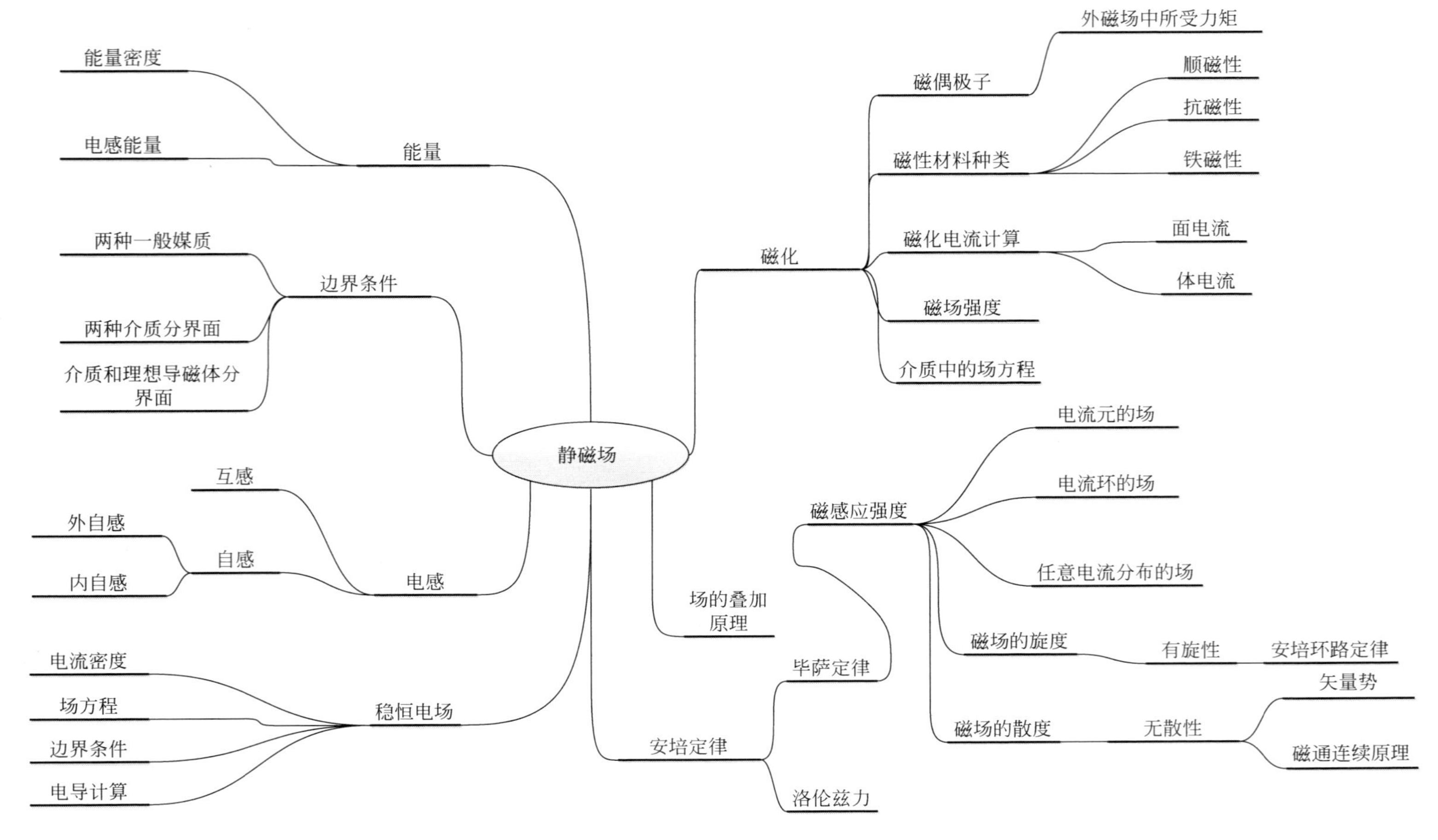
静磁场
能量
能量密度
电感能量
边界条件
两种一般媒质
两种介质分界面
介质和理想导磁体分
界面
电感
互感
自感
外自感
内自感
稳恒电场
电流密度
场方程
边界条件
电导计算
磁化
磁偶极子
外磁场中所受力矩
磁性材料种类
顺磁性
抗磁性
铁磁性
磁化电流计算
面电流
体电流
磁场强度
介质中的场方程
场的叠加
原理
安培定律
毕萨定律
洛伦兹力
磁感应强度
电流元的场
电流环的场
任意电流分布的场
磁场的旋度
有旋性
安培环路定律
磁场的散度
无散性
矢量势
磁通连续原理

静磁场的思维导图

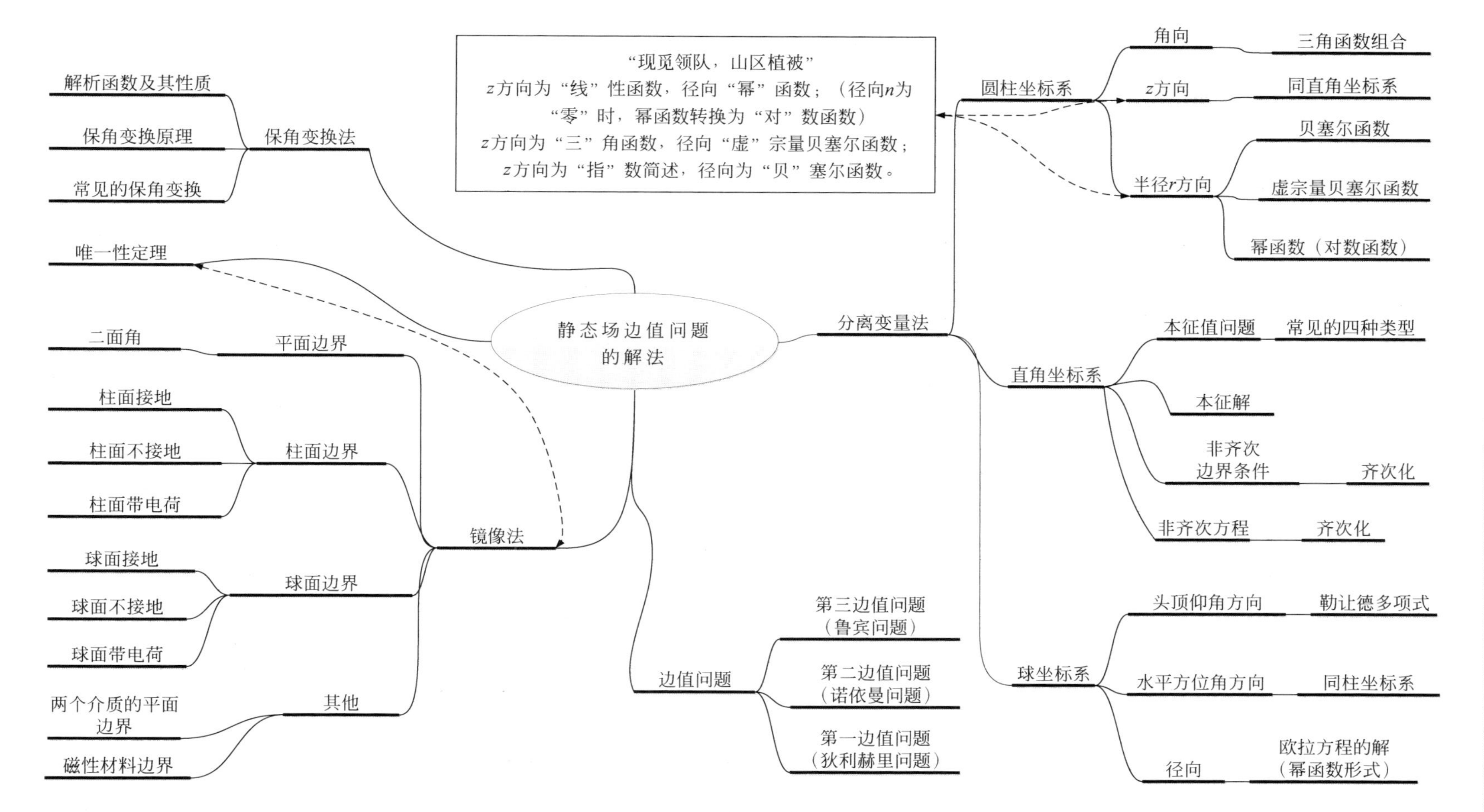

静态场边值问题的思维导图

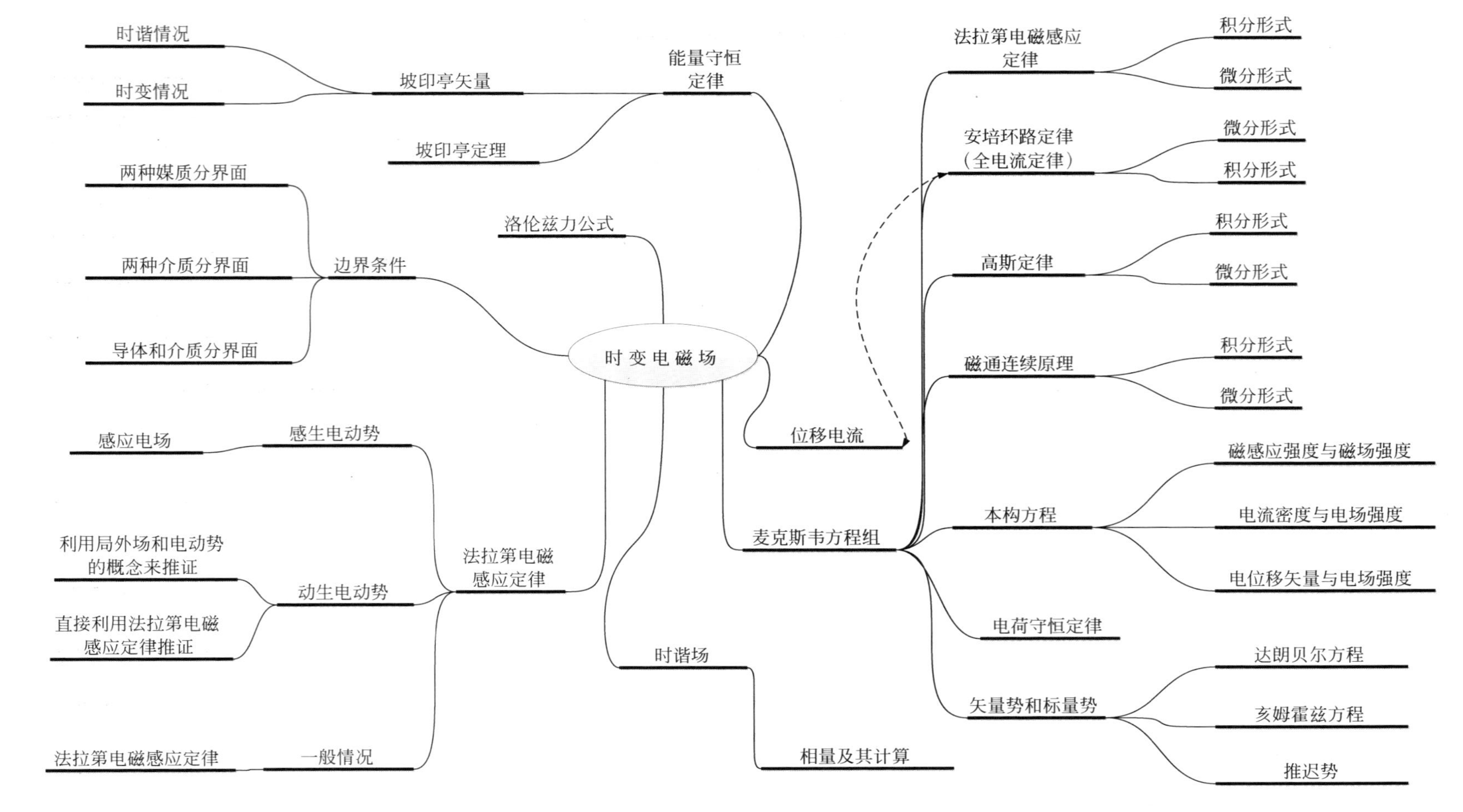

时谐情况
时变情况
坡印亭矢量
能量守恒定律
坡印亭定理
两种媒质分界面
两种介质分界面
导体和介质分界面
边界条件
洛伦兹力公式
时变电磁场
感应电场
感生电动势
利用局外场和电动势的概念来推证
直接利用法拉第电磁感应定律推证
动生电动势
法拉第电磁感应定律
法拉第电磁感应定律
一般情况
时谐场
相量及其计算
位移电流
麦克斯韦方程组
法拉第电磁感应定律
积分形式
微分形式
安培环路定律（全电流定律）
微分形式
积分形式
高斯定律
积分形式
微分形式
磁通连续原理
积分形式
微分形式
本构方程
磁感应强度与磁场强度
电流密度与电场强度
电位移矢量与电场强度
电荷守恒定律
矢量势和标量势
达朗贝尔方程
亥姆霍兹方程
推迟势

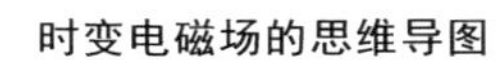
时变电磁场的思维导图

电磁波的传播
均匀平面电磁波的能量
坡印亭矢量
能量密度
理想介质中的波
波动方程及其求解
均匀平面电磁波
均匀平面电磁波的计算
均匀平面电磁波的性质
极化及其判定
有耗媒质
有耗媒质的频散
导电媒质的频散
相速度和群速度
有耗媒质中的波
导电媒质
等效介电常数
有耗媒质
复数介电常数和磁导率
两种介质分界面处的波
反射定律
折射定律
全反射
菲涅尔公式
平行极化波
垂直极化波
边界条件的应用
正入射的情形
介质和导体分界面处的波
趋肤深度
表面阻抗
驻波
波导和谐振腔
矩形波导
矩形谐振腔

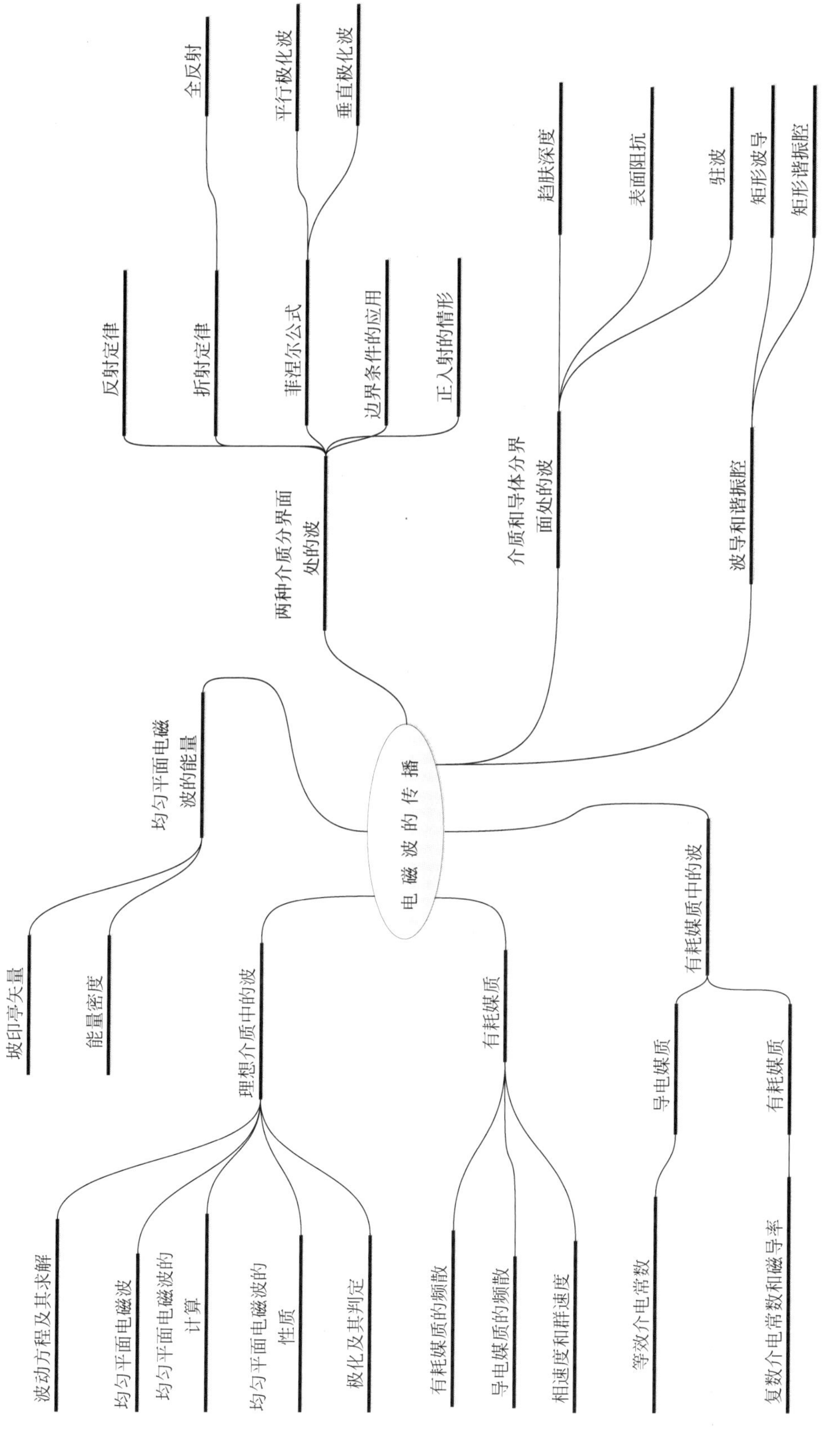

电磁波的传播的思维导图

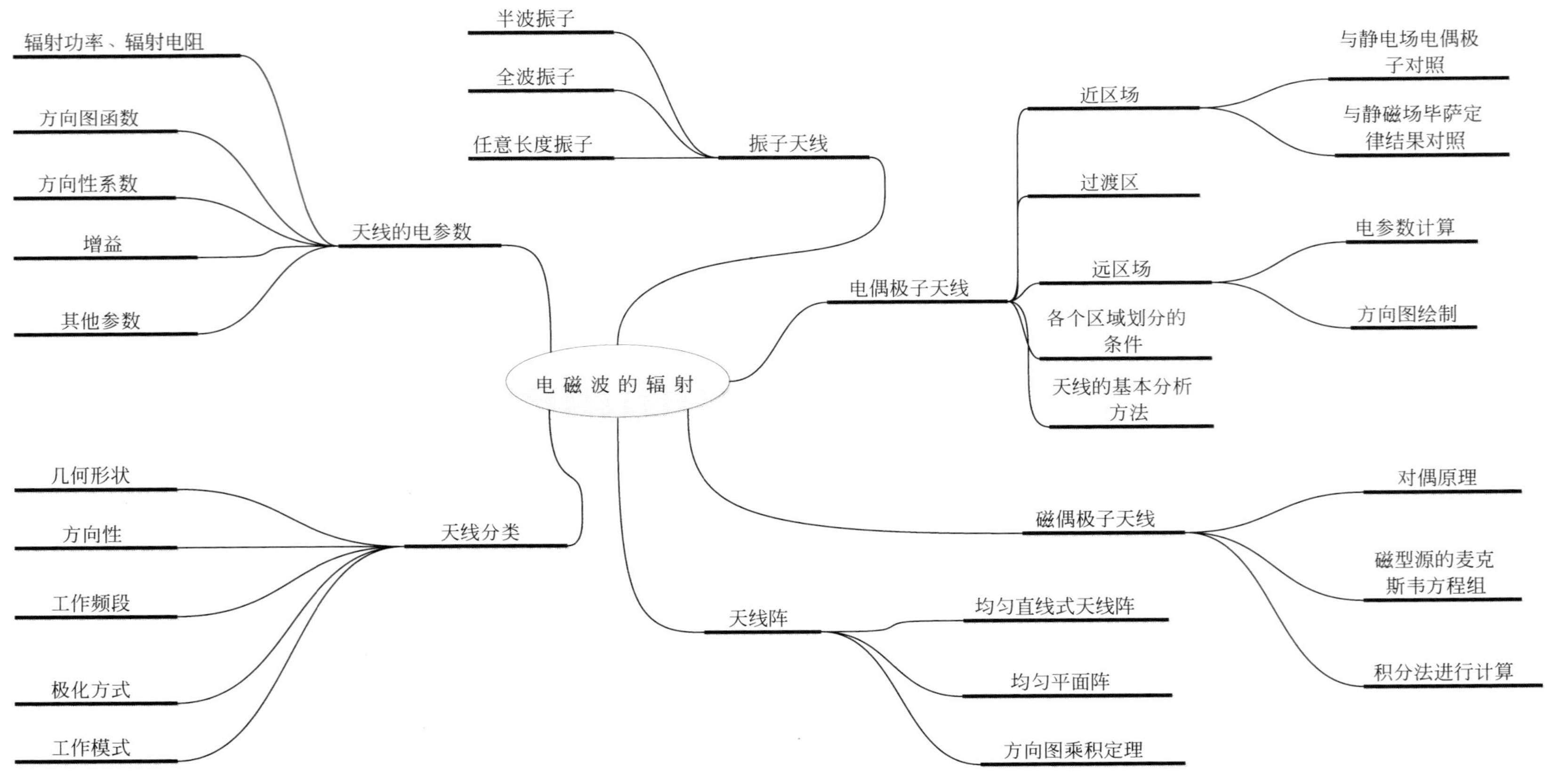

电磁波的辐射的思维导图

前言

PREFACE

“电磁场与电磁波”(或“电磁场理论”)是高等学校电气类、电子信息类专业本科生必修的一门专业基础课,课程涵盖的内容是电气类、电子信息类专业应具备知识结构的重要组成部分,是“微波技术”“光纤通信”“天线”“射频电路”“无线通信”等后续课程的基石。对于培养现代通信领域、电子信息技术领域的高素质人才,具有重要的作用。近代科学的发展表明,电磁场与电磁波基础理论又是一些交叉学科的生长点和新兴边缘学科发展的基础。

多年以来,兰州大学信息学院“电磁场理论”(“电磁场与电磁波”)课程的讲授,一直采用由高等教育出版社1989年出版的并获得原国家教委1992年全国普通高校优秀教材一等奖的《电磁场与微波技术》(陈孟尧、许福永、赵克玉等编著)作为教材;2005年,许福永教授对该教材进行了改编,由科学出版社出版,书名为《电磁场与电磁波》,该新版教材一直作为本科生教材使用。令人遗憾的是,截至目前,上述两本教材都不再印刷。本教材是在参考上述两本优秀教材的基础上,结合作者几十年的教学实践,在保持两本教材基本框架不变的同时,对全书做了较大幅度的具有明显特色的增减,并最终由清华大学出版社出版。2018年10月,《电磁场与电磁波》出版,并受到了大家的好评;2020年,清华大学出版社规划对本教材进行改版。因此,在对第1版进行仔细审核的前提下,我们做了如下修改。

(1) 对第1版教材中的印刷错误进行了仔细的修改,尽最大可能降低各种错误,方便读者阅读。

(2) 对第1版中涉及“磁偶极矩”和“磁矩”的概念进行了更为严谨的表述。磁矩也称为“面磁矩”,对于电流环,其磁矩定义为 $\boldsymbol{m}=I\boldsymbol{S}$,在国际单位制中,其单位为 $\mathrm{A\cdot m^2}$;而对于磁偶极矩,它是与电偶极子对偶的一个物理量,定义为 $\boldsymbol{p}_{\mathrm{m}}=\mu_0 I\boldsymbol{S}$,在国际单位制中,其单位为 Wb·m。需要指出的是,磁矩并不是磁偶极矩的简称,而是面磁矩的简称。

(3) 对教材中的所有习题答案做进一步的检查和计算,纠正了第1版中的错误答案,便于读者学习。

(4) 补充完善了第2章、第3章、第5章、第6章和第7章的MATLAB代码,做到每章都有相应的MATLAB程序支撑,方便读者使用,也便于因地制宜地开展虚拟仿真实验。所补充的MATLAB代码主要涉及:

2.3.3节,增加了电势面的绘制程序;

3.9.3节,增加电感计算的三种方法及其实现;

增加*5.10节,利用MATLAB实现矢量场散度和旋度的可视化;

增加*6.8节,行波、驻波和电磁波极化的MATLAB可视化;

7.2.4节,增加了天线立体方向图的绘制程序;7.5节,补充了电磁超表面的远区散射场绘制代码。

(5) 应清华大学出版社盛东亮主任的要求,新版教材进一步丰富和完善了在线学习材料的内容,补充了相关难点部分的动画演示。主要包括:教材的教学大纲、课堂讲授的配套幻灯片、教材中图片的电子版文件、用于课程教学的动画演示视频文件,以及作者多年来在《电磁场与电磁波》《数学物理方法》等方面的教学改革论文,参与教学会议的交流汇报内容等。通过手机扫描书中的二维码,可以在线访问这些内容,大大方便了同学和同行的学习与使用。

通过这些修订和补充,新版教材在形式上更加完美;在内容上更加严谨;更有利于学生学习和动手实践;也更有利于学校因地制宜地开展相关虚拟仿真实验。

本书的使用具有"一石三鸟"的效果。在具体使用过程中,可以单纯将本书作为教科书使用,并使用配套的教学幻灯片;也可以将各章节中的MATLAB代码汇总,支撑相关课程的虚拟仿真实验或者课程设计;还可以将所涉及的科技前沿内容和电磁应用部分汇集,作为创新创业学院或者大学生科研的案例来实施。

新版教材具有以下特色:

(1) 延续优良传统、补充特色内容。如前所述,本书的框架来自兰州大学编著的优秀教材。教材的编写在准确诠释基本概念、基本理论的同时,注重反映该领域的最新成果和发展方向,辅以最新科研进展,密切联系教学内容,提高学生学习兴趣,真正达到培养人才的目的。同时,列举生活中的实例,使教材真正"接地气",贴近实际问题。

(2) 精选最具代表性的例题和作业题,力求达到举一反三的效果。有些例题紧密结合科技前沿内容,如电磁隐形衣、无线输电、人工电磁表面的分析等。

(3) 拓宽专业基础,融合实践教学,培养科研素养。适当拓宽专业基础知识的范围,以增强培养人才的适应性;教材中融合了实践环节的设置,书中各章都配有MATLAB程序代码,紧密结合各章内容,方便学习中动手操作。比如:利用MATLAB绘制特殊函数曲线,方程求根,数值积分的实现,天线方向图函数的绘制,利用符号运算求解方程组的解等。以促进学生实际动手能力的培养;结合科研方法和科研工具,给本科生科研和就业打下基础。

(4) 语言简洁,通俗易懂;比喻、举例恰如其分;强调对物理概念的理解,弱化数学推证。比如通过切"土豆丁"的例子阐述高斯定理;通过"试管刷""蒲公英"的例子描述电力线形状;通过"渔网"的例子讲授斯托克斯定理。同时,编写顺口溜(现觅领队、山区植被)加深读者对柱坐标系下拉普拉斯方程分离变量的理解。

(5) 结合电磁场教学中的重点、难点和容易出错的地方等,书中增加了类似"难点点拨""重点提醒""答疑解惑"和"延伸思考"等环节,对相关问题进行介绍和强调,适时帮助读者解决阅读和学习中的困惑。

更加难能可贵的是,教材中增添了"科技前沿"等内容,紧密结合教学内容,做到水乳交融。比如各个隐形衣的原理介绍,紧密结合柱坐标和球坐标系下的分离变量法展开,所举例题是《科学》《物理评论快报》等著名刊物已发表的内容,生动活泼不超纲,能提高读者的兴趣;关于电磁超表面的介绍,密切联系平面天线阵的辐射理论,用本科生的知识阐述科学家的工作;再比如,讲解互感和法拉第电磁感应定律时,适时补充无线输电的基本原理,从而激发读者学以致用!

相信广大读者通过仔细阅读、科学安排并合理使用本书,一定会受益匪浅。

本书由“电磁场理论”课题组梅中磊、曹斌照、李月娥、马阿宁编写。其中曹斌照教授2013年调离兰州大学，目前在太原理工大学任教。全书共分7章，适合于72学时的教学，经过适当删减，也可用于54学时的教学。内容包括矢量分析、静电场、稳恒电场与磁场、静态场边值问题的解法、时变电磁场、电磁波的传播、电磁波的辐射与天线等。书中加“*”的内容，可以根据实际情况选讲。梅中磊负责第2章、第4章的编写，书中MATLAB代码的编写、科技前沿等内容的规划和全书的统校工作；曹斌照编写了第3章和第6章；李月娥编写了第1章和第5章；马阿宁编写了第7章和附录部分。书中每章除了有本章导读和本章小结外，还有较多的典型例题和习题供读者巩固复习。书末有部分习题答案和内容丰富的附录备查，以适用于不同院校和不同类型的读者教与学两方面的要求。在教材编写过程中，兰州大学博士生导师许福永教授给予了极大的帮助和鼓励，并提出了很多宝贵建议，进一步提升了本教材的质量；兰州大学信息学院硕士研究生赵灿星、杨宁、陈镇生、胡艺文、王一丁、马雪曼、穆希皎等对书中的部分绘图和公式录入有很大帮助；兰州大学教务处对教材的编写给予了资金支持(兰州大学教材建设基金资助)。在此表示衷心的感谢!

此次修订工作中，梅中磊和曹斌照完成了课后习题的统一校对工作；课程增加的辅助动画素材，来自许福永教授当年规划和设计的“手动画”内容，由梅中磊进行整理和格式转换；研究生张义凡、冯俊郎、马婧、陈望飞等整理了课后习题；教材的许多使用者也对书中印刷错误提出了批评和修改意见。在此一并表示感谢!

由于受水平、时间、篇幅所限，书中难免存在一些疏漏或欠妥之处，恳请广大读者批评指正。我们将对这部教材不断更新，以保持教材的先进性和适用性。热忱欢迎全国同行以及关注电子信息技术领域教育及发展前景的广大有识之士对我们的工作提出宝贵意见和建议。

编　者

2021年10月

常用物理量符号及单位对照表

符号	符 号 名 称	单位	单 位 名 称
$\boldsymbol{R}$	距离矢量	m	米
$\boldsymbol{r}$	空间位置矢径	m	米
$\boldsymbol{n}$	面的单位法向矢量		
$\boldsymbol{T}$	力矩	N·m	牛[顿]米
S	面积	m^2	平方米
V	体积	m^3	立方米
$\boldsymbol{F}$	力	N	牛[顿]
$\boldsymbol{v}$	速度	m/s	米每秒
Q	电荷[量],电量	C	库[仑]
e	电子电荷[量],电子电量	C	库[仑]
ρ	电荷[体]密度	C/m^3	库[仑]每立方米
ρ_S	电荷面密度	C/m^2	库[仑]每平方米
ρ_l	电荷线密度	C/m	库[仑]每米
ϕ	静电势,电位	V	伏[特]
	标[量]势	V	伏[特]
ϕ_m	磁标势	A	安[培]
U,u	电压	V	伏[特]
$\mathscr{E}$	电动势	V	伏[特]
I,i	电流	A	安[培]
$\boldsymbol{J}$	电流密度,[体]电流面密度	A/m^2	安[培]每平方米
J_s	面电流[线]密度	A/m	安[培]每米
σ	电导率	S/m	西[门子]每米
$\boldsymbol{E}$	电场强度	V/m	伏[特]每米
ψ_e	$\boldsymbol{E}$ 通[量],电场强度通量	V·m	伏[特]米
ψ_D	电通[量],电位移通量	C	库[仑]
ψ_m	磁通[量]	Wb	韦[伯]
$\boldsymbol{\Psi}$	磁链	Wb	韦[伯]
$\mathscr{F}$	磁动势,磁通势	A	安[培]
R_m	磁阻	H^{-1}	每亨[利]
$\boldsymbol{D}$	电位移,电通[量]密度	C/m^2	库[仑]每平方米
ε	介电常数(电容率)	F/m	法[拉]每米
χ_e	电极化率		
χ_m	磁化率		
$\boldsymbol{p}$	电[偶极]矩	C·m	库[仑]米
$\boldsymbol{P}$	电极化强度,极化强度	C/m^2	库[仑]每平方米

续表

符号	符号名称	单位	单位名称
$\boldsymbol{B}$	磁感应强度,磁通[量]密度	T	特[斯拉]
$\boldsymbol{A}$	磁矢势,矢[量]势,磁矢位	Wb/m	韦[伯]每米
$\boldsymbol{H}$	磁场强度	A/m	安[培]每米
μ	磁导率	H/m	亨[利]每米
$\boldsymbol{m}$	[面]磁矩	$A\cdot m^2$	安[培]平方米
$\boldsymbol{p}_m$	磁偶极矩	Wb·m	韦[伯]米
$\boldsymbol{M}$	磁化强度	A/m	安[培]每米
L	电感,自感	H	亨[利]
M	互感	H	亨[利]
C	电容	F	法[拉]
R	电阻	Ω	欧[姆]
X	电抗	Ω	欧[姆]
Z	阻抗	Ω	欧[姆]
G	电导	S	西[门子]
	增益系数	dB	分贝
B	电纳	S	西[门子]
Y	导纳	S	西[门子]
f	频率	Hz	赫[兹]
ω	角频率,角速度	rad/s	弧度每秒
λ	波长	m	米
k	波数	m^{-1}	每米
$\boldsymbol{k}$	波矢量	m^{-1}	每米
α	衰减常数	Np/m	奈培每米
β	相移常数,相位常数	rad/m	弧度每米
γ	传播常数	m^{-1}	每米
$\boldsymbol{S}$	坡印亭矢量,能流密度	W/m^2	瓦[特]每平方米
p	功率[体]密度	W/m^3	瓦[特]每立方米
p_0	功率面密度	W/m^2	瓦[特]每平方米
P	平均功率,有功功率	W	瓦[特]
η	效率		
w	能量密度	J/m^3	焦[耳]每立方米
δ	损耗角	rad	弧度
	趋肤深度	m	米
c	[真空中]光速	m/s	米每秒
n	折射率		
Γ	反射系数		
T	传输系数,透射系数		
D	方向性系数		
A	衰减[量]	dB	分贝
φ	相移[量],相位角	rad	弧度

目录

CONTENTS

第1章 矢量分析

CHAPTER 1

本章导读：电场和磁场都是矢量场，在研究电磁场与电磁波的基本概念及理论前，首先学习数学工具——矢量分析。矢量分析包括了电磁场与电磁波及其相关课程的重要数学基础，是学好本课程的前提。因此，收起惧怕之心，从最简单的定义和运算入手，由浅入深学习场论的基础。本章要求学生掌握矢量场的概念及运算，标量场的梯度，矢量场的散度与旋度，矢量场的常用积分定理以及三种常用坐标系中坐标变量与单位矢量之间的变换。

1.1 矢量的代数运算

1.1.1 标量场和矢量场

1. 矢量和标量

在数学上，实数域内任一代数量 a 称为标量，只有大小没有方向。在物理学中，任意一个代数量被赋予物理单位，便成为一个具有物理意义的标量，即所谓的物理量，如电压 u、电流 i、电荷量 q 均为标量。

如果在二维或三维空间内某一点 P，存在一个既有大小又有方向的量，称为实数矢量，也称向量，用黑斜体字母表示，写为 $\boldsymbol{A}$，而白斜体字母 A 则表示 $\boldsymbol{A}$ 的大小或 $\boldsymbol{A}$ 的模。但在手写矢量时，习惯在量的顶上加箭头，即写成 $\vec{A}$；不加箭头的量 A 表示标量。若用图形表示，则是从该点 P 出发的带有箭头的有向线段，线段的长度为矢量 $\boldsymbol{A}$ 的模 A，箭头指向表示 $\boldsymbol{A}$ 的方向。同样，矢量一旦被赋予物理单位，便成为具有物理意义的矢量，譬如电场强度矢量 $\boldsymbol{E}$、磁场强度矢量 $\boldsymbol{H}$、力矢量 $\boldsymbol{F}$、速度矢量 $\boldsymbol{v}$ 等。

三维空间中的一个矢量可用它的三个坐标分量表示，例如矢量 $\boldsymbol{A}$ 在直角坐标系内可写为

$$\boldsymbol{A}=A_x\boldsymbol{e}_x+A_y\boldsymbol{e}_y+A_z\boldsymbol{e}_z \tag{1-1}$$

其中，$\boldsymbol{e}_x$、$\boldsymbol{e}_y$、$\boldsymbol{e}_z$ 为 x 轴、y 轴、z 轴的正向单位矢量，A_x、A_y 和 A_z 为三个分量。

2. 矢量的加减和数乘

两个矢量相加或相减则它们的对应坐标分量相加或相减，即

$$\boldsymbol{A}\pm\boldsymbol{B}=(A_x\pm B_x)\boldsymbol{e}_x+(A_y\pm B_y)\boldsymbol{e}_y+(A_z\pm B_z)\boldsymbol{e}_z$$

一个矢量的数乘是该数量 μ 乘以矢量的各坐标分量，即

$$\mu\boldsymbol{A}=\mu A_x\boldsymbol{e}_x+\mu A_y\boldsymbol{e}_y+\mu A_z\boldsymbol{e}_z \tag{1-2}$$

若数量 $\mu>0$,则矢量 $\mu\boldsymbol{A}$ 的方向与原矢量 $\boldsymbol{A}$ 同向;若数量 $\mu<0$,则矢量 $\mu\boldsymbol{A}$ 的方向与原矢量 $\boldsymbol{A}$ 反向。

3. 位置矢量、距离矢量及单位矢量

空间点 $P(x,y,z)$ 和 $P'(x',y',z')$ 的位置矢量分别写为

$$\boldsymbol{r}=x\boldsymbol{e}_x+y\boldsymbol{e}_y+z\boldsymbol{e}_z \tag{1-3}$$

和

$$\boldsymbol{r}'=x'\boldsymbol{e}_x+y'\boldsymbol{e}_y+z'\boldsymbol{e}_z \tag{1-4}$$

点 $P'(x',y',z')$ 指向点 $P(x,y,z)$ 的距离矢量如图 1-1 所示,表示为

$$\boldsymbol{R}=\boldsymbol{r}-\boldsymbol{r}'=(x-x')\boldsymbol{e}_x+(y-y')\boldsymbol{e}_y+(z-z')\boldsymbol{e}_z \tag{1-5}$$

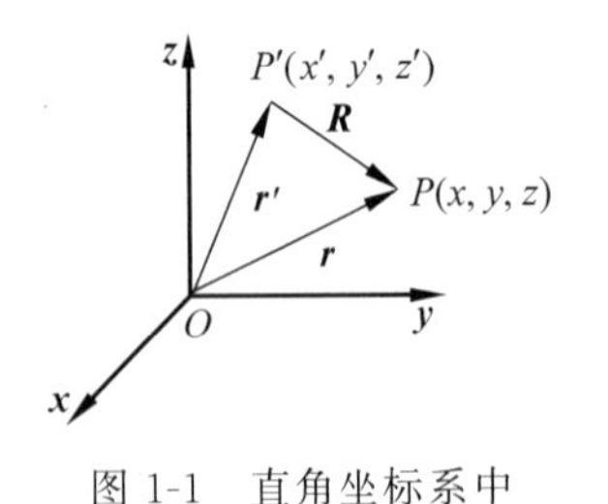

图 1-1 直角坐标系中的距离矢量

矢量 $\boldsymbol{A}$ 的模为

$$A=|\boldsymbol{A}|=\sqrt{A_x^2+A_y^2+A_z^2}$$

矢量 $\boldsymbol{A}$ 的单位矢量 $\boldsymbol{e}_A$ 定义为

$$\boldsymbol{e}_A=\frac{\boldsymbol{A}}{|\boldsymbol{A}|}=\frac{\boldsymbol{A}}{A}=\frac{A_x\boldsymbol{e}_x+A_y\boldsymbol{e}_y+A_z\boldsymbol{e}_z}{\sqrt{A_x^2+A_y^2+A_z^2}} \tag{1-6}$$

其模为 1,方向与原矢量相同。距离矢量 $\boldsymbol{R}$ 在直角坐标系中的单位矢量可写为

$$\boldsymbol{e}_R=\frac{\boldsymbol{R}}{R}=\frac{\boldsymbol{R}}{|\boldsymbol{R}|}=\frac{(x-x')\boldsymbol{e}_x+(y-y')\boldsymbol{e}_y+(z-z')\boldsymbol{e}_z}{\sqrt{(x-x')^2+(y-y')^2+(z-z')^2}} \tag{1-7}$$

> **重点提醒:** 矢量 $\boldsymbol{A}$ 的三个分量,通常用 A_x、A_y 和 A_z 来表示。在学习的过程中,一定要避免与标量场 A 的求偏导数相混淆!尽管两种表示法都是正确可行的,但实际应用中只有一个解释是我们希望的,务必结合上下文将其识别清楚。此外,在式(1-4)中遇到了加撇和不加撇的变量,在电磁理论中,加撇变量一般表示源所在的位置,而不加撇变量表示场中的任意位置。希望读者留有深刻印象。

4. 矢量场与标量场

在矢量场中,给定空间任意一点 (x,y,z),都有一个矢量 $\boldsymbol{F}$ 与之对应,这个矢量可以用它的三个坐标分量来表示,矢量场的每个分量各自构成三维空间的一个标量函数,分别记作 $F_x(x,y,z)$、$F_y(x,y,z)$、$F_z(x,y,z)$。例如矢量场 $\boldsymbol{F}(x,y,z)$ 可表示为

$$\boldsymbol{F}(x,y,z)=F_x(x,y,z)\boldsymbol{e}_x+F_y(x,y,z)\boldsymbol{e}_y+F_z(x,y,z)\boldsymbol{e}_z \tag{1-8}$$

大多数情况下,点 (x,y,z) 可以用原点与其连线的位置矢量 $\boldsymbol{r}$ 表示,所以上式可以写作

$$\boldsymbol{F}(\boldsymbol{r})=F_x(\boldsymbol{r})\boldsymbol{e}_x+F_y(\boldsymbol{r})\boldsymbol{e}_y+F_z(\boldsymbol{r})\boldsymbol{e}_z \tag{1-9}$$

数学上经常提到点函数的概念:即空间点集到实数集的映射。给定三维空间任意一点,如果都可以确定一个值与其对应,则可以定义一个三维空间的点函数。如果这个值是标量,那就是标量函数;反之,就是矢量函数。当这些定义在空间点上的数值具有特定物理意义时,就代表所谓的标量场和矢量场。比如,空间的稳定温度分布,就是一个标量点函数,称为温度场;给定空间任一点,都有一个确定的温度与之对应。某一时刻河流内部的流速分布,就是一个矢量点函数,表示的是流速场;给定河流中任意一点,都有一个矢量反映该点

的水流速度和方向。另一方面，对于物理上的一个标量场或矢量场，在数学上一定可以用一个标量函数或矢量函数表示。如果用箭头表示矢量，用小黑点表示标量，那么矢量场就是“遍地是箭头”，标量场就是“处处是黑点”。

对于矢量场或标量场的代数运算，大多数情况下都是在空间同一点进行的，从而转换为这一点的矢量或标量的运算。这一定要记清楚。

1.1.2　标量积与矢量积

两个标量 a 和 b 相乘，其间可置“×”号或“·”号，或无任何符号，都表示它们相乘。但是矢量相乘则不同，其乘法分两种，即矢量的标量积 $\boldsymbol{A}\cdot\boldsymbol{B}$ 和矢量积 $\boldsymbol{A}\times\boldsymbol{B}$。

两个矢量的标量积 $\boldsymbol{A}\cdot\boldsymbol{B}$ 是一个标量，又称点积或点乘，在直角坐标系中可表示为

$$\boldsymbol{A}\cdot\boldsymbol{B}=\boldsymbol{B}\cdot\boldsymbol{A}=|\boldsymbol{A}||\boldsymbol{B}|\cos\theta=A_xB_x+A_yB_y+A_zB_z \tag{1-10}$$

其中，θ 是两矢量 $\boldsymbol{A}$、$\boldsymbol{B}$ 的夹角。两矢量点乘满足交换律，其大小为两矢量的模值与两矢量夹角余弦的乘积。物理中的功、通量、环量(环流)等均为标量积。

两个矢量的矢量积 $\boldsymbol{A}\times\boldsymbol{B}$ 是一个矢量，又称矢积、叉积或叉乘，在直角坐标系中可表示为

$$\begin{aligned}\boldsymbol{A}\times\boldsymbol{B}=-\boldsymbol{B}\times\boldsymbol{A}=|\boldsymbol{A}||\boldsymbol{B}|\sin\theta\boldsymbol{n}&=\begin{vmatrix}\boldsymbol{e}_x & \boldsymbol{e}_y & \boldsymbol{e}_z\\ A_x & A_y & A_z\\ B_x & B_y & B_z\end{vmatrix}\\&=(A_yB_z-B_yA_z)\boldsymbol{e}_x+(A_zB_x-B_zA_x)\boldsymbol{e}_y+(A_xB_y-B_xA_y)\boldsymbol{e}_z\end{aligned} \tag{1-11}$$

其中，θ 是两矢量 $\boldsymbol{A}$、$\boldsymbol{B}$ 的夹角；两矢量 $\boldsymbol{A}$、$\boldsymbol{B}$ 的叉乘不满足交换律，其大小为两矢量的模值与两矢量夹角正弦的乘积，其方向可由右手螺旋定则得到，如图 1-2 所示；$\boldsymbol{n}$ 为叉乘所得新矢量的单位矢量。可见，两矢量的叉积的大小是以 $\boldsymbol{A}$、$\boldsymbol{B}$ 为边的平行四边形的面积，其方向垂直于 $\boldsymbol{A}$、$\boldsymbol{B}$ 所在平面，故可称为平行四边形的广义面积矢量。物理中的力矩、转体的线速度等都是矢量积。

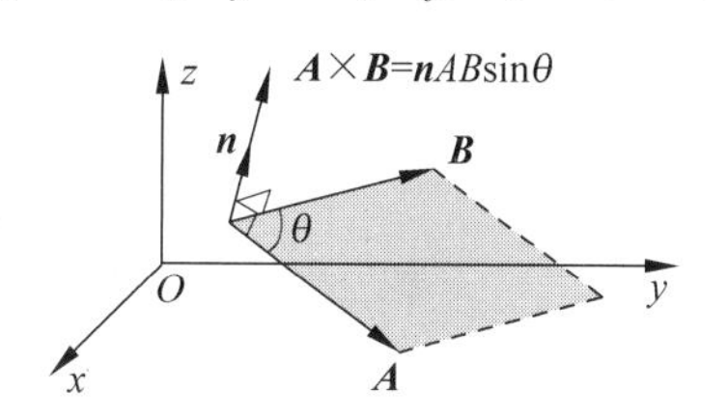

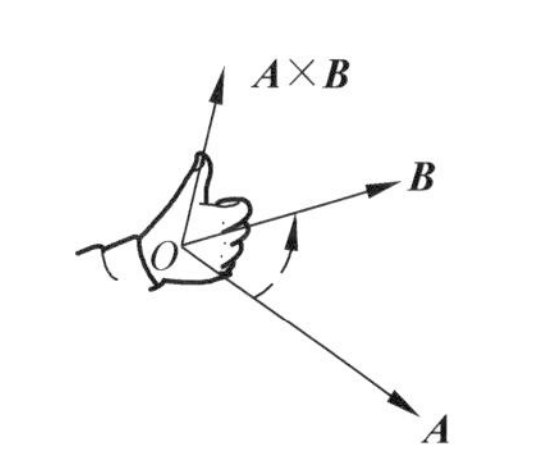

图 1-2　矢量积——广义面积矢量

例 1.1　若已知矢量 $\boldsymbol{A}=3\boldsymbol{e}_x+2\boldsymbol{e}_y+\boldsymbol{e}_z$，并且 $\boldsymbol{A}\times\boldsymbol{B}=4\boldsymbol{e}_x-8\boldsymbol{e}_y+4\boldsymbol{e}_z$ 和 $\boldsymbol{A}\cdot\boldsymbol{B}=10$，试求矢量 $\boldsymbol{B}$。

解　假设矢量 $\boldsymbol{B}=a\boldsymbol{e}_x+b\boldsymbol{e}_y+c\boldsymbol{e}_z$ 则有

$$\boldsymbol{A}\cdot\boldsymbol{B}=3a+2b+c=10$$

$$\begin{aligned}\boldsymbol{A}\times\boldsymbol{B}&=(2c-b)\boldsymbol{e}_x+(a-3c)\boldsymbol{e}_y+(3b-2a)\boldsymbol{e}_z\\&=4\boldsymbol{e}_x-8\boldsymbol{e}_y+4\boldsymbol{e}_z\end{aligned}$$

解得

$$a=1,\quad b=2,\quad c=3$$

故有

$$\boldsymbol{B}=\boldsymbol{e}_x+2\boldsymbol{e}_y+3\boldsymbol{e}_z$$

1.1.3　矢量的混合积

三个矢量相乘，其间分别置“×”号和“·”号，称为矢量的混合标量积或三重标量积，其

坐标表达式是一个由三矢量坐标组成的行列式。不难证明,只要它们的顺序不变,其间“×”和“·”可以互换,但若任意两个矢量的顺序交换,则三矢量的混合积变号,如图 1-3 所示。若三矢量的顺序以顺时针为正,则反时针为负。三矢量的混合积可表示为

$$\begin{aligned}\boldsymbol{A}\cdot(\boldsymbol{B}\times\boldsymbol{C})&=\boldsymbol{B}\cdot(\boldsymbol{C}\times\boldsymbol{A})=\boldsymbol{C}\cdot(\boldsymbol{A}\times\boldsymbol{B})\\&=(\boldsymbol{B}\times\boldsymbol{C})\cdot\boldsymbol{A}=(\boldsymbol{C}\times\boldsymbol{A})\cdot\boldsymbol{B}=(\boldsymbol{A}\times\boldsymbol{B})\cdot\boldsymbol{C}\\&=-\boldsymbol{A}\cdot(\boldsymbol{C}\times\boldsymbol{B})=-\boldsymbol{B}\cdot(\boldsymbol{A}\times\boldsymbol{C})=-\boldsymbol{C}\cdot(\boldsymbol{B}\times\boldsymbol{A})\\&=\cdots=\begin{vmatrix}A_x & A_y & A_z\\ B_x & B_y & B_z\\ C_x & C_y & C_z\end{vmatrix}\end{aligned}\tag{1-12}$$

三个矢量的混合积是以三矢量为棱的六面体体积,如图 1-4 所示,但混合积有正、负。应该指出,三矢量的混合积运算式中括号可省略,只有先叉乘后点乘运算才有意义。

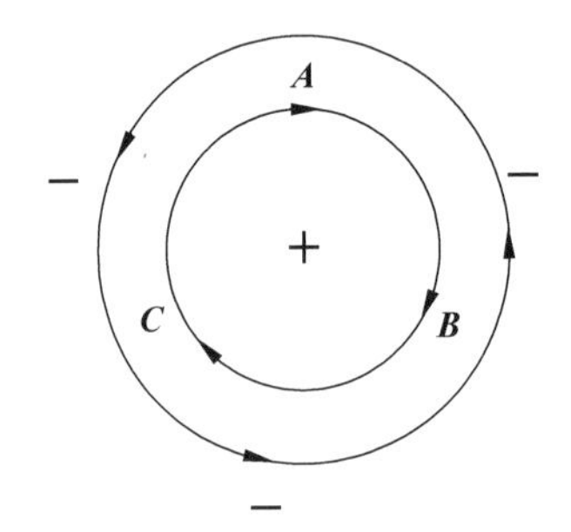

图 1-3 三矢量混合积的符号

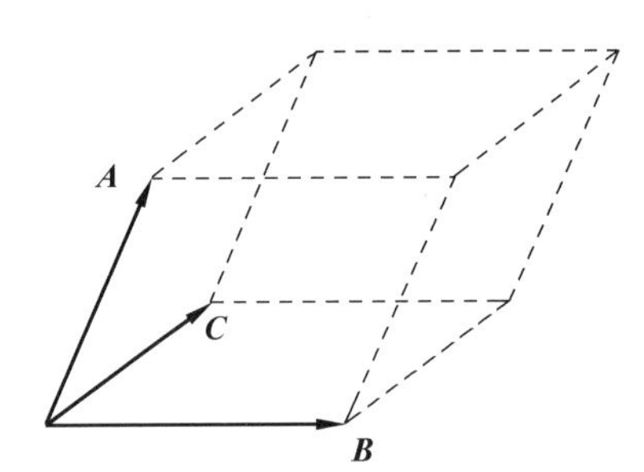

图 1-4 三矢量混合积的几何意义

1.2 标量场的梯度、矢量场的散度与旋度

本节中用到哈密顿(Hamilton)算子∇,它是一阶矢量微分算子,在直角坐标系中定义为

$$\nabla=\boldsymbol{e}_x\frac{\partial}{\partial x}+\boldsymbol{e}_y\frac{\partial}{\partial y}+\boldsymbol{e}_z\frac{\partial}{\partial z}\tag{1-13}$$

哈密顿算子既是一个矢量,又对其后面的量进行微分运算。在具体计算时,先按矢量乘法规则展开,再作微分运算。

1.2.1 标量场的梯度

一个标量场或者标量函数的梯度,反映的是该标量场在空间的变化率。在空间任意一点,该变化率随空间的方位不同而不同,梯度表明的是最大的变化率以及对应的方向。所以,标量函数在某一点的梯度是一个矢量,梯度场是一个矢量场。

假如我们过空间任意一点(x,y,z)任取一个方向,不妨设其单位矢量为

$$\boldsymbol{e}_l=\cos\alpha\,\boldsymbol{e}_x+\cos\beta\,\boldsymbol{e}_y+\cos\gamma\,\boldsymbol{e}_z$$

其中,$\cos\alpha$、$\cos\beta$、$\cos\gamma$ 表示该方向的方向余弦。考虑函数在 P 点沿此方向变化 Δl,对应的函数值变化为 Δf,则在此方向的变化率为

$$
\begin{aligned}
f_l &= \lim_{\Delta l \to 0} \frac{\Delta f}{\Delta l} = \frac{f(x+\Delta l\cos\alpha, y+\Delta l\cos\beta, z+\Delta l\cos\gamma) - f(x,y,z)}{\Delta l} \\
&= \lim_{\Delta l \to 0} \frac{f_x \Delta l\cos\alpha + f_y \Delta l\cos\beta + f_z \Delta l\cos\gamma}{\Delta l} + o(\Delta l) \\
&= f_x\cos\alpha + f_y\cos\beta + f_z\cos\gamma \\
&= \nabla f \cdot \boldsymbol{e}_l
\end{aligned}
$$

其中

$$
\nabla f = \mathrm{grad} f = \frac{\partial f}{\partial x}\boldsymbol{e}_x + \frac{\partial f}{\partial y}\boldsymbol{e}_y + \frac{\partial f}{\partial z}\boldsymbol{e}_z \tag{1-14}
$$

定义为标量函数在该点的梯度函数，它是一个矢量函数。

由方向导数的推证过程和梯度的定义可以看出，函数在 $\boldsymbol{e}_l$ 方向上的变化率，等于函数在该点的梯度在 $\boldsymbol{e}_l$ 方向上的投影。换句话说，梯度一定是空间最大的变化率及其方向，其他方向的变化率都比梯度要小。

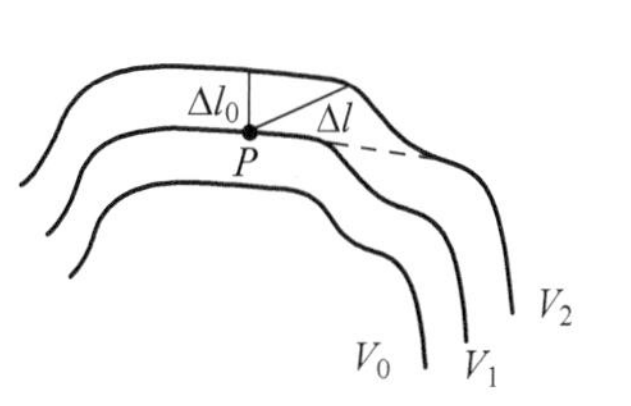

图 1-5 函数 f 在空间一点 $\boldsymbol{P}$ 的梯度

在空间任意一点 $P(x,y,z)$ 附近绘制函数 f 的等值面，如图 1-5 所示。然后计算函数沿各个方向的变化率，从图中可以看出

$$
f_l \approx \left[\frac{\Delta f}{\Delta l} = \frac{V_2 - V_1}{\Delta l}\right] \leqslant \left[\frac{V_2 - V_1}{\Delta l_0} = \frac{\Delta f}{\Delta l_0}\right]
$$

其中，Δl_0 表示两个相邻等值面之间的垂直距离，是所有距离中最短的，因此也是变化率最大的，它所对应的方向就是梯度的方向。换句话说，函数在某一点的梯度方向，一定与过该点的等值面正交。

例 1.2 计算两点间距离 R 及其倒数的梯度 ∇R、$\nabla \frac{1}{R}$，以及常矢量 $\boldsymbol{k} = k_x\boldsymbol{e}_x + k_y\boldsymbol{e}_y + k_z\boldsymbol{e}_z$ 与空间矢径 $\boldsymbol{r}$ 的标量积及其指数函数的梯度 $\nabla(\boldsymbol{k}\cdot\boldsymbol{r})$ 和 $\nabla \mathrm{e}^{-\mathrm{j}(\boldsymbol{k}\cdot\boldsymbol{r})}$。

解 因为两点间的距离可写为

$$
R = \sqrt{(x-x')^2 + (y-y')^2 + (z-z')^2}
$$

于是可得

$$
\nabla R = \frac{\partial R}{\partial x}\boldsymbol{e}_x + \frac{\partial R}{\partial y}\boldsymbol{e}_y + \frac{\partial R}{\partial z}\boldsymbol{e}_z = \frac{(x-x')\boldsymbol{e}_x + (y-y')\boldsymbol{e}_y + (z-z')\boldsymbol{e}_z}{R} = \frac{\boldsymbol{R}}{R} = \boldsymbol{e}_R
$$

即距离 R 的梯度为此距离上的单位矢量 $\boldsymbol{e}_R$。利用上式可得

$$
\nabla \frac{1}{R} = \nabla R^{-1} = -R^{-2}\,\nabla R = -\frac{\boldsymbol{e}_R}{R^2}
$$

同理，有

$$
\nabla r = \frac{\boldsymbol{r}}{r} = \boldsymbol{e}_r \quad \text{和} \quad \nabla \frac{1}{r} = -\frac{\boldsymbol{e}_r}{r^2}
$$

由于 $\boldsymbol{k}\cdot\boldsymbol{r} = k_x x + k_y y + k_z z$，则其梯度为

$$
\nabla(\boldsymbol{k}\cdot\boldsymbol{r}) = k_x\boldsymbol{e}_x + k_y\boldsymbol{e}_y + k_z\boldsymbol{e}_z = \boldsymbol{k}
$$

可见，任一常矢量与空间矢径 $\boldsymbol{r}$ 的标量积的梯度等于该常矢量。由此可得

$$
\nabla \mathrm{e}^{-\mathrm{j}\boldsymbol{k}\cdot\boldsymbol{r}} = -\mathrm{j}\mathrm{e}^{-\mathrm{j}\boldsymbol{k}\cdot\boldsymbol{r}}\,\nabla(\boldsymbol{k}\cdot\boldsymbol{r}) = -\mathrm{j}\mathrm{e}^{-\mathrm{j}\boldsymbol{k}\cdot\boldsymbol{r}}\boldsymbol{k}
$$

难点点拨：题目求解完了，有些读者可能会有疑问。从形式上看，R 既是加撇变量的函数，也是不加撇变量的函数，凭什么求导数的时候对不加撇变量进行求导，而不是加撇变量？同为变量，差别怎么这么大呢？事实上，当然可以对加撇变量求梯度。但首先要知道它们反映的不是同一个东西。另外，这两种求导的结果容易弄混淆。为了明确梯度运算到底是对谁进行的，需要对哈密顿算子也进行加撇和不加撇的标注，即∇、∇'。不言自明，不加撇的就是大家已经熟悉且刚刚计算过的梯度；加撇的哈密顿算子就是对加撇变量计算梯度。二者在实际中都有应用，后续部分也会遇到。比如

$$\nabla' R=\frac{\partial R}{\partial x'}\boldsymbol{e}_x+\frac{\partial R}{\partial y'}\boldsymbol{e}_y+\frac{\partial R}{\partial z'}\boldsymbol{e}_z=-\boldsymbol{e}_R$$

在例题1.2中得到了几个重要公式，为了以后应用的方便，重新写在下面

$$\nabla R=\boldsymbol{e}_R \tag{1-15}$$

$$\nabla\frac{1}{R}=-\frac{\boldsymbol{R}}{R^3}=-\frac{\boldsymbol{e}_R}{R^2} \tag{1-16}$$

$$\nabla(\boldsymbol{k}\cdot\boldsymbol{r})=\boldsymbol{k} \tag{1-17}$$

$$\nabla \mathrm{e}^{-\mathrm{j}\boldsymbol{k}\cdot\boldsymbol{r}}=-\mathrm{j}\mathrm{e}^{-\mathrm{j}\boldsymbol{k}\cdot\boldsymbol{r}}\boldsymbol{k} \tag{1-18}$$

重点归纳：从梯度的运算公式(1-14)上看，标量场的梯度在形式上可被看作矢量与标量数乘的结果，即用标量场 f 与哈密顿算子的每一项都相乘，结果就是梯度矢量。从这个对比也可以看出该矢量算符的助记符作用。

1.2.2 矢量场的散度

对一个矢量场 $\boldsymbol{F}(x,y,z)=F_x(x,y,z)\boldsymbol{e}_x+F_y(x,y,z)\boldsymbol{e}_y+F_z(x,y,z)\boldsymbol{e}_z$，其大小和方向都随着空间坐标而变化。在直角坐标系下，标量算符对矢量场的作用是其对矢量场的每个分量都作用，例如

$$\frac{\partial}{\partial x}\boldsymbol{F}(x,y,z)=\frac{\partial F_x}{\partial x}\boldsymbol{e}_x+\frac{\partial F_y}{\partial x}\boldsymbol{e}_y+\frac{\partial F_z}{\partial x}\boldsymbol{e}_z \tag{1-19}$$

矢量场 $\boldsymbol{F}(x,y,z)$ 通过空间某曲面 S 的通量为

$$\psi=\int_S\boldsymbol{F}\cdot\mathrm{d}\boldsymbol{S}=\int_S F\cos\theta\,\mathrm{d}S \tag{1-20}$$

式中，$F=|\boldsymbol{F}|$，$\mathrm{d}\boldsymbol{S}=\mathrm{d}S\boldsymbol{n}$ 是面元矢量，$\boldsymbol{n}$ 是面元矢量 $\mathrm{d}\boldsymbol{S}$ 的法线方向上的单位矢量，θ 是面元矢量 $\mathrm{d}\boldsymbol{S}$ 的方向与该点矢量场 $\boldsymbol{F}(x,y,z)$ 的方向之间的夹角，如图1-6所示。矢量场的通量表明该矢量场通过曲面 S 的流量的大小。

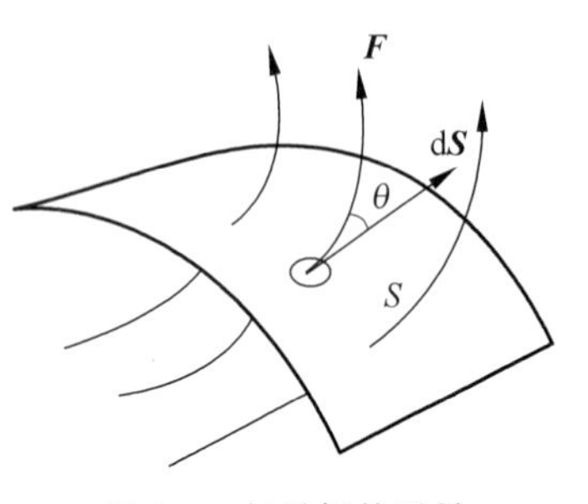

图1-6　矢量场的通量

若空间曲面 S 是包围空间某体积的闭合曲面，则矢量场 $\boldsymbol{F}(x,y,z)$ 穿出闭合曲面 S 的通量可写为

$$\psi=\oint_S\boldsymbol{F}\cdot\mathrm{d}\boldsymbol{S}=\oint_S F\cos\theta\,\mathrm{d}S \tag{1-21}$$

$\mathrm{d}\boldsymbol{S}$ 是面元矢量，方向由闭合面内向外。如果把矢量场

$\boldsymbol{F}(x,y,z)$看作无限大水体中的流速场，即表示水体中任意一点的水流方向和流速大小(垂直于水流方向，单位时间内穿过单位面积的水量)，读者对通量的理解会更直观、深刻一些(尽管 $\boldsymbol{F}(x,y,z)$表示什么矢量场是无所谓的)。这种情况下，根据定义，式(1-21)表示的就是单位时间内穿出闭合曲面的净水量。一般情况下，对于水体中的闭合曲面，流入多少水，就要流出多少水，这就是质量守恒原理。也就是说，大多数情况下，这个通量为零，除非闭合曲面包含的空间，包括有进水管或出水管，分别对应正的源和负的源(也就是“汇”)。如果是进水管，那么上述通量值一定为正，即流出的水量大于流入的水量，因为进水管会产生水，向闭合曲面外流；如果有出水管，那么流出的水量一定小于流入的水量，通量值为负，即有些水进入闭合曲面汇入出水管了，而没有流出去。从这个角度看，通量为0、大于0或小于0，可以反映闭合曲面内部“源”与“汇”的问题。这个概念初学者一定要理解好。

闭合曲面的通量可以描述曲面内部有无“源”“汇”，但是这个描述太过粗糙。大多数情况下，需要知道在空间中的一个特定点，有没有“源”或“汇”，这就是散度的概念。

以空间任意一点为中心做闭合曲面，则矢量函数 $\boldsymbol{F}(x,y,z)$的散度定义为

$$\nabla\cdot\boldsymbol{F}=\mathrm{div}\boldsymbol{F}=\lim_{\Delta V\to 0}\frac{\oint_{s}\boldsymbol{F}\cdot\mathrm{d}\boldsymbol{S}}{\Delta V}$$

此式表明，矢量场 $\boldsymbol{F}$ 的散度是一个标量，它表示空间某点单位体积内散发出的矢量 $\boldsymbol{F}(x,y,z)$的通量，即通量体密度，反映出矢量场在该点通量源的强度。在直角坐标系内有

$$\begin{aligned}\nabla\cdot\boldsymbol{F}&=\left(\boldsymbol{e}_x\frac{\partial}{\partial x}+\boldsymbol{e}_y\frac{\partial}{\partial y}+\boldsymbol{e}_z\frac{\partial}{\partial z}\right)\cdot(F_x\boldsymbol{e}_x+F_y\boldsymbol{e}_y+F_z\boldsymbol{e}_z)\\&=\frac{\partial F_x}{\partial x}+\frac{\partial F_y}{\partial y}+\frac{\partial F_z}{\partial z}\end{aligned}\tag{1-22}$$

如果矢量场在空间某一点的散度大于零，则在这一点一定有正的“源”，它向外发出一系列的流线，也就是矢量线；反之，这个点处有“汇”，它要吸收周围的流线，或者说矢量线要汇入此处；如果散度等于零，则在这一点没有“源”也没有“汇”，矢量线在这个点一定是连续的，不会中断。

空间两点间的距离矢量 $\boldsymbol{R}$ 的散度为

$$\nabla\cdot\boldsymbol{R}=\frac{\partial(x-x')}{\partial x}+\frac{\partial(y-y')}{\partial y}+\frac{\partial(z-z')}{\partial z}=3$$

重点归纳：从形式上看，矢量场 $\boldsymbol{F}$ 的散度就是哈密顿算符与 $\boldsymbol{F}$ 相点乘的结果！

1.2.3 矢量场的旋度

矢量场 $\boldsymbol{F}(x,y,z)$沿闭合路径 l 的环量或环流定义为

$$\oint_l\boldsymbol{F}\cdot\mathrm{d}\boldsymbol{l}=\oint_l F\cos\theta\mathrm{d}l\tag{1-23}$$

式中，θ 是线元矢量 $\mathrm{d}\boldsymbol{l}$ 与该点矢量场 $\boldsymbol{F}(x,y,z)$之间的夹角。若矢量场 $\boldsymbol{F}(x,y,z)$是力，则其沿闭合路径 l 的环量就是该力沿闭合路径所做的功。

考虑矢量场 $\boldsymbol{F}(x,y,z)$ 为流速场，在水体中有旋涡的地方沿旋涡边沿做环路积分，如图 1-7(a)所示，图中粗线表示水流方向，细线表示积分路径。因为图中所示两矢量同方向，每个积分微元都大于零，此积分值一定不为零。环量大于零表示旋涡是逆时针旋转，小于零表示顺时针旋转。同样的道理，如果在没有旋涡的地方(水流平稳处)做环路积分，如图 1-7(b)所示，则积分值一定为零(图中所示两个位置 P_1 和 P_2 处，积分值等量异号，互相抵消)。换句话说，环量或者环流，可以大致表述矢量场有无旋涡。

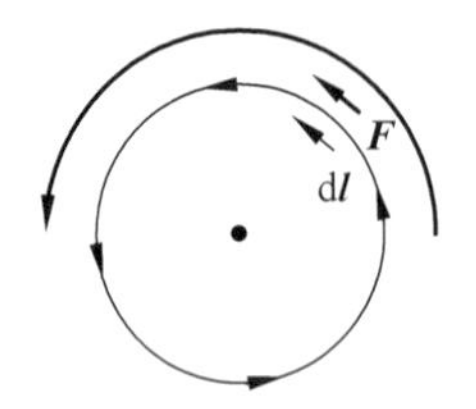

(a) 在旋涡处做环路积分

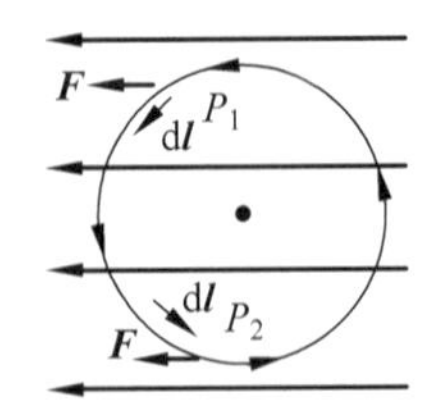

(b) 在水流平稳处做环路积分

图 1-7 流速场中环路积分示意

如果要精细地考量矢量场中任意一点是否有旋涡，就必须引入旋度的概念。矢量场 $\boldsymbol{F}(x,y,z)$ 的旋度定义为

$$\nabla\times\boldsymbol{F}=\mathrm{rot}\boldsymbol{F}=\lim_{\Delta S\to 0}\frac{\left[\boldsymbol{n}\oint_l \boldsymbol{F}\cdot \mathrm{d}\boldsymbol{l}\right]_{\max}}{\Delta S}$$

此式表明，矢量场 $\boldsymbol{F}$ 的旋度仍然是一个矢量。$\boldsymbol{l}$ 是围绕曲面 S 边缘的闭合路径，且 $\boldsymbol{l}$ 的绕向与曲面 S 的正法线方向符合右手螺旋关系。矢量场 $\boldsymbol{F}(x,y,z)$ 的旋度的大小为在空间某点单位面积的 $\boldsymbol{F}$ 的环量(环流)最大值，即环量面密度，其方向是环量为最大值时面元矢量 $\mathrm{d}\boldsymbol{S}$ 的法线上单位矢量 $\boldsymbol{n}$ 的方向。在直角坐标系内写为

$$\nabla\times\boldsymbol{F}=\begin{vmatrix}\boldsymbol{e}_x & \boldsymbol{e}_y & \boldsymbol{e}_z\\ \dfrac{\partial}{\partial x} & \dfrac{\partial}{\partial y} & \dfrac{\partial}{\partial z}\\ F_x & F_y & F_z\end{vmatrix}$$

$$=\left(\frac{\partial F_z}{\partial y}-\frac{\partial F_y}{\partial z}\right)\boldsymbol{e}_x+\left(\frac{\partial F_x}{\partial z}-\frac{\partial F_z}{\partial x}\right)\boldsymbol{e}_y+\left(\frac{\partial F_y}{\partial x}-\frac{\partial F_x}{\partial y}\right)\boldsymbol{e}_z \tag{1-24}$$

该旋度的各分量为 $\boldsymbol{F}$ 沿着与它垂直方向上分量变化率的代数和，亦即旋度是表明矢量场旋转程度的最大环量面密度矢量，可用它来表示在空间各点矢量场 $\boldsymbol{F}$ 的旋涡强度与其旋涡源的关系。

> **重点归纳**：从形式上看，矢量场 $\boldsymbol{F}$ 的旋度就是哈密顿算符与 $\boldsymbol{F}$ 的叉乘！

例 1.3 已知一矢量场 $\boldsymbol{E}=\dfrac{Q\boldsymbol{e}_r}{4\pi\varepsilon_0 r^2}=\dfrac{Q\boldsymbol{r}}{4\pi\varepsilon_0 r^3}$，其中 Q 和 ε_0 为常数，空间矢径 $\boldsymbol{r}=x\boldsymbol{e}_x+y\boldsymbol{e}_y+z\boldsymbol{e}_z$，计算矢量场 $\boldsymbol{E}$ 穿过原点为球心，R 为半径的球面的通量。

解 由于球面的法线方向和电场的方向一致，因此矢量场 $\boldsymbol{E}$ 穿过球面的通量为

$$\psi=\oint_S \boldsymbol{E}\cdot\mathrm{d}\boldsymbol{S}=\oint_S E\,\mathrm{d}S=\frac{Q}{4\pi\varepsilon_0 R^2}\oint_S \mathrm{d}S=\frac{Q}{\varepsilon_0}$$

例 1.4　计算例 1.3 中矢量场的旋度。

解　因为 $\boldsymbol{E}=\dfrac{Q\boldsymbol{r}}{4\pi\varepsilon_0 r^3}=\dfrac{Q(x\boldsymbol{e}_x+y\boldsymbol{e}_y+z\boldsymbol{e}_z)}{4\pi\varepsilon_0(x^2+y^2+z^2)^{\frac{3}{2}}}$，由旋度的定义

$$\nabla\times\boldsymbol{E}=\left(\frac{\partial E_z}{\partial y}-\frac{\partial E_y}{\partial z}\right)\boldsymbol{e}_x+\left(\frac{\partial E_x}{\partial z}-\frac{\partial E_z}{\partial x}\right)\boldsymbol{e}_y+\left(\frac{\partial E_y}{\partial x}-\frac{\partial E_x}{\partial y}\right)\boldsymbol{e}_z$$

有

$$\frac{\partial E_z}{\partial y}-\frac{\partial E_y}{\partial z}=\frac{Q}{4\pi\varepsilon_0}\left[\frac{-3yz}{(x^2+y^2+z^2)^{\frac{5}{2}}}-\frac{-3yz}{(x^2+y^2+z^2)^{\frac{5}{2}}}\right]=0$$

类似地，有

$$\frac{\partial E_x}{\partial z}-\frac{\partial E_z}{\partial x}=0,\quad \frac{\partial E_y}{\partial x}-\frac{\partial E_x}{\partial y}=0$$

因此可知$\nabla\times\boldsymbol{E}=0$。

1.2.4　标量场的拉普拉斯运算

电磁场理论中常用到拉普拉斯(Laplace)算子，它是一个二阶标量微分算子，相当于两个哈密顿算子形式上的点乘，即二重哈密顿算子，也用 Δ 表示。在直角坐标系内其定义为

$$\nabla^2=\Delta=\nabla\cdot\nabla=\frac{\partial^2}{\partial x^2}+\frac{\partial^2}{\partial y^2}+\frac{\partial^2}{\partial z^2} \tag{1-25}$$

如果将拉普拉斯算子作用到标量函数上，就得到标量函数的拉普拉斯运算，可以表示为

$$\nabla^2 f=\frac{\partial^2 f}{\partial x^2}+\frac{\partial^2 f}{\partial y^2}+\frac{\partial^2 f}{\partial z^2}$$

拉普拉斯算子不仅可以作用于标量函数，也可以作用于矢量函数。对于后者而言，在直角坐标系下，只要分别对矢量函数的各个直角分量进行拉普拉斯运算并求和即可

$$\nabla^2\boldsymbol{A}=\boldsymbol{e}_x\nabla^2 A_x+\boldsymbol{e}_y\nabla^2 A_y+\boldsymbol{e}_z\nabla^2 A_z$$

延伸思考：如果将哈密顿算子当作一个形式上的矢量，将标量场看作空间特定点的一个标量，将矢量场看作特定点上的一个矢量，那么，矢量分析中的梯度、散度、旋度、拉普拉斯运算等，可以在形式上看作数乘、点乘、叉乘的结果，符合相应的运算规则。这对于记忆直角坐标系下的运算规律非常有帮助。

1.3　矢量积分定理

本节将介绍三个非常重要的定理，即高斯(Gauss)散度定理、斯托克斯(Stokes)定理、格林(Green)定理。这三个定理在后续内容的学习中是相当重要的。

1.3.1　高斯散度定理

矢量场 $\boldsymbol{F}$ 散度的体积分等于该矢量穿出包围体积的封闭曲面 S 的总通量，即

$$\int_V \nabla\cdot\boldsymbol{F}\mathrm{d}V=\oint_S \boldsymbol{F}\cdot\mathrm{d}\boldsymbol{S} \tag{1-26}$$

式(1-26)称为高斯散度定理，其中 S 为包围体积 V 的闭合面，其面元矢量 $\mathrm{d}\boldsymbol{S}$ 的方向为闭合

曲面 S 的外法线方向,如图 1-8 所示。

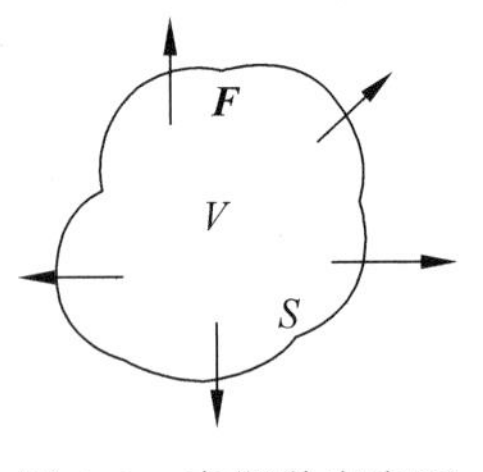

图 1-8　高斯散度定理

高斯散度定理可以用散度的定义来直观理解。假设矢量场所在空间有一个土豆,土豆皮就是所选择的积分面,土豆瓤自然就是其所包围的体积。可以想象将此土豆在空间切分成许多土豆丁,但保持土豆形状不变。取其中一个土豆丁来看,作此处散度的体积分,即$\nabla \cdot \boldsymbol{F}\mathrm{d}V$,则根据定义,该数值即为土豆丁表面的通量(散度表示的是单位体积的通量)。如果将所有土豆丁做求和,则会得到各个土豆丁表面通量之和。我们发现:任意相邻两个土豆丁的公共面,肉色的那些面元,通量要计算两次,因为其法线方向相反,所以这个公共面上的通量和为零(二者互相抵消)。最终,只有褐色土豆皮上的通量被保留下来,而这正好是式(1-26)的右侧部分。

高斯散度定理用一句话来表示:通量等于散度的体积分!

1.3.2　斯托克斯定理

任一矢量场 $\boldsymbol{F}$ 的旋度穿出某一曲面 $\boldsymbol{S}$ 的通量等于此矢量场 $\boldsymbol{F}$ 沿该曲面 $\boldsymbol{S}$ 边缘的闭合路径 $\boldsymbol{l}$ 的环量,即

$$\int_S (\nabla \times \boldsymbol{F}) \cdot \mathrm{d}\boldsymbol{S} = \oint_l \boldsymbol{F} \cdot \mathrm{d}\boldsymbol{l} \tag{1-27}$$

式(1-27)称为斯托克斯定理,其中 $\boldsymbol{F}$ 是任一矢量场,$\boldsymbol{l}$ 是绕曲面 $\boldsymbol{S}$ 边缘的闭合路径,且 $\boldsymbol{l}$ 的绕行方向与曲面 $\boldsymbol{S}$ 的外法线方向之间符合右手螺旋定则。

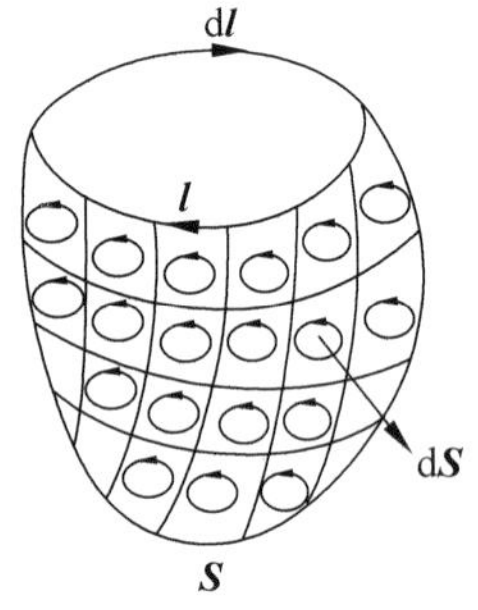

图 1-9　斯托克斯定理示意

斯托克斯定理也可以用旋度的定义加以直观理解。如图 1-9 所示,$\boldsymbol{l}$ 是空间一个闭合回路,$\boldsymbol{S}$ 是 $\boldsymbol{l}$ 所支撑的任意一个曲面。这好比是钓鱼者使用的渔网,$\boldsymbol{l}$ 是铁丝圈,$\boldsymbol{S}$ 是上面的网兜。按照上述的规则选定正方向。观察可知,所有网眼上的环路积分,都可以用$(\nabla \times \boldsymbol{F}) \cdot \mathrm{d}\boldsymbol{S}$ 来计算。这是因为,旋度表示的是最大环流方向上单位面积的环流。由于网眼所在平面不一定具有最大环流,所以要通过旋度的投影(点积)来做折合,以得到此面元上的真实环流值。如果将所有网眼上的环流相加,同时考虑相邻网眼公共边上的积分值等量异号,那么最终就可以得到铁丝圈上的环流值。这就是斯托克斯公式的右面部分。从上述过程还可以看出,只要积分路径确定,曲面是可以任意选择的。它们都可以得到相同的值。

斯托克斯定理也可以用一句话来描述:环流等于旋度的通量!

> **难点点拨**:在电磁场理论的学习中,对于高斯散度定理和斯托克斯定理,除了正向使用之外,还要善于逆向使用这两个公式。比如$\nabla \cdot \boldsymbol{F}=\rho$,两边同时做体积分,有$\int_V \nabla \cdot \boldsymbol{F}\mathrm{d}V = \int_V \rho \mathrm{d}V$,逆用高斯定理,则有$\oint_S \boldsymbol{F} \cdot \mathrm{d}\boldsymbol{S} = \int_V \rho \mathrm{d}V$;同样,如果$\nabla \times \boldsymbol{F} = \boldsymbol{J}$,则两边做某一开放曲面的通量,有$\int_S \nabla \times \boldsymbol{F} \cdot \mathrm{d}\boldsymbol{S} = \int_S \boldsymbol{J} \cdot \mathrm{d}\boldsymbol{S}$,逆用斯托克斯定理,则$\oint_l \boldsymbol{F} \cdot \mathrm{d}\boldsymbol{l} = \int_S \boldsymbol{J} \cdot \mathrm{d}\boldsymbol{S}$。

例 1.5　已知空间中某矢量场 $\boldsymbol{B}$ 的散度为零，即 $\nabla \cdot \boldsymbol{B}=0$，矢量场 $\boldsymbol{E}$ 的旋度为零，即 $\nabla\times\boldsymbol{E}=0$，试问：可以得到什么积分表达式？

解　选定空间中任意体积 V，对式 $\nabla \cdot \boldsymbol{B}=0$ 两边进行体积分，可得 $\int_V \nabla\cdot \boldsymbol{B}\mathrm{d}V=0$，假设 $\boldsymbol{S}$ 为包围体积 V 的闭合面，逆用高斯散度定理有 $\oint_S \boldsymbol{B}\cdot \mathrm{d}\boldsymbol{S}=0$。

选定空间中任意曲面 $\boldsymbol{S}$，对式 $\nabla\times\boldsymbol{E}=0$ 两边求曲面通量，可得 $\int_S \nabla\times\boldsymbol{E}\cdot\mathrm{d}\boldsymbol{S}=0$，假设 $\boldsymbol{l}$ 为包围体积 V 的闭合环路，逆用斯托克斯定理有 $\oint_l \boldsymbol{E}\cdot\mathrm{d}\boldsymbol{l}=0$。

1.3.3　格林定理

令矢量函数 $\boldsymbol{F}=\phi\,\nabla\psi$，其中 ϕ 和 ψ 都是任意标量函数，则矢量 $\boldsymbol{F}$ 的散度可写为

$$\nabla\cdot\boldsymbol{F}=\nabla\cdot(\phi\,\nabla\psi)=\nabla\phi\cdot\nabla\psi+\phi\,\nabla^2\psi$$

应用高斯散度定理，有

$$\int_V(\phi\,\nabla^2\psi+\nabla\phi\cdot\nabla\psi)\mathrm{d}V=\oint_S\phi\,\nabla\psi\cdot\mathrm{d}\boldsymbol{S}\tag{1-28}$$

式(1-28)称为格林第一公式。将式(1-28)中的两个标量函数互换，可得

$$\int_V(\psi\,\nabla^2\phi+\nabla\psi\cdot\nabla\phi)\mathrm{d}V=\oint_S\psi\,\nabla\phi\cdot\mathrm{d}\boldsymbol{S}\tag{1-29}$$

将式(1-29)和式(1-28)相减，有

$$\int_V(\psi\,\nabla^2\phi-\phi\,\nabla^2\psi)\mathrm{d}V=\oint_S(\psi\,\nabla\phi-\phi\,\nabla\psi)\cdot\mathrm{d}\boldsymbol{S}\tag{1-30}$$

式(1-30)为格林第二公式。在式(1-30)中，面元矢量 $\mathrm{d}\boldsymbol{S}=\mathrm{d}S\boldsymbol{n}$，将标量函数的梯度沿 $\mathrm{d}\boldsymbol{S}$ 的法线方向和切线方向分解，即 $\nabla\phi=\frac{\partial\phi}{\partial n}\boldsymbol{n}+\frac{\partial\phi}{\partial t}\boldsymbol{t}$，$\nabla\psi=\frac{\partial\psi}{\partial n}\boldsymbol{n}+\frac{\partial\psi}{\partial t}\boldsymbol{t}$，其中 $\boldsymbol{n}$ 和 $\boldsymbol{t}$ 分别为面元矢量 $\mathrm{d}\boldsymbol{S}$ 法线方向和切线方向的单位矢量，标量 n 和 t 分别对应于这两个方向上的坐标变量，又 $\boldsymbol{t}\cdot\boldsymbol{n}=0$，故

$$\oint_S\left[\psi\left(\frac{\partial\phi}{\partial n}\boldsymbol{n}+\frac{\partial\phi}{\partial t}\boldsymbol{t}\right)-\phi\left(\frac{\partial\psi}{\partial n}\boldsymbol{n}+\frac{\partial\psi}{\partial t}\boldsymbol{t}\right)\right]\cdot\boldsymbol{n}\,\mathrm{d}S=\oint_S\left(\psi\,\frac{\partial\phi}{\partial n}-\phi\,\frac{\partial\psi}{\partial n}\right)\mathrm{d}S$$

如果考虑到梯度与方向导数之间的关系，即 $f_l=\nabla f\cdot\boldsymbol{e}_l$，则上述结论也是显而易见的。于是格林第二公式又可以写为

$$\int_V(\psi\,\nabla^2\phi-\phi\,\nabla^2\psi)\mathrm{d}V=\oint_S\left(\psi\,\frac{\partial\phi}{\partial n}-\phi\,\frac{\partial\psi}{\partial n}\right)\mathrm{d}S\tag{1-31}$$

格林第一公式、第二公式统称为格林定理。

1.4　三种常用坐标系

1.4.1　坐标变量和基本单位矢量

1.3 节对梯度、散度及旋度的定义都给出了直角坐标系中的表达式，在实际应用中，为了方便分析计算，还采用另外两种正交曲线坐标系：圆柱坐标系和球坐标系。三种坐标系

的坐标变量与基本单位矢量如表 1-1 所示。基本单位矢量简称基矢，其方向为该坐标变量增加的方向，如图 1-10 所示。

表 1-1 三种常用坐标系的坐标变量与基本单位矢量

坐　标　系	坐 标 变 量	基本单位矢量
直角坐标系	x,y,z	$\boldsymbol{e}_x,\boldsymbol{e}_y,\boldsymbol{e}_z$
圆柱坐标系	$r(\rho),\varphi,z$	$\boldsymbol{e}_r(\boldsymbol{e}_\rho),\boldsymbol{e}_\varphi,\boldsymbol{e}_z$
球坐标系	r,θ,φ	$\boldsymbol{e}_r,\boldsymbol{e}_\theta,\boldsymbol{e}_\varphi$

注：圆柱坐标系中平面矢径有时用 r，但本节中平面矢径的坐标变量用 ρ，以防和球坐标系混淆。

在三种坐标系中求解问题时需要注意各坐标变量的变化范围，直角坐标系中三个参量 x、y、z 有

$$\begin{cases}-\infty < x < +\infty \\ -\infty < y < +\infty \\ -\infty < z < +\infty\end{cases}$$

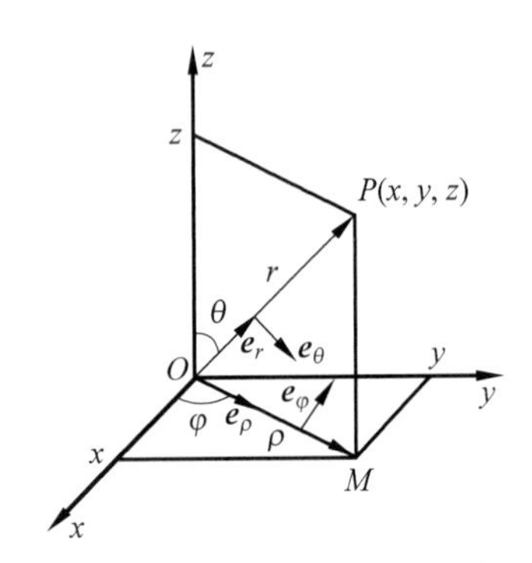

图 1-10 三种常用正交曲线坐标系

球坐标系中矢径 r、极角 θ 和方位角 φ 有

$$\begin{cases}0 \leqslant r < +\infty \\ 0 \leqslant \theta \leqslant \pi \\ 0 \leqslant \varphi < 2\pi\end{cases}$$

圆柱坐标系中平面矢径 ρ、方位角 φ 和参量 z 有

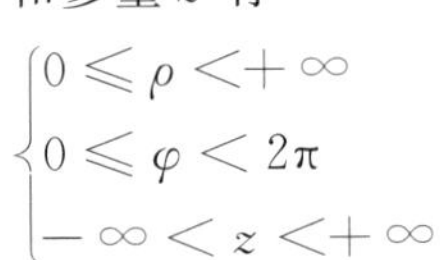

$$\begin{cases}0 \leqslant \rho < +\infty \\ 0 \leqslant \varphi < 2\pi \\ -\infty < z < +\infty\end{cases}$$

当同一坐标系中的基矢进行叉乘时，相同基矢叉乘为 0，不同基矢叉乘时牢记图 1-10 中各个矢量的定义，并运用右手螺旋定则即可，具体如下式。事实上，在正交坐标系中，基矢都满足类似的叉乘关系，它们在空间任一点构成了一个“本地”的“直角坐标系”，但空间不同位置处，相同的基矢方向也不同。

$$\begin{array}{lll}\boldsymbol{e}_x \times \boldsymbol{e}_y = \boldsymbol{e}_z & \boldsymbol{e}_\rho \times \boldsymbol{e}_\varphi = \boldsymbol{e}_z & \boldsymbol{e}_r \times \boldsymbol{e}_\varphi = -\boldsymbol{e}_\theta \\ \boldsymbol{e}_x \times \boldsymbol{e}_z = -\boldsymbol{e}_y & \boldsymbol{e}_\rho \times \boldsymbol{e}_z = -\boldsymbol{e}_\varphi & \boldsymbol{e}_r \times \boldsymbol{e}_\theta = \boldsymbol{e}_\varphi \\ \boldsymbol{e}_y \times \boldsymbol{e}_z = \boldsymbol{e}_x & \boldsymbol{e}_\varphi \times \boldsymbol{e}_z = \boldsymbol{e}_\rho & \boldsymbol{e}_\theta \times \boldsymbol{e}_\varphi = \boldsymbol{e}_r\end{array}$$

1.4.2 坐标变量之间的关系

直角坐标系与圆柱坐标系中各坐标变量之间的关系为

$$\begin{cases}x = \rho\cos\varphi, & \rho = \sqrt{x^2 + y^2} \\ y = \rho\sin\varphi, & \tan\varphi = \dfrac{y}{x} \\ z = z, & z = z\end{cases} \tag{1-32}$$

圆柱坐标系与球坐标系中各坐标变量之间的关系为

$$\begin{cases}\rho = r\sin\theta, & r=\sqrt{\rho^2+z^2}\\ \varphi=\varphi, & \tan\theta=\dfrac{\rho}{z}\\ z=r\cos\theta, & \varphi=\varphi\end{cases} \tag{1-33}$$

直角坐标系与球坐标系中各坐标变量之间的关系为

$$\begin{cases}x = r\sin\theta\cos\varphi, & r=\sqrt{x^2+y^2+z^2}\\ y=r\sin\theta\sin\varphi, & \tan\theta=\dfrac{\sqrt{x^2+y^2}}{z}\\ z=r\cos\theta, & \tan\varphi=\dfrac{y}{x}\end{cases} \tag{1-34}$$

1.4.3　基本单位矢量之间的关系——单位圆法

在分析电磁场问题时，经常需要在不同坐标系间转换，除了坐标变量的转换，还需要各坐标系中基本单位矢量之间的转换，此时需要使用单位圆法。

单位圆法是在选定的合适坐标平面上，以点 P 为圆心，以 1 为半径作一个圆，以 P 为始点做出所有基矢，将欲转换的基矢作为直角三角形的斜边，目标基矢所在方向画出直角边，此斜边的基矢是目标基矢对应直角边的矢量和。

以直角坐标系与圆柱坐标系各基本基矢间的转换为例，两坐标系中坐标变量 z 是相同的，即 $\boldsymbol{e}_z=\boldsymbol{e}_z$，选取 Oxy 平面中的点 P 为圆心作单位圆，并以 P 为始点作出所有基矢，如图 1-11 所示。例如，要将直角坐标系中的基矢 $\boldsymbol{e}_x$ 转换成圆柱坐标系中的基矢表达式，则将基矢 $\boldsymbol{e}_x$ 作为直角三角形的斜边，在 $\boldsymbol{e}_\rho$ 和 $\boldsymbol{e}_\varphi$ 方向画出直角边，此斜边的基矢 $\boldsymbol{e}_x$ 应等于直角三角形另外两条边的矢量和，另两条边的大小分别为 $\cos\varphi$ 和 $\sin\varphi$，而其方向分别为 $\boldsymbol{e}_\rho$ 和 $-\boldsymbol{e}_\varphi$。因为方位角 φ 的对边矢量与圆柱坐标系中的基矢 $\boldsymbol{e}_\varphi$ 反向，故其前有一负号。类推可得直角坐标系与圆柱坐标系中各基本单位矢量之间的关系为

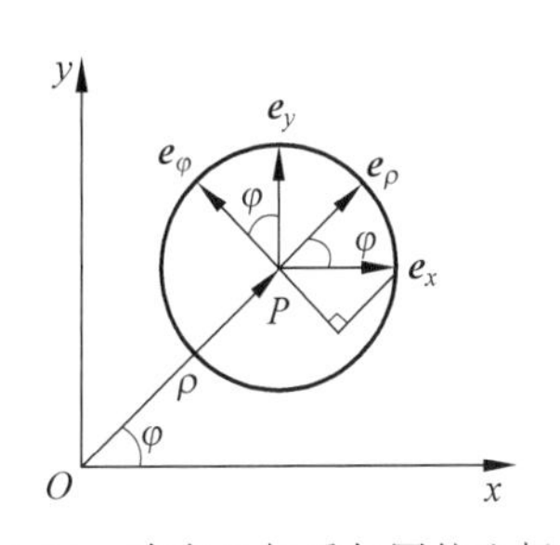

图 1-11　直角坐标系与圆柱坐标系中基矢之间的单位圆法

$$\begin{cases}\boldsymbol{e}_x=\cos\varphi\boldsymbol{e}_\rho-\sin\varphi\boldsymbol{e}_\varphi, & \boldsymbol{e}_\rho=\cos\varphi\boldsymbol{e}_x+\sin\varphi\boldsymbol{e}_y\\ \boldsymbol{e}_y=\sin\varphi\boldsymbol{e}_\rho+\cos\varphi\boldsymbol{e}_\varphi, & \boldsymbol{e}_\varphi=-\sin\varphi\boldsymbol{e}_x+\cos\varphi\boldsymbol{e}_y\\ \boldsymbol{e}_z=\boldsymbol{e}_z, & \boldsymbol{e}_z=\boldsymbol{e}_z\end{cases} \tag{1-35}$$

式(1-35)可写成如下矩阵形式：

$$\begin{pmatrix}\boldsymbol{e}_x\\ \boldsymbol{e}_y\\ \boldsymbol{e}_z\end{pmatrix}=\begin{pmatrix}\cos\varphi & -\sin\varphi & 0\\ \sin\varphi & \cos\varphi & 0\\ 0 & 0 & 1\end{pmatrix}\begin{pmatrix}\boldsymbol{e}_\rho\\ \boldsymbol{e}_\varphi\\ \boldsymbol{e}_z\end{pmatrix} \tag{1-36}$$

$$\begin{pmatrix}\boldsymbol{e}_\rho\\ \boldsymbol{e}_\varphi\\ \boldsymbol{e}_z\end{pmatrix}=\begin{pmatrix}\cos\varphi & \sin\varphi & 0\\ -\sin\varphi & \cos\varphi & 0\\ 0 & 0 & 1\end{pmatrix}\begin{pmatrix}\boldsymbol{e}_x\\ \boldsymbol{e}_y\\ \boldsymbol{e}_z\end{pmatrix} \tag{1-37}$$

在圆柱坐标系与球坐标系中各基本单位矢量进行转换时，因为这两个坐标系中的方位角 φ 是相同的，所以选取 $O\rho z$ 平面中的点 P 为圆心作单位圆，如图 1-12 所示。可得圆柱坐标系与球坐标系中各基本单位矢量之间的关系为

$$\begin{cases} \boldsymbol{e}_\rho = \sin\theta\boldsymbol{e}_r + \cos\theta\boldsymbol{e}_\theta, & \boldsymbol{e}_r = \sin\theta\boldsymbol{e}_\rho + \cos\theta\boldsymbol{e}_z \\ \boldsymbol{e}_\varphi = \boldsymbol{e}_\varphi, & \boldsymbol{e}_\theta = \cos\theta\boldsymbol{e}_\rho - \sin\theta\boldsymbol{e}_z \\ \boldsymbol{e}_z = \cos\theta\boldsymbol{e}_r - \sin\theta\boldsymbol{e}_\theta, & \boldsymbol{e}_\varphi = \boldsymbol{e}_\varphi \end{cases} \tag{1-38}$$

动画视频

式(1-38)写成矩阵形式为

$$\begin{pmatrix} \boldsymbol{e}_\rho \\ \boldsymbol{e}_\varphi \\ \boldsymbol{e}_z \end{pmatrix} = \begin{pmatrix} \sin\theta & \cos\theta & 0 \\ 0 & 0 & 1 \\ \cos\theta & -\sin\theta & 0 \end{pmatrix} \begin{pmatrix} \boldsymbol{e}_r \\ \boldsymbol{e}_\theta \\ \boldsymbol{e}_\varphi \end{pmatrix} \tag{1-39}$$

$$\begin{pmatrix} \boldsymbol{e}_r \\ \boldsymbol{e}_\theta \\ \boldsymbol{e}_\varphi \end{pmatrix} = \begin{pmatrix} \sin\theta & 0 & \cos\theta \\ \cos\theta & 0 & -\sin\theta \\ 0 & 1 & 0 \end{pmatrix} \begin{pmatrix} \boldsymbol{e}_\rho \\ \boldsymbol{e}_\varphi \\ \boldsymbol{e}_z \end{pmatrix} \tag{1-40}$$

图 1-12 圆柱坐标系与球坐标系中基矢之间的单位圆法

将式(1-39)代入式(1-36)中，可以得到球坐标系和直角坐标系中基矢之间的变换关系为

$$\begin{pmatrix} \boldsymbol{e}_x \\ \boldsymbol{e}_y \\ \boldsymbol{e}_z \end{pmatrix} = \begin{pmatrix} \sin\theta\cos\varphi & \cos\theta\cos\varphi & -\sin\varphi \\ \sin\theta\sin\varphi & \cos\theta\sin\varphi & \cos\varphi \\ \cos\theta & -\sin\theta & 0 \end{pmatrix} \begin{pmatrix} \boldsymbol{e}_r \\ \boldsymbol{e}_\theta \\ \boldsymbol{e}_\varphi \end{pmatrix} \tag{1-41}$$

将式(1-37)代入式(1-40)中，也可以得到从直角坐标系转换到球坐标系中基矢之间的变换关系为

$$\begin{pmatrix} \boldsymbol{e}_r \\ \boldsymbol{e}_\theta \\ \boldsymbol{e}_\varphi \end{pmatrix} = \begin{pmatrix} \sin\theta\cos\varphi & \sin\theta\sin\varphi & \cos\theta \\ \cos\theta\cos\varphi & \cos\theta\sin\varphi & -\sin\theta \\ -\sin\varphi & \cos\varphi & 0 \end{pmatrix} \begin{pmatrix} \boldsymbol{e}_x \\ \boldsymbol{e}_y \\ \boldsymbol{e}_z \end{pmatrix} \tag{1-42}$$

例 1.6 请将圆柱坐标系中矢量表达式转换为直角坐标系中的表达式。

(1) $\boldsymbol{E} = \dfrac{2\varepsilon_1}{\varepsilon_2 + \varepsilon_1} E_0 \cos\varphi\boldsymbol{e}_\rho - \dfrac{2\varepsilon_1}{\varepsilon_2 + \varepsilon_1} E_0 \sin\varphi\boldsymbol{e}_\varphi$；(2) $\boldsymbol{A} = \rho\boldsymbol{e}_z$。

解 由 $\rho = \sqrt{x^2 + y^2}$，$\boldsymbol{e}_x = \cos\varphi\boldsymbol{e}_\rho - \sin\varphi\boldsymbol{e}_\varphi$，有

(1) $\boldsymbol{E} = \dfrac{2\varepsilon_1}{\varepsilon_2 + \varepsilon_1} E_0 \boldsymbol{e}_x$；(2) $\boldsymbol{A} = \sqrt{x^2 + y^2}\,\boldsymbol{e}_z$。

例 1.7 有一磁感应强度矢量在直角坐标系中的表示式为

$$\boldsymbol{B} = B_0 \left\{ -\left[\frac{y-h}{x^2 + (y-h)^2} + \frac{y+h}{x^2 + (y+h)^2} \right] \boldsymbol{e}_x + \left[\frac{x}{x^2 + (y-h)^2} + \frac{x}{x^2 + (y+h)^2} \right] \boldsymbol{e}_y \right\}$$

其中，B_0 是常数。试求该磁感应强度矢量在圆柱坐标系中的表示式。

解 将坐标变量的变换关系 $x = \rho\cos\varphi$，$y = \rho\sin\varphi$ 以及基矢间的变换式 $\boldsymbol{e}_x = \cos\varphi\boldsymbol{e}_\rho - \sin\varphi\boldsymbol{e}_\varphi$，$\boldsymbol{e}_y = \sin\varphi\boldsymbol{e}_\rho + \cos\varphi\boldsymbol{e}_\varphi$ 直接代入直角坐标系中的表示式，整理得

$$\boldsymbol{B} = B_0 \left[-\left(\frac{\rho\sin\varphi - h}{\rho^2 + h^2 - 2\rho h\sin\varphi} + \frac{\rho\sin\varphi + h}{\rho^2 + h^2 + 2\rho h\sin\varphi} \right) (\cos\varphi\boldsymbol{e}_\rho - \sin\varphi\boldsymbol{e}_\varphi) + \left(\frac{\rho\cos\varphi}{\rho^2 + h^2 - 2\rho h\sin\varphi} + \frac{\rho\cos\varphi}{\rho^2 + h^2 + 2\rho h\sin\varphi} \right) (\sin\varphi\boldsymbol{e}_\rho + \cos\varphi\boldsymbol{e}_\varphi) \right]$$

$$=B_0\left[\left(\frac{h\cos\varphi}{\rho^2+h^2-2\rho h\sin\varphi}-\frac{h\cos\varphi}{\rho^2+h^2+2\rho h\sin\varphi}\right)\boldsymbol{e}_\rho+\right.$$

$$\left.\left(\frac{\rho-h\sin\varphi}{\rho^2+h^2-2\rho h\sin\varphi}+\frac{\rho+h\sin\varphi}{\rho^2+h^2+2\rho h\sin\varphi}\right)\boldsymbol{e}_\varphi\right]$$

难点点拨：在每一种坐标系中，给定坐标变量即可确定空间一点，同时确定该点的"本地"坐标系，即三个基矢。对矢量场，场的三个分量就是针对这个本地坐标系来讲的；对标量场，就是在该点定义了一个标量数值。对不同坐标系下的场量尤其是矢量场进行转换时，一定要注意转换的彻底性，即：最终表达式中的坐标变量、基矢一定要与选择的坐标系相匹配，不能出现混杂的情况，也不能出现没有用坐标变量或基矢表达的未知量。

1.4.4　三种常用坐标系中的线元、面元和体元

直角坐标系中的线元矢量可表示为

$$\mathrm{d}\boldsymbol{l}=\mathrm{d}x\boldsymbol{e}_x+\mathrm{d}y\boldsymbol{e}_y+\mathrm{d}z\boldsymbol{e}_z \tag{1-43}$$

面元矢量可表示为

$$\mathrm{d}\boldsymbol{S}=\mathrm{d}y\mathrm{d}z\boldsymbol{e}_x+\mathrm{d}z\mathrm{d}x\boldsymbol{e}_y+\mathrm{d}x\mathrm{d}y\boldsymbol{e}_z \tag{1-44}$$

体积元可表示为

$$\mathrm{d}V=\mathrm{d}x\mathrm{d}y\mathrm{d}z \tag{1-45}$$

可以根据直角坐标系与圆柱坐标系、球坐标系中变量的对应关系式(1-32)和式(1-34)及复合函数的求导规则得到柱坐标系及球坐标系中线元、面元及体积元的表示式，下面以圆柱坐标系中为例讲解推导过程。

圆柱坐标系中，任意方向的线元矢量可表示为

$$\mathrm{d}\boldsymbol{l}=\mathrm{d}l_1\boldsymbol{e}_\rho+\mathrm{d}l_2\boldsymbol{e}_\varphi+\mathrm{d}l_3\boldsymbol{e}_z \tag{1-46}$$

$\mathrm{d}l_1$、$\mathrm{d}l_2$、$\mathrm{d}l_3$ 分别为线元矢量 $\mathrm{d}\boldsymbol{l}$ 沿三个单位矢量方向的分量，下面运用式(1-32)求出这三个分量的表达式。

若线元矢量 $\mathrm{d}\boldsymbol{l}$ 只沿 $\boldsymbol{e}_\rho$ 方向，则 $\mathrm{d}l=\mathrm{d}l_1$，且有 $\mathrm{d}\rho\neq0$，$\mathrm{d}\varphi=0$，$\mathrm{d}z=0$，运用式(1-32)得

$$\mathrm{d}x=\frac{\partial(\rho\cos\varphi)}{\partial\rho}\mathrm{d}\rho=\cos\varphi\mathrm{d}\rho$$

$$\mathrm{d}y=\frac{\partial(\rho\sin\varphi)}{\partial\rho}\mathrm{d}\rho=\sin\varphi\mathrm{d}\rho$$

$$\mathrm{d}z=0$$

从而可得

$$\mathrm{d}l=\mathrm{d}l_1=|\mathrm{d}\boldsymbol{l}|=\sqrt{\mathrm{d}x^2+\mathrm{d}y^2+\mathrm{d}z^2}=\mathrm{d}\rho$$

同理，假设线元矢量 $\mathrm{d}\boldsymbol{l}$ 分别只沿 $\mathrm{d}\varphi$ 和 $\mathrm{d}z$ 的方向，可以得到圆柱坐标系中的另外两个线元分量为

$$\mathrm{d}l_2=\rho\mathrm{d}\varphi,\quad \mathrm{d}l_3=\mathrm{d}z$$

将以上结果代入式(1-46)，可得圆柱坐标系中的线元矢量表达式为

$$\mathrm{d}\boldsymbol{l}=\mathrm{d}\rho\boldsymbol{e}_\rho+\rho\mathrm{d}\varphi\boldsymbol{e}_\varphi+\mathrm{d}z\boldsymbol{e}_z \tag{1-47}$$

面元矢量表示式为

$$\begin{aligned}\mathrm{d}\boldsymbol{S} &= \mathrm{d}S_1\boldsymbol{e}_\rho + \mathrm{d}S_2\boldsymbol{e}_\varphi + \mathrm{d}S_3\boldsymbol{e}_z \\ &= \mathrm{d}l_2\mathrm{d}l_3\boldsymbol{e}_\rho + \mathrm{d}l_3\mathrm{d}l_1\boldsymbol{e}_\varphi + \mathrm{d}l_1\mathrm{d}l_2\boldsymbol{e}_z \\ &= \rho\mathrm{d}\varphi\mathrm{d}z\boldsymbol{e}_\rho + \mathrm{d}z\mathrm{d}\rho\boldsymbol{e}_\varphi + \rho\mathrm{d}\rho\mathrm{d}\varphi\boldsymbol{e}_z\end{aligned} \tag{1-48}$$

体积元表示为

$$\mathrm{d}V = \mathrm{d}l_1\mathrm{d}l_2\mathrm{d}l_3 = \rho\mathrm{d}\rho\mathrm{d}\varphi\mathrm{d}z \tag{1-49}$$

圆柱坐标系的元矢量如图 1-13 所示。

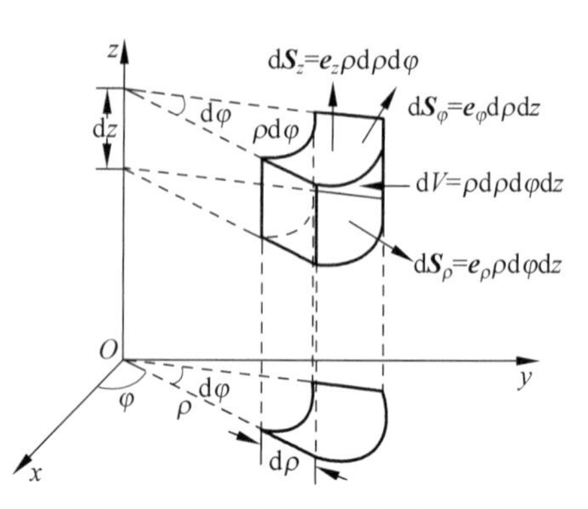

图 1-13 圆柱坐标系中的元矢量

同理,可由式(1-34)得球坐标系中线元矢量的表示式

$$\mathrm{d}\boldsymbol{l} = \mathrm{d}r\boldsymbol{e}_r + r\mathrm{d}\theta\boldsymbol{e}_\theta + r\sin\theta\mathrm{d}\varphi\boldsymbol{e}_\varphi \tag{1-50}$$

面元矢量表示为

$$\mathrm{d}\boldsymbol{S} = r^2\sin\theta\mathrm{d}\theta\mathrm{d}\varphi\boldsymbol{e}_r + r\sin\theta\mathrm{d}\varphi\mathrm{d}r\boldsymbol{e}_\theta + r\mathrm{d}r\mathrm{d}\theta\boldsymbol{e}_\varphi \tag{1-51}$$

体积元表示为

$$\mathrm{d}V = r^2\sin\theta\mathrm{d}r\mathrm{d}\theta\mathrm{d}\varphi \tag{1-52}$$

球坐标系中的元矢量如图 1-14 所示。

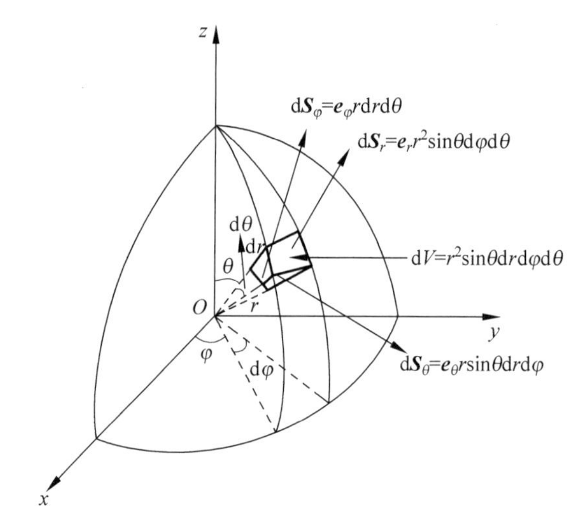

图 1-14 球坐标系中的元矢量

1.4.5 三种常用坐标系中的梯度、散度、旋度及拉普拉斯运算表达式

直角坐标系中标量场的梯度、矢量场的散度和旋度及拉普拉斯运算表达式已给出,根据复合函数求导规则及式(1-32)可得圆柱坐标系中的表达式如下:

$$\nabla f = \boldsymbol{e}_\rho\frac{\partial f}{\partial\rho} + \boldsymbol{e}_\varphi\frac{1}{\rho}\frac{\partial f}{\partial\varphi} + \boldsymbol{e}_z\frac{\partial f}{\partial z} \tag{1-53}$$

$$\nabla\cdot\boldsymbol{F} = \frac{1}{\rho}\left[\frac{\partial}{\partial\rho}(\rho F_\rho) + \frac{\partial F_\varphi}{\partial\varphi} + \rho\frac{\partial F_z}{\partial z}\right] \tag{1-54}$$

$$\nabla\times\boldsymbol{F}=\begin{vmatrix}\dfrac{\boldsymbol{e}_\rho}{\rho} & \boldsymbol{e}_\varphi & \dfrac{\boldsymbol{e}_z}{\rho}\\ \dfrac{\partial}{\partial\rho} & \dfrac{\partial}{\partial\varphi} & \dfrac{\partial}{\partial z}\\ F_\rho & \rho F_\varphi & F_z\end{vmatrix}$$

$$=\frac{\boldsymbol{e}_\rho}{\rho}\left[\frac{\partial F_z}{\partial\varphi}-\rho\frac{\partial F_\varphi}{\partial z}\right]+\boldsymbol{e}_\varphi\left[\frac{\partial F_\rho}{\partial z}-\frac{\partial F_z}{\partial\rho}\right]+\frac{\boldsymbol{e}_z}{\rho}\left[\frac{\partial(\rho F_\varphi)}{\partial\rho}-\frac{\partial F_\rho}{\partial\varphi}\right] \tag{1-55}$$

$$\nabla^2 f=\frac{1}{\rho}\left[\frac{\partial}{\partial\rho}\left(\rho\frac{\partial f}{\partial\rho}\right)+\frac{1}{\rho}\frac{\partial^2 f}{\partial\varphi^2}+\rho\frac{\partial^2 f}{\partial z^2}\right] \tag{1-56}$$

这里以梯度为例说明推导过程。在直角坐标系中标量函数 f 的梯度写为

$$\nabla f=\frac{\partial f}{\partial x}\boldsymbol{e}_x+\frac{\partial f}{\partial y}\boldsymbol{e}_y+\frac{\partial f}{\partial z}\boldsymbol{e}_z=\begin{pmatrix}\dfrac{\partial f}{\partial x} & \dfrac{\partial f}{\partial y} & \dfrac{\partial f}{\partial z}\end{pmatrix}\begin{pmatrix}\boldsymbol{e}_x\\ \boldsymbol{e}_y\\ \boldsymbol{e}_z\end{pmatrix} \tag{1-57}$$

考虑式(1-32)，并运用复合函数求导规则，有

$$\begin{cases}\dfrac{\partial f}{\partial x}=\dfrac{\partial f}{\partial\rho}\cos\varphi-\dfrac{\partial f}{\partial\varphi}\dfrac{\sin\varphi}{\rho}\\ \dfrac{\partial f}{\partial y}=\dfrac{\partial f}{\partial\rho}\sin\varphi+\dfrac{\partial f}{\partial\varphi}\dfrac{\cos\varphi}{\rho}\\ \dfrac{\partial f}{\partial z}=\dfrac{\partial f}{\partial z}\end{cases} \tag{1-58}$$

将式(1-58)及基矢关系式(1-36)代入式(1-57)，有

$$\nabla f=\left(\frac{\partial f}{\partial\rho}\cos\varphi-\frac{\partial f}{\partial\varphi}\frac{\sin\varphi}{\rho},\frac{\partial f}{\partial\rho}\sin\varphi+\frac{\partial f}{\partial\varphi}\frac{\cos\varphi}{\rho},\frac{\partial f}{\partial z}\right)\begin{pmatrix}\cos\varphi & -\sin\varphi & 0\\ \sin\varphi & \cos\varphi & 0\\ 0 & 0 & 1\end{pmatrix}\begin{pmatrix}\boldsymbol{e}_\rho\\ \boldsymbol{e}_\varphi\\ \boldsymbol{e}_z\end{pmatrix}$$

$$=\begin{pmatrix}\dfrac{\partial f}{\partial\rho} & \dfrac{1}{\rho}\dfrac{\partial f}{\partial\varphi} & \dfrac{\partial f}{\partial z}\end{pmatrix}\begin{pmatrix}\boldsymbol{e}_\rho\\ \boldsymbol{e}_\varphi\\ \boldsymbol{e}_z\end{pmatrix}=\frac{\partial f}{\partial\rho}\boldsymbol{e}_\rho+\frac{1}{\rho}\frac{\partial f}{\partial\varphi}\boldsymbol{e}_\varphi+\frac{\partial f}{\partial z}\boldsymbol{e}_z$$

此结果即为式(1-53)。同理，根据复合函数求导规则及式(1-34)，也可以得到球坐标系中的表达式：

$$\nabla f=\boldsymbol{e}_r\frac{\partial f}{\partial r}+\frac{\boldsymbol{e}_\theta}{r}\frac{\partial f}{\partial\theta}+\frac{\boldsymbol{e}_\varphi}{r\sin\theta}\frac{\partial f}{\partial\varphi} \tag{1-59}$$

$$\nabla\cdot\boldsymbol{F}=\frac{1}{r^2\sin\theta}\left[\sin\theta\frac{\partial}{\partial r}(r^2F_r)+r\frac{\partial}{\partial\theta}(\sin\theta F_\theta)+r\frac{\partial F_\varphi}{\partial\varphi}\right] \tag{1-60}$$

$$\nabla\times\boldsymbol{F}=\begin{vmatrix}\dfrac{\boldsymbol{e}_r}{r^2\sin\theta} & \dfrac{\boldsymbol{e}_\theta}{r\sin\theta} & \dfrac{\boldsymbol{e}_\varphi}{r}\\ \dfrac{\partial}{\partial r} & \dfrac{\partial}{\partial\theta} & \dfrac{\partial}{\partial\varphi}\\ F_r & rF_\theta & r\sin\theta F_\varphi\end{vmatrix}=\frac{\boldsymbol{e}_r}{r^2\sin\theta}\left[r\frac{\partial(\sin\theta F_\varphi)}{\partial\theta}-r\frac{\partial F_\theta}{\partial\varphi}\right]+$$

$$\frac{\boldsymbol{e}_\theta}{r\sin\theta}\left[\frac{\partial F_r}{\partial\varphi}-\sin\theta\frac{\partial(rF_\varphi)}{\partial r}\right]+\frac{\boldsymbol{e}_\varphi}{r}\left[\frac{\partial(rF_\theta)}{\partial r}-\frac{\partial F_r}{\partial\theta}\right] \tag{1-61}$$

$$\nabla^2 f=\frac{1}{r^2\sin\theta}\left[\sin\theta\frac{\partial}{\partial r}\left(r^2\frac{\partial f}{\partial r}\right)+\frac{\partial}{\partial\theta}\left(\sin\theta\frac{\partial f}{\partial\theta}\right)+\frac{1}{\sin\theta}\frac{\partial^2 f}{\partial\varphi^2}\right] \tag{1-62}$$

> **难点点拨**：圆柱坐标系和球坐标系下的运算，如梯度、散度、旋度和拉普拉斯运算等，千万不能机械地照搬直角坐标系下的规律。比如，将柱坐标下的梯度按照如下公式计算是大错特错的！
>
> $$\nabla f=\frac{\partial f}{\partial\rho}\boldsymbol{e}_\rho+\frac{\partial f}{\partial\varphi}\boldsymbol{e}_\varphi+\frac{\partial f}{\partial z}\boldsymbol{e}_z$$
>
> 同样的道理，套用如下直角坐标系下的散度公式计算球坐标系下的散度，也是万万不可的。
>
> $$\nabla\cdot\boldsymbol{F}=\frac{\partial F_r}{\partial r}+\frac{\partial F_\theta}{\partial\theta}+\frac{\partial F_\varphi}{\partial\varphi}$$
>
> 梯度、散度、旋度和拉普拉斯运算都是微分运算，在不同坐标系下不同，一定要通过链式求导规则、变量转换关系和基矢转换关系等得到。

此外，还有一些重要的矢量公式见附录A。

例1.8 已知柱坐标系中 $\phi=A\varphi+B$，A、B 为常数，求 $\boldsymbol{E}=-\nabla\phi$。

解 $\boldsymbol{E}=-\nabla\phi=-\left(\frac{\partial\phi}{\partial\rho}\boldsymbol{e}_\rho+\frac{1}{\rho}\frac{\partial\phi}{\partial\varphi}\boldsymbol{e}_\varphi+\frac{\partial\phi}{\partial z}\boldsymbol{e}_z\right)=-\frac{A}{\rho}\boldsymbol{e}_\varphi$

例1.9 已知球坐标系中 $\phi=\frac{q}{4\pi\varepsilon_0 r}$，$\varepsilon_0$ 和 q 为常数，求 $\boldsymbol{E}=-\nabla\phi$。

解 $\boldsymbol{E}=-\nabla\phi=-\left(\frac{\partial\phi}{\partial r}\boldsymbol{e}_r+\frac{1}{r}\frac{\partial\phi}{\partial\varphi}\boldsymbol{e}_\varphi+\frac{1}{r\sin\theta}\frac{\partial\phi}{\partial\theta}\boldsymbol{e}_\theta\right)=\frac{q}{4\pi\varepsilon_0 r^2}\boldsymbol{e}_r$

*1.5 MATLAB绘制矢量场和标量场

学习矢量分析，最大的难点就在于内容比较抽象，不易理解。如果能够用图形的方式展现矢量场、标量场及其梯度、散度、旋度甚至拉普拉斯运算的结果，将会对学习大有裨益。

MATLAB是一个功能强大的软件，也是科研工作者的重要工具。在该软件中，集成了梯度(gradient)、散度(divergence)、旋度(curl)等函数，可以进行数值微分计算；软件中也包含了等值面(isosurface)、等值线(contour、contour3)、曲面(surface)等绘图函数，可以直接或间接地绘制标量函数；尤其值得注意的是，MATLAB中专门设置有针对矢量函数的相关代码，可以完成矢量场的直观表现，如箭头图(quiver、quiver3)、流线图(streamline)、角锥图(coneplot)等。

同时，MATLAB是脚本语言，使用起来简单、方便，基本上可以做到“见名知意”。因此，如果大家在学习过程中能够结合MATLAB的强大功能，对所学内容进行深入研究，不仅可以提高学习效果，还可以掌握科研工具，对今后学习、深造都有好处。

本节以二维的标量和矢量函数为例，介绍几个相关函数，让读者体会一下MATLAB的

强大功能,并起到抛砖引玉的作用。本节例子中使用的标量函数,其数学表达式为

$$z = y\mathrm{e}^{-(x^2+y^2)}$$

1. 二维标量函数及其等值线

对于二维标量函数,可以用空间中的曲面来表示。用不同高度的水平平面截这个曲面,就可以得到三维空间中的等值线(等高线)。通过 surface 函数和 contour3 函数,就可以展现函数的全貌。主要代码如下

```
[X,Y] = meshgrid([ - 2:.25:2]);
%创建直角坐标网格,以原点为中心、边长为4的正方形区域,网格间隔为0.25
Z = Y. * exp( - X.^2 - Y.^2);                                    %计算函数值
surface(X,Y,Z,'EdgeColor',[.8 .8 .8],'FaceColor','none');        %绘制函数对应的曲面
contour3(X,Y,Z,30);                                              %绘制三维空间中的等值线
```

绘制的曲线如图 1-15(a)所示。

2. 二维标量函数的梯度及其箭头图

对于二维标量函数,可以用 gradient 函数取梯度,从而得到一个矢量函数;此矢量函数可以用 quiver 函数绘制箭头图;如果用 contour 函数绘制该标量函数的等值线,还可以发现梯度和等值线是正交的。主要代码如下

```
[X,Y] = meshgrid( - 2:.2:2);
%创建直角坐标网格,以原点为中心、边长为4的正方形区域,网格间隔为0.2
Z = Y. * exp( - X.^2 - Y.^2);              %计算函数值
[DX,DY] = gradient(Z,.2,.2);               %数值计算函数的梯度
contour(X,Y,Z);                            %绘制二维等高线,即所有等高线重叠画在一个平面内
hold on;                                   %告诉MATLAB,还要继续绘制曲线
quiver(X,Y,DX,DY);                         %绘制梯度函数
```

最终结果如图 1-15(b)所示。

3. 曲面的法向矢量及其箭头图

对于二维标量函数对应的曲面,可以用 surfnorm 来计算其法向矢量,继而用 quiver3 函数在空间展现出来。主要代码如下

```
[X,Y] = meshgrid( - 2:0.25:2, - 1:0.2:1);
% 创建网格,以原点为中心、长为4、宽度为2长方形区域,网格间隔为0.25和0.2
Z = Y. * exp( - X.^2 - Y.^2);              %计算函数值
[U,V,W] = surfnorm(X,Y,Z);                 %计算其法向矢量
quiver3(X,Y,Z,U,V,W,0.5);                  %绘制箭头图
hold on                                    %告诉MATLAB,还要继续绘制曲线
surf(X,Y,Z);                               %绘制函数对应的曲面
```

最终绘制结果如图 1-15(c)所示。

从上述结果可以看出,利用 MATLAB 配合学习矢量分析,形象、直观、生动,读者可以边学边用,以学习带动学习,从而起到“一箭双雕”的效果!在后续章节中也会适时结合讲授内容补充相关代码,供大家使用。

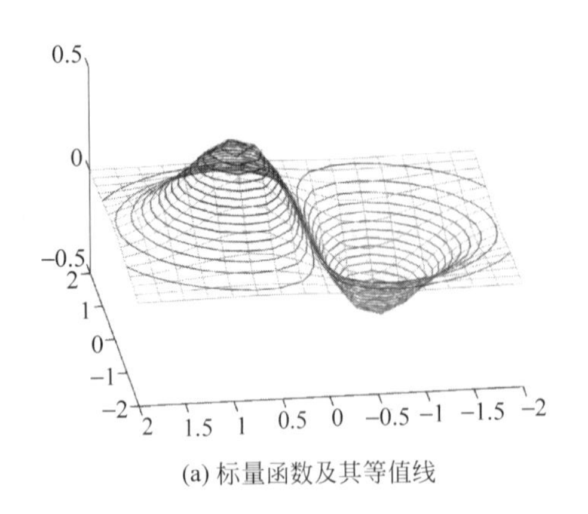

(a) 标量函数及其等值线

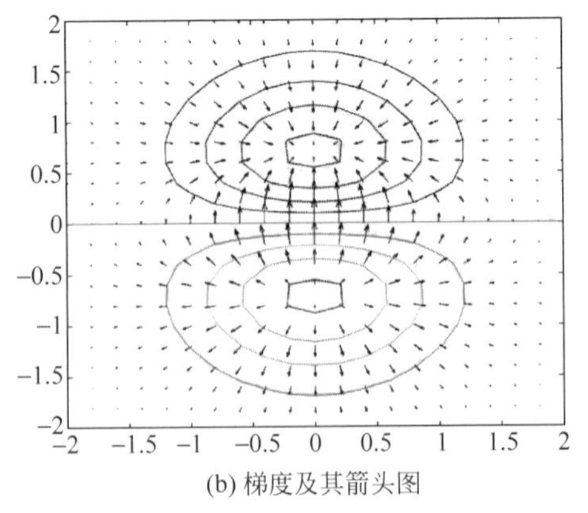

(b) 梯度及其箭头图

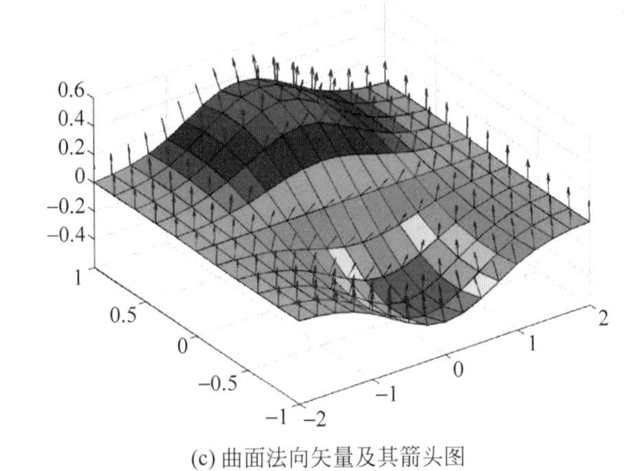

(c) 曲面法向矢量及其箭头图

图 1-15 用 MATLAB 绘制标量和矢量函数

本章小结

1. 直角坐标系中的矢量公式

单位矢量：

$$\boldsymbol{e}_A=\frac{\boldsymbol{A}}{|\boldsymbol{A}|}=\frac{\boldsymbol{A}}{A}=\frac{A_x\boldsymbol{e}_x+A_y\boldsymbol{e}_y+A_z\boldsymbol{e}_z}{\sqrt{A_x^2+A_y^2+A_z^2}}$$

标量积：

$$\boldsymbol{A}\cdot\boldsymbol{B}=\boldsymbol{B}\cdot\boldsymbol{A}=A_xB_x+A_yB_y+A_zB_z$$

矢量积：

$$\boldsymbol{A}\times\boldsymbol{B}=-\boldsymbol{B}\times\boldsymbol{A}=\begin{vmatrix}\boldsymbol{e}_x & \boldsymbol{e}_y & \boldsymbol{e}_z\\ A_x & A_y & A_z\\ B_x & B_y & B_z\end{vmatrix}$$

$$=(A_yB_z-B_yA_z)\boldsymbol{e}_x+(A_zB_x-B_zA_x)\boldsymbol{e}_y+(A_xB_y-B_xA_y)\boldsymbol{e}_z$$

2. 三种坐标系中的线元、面积元及体积元

直角坐标系：

$$\mathrm{d}\boldsymbol{l}=\mathrm{d}x\boldsymbol{e}_x+\mathrm{d}y\boldsymbol{e}_y+\mathrm{d}z\boldsymbol{e}_z$$

$$\mathrm{d}\boldsymbol{S}=\mathrm{d}y\mathrm{d}z\boldsymbol{e}_x+\mathrm{d}z\mathrm{d}x\boldsymbol{e}_y+\mathrm{d}x\mathrm{d}y\boldsymbol{e}_z$$

$$\mathrm{d}V=\mathrm{d}x\mathrm{d}y\mathrm{d}z$$

圆柱坐标系：

$$\mathrm{d}\boldsymbol{l}=\mathrm{d}\rho\boldsymbol{e}_\rho+\rho\mathrm{d}\varphi\boldsymbol{e}_\varphi+\mathrm{d}z\boldsymbol{e}_z$$

$$\mathrm{d}\boldsymbol{S}=\rho\mathrm{d}\varphi\mathrm{d}z\boldsymbol{e}_\rho+\mathrm{d}z\mathrm{d}\rho\boldsymbol{e}_\varphi+\rho\mathrm{d}\rho\mathrm{d}\varphi\boldsymbol{e}_z$$

$$\mathrm{d}V=\mathrm{d}l_1\mathrm{d}l_2\mathrm{d}l_3=\rho\mathrm{d}\rho\mathrm{d}\varphi\mathrm{d}z$$

球坐标系：

$$\mathrm{d}\boldsymbol{l}=\mathrm{d}r\boldsymbol{e}_r+r\mathrm{d}\theta\boldsymbol{e}_\theta+r\sin\theta\mathrm{d}\varphi\boldsymbol{e}_\varphi$$

$$\mathrm{d}\boldsymbol{S}=r^2\sin\theta\mathrm{d}\theta\mathrm{d}\varphi\boldsymbol{e}_r+r\sin\theta\mathrm{d}\varphi\mathrm{d}r\boldsymbol{e}_\theta+r\mathrm{d}r\mathrm{d}\theta\boldsymbol{e}_\varphi$$

$$\mathrm{d}V=r^2\sin\theta\mathrm{d}r\mathrm{d}\theta\mathrm{d}\varphi$$

3. 三种坐标系中的梯度、散度、旋度及拉普拉斯运算

直角坐标系：

$$\nabla f=\frac{\partial f}{\partial x}\boldsymbol{e}_x+\frac{\partial f}{\partial y}\boldsymbol{e}_y+\frac{\partial f}{\partial z}\boldsymbol{e}_z$$

$$\nabla\cdot\boldsymbol{F}=\frac{\partial F_x}{\partial x}+\frac{\partial F_y}{\partial y}+\frac{\partial F_z}{\partial z}$$

$$\nabla\times\boldsymbol{F}=\begin{vmatrix}\boldsymbol{e}_x & \boldsymbol{e}_y & \boldsymbol{e}_z\\ \dfrac{\partial}{\partial x} & \dfrac{\partial}{\partial y} & \dfrac{\partial}{\partial z}\\ F_x & F_y & F_z\end{vmatrix}=\left(\frac{\partial F_z}{\partial y}-\frac{\partial F_y}{\partial z}\right)\boldsymbol{e}_x+\left(\frac{\partial F_x}{\partial z}-\frac{\partial F_z}{\partial x}\right)\boldsymbol{e}_y+\left(\frac{\partial F_y}{\partial x}-\frac{\partial F_x}{\partial y}\right)\boldsymbol{e}_z$$

$$\nabla^2 f=\Delta f=\nabla\cdot\nabla f=\frac{\partial^2 f}{\partial x^2}+\frac{\partial^2 f}{\partial y^2}+\frac{\partial^2 f}{\partial z^2}$$

圆柱坐标系：

$$\nabla f=\boldsymbol{e}_\rho\frac{\partial f}{\partial\rho}+\boldsymbol{e}_\varphi\frac{1}{\rho}\frac{\partial f}{\partial\varphi}+\boldsymbol{e}_z\frac{\partial f}{\partial z}$$

$$\nabla\cdot\boldsymbol{F}=\frac{1}{\rho}\left[\frac{\partial}{\partial\rho}(\rho F_\rho)+\frac{\partial F_\varphi}{\partial\varphi}+\rho\frac{\partial F_z}{\partial z}\right]$$

$$\nabla\times\boldsymbol{F}=\begin{vmatrix}\dfrac{\boldsymbol{e}_\rho}{\rho} & \boldsymbol{e}_\varphi & \dfrac{\boldsymbol{e}_z}{\rho}\\ \dfrac{\partial}{\partial\rho} & \dfrac{\partial}{\partial\varphi} & \dfrac{\partial}{\partial z}\\ F_\rho & \rho F_\varphi & F_z\end{vmatrix}=\frac{\boldsymbol{e}_\rho}{\rho}\left[\frac{\partial F_z}{\partial\varphi}-\rho\frac{\partial F_\varphi}{\partial z}\right]+\boldsymbol{e}_\varphi\left[\frac{\partial F_\rho}{\partial z}-\frac{\partial F_z}{\partial\rho}\right]+\frac{\boldsymbol{e}_z}{\rho}\left[\frac{\partial(\rho F_\varphi)}{\partial\rho}-\frac{\partial F_\rho}{\partial\varphi}\right]$$

$$\nabla^2 f=\frac{1}{\rho}\left[\frac{\partial}{\partial\rho}\left(\rho\frac{\partial f}{\partial\rho}\right)+\frac{1}{\rho}\frac{\partial^2 f}{\partial\varphi^2}+\rho\frac{\partial^2 f}{\partial z^2}\right]$$

球坐标系：

$$\nabla f=\boldsymbol{e}_r\frac{\partial f}{\partial r}+\frac{\boldsymbol{e}_\theta}{r}\frac{\partial f}{\partial\theta}+\frac{\boldsymbol{e}_\varphi}{r\sin\theta}\frac{\partial f}{\partial\varphi}$$

$$\nabla\cdot\boldsymbol{F}=\frac{1}{r^2\sin\theta}\left[\sin\theta\frac{\partial}{\partial r}(r^2F_r)+r\frac{\partial}{\partial\theta}(\sin\theta F_\theta)+r\frac{\partial F_\varphi}{\partial\varphi}\right]$$

$$\nabla\times\boldsymbol{F}=\begin{vmatrix}\dfrac{\boldsymbol{e}_r}{r^2\sin\theta} & \dfrac{\boldsymbol{e}_\theta}{r\sin\theta} & \dfrac{\boldsymbol{e}_\varphi}{r}\\ \dfrac{\partial}{\partial r} & \dfrac{\partial}{\partial\theta} & \dfrac{\partial}{\partial\varphi}\\ F_r & rF_\theta & r\sin\theta F_\varphi\end{vmatrix}$$

$$=\frac{\boldsymbol{e}_r}{r^2\sin\theta}\left[r\frac{\partial(\sin\theta F_\varphi)}{\partial\theta}-r\frac{\partial F_\theta}{\partial\varphi}\right]+\frac{\boldsymbol{e}_\theta}{r\sin\theta}\left[\frac{\partial F_r}{\partial\varphi}-\sin\theta\frac{\partial(rF_\varphi)}{\partial r}\right]+\frac{\boldsymbol{e}_\varphi}{r}\left[\frac{\partial(rF_\theta)}{\partial r}-\frac{\partial F_r}{\partial\theta}\right]$$

$$\nabla^2 f=\frac{1}{r^2\sin\theta}\left[\sin\theta\frac{\partial}{\partial r}\left(r^2\frac{\partial f}{\partial r}\right)+\frac{\partial}{\partial\theta}\left(\sin\theta\frac{\partial f}{\partial\theta}\right)+\frac{1}{\sin\theta}\frac{\partial^2 f}{\partial\varphi^2}\right]$$

4. 主要定理

高斯散度定理：

$$\int_V\nabla\cdot\boldsymbol{F}\mathrm{d}V=\oint_S\boldsymbol{F}\cdot\mathrm{d}\boldsymbol{S}$$

斯托克斯定理：

$$\int_S(\nabla\times\boldsymbol{F})\cdot\mathrm{d}\boldsymbol{S}=\oint_l\boldsymbol{F}\cdot\mathrm{d}\boldsymbol{l}$$

格林定理：

$$\int_V(\phi\nabla^2\psi+\nabla\phi\cdot\nabla\psi)\mathrm{d}V=\oint_S\phi\nabla\psi\cdot\mathrm{d}\boldsymbol{S}\quad\text{（第一公式）}$$

$$\int_V(\psi\nabla^2\phi-\phi\nabla^2\psi)\mathrm{d}V=\oint_S\left(\psi\frac{\partial\phi}{\partial n}-\phi\frac{\partial\psi}{\partial n}\right)\mathrm{d}S\quad\text{（第二公式）}$$

习题

1.1 已知$\boldsymbol{A}=\boldsymbol{e}_x+4\boldsymbol{e}_y+8\boldsymbol{e}_z$,$\boldsymbol{B}=4\boldsymbol{e}_x+b\boldsymbol{e}_y+c\boldsymbol{e}_z$,并且$\boldsymbol{B}$的模$B=9$,试求$b$与$c$各为何值时才能使$\boldsymbol{A}\perp\boldsymbol{B}$。

1.2 一个三角形的边长分别为a、b、c,其中a、b边之间的夹角为θ。试用矢量运算证明余弦定理$c=\sqrt{a^2+b^2-2ab\cos\theta}$成立。

1.3 试证明三个矢量$\boldsymbol{A}=11\boldsymbol{e}_x+\boldsymbol{e}_y+2\boldsymbol{e}_z$,$\boldsymbol{B}=17\boldsymbol{e}_x+2\boldsymbol{e}_y+3\boldsymbol{e}_z$,$\boldsymbol{C}=5\boldsymbol{e}_x+\boldsymbol{e}_z$在同一平面上。

1.4 若矢量$\boldsymbol{A}$、$\boldsymbol{B}$、$\boldsymbol{C}$为常矢量,试证明$\boldsymbol{A}\times(\boldsymbol{B}\times\boldsymbol{C})=(\boldsymbol{A}\cdot\boldsymbol{C})\boldsymbol{B}-(\boldsymbol{A}\cdot\boldsymbol{B})\boldsymbol{C}$。

1.5 已知矢量$\boldsymbol{D}=\dfrac{Q\boldsymbol{e}_r}{4\pi r^2}$,其中$Q$为常量,$\boldsymbol{r}=x\boldsymbol{e}_x+y\boldsymbol{e}_y+z\boldsymbol{e}_z$,$r=|\boldsymbol{r}|$,$\boldsymbol{e}_r=\dfrac{\boldsymbol{r}}{r}$,计算$\boldsymbol{D}$的散度。

1.6 试证明：

(1) $\nabla\cdot\dfrac{\boldsymbol{R}}{R^3}=-\nabla'\cdot\dfrac{\boldsymbol{R}}{R^3}=0$；(2) $\nabla\dfrac{1}{r}=-\dfrac{\boldsymbol{e}_r}{r^2}$；(3) $\nabla\times\boldsymbol{r}=0$；

(4) $\nabla\times\dfrac{\boldsymbol{r}}{r}=0$；(5) $\nabla\times[f(r)\boldsymbol{e}_r]=0$；(6) $\nabla^2\dfrac{1}{R}=0(R\neq0)$。

其中,$R=\sqrt{(x-x')^2+(y-y')^2+(z-z')^2}\neq0$,$\nabla$和$\nabla'$分别是对场点与源点的矢量微分算

符；$\boldsymbol{r}=x\boldsymbol{e}_x+y\boldsymbol{e}_y+z\boldsymbol{e}_z$ 是空间矢径，$\boldsymbol{e}_r=\dfrac{\boldsymbol{r}}{r}$；$f(r)$是 r 的函数。

1.7　已知 C 为一常数，ϕ、A 分别为标量函数和矢量函数，试证明：

(1) $\nabla\times(C\boldsymbol{A})=C\,\nabla\times\boldsymbol{A}$；　(2) $\nabla\times(\phi\boldsymbol{A})=\phi\,\nabla\times\boldsymbol{A}+\nabla\phi\times\boldsymbol{A}$。

1.8　已知标量函数 $\phi=3x^2y$，矢量函数 $\boldsymbol{A}=x^3yz\boldsymbol{e}_y+3xy^3\boldsymbol{e}_z$，试求$\nabla\times(\phi\boldsymbol{A})$的值。

1.9　已知 u、v 都是标量函数，试证明$\nabla^2(uv)=u\,\nabla^2v+v\,\nabla^2u+2\,\nabla u\cdot\nabla v$ 成立。

1.10　已知矢量函数 $\boldsymbol{F}=xy\boldsymbol{e}_x-2x\boldsymbol{e}_y$，试计算由 $x^2+y^2=9$，$x=0$ 和 $y=0$ 所构成的闭合曲线(第 1 象限，逆时针方向)的线积分，并验证斯托克斯定理成立。

1.11　已知空间任意点位置矢量为 $\boldsymbol{r}=x\boldsymbol{e}_x+y\boldsymbol{e}_y+z\boldsymbol{e}_z$，求$\nabla\cdot\boldsymbol{r}$，并运用高斯散度定理求积分 $I=\oint_S\boldsymbol{r}\cdot\mathrm{d}\boldsymbol{S}$，其中 S 为以原点为球心、半径为 a 的球面。

1.12　已知圆柱坐标系中标量函数 $f=\left(Ar+\dfrac{B}{r}\right)\cos\varphi$，求$\nabla f$。

1.13　已知圆柱坐标系的点$\left(3\sqrt{3},\dfrac{2\pi}{3},3\right)$，试求：

(1) 该点在直角坐标系中的坐标；(2) 该点在球坐标系中的坐标。

1.14　在球坐标系中试证明电场强度 $\boldsymbol{E}=\dfrac{1}{r^2}\boldsymbol{e}_r$是无旋场，并求出与其对应的标量电势函数 ϕ。

1.15　由直角坐标系中的线元矢量表达式及式(1-34)推导球坐标系中的线元矢量表达式。

1.16　已知 x、y 和 r、φ 分别是直角坐标系和极坐标系内的坐标变量，试证明算符等式 $\dfrac{\partial^2}{\partial x^2}+\dfrac{\partial^2}{\partial y^2}=\dfrac{1}{r}\dfrac{\partial}{\partial r}\left(r\dfrac{\partial}{\partial r}\right)+\dfrac{1}{r^2}\dfrac{\partial^2}{\partial\varphi^2}$ 成立。

1.17　在直角坐标系下证明标量场 f 梯度的旋度为零，矢量场 $\boldsymbol{F}$ 旋度的散度为零。

第2章 静电场

CHAPTER 2

本章导读：在学习了矢量分析和场论的基础知识之后，本章将介绍静电场问题。静电场是电磁场问题的基础，主要研究电荷分布与电场分布之间的关系、静电场的性质、电偶极子、材料的极化及其机理、静电场的方程、电容、静电场的能量等。对于静电场的学习，一定要把握库仑定律和场的叠加原理，这是研究静电场其他问题的基础；同时，要体会化整为零的思路，将连续电荷分布和点电荷分布联系起来。电和磁是电磁理论的"左手"和"右手"，利用对照方法学习是非常重要的。掌握静电场的内容，将为学习静磁场打下基础。

2.1 库仑定律和电场强度

2.1.1 库仑定律

库仑定律是静电现象的基本实验定律，也是静电理论的基础。1785年从扭秤实验得到的库仑定律表明，真空中两个静止点电荷之间的相互作用力（即库仑力）正比于它们的电量 Q_1 和 Q_2 的乘积，而与两点电荷之间的距离 R 的平方成反比，且两电荷同号时为斥力，异号时为吸力，库仑力的方向沿两点电荷的连线方向。如图2-1所示，点电荷 Q_1 作用于 Q_2 的库仑力可表示为

$$\boldsymbol{F}_{21}=\frac{Q_1Q_2}{4\pi\varepsilon_0R_{12}^2}\boldsymbol{e}_{R_{12}}=\frac{Q_1Q_2}{4\pi\varepsilon_0R_{12}^3}\boldsymbol{R}_{12} \tag{2-1}$$

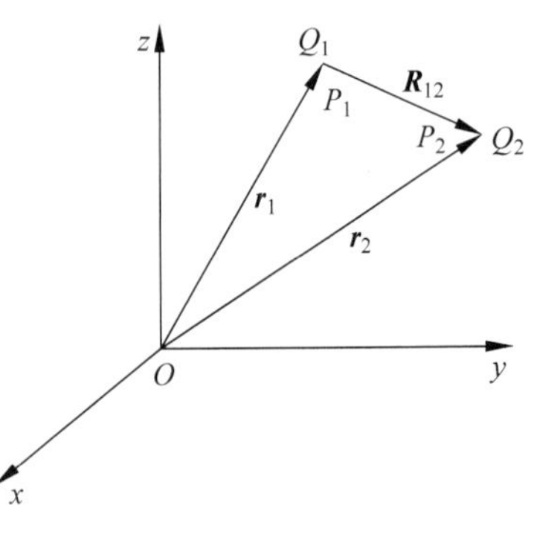

图2-1 Q_1 作用于 Q_2 的库仑力

其中，$\boldsymbol{R}_{12}$ 是从 Q_1 指向 Q_2 的距离矢量，即

$$\boldsymbol{R}_{12}=\boldsymbol{r}_2-\boldsymbol{r}_1=(x_2-x_1)\boldsymbol{e}_x+(y_2-y_1)\boldsymbol{e}_y+(z_2-z_1)\boldsymbol{e}_z \tag{2-2}$$

$\boldsymbol{e}_{R_{12}}=\dfrac{\boldsymbol{R}_{12}}{R_{12}}$ 是距离矢量 $\boldsymbol{R}_{12}$ 上的单位矢量；ε_0 是真空（自由空间）的介电常数（电容率），这是一个重要而常用的物理常数，其值为

$$\varepsilon_0=8.854\times10^{-12}\,\text{F/m}\approx\frac{1}{36\pi}\times10^{-9}\,\text{F/m}$$

反之，Q_2 作用于 Q_1 的库仑力则为

$$\boldsymbol{F}_{12}=\frac{Q_1Q_2}{4\pi\varepsilon_0R_{21}^2}\boldsymbol{e}_{R_{21}}=\frac{Q_1Q_2}{4\pi\varepsilon_0R_{21}^3}\boldsymbol{R}_{21} \tag{2-3}$$

因 $\boldsymbol{R}_{21}=-\boldsymbol{R}_{12}$，而 $R_{21}=R_{12}$，由式(2-1)与式(2-3)可得 $\boldsymbol{F}_{12}=-\boldsymbol{F}_{21}$。

通常，当带电体的线度远小于它们之间的距离时，此带电体可视为点电荷。

2.1.2　电场强度

将试验电荷 Q'置于点电荷 Q 附近，按库仑定律，Q'将受到 Q 的库仑力的作用，反过来，Q 也受到 Q'的库仑力的作用。可以从另外一个方面考虑这个现象：即试验电荷 Q'位于电荷 Q 所产生的电场中，从而受到了该电场对它的力的作用。电场是一种特殊形式的物质，表征电场特性的基本物理量是电场强度 $\boldsymbol{E}$。电场中某点的电场强度是单位正电荷置于该点所受的电场力(即库仑力)，可表示为

$$\boldsymbol{E}=\frac{\boldsymbol{F}}{Q'} \tag{2-4}$$

因此，点电荷 Q 在距离它为 R 的某点 P(称为场点)处所产生的电场强度为

$$\boldsymbol{E}=\frac{Q}{4\pi\varepsilon_0R^2}\boldsymbol{e}_R=\frac{Q}{4\pi\varepsilon_0}\frac{\boldsymbol{R}}{R^3}=\frac{Q}{4\pi\varepsilon_0}\frac{\boldsymbol{r}-\boldsymbol{r}'}{|\boldsymbol{r}-\boldsymbol{r}'|^3} \tag{2-5}$$

其中，$\boldsymbol{r}$ 和 $\boldsymbol{r}'$分别是从坐标原点向场点和源点(点电荷所在的点)引出的空间矢径。在计算电磁场问题时，区分场点与加撇的源点的坐标是很重要的。若用(x,y,z)和(x',y',z')分别表示场点和源点在直角坐标系内的空间坐标，如图 2-2 所示，则源点到场点的距离矢量可表示为

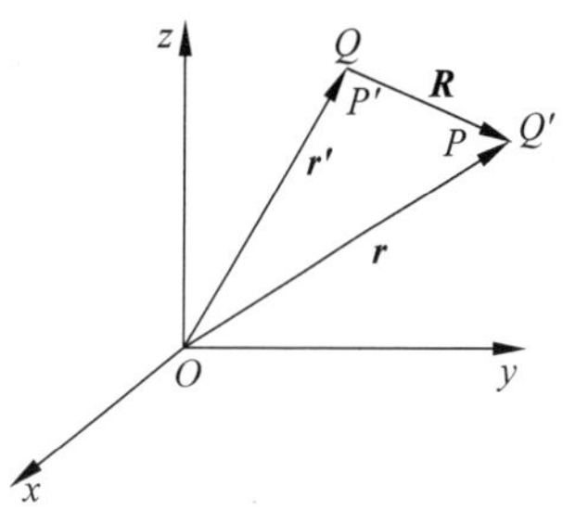

图 2-2　点电荷的电场

$$\boldsymbol{R}=\boldsymbol{r}-\boldsymbol{r}'=(x-x')\boldsymbol{e}_x+(y-y')\boldsymbol{e}_y+(z-z')\boldsymbol{e}_z$$

距离矢量 $\boldsymbol{R}$ 的模与其单位矢量分别为

$$R=|\boldsymbol{r}-\boldsymbol{r}'|=\sqrt{(x-x')^2+(y-y')^2+(z-z')^2}$$

$$\boldsymbol{e}_R=\frac{\boldsymbol{R}}{R}=\frac{\boldsymbol{r}-\boldsymbol{r}'}{|\boldsymbol{r}-\boldsymbol{r}'|}$$

由式(2-5)可见，点电荷 Q 在场点所产生的场强与试验电荷 Q'无关。当电荷连续分布时，试验电荷 Q'必须足够小，否则它会影响原来的电荷分布。这时场强 $\boldsymbol{E}$ 可定义为

$$\boldsymbol{E}=\lim_{Q'\to 0}\frac{\boldsymbol{F}}{Q'}$$

2.1.3　场的叠加原理和库仑场强法

设有 N 个点电荷(点电荷群)，试验电荷 Q'位于它们共同产生的电场之中，因此受到了每个点电荷对它的库仑作用力。由于库仑力为一矢量，满足矢量叠加原理，所以，试验电荷 Q'所受到的总的电场力为

$$\boldsymbol{F}=\boldsymbol{F}_1+\boldsymbol{F}_2+\cdots+\boldsymbol{F}_N=\frac{1}{4\pi\varepsilon_0}\sum_{i=1}^{N}\frac{Q_iQ'\boldsymbol{e}_{R_i}}{R_i^2}$$

根据电场强度的定义，这些点电荷在试验电荷 Q'处所产生的电场强度为

$$\boldsymbol{E}=\frac{\boldsymbol{F}}{Q'}=\frac{\boldsymbol{F}_1+\boldsymbol{F}_2+\cdots+\boldsymbol{F}_N}{Q'}=\boldsymbol{E}_1+\boldsymbol{E}_2+\cdots+\boldsymbol{E}_N$$

$$=\frac{1}{4\pi\varepsilon_0}\sum_{i=1}^{N}\frac{Q_i\boldsymbol{e}_{R_i}}{R_i^2}=\frac{1}{4\pi\varepsilon_0}\sum_{i=1}^{N}\frac{Q_i(\boldsymbol{r}-\boldsymbol{r}_i')}{|\boldsymbol{r}-\boldsymbol{r}_i'|^3} \tag{2-6}$$

上式表明,电场强度也满足矢量的叠加原理。库仑定律和电场的矢量叠加原理构成了静电场理论的最基础部分。

若电荷连续地分布在一个体积 V' 内,可用电荷体密度 $\rho(x',y',z')=\frac{\mathrm{d}Q}{\mathrm{d}V'}$(简称电荷密度)描述;若电荷连续地分布在一个空间曲面 S' 上,可用电荷面密度 $\rho_S(x',y',z')=\frac{\mathrm{d}Q}{\mathrm{d}S'}$ 描述;若电荷连续地分布在一条空间曲线 l' 上,可用电荷线密度 $\rho_l(x',y',z')=\frac{\mathrm{d}Q}{\mathrm{d}l'}$ 描述。

对于连续分布的电荷,可以像切土豆丁一样把它切分成许多小电荷元,这样,连续分布的电荷就可以用离散分布的点电荷系统来代替,每个电荷元的电量为 $\mathrm{d}Q$,它所产生的场强元为

$$\mathrm{d}\boldsymbol{E}=\frac{\mathrm{d}Q}{4\pi\varepsilon_0 R^2}\boldsymbol{e}_R \tag{2-7}$$

应用场的叠加原理,可得连续分布电荷的电场强度为

$$\boldsymbol{E}=\int\mathrm{d}\boldsymbol{E}=\frac{1}{4\pi\varepsilon_0}\int\frac{\mathrm{d}Q}{R^2}\boldsymbol{e}_R=\frac{1}{4\pi\varepsilon_0}\int\frac{(\boldsymbol{r}-\boldsymbol{r}')\mathrm{d}Q}{|\boldsymbol{r}-\boldsymbol{r}'|^3} \tag{2-8}$$

式中,电荷元 $\mathrm{d}Q$ 在电荷连续分布为体分布、面分布或线分布时,可分别表示成 $\mathrm{d}Q=\rho\mathrm{d}V'$、$\mathrm{d}Q=\rho_S\mathrm{d}S'$ 或 $\mathrm{d}Q=\rho_l\mathrm{d}l'$,相应的积分是电荷分布所在区域的体积分、空间曲面积分或曲线积分。

式(2-8)是由点电荷的电场所求得的计算连续分布电荷产生电场的公式,可称之为库仑场强公式。由此可见,点电荷的电场是基本场。

于是,对应于不同的连续电荷分布,其电场强度可分别表示为

体分布

$$\boldsymbol{E}(x,y,z)=\frac{1}{4\pi\varepsilon_0}\int_{V'}\frac{\rho(x',y',z')}{R^2}\boldsymbol{e}_R\mathrm{d}V' \tag{2-9}$$

面分布

$$\boldsymbol{E}(x,y,z)=\frac{1}{4\pi\varepsilon_0}\int_{S'}\frac{\rho_S(x',y',z')}{R^2}\boldsymbol{e}_R\mathrm{d}S' \tag{2-10}$$

线分布

$$\boldsymbol{E}(x,y,z)=\frac{1}{4\pi\varepsilon_0}\int_{l'}\frac{\rho_l(x',y',z')}{R^2}\boldsymbol{e}_R\mathrm{d}l' \tag{2-11}$$

难点点拨:(1) 在上述矢量积分过程中,参与积分的变量是加撇变量,表示源电荷的分布;不加撇变量不参与积分,表示特定的场点位置;由于不加撇变量具有任意性,所以积分的结果仍然是关于不加撇变量的点函数;

(2) 在实际题目中,给出的电荷密度分布一般也是不加撇变量的函数,要有意识地将其修改为加撇变量,否则,积分时会出现混淆;

(3) 积分式中的 R、$\boldsymbol{e}_R$ 等均是变量,绝对不可以放到积分号的外面;

（4）上述矢量积分都包含了三个标量形式的积分，分别表示矢量的三个分量；

（5）可以设想，在不加撇变量确定的场点位置，放置有红、绿、蓝三个箭头，分别表示当地的基本矢量；具体积分时，需要将电场强度微元的方向，即 $\boldsymbol{e}_R$ 的方向，投射到这三个箭头方向上，然后再分别对红、绿、蓝三个分量进行积分，得到在该点的矢量的三个分量。

已知电荷分布，利用上述公式进行矢量积分而求电场强度的时候，一般按照以下步骤展开：应先选取一个合适的坐标系，一般是使问题的边界面与某个坐标系的坐标面重合或部分重合，以使问题在该坐标系中的数学表达最简单；要先定性分析后再定量计算，注意对称性的应用，并善于利用已有的结果；具体计算时，先从小电荷元 $\mathrm{d}Q$ 入手，得出其场强元 $\mathrm{d}\boldsymbol{E}=\dfrac{\mathrm{d}Q}{4\pi\varepsilon_0 R^2}\boldsymbol{e}_R$，然后将场强元在场点位置进行矢量分解，即分解为场强元的"红、绿、蓝"三个分量，这三个分量都是标量，分别对场强元的三个分量进行积分得出各分量，最后进行矢量合成，便得到所求的电场强度。在此过程中，要善于发现和利用规律，并应用到计算中去。这可以称为"三先一找"原则，在做题过程中要坚持。矢量积分的计算流程为

$$\mathrm{d}Q\Rightarrow\mathrm{d}\boldsymbol{E}=\sum_i \mathrm{d}E_i\boldsymbol{e}_i\Rightarrow\mathrm{d}E_i\Rightarrow E_i\Rightarrow\boldsymbol{E}=\sum_i E_i\boldsymbol{e}_i$$

例 2.1　真空中有一电荷线密度为 ρ_l 的圆环形均匀带电线，其半径为 a。试求圆环轴线上任一场点 P 处的电场强度。

解　观察研究对象的几何形状，考虑采用圆柱坐标系，取圆环中心为原点，并使圆环的轴线与 z 轴重合，如图 2-3 所示。

接下来进行定性分析。在这种情况下，可以看出，系统具有轴对称的特点，即计算结果与水平方位角无关（可以假想自己是个蜜蜂，围绕 z 轴以特定高度和特定半径绕飞，则可以看到，无论飞到哪个位置，蜜蜂看到的"景象"都是相同的）。在计算之前，还可以做大胆预测，在环面中心位置，由于对称性的存在，电场强度为 0；在 z 轴上，正负无穷远的位置，电场强度为 0，因此，无论是正半轴还是负半轴，都有一个电场强度极大的位置；此外，在 z 轴上互相对称的位置，电场强度大小应该是相等的，方向是相反的，即所得结果应该是 z 的奇函数。上述定性分析，不仅可以简化计算，还可以对最终得到的结果做验证。初学者一定要仔细体会。

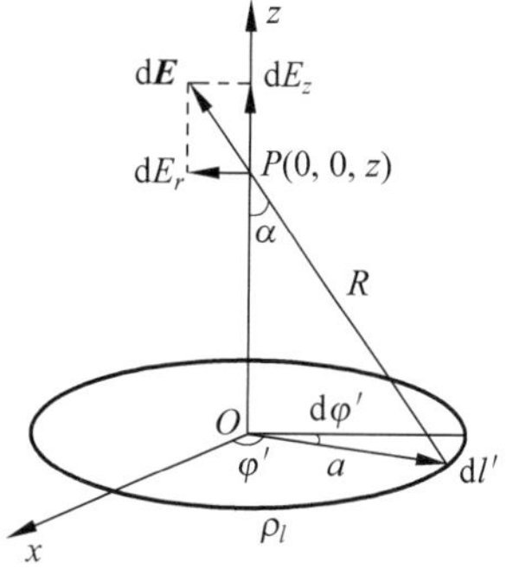

图 2-3　求带电圆环的电场

最后，本着先小后大的原则进行计算。在圆环上任取一线电荷元，即 $\mathrm{d}Q=\rho_l\mathrm{d}l'=\rho_l a\,\mathrm{d}\varphi'$，它在场点 P 处所产生的场强元为

$$\mathrm{d}\boldsymbol{E}=\frac{\mathrm{d}Q}{4\pi\varepsilon_0 R^2}\boldsymbol{e}_R$$

其中，$R=\sqrt{z^2+a^2}$。由于电荷对称分布，场点 P 处场强的径向 r 分量 $\mathrm{d}E_r$ 相互抵消，故只需计算场强的 z 分量，于是

$$\mathrm{d}E_z=\mathrm{d}E\cos\alpha=\frac{\mathrm{d}Q}{4\pi\varepsilon_0 R^2}\frac{z}{R}=\frac{\rho_l a z}{4\pi\varepsilon_0(z^2+a^2)^{\frac{3}{2}}}\mathrm{d}\varphi'$$

在求整个带电圆环在 P 点所产生的场强时,应将场点坐标暂时视为常量,而只对源点坐标积分,但积分后场强仍是场点坐标的函数,这和数学中的偏积分类似,即

$$E_z=\frac{\rho_l az}{4\pi\varepsilon_0(z^2+a^2)^{\frac{3}{2}}}\int_0^{2\pi}\mathrm{d}\varphi'=\frac{\rho_l az}{2\varepsilon_0(z^2+a^2)^{\frac{3}{2}}}$$

故

$$\boldsymbol{E}=\frac{\rho_l az}{2\varepsilon_0(z^2+a^2)^{\frac{3}{2}}}\boldsymbol{e}_z$$

由于带电圆环上的全部电荷为 $Q=2\pi a\rho_l$,所以场强还可以表示为

$$\boldsymbol{E}=\frac{Qz}{4\pi\varepsilon_0(z^2+a^2)^{\frac{3}{2}}}\boldsymbol{e}_z$$

可见,在 $z=0$ 与 $z\to\pm\infty$ 处,$E=0$。在 $z>0$ 或 $z<0$ 的某处场强必有一最大值。

例 2.2 真空中有一电荷面密度为 ρ_S 的无限大均匀带电平板。试求它在空间任一点 P 处的电场强度。

解 使带电平板与圆柱坐标系内 $z=0$ 的平面相合。在带电平板上,取与观察点 P 相对的点为原点,并以该点为圆心,以 r' 为半径作一圆环形面电荷元 $\mathrm{d}Q=\rho_S\mathrm{d}S'=2\pi\rho_S r'\mathrm{d}r'$,如图 2-4 所示。由例 2.1 可知,该面电荷元只产生 z 方向的场强元,即

$$\mathrm{d}E_z=\mathrm{d}E\cos\alpha=\frac{\mathrm{d}Q}{4\pi\varepsilon_0R^2}\frac{z}{R}=\frac{\rho_S zr'\mathrm{d}r'}{2\varepsilon_0(r'^2+z^2)^{\frac{3}{2}}}$$

故

$$E_z=\frac{\rho_S z}{2\varepsilon_0}\int_0^{\infty}\frac{r'\mathrm{d}r'}{(r'^2+z^2)^{\frac{3}{2}}}=\frac{\rho_S z}{2\varepsilon_0}\frac{-1}{(r'^2+z^2)^{\frac{1}{2}}}\Bigg|_{r'=0}^{\infty}=\frac{\rho_S}{2\varepsilon_0}$$

即

$$\boldsymbol{E}=\frac{\rho_S}{2\varepsilon_0}\boldsymbol{e}_z$$

当 P 点在带电平板下方时,由对称性可知,电场强度大小不变 ,但方向相反,因此,无限大均匀带电平板的场是沿垂直于平板方向的均匀电场。实际应用中,平行板电容器两极板上的电荷面密度分别为 ρ_S 和 $-\rho_S$,如图 2-5 所示。若取垂直于极板向上的方向为 z 轴,则电容器外的电场因其大小相等方向相反而抵消,电容器内的电场因其大小相等方向相同而增大了一倍,其方向是由正极板指向负极板,即

$$\boldsymbol{E}=-\frac{\rho_S}{\varepsilon_0}\boldsymbol{e}_z \tag{2-12}$$

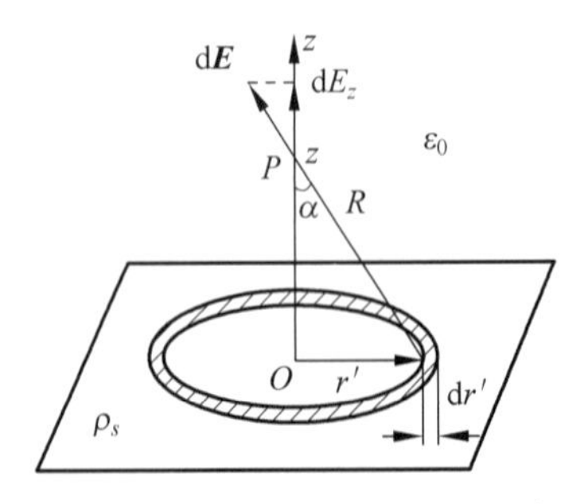

图 2-4 求无限大带电平板的电场

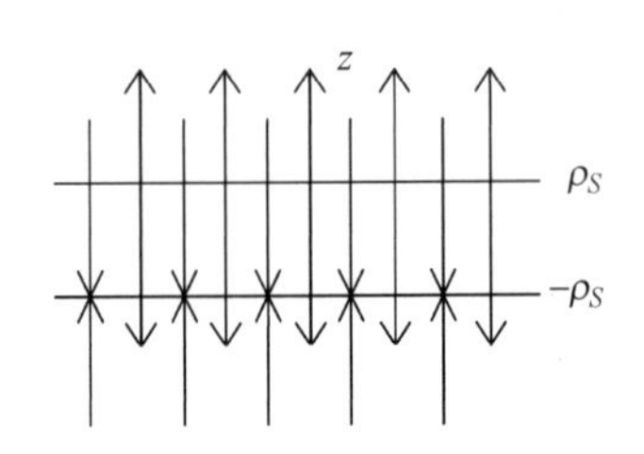

图 2-5 平行板电容器的电场

2.1.4　点电荷密度的数学表示

为了准确地描述点电荷对应的电荷密度函数，需要引入 δ 函数的定义。

点电荷是电荷分布的极限情形，它的电荷密度也是空间坐标的函数，而绝对不能看作是一个常数。这个密度值在点电荷位置以外恒为零；但是在点电荷位置处，函数值不为零。计算这个不为零的数值，可以将其视为一个体积较小的带电小球的极限。假设电荷分布于体积 ΔV 内，电荷量为 Q。则当 $\Delta V \to 0$ 时，体积内的电荷密度 $\rho=\dfrac{Q}{\Delta V}\to\infty$。可见：在点电荷位置处，密度值为无穷大！但是总的电荷量却为有限值 Q！

上述性质恰好可以用 δ 函数来表述。一维的 δ 函数常用下面两点来定义，即

$$\delta(x-x')=\begin{cases}0, & x\neq x' \\ \infty, & x=x'\end{cases} \tag{2-13}$$

和

$$\int_{-\infty}^{\infty}\delta(x-x')\mathrm{d}x=1 \tag{2-14}$$

式(2-13)表示 δ 函数的值在奇点 $x=x'$ 上的集中性，而式(2-14)则表示 δ 函数在整个区域上的归一性，即一维 δ 函数在区间 $(-\infty,+\infty)$ 上的曲线与 x 轴之间的面积等于 1。δ 函数在近代物理和工程技术中具有较广泛的应用，它是一种很有用的数学工具。

将一维 δ 函数的定义推广到二维、三维情形，可得高维 δ 函数的各种形式(见表 2-1)。

表 2-1　高维 δ 函数形式

坐　标　系	二维 δ 函数	三维 δ 函数
直角坐标系	$\delta(\boldsymbol{r}-\boldsymbol{r}')=\delta(x-x')\delta(y-y')$	$\delta(\boldsymbol{r}-\boldsymbol{r}')=\delta(x-x')\delta(y-y')\delta(z-z')$
圆柱坐标系	$\delta(\boldsymbol{r}-\boldsymbol{r}')=\dfrac{1}{r'}\delta(r-r')\delta(\varphi-\varphi')$	$\delta(\boldsymbol{r}-\boldsymbol{r}')=\dfrac{1}{r'}\delta(r-r')\delta(\varphi-\varphi')\delta(z-z')$
球坐标系		$\delta(\boldsymbol{r}-\boldsymbol{r}')=\dfrac{\delta(r-r')\delta(\theta-\theta')\delta(\varphi-\varphi')}{r'^2\sin\theta'}$

显然，它们满足类似于式(2-13)所定义的关系。表中的系数因子是初学者比较疑惑的地方，这个系数因子可由 δ 函数所满足的归一化条件得到：即在不同的坐标系中，δ 函数与相应体积元(或面积元或长度元)相乘且在全空间积分后应为 1。

既然 δ 函数是单位点源的密度函数，则在 x 轴上处于 x' 点上的单位点电荷的密度可表示为

$$\rho(x)=\delta(x-x') \tag{2-15}$$

在直角坐标系中位于源点 (x',y',z') 的点电荷 Q 的电荷密度可表示为

$$\rho(x,y,z)=Q\delta(x-x')\delta(y-y')\delta(z-z') \tag{2-16}$$

在圆柱坐标系中位于源点 (r',φ',z') 的点电荷 Q 的电荷密度可表示为

$$\rho(r,\varphi,z)=\frac{Q}{r'}\delta(r-r')\delta(\varphi-\varphi')\delta(z-z') \tag{2-17}$$

在球坐标系中位于源点 (r',θ',φ') 的点电荷 Q 的电荷密度可表示为

$$\rho(r,\theta,\varphi)=\frac{Q}{r'^2\sin\theta'}\delta(r-r')\delta(\theta-\theta')\delta(\varphi-\varphi') \tag{2-18}$$

2.1.5 电力线

为了直观而形象地表示电场强度矢量 $\boldsymbol{E}$ 的大小和方向，可在电场中作一些电力线($\boldsymbol{E}$ 线)。电场中某点电力线的密度(垂直于 $\boldsymbol{E}$ 的单位横截面上电力线的根数)正比于该点 $\boldsymbol{E}$ 的大小，而电力线的方向和该点的电场强度 $\boldsymbol{E}$ 的方向相同。图 2-6 是几种简单带电体的电力线图。由图 2-6 可见，点电荷的电场的图像很像蒲公英的种子球，而无限长均匀直线电荷的电场的图像则像刷试管的试管刷。

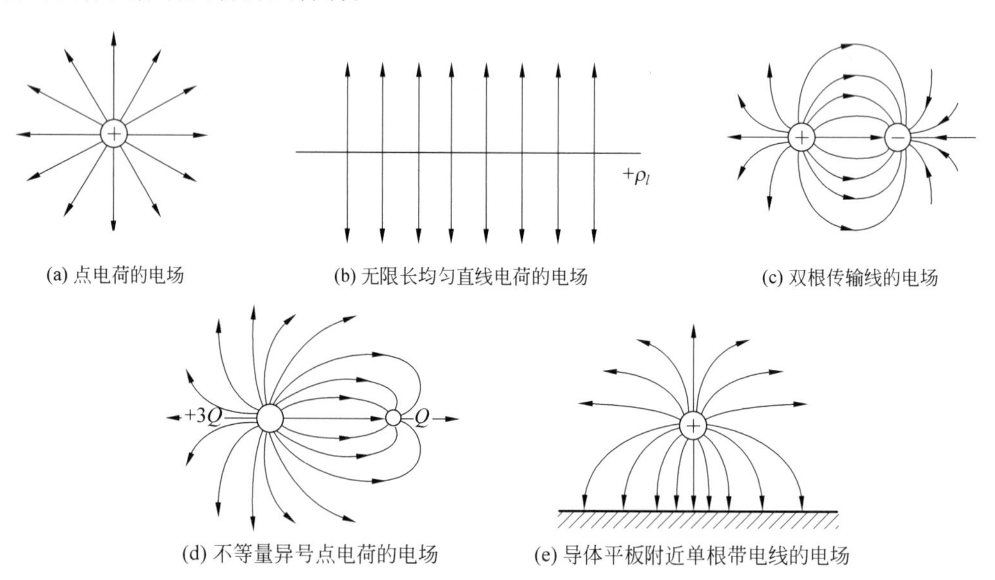

(a) 点电荷的电场　(b) 无限长均匀直线电荷的电场　(c) 双根传输线的电场

(d) 不等量异号点电荷的电场　(e) 导体平板附近单根带电线的电场

图 2-6　几种简单带电体的电力线图

下面推导电力线方程。若 $\mathrm{d}\boldsymbol{l}$ 为电力线上的线元矢量，则有

$$\mathrm{d}\boldsymbol{l}=k\boldsymbol{E}$$

式中，k 为比例系数。在任一正交曲线坐标系内写出其分量形式，即

$$\mathrm{d}\boldsymbol{l}=\sum_i \mathrm{d}l_i\boldsymbol{e}_i=k\sum_i E_i\boldsymbol{e}_i$$

其中，$\mathrm{d}l_1$、$\mathrm{d}l_2$、$\mathrm{d}l_3$ 为线元的三个分量。消去 k 后，可得电力线的微分方程为

$$\frac{\mathrm{d}l_1}{E_1(u_1,u_2,u_3)}=\frac{\mathrm{d}l_2}{E_2(u_1,u_2,u_3)}=\frac{\mathrm{d}l_3}{E_3(u_1,u_2,u_3)} \tag{2-19}$$

式中，u_1、u_2、u_3 为坐标变量，它取决于坐标系的具体形式。在常用坐标系中，电力线方程的具体形式可分别表示为

直角坐标系

$$\frac{\mathrm{d}x}{E_x}=\frac{\mathrm{d}y}{E_y}=\frac{\mathrm{d}z}{E_z} \tag{2-20}$$

圆柱坐标系

$$\frac{\mathrm{d}r}{E_r}=\frac{r\,\mathrm{d}\varphi}{E_\varphi}=\frac{\mathrm{d}z}{E_z} \tag{2-21}$$

球坐标系

$$\frac{\mathrm{d}r}{E_r}=\frac{r\,\mathrm{d}\theta}{E_\theta}=\frac{r\sin\theta\,\mathrm{d}\varphi}{E_\varphi} \tag{2-22}$$

上列各式中，两个等号表示两个独立的微分方程，它们决定两个曲面函数。二者的交线便是电力线。实际应用中，也可以采用电力线的参数方程。即引入参数 t，令上述各个式子分别等于 t 的微分 $\mathrm{d}t$，从而把各电力线方程转换为关于 t 的三个常微分方程组，进而用解析法或数值方法进行求解。下面绘制电力线的部分有较为详细的介绍。

*2.1.6 用 MATLAB 绘制电力线

电力线对于理解静电场有重要的作用，但绘制电力线也不是那么简单的一件事情。在 MATLAB 环境下，至少可以使用 quiver 函数、streamline 函数以及求解电力线方程三种方式绘制电力线。

如前所述，二维矢量场绘制函数 quiver(X,Y,U,V) 可以用于绘制电力线。在此之前，需要用 meshgrid 函数生成直角坐标系下的一个网格，并用矩阵 $\boldsymbol{X}$、$\boldsymbol{Y}$ 来表示这个网格。网格上每个格点处的矢量，用矩阵 $\boldsymbol{U}$、$\boldsymbol{V}$ 来表示，分别是电场的 x 分量和 y 分量。quiver 函数用小箭头表示每个格点处的电场强度矢量。对两点电荷系统，利用 quiver 函数绘制电力线结果如图 2-7 所示。图中，箭头为 quiver 函数绘制的各点矢量电场，与其垂直的纵向实线为等位线（后面电势一节还会介绍）。绘制电力线的主要代码如下（其中，点电荷电荷量的绝对值为 $4\pi\varepsilon_0$）：

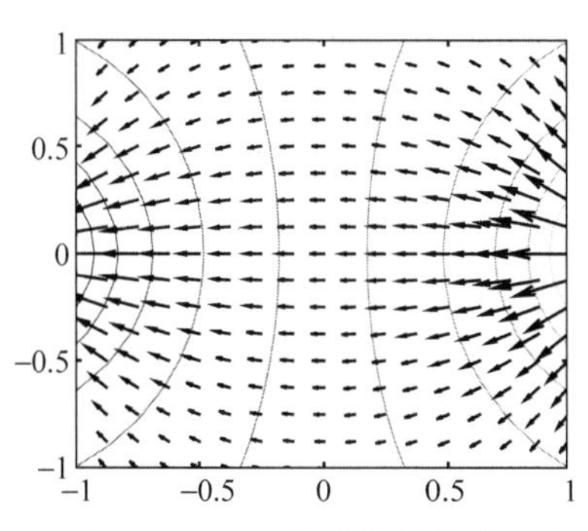

图 2-7 quiver 函数绘制的等量异号点电荷电力线分布

```
x =- 1:0.2:1;y = x;                                         % 定义 x、y 的变化范围
[X,Y] = meshgrid(x,y);                                      % 生成网格数据
R1 = sqrt((X + 1.5).^2 + Y.^2);                             % 场点到负电荷(- 1.5,0)的距离
R2 = sqrt((X - 1.5).^2 + Y.^2);                             % 场点到正电荷(1.5,0)的距离
Ex =- 1./R1.^2. * (X + 1.5)./R1 + 1./R2.^2. * (X - 1.5)./R2;  % 计算 x 分量
Ey =- 1./R1.^2. * Y./R1 + 1./R2.^2. * Y./R2;                  % 计算 y 分量
quiver(X, Y, Ex, Ey);                                       % 绘制箭头图
```

利用 MATLAB 流线图绘制函数 streamline(X, Y, U, V, Sx, Sy) 也可以绘制电场 (E_x, E_y) 所对应的电力线。其中，(X,Y) 为直角坐标网格，由网格函数 meshgrid 生成；(U, V) 表示格点处矢量的两个分量；(Sx, Sy) 表示电力线的起点，即从哪个位置开始绘制电力线。图 2-8 为两点电荷系统在等量同号、不等量异号时的电力线分布。

仍旧以两个等量异号电荷的电力线绘制为例，采用 streamline 函数的主要代码如下。在程序中，围绕正负电荷各假想一个半径为 0.1 的小圆，在圆周上任意选择一个点，将其作为电力线的起点进行绘制。改变圆周上点的位置，即可绘制其他的电力线。

```
% 网格生成、电场强度的计算如前面程序所示，在此省略
th = 2 * pi/4;                                              % 圆周上任意取一点的角度
xp = 0.1 * cos(th) + 1.5;                                   % 正电荷起点横坐标
```

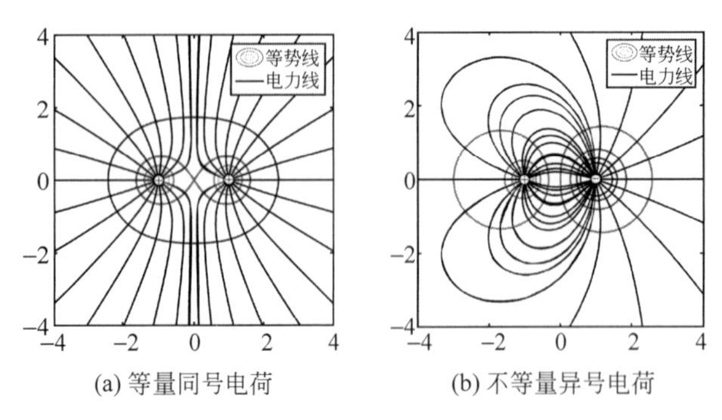

(a) 等量同号电荷 (b) 不等量异号电荷

图 2-8 streamline 函数绘制两点电荷电力线分布

```
yp = 0.1 * sin(th);                      % 正电荷起点纵坐标
streamline(X, Y, Ex, Ey, xp, yp);        % 绘制正电荷周围电力线
```

除此之外,也可通过对每条电力线方程进行数值求解绘制电力线。二维情况下(三维情况完全类似),在直角坐标系中,电力线方程可以写为 $dx/E_x=dy/E_y=dt$,其中 t 是引入的一个描述电力线的参变量,可以看作是时间。每条电力线可以看作一个粒子随时间在空间运动的轨迹,于是有

$$dx/dt=E_x,\quad dy/dt=E_y \tag{2-23}$$

式(2-23)即为以 t 为参变量的一阶常微分方程组。在电场强度的各分量已知的情况下,该微分方程组可以用解析法或数值方法求解。

在 MATLAB 中,式(2-23)这样的一阶常微分方程组可用如下函数描述:

```
function dY = dcxfun(t,Y)            % 定义函数 dcxfun,Y 为空间坐标,dY 为其微分
    dxdt = Ex; dydt = Ey;            % 定义微分方程,Ex、Ey 都是已知表达式
    dY(1) = dxdt; dY(2) = dydt;      % 定义返回变量
```

利用 MATLAB 的 ode45 函数对式(2-23)进行求解,用法大致如下:

```
[ T Y ] = ode45('dcxfun'; tspan; y0);
```

其中,tspan 为自行设定的参数 t 的变化区间,比如取[0:0.01:5]; y0 为电力线的初始位置坐标; T 为所得电力线上每一位置对应的参数值; Y 为相应位置的横纵坐标值。求解结束后,利用 plot(Y(:, 1),Y(:, 2))即可绘制一条特定的电力线。改变初始位置,可绘制其他的电力线。图 2-9 为两等量同号和等量异号电荷的电力线分布。

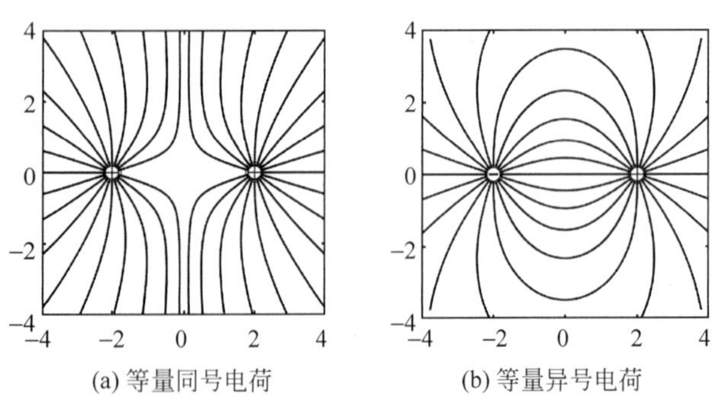
(a) 等量同号电荷 (b) 等量异号电荷

图 2-9 求解电力线方程绘制两点电荷电力线分布

仍旧以两个等量异号电荷的电力线绘制为例，采用数值法求解电力线方程，然后再绘制电力线的主要步骤大致如下。

在 MATLAB 中定义电力线函数如下

```
function dY = dcxfun(t,Y)                          % Y(1)为横坐标; Y(2)为纵坐标
    dxdt =- 1 * (Y(1) + 1.5)./(sqrt((Y(1) + 1.5).^2 + Y(2).^2).^3) + 1 * (Y(1) - 1.5)./
(sqrt((Y(1) - 1.5).^2 + Y(2).^2).^3);              % 计算电场 x 分量
    dydt =- 1 * Y(2)./(sqrt((Y(1) + 1.5).^2 + Y(2).^2).^3) + 1 * Y(2)./(sqrt((Y(1) - 1.5).^2 +
Y(2).^2).^3);                                      % 计算电场 y 分量
    dY = [dxdt;dydt];                              % 返回函数值
```

主程序中绘制电力线的主要代码如下。为简单描述，例子中仍旧只给出了绘制一条电力线的过程，且初始点坐标如前面程序所述，其他电力线可以如法炮制。

```
[T,Y] = ode45('dcxfun',[0:0.01:5],[xp,yp]);    % 求解电力线方程,结果放在 Y 中
plot(Y(:,1),Y(:,2),'b');                       % 绘制电力线
```

需要说明的是，式(2-23)的方法还可以扩展到三维情形和其他坐标系，从而得到类似的电力线参数方程。

2.2 真空中静电场的性质

2.2.1 *E* 通量

通过任一曲面 S 的电力线数，称为通过该面的电场强度通量或 ***E*** 通量[①]，即

$$\psi_e = \int_S \boldsymbol{E} \cdot \mathrm{d}\boldsymbol{S} = \int_S E\cos\theta \mathrm{d}S \tag{2-24}$$

式中，θ 是面元矢量 $\mathrm{d}\boldsymbol{S}$ 与穿过该面元的场强 $\boldsymbol{E}$ 之间的夹角，$\mathrm{d}\boldsymbol{S}$ 的方向是它的法线方向。

对于包围有限体积的封闭曲面 S，则穿出该闭合面的 ***E*** 通量为

$$\psi_e = \oint_S \boldsymbol{E} \cdot \mathrm{d}\boldsymbol{S} = \oint_S E\cos\theta \mathrm{d}S \tag{2-25}$$

其中，面元矢量 $\mathrm{d}\boldsymbol{S}$ 的正方向是其外法线方向。因此，$\psi_e > 0$ 表示电力线由闭合面面内向面外穿出；$\psi_e < 0$ 则表示电力线从外部进入闭合面内；$\psi_e = 0$ 表示无电力线从闭合面面内向面外穿出，或进入与穿出闭合面的电力线相等。

2.2.2 高斯定理

前面章节已经提到，库仑定律和场的叠加原理是静电场的基础部分，场的性质都可以以此推导出来。

静电场的高斯定理就可由库仑定律导出。若空间有一个点电荷和一个闭合曲面，则穿出闭合面的电场强度 ***E*** 通量为

$$\psi_e = \oint_S \boldsymbol{E} \cdot \mathrm{d}\boldsymbol{S} = \frac{Q}{4\pi\varepsilon_0}\oint_S \frac{\mathrm{d}S\cos\theta}{R^2} = \frac{Q}{4\pi\varepsilon_0}\oint_S \mathrm{d}\Omega$$

---

① 通常电通量是指电位移矢量的通量(即 ***D*** 通量)，与这里用 ψ_e 表示的 ***E*** 通量不同。

式中,$d\Omega=\dfrac{dS\cos\theta}{R^2}$是面元 dS 对 Q 点所张的立体角元。它是面元 dS 折合到与 $\boldsymbol{e}_R$ 垂直的平面上的部分与半径的平方之比。

若点电荷 Q 位于闭合面外,则因闭合面对面外一点所张的立体角为零,因此 $\boldsymbol{E}$ 穿出闭合面的净通量为零。若点电荷 Q 位于闭合面内,因为闭合面对面内一点所张的立体角为 4π,于是

$$\oint_S \boldsymbol{E}\cdot d\boldsymbol{S}=\frac{Q}{\varepsilon_0}$$

根据场的叠加原理,当有一个点电荷群时,若闭合面包围了其中的 N 个点电荷,则有

$$\oint_S \boldsymbol{E}\cdot d\boldsymbol{S}=\frac{1}{\varepsilon_0}\sum_{i=1}^{N}Q_i \tag{2-26}$$

如果闭合面内有连续的电荷分布,其密度为 ρ,则可以化整为零,将其离散化,然后用积分代替上式中的求和,即

$$\oint_S \boldsymbol{E}\cdot d\boldsymbol{S}=\frac{Q}{\varepsilon_0}=\frac{1}{\varepsilon_0}\int_{V'}\rho dV' \tag{2-27}$$

真空中电场强度 $\boldsymbol{E}$ 穿出任一封闭曲面的总通量等于该闭合面所包围的总电荷量 Q(代数和,且必须在封闭曲面内部,外部的电荷对通量无贡献)除以 ε_0。这就是高斯定理。它表明了静电场的一个基本性质。当闭合面内为正电荷时,$\boldsymbol{E}$ 通量从闭合面内穿出来;若闭合面内为负电荷时,则 $\boldsymbol{E}$ 通量进入闭合面内;而当电荷 Q 在闭合面外或闭合面内的总电荷为零时,则进入和穿出闭合面的 $\boldsymbol{E}$ 通量相等,故 $\boldsymbol{E}$ 穿出闭合面的净通量为零。

显而易见,高斯定理在宏观上表示出了场与源之间的关系,它是联系场与源的桥梁和纽带。虽然在一般的电荷分布下,由于矢量积分的困难而不能应用高斯定理求得电场强度,但对于简单的电荷分布,例如电荷为对称分布(轴对称、球对称或平面对称)时,若能选择一个假想的闭合面(高斯面),使面上各点 $\boldsymbol{E}$ 的值相同且其方向与面垂直或与一部分表面平行,则可以利用高斯定理的积分形式简便地计算出电场强度 $\boldsymbol{E}$。

例 2.3 真空中有一半径为 a,电荷密度为 ρ 的均匀带电球,球内存在一个半径为 b 的球形空腔,两球心相距为 d,且 $d<a-b$。试分别求带电球内外及球形空腔内的场强,并讨论 $d\to 0$ 的情形。

解 题目可以看成是包括空腔在内的整个带电球的电荷密度为 ρ 和球形空腔内填满密度为 $-\rho$ 的电荷时,这两种情形的叠加。此不对称问题通过叠加原理可变为对称问题。采用球坐标系,取带电球的球心 O 为原点,并使球形空腔的球心 O' 在极轴上。将球形空腔内填满密度为 ρ 的电荷,由于对称性,问题与方位角 φ 无关,即问题是具有轴对称的二维场,故取场点 P 的坐标为 (r,θ)。将场点 P 置于待求区域中,分别以过 P 点的 r 或 r' 为半径作以 O 或 O' 为球心的球面 S,即高斯面,如图 2-10 所示。将场点 P 置于带电球内,按高斯定理可得

动画视频

图 2-10 计算有球形空腔的带电球的场

$$\oint_S \boldsymbol{E}'_i\cdot d\boldsymbol{S}=\frac{1}{\varepsilon_0}\int_{V'}\rho dV'$$

则 $$4\pi r^2 E_i' = \frac{1}{\varepsilon_0} \cdot \frac{4}{3}\pi r^3 \rho, \quad 即 \quad E_i' = \frac{\rho r}{3\varepsilon_0}$$

故这时带电球内 P 点的场为

$$\boldsymbol{E}_i' = \frac{\rho \boldsymbol{r}}{3\varepsilon_0}$$

同理，当球形空腔内以密度 $-\rho$ 填满电荷时，在场点 P 处单独产生的场强为

$$\boldsymbol{E}_i'' = -\frac{\rho b^3}{3\varepsilon_0 r'^2}\boldsymbol{e}_{r'} = -\frac{\rho b^3 \boldsymbol{r}'}{3\varepsilon_0 r'^3}$$

由场的叠加原理可得球内带电区域中的场强为

$$\boldsymbol{E}_i = \boldsymbol{E}_i' + \boldsymbol{E}_i'' = \frac{\rho}{3\varepsilon_0}\left(\boldsymbol{r} - \frac{b^3}{r'^3}\boldsymbol{r}'\right)$$

计算结果要用同一坐标系中的坐标变量和基本单位矢量及有关常数表达。由圆柱坐标系与球坐标系的基矢之间的转换关系 $\boldsymbol{e}_z = \cos\theta \boldsymbol{e}_r - \sin\theta \boldsymbol{e}_\theta$，则有

$$\boldsymbol{r}' = \boldsymbol{r} - \boldsymbol{d} = \boldsymbol{r} - d\boldsymbol{e}_z = r\boldsymbol{e}_r - d(\cos\theta \boldsymbol{e}_r - \sin\theta \boldsymbol{e}_\theta) = (r - d\cos\theta)\boldsymbol{e}_r + d\sin\theta \boldsymbol{e}_\theta$$

$$r' = |\boldsymbol{r}'| = |\boldsymbol{r} - \boldsymbol{d}| = (r^2 + d^2 - 2rd\cos\theta)^{\frac{1}{2}}$$

因此，在球坐标系内，$\boldsymbol{E}_i$ 可表示为

$$\boldsymbol{E}_i = \frac{\rho}{3\varepsilon_0}\left\{r\boldsymbol{e}_r - \frac{b^3[(r - d\cos\theta)\boldsymbol{e}_r + d\sin\theta \boldsymbol{e}_\theta]}{(r^2 + d^2 - 2rd\cos\theta)^{3/2}}\right\}$$

$$= \frac{\rho}{3\varepsilon_0}\left\{\left[r - \frac{b^3(r - d\cos\theta)}{(r^2 + d^2 - 2rd\cos\theta)^{3/2}}\right]\boldsymbol{e}_r - \frac{b^3 d\sin\theta}{(r^2 + d^2 - 2rd\cos\theta)^{3/2}}\boldsymbol{e}_\theta\right\}$$

用相同的方法可以求得球外的场强 $\boldsymbol{E}_e$ 和球形空腔内的场强 $\boldsymbol{E}_0$ 分别为

$$\boldsymbol{E}_e = \frac{\rho}{3\varepsilon_0}\left(\frac{a^3\boldsymbol{r}}{r^3} - \frac{b^3\boldsymbol{r}'}{r'^3}\right) = \frac{\rho}{3\varepsilon_0}\left\{\frac{a^3}{r^2}\boldsymbol{e}_r - \frac{b^3[(r - d\cos\theta)\boldsymbol{e}_r + d\sin\theta \boldsymbol{e}_\theta]}{(r^2 + d^2 - 2rd\cos\theta)^{3/2}}\right\}$$

$$= \frac{\rho}{3\varepsilon_0}\left\{\left[\frac{a^3}{r^2} - \frac{b^3(r - d\cos\theta)}{(r^2 + d^2 - 2rd\cos\theta)^{3/2}}\right]\boldsymbol{e}_r - \frac{b^3 d\sin\theta}{(r^2 + d^2 - 2rd\cos\theta)^{3/2}}\boldsymbol{e}_\theta\right\}$$

$$\boldsymbol{E}_0 = \frac{\rho}{3\varepsilon_0}(\boldsymbol{r} - \boldsymbol{r}') = \frac{\rho}{3\varepsilon_0}\boldsymbol{d} = \frac{\rho d}{3\varepsilon_0}(\cos\theta \boldsymbol{e}_r - \sin\theta \boldsymbol{e}_\theta)$$

可见，球形空腔内的场是均匀电场，各点场强的值相等，其方向均沿极轴方向。

当 $d = 0$ 时，$\boldsymbol{r}' = \boldsymbol{r}$，则有

$$\boldsymbol{E}_i = \frac{\rho}{3\varepsilon_0}\left(\boldsymbol{r} - \frac{b^3\boldsymbol{r}}{r^3}\right) = \frac{\rho(r^3 - b^3)}{3\varepsilon_0 r^2}\boldsymbol{e}_r, \quad \boldsymbol{E}_e = \frac{\rho(a^3 - b^3)}{3\varepsilon_0 r^2}\boldsymbol{e}_r, \quad \boldsymbol{E}_0 = 0$$

难点点拨：如果有两个电荷密度分为 ρ 和 $-\rho$ 的均匀带电球，且它们处于相离的位置，则题目很容易计算：可以利用高斯定理得到每个带电球的场，然后使用叠加原理进行矢量求和即可。大家可以把本题目看作两个相离的带电球逐步靠近直至融合在一起的情况。就可以理解求解的过程！基于这个道理，类似“挖洞”的题目，都可以参考本题目求解。

高斯定理的积分形式只给出了在场域的大范围内场与源之间的关系。但对场的研究还需要知道在空间每一点上的场分布与源分布之间的关系，以便知道场沿空间坐标的变化规

律。为此,对式(2-27)左端应用高斯散度定理,即

$$\oint_S \boldsymbol{E} \cdot \mathrm{d}\boldsymbol{S} = \int_V \nabla \cdot \boldsymbol{E} \mathrm{d}V \tag{2-28}$$

若闭合面 S 包围的体积为 V',于是由式(2-27)可得

$$\int_{V'} \nabla \cdot \boldsymbol{E} \mathrm{d}V' = \frac{1}{\varepsilon_0}\int_{V'} \rho \mathrm{d}V'$$

由于上式对任一体积 V' 都成立,故有

$$\nabla \cdot \boldsymbol{E} = \frac{\rho}{\varepsilon_0} \tag{2-29}$$

这就是高斯定理的微分形式。它表征出电荷激发电场的局部区域的性质,即空间任一点上场强的散度只与该点的电荷密度有关,而与其他点的电荷密度无关。式(2-29)表明静电场是有源场(电荷即散度源),电荷就是电场的源——正电荷所处的位置一定会有电力线发出;负电荷所处的位置一定汇入电力线。在没有电荷分布的点上,$\rho=0$,因而在该点有 $\nabla \cdot \boldsymbol{E}=0$,这表示在该点既无电力线发出又无电力线终止,但可以有电力线通过。高斯定理的微分形式和积分形式是静电场的基本方程之一。

2.2.3 静电场的无旋性

与静电场的高斯定理类似,可以通过库仑定律和场的叠加原理,得到静电场的无旋性方程。考虑一个点电荷及任意一个闭合回路。由于 $\boldsymbol{E}$ 矢量的环流即环量为 $\oint_l \boldsymbol{E} \cdot \mathrm{d}\boldsymbol{l}$,如图 2-11 所示,$\mathrm{d}\boldsymbol{l}$ 是点电荷的场中某一闭合回路 l 上的线元矢量,又因 $\boldsymbol{e}_R \cdot \mathrm{d}\boldsymbol{l} = \mathrm{d}l\cos\theta = \mathrm{d}R$,故由点电荷的场强公式(2-5)可得

$$\oint_l \boldsymbol{E} \cdot \mathrm{d}\boldsymbol{l} = \frac{Q}{4\pi\varepsilon_0}\oint_l \frac{\boldsymbol{e}_R \cdot \mathrm{d}\boldsymbol{l}}{R^2} = \frac{Q}{4\pi\varepsilon_0}\oint_l \frac{\mathrm{d}R}{R^2} = -\frac{Q}{4\pi\varepsilon_0}\oint_l \mathrm{d}\left(\frac{1}{R}\right) = 0 \tag{2-30}$$

这表明点电荷场强的环流为零。对于电荷群或连续的电荷分布,根据场的叠加原理,其电场强度的环流仍为零。因此,式(2-30)对任意电荷分布的静电场都成立,这表明静电场是保守场。应用斯托克斯定理 $\oint_l \boldsymbol{F} \cdot \mathrm{d}\boldsymbol{l} = \int_S (\nabla \times \boldsymbol{F}) \cdot \mathrm{d}\boldsymbol{S}$,式(2-30)则为

$$\oint_l \boldsymbol{E} \cdot \mathrm{d}\boldsymbol{l} = \int_S (\nabla \times \boldsymbol{E}) \cdot \mathrm{d}\boldsymbol{S} = 0 \tag{2-31}$$

由于式(2-31)对场域内的任一曲面 S 都成立,故有

$$\nabla \times \boldsymbol{E} = 0 \tag{2-32}$$

这表明静电场是无旋场,电力线不会呈闭合曲线,否则沿电力线作 $\boldsymbol{E}$ 的线积分不可能为零。静电场的无旋性(或称为环路定理)是静电场的又一基本性质。

在静电场中任意选择两点 A 和 B。连接 AB 的曲线应该有无数条,从中任意选择两条,如图 2-12 所示。则根据上述性质,有

$$\oint_l \boldsymbol{E} \cdot \mathrm{d}\boldsymbol{l} = \int_{L1:A\to B} \boldsymbol{E} \cdot \mathrm{d}\boldsymbol{l} + \int_{L2:B\to A} \boldsymbol{E} \cdot \mathrm{d}\boldsymbol{l} = 0$$

于是:

$$\int_{L1:A\to B} \boldsymbol{E} \cdot \mathrm{d}\boldsymbol{l} = -\int_{L2:B\to A} \boldsymbol{E} \cdot \mathrm{d}\boldsymbol{l} = \int_{L2:A\to B} \boldsymbol{E} \cdot \mathrm{d}\boldsymbol{l} = C$$

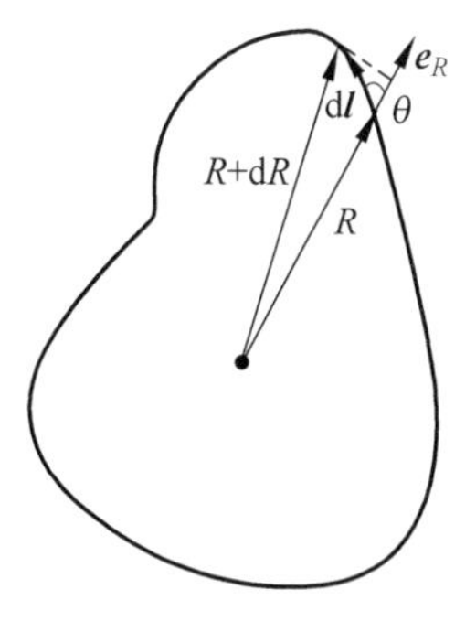

图 2-11　计算点电荷的环流

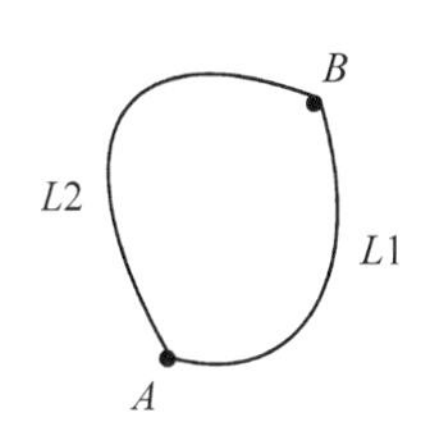

图 2-12　连接 A、B 两点的任意两条曲线

可见，电场强度沿任意闭合环路的积分值为零，说明电场强度沿开放曲线的积分与路径无关，而只与积分的起点和终点有关。因此，可以在电场中选择一个固定点做参考，则对场中的任意一点，都可以定义一个函数值，其数值就是这两点之间的曲线积分值。这个标量函数（的相反数），就是后面要讲到的势函数。这也说明静电场是保守场、有势场。

重点点拨：环路积分为零、积分与路径无关、势函数存在，这几个概念是等价的；而无旋场、保守场、有势场，也是等价的几个概念。它们之间的关联，大家注意把握。

2.2.4　真空中静电场的基本方程

静电场的两个基本性质是高斯定理和静电场的无旋性。表述这两个基本性质的基本方程为

积分形式　　　微分形式

$$\begin{cases} \oint_S \boldsymbol{E} \cdot \mathrm{d}\boldsymbol{S} = \dfrac{Q}{\varepsilon_0} & \nabla \cdot \boldsymbol{E} = \dfrac{\rho}{\varepsilon_0} \\ \oint_l \boldsymbol{E} \cdot \mathrm{d}\boldsymbol{l} = 0 & \nabla \times \boldsymbol{E} = 0 \end{cases} \tag{2-33}$$

静电场的基本方程给出了场量与场源之间的关系。它表明静电场是有源（通量源）无旋场，故它只能由静止电荷所产生；电力线由正电荷发出而终止于负电荷，且不会呈闭合回线。

微分形式和积分形式的方程，在本质上是等价的，它们之间可以通过高斯散度定理和斯托克斯定理联系起来。实际中根据具体情况，选择最方便的一种形式。

2.3　静电势

2.3.1　静电势的基本概念

用库仑场强公式计算电场强度，因其是矢量积分，计算较困难。而高斯定理仅适用具有对称性的问题。因此，需要寻求一种计算场强的简便方法。

由矢量分析的知识可知，任一标量函数的梯度的旋度必为零。由于静电场是无旋场，故

电场强度 $\boldsymbol{E}$ 可用一个标量函数的梯度来表示，即

$$\boldsymbol{E} = -\nabla\phi \tag{2-34}$$

式中，标量函数 $\phi(x,y,z)$ 称为电势(静电势)或电位，$\nabla\phi$ 是电势梯度。

电势 ϕ 也是静电场中的一个重要物理量。它是空间点的坐标的函数。通常，电场强度矢量 $\boldsymbol{E}$ 是指向电势下降的方向，故式(2-34)中有一负号。上式表明，场强 $\boldsymbol{E}$ 的方向是电势减小率最大的方向，场强的大小则是电势随距离的最大变化率。引入电势后，可把场的矢量计算问题化为一个标量问题，从而使场的计算得以简化。

电势的计算可以采用下面的方式。由式(2-31)可知，电场积分与路径无关，而只与起点和终点的位置有关。因此在电场中选择 Q 点为参考点(电位零点)，则电场中任意一点 P，可以定义如下积分

$$\phi_P = \int_P^Q \boldsymbol{E} \cdot \mathrm{d}\boldsymbol{l} \tag{2-35}$$

该积分值只与 P 点的位置有关，它就是 P 点的势函数。因此，电场中任意两点间的电势差为

$$\phi_{P_1} - \phi_{P_2} = \int_{P_1}^Q \boldsymbol{E} \cdot \mathrm{d}\boldsymbol{l} - \int_{P_2}^Q \boldsymbol{E} \cdot \mathrm{d}\boldsymbol{l} = \int_{P_1}^Q \boldsymbol{E} \cdot \mathrm{d}\boldsymbol{l} + \int_Q^{P_2} \boldsymbol{E} \cdot \mathrm{d}\boldsymbol{l} = \int_{P_1}^{P_2} \boldsymbol{E} \cdot \mathrm{d}\boldsymbol{l} \tag{2-36}$$

可见，电场中任意两点间的电势差(即电压)与参考点的选择无关。

在实践上，常取大地表面作为电势的参考点；而在理论研究上，只要电荷分布在有限区域内，选定无穷远处作为电势参考点是很方便的，这时场点 P 处的电势可表示为

$$\phi_P = \int_P^\infty \boldsymbol{E} \cdot \mathrm{d}\boldsymbol{l} \tag{2-37}$$

2.3.2 计算电场的电势法

当取无限远处作为电势参考点时，将点电荷的场强公式(2-5)代入式(2-37)，可得真空中点电荷 Q 在场点 P 的电势为

$$\phi(x,y,z) = \frac{Q}{4\pi\varepsilon_0 R} = \frac{Q}{4\pi\varepsilon_0 |\boldsymbol{r} - \boldsymbol{r}'|} \tag{2-38}$$

如果空间有 N 个点电荷(点电荷群)，考虑到电场强度的矢量叠加原理，则点电荷 Q 在场点的电势为

$$\phi(x,y,z) = \int_P^\infty \boldsymbol{E} \cdot \mathrm{d}\boldsymbol{l} = \int_P^\infty \sum_{i=1}^N \boldsymbol{E}_i \cdot \mathrm{d}\boldsymbol{l} = \sum_{i=1}^N \int_P^\infty \boldsymbol{E}_i \cdot \mathrm{d}\boldsymbol{l} = \sum_{i=1}^N \phi_i \tag{2-39}$$

可见，电势也满足场的叠加原理(标量叠加)。于是，有

$$\phi(x,y,z) = \frac{1}{4\pi\varepsilon_0} \sum_{i=1}^N \frac{Q_i}{R_i} = \frac{1}{4\pi\varepsilon_0} \sum_{i=1}^N \frac{Q_i}{|\boldsymbol{r} - \boldsymbol{r}'_i|} \tag{2-40}$$

对于连续的电荷分布，也与计算场强一样，可以采用化整为零的做法：先由式(2-38)得出电荷元 $\mathrm{d}Q$ 所产生的电势元 $\mathrm{d}\phi = \dfrac{\mathrm{d}Q}{4\pi\varepsilon_0 R}$，积分后便得到电荷连续分布时场点的电势，即

$$\phi(x,y,z) = \frac{1}{4\pi\varepsilon_0} \int \frac{\mathrm{d}Q}{R} = \frac{1}{4\pi\varepsilon_0} \int \frac{\mathrm{d}Q}{|\boldsymbol{r} - \boldsymbol{r}'|} \tag{2-41}$$

式中，电荷元 $\mathrm{d}Q$ 在连续的电荷作体分布、面分布或线分布时，可分别表示成 $\mathrm{d}Q = \rho \mathrm{d}V'$、

$dQ=\rho_S dS'$或 $dQ=\rho_l dl'$，于是场点的电势分别为

体分布

$$\phi(x,y,z)=\frac{1}{4\pi\varepsilon_0}\int_{V'}\frac{\rho(x',y',z')}{R}dV' \tag{2-42}$$

面分布

$$\phi(x,y,z)=\frac{1}{4\pi\varepsilon_0}\int_{S'}\frac{\rho_S(x',y',z')}{R}dS' \tag{2-43}$$

线分布

$$\phi(x,y,z)=\frac{1}{4\pi\varepsilon_0}\int_{l'}\frac{\rho_l(x',y',z')}{R}dl' \tag{2-44}$$

对于连续的电荷分布，同计算电场一样，选定坐标系后，先从电荷元 dQ 得出其电势元，积分后便得到场点的电势，再按式(2-34)计算其梯度便得到电场强度。这要比直接用矢量积分求场强简便得多。

例 2.4　真空中有一长为 L 的均匀带电线，其电荷线密度为 ρ_l。试求线外任一点的电势和电场强度。

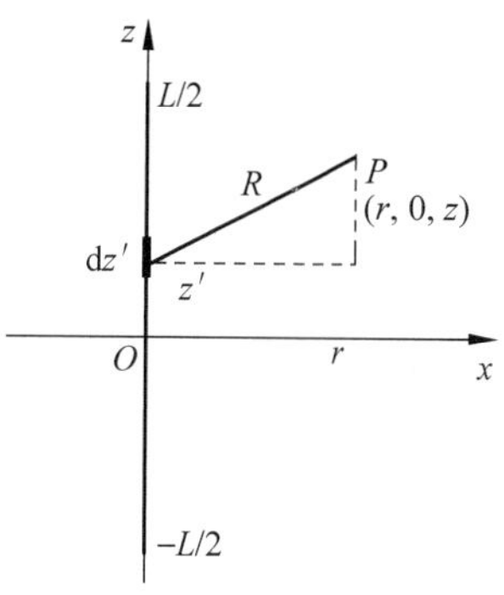

图 2-13　计算带电直线的势与场

解　在圆柱坐标系中，令带电直线与 z 轴重合，中点为原点。显然，带电直线的场与坐标 φ 无关，故观察点 P 的坐标取为$(r,0,z)$，如图 2-13 所示。在带电直线上任取一线电荷元 $dQ=\rho_l dl'=\rho_l dz'$，它到场点 P 的距离为 $R=\sqrt{(z'-z)^2+r^2}$，则

$$\begin{aligned}\phi&=\frac{\rho_l}{4\pi\varepsilon_0}\int_{-\frac{L}{2}}^{\frac{L}{2}}\frac{dz'}{\sqrt{(z'-z)^2+r^2}}=\frac{\rho_l}{4\pi\varepsilon_0}\left[\ln\left(z'-z+\sqrt{(z'-z)^2+r^2}\right)\right]_{-\frac{L}{2}}^{\frac{L}{2}}\\&=\frac{\rho_l}{4\pi\varepsilon_0}\left[\ln\left(-z+\frac{L}{2}+\sqrt{\left(z-\frac{L}{2}\right)^2+r^2}\right)-\ln\left(-z-\frac{L}{2}+\sqrt{\left(z+\frac{L}{2}\right)^2+r^2}\right)\right]\\&=\frac{\rho_l}{4\pi\varepsilon_0}\ln\frac{-z+\frac{L}{2}+\sqrt{\left(z-\frac{L}{2}\right)^2+r^2}}{-z-\frac{L}{2}+\sqrt{\left(z+\frac{L}{2}\right)^2+r^2}}\end{aligned} \tag{2-45}$$

得到了电势分布后，利用柱坐标系下电势的负梯度，即可得到空间任意一点的电场强度表达式，为

$$\begin{aligned}\boldsymbol{E}=-\frac{\partial\phi}{\partial r}\boldsymbol{e}_r-\frac{\partial\phi}{\partial z}\boldsymbol{e}_z=\frac{\rho_l}{4\pi\varepsilon_0 r}&\left[\frac{z+\frac{L}{2}}{\sqrt{\left(z+\frac{L}{2}\right)^2+r^2}}-\frac{z-\frac{L}{2}}{\sqrt{\left(z-\frac{L}{2}\right)^2+r^2}}\right]\boldsymbol{e}_r+\\\frac{\rho_l}{4\pi\varepsilon_0}&\left[\frac{1}{\sqrt{\left(z-\frac{L}{2}\right)^2+r^2}}-\frac{1}{\sqrt{\left(z+\frac{L}{2}\right)^2+r^2}}\right]\boldsymbol{e}_z\end{aligned} \tag{2-46}$$

题目求得之后，还可做进一步的探讨：如果 L 趋于无穷大，那会是什么情况？由式(2-45)

可得

$$\phi=\frac{\rho_l}{4\pi\varepsilon_0}\ln\frac{-z+\frac{L}{2}+\sqrt{\left(z-\frac{L}{2}\right)^2+r^2}}{-z-\frac{L}{2}+\sqrt{\left(z+\frac{L}{2}\right)^2+r^2}}$$

$$=\frac{\rho_l}{4\pi\varepsilon_0}\ln\frac{\left(-z+\frac{L}{2}+\sqrt{\left(z-\frac{L}{2}\right)^2+r^2}\right)\left(z+\frac{L}{2}+\sqrt{\left(z+\frac{L}{2}\right)^2+r^2}\right)}{r^2}$$

当 $L\gg r$ 时,有

$$\phi\approx\frac{\rho_l}{4\pi\varepsilon_0}\ln\frac{L^2}{r^2}=\frac{\rho_l}{2\pi\varepsilon_0}\ln\frac{L}{r}$$

对无限长线电荷此结果为无穷大！为什么会出现这种情况呢？这是因为无限长线电荷不是分布在有限区域内,而是分布在无限区域,但计算时默认将电势参考点选在无穷远处的缘故。因此,必须将电势参考点选在有限远处,则有

$$\phi=\frac{\rho_l}{2\pi\varepsilon_0}\ln\frac{L}{r}+C'$$

其中,C'是与电势参考点有关的一个常数。如令 $r=a$ 时,$\phi=0$,得

$$C'=-\frac{\rho_l}{2\pi\varepsilon_0}\ln\frac{L}{a}$$

故

$$\phi=\frac{\rho_l}{2\pi\varepsilon_0}\ln\frac{a}{r}\quad\text{或}\quad\phi=-\frac{\rho_l}{2\pi\varepsilon_0}\ln r+C$$

式中,C(或 a)是与电势参考点有关的另一常数。

如果对式(2-46)求 $L\to\infty$ 的极限,则得

$$\boldsymbol{E}=\frac{\rho_l}{2\pi\varepsilon_0 r}\boldsymbol{e}_r$$

这个与无限长带电直导线直接利用高斯定理求解的结果完全一致。

当然也可以利用上述简化后的电势表达式进行求解,由此可以求得场点 P 处的电场强度为

$$\boldsymbol{E}=-\nabla\phi=-\frac{\mathrm{d}\phi}{\mathrm{d}r}\boldsymbol{e}_r=\frac{\rho_l}{2\pi\varepsilon_0 r}\boldsymbol{e}_r$$

这几个结论是自洽的,证明此题的求解过程完全正确。

上述无限长直线电荷的场非常具有代表性。由此例可见,有限场源的电势参考点选在无限远处是方便的,而无限场源的电势参考点需要选在有限远处。另外,此例题还得出了无限长均匀直线电荷在线外任一点的电势,即

$$\phi=-\frac{\rho_l}{2\pi\varepsilon_0}\ln r+C \tag{2-47}$$

2.3.3 等势面

由于电势是空间位置的函数,故将各等电势点连接起来可构成电势相等的面,称为等势

面。因为电荷在等势面上移动不需做功，所以电力线和等势面必定互相垂直(或这样理解：电场强度是电势的负梯度，梯度的方向必定垂直于等值面)。

于是可得等势面方程为

$$\phi(x,y,z)=C(\text{常数}) \tag{2-48}$$

式中，C 取不同的数值，可以得到不同的等势面。在二维情况下，等势面退化为等势线。图 2-14(a)是利用 MATLAB 软件绘制的两个等量异号电荷的电力线和等势线。其中，围绕两个点电荷的封闭曲线表示的是等势线，与其正交的是电力线。

在 MATLAB 环境下，可以使用 contour 函数绘制二维的等势线。方法大致如下

```
x=-3:0.01:3;y=x;                        %定义 x、y 的变化范围
[X,Y]=meshgrid(x,y);                    %生成直角网格格点数据
R1=sqrt((X+1).^2+Y.^2);                 %到(-1,0)处正电荷的距离
R2=sqrt((X-1).^2+Y.^2);                 %到(1,0)处负电荷的距离
U=1./R1-1./R2;                          %计算电势，忽略电势系数
contour(X,Y,U,-3:0.5:3,'LineWidth',2);  %电势相同的点，连成等势线
```

在 MATLAB 下，isosurface 命令可以绘制立体的等值面(等势面)。其基本用法如下

```
[f, v] = isosurface(X,Y,Z,V,isovalue)
```

其中，V 是定义在坐标位置 X、Y、Z 处的一个标量函数，在这里就是电势函数。X、Y、Z 和 V 是相同尺寸的三维矩阵，isovalue 就是对应的等值面的数值。函数的返回值 f、v 是 MATLAB 下的一个结构变量，包含等值面所对应的面元和顶点，可以传递给 patch 命令，对所得等值面进行修饰。

例如，对于放置在(−a,0,0)，(a, 0,0)处的两个点电荷，其带电量均为 2，要绘制对应的等势面，可以采用如下的代码(忽略常数系数因子 $1/(4\pi\varepsilon_0)$)。

```
q1=2;                                    %电荷 1 的电量;
q2=2;                                    %电荷 2 的电量;
a=2;                                     %两个电荷之间的位置,(-a,0,0), (a, 0,0);
x=linspace(-5,5,50);                     %x 轴范围,从-5 到 5,划分成 50 个点
[X,Y,Z]=meshgrid(x);                     %在 xyz 坐标系内,构建一个立体网格
r1=sqrt((X-a).^2+Y.^2+Z.^2);             %计算到右边电荷(a, 0,0)的距离
r2=sqrt((X+a).^2+Y.^2+Z.^2);             %计算到左边电荷(-a, 0,0)的距离
U=q1./r1+q2./r2;                         %电势的分布
[f, v]=isosurface(X,Y,Z,U,1.6);          %计算等势面所对应的面元和顶点
p=patch('Faces',f,'Vertices',v);         %绘制等势面
set(p,'FaceColor','red','EdgeColor','none'); %修饰等势面,这里面元为红色,无边沿色
view(3);                                 %默认为三维视角
axis equal;                              %等比例显示
camlight;                                %设置光线
```

程序运行结果如图 2-14(b)所示。

当有多个等势面存在时，可能会出现等势面互相包裹的情况，导致内部的等势面无法看到。此时，可以采用下面的方式，将外部的等势面设置为无面元颜色，而将相邻的面元边沿设置为有颜色，从而可以透视看到内部的结构，如图 2-14(c)所示。例如，可以在上面的 set

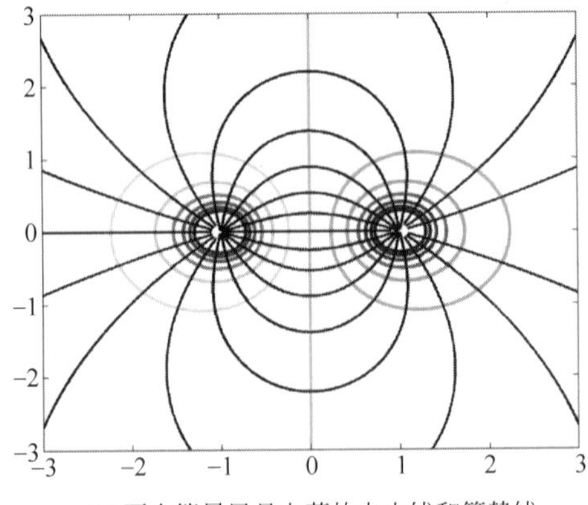

(a) 两个等量异号电荷的电力线和等势线

动画视频

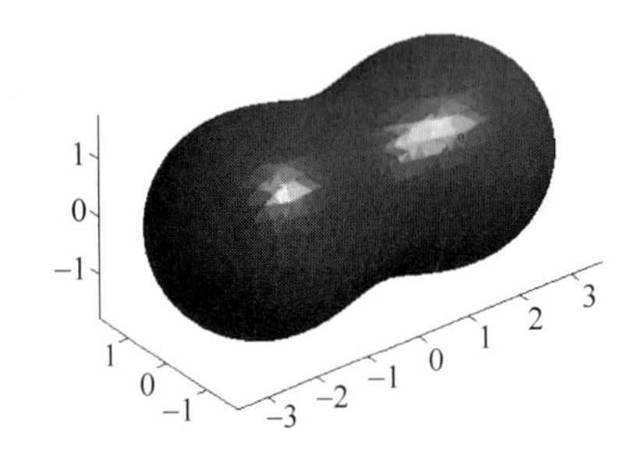

(b) 两个等量同号电荷的等势面

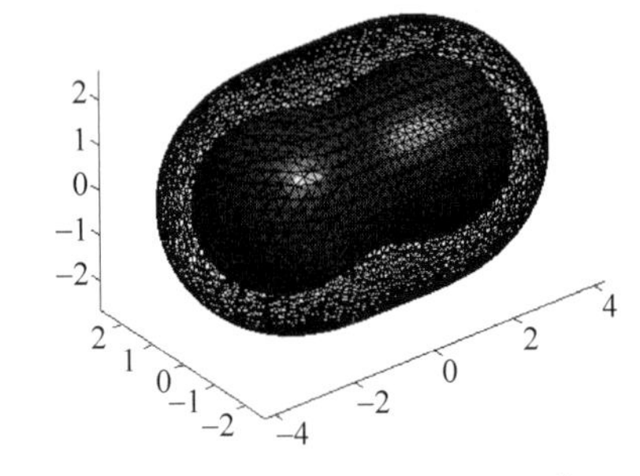

(c) 两个等势面的嵌套(等量同号电荷)

图 2-14 二维等势线和三维等势面示意

命令之后,再增加以下几条语句:

```
hold on;                                          % 叠加绘制模式
p = patch(isosurface(X,Y,Z,U,1.2));               % 计算等值面并绘制,返回句柄 p
set(p,'FaceColor','none','EdgeColor','black');    % 对等值面进行修饰,无面元色,边沿为黑色
```

2.3.4 电势的微分方程

静电场的基本问题是求解给定电荷分布下的电场分布。静电势的引入给求解静电场带来很大的方便。这可使求解场矢量的微分方程化为求解标量电势的微分方程,从而使求解场的问题得到简化。将式(2-34)代入式(2-29),得

$$\nabla^2 \phi = -\frac{\rho}{\varepsilon_0} \tag{2-49}$$

这是用电势表述的静电场的基本方程,称为电势的泊松方程。在无电荷的区域,$\rho=0$,则式(2-49)变为

$$\nabla^2 \phi = 0 \tag{2-50}$$

上式称为电势的拉普拉斯方程。它是电势的泊松方程所对应的二阶齐次微分方程。这样,对于给定电荷分布求解电场的问题可归结为求解电势的泊松方程或拉普拉斯方程。求解这两个微分方程的普遍方法将在第 4 章中介绍。应该指出,不同电荷分布时的电势表达式(2-38)、

式(2-40)、式(2-42)～式(2-44)是相应电荷分布下电势的泊松方程的特解。

以点电荷的表达式(2-38)为例，该电势分布一定满足泊松方程式(2-49)。考虑到点电荷的密度函数表达式，有

$$\nabla^2 \phi = \nabla^2 \frac{Q}{4\pi\varepsilon_0 R} = -\frac{Q}{\varepsilon_0}\delta(\boldsymbol{r}-\boldsymbol{r}') \tag{2-51}$$

化简，有

$$\nabla^2 \frac{1}{R} = -4\pi\delta(\boldsymbol{r}-\boldsymbol{r}') \tag{2-52}$$

对其他电荷分布，也有类似的结论。

重点提醒：初学者容易将式(2-49)右侧的密度函数直接写成 Q，这个是不正确的。点电荷的密度是空间位置的函数，而直接写成 Q 表示是常数函数，指空间任何位置都有电荷量 Q 存在，显然与实际不符。大家应结合前面的章节仔细体会其中的差别。

2.4 电偶极子

2.4.1 电偶极子的电场

两个等值异号的电荷，其间距 l 远小于它们到场点的距离，这样的电荷系统称为电偶极子，简称偶极子，如图 2-15 所示。在球坐标系中，设电偶极子的中心到远处任一点 P 的距离为 r，则电偶极子的两异号电荷在场点 P 处的电势即电偶极势为

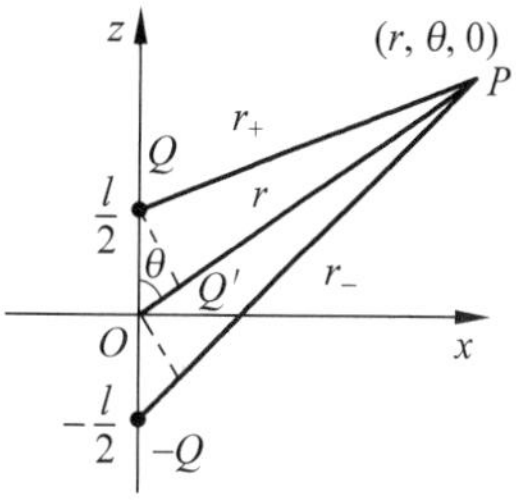

图 2-15 电偶极子

$$\phi = \frac{Q}{4\pi\varepsilon_0}\left(\frac{1}{r_+}-\frac{1}{r_-}\right) = \frac{Q}{4\pi\varepsilon_0}\frac{r_- - r_+}{r_+ r_-}$$

式中，$r_+ = \left[r^2+\left(\frac{l}{2}\right)^2 - rl\cos\theta\right]^{\frac{1}{2}} = r\left[1+\frac{l^2}{4r^2}-\frac{l}{r}\cos\theta\right]^{\frac{1}{2}}$，$r_- = \left[r^2+\left(\frac{l}{2}\right)^2 + rl\cos\theta\right]^{\frac{1}{2}} = r\left[1+\frac{l^2}{4r^2}+\frac{l}{r}\cos\theta\right]^{\frac{1}{2}}$。

由于 $l \ll r$，应用牛顿二项式定理，即当 $|x| \ll 1$ 时，$(1+x)^\alpha \approx 1+\alpha x$，展开后并略去高阶小项，得 $r_+ \approx r - \frac{l}{2}\cos\theta$，$r_- \approx r + \frac{l}{2}\cos\theta$，$r_+ r_- \approx r^2$，$r_- - r_+ \approx l\cos\theta$，于是有

$$\phi = \frac{Ql}{4\pi\varepsilon_0 r^2}\cos\theta \tag{2-53}$$

另一方面，也可以从图形上来计算。以 P 为圆心，以 PQ 的长度为半径画弧，交 OP 于 Q'。由于 P 点距离原点非常远，因此等腰三角形的顶角 QPQ' 非常小，几乎为零，而其两个底角近似为直角。于是，易得 $r_+ \approx r - \frac{l}{2}\cos\theta$；同理，可以得到 $r_- \approx r + \frac{l}{2}\cos\theta$。同样，可得到式(2-53)的结论。

答疑解惑：读者可能会对采用上述近似计算感到头疼：明明可以得到精确的结果，为什么非要进行近似计算呢？确实，完全可以将 r_+、r_- 的精确表达式代入，从而得到电势的严格表达形式。但如果再深入一步，利用这个精确的表达式计算电场强度就会发现，电场强度的表达式相当烦琐，从中几乎看不出任何物理规律。换句话说，这个精确的结果，对于分析、理解问题几乎是没有帮助的！因此，为了得到物理图像更加清晰的表达式，对上述公式进行近似分析是必要的；事实上，由于场点 P 到电偶极子中心的距离远远大于其长度，近似分析有严格的数学基础，理论上也是可行的；再进一步，完全精确的结果，对于实际应用未必更好，由于测量设备的误差等因素，严格精确的结果也是不存在的。因此，在实际生活中，尤其是在工程应用中，进行近似计算具有重要的作用！读者在后续章节还会看到类似的处理手法。

可见，电偶极势与单个电荷的电势不同，它与乘积 Ql 成正比，而与距离的平方(r^2)成反比，且与极角 θ 有关。因此，引入一个矢量

$$\boldsymbol{p}=Q\boldsymbol{l} \tag{2-54}$$

称为电偶极子的电矩，简称电偶极矩或偶极矩。式中，$\boldsymbol{l}$ 是由 $-Q$ 指向 $+Q$ 的两电荷间的距离矢量。于是式(2-53)可写为

$$\phi=\frac{p\cos\theta}{4\pi\varepsilon_0 r^2}=\frac{\boldsymbol{p}\cdot\boldsymbol{e}_r}{4\pi\varepsilon_0 r^2}=\frac{\boldsymbol{p}\cdot\boldsymbol{r}}{4\pi\varepsilon_0 r^3} \tag{2-55}$$

因此，电偶极子在场点的电场强度可表示为

$$\begin{aligned}\boldsymbol{E}&=-\nabla\phi=-\boldsymbol{e}_r\frac{\partial}{\partial r}\phi-\boldsymbol{e}_\theta\frac{\partial}{r\partial\theta}\phi\\&=\frac{p}{4\pi\varepsilon_0 r^3}(2\cos\theta\boldsymbol{e}_r+\sin\theta\boldsymbol{e}_\theta)\end{aligned} \tag{2-56}$$

可见电偶极子在远处的场强正比于其偶极矩，反比于距离(r)的立方，且与极角 θ 有关，而与方位角 ϕ 无关。

当电偶极子位于空间任意一点而非原点时，仿照式(2-55)，可以得到

$$\phi=\frac{\boldsymbol{p}\cdot\boldsymbol{R}}{4\pi\varepsilon_0 R^3} \tag{2-57}$$

读者可以结合距离矢量的定义理解上述表达式。类似地，也可以得到电场强度的表达式。图 2-16 示出了电偶极子的电力线(实线)与等势线(虚线)，其电场是轴对称场，将此图绕电偶极子的轴线旋转，便得到电偶极子在整个空间的场图。

2.4.2 均匀外电场对电偶极子的作用

处于均匀外电场中的电偶极子，由于组成它的两个电荷等值异号，故它们所受的电场力等值而反向。但两力不在同一条直线上，如图 2-17 所示。因此，电偶极子将受到一个力矩(转矩)的作用而转动，此力矩为

$$\boldsymbol{T}=\frac{\boldsymbol{l}}{2}\times\boldsymbol{F}_++\left(-\frac{\boldsymbol{l}}{2}\right)\times\boldsymbol{F}_-=Q\boldsymbol{l}\times\boldsymbol{E}=\boldsymbol{p}\times\boldsymbol{E} \tag{2-58}$$

可见，力矩 $\boldsymbol{T}$ 将使电偶极子的电矩 $\boldsymbol{p}$ 转向外电场 $\boldsymbol{E}$ 的方向。

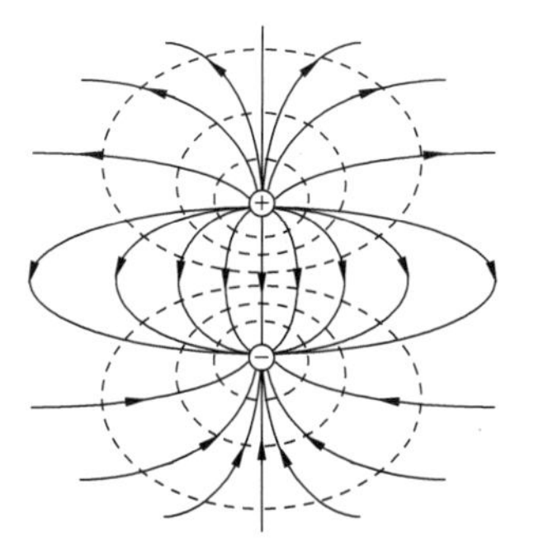

图 2-16 电偶极子的电力线与等势线

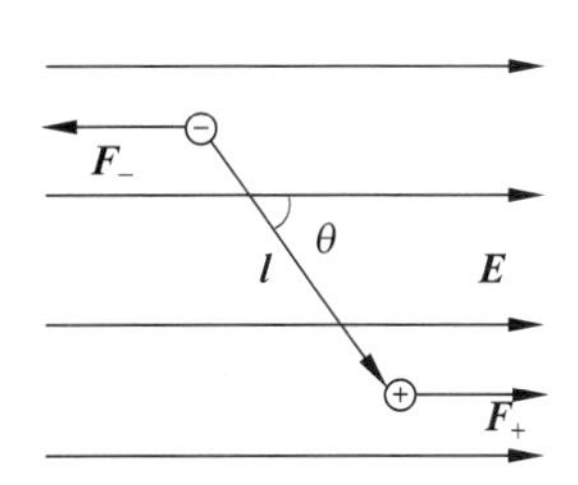

图 2-17 外电场对电偶极子的作用力矩

2.5 电介质的极化和电位移矢量

前面章节在处理静电场的问题时，都是在真空中进行的，未免有点理想化。因为实际环境中一定会有材料存在。那么，它们在静电场的作用下，会有什么特殊的情况出现呢？介质中的电场性质与真空中又有什么差别呢？本节将会说明这个问题。

2.5.1 电介质的极化和电极化强度

动画视频

电介质简称介质，又叫绝缘体。因为组成介质分子中的原子核和其周围的电子云之间有很强的作用力，因而所有电子都是被束缚的，故介质内部没有自由电荷。在外电场的作用下，介质中的正、负电荷朝相反的方向发生微小的位移，从而产生偶极矩，这种现象称为介质的极化。

介质的极化有三种不同的情形。第一种是介质中的原子核和其周围的电子云在外电场的作用下朝相反的方向移动，而使原子核偏离电子云的中心，从而产生偶极矩，这称为电子极化(或感生极化)。第二种是某些介质的分子具有固有偶极矩，正常情况下，由于它们在各个方向都有排列而使宏观的电偶极矩为零。在外电场的作用下，由于受到力矩的作用，分子固有偶极矩转向外电场的方向，而分子的无规则热运动则又破坏偶极矩的这种取向，从而建立一种极化的平衡，于是得到一个平均的净取向作用，这称为取向极化。第三种是介质的分子由带相反电荷的离子组成，在外电场的作用下，正、负离子从其平衡位置发生位移，这称为离子极化。

介质的分子按有无固有偶极矩可分为有极分子和无极分子两类。对由单原子构成分子的电介质只有电子极化。所有化合物(包括有极分子和无极分子)都存在离子极化和电子极化，其中由有极分子组成的化合物同时存在三种极化现象。

电介质极化的程度用电极化强度矢量 $\boldsymbol{P}$ 来表征，其值是单位体积的电偶极矩。它是一个宏观量，即电矩体密度，简称极化强度。如果设 n 是单位体积的分子数，而 $\boldsymbol{p}$ 是每个分子的平均偶极矩，若体积元 ΔV 中的分子数即偶极矩的个数为 N，则电极化强度为

$$\boldsymbol{P}=\lim_{\Delta V\to 0}\frac{\sum_i \boldsymbol{p}_i}{\Delta V}=\lim_{\Delta V\to 0}\frac{N\boldsymbol{p}}{\Delta V}=n\boldsymbol{p} \tag{2-59}$$

对于绝大多数电介质，在外加电场较小的情况下，理论和实验表明，极化强度和介质中

的总电场之间存在着线性关系，可表示为

$$\boldsymbol{P}=\chi_e\varepsilon_0\boldsymbol{E} \tag{2-60}$$

式中，χ_e 称为介质的电极化率。对于均匀、线性、各向同性的介质，它是一个与位置(坐标)、场强大小及其方向无关的常数，即 $\boldsymbol{P}$ 与 $\boldsymbol{E}$ 同方向且成正比关系。若 χ_e 与位置有关，则介质为非均匀的；若 χ_e 与电场强度有关，则介质为非线性；若 χ_e 与空间方向有关，则 $\boldsymbol{P}$ 与 $\boldsymbol{E}$ 一般不同方向，这类介质称为各向异性介质。

在很强的电场下，介质分子中的束缚电子可能被从原子中拉出而成为自由电子，于是电介质变成导电材料，其绝缘性能被破坏，这种现象称为电介质的击穿。电介质所能承受的不被击穿的最大电场强度，称为电介质的击穿强度，也称为电介质强度。一般固体电介质强度为$(0.05\sim2.4)\times10^8\,\mathrm{V/m}$。空气的击穿强度为 $E_{\max}=3\times10^6\,\mathrm{V/m}$。

介质极化后，去掉外电场仍具有剩余极化的介质称为永电体，即长久地驻留着极化的电介体，习惯上称为驻极体。用加热、光照、X 射线或 γ 射线辐射、电子轰击、放电、加磁场等方法可将某些介质制成驻极体。它具有静电、压电、热电三种效应，可用于传声器、拾音器、扬声器、静电复印、静电记录(传真)、空气过滤器、小型发动机、机电或压电换能器和热电检测器等。

2.5.2 束缚电荷

正常情况下，介质是电中性的，介质的各个部分都不带净电荷。介质极化后，介质分子中的正、负电荷分离，微观上出现了很多电偶极子。于是在介质内部及其表面上的电中性被打破，局部出现了净电荷。这些电荷不能够自由移动，因此称为束缚电荷。为了计算束缚电荷的分布，考虑电子极化的简单情况，在介质中取一个体积元 $\mathrm{d}V'=\boldsymbol{l}'\cdot\mathrm{d}\boldsymbol{S}'$(见图 2-18)，其中 $\boldsymbol{l}'$ 是正负电荷间的相对位移矢量，并设单位体积的分子数为 n。为计算方便，假设负电荷固定，在外加电场的作用下，正电荷定向移动 $\boldsymbol{l}'$ 的距离。则介质极化后穿出面元 $\mathrm{d}\boldsymbol{S}'$ 的电荷量 $\mathrm{d}Q_b$ 就正好是该体积元 $\mathrm{d}V'$ 内的正电荷量，即

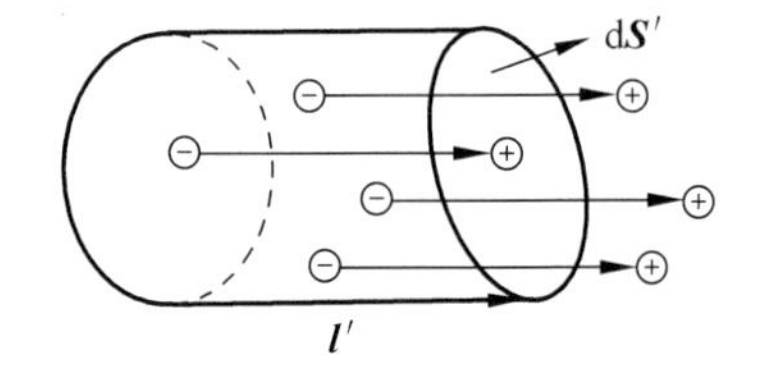

图 2-18 计算穿出面元的束缚电荷

$$\mathrm{d}Q_b=nQ_b\mathrm{d}V'=nQ_b\boldsymbol{l}'\cdot\mathrm{d}\boldsymbol{S}'=n\boldsymbol{p}\cdot\mathrm{d}\boldsymbol{S}'=\boldsymbol{P}\cdot\mathrm{d}\boldsymbol{S}'$$

其中，Q_b 是每个分子的正电荷量。如果面元矢量 $\mathrm{d}\boldsymbol{S}'=\boldsymbol{n}\mathrm{d}S'$ 是在介质的表面上，$\boldsymbol{n}$ 是表面外法线方向上的单位矢量，则这些电荷就聚集在一个厚度$(\boldsymbol{l}'\cdot\boldsymbol{n})$和分子大小相近的薄层中，无法从介质表面逃脱出去，它们可当作束缚面电荷分布，密度为

$$\rho_{Sb}=\frac{\mathrm{d}Q_b}{\mathrm{d}S'}=\boldsymbol{P}\cdot\boldsymbol{n} \tag{2-61}$$

如果在介质内部取一个闭合曲面 S'，其包围的体积为 V'。则穿出该闭合面 S' 的束缚电荷为$\oint_{S'}\boldsymbol{P}\cdot\mathrm{d}\boldsymbol{S}'$，而遗留在 V' 内的束缚电荷必定是$-\oint_{S'}\boldsymbol{P}\cdot\mathrm{d}\boldsymbol{S}'$。若以 ρ_b 表示介质中的束缚电荷密度，则有

$$-\oint_{S'}\boldsymbol{P}\cdot\mathrm{d}\boldsymbol{S}'=\int_{V'}\rho_b\mathrm{d}V'$$

应用高斯散度定理可得

$$-\int_{V'} \nabla \cdot \boldsymbol{P} \mathrm{d}V' = \int_{V'} \rho_{\mathrm{b}} \mathrm{d}V'$$

由于上式对介质中的任何体积V'都成立，故得

$$\rho_{\mathrm{b}} = -\nabla \cdot \boldsymbol{P} \tag{2-62}$$

式(2-61)与式(2-62)分别表示出了束缚电荷面密度ρ_{Sb}、束缚电荷密度ρ_{b}与电极化强度$\boldsymbol{P}$之间的关系，它们和式(2-60)表明了介质的极化规律。

2.5.3 电位移矢量和介质中的高斯定理

介质极化后产生束缚电荷，而束缚电荷又激发自己的电场，叠加在外电场上，并改变外加电场的分布。最终总电场应该是这两个场的叠加。因此，一般情况下，产生电场的电荷密度应包括自由电荷密度ρ和束缚电荷密度ρ_{b}，于是高斯定理的微分形式应写为

$$\nabla \cdot \boldsymbol{E} = \frac{\rho + \rho_{\mathrm{b}}}{\varepsilon_0} \tag{2-63}$$

将式(2-62)代入式(2-63)，得

$$\nabla \cdot (\varepsilon_0 \boldsymbol{E} + \boldsymbol{P}) = \rho \tag{2-64}$$

这表明矢量$(\varepsilon_0 \boldsymbol{E} + \boldsymbol{P})$的散度仅决定于自由电荷密度$\rho$。为避免计算$\boldsymbol{P}$的麻烦，可引入一个辅助矢量$\boldsymbol{D}$，称为电位移矢量或电通密度矢量，定义为

$$\boldsymbol{D} = \varepsilon_0 \boldsymbol{E} + \boldsymbol{P} \tag{2-65}$$

于是，式(2-64)可写为

$$\nabla \cdot \boldsymbol{D} = \rho \tag{2-66}$$

这就是介质中高斯定理的微分形式。利用高斯散度定理，可得其对应的积分形式为

$$\oint_S \boldsymbol{D} \cdot \mathrm{d}\boldsymbol{S} = Q \tag{2-67}$$

式中，Q是闭合面S所包围的总自由电荷量(代数和)。介质中的高斯定理表明，从任一闭合面穿出的电位移通量(即电通量)等于该面内的自由电荷量。自由电荷是电位移矢量$\boldsymbol{D}$的源。这样，在介质中用电位移矢量$\boldsymbol{D}$进行计算，可不再考虑束缚电荷和极化强度，从而简化了计算。

对于均匀、线性、各向同性的电介质，由式(2-60)和式(2-65)，电位移矢量可表示为

$$\boldsymbol{D} = \varepsilon \boldsymbol{E} \tag{2-68}$$

式中，

$$\varepsilon = \varepsilon_0 \varepsilon_{\mathrm{r}} = \varepsilon_0 (1 + \chi_{\mathrm{e}}) \tag{2-69}$$

称为介质的介电常数(电容率)。而

$$\varepsilon_{\mathrm{r}} = \frac{\varepsilon}{\varepsilon_0} = 1 + \chi_{\mathrm{e}} \tag{2-70}$$

称为介质的相对介电常数。真空中$\chi_{\mathrm{e}} = 0$，$\varepsilon_{\mathrm{r}} = 1$。对于空气，$\chi_{\mathrm{e}} \approx 0$，$\varepsilon_{\mathrm{r}} \approx 1$。一般介质均有$\varepsilon_{\mathrm{r}} > 1$。由式(2-60)与式(2-68)可得

$$\boldsymbol{P} = (\varepsilon - \varepsilon_0) \boldsymbol{E} = \frac{\varepsilon - \varepsilon_0}{\varepsilon} \boldsymbol{D} = \frac{\varepsilon_{\mathrm{r}} - 1}{\varepsilon_{\mathrm{r}}} \boldsymbol{D} \tag{2-71}$$

将上式两边取散度，考虑到式(2-66)，得

$$\nabla\cdot\boldsymbol{P}=\frac{\varepsilon-\varepsilon_0}{\varepsilon}\nabla\cdot\boldsymbol{D}=\frac{\varepsilon_r-1}{\varepsilon_r}\rho$$

考虑到式(2-62)，则有

$$\rho_b=-\frac{\varepsilon_r-1}{\varepsilon_r}\rho \tag{2-72}$$

可见，束缚电荷密度 ρ_b 与自由电荷密度 ρ 符号相反且同时存在。由式(2-62)可知，在均匀极化时，$\rho_b=0$。不难理解，在介质和导体的分界面处，介质中的束缚电荷面密度 ρ_{Sb} 与导体表面的自由电荷面密度 ρ_S 之间也有类似关系。

例 2.5 有两块面积很大的平行导体板，板间距离为 d(d 远小于平板的长和宽)，接于电压为 U 的直流电源上充电后再断开电源，然后在两极板间放入一块与极板面积相同且厚度为 d、介电常数为 ε 的均匀介质板，如图 2-19 所示。试求：

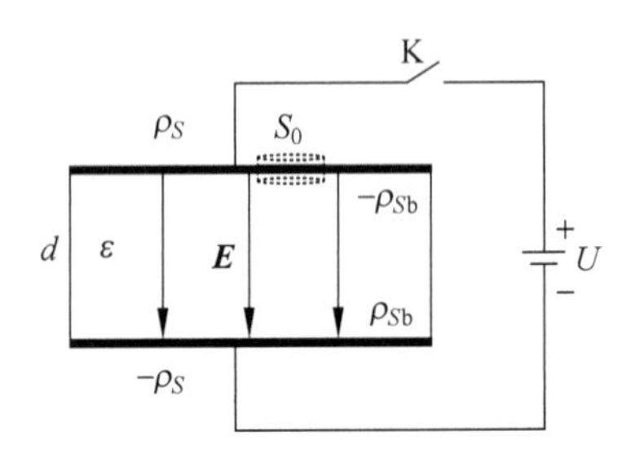

图 2-19 平行板电容器

(1) 放入介质板前后平行板间的电场强度及自由电荷与束缚电荷的面密度；

(2) 若电源不断开，对放入介质板后的情况重新进行计算，并讨论平行板电容器的电容。

解 (1) 未放入介质板前，两极板间的介质为空气，$\varepsilon\approx\varepsilon_0$，两极板间的电场强度为匀强电场，$E_0=|\boldsymbol{E}_0|=\dfrac{U}{d}$，其方向自上而下，而电容器外部电场为零。跨过极板做一个底面为 S_0 的圆柱形高斯面，由高斯定理可得

$$\oint_S\boldsymbol{E}\cdot\mathrm{d}\boldsymbol{S}=E_0S_0=\frac{Q_0}{\varepsilon_0}$$

其中，Q_0 为面 S_0 上的自由电荷。由上式可以求得极板上的自由电荷面密度为

$$\rho_S=\frac{Q_0}{S_0}=\varepsilon_0E_0=\varepsilon_0\frac{U}{d}$$

放入介质板后，电容器中匀强电场的性质没有改变，外部电场依然为零。因充电后已断开电源，所以极板上的自由电荷面密度 ρ_S 保持不变。对于均匀极化的情况，$\rho_b=0$，故在上述高斯面上应用介质中的高斯定理得

$$\oint_S\boldsymbol{D}\cdot\mathrm{d}\boldsymbol{S}=DS_0=Q_0$$

于是

$$\rho_S=\frac{Q_0}{S_0}=D$$

因此，介质中的电场强度为

$$E_d=\frac{D}{\varepsilon}=\frac{\rho_S}{\varepsilon}=\frac{\varepsilon_0E_0}{\varepsilon}=\frac{E_0}{\varepsilon_r}\quad\text{或}\quad E_d=\frac{U}{\varepsilon_r d}$$

$\boldsymbol{E}_d$ 的方向仍是自上而下，但其值为未放入介质板前的场强 E_0 的 $1/\varepsilon_r$。这是由于在介质板两表面上出现了与自由面电荷异号的束缚面电荷，因此，介质中的电场被削弱了。介质板的上表面处的束缚电荷面密度为

$$\rho_{Sb}=\boldsymbol{P}\cdot\boldsymbol{n}=-P=-\chi_e\varepsilon_0 E_d=-(\varepsilon_r-1)\varepsilon_0\frac{E_0}{\varepsilon_r}=-\frac{\varepsilon_r-1}{\varepsilon_r}\rho_S$$

这里需要注意：计算束缚电荷面密度时，法线方向是从介质内向外看的外法线方向，竖直向上；其正好与电场强度的方向相反(竖直向下，且与极化强度方向一致)，故上式中有一负号出现。或可写为

$$\rho_{Sb}=-\frac{\varepsilon_r-1}{\varepsilon_r}\varepsilon_0\frac{U}{d}=-\frac{\varepsilon-\varepsilon_0}{\varepsilon_r}\frac{U}{d}$$

可见，束缚电荷面密度 ρ_{Sb} 与自由电荷面密度 ρ_S 之间也有与式(2-72)的类似关系。

(2) 如果电源不断开，则放入介质板后的场强为

$$E'_d=\frac{U}{d}=E_0$$

介质板的上表面上的束缚电荷面密度为

$$\rho'_{Sb}=\boldsymbol{P}'\cdot\boldsymbol{n}=-P'=-\chi_e\varepsilon_0 E'_d=-(\varepsilon_r-1)\varepsilon_0\frac{U}{d}=-(\varepsilon-\varepsilon_0)\frac{U}{d}$$

上极板上的自由电荷面密度则为

$$\rho'_S=-\frac{\varepsilon_r}{\varepsilon_r-1}\rho'_{Sb}=\varepsilon_r\varepsilon_0\frac{U}{d}=\varepsilon_r\rho_S$$

可见，在电压 U 一定时，电介质能够使极板上的自由电荷增加，因而增大了电容，即

$$C=\frac{Q}{U}=\frac{\rho'_S S}{U}=\varepsilon_r\varepsilon_0\frac{S}{d}=\frac{\varepsilon S}{d}$$

其中，S 是极板的面积。因此，电介质使平行板的电容增加了 ε_r 倍。测量电容器有无电介质时的电容，可获得介质相对介电常数 ε_r 的值。

例 2.6　已知无限长同轴线的内外导体间充满介电常数为 ε 的介质，内导体的半径为 r_1，外导体的内半径为 r_2，二者之间的电压为 U，并设外导体接地，如图 2-20 所示。试求同轴线内的电场强度。

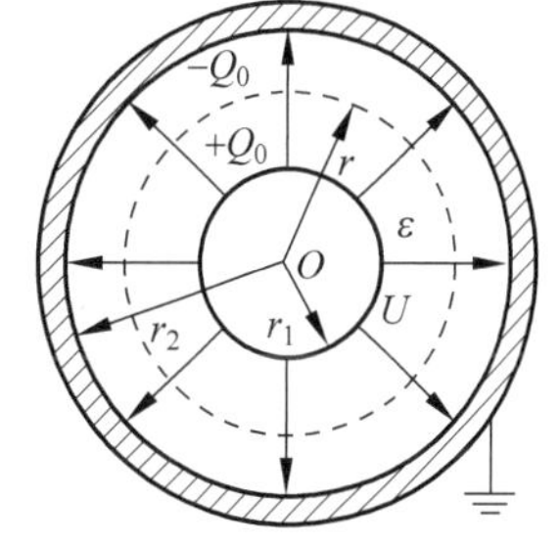

图 2-20　计算同轴线的电场

解　同轴线可视为圆柱电容器，内外导体分别带等值而异号的电荷，且均匀地分布在内导体的外表面和外导体的内表面上。采用圆柱坐标系，并使 z 轴与同轴线的轴相合。由于对称的缘故，同轴线介质中的电场 $\boldsymbol{E}_d$ 只与坐标 r 有关。设同轴线内导体单位长度上的电量为 Q_0，在介质中作一个以 z 轴为轴、以 r 为半径的单位长闭合圆柱面，根据高斯定理可得

$$\oint_S \boldsymbol{D}\cdot d\boldsymbol{S}=D\cdot 2\pi r=2\pi r\varepsilon E_d=Q_0$$

故

$$\boldsymbol{E}_d=\frac{Q_0}{2\pi\varepsilon r}\boldsymbol{e}_r$$

因为 $U=\int_{r_1}^{r_2}\boldsymbol{E}_d\cdot d\boldsymbol{r}=\frac{Q_0}{2\pi\varepsilon}\int_{r_1}^{r_2}\frac{dr}{r}=\frac{Q_0}{2\pi\varepsilon}\ln\frac{r_2}{r_1}$，则 $Q_0=\frac{2\pi\varepsilon U}{\ln\frac{r_2}{r_1}}$，因此

$$\boldsymbol{E}_d=\frac{U}{r\ln\frac{r_2}{r_1}}\boldsymbol{e}_r$$

在内导体与外导体金属内部或外导体以外的区域，由于闭合圆柱面所包围的总电荷为零，故没有场。因此，同轴线中的场只分布于内外导体间的介质中。

2.5.4 介质中静电场的基本方程

由于束缚电荷的电场也是无旋的，故介质中的静电场仍是无旋场，即为势场。因此，表述介质中的高斯定理和静电场的无旋性的两个方程再加上辅助方程 $\boldsymbol{D}=\varepsilon\boldsymbol{E}$，便构成介质中静电场的基本方程，即

$$\text{积分形式} \qquad \text{微分形式}$$

$$\begin{cases} \oint_S \boldsymbol{D}\cdot\mathrm{d}\boldsymbol{S}=Q & \nabla\cdot\boldsymbol{D}=\rho \\ \oint_l \boldsymbol{E}\cdot\mathrm{d}\boldsymbol{l}=0 & \nabla\times\boldsymbol{E}=0 \\ \boldsymbol{D}=\varepsilon\boldsymbol{E} & \boldsymbol{D}=\varepsilon\boldsymbol{E} \end{cases} \tag{2-73}$$

介质中的静电场也是由自由电荷引起的，但考虑到介质极化时所产生的束缚电荷的附加作用，同样多的自由电荷在介质中所产生的场强比真空中要小。和真空中的情形一样，介质中的静电场也是有源无旋场。

同样引入电势 ϕ，介质中的电场强度可表示为

$$\boldsymbol{E}=-\nabla\phi \tag{2-74}$$

将上式代入式(2-66)，可得在无界、均匀、线性、各向同性的介质中电势的泊松方程，即

$$\nabla^2\phi=-\frac{\rho}{\varepsilon} \tag{2-75}$$

在无自由电荷分布的区域，$\rho=0$，电势仍满足拉普拉斯方程，即

$$\nabla^2\phi=0 \tag{2-76}$$

在无界、均匀、线性与各向同性的介质中，点电荷、电荷群以及连续分布的电荷在场内任一点的电势分别为

$$\phi(x,y,z)=\frac{Q}{4\pi\varepsilon R} \tag{2-77}$$

$$\phi(x,y,z)=\frac{1}{4\pi\varepsilon}\sum_{i=1}^{N}\frac{Q_i}{R_i}=\frac{1}{4\pi\varepsilon}\sum_{i=1}^{N}\frac{Q_i}{|\boldsymbol{r}-\boldsymbol{r}'_i|} \tag{2-78}$$

$$\phi(x,y,z)=\frac{1}{4\pi\varepsilon}\int\frac{\mathrm{d}Q}{R} \tag{2-79}$$

式中，$\mathrm{d}Q$ 在连续的电荷作体分布、面分布或线分布时，分别为 $\rho\mathrm{d}V'$、$\rho_S\mathrm{d}S'$ 或 $\rho_l\mathrm{d}l'$；相应地，积分是在空间体积、空间曲面或曲线上进行。

同样地，介质中的库仑定律和电场强度公式，只要将真空中相应公式中的介电常数 ε_0 换为 ε 即可，这实际上是考虑了介质中束缚电荷的附加作用。反之，将介质中场和势的公式中的 ε 换为 ε_0，各公式又退化为真空中的相应公式。

*2.5.5 极化相消的隐形机理

由前面章节的论述过程可知，当介质放入外加电场中的时候，介质会被外加电场极化，

产生束缚电荷。这些束缚电荷也会产生二次电场，从而对初始场产生扰动，改变初始电场的分布。最终，总的电场是由外加电场和二次电场叠加确定的。介质极化时，极化的强弱由电极化强度 $\boldsymbol{P}$ 所表征。正常情况下，$\boldsymbol{P}$ 与 $\boldsymbol{E}$ 同方向，如图 2-21(a)所示。如果在物体外围包裹一层新型材料，这种材料在电场中也会被极化，但是极化强度方向与外加电场相反，如图 2-21(b)所示。那么，将此复合结构放入外加电场中时，结构整体的电极化强度有可能因为物体和包层的不同特性而抵消。换句话说，此结构对外加电场无扰动或者扰动很小，从而在外部无法探测出物体的存在，即物体被“隐形”了。这就是极化相消的隐形机理。

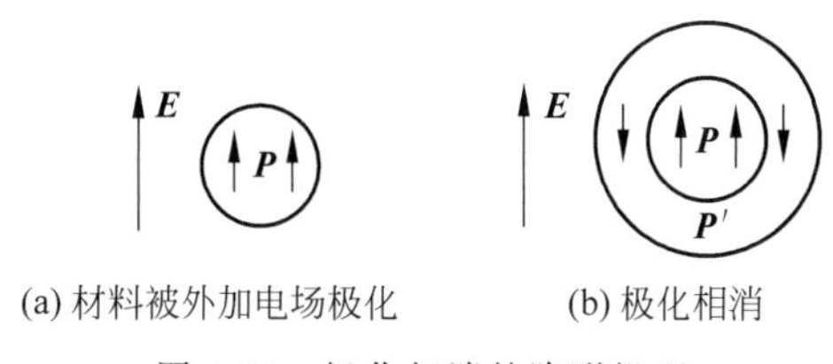

(a) 材料被外加电场极化　　(b) 极化相消

图 2-21　极化相消的隐形机理

仔细考虑一下，由于 $\boldsymbol{P}=\varepsilon_0\chi_e\boldsymbol{E}=\varepsilon_0(\varepsilon_r-1)\boldsymbol{E}$，因此，上述极化相消要求包层材料的介电常数要小于真空，甚至为负值，在静态电场的情况下是不存在的。对于静磁场，可以使用超导材料加以实现(此时对应的是磁导率)。在时变的情况下，这个要求可以用新型人工电磁材料得以满足；此外，在光波段，大多数金属也具有负的介电常数。因此，利用极化相消实现电磁隐形，也是科学家们努力研究的一个重要课题！

2.6　静电场的边界条件

前面已经分析了真空中的场、介质中的场，本节研究两种媒质分界面上的场的性质。在两种媒质内部，各自满足静电场基本方程的微分形式；但在分界面上，因为兼具二者的特性，所以必须单独进行分析，建立起场量之间的联系，这就是所谓的边界条件，有时候也称为衔接条件。所以，静电场的边界条件，实质上就是静电场的方程在媒质分界面上的体现。可以通过场的积分方程来进行推导求证。首先推导最一般情况下的边界条件，然后通过演绎的方法，将媒质特殊化，得到特定情况下的边界条件。

2.6.1　两种媒质间静电场的边界条件

在两种不同媒质的分界面上，取一横跨分界面的无限薄的扁平小圆柱闭合面，其上下两底面分别位于分界面两侧且与分界面平行，柱高 h 为无穷小量，如图 2-22 所示。设分界面的正法线方向是由媒质 2 指向媒质 1。若底面积 ΔS 很小，可认为底面上的场量是均匀的。应用高斯定理于该圆柱闭合面，考虑到其侧面积为无穷小，且其体积 $\Delta V=h\Delta S\to 0$，则 ΔV 内的电荷 $\rho\Delta V\to 0$。如果在分界面上存在自由电荷面密度 ρ_S，则有

$$\oint_S \boldsymbol{D}\cdot d\boldsymbol{S}=D_{1n}\Delta S-D_{2n}\Delta S=\rho_S\Delta S$$

$$\begin{cases} D_{1n}-D_{2n}=\rho_S \\ \boldsymbol{n}\cdot(\boldsymbol{D}_1-\boldsymbol{D}_2)=\rho_S \end{cases} \tag{2-80}$$

式中,$\boldsymbol{n}$ 是分界面的正法线方向上的单位矢量,从媒质 2 指向媒质 1。由此可见,在任一带电的分界面两侧,电位移矢量的法向分量不连续,其突变量为 ρ_S。

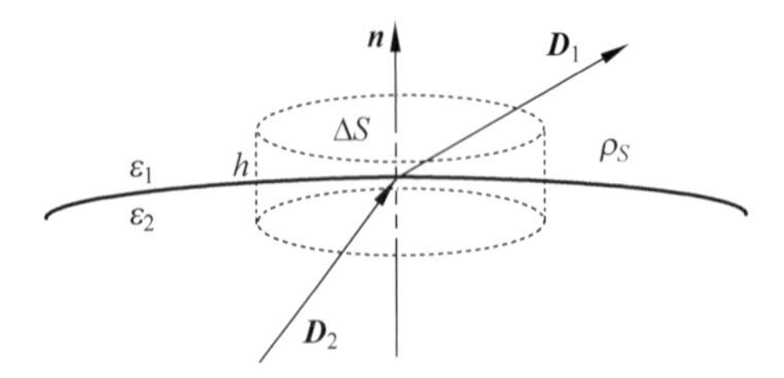

图 2-22 求边界面上 D_n 的边界条件

将式(2-68)和式(2-74)代入上式,则式(2-80)可用电势表示为

$$-\varepsilon_1\frac{\partial\phi_1}{\partial n}+\varepsilon_2\frac{\partial\phi_2}{\partial n}=\rho_S \tag{2-81}$$

其中,n 是边界面法向上的坐标变量。

如果在两种不同媒质的分界面上取一无限窄的小矩形闭合回路,其两长边 Δl 分别位于分界面两侧且与分界面平行,另外两窄边的长度 d 为无穷小量,如图 2-23 所示。由于静电场沿任一闭合回路的线积分为零,且 Δl 很小,可认为场量在其范围内近似不变,并考虑到 $d\to 0$,故有

$$\oint_l \boldsymbol{E}\cdot \mathrm{d}\boldsymbol{l}=E_{1t}\Delta l-E_{2t}\Delta l=0$$

$$\begin{cases}E_{1t}=E_{2t}\\ \boldsymbol{n}\times\boldsymbol{E}_1=\boldsymbol{n}\times\boldsymbol{E}_2\end{cases} \tag{2-82}$$

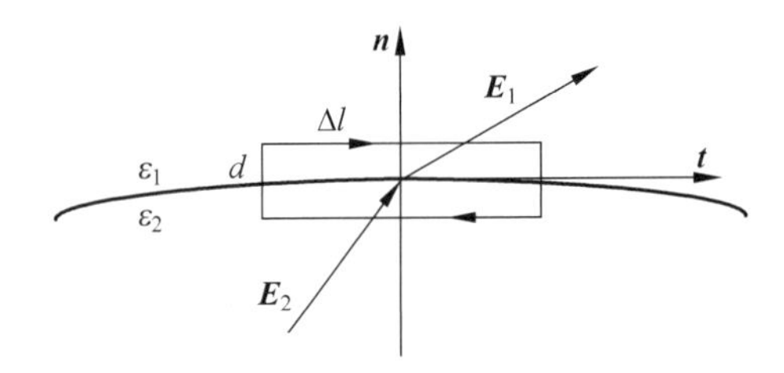

图 2-23 求边界面上 E_t 的边界条件

这表明在分界面两侧,电场强度的切向分量总是连续的。应用式(2-74),则式(2-82)可用电势表示为

$$\phi_1=\phi_2 \tag{2-83}$$

因此,在两种不同媒质的分界面两侧电势必须是连续的,否则场强将为无穷大,显然这是不可能的。

重点提醒:边界条件的表示方法,有上述三种,在具体使用的时候,根据情况灵活掌握。如果是通过求解电势再得到电场分布(如本书中第 4 章所讲部分),则用电势的表述方法最为方便;如果直接求解电场强度或电位移矢量,则用前面两种比较方便。采用矢量表

述的优点是能够同时考虑大小和方向,可以有效避免一些错误,如计算所得的电荷面密度差一个负号等。此外,在实际应用中,一般总是选择合适的坐标系,使得某个坐标平面与媒质分界面重合,因此,在确定了坐标系之后,表达式中的法向和切向矢量一般是确定的。

2.6.2　两种介质间静电场的边界条件

在两种不同介质的分界面上,通常没有自由面电荷,即 $\rho_S=0$,由式(2-80)～式(2-83),则有

$$\begin{cases} D_{1n}=D_{2n} \\ \boldsymbol{n}\cdot(\boldsymbol{D}_1-\boldsymbol{D}_2)=0 \\ \varepsilon_1\dfrac{\partial\phi_1}{\partial n}=\varepsilon_2\dfrac{\partial\phi_2}{\partial n} \end{cases} \tag{2-84}$$

和

$$\begin{cases} E_{1t}=E_{2t} \\ \boldsymbol{n}\times\boldsymbol{E}_1=\boldsymbol{n}\times\boldsymbol{E}_2 \\ \phi_1=\phi_2 \end{cases} \tag{2-85}$$

可见,在分界面两侧电位移的法向分量和电场强度的切向分量都是连续的。但场强的法向分量、电位移矢量的切向分量却不连续。

2.6.3　介质与导体间静电场的边界条件

在介质和导体的分界面上,考虑介质为材料1,导体为材料2,由于静电平衡而使导体内部的电荷及电场均为零,故由式(2-80)～式(2-83)可得导体表面上的边界条件:

$$D_n=\rho_S \quad 或 \quad \boldsymbol{n}\cdot\boldsymbol{D}=\rho_S \quad 或 \quad -\varepsilon\frac{\partial\phi}{\partial n}=\rho_S \tag{2-86}$$

$$E_t=0 \quad 或 \quad \boldsymbol{n}\times\boldsymbol{E}=0 \quad 或 \quad \phi=C \tag{2-87}$$

式中,$\phi=C$(常数)表明导体表面是等势面。通常称导体表面为电壁。由上面两式可知,介质中紧邻导体表面处的电场强度 $\boldsymbol{E}$ 总是与导体表面垂直的,即

$$\boldsymbol{E}=\frac{\rho_S}{\varepsilon}\boldsymbol{n} \tag{2-88}$$

其中,$\boldsymbol{n}$ 是导体表面外法线方向上的单位矢量。此外,由于导体中的场量为零,所以上述场量并没有标注1或者2(介质或导体)。

应该指出,场的边界条件实际上是积分形式的场方程在媒质分界面上的等效表示。它对于求解具有分界面的实际电磁问题是很重要的。

例2.7　已知球形电容器的内外导体间充满介电常数为 ε 的介质,内导体的半径为 r_1,外导体的内半径为 r_2,二者之间的电压为 U,并设外导体接地,如图2-24所示。试求球形电容器内介质中的电势和电场强度及球形电容器的电容,并计算两个导体极板上的电荷

分布。

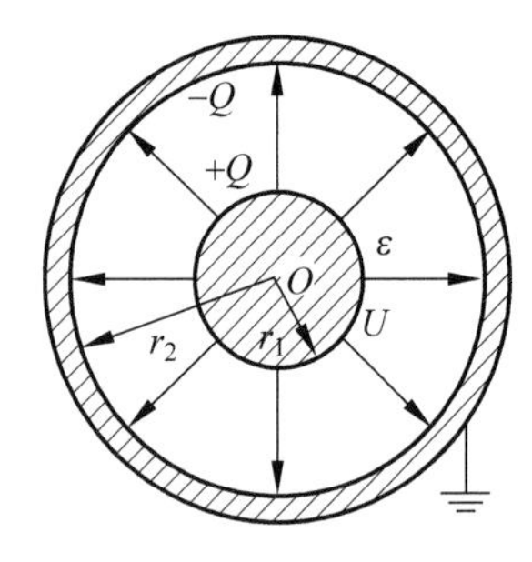

图 2-24　计算球形电容器内的电势和场强及其电容

解　采用球坐标系，原点与球形导体的球心重合，由于对称，球形电容器内介质中的电势 ϕ 和电场 $\boldsymbol{E}$ 只与坐标 r 有关，而与坐标 θ、ϕ 无关。假设内导体带有的电荷总量为 Q，则外导体带有的电荷量为 $-Q$，且电力线从内导体放射状发出，终止于外导体内表面，等势面与其处处正交，为同心的球面。采用介质中的高斯定理，取半径为 r 的球面为高斯面，则有

$$4\pi r^2 \varepsilon E = Q$$

从而得 $E=\dfrac{Q}{4\pi\varepsilon r^2}$。考虑到电场强度的方向为径向，则有

$$\boldsymbol{E}=\frac{Q}{4\pi\varepsilon r^2}\boldsymbol{e}_r$$

于是，内外两个导体之间的电势差，即电场强度沿任意一条半径方向积分得

$$U=\int_{r_1}^{r_2}\boldsymbol{E}\cdot \mathrm{d}\boldsymbol{l}=\int_{r_1}^{r_2}\frac{Q}{4\pi\varepsilon r^2}\boldsymbol{e}_r\cdot(\mathrm{d}r\boldsymbol{e}_r)=\int_{r_1}^{r_2}\frac{Q}{4\pi\varepsilon r^2}\mathrm{d}r=\frac{Q}{4\pi\varepsilon}\left(\frac{1}{r_1}-\frac{1}{r_2}\right)=\frac{Q(r_2-r_1)}{4\pi\varepsilon r_1 r_2}$$

由此可以得到电荷量与电势差之间的关系为

$$Q=\frac{4\pi\varepsilon r_1 r_2 U}{r_2-r_1}$$

所以，电场强度的表达式用两极板之间的电势差可以表示为

$$\boldsymbol{E}=\frac{r_1 r_2 U}{(r_2-r_1)r^2}\boldsymbol{e}_r$$

电容器中任意一点的电势函数，仍旧用电场强度沿半径方向的积分可以表示为

$$\phi=\int_{r}^{r_2}\boldsymbol{E}\cdot \mathrm{d}\boldsymbol{l}=\int_{r}^{r_2}\frac{r_1 r_2 U}{(r_2-r_1)r^2}\boldsymbol{e}_r\cdot(\mathrm{d}r\boldsymbol{e}_r)=\frac{r_1 r_2 U}{r_2-r_1}\int_{r}^{r_2}\frac{1}{r^2}\mathrm{d}r=\frac{r_1 U}{(r_2-r_1)}\,\frac{r_2-r}{r}$$

因此，球形电容器的电容为

$$C=\frac{Q}{U}=\frac{4\pi\varepsilon r_1 r_2}{r_2-r_1}$$

在内导体表面 $r=r_1$ 处，由边界条件得

$$\rho_{S1}=D_{\mathrm{n}}\big|_{r=r_1}=\boldsymbol{D}\cdot\boldsymbol{e}_r\big|_{r=r_1}=\varepsilon\boldsymbol{E}\cdot\boldsymbol{e}_r\big|_{r=r_1}=\varepsilon\,\frac{r_2 U}{(r_2-r_1)r_1}$$

此处需要注意：在内导体表面，法线方向为 $\boldsymbol{e}_r$，从导体指向介质。而在外导体内表面 $r=r_2$ 处，法线方向为 $-\boldsymbol{e}_r$，同样由边界条件得

$$\rho_{S2}=D_{\mathrm{n}}\big|_{r=r_2}=\boldsymbol{D}\cdot(-\boldsymbol{e}_r)\big|_{r=r_2}=\varepsilon\boldsymbol{E}\cdot(-\boldsymbol{e}_r)\big|_{r=r_2}=-\varepsilon\,\frac{r_1 U}{(r_2-r_1)r_2}$$

如果考虑内外导体上的总电量，则还可以用下面的方法计算得到电荷密度分布：

$$\rho_{S1}=\frac{Q}{4\pi r_1^2}=\varepsilon\,\frac{r_2 U}{(r_2-r_1)r_1},\quad \rho_{S2}=\frac{-Q}{4\pi r_2^2}=-\varepsilon\,\frac{r_1 U}{(r_2-r_1)r_2}$$

可见，这两者是一致的。

难点点拨：在本题目中，由于采用了球坐标系，因此导体和介质的分界面可以用 $r=r_1$ 和 $r=r_2$ 这两个坐标平面来表示；对应的分界面的法向矢量就可以用 $\boldsymbol{e}_r$ 表示，切向矢量就是球坐标系下的 $\boldsymbol{e}_\theta$ 和 $\boldsymbol{e}_\varphi$。题目中容易出错的是外导体内表面的电荷面密度经常漏掉一个负号，这是由于没有分清楚法线的正方向造成的。此外，边界条件中使用的是边界处的场量，因此一定要注意把表达式中的变量 r 用 $r=r_1$ 或 $r=r_2$ 代替，这也是初学者容易忽略的地方。

2.7 电容

2.7.1 静电场中的导体

导体通常是指导电体，它是具有自由电荷的物体，其导电的性能用电导率 σ 来表征。理想导体或称完纯导体的电导率为 $\sigma=\infty$。因为金属内部具有大量自由电子，所以大多数金属都是良导体，其电导率都很大，例如紫铜的电导率 $\sigma=5.8\times10^7\,\text{S/m}$，铁的电导率 $\sigma=1\times10^7\,\text{S/m}$。把一般金属当作理想导体不会带来显著误差。酸、碱、盐溶液、水、水银等液体中有很多带电离子，也具有导电性。某些气体也导电，例如水银蒸气、水汽等。

假设有一电中性的孤立导体，将其放入静电场中。由于电场的存在，导体中的自由电荷会受到库仑力的作用而发生运动：正电荷沿电场方向、负电荷逆电场方向往导体表面运动，最终由于表面的束缚而积聚在导体表面。这些电荷称为感应电荷，其作用是在导体内部产生一个与外电场大小相等而方向相反的电场，抵消外加电场的作用。当达到稳定时，导体内部的合成电场为零。此时导体内电荷的宏观运动也就停止了。导体内部没有净电荷分布，故电荷密度 $\rho=0$。电荷都稳定地分布在导体的表面上，即具有电荷面密度 ρ_S 分布。这就是静电平衡状态。

因为导体内部的电场处处为零，故导体中的电势处处相等。因此，导体在静电场中是一个等势体，导体表面是等势面，导体内既无电荷密度也无电场强度。

与此类似，当导体带电时，在静电平衡状态，电荷也只能分布在表面上，导体内部的电场强度为零，导体依旧是一个等势体，表面是等势面，且电场强度垂直于导体表面。

2.7.2 孤立导体和双导体的电容

假如有一个孤立导体，其带电量为 Q。这些电荷分布在导体表面，并在周围激发电场，因此，相对于无穷远处，该导体有一个唯一固定的电势 ϕ（导体是一个等势体）。如果其电量加倍，则导体表面电荷面密度也加倍，根据库仑定律，空间任意一点电场强度的大小也加倍，因此导体自身的电势也加倍。或者说，导体的电势与其带电量成正比。空间一个孤立导体的电容是指它与无穷远处另一假想导体之间的电容，其值为该导体所带的电量 Q 与其电势 ϕ 之比，即

$$C=\frac{Q}{\phi} \tag{2-89}$$

一个半径为 a 的导体球，其表面电势 $\phi=\dfrac{Q}{4\pi\varepsilon a}$，因此，导体球的电容为 $C=4\pi\varepsilon a$。如果将地球视为导体球，平均半径为 6371.11km，则其电容为 $700\mu\text{F}$。

如果空间有两个导体，可考虑这两个导体各自带有等量异号的电荷 $Q(Q>0)$ 和 $-Q$（实际应用中，这两个导体就是电容器的两个极板。因为与电源的正负极连接，所以必定是等量异号）。与孤立导体的分析一样，当电量 Q 加倍时（$-Q$ 也同时加倍），两者之间的电场强度分布、电势差等，也相应地加倍。即：两导体间的电势差与电量 Q 成正比。定义双导体之间的电容是一个导体的电量 $Q(Q>0)$ 与两导体间的电压 $U=\phi_1-\phi_2$ 之比，即

$$C=\frac{Q}{U} \tag{2-90}$$

此比值总是使得电容为正值。电容 C 是仅决定于两导体本身的几何尺寸与形状、它们之间的相互位置及周围介质分布的一个常数，而与两导体上的电荷和它们之间的电压差无关。

例 2.8 设双根传输线轴线间的距离 D 远大于其半径 a。试求两线间单位长度的电容。

解 由于 $D\gg a$，故传输线表面上轴对称的电荷分布不受相邻导线的影响，认为线电荷集中在其轴线上。设传输线单位长的带电量（即电荷线密度）为 ρ_l，采用如图 2-25 所示的圆柱坐标系，则可得双根传输线轴线间的电场强度为

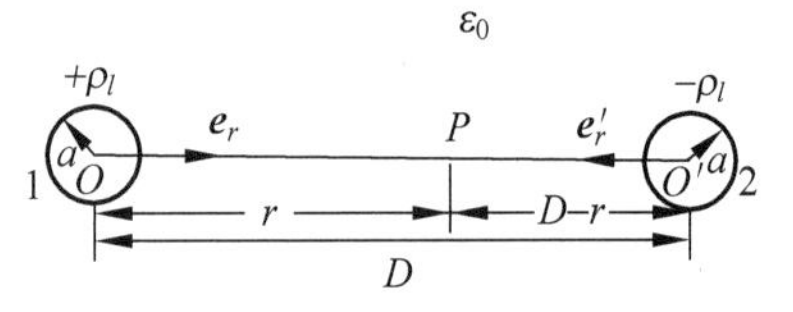

图 2-25 计算双根传输线单位长的电容

$$\boldsymbol{E}=\frac{\rho_l}{2\pi\varepsilon_0}\left(\frac{1}{r}+\frac{1}{D-r}\right)\boldsymbol{e}_r$$

由此可以求得两线间的电压为

$$U=\int_a^{D-a}\boldsymbol{E}\cdot\mathrm{d}\boldsymbol{r}=\frac{\rho_l}{2\pi\varepsilon_0}\int_a^{D-a}\left(\frac{1}{r}+\frac{1}{D-r}\right)\mathrm{d}r$$

$$=\frac{\rho_l}{2\pi\varepsilon_0}\left[\ln r-\ln(D-r)\right]_a^{D-a}=\frac{\rho_l}{\pi\varepsilon_0}\ln\frac{D-a}{a}$$

故双根传输线单位长度的电容为

$$C_0=\frac{\rho_l}{U}=\frac{\pi\varepsilon_0}{\ln\dfrac{D-a}{a}}\approx\frac{\pi\varepsilon_0}{\ln\dfrac{D}{a}}$$

对于两导体间电容的计算，可有几种方法：①设电荷法，即假设电荷，求两导体间电场强度，再计算电压 $U=\int_l\boldsymbol{E}\cdot\mathrm{d}\boldsymbol{l}$；② 设电压法，即设两导体间的电压，再求导体上的带电量 $Q=\int_{S'}\rho_S\mathrm{d}S'=\int_{S'}\varepsilon E_n\mathrm{d}S'$；③此外，还有第 2.8 节中介绍的利用电容器中储能的场能法等。但是不管采用哪种方法，电容的计算实际上都是电场的求解问题。

顺便指出，实际使用电容器时，除了要注意其电容量外，还应注意避免介质击穿的额定工作电压（耐压值）及减小其中介质的损耗。

例 2.9 在图 2-26 所示的双层介质平行板电容器中，设极板的面积为 S，介电常数为 ε_1

与 ε_2 的两层介质的厚度分别为 d_1 与 d_2，电容器两极板间的电压为 U。试求两介质中的电场强度、电容器的电容及介质表面上的束缚面电荷分布。

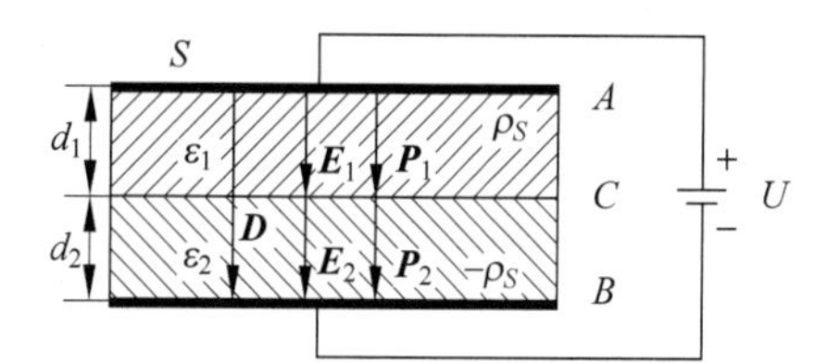

图 2-26　双层介质平行板电容器

解　在直角坐标系中，由于 $U=\int_A^C \boldsymbol{E}_1\cdot \mathrm{d}\boldsymbol{l}+\int_C^B \boldsymbol{E}_2\cdot \mathrm{d}\boldsymbol{l}=E_1d_1+E_2d_2$，又因在界面 C 上有 $D_{1\mathrm{n}}=D_{2\mathrm{n}}$，即 $\varepsilon_1E_1=\varepsilon_2E_2$，由此解得

$$\begin{cases} E_1=\dfrac{\varepsilon_2U}{\varepsilon_2d_1+\varepsilon_1d_2}=\dfrac{\dfrac{U}{\varepsilon_1}}{\dfrac{d_1}{\varepsilon_1}+\dfrac{d_2}{\varepsilon_2}} \\ E_2=\dfrac{\varepsilon_1U}{\varepsilon_2d_1+\varepsilon_1d_2}=\dfrac{\dfrac{U}{\varepsilon_2}}{\dfrac{d_1}{\varepsilon_1}+\dfrac{d_2}{\varepsilon_2}} \end{cases}$$

上式很容易推广到具有 N 层介质的情况，例如第 i 层介质中的电场强度则为

$$E_i=\frac{\dfrac{U}{\varepsilon_i}}{\dfrac{d_1}{\varepsilon_1}+\dfrac{d_2}{\varepsilon_2}+\cdots+\dfrac{d_i}{\varepsilon_i}+\cdots+\dfrac{d_N}{\varepsilon_N}}=\frac{\dfrac{U}{\varepsilon_i}}{\sum\limits_{i=1}^{N}\dfrac{d_i}{\varepsilon_i}}$$

在界面 A 上，电位移矢量的值为 $D=\varepsilon_1E_1=\dfrac{U}{\dfrac{d_1}{\varepsilon_1}+\dfrac{d_2}{\varepsilon_2}}=\rho_S$，因此，该系统的电容为

$$C=\frac{Q}{U}=\frac{\rho_SS}{U}=\frac{S}{\dfrac{d_1}{\varepsilon_1}+\dfrac{d_2}{\varepsilon_2}}$$

由此可以得到熟知的双层介质平行板电容器电容的公式，即

$$\frac{1}{C}=\frac{d_1}{\varepsilon_1S}+\frac{d_2}{\varepsilon_2S}=\frac{1}{C_1}+\frac{1}{C_2}$$

式中，$C_1=\dfrac{\varepsilon_1S}{d_1}$ 与 $C_2=\dfrac{\varepsilon_2S}{d_2}$ 分别是填充两种不同介质的平行板电容器相应的电容。对于具有 N 层介质叠放的情况，则有

$$\frac{1}{C}=\frac{1}{C_1}+\frac{1}{C_2}+\cdots\frac{1}{C_i}+\cdots\frac{1}{C_N}=\sum_{i=1}^{N}\frac{1}{C_i}$$

式中，$C_i=\varepsilon_iS/d_i$ 是任一层的电容。由此可见，当各层介质叠放时，电容器的总电容是各层电容的串联，即总电容的倒数是各层电容的倒数之和。不难看出，当电容器中的各介质

并列放置时，因其各介质两极板间的电压相同，而极板上的总电荷是各介质对应极板上的电荷之和，故电容器的总电容是各介质对应电容的并联，即总电容是各介质对应电容之和，为

$$C=C_1+C_2+\cdots+C_i+\cdots+C_N=\sum_{i=1}^{N}C_i$$

束缚电荷分布在介质表面上。在介质表面 A、B、C 上分别有

$$\rho_{SbA}=\boldsymbol{P}_1\cdot\boldsymbol{n}=-P_1=-(\varepsilon_1-\varepsilon_0)E_1=-\frac{\varepsilon_1-\varepsilon_0}{\varepsilon_1}D=-\frac{\varepsilon_{r1}-1}{\varepsilon_{r1}}D$$

$$\rho_{SbB}=\boldsymbol{P}_2\cdot\boldsymbol{n}'=P_2=(\varepsilon_2-\varepsilon_0)E_2=\frac{\varepsilon_2-\varepsilon_0}{\varepsilon_2}D=\frac{\varepsilon_{r2}-1}{\varepsilon_{r2}}D$$

$$\rho_{SbC}=\boldsymbol{P}_1\cdot\boldsymbol{n}+\boldsymbol{P}_2\cdot\boldsymbol{n}'=P_1-P_2=\left(\frac{\varepsilon_{r1}-1}{\varepsilon_{r1}}-\frac{\varepsilon_{r2}-1}{\varepsilon_{r2}}\right)D=\left(\frac{1}{\varepsilon_{r2}}-\frac{1}{\varepsilon_{r1}}\right)D$$

容易验证 $\rho_{SbA}+\rho_{SbB}+\rho_{SbC}=0$，即介质系统是电中性的，也可以验证每一种介质也是电中性的。

*2.7.3 电容器的并联和串联与等效材料

近年来，对于新型人工电磁材料的研究是一个热点。这些材料具有非常奇异的电磁特性，可以实现对电磁场的超常规控制，比如实现电磁隐形、负折射、完美吸收等。因此，如何实现这些材料具有重要的理论价值和实际应用意义。在诸多方法中，有一种方法就是利用现有的材料通过“搭配”的方式来实现新的材料，它的实现原理可以通过电容器的串联和并联来理解。

图 2-27 展示了利用两种材料搭配实现的一种“新型”电磁材料。图 2-27 中，由于各层材料在 x、y 方向的排布相同，所以这两个方向上材料的电磁特性应该是相同的；但在 z 轴方向，材料排布不同，因此其电磁特性显然不同。这实际上是一种“各向异性”的材料。

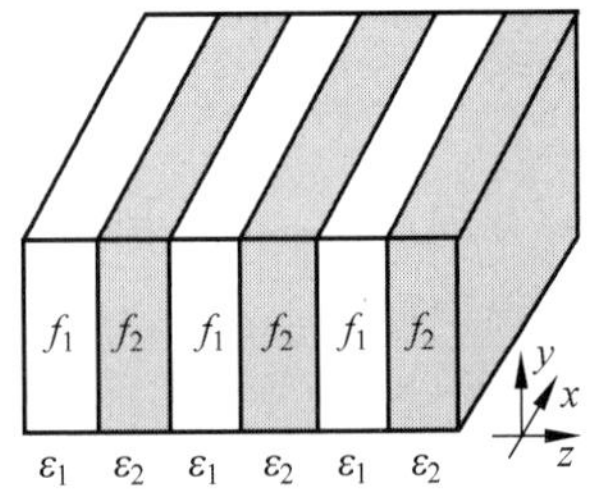

图 2-27 利用分层各向同性材料组合各向异性人工电磁材料示意图

假想在图 2-27 中 x 方向设置两个面积为 S、间距为 d 的平行金属板，则对其电容的计算，可以用若干电容器的并联来实现，即

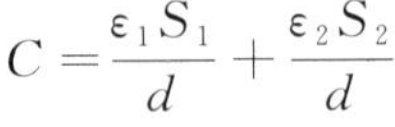

$$C=\frac{\varepsilon_1S_1}{d}+\frac{\varepsilon_2S_2}{d}$$

其中，S_1 和 S_2 是两种材料所对应的面积，且 $S_1+S_2=S$。从等效的角度看，也可以认为这个电容器内部填充的是一种新的“匀质”的材料，其介电常数不妨设为 ε_x，则有

$$C=\frac{\varepsilon_xS}{d}$$

令两式相等，则有

$$\frac{\varepsilon_1S_1}{d}+\frac{\varepsilon_2S_2}{d}=\frac{\varepsilon_xS}{d}$$

于是，$\varepsilon_x=f_1\varepsilon_1+f_2\varepsilon_2$。其中，$f_1$，$f_2$ 是两种材料的体积占比（与面积占比一致），$f_1=S_1/S$，

$f_2=S_2/S$,且 $f_1+f_2=1$。同理,如果考虑 y 方向,则

$$\varepsilon_y=\varepsilon_x=f_1\varepsilon_1+f_2\varepsilon_2 \tag{2-91}$$

假设在 z 方向放置金属电极板构建电容器,则根据电容器串联理论易得

$$\frac{1}{\varepsilon_z}=\frac{f_1}{\varepsilon_1}+\frac{f_2}{\varepsilon_2} \tag{2-92}$$

式(2-91)和式(2-92)就是利用两种各向同性材料构造各向异性新型人工电磁材料的公式。这种方法在科研领域得到了非常广泛的应用,是实现新型人工电磁材料的有效方法。

2.8 静电场的能量

2.8.1 带电体系统的电场能量

任意给定一个带电体系统,则这个系统具有电场能量。大家可以通过“装配”这个带电体系统来理解此道理。假设初始时刻,所有的带电体相距无穷远,表示能量最小的一种状态。现在,要把各个带电体从无穷远处搬运到特定的位置,这显然不是一件容易的事情。当搬运第一个带电体的时候,应该会比较轻松;可是当搬运第二个带电体时,由于它处于第一个带电体的电场中,受到电场力的作用,必须克服这个电场力做功才可以把它搬运到合适的位置;同样的道理,搬运其余带电体亦是如此。因此,“装配”一个带电体系统不是轻而易举的事情,需要外源做功。这些“消耗”的能量被存储在系统中,以电场能量的形式存在。上述过程,仅仅考虑了各个带电体之间的相互作用,对应的能量称之为相互作用能。事实上,对于单个带电体而言,将电荷从无穷远处搬运过来,组装成该带电体,同样需要能量,这一部分能量称之为固有能。带电体系统总的静电场能量应等于各带电体之间的相互作用能和每个带电体的固有能之总和。

由于带电体系统的电场总能量仅与电荷最后的分布状态有关,而与它如何达到这一分布的过程无关。因此,可以设想使各带电体的电荷密度从零开始按照同一比例逐渐增加到其最终值。令此统一递增比值为 ξ,并满足 $0\leqslant\xi\leqslant1$。若带电体最终值的电荷密度分布为 ρ、电荷面密度分布为 ρ_S、电势分布为 ϕ,则在达到这一分布过程中的任一中间时刻,系统的电荷密度、电荷面密度和电势分别为 $\xi\rho$、$\xi\rho_S$ 和 $\xi\phi$。这时,若使系统的某一体积元 $\mathrm{d}V'$ 内的电荷密度与面元 $\mathrm{d}S'$ 上的电荷面密度分别增加 $\mathrm{d}(\xi\rho)$ 与 $\mathrm{d}(\xi\rho_S)$,则外源所需做的功(即电场能量的增加量)为

$$\mathrm{d}W_\mathrm{e}=\xi\phi\,\mathrm{d}(\xi\rho)\,\mathrm{d}V'+\xi\phi\,\mathrm{d}(\xi\rho_S)\,\mathrm{d}S'=\xi\phi\rho\,\mathrm{d}\xi\,\mathrm{d}V'+\xi\phi\rho_S\,\mathrm{d}\xi\,\mathrm{d}S'$$

将上式进行积分,便得到系统的电场总能量,即

$$\begin{aligned}W_\mathrm{e}&=\int_0^1\xi\,\mathrm{d}\xi\int_{V'}\phi\rho\,\mathrm{d}V'+\int_0^1\xi\,\mathrm{d}\xi\int_{S'}\phi\rho_S\,\mathrm{d}S'\\&=\frac{1}{2}\int_{V'}\phi\rho\,\mathrm{d}V'+\frac{1}{2}\int_{S'}\phi\rho_S\,\mathrm{d}S'\end{aligned} \tag{2-93}$$

当系统中只有体分布的带电体时,其电场能量则为

$$W_e=\frac{1}{2}\int_{V'}\phi\rho\mathrm{d}V' \tag{2-94}$$

当系统中只有带电导体时，其电场能量则为

$$W_e=\frac{1}{2}\int_{S'}\phi\rho_S\mathrm{d}S' \tag{2-95}$$

式中，积分面积 S' 应为全部导体的表面。由于每一导体表面都是等势面，故对第 i 个导体表面，有

$$W_{ei}=\frac{1}{2}\phi_i\int_{S_i'}\rho_S\mathrm{d}S'_i=\frac{1}{2}\phi_iQ_i$$

因此，N 个导体系统的电场总能量为

$$W_e=\frac{1}{2}\sum_{i=1}^{N}\phi_iQ_i \tag{2-96}$$

式中，ϕ_i 是系统中所有电荷在 Q_i 处产生的电势。

当系统为孤立导体时，考虑孤立导体的电容 $C=\dfrac{Q}{\phi}$，由式(2-96)可得

$$W_e=\frac{1}{2}Q\phi=\frac{1}{2}C\phi^2=\frac{Q^2}{2C} \tag{2-97}$$

同样地，对于双导体电容器而言，储存的电场能量为

$$W_e=\frac{1}{2}Q\phi_1-\frac{1}{2}Q\phi_2=\frac{1}{2}QU=\frac{1}{2}CU^2=\frac{Q^2}{2C} \tag{2-98}$$

对于由 N 个点电荷组成的系统，其电场能量的表达式仍为式(2-96)，但其含义不同。这时式(2-96)中 ϕ_i 是除去 Q_i 以外的其他所有电荷在 Q_i 处产生的电势，即 $\phi_i=\dfrac{1}{4\pi\varepsilon}\sum\limits_{j=1,j\neq i}^{N}\dfrac{Q_j}{R_{ij}}$（否则电势为无穷大）。于是

$$W_e=\frac{1}{8\pi\varepsilon}\sum_{i=1}^{N}\sum_{j=1,j\neq i}^{N}\frac{Q_iQ_j}{R_{ij}} \tag{2-99}$$

上式忽略了 $i=j$ 的项，这是因为 $R_{ij}=|\boldsymbol{r}_i-\boldsymbol{r}_j|=0$，$i=j$，对应的点电荷群的固有能为无穷大。如果略去固有能，式(2-99)就只给出 N 个点电荷系统中各点电荷之间的相互作用能。因此，两个点电荷系统的场能（即其互能）为

$$W_e=\frac{1}{2}(Q_1\phi_1+Q_2\phi_2)=\frac{1}{8\pi\varepsilon}\sum_{i=1}^{2}\sum_{j=1,j\neq i}^{2}\frac{Q_iQ_j}{R_{ij}}=\frac{1}{8\pi\varepsilon}\left(\frac{Q_1Q_2}{R_{12}}+\frac{Q_2Q_1}{R_{21}}\right)=\frac{Q_1Q_2}{4\pi\varepsilon R_{12}}$$

应该指出，当带电体移动时，如果每个带电体的电荷分布和形状不变，则其固有能不变，这时系统的电场能量的变化仅是其相互作用能的变化。

2.8.2 电场的能量密度

从表面上看，式(2-93)～式(2-99)容易给人一种误解，即电场的能量仅存在于有电荷的位置，没有电荷的地方，电场能量为零。这个是不对的！因为带电体系统的电场总能量存在于整个电场所处的空间中。上述公式仅仅是从数值上计算出了电场的总能量，且与电荷密度分布密切相关。为了更加精确地表示电场的能量分布情况，可以引入能量密度的概念，即

空间特定位置处单位体积内的电场能量。

为了简化推演，考虑式(2-93)的一个特殊情况，即带电系统中不包含面电荷密度的情况。带电系统有面电荷分布时，证明情况类似。

这种情况下，带电系统的能量为

$$W_e=\frac{1}{2}\int_{V'}\phi\rho\,\mathrm{d}V'$$

其中，V'表示的是所有电荷分布的地方，如图 2-28 所示。显然，可以将其扩展到全部空间，因为没有电荷分布的地方，积分值为零。于是

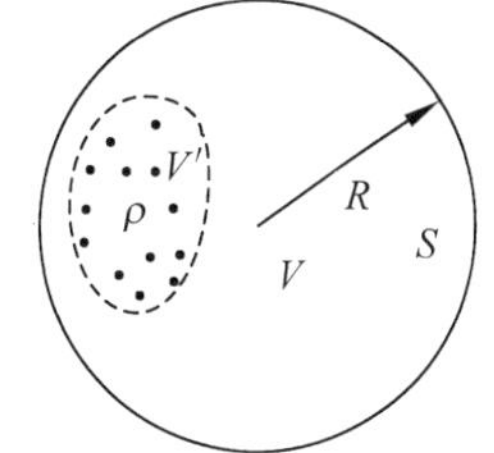

图 2-28　电场能量计算示意图

$$W_e=\frac{1}{2}\int_V\phi\rho\,\mathrm{d}V$$

由于$\nabla\cdot\boldsymbol{D}=\rho$ 与 $\boldsymbol{E}=-\nabla\phi$，再应用矢量微分恒等式：

$$\nabla\cdot(\phi\boldsymbol{D})=\boldsymbol{D}\cdot\nabla\phi+\phi\,\nabla\cdot\boldsymbol{D}$$

因此

$$\phi\rho=\phi\,\nabla\cdot\boldsymbol{D}=\nabla\cdot(\phi\boldsymbol{D})-\boldsymbol{D}\cdot\nabla\phi=\nabla\cdot(\phi\boldsymbol{D})+\boldsymbol{D}\cdot\boldsymbol{E}$$

将上式代入能量表达式，有

$$W_e=\frac{1}{2}\int_V\nabla\cdot(\phi\boldsymbol{D})\,\mathrm{d}V+\frac{1}{2}\int_V\boldsymbol{D}\cdot\boldsymbol{E}\,\mathrm{d}V=\frac{1}{2}\oint_S\phi\boldsymbol{D}\cdot\mathrm{d}\boldsymbol{S}+\frac{1}{2}\int_V\boldsymbol{D}\cdot\boldsymbol{E}\,\mathrm{d}V$$

上式应用了高斯散度定理。其中涉及的体积及其闭合曲面如图 2-28 所示。对于式中第一项面积分，由于 ϕ 随$\frac{1}{R}$而变，$\boldsymbol{D}$ 随$\frac{1}{R^2}$而变，面积微元随 R^2 而变，整个面积分则随$\frac{1}{R}$而变，故当球面 S 的半径 $R\to\infty$时，在无限大球面 S 上的面积分为零。因此，可得由场量计算电场能量的表达式为

$$W_e=\frac{1}{2}\int_V\boldsymbol{D}\cdot\boldsymbol{E}\,\mathrm{d}V$$

式中，被积函数表示电场中每一点单位体积的能量，称为电场的能量密度，即

$$w_e=\frac{\mathrm{d}W_e}{\mathrm{d}V}=\frac{1}{2}\boldsymbol{D}\cdot\boldsymbol{E}\tag{2-100}$$

因此，可得由场量计算电场能量的表达式为

$$W_e=\int_V w_e\,\mathrm{d}V=\frac{1}{2}\int_V\boldsymbol{D}\cdot\boldsymbol{E}\,\mathrm{d}V\tag{2-101}$$

在均匀、线性和各向同性的介质中，上式可写为

$$w_e=\frac{1}{2}\varepsilon E^2=\frac{D^2}{2\varepsilon}\tag{2-102}$$

由任意两个互相绝缘的导体所组成的电容器，其电容可以由式(2-98)通过它所储存的电场能量来计算，即计算电容的场能法的表达式为

$$C=\frac{2W_e}{U^2}=\frac{1}{U^2}\int_V\varepsilon E^2\,\mathrm{d}V\tag{2-103}$$

或

$$C=\frac{Q^2}{2W_e}=\frac{Q^2}{\int_V \varepsilon E^2 \mathrm{d}V} \tag{2-104}$$

式中,积分区域 V 是遍及有电场的全部区域。从上述表达式可以看出,计算电场的分布,依旧是问题的核心。

例 2.10 如图 2-29 所示,已知同轴线内外导体的半径分别为 r_1 和 r_2,其间填充介电常数分别为 ε_1 和 ε_2 的两种介质,且两介质的分界面成 α 的二面角;同轴线内外导体间的电压为 U。试求单位长同轴线中储存的电场能量和电容。

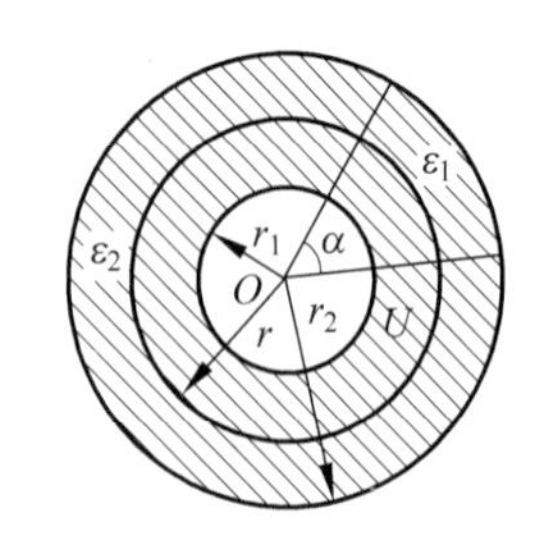

图 2-29 求填充两种介质同轴线的场能和电容

解 采用圆柱坐标系,设同轴线内外导体单位长的带电量分别为 $+Q_0$ 和 $-Q_0$。如果同轴线内为同一种介质,则电力线沿径向呈轮辐状分布。当内部填充有两种介质时,假设电力线分布不变,依然呈轮辐状。作以 r 为半径、单位长且与同轴线同轴的高斯圆柱面,由场强切向分量连续的边界条件,两种介质中的场强必然相等,即 $E_1=E_2=E$。再由高斯定理可得

$$\varepsilon_1 E\alpha r+\varepsilon_2 E(2\pi-\alpha)r=Q_0$$

则

$$\boldsymbol{E}=\boldsymbol{E}_1=\boldsymbol{E}_2=\frac{Q_0}{[\varepsilon_1\alpha+\varepsilon_2(2\pi-\alpha)]r}\boldsymbol{e}_r$$

同轴线内外导体间的电压为

$$U=\int_{r_1}^{r_2}\boldsymbol{E}\cdot\mathrm{d}\boldsymbol{r}=\frac{Q_0}{\alpha\varepsilon_1+(2\pi-\alpha)\varepsilon_2}\ln\frac{r_2}{r_1}$$

所以,同轴线内导体单位长的带电量为 $Q_0=\dfrac{\alpha\varepsilon_1+(2\pi-\alpha)\varepsilon_2}{\ln\dfrac{r_2}{r_1}}U$。于是,同轴线两介质中的电场强度为 $\boldsymbol{E}=\boldsymbol{E}_1=\boldsymbol{E}_2=\dfrac{U}{r\ln\dfrac{r_2}{r_1}}\boldsymbol{e}_r$。

单位长同轴线所储存的电场能量为

$$\begin{aligned}W_{e0}&=\int_{r_1}^{r_2}\frac{1}{2}\varepsilon_1 E^2\alpha r\,\mathrm{d}r+\int_{r_1}^{r_2}\frac{1}{2}\varepsilon_2 E^2(2\pi-\alpha)r\,\mathrm{d}r\\&=\frac{U^2}{2\ln^2\dfrac{r_2}{r_1}}\left[\varepsilon_1\alpha\int_{r_1}^{r_2}\frac{\mathrm{d}r}{r}+\varepsilon_2(2\pi-\alpha)\int_{r_1}^{r_2}\frac{\mathrm{d}r}{r}\right]=\frac{U^2}{2\ln\dfrac{r_2}{r_1}}[\varepsilon_1\alpha+\varepsilon_2(2\pi-\alpha)]\end{aligned}$$

因此,采用场能法可得同轴线单位长的电容为

$$C_0=\frac{2W_{e0}}{U^2}=\frac{\alpha\varepsilon_1+(2\pi-\alpha)\varepsilon_2}{\ln\dfrac{r_2}{r_1}}$$

当 $\alpha=0$ 或 $\alpha=2\pi$ 时,即为同轴线内填充同一种介质时的电容。

*2.9 科技前沿：静电隐形衣

古今中外，关于隐形的话题一直被人们不断演绎：无论是古希腊《理想国》中牧羊人的隐形戒指，还是中国成语故事中楚人的“蝉翳叶”；无论是流传悠久的古典名著《西游记》中孙悟空的隐身法，还是风靡全球的国外大片《哈利·波特》中主人公的隐形斗篷。隐形，这件貌似不可思议的事情，总是随着文学作品的流传不断进入人们视野，成为大家茶余饭后津津乐道的谈资。

科学上，关于电磁隐形衣的研究也一直是科研领域的热点问题。2006 年，英国物理学家 J. B. Pendry 在美国《科学》杂志上发表论文，提出了基于变换光学理论控制电磁波的思想，并基于此给出了一个极为优雅的隐形衣设计，再一次激发了人们对这一领域的向往。同年，美国杜克大学 D. R. Smith 小组首次在实验上验证了上述电磁隐形衣，并将成果发表在《科学》杂志上。此项研究成果被该杂志评为 2006 年的全球十大科技成果之一。此后，关于电磁隐形衣的研究在全球范围内如火如荼地开展起来。就目前为止，电磁隐形衣的研究，已经从最初的微波波段，逐步向远红外、红外、近红外、可见光等频段扩展，并且延伸到表面等离激元、表面波、声学、物质波、力学、热力学等领域。而关于时间域的电磁隐形衣，也已经完成了实验上的验证。

作为时变电磁场的特例，静电隐形衣的研究也具有重要的理论价值和实际意义。众所周知，当在均匀静电场中放置物体时，无论是导体还是介质，都会对原始场有干扰的作用。前者是由于感应电荷引起的，后者是由于介质极化出现的束缚电荷导致的。因此，当使用探测设备对静电场进行探测时，静电场中是否有物体，对比是很明显的，或者说，物体是“可见的”。假设我们可以设计一种静电隐形装置，将其覆盖在目标物体表面，然后将这个复合机构放置在静电场中，如果静电场的分布与没有物体时的情况完全一致。那么，站在探测器的角度来看，物体就是“隐形”的了。图 2-30 展示了这种隐形机理的示意图。

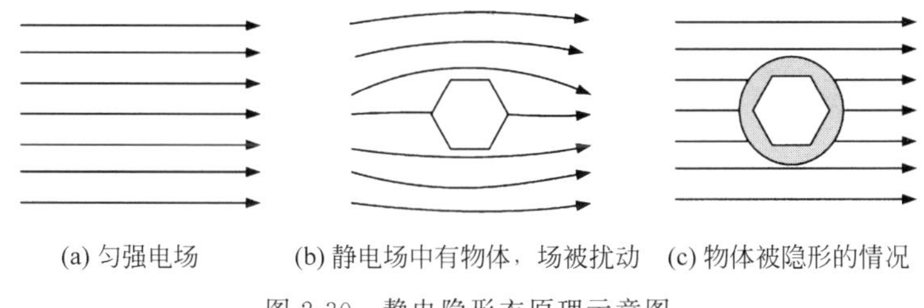

(a) 匀强电场　(b) 静电场中有物体，场被扰动　(c) 物体被隐形的情况

图 2-30 静电隐形衣原理示意图

目前科学家们广泛关注的电磁隐形装置，大致有两种机理：①变换光学原理，本书会在第 3 章中的稳恒电流的场、第 5 章中的时变电磁场这两个章节，给大家做简单的介绍；②相消原理（极化、磁化相消等），本书将在第 4 章结合分离变量的求解过程，对此进行深入探讨。

需要提醒读者的是，无论是刚刚学过的静电场，还是将要学习的静磁场，抑或是导电媒质中稳恒电流的场，甚至是空间的稳恒温度分布场，这些貌似差异很大的物理现象背后，蕴含的数学方程是一致的，即它们都满足数学中的拉普拉斯方程！所以，采用类比的方法，可以将静电隐形衣的概念移植到静磁场或温度场等等，且不费吹灰之力！这个内容读者会在第 4 章有更深刻的认识。

本章小结

1. 本章知识结构框架

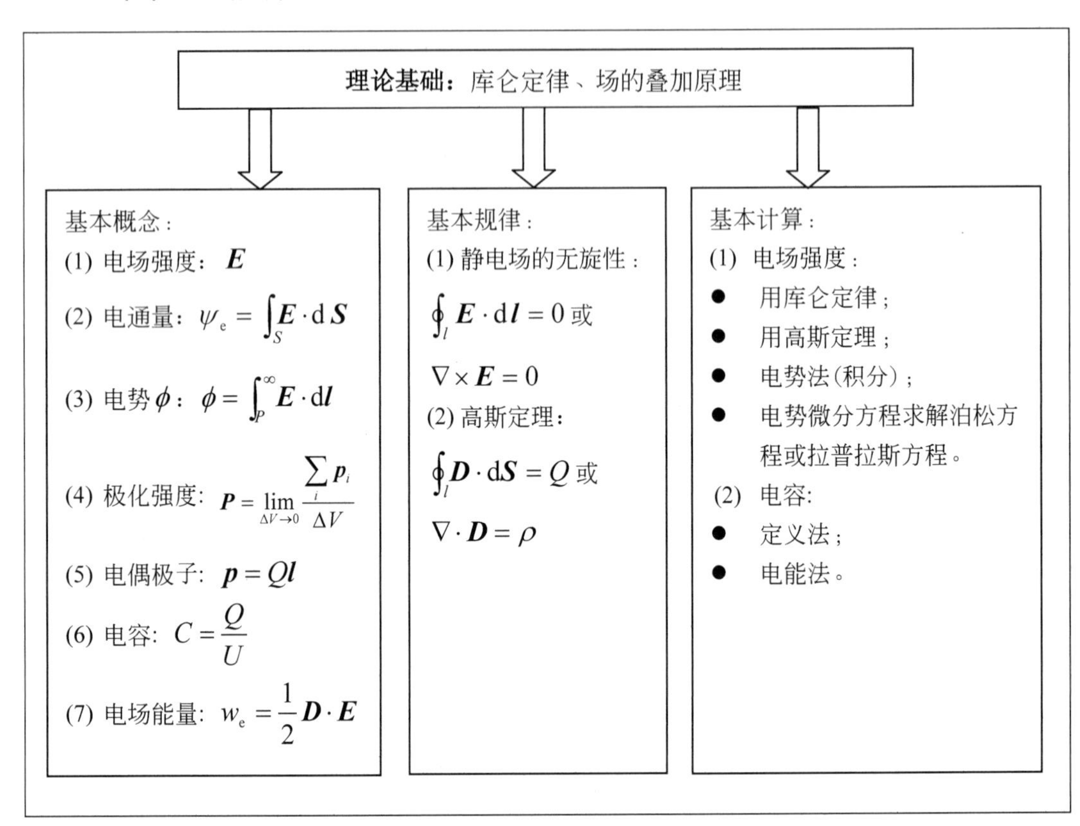

2. 库仑定律、电场强度和电势

根据均匀、各向同性的线性介质中的库仑定律和场的叠加原理，可以推导出场强和电势在不同电荷分布时分别为

电荷分布	电场强度	电势
点电荷	$\boldsymbol{E}(x,y,z)=\frac{Q}{4\pi\varepsilon R^2}\boldsymbol{e}_R$	$\phi(x,y,z)=\frac{Q}{4\pi\varepsilon R}$
电荷群	$\boldsymbol{E}(x,y,z)=\frac{1}{4\pi\varepsilon}\sum_{i=1}^{N}\frac{Q_i}{R_i^2}\boldsymbol{e}_{R_i}$	$\phi(x,y,z)=\frac{1}{4\pi\varepsilon}\sum_{i=1}^{N}\frac{Q_i}{R_i}$
连续电荷	$\boldsymbol{E}(x,y,z)=\frac{1}{4\pi\varepsilon}\int\frac{dQ}{R^2}\boldsymbol{e}_R$	$\phi(x,y,z)=\frac{1}{4\pi\varepsilon}\int\frac{dQ}{R}$

式中，dQ 在电荷作体分布、面分布或线分布时，分别为 $\rho(x',y',z')dV'$、$\rho_S(x',y',z')dS'$ 或 $\rho_l(x',y',z')dl'$，相应的积分分别在体、面或线上进行。

3. 电偶极子与电介质的极化

电偶极子的偶极矩为 $\boldsymbol{p}=Q\boldsymbol{l}$，它在远处所产生的电偶极势和电场强度分别为

$$\phi=\frac{\boldsymbol{p}\cdot\boldsymbol{r}}{4\pi\varepsilon r^3}$$

$$\boldsymbol{E}=\frac{p}{4\pi\varepsilon r^3}(2\cos\theta\boldsymbol{e}_r+\sin\theta\boldsymbol{e}_\theta)$$

电偶极子在均匀外电场中所受到的力矩为

$$\boldsymbol{T}=\boldsymbol{p}\times\boldsymbol{E}$$

电介质极化后，在其内部出现束缚电荷密度 ρ_b（均匀极化时 $\rho_b=0$），在其表面上出现束缚电荷面密度 ρ_{Sb}，它们和极化强度 $\boldsymbol{P}$ 及自由电荷密度 ρ（或 ρ_S）的关系为

$$\rho_b=-\nabla\cdot\boldsymbol{P}=-\frac{\varepsilon_r-1}{\varepsilon_r}\rho$$

$$\rho_{Sb}=\boldsymbol{P}\cdot\boldsymbol{n}=-\frac{\varepsilon_r-1}{\varepsilon_r}\rho_S$$

而

$$\boldsymbol{P}=n\boldsymbol{p}=\varepsilon_0\chi_e\boldsymbol{E}=(\varepsilon-\varepsilon_0)\boldsymbol{E}=\boldsymbol{D}-\varepsilon_0\boldsymbol{E}=\frac{\varepsilon_r-1}{\varepsilon_r}\boldsymbol{D}$$

这就是电介质的极化规律。在介质中利用电位移矢量 $\boldsymbol{D}=\varepsilon_0\boldsymbol{E}+\boldsymbol{P}=\varepsilon\boldsymbol{E}$ 进行计算，可使问题简化。

4. 静电场的基本方程和边界条件及电场强度的计算方法

静电场的基本方程为

积分形式	微分形式
$\oint_S\boldsymbol{D}\cdot d\boldsymbol{S}=Q$	$\nabla\cdot\boldsymbol{D}=\rho$
$\oint_l\boldsymbol{E}\cdot d\boldsymbol{l}=0$	$\nabla\times\boldsymbol{E}=0$
$\boldsymbol{D}=\varepsilon\boldsymbol{E}$	$\boldsymbol{D}=\varepsilon\boldsymbol{E}$

电势的泊松方程 $\nabla^2\phi=-\dfrac{\rho}{\varepsilon}$ 和拉普拉斯方程 $\nabla^2\phi=0$ 是用电势表述电场的基本方程，其解必须满足给定分界面上的边界条件（衔接条件）。

边界条件是场方程在媒质分界面上的具体体现，也称为衔接条件，如下：

	两种不同媒质的分界面	两种不同介质的分界面	介质与导体的分界面
边界条件	$D_{1n}-D_{2n}=\rho_S$	$D_{1n}=D_{2n}$	$D_n=\rho_S$
	或 $-\varepsilon_1\dfrac{\partial\phi_1}{\partial n}+\varepsilon_2\dfrac{\partial\phi_2}{\partial n}=\rho_S$	或 $\varepsilon_1\dfrac{\partial\phi_1}{\partial n}=\varepsilon_2\dfrac{\partial\phi_2}{\partial n}$	或 $-\varepsilon\dfrac{\partial\phi}{\partial n}=\rho_S$
	$E_{1t}=E_{2t}$ 或 $\phi_1=\phi_2$	$E_{1t}=E_{2t}$ 或 $\phi_1=\phi_2$	$E_t=0$ 或 $\phi=C$

静电场的基本问题是给定电荷分布求解电场的分布（分布型正向问题）。本章介绍了四种由简单电荷分布计算电场强度的方法：①直接利用电场强度的公式计算（库仑场强法）；②用电势公式先算出 ϕ，再计算 $\boldsymbol{E}=-\nabla\phi$（电势法）；③利用高斯定理（积分形式）；④求解电势的泊松方程或拉普拉斯方程，根据边界条件确定积分常数，求得 ϕ 后再计算 $\boldsymbol{E}$。

静电场的场量与场源之间的关系如图 2-31 所示。

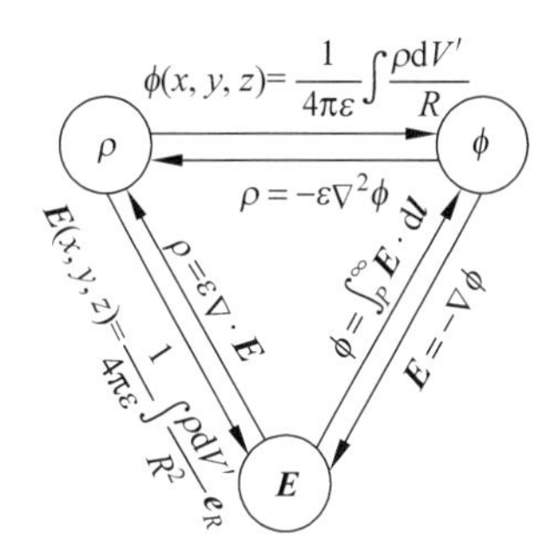

图 2-31 静电场的场量与场源之间的关系

5. 电容和静电场的能量

电容器是储存电场能量的元件，其电容为 $C=\dfrac{Q}{U}$，它所储

存的电场能量是

$$W_e=\frac{1}{2}QU=\frac{1}{2}CU^2=\frac{Q^2}{2C}$$

电荷连续分布的带电体系统的电场能量为

$$W_e=\frac{1}{2}\int_{V'}\phi\rho\mathrm{d}V'+\frac{1}{2}\int_{S'}\phi\rho_S\mathrm{d}S'$$

N 个导体或点电荷系统的电场能量为

$$W_e=\frac{1}{2}\sum_{i=1}^{N}Q_i\phi_i$$

电场能量分布的能量密度,在各向同性的线性介质中为

$$w_e=\frac{\mathrm{d}W_e}{\mathrm{d}V}=\frac{1}{2}\boldsymbol{D}\cdot\boldsymbol{E}=\frac{1}{2}\varepsilon E^2=\frac{D^2}{2\varepsilon}$$

电容器的电容可以通过电压 $U=\int_l\boldsymbol{E}\cdot\mathrm{d}\boldsymbol{l}$ 或电荷 $Q=\int_{S'}\varepsilon E_n\mathrm{d}S'$ 或场能 $\left(C=\frac{2W_e}{U^2}=\frac{Q^2}{2W_e}\right)$ 来计算,但无论采用哪种方法总要先求出其中的场强,故电容的计算问题仍是求解电场的问题。

6. 解题方法指导

电磁问题计算的难点在于物理图像与数学工具的结合。为便于分析计算,根据问题的性质和物理图像,忽略其次要方面(如边缘效应),抓住其主要矛盾,从而建立理想化的物理模型。分析计算时,注意掌握解决问题的“三先一找”原则,即:先选择一个合适的坐标系;先定性分析后定量计算;先从小电荷元入手,对其所产生的场强元进行矢量分解,对场强元的分量积分后再进行矢量合成,从而计算出整个大的场强;最后,要善于从题目中发现和找出规律,并灵活应用。

习题

2.1 半径为 a 的带电薄圆盘,其电荷面密度为 $\rho_S=\rho_{S0}r^2$,其中 ρ_{S0} 为常数。试求圆盘轴线上任一点的电场强度。

2.2 真空中有两个质量均为 m 的带电小球,分别被连接于长度为 l 的绝缘细线的端部(见题 2.2 图)。两球上的电荷使它们分开一距离 d。已知小球 A 的带电量为 Q_0,试求小球 B 所带的电量 Q。

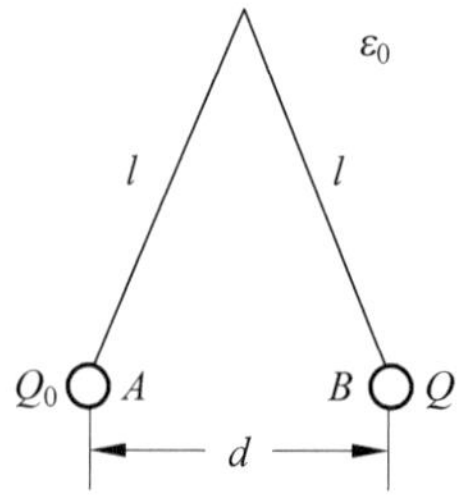

题 2.2 图

2.3 设处于基态的氢原子中电子的电荷密度为 $\rho(r)=-\frac{e}{\pi a^3}\mathrm{e}^{-\frac{2r}{a}}$,其中 a 是玻尔原子半径,e 是电子电量。若将质子电荷视为集中于原点,试求氢原子中的电场强度。

2.4 一个面电荷密度为 ρ_S、半径为 a 的圆形导体片,置于 Oxy 平面上,求 z 轴上任意一点的电场强度。

2.5 在 $P(a,0,0)$ 点有一点电荷 Q_P，如果要使通过 $x=0$ 平面上的圆面 $y^2+z^2\leqslant b^2$ 的 $\boldsymbol{E}$ 通量为 ψ_0，试问需要在 P 点放一个多大的电荷？

2.6 在半径为 a 的无限长带电直圆柱中，电荷密度 $\rho=\rho_0 \mathrm{e}^{-\alpha r}$，其中 ρ_0、α 均为常数。试求圆柱内外的电场强度。

2.7 已知在 $r>a$ 的区域中，电场强度矢量在球坐标系内的各分量分别为 $E_r=\dfrac{A\cos\theta}{r^3}$、$E_\theta=\dfrac{A\sin\theta}{r^3}$ 与 $E_\varphi=0$，其中 A 为常数。试求此区域中的电荷密度。

2.8 一个边长为 a 的正三角形带电线圈，电荷线密度为 ρ_l，求垂直于线圈平面中心轴线上任意一点的电势值。

2.9 一个边长为 a 的正方形带电线圈，电荷线密度为 ρ_l，求其垂直于线圈平面中心轴线上任意一点的电势值。

2.10 电场中有一半径为 a 的圆球导体，已知球内外的电势分别为

$$\begin{cases}\phi_{\mathrm{i}}=0, & r\leqslant a\\ \phi_{\mathrm{o}}=E_0\left(r-\dfrac{a^3}{r^2}\right)\cos\theta, & r>a\end{cases}$$

试求：(1)圆球内、外的电场强度；(2)球体表面的面电荷密度。

2.11 已知空间的电势分布为 $\phi=\dfrac{\phi_0}{4\pi\varepsilon_0 r}\mathrm{e}^{-\alpha r}$，其中 ϕ_0、α 均为常数。试求电荷密度分布及半径为 a 的球所包围的总电量，并讨论当 $a\to\infty$ 时的情形。

2.12 若将两个半径为 a 的雨滴当作导体球，当它们带电后，电势均为 ϕ_0(以无穷远为电势参考点，且不计其相互影响)。当此两雨滴合并在一起(仍为球形)后，试求其电势。

2.13 半径为 a 的细圆环由两个绝缘的半环组成，分别带均匀而异号的电荷 $+Q$ 和 $-Q$。试求其轴线上的电势和电场强度。

2.14 空气中有一无限长半径为 a 的直圆柱体，单位长的带电量为 Q_0。试分别求下列两种情况下柱体内外的电势和电场强度：

(1) 电荷均匀地分布于柱体内；

(2) 电荷均匀地分布于柱面上。

2.15 空气中有一半径为 a 的均匀带电球，电荷密度为 ρ。试求球内外的电势和电场强度。它们的最大值各在何处？

2.16 试求下列电荷分布在远处的电势和电场强度：

(1) 沿 z 轴排列的点电荷 $+Q$、$-2Q$、$+Q$，点电荷的间距均为 d(线四极子)；

(2) 四个等值的点电荷分别位于边长为 a 的正方形的四个顶点上，一对角线的两端各为 $+Q$，另一对角线的两端各为 $-Q$(面四极子)。

2.17 一半径为 a 的导体球，要使它在空气中带电且不放电，试求它所带的最大电荷量及表面电势各是多少？已知空气中最大不放电的电场强度(即击穿强度)为 $E_{\mathrm{m}}=3\times10^6\,\mathrm{V/m}$。

2.18 一个半径为 a 的均匀极化的介质球，极化强度为 $\boldsymbol{P}=P_0\boldsymbol{e}_z$。求束缚电荷在球心处所产生的电场强度是多少？（假设束缚电荷位于真空中。）

2.19 空气中有一半径为 a 的极化介质球，其介电常数为 ε，极化强度为 $\boldsymbol{P}=\dfrac{P_0}{r}\boldsymbol{e}_r$，$P_0$ 为常数。试求介质球内外的电势与电场强度及球体内和球面上的束缚电荷分布及总的束缚电荷。

2.20 空气中有一半径为 a、带电荷为 Q 的导体球。球外套有同心的介质球壳，其内外半径分别为 a 和 b，介电常数为 ε（见题 2.20 图）。试求空间任一点的电场强度、介质壳内和表面上的束缚电荷密度以及总的束缚电荷。

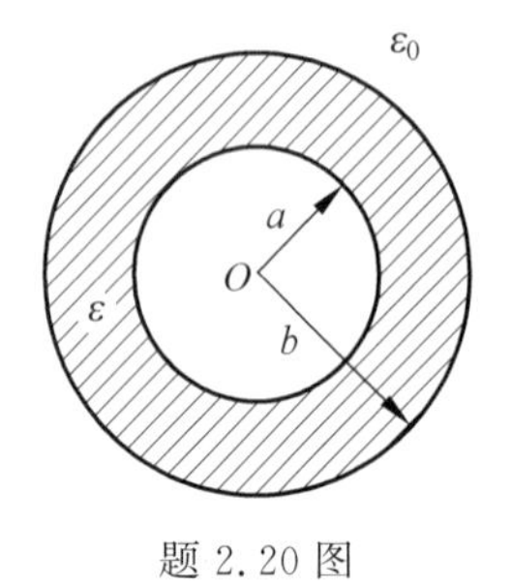

题 2.20 图

2.21 空气中有一内外半径分别为 r_1 与 r_2 的带电介质球壳，介电常数为 ε，其中的电荷密度为 $\rho=\dfrac{a}{r^2}$，a 为常数。试求总电荷、各区域中的电势和电场强度，并讨论当 $r_2\to r_1$ 时的情形。

2.22 半径为 a 的导体球外套一同心的导体球壳，球壳的内外半径分别为 b 与 c（$a<b<c$）。导体球带电荷 Q_1，球壳带电荷 Q_2，二者之间填满介电常数为 ε 的介质。试求各区域中的电势与电场强度。

2.23 无限长同轴线中内外导体的半径分别为 a 和 b，两导体间的电压为 U，且填满介电常数为 ε 的介质。若固定 b，试求 a 为何值时，它表面的电场强度最小。

2.24 球形电容器的内外半径分别为 a 与 b，其间由内至外填充两层介电常数分别为 ε_1 与 ε_2 的介质，分界面半径为 $r_d=\dfrac{1}{2}(a+b)$，设两球壳接地时，两介质分界面上的一点电荷 Q 在内外球壳上感应出等量的电荷，试求 $\dfrac{\varepsilon_1}{\varepsilon_2}$ 的值。（提示：想象在分界面上有无穷多个点电荷均匀排布，在内外两个球壳上，每个都感应出等量的电荷，所以最终内外球壳的电量相同。如果把分界面看成两个重叠的极板，则它与内外球壳构成两个并联的电容器，且这两个电容器的电容相同。）

2.25 若平行板电容器的极板与 x 轴垂直，其中介质的介电常数为 $\varepsilon=k(x+1)$，k 为常数。$x=0$ 处和 $x=d$ 处为两个极板。试求该电容器单位面积的电容。（提示：将电容器看成无数电容微元的串联，它们的倒数之和为总电容的倒数。）

2.26 空气中有两个半径分别为 a_1 与 a_2 的导体球，两球心的间距为 d，且 d 比两球的半径大得多。若球 1 带电荷 Q，然后用细导线将两球相连，试求由球 1 流入球 2 的电量及该导体系统的最终电势。

2.27 球形电容器内外极板的半径分别为 r_1 和 r_2，若两极板间部分填充介电常数为 ε 的介质，且介质对球心的立体角为 Ω，试求此电容器的电容。

2.28 在面积为 S、间距为 d 的空气平行板电容器中，插入一厚度为 l 的介质板，其面与极板面的夹角为 α，但不与极板接触，且介质板的边缘与极板的边缘都在同一柱面上。试求此时两平行板间的电容。

2.29 有一平行板空气电容器，极板的长、宽分别为 a 和 b，极板间的距离为 d(d 远小于长和宽)且电压为 U(见题 2.29 图)。在两极板间平行地部分插入厚度为 $t(t<d)$、长和宽分别为 $x(x<a)$ 与 b 的介质板，其介电常数为 ε，忽略电容器的边缘效应，试求介质板内与空气隙中的电场强度及介质表面上的束缚电荷面密度。

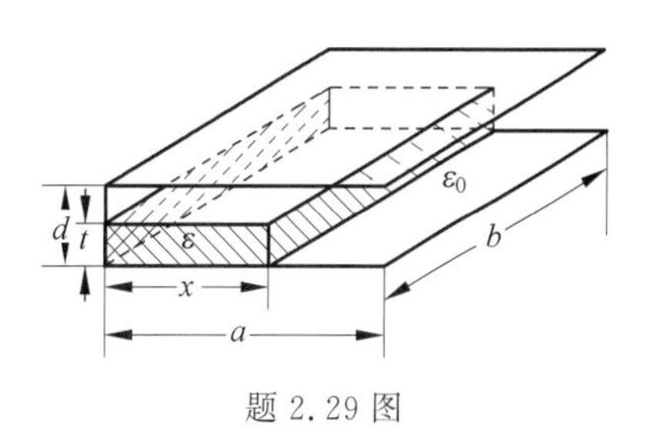

题 2.29 图

2.30 无限长同轴线中内外导体的半径分别为 r_1 与 r_2，单位长内外导体的带电量分别为 $+Q$ 与 $-Q$，两导体间填满介质，其介电常数为 $\varepsilon=\dfrac{a}{r}$，a 为常数。试求同轴线介质中的电场强度、束缚电荷密度与介质表面上的束缚电荷面密度及单位长度上总的束缚电荷。

2.31 空气中有一半径为 a、长为 l、介电常数为 ε 的极化介质圆柱沿 x 轴放置，其中极化强度 $\boldsymbol{P}=kx\boldsymbol{e}_x$，$k$ 为常数。试求：

(1) 圆柱内的电场强度；

(2) 介质柱内的束缚电荷密度和圆柱表面上的束缚电荷面密度及总的束缚电荷。

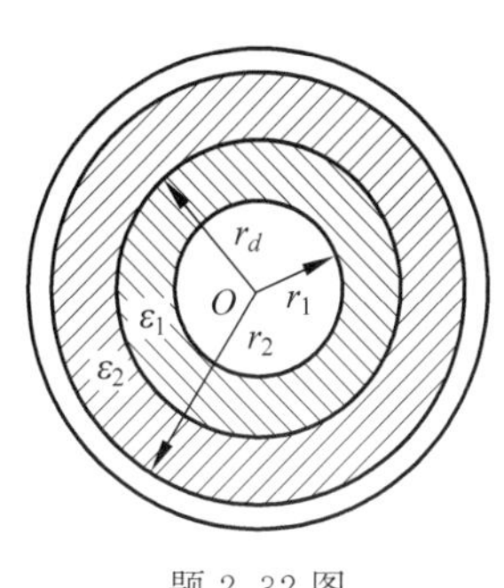

题 2.32 图

2.32 无限长同轴线中内外导体的半径分别为 r_1 与 r_2，内外导体间填充双层介质以提高工作电压。这两种介质的介电常数分别为 ε_1 与 ε_2，其击穿强度分别为 E_{m1} 和 E_{m2}(见题 2.32 图)。试问两种介质的分界面半径 r_d 为多大时才能使工作电压最高。

2.33 试证明：当两种介质的分界面上有密度为 ρ_S 的面电荷时，则有

$$\frac{\tan\theta_1}{\tan\theta_2}=\frac{\varepsilon_1}{\varepsilon_2}\left(1-\frac{\rho_S}{\varepsilon_1 E_1\cos\theta_1}\right)$$

其中，θ_1 与 θ_2 分别是介电常数为 ε_1 与 ε_2 的两种介质中的电场强度(或电位移)矢量与分界面法线之间的夹角。

2.34 空气中有一无限长圆柱形电容器，内外极板的半径分别为 r_1 和 r_2，其间填充介电常数为 ε 的介质。外极板接地，内极板的电势为 U。试求介质中的电势和电场强度及分界面上自由电荷与束缚电荷的分布。

2.35 有一电容为 C 的空气电容器，试分别计算下列几种情况下电容器所储存的电场能量：

(1) 将电压为 U 的电源接至电容器上；

(2) 在(1)的情况下，用介电常数为 ε 的油替换电容器极板间的空气；

(3) 断开电源，将油抽出。

2.36 半径为 a 的导体球外套一同心的导体球壳，球壳的内外半径分别为 b 与 $c(a<b<c)$。导体球带电荷 Q_1，球壳带电荷 Q_2，两者之间填满介电常数为 ε 的介质。求该导体系统的电场能量密度与总的储能。若将导体球与球壳用细导线连接起来，结果又如何？

2.37 空气中有一半径为 a，带电荷为 Q 的孤立球体。试分别求下列两种情况下带电

球的电场能量与电容：

(1) 电荷均匀分布于球面上；

(2) 电荷均匀分布于球体内。

2.38 空气中有一半径为 a、带电荷为 Q 的导体球。球外套有同心的介质球壳，其内外半径分别为 a 和 b，介电常数为 ε，如题 2.20 图所示。求系统总的电场能量。

2.39 有一半径为 a、带电荷为 Q 的导体球，其球心位于两种介质的分界面上，此两种介质的介电常数分别为 ε_1 和 ε_2，分界面可视为无限大平面(见题 2.39 图)。试求：

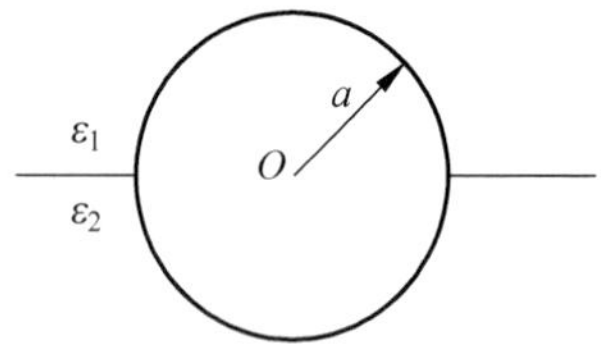

(1) 导体球的电容；

(2) 总的静电场能量。

ε_1 a O ε_2

题 2.39 图

第3章 稳恒电场与磁场

CHAPTER 3

本章导读：静电场是由静止电荷所产生的电场，其分布不随时间变化。在导体回路中，由稳恒电源提供的电场为稳恒电场，处于稳恒电场中定向运动的电荷产生稳恒电流。稳恒电流产生的磁场不随时间而变，故称为稳恒磁场，也称为静磁场。

本章的主要内容包括稳恒电流分布与稳恒电流的电场、稳恒电流与磁场分布之间的关系；稳恒电场和磁场的基本性质、基本方程和边界条件；磁矢势和磁标势的引入及方程；磁场能量等。要求重点掌握两种场的基本性质、基本方程及求解磁场的主要方法。电和磁是电磁场理论的"左手"和"右手"，利用对照的方法学习是非常重要的。在学习中注重区别与静电场本质的不同，以及体会分析方法的相似之处。

3.1 电流密度和电荷守恒定律

3.1.1 电流与电流密度

电流是电荷在电场的作用下定向运动而形成的。定量描述电流大小的物理量是电流强度 I，其定义为单位时间内通过导体中任一横截面的电量，即

$$I=\lim_{\Delta t\to 0}\frac{\Delta Q}{\Delta t}=\frac{\mathrm{d}Q}{\mathrm{d}t} \tag{3-1}$$

电流可根据其值是否随时间变化分为稳恒电流和时变电流。稳恒电流是大小及其正负都不随时间变化的电流，即直流电流；时变电流是指随时间而变化的电流。时变电流又包括脉动电流、一般交变电流、瞬态电流、时谐电流(交流电)等，如图3-1所示。其中，电流1是直流电流；电流2是脉动直流，其大小随时间变化，但其符号不随时间而变，如整流器整流出的电流；电流3是一般随时间变化的交变电流，其大小及其符号均随时间而变，如交变的三角形电流；电流4是常用的随时间按正弦规律变化的交变电流即时谐电流或正弦电流，如发电机和振荡器产生的电流等。本章只讨论电流1的情形。

电流强度不能精确描述导电媒质内不同位置的电流分布情况，为此需引入一个矢量场(即电流场)来描述，该矢量场不仅规定了空间各点流动的强度，而且规定了它的方向。与流体力学中相似，可以设想一根水管中的水流由无穷多根细的流线组成。在某一横截面上，不同位置的流速一般不同，中间区域的水流快一些，而边缘区域会慢一些，它们在各处的方向都与流线相切，于是可用流速场描述各点的流动情况。在导电媒质内选取与电流线正交的

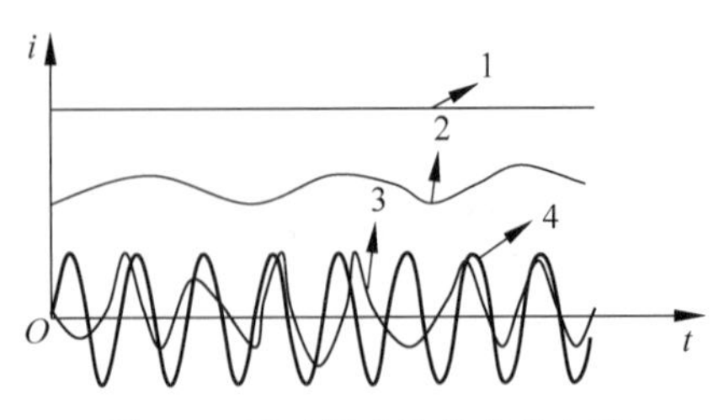

图 3-1 随时间变化的各种电流

某一横截面 $\Delta S'$，若通过该截面的电流强度为 ΔI，则定义该点处的电流密度为

$$\boldsymbol{J}=\lim_{\Delta S'\to 0}\frac{\Delta I}{\Delta S'}\boldsymbol{J}^0=\frac{\mathrm{d}I}{\mathrm{d}\boldsymbol{S}'}\boldsymbol{J}^0 \tag{3-2}$$

电流密度(即体电流面密度)用矢量 $\boldsymbol{J}$ 表示，其方向沿着通过该点的电流线，大小则等于通过该点附近单位横截面积的电流，$\boldsymbol{J}^0$ 为单位矢量，如图 3-2 所示。于是，通过任一面积 S' 的电流等于电流密度 $\boldsymbol{J}$ 穿过该面的通量，即

$$I=\int_{S'}J\cos\theta\mathrm{d}\boldsymbol{S}'=\int_{S'}\boldsymbol{J}\cdot\mathrm{d}\boldsymbol{S}' \tag{3-3}$$

式中，θ 是电流密度 $\boldsymbol{J}$ 与面元矢量 $\mathrm{d}\boldsymbol{S}'$ 之间的夹角。

电流密度 $\boldsymbol{J}$ 属于矢量，反映的是导体内某一点邻域的电流分布和方向，是一个微观量；而电流强度 I 则属于标量，反映的是导体内某一横截面上总的电流，是一个宏观量。

若电流只分布于导电媒质的厚度趋近于零的薄层内(例如频率为 100MHz 的交流电通过铜导线时，由于趋肤效应，电流只分布在外壁附近，厚度约 6.6μm)，这时电流穿过的横截面趋近于一条曲线，于是可以用通过单位长度横截线的电流来描述电流的分布，其方向仍为电流线的方向，称为面电流密度 $\boldsymbol{J}_S$(即面电流线密度)：

$$\boldsymbol{J}_S=\frac{\mathrm{d}I}{\mathrm{d}l'}\boldsymbol{J}^0 \tag{3-4}$$

如图 3-3 所示，通过导电媒质表面上任一线段 l' 的电流为

$$I=\int_{l'}|\boldsymbol{J}_S\times\mathrm{d}\boldsymbol{l}'| \tag{3-5}$$

其中，θ 是 $\boldsymbol{J}_S$ 与线元矢量 $\mathrm{d}\boldsymbol{l}'$ 之间的夹角。

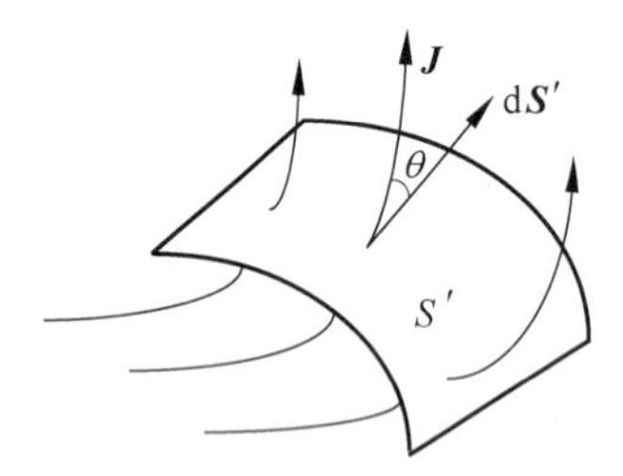

图 3-2 通过面 S' 的体电流

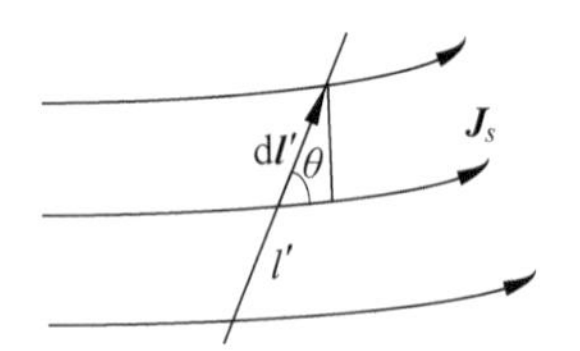

图 3-3 通过线 l' 的面电流

3.1.2 电流元

如果电流以体密度 $\boldsymbol{J}$ 分布在体积 V' 中，称 $\boldsymbol{J}\mathrm{d}V'$ 为 V' 内的体电流元；电流以面密度 $\boldsymbol{J}_S$

分布在面积 S' 中，称 $\boldsymbol{J}_S\mathrm{d}\boldsymbol{S}'$ 为 S' 内的面电流元；电流 I 分布在细线 l' 中，称 $I\mathrm{d}\boldsymbol{l}'$ 为 l' 内的线电流元。电流元是研究磁场问题中场源或场作用对象的基本单元，其地位等同于静电场中的电荷元。

3.1.3 传导电流与运流电流

根据电流所处媒介的不同，可将电流分为两类：传导电流和运流电流。

传导电流是指导电媒质中的电流，其电流密度用 $\boldsymbol{J}_c$ 来表示。实验表明：电流密度服从欧姆定律的微分形式，即

$$\boldsymbol{J}_c=\sigma\boldsymbol{E} \tag{3-6}$$

式中，σ 是导电媒质的电导率，$\boldsymbol{E}$ 是导电媒质中的电场。当温度一定时，对于一定的材料，电导率是与电场强度无关的一个常数。因此，导电媒质中传导电流的电流密度与电场强度成正比，且方向相同。

对于一段长为 L、横截面积为 S、电导率为 σ 的导体，若两端的电压为 U，则据电压公式可得到欧姆定律的积分形式为

$$U=\int_L\boldsymbol{E}\cdot\mathrm{d}\boldsymbol{l}=\int_L\frac{\boldsymbol{J}_c\cdot\mathrm{d}\boldsymbol{l}}{\sigma}=\int_L\frac{I\,\mathrm{d}l}{\sigma S}=I\frac{L}{\sigma S}=IR \tag{3-7}$$

式中，$R=\dfrac{L}{\sigma S}$ 是导体的电阻，I 是其中的电流。

运流电流是指真空或气体中的自由电荷在电场的作用下形成的电流（例如电子管、离子管或粒子加速器中的电流）。和传导电流不同，式(3-7)不适用于运流电流。

在运流电流中取一个体积元 $\mathrm{d}V'=\mathrm{d}S'\mathrm{d}l'$（见图 3-4），假设其中的电荷密度为 ρ，自由电荷的运动速度为 $\boldsymbol{v}$。设在 $\mathrm{d}t$ 时间内体积元内的电荷 $\mathrm{d}Q=\rho\mathrm{d}V'$ 全部从截面 $\mathrm{d}S'$ 穿出，因而形成的运流电流元为

$$\mathrm{d}I=\frac{\mathrm{d}Q}{\mathrm{d}t}=\frac{\rho\mathrm{d}V'}{\mathrm{d}t}=\rho\frac{\mathrm{d}l'}{\mathrm{d}t}\mathrm{d}S'=\rho v\mathrm{d}S'$$

其中，$v=\dfrac{\mathrm{d}l'}{\mathrm{d}t}$。因此，运流电流的电流密度为

$$J_v=\frac{\mathrm{d}I}{\mathrm{d}S'}=\rho v \tag{3-8}$$

即

$$\boldsymbol{J}_v=\rho\boldsymbol{v} \tag{3-9}$$

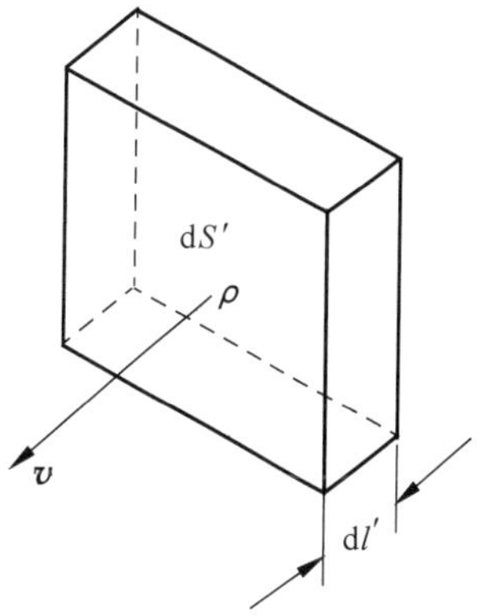

图 3-4 运流电流中的体积元

传导电流和运流电流统称为自由电流。在后面的章节中，传导电流或运流电流往往不加下标，读者可根据上下文理解为其中的一种或兼而有之。

3.1.4 电动势

导体中要维持一定的电流就必须有电源，正如一个自来水管中要维持其内源源不断的水流需要水泵不断给水塔供水一样。而要维持导体中的稳恒电流就必须使电路与直流电源相接，如图 3-5 所示。在外部电路，导体中的正电荷在稳恒电场强度 $\boldsymbol{E}$（库仑场）的作用下从电源正极通过外电路到达负极，形成稳恒电流。在电源内部，有两部分电场：库仑场强 $\boldsymbol{E}$ 以

及一种与 $\boldsymbol{E}$ 方向相反的局外场强 $\boldsymbol{E}_e$。局外场的作用是将这些自由电荷在它的作用下从电源负极 B 搬到正极 A，使电源两极上的电荷维持恒定，从而保持导体中的电场恒定。不难理解，为维持电路中持续的稳恒电流，电源内部的局外场强应大于实际导体中的库仑场强；仅当电源开路时，二者相等，处于平衡状态。

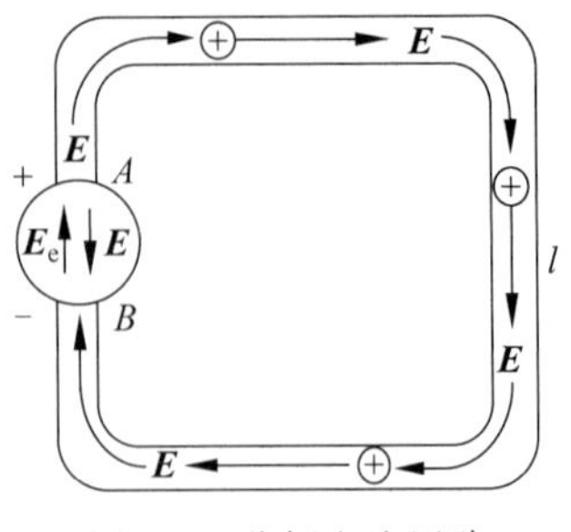

图 3-5 稳恒电流回路

导体中的稳恒电场或称电流场的性质和静电场具有相似性，它是由聚集在电源两极的电荷来决定的，由于电荷总量不变，故为一种动态平衡。将单位正电荷沿着电源正极板出发通过导体回路到达负极板，再由电源内部负极回到正极，电场力所做的功等于零，即

$$\oint_l \boldsymbol{E} \cdot \mathrm{d}\boldsymbol{l} = 0 \tag{3-10}$$

或

$$\nabla \times \boldsymbol{E} = 0 \tag{3-11}$$

可见，恒定电场也是势场(保守场)，同样可引入标量电势 ϕ，即

$$\boldsymbol{E} = -\nabla\phi \tag{3-12}$$

而电源内部的局外场强 $\boldsymbol{E}_e$ 是克服静电场对单位正电荷的作用所提供的一种非静电场，故它是非保守场。电源内部的合成场强为 $\boldsymbol{E}_t = \boldsymbol{E}_e + \boldsymbol{E}$。它沿闭合电流回路的线积分为

$$\begin{aligned}\oint_l \boldsymbol{E}_t \cdot \mathrm{d}\boldsymbol{l} &= \oint_l \boldsymbol{E}_e \cdot \mathrm{d}\boldsymbol{l} + \oint_l \boldsymbol{E} \cdot \mathrm{d}\boldsymbol{l} = \oint_l \boldsymbol{E}_e \cdot \mathrm{d}\boldsymbol{l} \\ &= \int_B^A \boldsymbol{E}_e \cdot \mathrm{d}\boldsymbol{l} = \mathscr{E}\end{aligned} \tag{3-13}$$

定义 $\mathscr{E}$ 为电源的电动势，它是局外电场力将单位正电荷由负极 B 送至正极 A 所做的功。

如果电源内部是理想导体(也称完纯导体，$\sigma=\infty$)，即其内阻为零，则据欧姆定律 $\boldsymbol{J}=\sigma\boldsymbol{E}_t$，由于电源内部的 $\boldsymbol{J}$ 为有限值，所以必有 $\boldsymbol{E}_t=0$，故 $\boldsymbol{E}_e=-\boldsymbol{E}$，于是

$$\mathscr{E} = \int_B^A \boldsymbol{E}_e \cdot \mathrm{d}\boldsymbol{l} = -\int_B^A \boldsymbol{E} \cdot \mathrm{d}\boldsymbol{l} = \int_A^B \boldsymbol{E} \cdot \mathrm{d}\boldsymbol{l} = U_{AB} \tag{3-14}$$

这表明当电源内阻为零时，电源的电动势等于其端电压 U_{AB}；另一种情况，当电流回路开路其中电流为零，即 $I=0$ 或 $\boldsymbol{J}=0$ 时，$\boldsymbol{E}_t=0$，$\mathscr{E}=U_{AB}$，则电源的电动势也等于其开路电压。

当考虑电源内部的内阻为 r 时，$\boldsymbol{E}_t \neq 0$，故有 $\boldsymbol{E}_t=\boldsymbol{E}_e+\boldsymbol{E}$，于是

$$\int_B^A \boldsymbol{E}_t \cdot \mathrm{d}\boldsymbol{l} = \int_B^A (\boldsymbol{E}_e + \boldsymbol{E}) \cdot \mathrm{d}\boldsymbol{l} = \int_B^A \boldsymbol{E}_e \cdot \mathrm{d}\boldsymbol{l} - \int_A^B \boldsymbol{E} \cdot \mathrm{d}\boldsymbol{l} = \mathscr{E} - U_{AB} = Ir$$

即

$$\mathscr{E} = U_{AB} + Ir \tag{3-15}$$

这表明当电源内阻不为零时，电源的电动势等于其端电压 U_{AB} 与降落在电源内阻上的电压之和，这与基尔霍夫(Kirchhoff)第二定律结果相同。

3.1.5 电荷守恒定律——电流连续性方程

电荷守恒定律是自然界中一条最基本的普遍定律。实验证明，电荷既不能被产生，也不能被消灭，它们只能从一个物体转移到另一个物体，或者从物体的一部分转移到另一部分，即在任何物理过程中，电荷的代数和总是守恒的。这个定律称为电荷守恒定律。电荷守恒

定律不仅在一切宏观物理的过程中成立，而且在一切微观物理过程中也成立。

电荷守恒定律在数学上可通过电流连续性方程来表示。在导电媒质中，考虑一个由闭合面 S' 所包围的体积 V'，在时间 Δt 内穿出闭合面 S' 的净自由电荷量必等于在这同一时间里体积 V' 内净电荷的减少量。当 $\Delta t \to 0$ 时，从闭合面 S' 流出的电流等于单位时间内体积 V' 中净电荷的减少量，即

$$\oint_{S'} \boldsymbol{J} \cdot \mathrm{d}\boldsymbol{S}' = -\int_{V'} \frac{\partial \rho}{\partial t} \mathrm{d}V' \tag{3-16}$$

式中，$\boldsymbol{J}$ 是包括传导电流与运流电流在内的自由电流密度。式(3-16)就是电荷守恒定律(即电流连续性方程)的积分形式。应用高斯散度定理，将面积分变换为体积分，便得到电荷守恒定律的微分形式为

$$\nabla \cdot \boldsymbol{J} = -\frac{\partial \rho}{\partial t} \tag{3-17}$$

如果式(3-16)中的 V' 是无限大空间(全空间)，S' 为无穷大球面，由于在 S' 面上无电流流过，故式(3-16)左边的面积分为零，由此可得

$$\int_{V'} \frac{\partial \rho}{\partial t} \mathrm{d}V' = 0 \tag{3-18}$$

该式表示全空间的电荷是守恒的。

在稳恒电流的情况下，导电媒质中的电场及电荷分布不随时间而变化，即 $\frac{\partial \rho}{\partial t}=0$，于是有

$$\nabla \cdot \boldsymbol{J} = 0 \tag{3-19}$$

或

$$\oint_{S'} \boldsymbol{J} \cdot \mathrm{d}S' = 0 \tag{3-20}$$

这表明流入任一闭合面 S' 的电流等于流出 S' 的电流，电流线是连续的闭合曲线。这称为电流的连续性原理。对于图 3-6 所示的有几个导体分支的节点，由式(3-20)可以得到电路中的基尔霍夫(Kirchhoff)第一定律，即电流定律为

$$\sum_i I_i = 0 \tag{3-21}$$

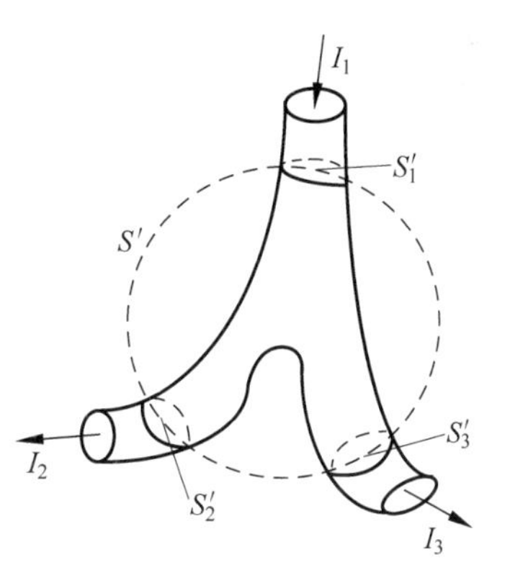

图 3-6　电流的连续性

3.2　稳恒电流的电场

3.2.1　导电媒质中稳恒电场的基本方程

根据 3.1 节的内容，可以得出导电媒质中稳恒电场的基本性质是稳恒电场既无旋度，也无散度。描述这两个基本性质的方程再加上欧姆定律，便构成稳恒电场的基本方程，即

$$\begin{array}{ll} \text{积分形式} & \text{微分形式} \\ \left\{\begin{array}{l} \oint_l \boldsymbol{E} \cdot \mathrm{d}\boldsymbol{l} = 0 \\ \oint_S \boldsymbol{J} \cdot \mathrm{d}\boldsymbol{S} = 0 \\ U = IR \end{array}\right. & \begin{array}{l} \nabla \times \boldsymbol{E} = 0 \\ \nabla \cdot \boldsymbol{J} = 0 \\ \boldsymbol{J} = \sigma \boldsymbol{E} \end{array} \end{array} \tag{3-22}$$

因此，稳恒电场是无源无旋场。

在介质中，无源分布区域的静电场，即 $\rho=0$ 时，有

$$\begin{array}{ll} \text{积分形式} & \text{微分形式} \\ \left\{\begin{array}{l} \oint_l \boldsymbol{E}\cdot \mathrm{d}\boldsymbol{l}=0 \\ \oint_S \boldsymbol{D}\cdot \mathrm{d}\boldsymbol{S}=0 \\ \boldsymbol{D}=\varepsilon \boldsymbol{E} \end{array}\right. & \begin{array}{l} \nabla\times \boldsymbol{E}=0 \\ \nabla\cdot \boldsymbol{D}=0 \\ \boldsymbol{D}=\varepsilon \boldsymbol{E} \end{array} \end{array} \tag{3-23}$$

可见，导电媒质中的稳恒电场和介质中无源区域的静电场相类似，$\boldsymbol{J}$、σ 和 I 分别与 $\boldsymbol{D}$、ε 和 Q 具有对偶关系，即

$$\begin{array}{ccc} \text{稳恒电场} & & \text{介质中的静电场} \\ \left\{\begin{array}{l} \boldsymbol{J} \\ \sigma \\ I \end{array}\right. & \begin{array}{c} \Leftrightarrow \\ \Leftrightarrow \\ \Leftrightarrow \end{array} & \begin{array}{c} \boldsymbol{D} \\ \varepsilon \\ Q \end{array} \end{array} \tag{3-24}$$

同时，这两种电场的电势均满足拉普拉斯方程，即

$$\nabla^2 \phi=0 \tag{3-25}$$

上式说明两种场的解具有相同的形式。

3.2.2 稳恒电场的边界条件

图 3-7 示出了电导率分别为 σ_1 和 σ_2 的两种导电媒质的分界面。设分界面的法线正方向由导电媒质 2 指向导电媒质 1。在分界面上取一个无限薄的扁平小圆柱闭合面，根据稳恒电流的连续性方程(3-20)，则有

$$\oint_S \boldsymbol{J}\cdot \mathrm{d}\boldsymbol{S}=J_{1\mathrm{n}}\Delta S-J_{2\mathrm{n}}\Delta S=0$$

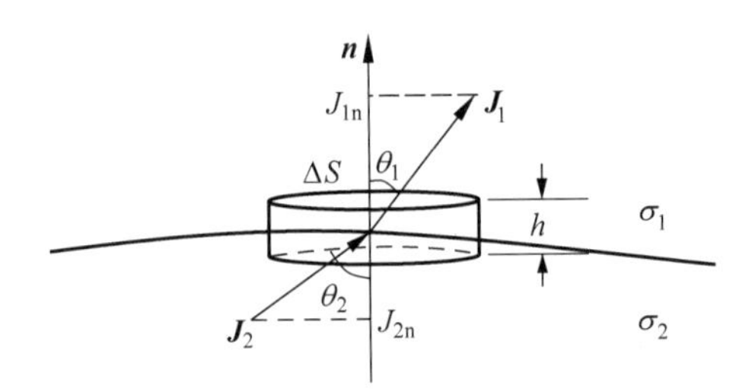

图 3-7 求 J_{n} 的边界条件

即

$$J_{1\mathrm{n}}=J_{2\mathrm{n}} \tag{3-26}$$

这表明恒定电场中电流密度的法向分量具有连续性。电场强度的切向分量连续关系与 2.6 节式(2-82)的结果相同。即

$$E_{1\mathrm{t}}=E_{2\mathrm{t}} \tag{3-27}$$

根据欧姆定律 $\boldsymbol{J}=\sigma\boldsymbol{E}$ 及 $\boldsymbol{E}=-\nabla\phi$，边界条件也可表示为

$$\sigma_1\frac{\partial\phi_1}{\partial n}=\sigma_2\frac{\partial\phi_2}{\partial n} \tag{3-28}$$

$$\phi_1 = \phi_2 \tag{3-29}$$

当然上述关系也可以根据介质中静电场($\rho = 0$)的边界条件 $D_{1n} = D_{2n}$(即 $\varepsilon_1 E_{1n} = \varepsilon_2 E_{2n}$)和 $E_{1t} = E_{2t}$ 及对偶关系得出。

在稳恒电流场中,除了导电媒质中存在运动电荷外,由于静电感应,在导电媒质分界面或表面上存在着静电荷。动电荷在稳恒电场的作用下定向运动形成电流,并产生稳恒磁场,静电荷则产生库仑场。因此,在导电媒质内总电场应为库仑场和恒定电场叠加之和,总场满足高斯定理。若电流通过两种不同导电媒质,在其分界面上分布有面电荷,则此面电荷是在稳恒电流建立的过程中聚集在分界面上的,以满足电流的边界条件。由静电场的边界条件 $D_{1n} - D_{2n} = \rho_S$ 与 $\boldsymbol{J}_c = \sigma \boldsymbol{E}$ 可得电荷面密度为

$$\rho_S = J_n \left(\frac{\varepsilon_1}{\sigma_1} - \frac{\varepsilon_2}{\sigma_2} \right) \tag{3-30}$$

式中,$J_n = J_{1n} = J_{2n}$。只有当 $\frac{\varepsilon_1}{\sigma_1} = \frac{\varepsilon_2}{\sigma_2}$ 或 $J_n = 0$ 时,$\rho_S = 0$,$D_{1n} = D_{2n}$。而当 $\sigma_1 \to 0$,即媒质 1 为理想介质时,电流只出现在媒质 2 中,$J_n \to 0$,故 $\rho_S = \frac{\varepsilon_1 J_{1n}}{\sigma_1} = D_{1n}$。

3.2.3 焦耳定律

导电媒质中的焦耳定律可通过欧姆定律和电功率公式得到。

在导电媒质中取一个体积元(见图 3-8),其两端的电压为

$$\mathrm{d}U = \boldsymbol{E} \cdot \mathrm{d}\boldsymbol{l}$$

通过横截面的电流为 $\mathrm{d}I = \boldsymbol{J} \cdot \mathrm{d}\boldsymbol{S}$,故此体积元内损耗的功率为

$$\mathrm{d}P = \mathrm{d}U\mathrm{d}I = \boldsymbol{E} \cdot \boldsymbol{J}\,\mathrm{d}V \tag{3-31}$$

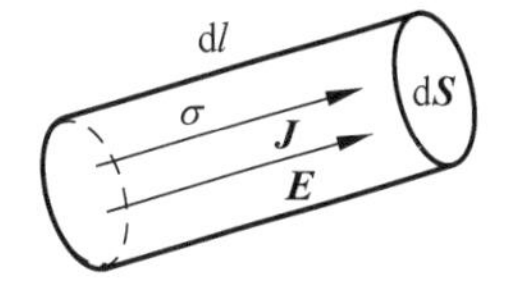

图 3-8 导电媒质中的一个体积元

因此,单位体积内损耗的焦耳热功率即耗散的功率密度为

$$p = \frac{\mathrm{d}P}{\mathrm{d}V} = \boldsymbol{E} \cdot \boldsymbol{J} = \frac{J^2}{\sigma} = \sigma E^2 \tag{3-32}$$

这就是焦耳定律的微分形式。若一段导体的横截面积为 S,长为 l,其中的电流密度 $J = \frac{I}{S}$ 和体积 $V = Sl$,将上式积分可得焦耳定律的积分形式,即

$$P = UI = I^2 R \tag{3-33}$$

3.2.4 稳恒电场的静电比拟和电导

从前面的分析中可以看到,稳恒电场和静电场(无源区域)都满足拉普拉斯方程。当两种场具有相同的微分方程和边界条件时,由唯一性定理(详见 4.1 节)可知这两种场解的形式必然相同。因此,对于这类问题,可以利用上面的对偶关系直接得出其解,而不需要重新求解拉普拉斯方程,该方法被称为静电比拟法。

下面,用静电比拟法进行电导计算,即由电容器的电容可求得其漏电导。

若考虑电容器内的介质是非理想的、有耗的,具有电导率 σ,设通过电容器两极板间的漏电流为 I,则其漏电导为

$$G=\frac{I}{U}=\frac{\oint_{S_1}\boldsymbol{J}\cdot \mathrm{d}\boldsymbol{S}}{\int_1^2\boldsymbol{E}\cdot \mathrm{d}\boldsymbol{l}}=\frac{\sigma\oint_{S_1}\boldsymbol{E}\cdot \mathrm{d}\boldsymbol{S}}{\int_1^2\boldsymbol{E}\cdot \mathrm{d}\boldsymbol{l}} \tag{3-34}$$

其中,S_1 是包含任一导体表面的面积。而电容器的电容为

$$C=\frac{Q}{U}=\frac{\oint_{S_1}\boldsymbol{D}\cdot \mathrm{d}\boldsymbol{S}}{\int_1^2\boldsymbol{E}\cdot \mathrm{d}\boldsymbol{l}}=\frac{\varepsilon\oint_{S_1}\boldsymbol{E}\cdot \mathrm{d}\boldsymbol{S}}{\int_1^2\boldsymbol{E}\cdot \mathrm{d}\boldsymbol{l}} \tag{3-35}$$

将上面两式相除,可得

$$\frac{G}{C}=\frac{\sigma}{\varepsilon} \tag{3-36}$$

因此,只要求得电容器的电容,便可以求出其漏电导,或知道漏电导便可求出其电容器的电容。可见,只需将电容器的电容表示式中的 ε 换成 σ 便得到其漏电导,这称为静电比拟法。

例 3.1 由第 2 章可知,同轴线单位长的电容为 $C_0=\dfrac{2\pi\varepsilon}{\ln\dfrac{r_2}{r_1}}$,用静电比拟法求该同轴线单位长的漏电导。

解 由式(3-36),可得

$$G_0=\frac{\sigma}{\varepsilon}C_0=\frac{2\pi\sigma}{\ln\dfrac{r_2}{r_1}}$$

本题也可以直接用电导计算公式计算,用设电压法或设电流法。以设电流法为例,设同轴线内、外导体间单位长度上的电流为 I_0,则距离轴线为 $r(r_1<r<r_2)$ 处的电流密度为

$$\boldsymbol{J}=\frac{I_0}{2\pi r}\boldsymbol{e}_r$$

相应的电场强度为

$$\boldsymbol{E}=\frac{\boldsymbol{J}}{\sigma}=\frac{I_0}{2\pi\sigma r}\boldsymbol{e}_r$$

则内外导体间的电压为

$$U=\int_{r_1}^{r_2}\boldsymbol{E}\cdot \mathrm{d}\boldsymbol{r}=\int_{r_1}^{r_2}\frac{I_0}{2\pi\sigma r}\mathrm{d}r=\frac{I_0}{2\pi\sigma}\ln\frac{r_2}{r_1}$$

故同轴线单位长度内外导体间的漏电导为

$$G_0=\frac{I_0}{U}=\frac{2\pi\sigma}{\ln\dfrac{r_2}{r_1}} \tag{3-37}$$

此结果与静电比拟法相同。在电工技术中,式(3-37)中的 G_0 是一个很重要的电参数。

例 3.2 已知空气中有一根半径为 a、电导率为 σ 的圆形直导线,其中通有电流 I,表面均匀分布着密度为 ρ_S 的面电荷。试求导线内及导线表面处的电场强度。

解 采用圆柱坐标系,设导线中的电流沿 z 轴(z 轴与导线的轴重合)方向流动,故导线中的电场强度为

$$\boldsymbol{E}_{\mathrm{i}}=\frac{\boldsymbol{J}}{\sigma}=\frac{J}{\sigma}\boldsymbol{e}_z=\frac{I}{\pi a^2\sigma}\boldsymbol{e}_z$$

由边界条件可知，导线表面处场强的法向与切向分量分别为

$$E_r=\frac{D_r}{\varepsilon_0}=\frac{\rho_S}{\varepsilon_0}\quad 与\quad E_z=E_{\mathrm{i}}$$

因此，导线表面处的电场强度为

$$\boldsymbol{E}=E_r\boldsymbol{e}_r+E_z\boldsymbol{e}_z=\frac{\rho_S}{\varepsilon_0}\boldsymbol{e}_r+\frac{I}{\pi a^2\sigma}\boldsymbol{e}_z$$

可见，导体表面处的电场与导体表面不再垂直，这与静电场有本质的区别。

例 3.3 在电力系统中，当接地器不深埋时，可近似地用图 3-9 所示的半径为 a 的半球形接地器代替。试求半球形接地器的接地电阻及跨步电压。

解 接地电阻是电流在大地中所遇到的电阻，实际上是两个相隔很远的接地器之间土壤的电阻，即接地器(电极)至无穷远处的大地电阻。因为在远离电极处，电流流过的面积很大，而在接地器附近电流流过的面积很小，故接地电阻主要分布在接地器附近，且此处电流密度和电场也最大。在电力系统中，由于短路等原因导致有很大的电流流入大地中时，接地器附近地面两点间的电压会相当大，从而使人遭受电击。人跨一步(约0.8m)时两脚间的电压称为跨步电压。

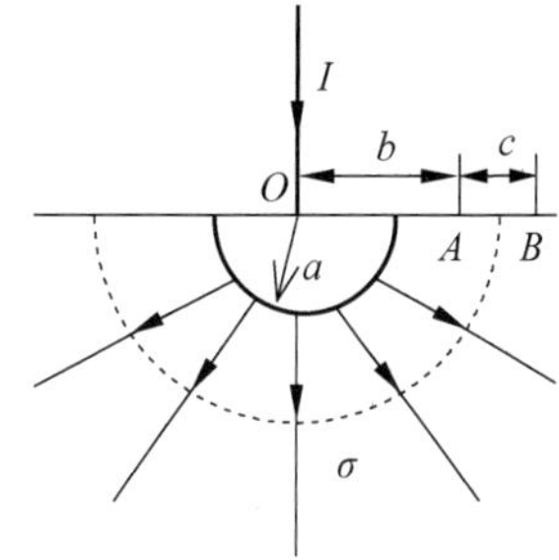

图 3-9 半球形接地器

选用球坐标系求解。半球的接地电导为一个完整的球的接地电导的一半，因半径为 a 的孤立导体球的电容为 $C=4\pi\varepsilon a$，由静电比拟法可得导体球的电导为 $G=4\pi\sigma a$，故半球的电导为 $G_{\mathrm{h}}=2\pi\sigma a$。因此，半球的接地电阻为

$$R_{\mathrm{h}}=\frac{1}{G_{\mathrm{h}}}=\frac{1}{2\pi\sigma a}$$

其中，σ 是土壤的电导率。可见，接地电阻与土壤的电导率和接地器半径成反比。因此，增大接地器的表面积和在其附近的土壤中渗入电导率高的物质，都可以减小接地电阻从而保证设备与大地有良好的电接触。

大地中的电场可由同样的方法求得。一个带电量为 Q、半径为 a 且处于介电常数为 ε 的介质中的导体球的电场可由高斯定理求得为 $\boldsymbol{E}=\frac{Q}{4\pi\varepsilon r^2}\boldsymbol{e}_r$，故处于无限大导电媒质中一个球形电极的电场为 $\boldsymbol{E}=\frac{I}{4\pi\sigma r^2}\boldsymbol{e}_r$，则半球电极的电场为 $\boldsymbol{E}_{\mathrm{h}}=\frac{I}{2\pi\sigma r^2}\boldsymbol{e}_r$，因此，在距接地点为 b 和 $c+b$ 的 A、B 两点间的电压为

$$U=\int_b^{b+c}\boldsymbol{E}_{\mathrm{h}}\cdot\mathrm{d}\boldsymbol{r}=\frac{I}{2\pi\sigma}\int_b^{b+c}\frac{\mathrm{d}r}{r^2}=\frac{I}{2\pi\sigma}\frac{c}{b(b+c)}$$

若取 $c=0.8\mathrm{m}$，即得到距接地点 b 处的跨步电压。由此可见，距接地点越近(b 越小)，人的步子越大(c 越大)，跨步电压越大，因而危险性也就越大。

几种常用电容器的电容与漏电导或漏电阻及其电场如表 3-1 所示。

表 3-1 几种常用电容器的电容与漏电导或漏电阻及其电场

物理量	平行板	双根线	同轴线	球形	孤立球
$C_0(C)$	$\dfrac{\varepsilon S}{d}$	$\dfrac{\pi\varepsilon}{\ln\dfrac{D}{a}}$	$\dfrac{2\pi\varepsilon}{\ln\dfrac{r_2}{r_1}}$	$\dfrac{4\pi\varepsilon r_1 r_2}{r_2-r_1}$	$4\pi\varepsilon a$
$G_0(G)$	$\dfrac{\sigma S}{d}$	$\dfrac{\pi\sigma}{\ln\dfrac{D}{a}}$	$\dfrac{2\pi\sigma}{\ln\dfrac{r_2}{r_1}}$	$\dfrac{4\pi\sigma r_1 r_2}{r_2-r_1}$	$4\pi\sigma a$
$\boldsymbol{E}(Q)$	$\dfrac{\rho_S}{\varepsilon}\boldsymbol{n}$	—	$\dfrac{\rho_l}{2\pi\varepsilon r}\boldsymbol{e}_r$	$\dfrac{Q}{4\pi\varepsilon r^2}\boldsymbol{e}_r$	$\dfrac{Q}{4\pi\varepsilon r^2}\boldsymbol{e}_r$
$\boldsymbol{E}(U)$	$\dfrac{U}{d}\boldsymbol{n}$	—	$\dfrac{U}{r\ln\dfrac{r_2}{r_1}}\boldsymbol{e}_r$	$\dfrac{r_1 r_2 U}{(r_2-r_1)r^2}\boldsymbol{e}_r$	$\dfrac{a\phi}{r^2}\boldsymbol{e}_r$

由表 3-1 可知，对于整个球或整个圆柱的问题分别有 4π 或 2π 的因子，双根线的问题有 π 的因子，平行直板的问题则无 π 的因子。对于部分球或圆柱的问题，可以应用类比的方法，将 4π 或 2π 的因子换为立体角 Ω 或二面角 α。

*3.3 科技前沿：直流电型隐身衣

所谓直流电型隐身衣，是导电媒质中针对特定区域的隐身装置。通过将人工制作的特殊导电材料层覆盖在目标周围，能够控制电流线(电力线)绕过目标物体，从而使得该区域不被探测者所发现。

采用变换光学原理设计直流电型隐身衣非常简单。在充满导电媒质的虚拟空间(没有隐藏目标时的背景空间称为“虚拟”空间)中任选一个闭合曲面及其包裹的任意一点，然后让这个点向四周膨胀至另外一个较小的封闭曲面，同时保持外部曲面不变化。于是得到一个压缩后形成的套层及其包裹的封闭区域(由点膨胀得到)。该封闭区域就是隐身区域，相应地，由两个封闭曲面构成的套层就是隐身衣。由于在此过程中虚拟空间部分区域受到了压缩，套层中的材料需要重新计算得到，且具有隐身的特性。最终得到的包含隐藏区域并具有覆盖层的空间一般称为“物理”空间。

从虚拟空间到物理空间的变化，可以用一点 $P(x,y,z)$ 到其像点 $P'(x',y',z')$ 的某种对应法则 $\boldsymbol{X}'=X'(\boldsymbol{X})$ 来表述，其本质上也就是一个坐标变换。作为麦克斯韦方程组在稳恒情况下的特例，稳恒电场的基本方程具有协变性，即：其在两个空间具有相同的形式。在虚拟空间，有

$$\nabla\cdot\boldsymbol{J}=0\quad \nabla\times\boldsymbol{E}=0\quad \boldsymbol{J}=\boldsymbol{\sigma}\cdot\boldsymbol{E} \tag{3-38}$$

在物理空间，对应的形式为

$$\nabla\cdot\boldsymbol{J}'=0\quad \nabla\times\boldsymbol{E}'=0\quad \boldsymbol{J}'=\boldsymbol{\sigma}'\cdot\boldsymbol{E}' \tag{3-39}$$

式中，$\boldsymbol{\sigma}$、$\boldsymbol{J}$、$\boldsymbol{E}$，$\boldsymbol{\sigma}'$、$\boldsymbol{J}'$、$\boldsymbol{E}'$ 分别表示虚拟空间和物理空间的电导率、电流密度和电场强度。

对照式(3-38)和式(3-39)，可推得(这当然不是一件容易的事情)

$$\boldsymbol{\sigma}'(\boldsymbol{X}')=\frac{\boldsymbol{A}\cdot\boldsymbol{\sigma}(\boldsymbol{X})\cdot\boldsymbol{A}^{\mathrm{T}}}{\det\boldsymbol{A}} \tag{3-40}$$

其中，$\boldsymbol{A}=\partial \boldsymbol{X}'/\partial \boldsymbol{X}$ 就是大家所熟知的雅可比矩阵。

根据上式可知，直流电型隐身衣装置需选用各向异性导电材料，它沿不同的方向有不同的电导率。其有不同种实现方法，如采用多层结构进行媒质等效、利用各向异性电阻网络来等效等。下面以后者为例进行介绍，如图 3-10 所示为一个圆柱形隐身衣示意图，其核心问题是各向异性电阻单元的设计。图 3-10 中，取该环状直流电型隐身衣的部分扇形区域，假设该扇形导体平板的内、外半径分别为 R_1、R_2，夹角为 α，沿径向和角向的电导率则为 σ_ρ 和 σ_φ。考虑二维的情况，取平板的厚度为 h。用电阻网络近似模拟这个导体板的导电参数。采用极坐标系，将该导电板分成许多个小扇形网格，每个小扇形区用一对径向和角向的各向异性电阻来模拟，如图 3-10(c)所示。

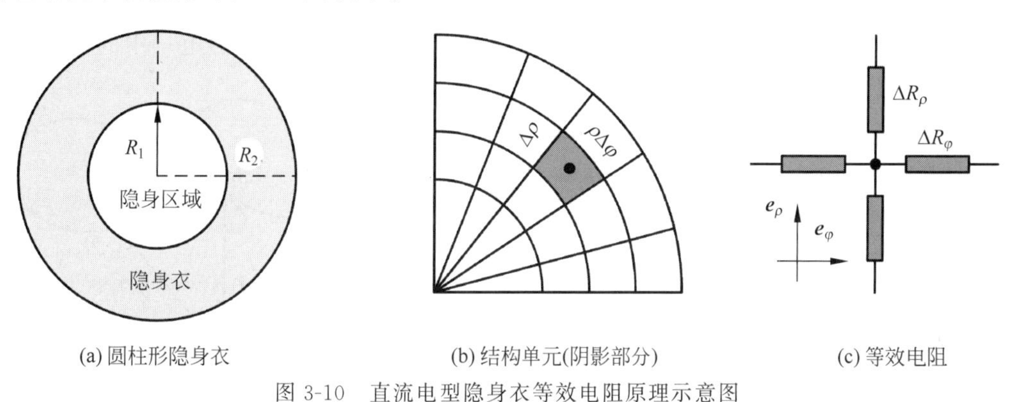

(a) 圆柱形隐身衣　　(b) 结构单元(阴影部分)　　(c) 等效电阻

图 3-10　直流电型隐身衣等效电阻原理示意图

等效阻值根据电阻的计算公式 $R=\dfrac{l}{\sigma S}$ 来计算，l 为电流方向上的长度，S 为垂直于电流方向的横截面积，σ 为对应电流方向上的电导率。则沿径向 $\boldsymbol{e}_\rho$ 的电阻和沿角向 $\boldsymbol{e}_\varphi$ 的电阻可分别近似表示为

$$\Delta R_\rho=\frac{\Delta\rho}{\sigma_\rho \rho \Delta\varphi h} \tag{3-41}$$

$$\Delta R_\varphi=\frac{\rho\Delta\varphi}{\sigma_\varphi \Delta\rho h} \tag{3-42}$$

图 3-11 为基于上述原理的圆盘形直流电型隐身衣及其仿真结果。从图 3-11(b)可以看出，点源发出的电流线，能够绕过隐身区域，之后又恢复原来的传播方向。从外部观察，根本觉察不到中心导体区域的存在。图 3-11 中与白色电流线垂直的是等势线。

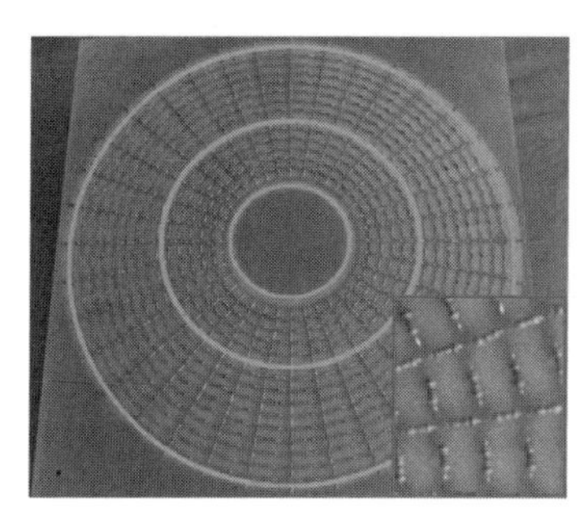

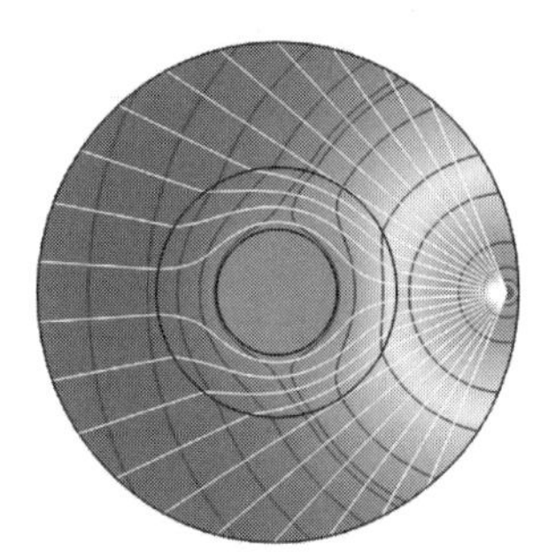

(a) 隐身衣照片　　(b) 点源发出的电流线绕过隐身区域

图 3-11　直流电型隐身衣及其仿真结果

3.4 安培定律和磁感应强度

稳恒电流产生的磁场为稳恒磁场，或称为静磁场。描述磁场的基本物理量是磁感应强度。本节首先介绍静磁场中的两个基本实验定律，即安培定律和毕奥-萨伐尔定律，在此基础上给出磁感应强度的三种定义式，进而介绍稳恒磁场的基本计算方法；本节还推导出了洛伦兹力公式——电磁场理论基础之一。

3.4.1 安培定律

安培定律表明了真空中两个电流回路之间相互作用力的规律，与静电场中的库仑定律地位相当。它是磁场的一个基本实验定律，由安培最早通过实验发现。两电流元间的安培力如图 3-12 所示，电流回路 l_1 中的任一电流元 $I_1\mathrm{d}\boldsymbol{l}_1$ 对电流回路 l_2 中的任一电流元 $I_2\mathrm{d}\boldsymbol{l}_2$ 的作用力可表示为

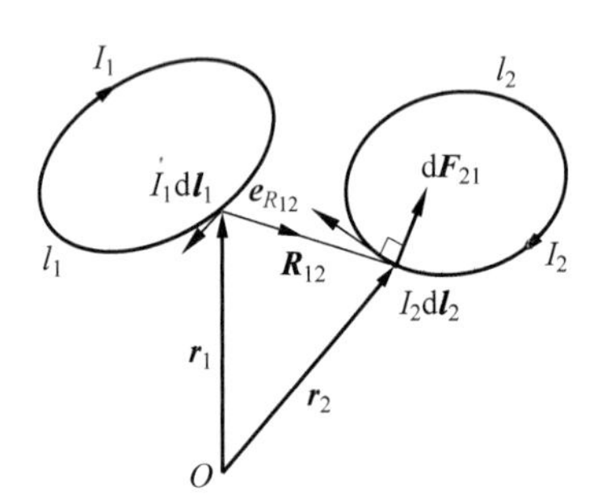

图 3-12 两电流元之间的安培力

$$\mathrm{d}\boldsymbol{F}_{21}=\frac{\mu_0 I_1 I_2}{4\pi R_{12}^2}\mathrm{d}\boldsymbol{l}_2\times(\mathrm{d}\boldsymbol{l}_1\times\boldsymbol{e}_{R_{12}}) \tag{3-43}$$

式中，常数 μ_0 是真空中的磁导率，$\mu_0=4\pi\times10^{-7}\,\mathrm{H/m}$。

由式(3-43)可见，两个电流元之间的相互作用力(称为安培力或磁场力)，和静电场中两个点电荷之间的库仑力相似，安培力的大小与两电流元的乘积成正比而与它们之间距离的平方成反比，它的方向垂直于电流元 $I_2\mathrm{d}\boldsymbol{l}_2$。对两个电流回路积分，可得电流回路 l_1 对电流回路 l_2 的作用力，即安培力为

$$\boldsymbol{F}_{21}=\frac{\mu_0}{4\pi}\oint_{l_2}\oint_{l_1}\frac{I_2\mathrm{d}\boldsymbol{l}_2\times(I_1\mathrm{d}\boldsymbol{l}_1\times\boldsymbol{e}_{R_{12}})}{R_{12}^2} \tag{3-44}$$

上式所表示的安培力是电流回路 l_1 对电流回路 l_2 作用力的合力。由于安培力中的电流元都是矢量，故它的计算要比库仑力复杂得多。

3.4.2 磁感应强度：毕奥-萨伐尔定律

根据法拉第提出的场的概念，电荷周围存在电场。电流周围存在磁场，电荷或电流间的相互作用是通过场的作用而不是直接的超距作用。与静电场中电场强度的定义 $\boldsymbol{E}=\frac{\boldsymbol{F}}{Q}$ 相类似，一电流元作用于另一电流元的安培力(即磁场力)与被作用的电流元之比，可定义为磁感应强度 $\boldsymbol{B}$。式(3-43)可写为

$$\mathrm{d}\boldsymbol{F}_{21}=I_2\mathrm{d}\boldsymbol{l}_2\times\frac{\mu_0 I_1}{4\pi R_{12}^2}(\mathrm{d}\boldsymbol{l}_1\times\boldsymbol{e}_{R_{12}})=I_2\mathrm{d}\boldsymbol{l}_2\times\mathrm{d}\boldsymbol{B}_1 \tag{3-45}$$

式中，$\mathrm{d}\boldsymbol{B}_1=\frac{\mu_0 I_1}{4\pi R_{12}^2}(\mathrm{d}\boldsymbol{l}_1\times\boldsymbol{e}_{R_{12}})$ 是电流元 $I_1\mathrm{d}\boldsymbol{l}_1$ 在电流元 $I_2\mathrm{d}\boldsymbol{l}_2$ 处所产生的磁感应强度。同样地，电流元 $I_2\mathrm{d}\boldsymbol{l}_2$ 在电流元 $I_1\mathrm{d}\boldsymbol{l}_1$ 处所产生的磁感应强度则为 $\mathrm{d}\boldsymbol{B}_2=\frac{\mu_0 I_2}{4\pi R_{21}^2}(\mathrm{d}\boldsymbol{l}_2\times\boldsymbol{e}_{R_{21}})$，

其中 $\boldsymbol{e}_{R_{21}}=-\boldsymbol{e}_{R_{12}}$。磁感应强度 $\boldsymbol{B}$ 是表述磁场特征的基本物理量，它与电场中的电场强度 $\boldsymbol{E}$ 相对应。

电流回路 l' 中的任一电流元 $I\mathrm{d}\boldsymbol{l}'$ 在空间某一场点 P 处所产生的磁感应强度可表示为

$$\mathrm{d}\boldsymbol{B}=\frac{\mu_0 I}{4\pi R^2}\mathrm{d}\boldsymbol{l}'\times\boldsymbol{e}_R \tag{3-46}$$

因此，整个电流回路 l' 即线电流 I 在 P 点所产生的磁感应强度为

$$\boldsymbol{B}=\frac{\mu_0}{4\pi}\oint_{l'}\frac{I\mathrm{d}\boldsymbol{l}'\times\boldsymbol{e}_R}{R^2} \tag{3-47}$$

如果体电流密度 $\boldsymbol{J}$ 分布在体积 V' 中，则由于电流元 $I\mathrm{d}\boldsymbol{l}'=J\mathrm{d}S'\mathrm{d}\boldsymbol{l}'=\boldsymbol{J}\mathrm{d}V'$，因此，密度为 $\boldsymbol{J}$ 的体电流在 P 点所产生的磁感应强度为

$$\boldsymbol{B}=\frac{\mu_0}{4\pi}\int_{V'}\frac{\boldsymbol{J}\times\boldsymbol{e}_R}{R^2}\mathrm{d}V' \tag{3-48}$$

对于面电流以密度 $\boldsymbol{J}_S$ 分布在空间曲面 S' 上的情形，由于电流元 $I\mathrm{d}\boldsymbol{l}'=J_S\mathrm{d}l\,\mathrm{d}\boldsymbol{l}'=\boldsymbol{J}_S\mathrm{d}S'$，密度为 $\boldsymbol{J}_S$ 的面电流在 P 点所产生的磁感应强度为

$$\boldsymbol{B}=\frac{\mu_0}{4\pi}\int_{S'}\frac{\boldsymbol{J}_S\times\boldsymbol{e}_R}{R^2}\mathrm{d}S' \tag{3-49}$$

上述关于线电流、体电流和面电流产生磁场的式(3-47)～式(3-49)称为毕奥-萨伐尔定律。它也是磁场的基本实验定律。

毕奥-萨伐尔定律是分析、计算磁感应强度 $\boldsymbol{B}$ 的最基本的一种方法。由于上述积分是矢量积分，一般较难计算，故只对简单电流分布才能计算。

> **解题点拨**：在用毕奥-萨伐尔定律计算出磁感应强度 $\boldsymbol{B}$ 时，应先选合适的坐标系并进行定性分析，再从电流元入手计算，同时注意发现和总结规律，即坚持“三先一找”的原则。

例 3.4 真空中有一长为 L 并通有电流 I 的细直导线。试求它在空间任一点 P 处所产生的磁感应强度。

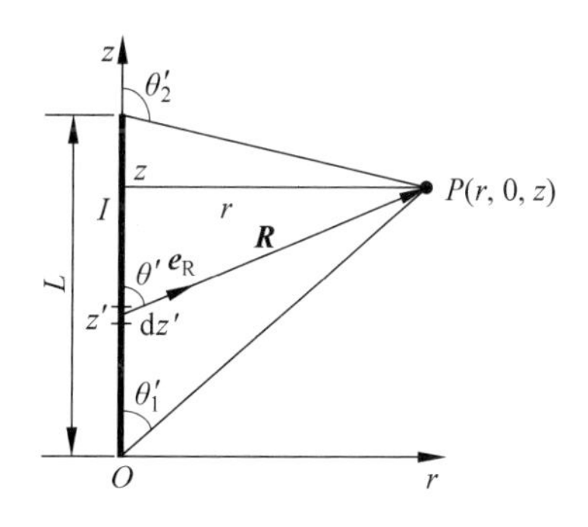

图 3-13 计算直线电流的磁感应强度

解 采用圆柱坐标系，使直线电流与圆柱坐标系的 z 轴重合，并取电流 I 沿 z 轴为正，如图 3-13 所示。由于电流具有轴对称性，可知磁场与方位角 φ 无关。因为源点与场点的坐标之间有如下关系：

$$z'=z-r\cot\theta'$$

故电流元可表示为

$$I\mathrm{d}\boldsymbol{l}'=I\mathrm{d}z'\boldsymbol{e}_z=Ir\csc^2\theta'\mathrm{d}\theta'\boldsymbol{e}_z$$

电流元到场点 P 处的距离矢量则为

$$\boldsymbol{R}=R\boldsymbol{e}_R=r\csc\theta'(\sin\theta'\boldsymbol{e}_r+\cos\theta'\boldsymbol{e}_z)$$

由毕奥-萨伐尔定律，可得场点 P 处的磁感应强度为

$$\begin{aligned}\boldsymbol{B}&=\frac{\mu_0}{4\pi}\int_0^L\frac{I\mathrm{d}\boldsymbol{l}'\times\boldsymbol{e}_R}{R^2}=\frac{\mu_0 I}{4\pi}\int_{\theta'_1}^{\theta'_2}\frac{r\csc^2\theta'\mathrm{d}\theta'\boldsymbol{e}_z\times(\sin\theta'\boldsymbol{e}_r+\cos\theta'\boldsymbol{e}_z)}{r^2\csc^2\theta'}\\&=\frac{\mu_0 I}{4\pi r}\boldsymbol{e}_\varphi\int_{\theta'_1}^{\theta'_2}\sin\theta'\mathrm{d}\theta'=\frac{\mu_0 I}{4\pi r}(\cos\theta'_1-\cos\theta'_2)\boldsymbol{e}_\varphi\end{aligned}$$

其中，$\cos\theta'_1=\dfrac{z}{\sqrt{r^2+z^2}}$，$\cos\theta'_2=\dfrac{z-L}{\sqrt{r^2+(L-z)^2}}$。

当直线电流为无限长时，$\theta'_1=0$，$\theta'_2=\pi$，于是得到无限长直线电流的磁场的一个重要公式，即

$$\boldsymbol{B}=\frac{\mu_0 I}{2\pi r}\boldsymbol{e}_\varphi \tag{3-50}$$

可见，无限长直线电流的磁场是以直线上的点为中心的同心圆环，其大小与电流 I 成正比，而与环的半径 r 成反比，其方向与电流的正方向符合右手螺旋定则。

解题技巧：以上计算中采用角度为积分变量，比用长度更为简单。关于这一点，大家可以仔细体会。

例 3.5 空气中有一通有恒定电流强度为 I 的圆形闭合电流线，其半径为 a，求该圆环轴线上任一点的磁感应强度。

解 采用圆柱坐标系，取电流环轴线为 z 轴，如图 3-14 所示。

在圆环上任取一电流元 $I\mathrm{d}\boldsymbol{l}'$，由毕奥-萨伐尔定律，可得场点 P 处的磁感应强度元为

$$\mathrm{d}B=\frac{\mu_0}{4\pi}\frac{I\mathrm{d}\boldsymbol{l}'\sin 90^\circ}{R^2}$$

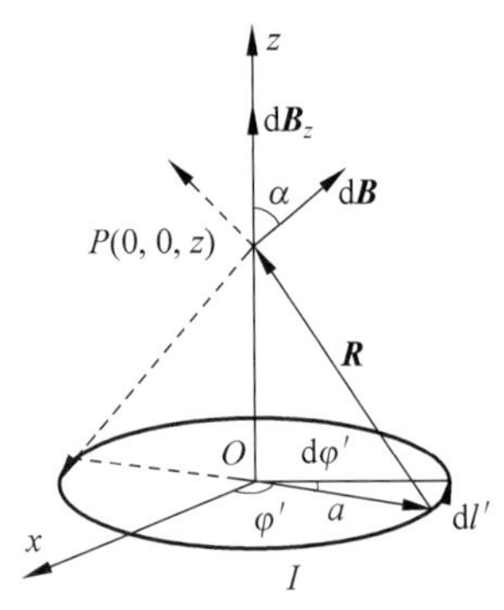

图 3-14 计算圆形线电流的磁感应强度

其方向如图 3-14 所示。在环上关于原点 O 的对称位置取另一电流元 $I\mathrm{d}l'$，产生的磁感应强度元 $\mathrm{d}B$ 与前者大小相等、关于 z 轴对称，合成总场量只有 z 方向分量，即

$$\mathrm{d}B_Z=\mathrm{d}B\cos\alpha,\quad \cos\alpha=\frac{a}{R}=\frac{a}{\sqrt{a^2+z^2}}$$

故可得总磁感应强度为

$$\boldsymbol{B}=\frac{\mu_0}{4\pi}\int_0^{2\pi}\frac{Ia^2\mathrm{d}\varphi'\boldsymbol{e}_z}{(a^2+z^2)^{3/2}}=\frac{\mu_0 a^2 I}{2(a^2+z^2)^{3/2}}\boldsymbol{e}_z$$

既然在静电场中能用电力线（$\boldsymbol{E}$ 线）来描写电场，那么在稳恒磁场中也可以用磁感应线（$\boldsymbol{B}$ 线）来描写磁场。几种简单电流分布的磁感应线如图 3-15 所示，由图 3-15 可知，与电力线不同，磁感应线都是闭合回线。

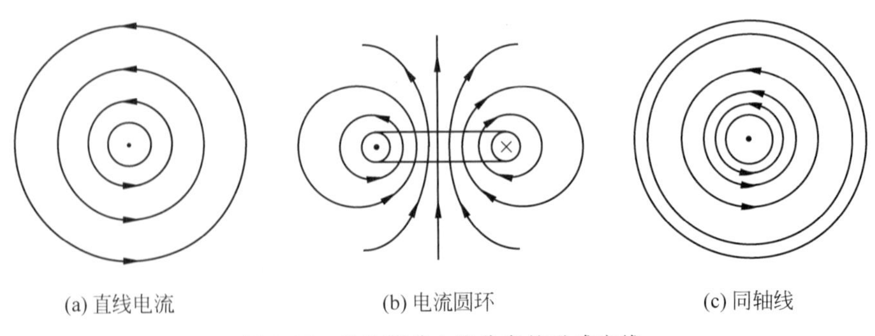

图 3-15 几种简单电流分布的磁感应线

*3.4.3 磁单极子

人们对磁现象的最早认识来自于自然界磁铁的相互作用。磁铁具有两个极性，分别称为北极(N极)和南极(S极)。实验表明，同极相斥，异极相吸。上述现象与电荷之间的作用规律极为相似。历史上库仑等人受此启发，引入磁荷概念，也称为磁单极子。

在静电场中，电场线由正电荷出发，汇聚于负电荷，这表明电单极子是存在的。在3.4.2节中，由毕奥-萨伐尔定律计算了几种稳恒电流分布所产生的磁感应强度，其磁感应线均为闭合曲线。理论上可以进一步证明任何情况下磁感应线都是闭合回线(详见3.5.1节)，这一点与静电场完全不同。大量实验表明，磁场中的N极和S极总是成对的，至今未观察到单独存在的磁荷。这表明，磁荷的概念尚没有从实验上得到证实。

尽管如此，人们在对静磁场和静磁相互作用的分析中提出一种基于磁荷概念的方法，称为磁荷法，而把基于电流的方法称为电流法。而且，在某些情况下，磁荷法比电流法更为简便。在不存在传导电流的空间，两种方法具有等效性。

近代物理中，科学家们做出种种猜想，希望用磁单极子的概念理解和解释一些物理现象。早在1931年，狄拉克为解释电荷的量子化现象，把量子力学与宏观电磁理论结合起来进行研究时发现，由于电荷量子化，在微观领域允许磁单极子的存在。若这种磁单极子的磁荷量为 g，根据狄拉克的电荷量子化条件，电荷 e 与磁荷 g 有如下的定量关系：

$$e = n\left(\frac{hc}{2g}\right) \tag{3-51}$$

式中，n 为任意整数，c 为真空中的光速，h 为普朗克常量。如果磁单极子存在，就可以用上式解释电荷的量子化现象。1968年，吴大峻和杨振宁推广了狄拉克的理论，给出了磁单极子矢量势更好的描述方式，并得到了第一个杨-米尔斯场方程的解，这个解描述了一个点状且到处带有 $1/r$ 势的磁单极子，这种磁单极子被称为吴-杨磁单极子。随后，许多物理学家从多个方面寻求磁单极子。直至最近几年，有些凝聚态物理学家把目光投向动量空间及凝聚态物质(如自旋冰)并获得磁单极子在凝聚态物质中存在的证据。这些研究结果相继发表在《自然》《科学》等重要刊物上。

综上所述，磁单极子的寻找之路充满谜团，虽然迄今未果，但物理学家并没有因此而放弃。磁单极子到底存不存在，仍需拭目以待。

3.4.4 洛伦兹力

由式(3-44)与式(3-47)可知，电流回路 l' 在电流回路 l 的磁场中所受到的安培力(即磁场力)为

$$\boldsymbol{F} = \oint_{l'} I\mathrm{d}\boldsymbol{l}' \times \boldsymbol{B} \tag{3-52}$$

由此可见，磁场作用在任一电流元 $I\mathrm{d}\boldsymbol{l}'$ 上的磁场力为

$$\mathrm{d}\boldsymbol{F} = I\mathrm{d}\boldsymbol{l}' \times \boldsymbol{B} \tag{3-53}$$

如果自由电荷在磁场中以速度 $\boldsymbol{v}$ 运动，设 $\mathrm{d}t$ 时间内电荷元 $\mathrm{d}Q$ 的位移为 $\mathrm{d}\boldsymbol{l}' = \boldsymbol{v}\mathrm{d}t$，则由于 $I\mathrm{d}\boldsymbol{l}' = \frac{\mathrm{d}Q}{\mathrm{d}t}\mathrm{d}\boldsymbol{l}' = \boldsymbol{v}\mathrm{d}Q$，故运动电荷元 $\mathrm{d}Q$ 所受到的磁场力为

$$\mathrm{d}\boldsymbol{F} = \mathrm{d}Q\,\boldsymbol{v} \times \boldsymbol{B} \tag{3-54}$$

因此,磁场对以速度$\boldsymbol{v}$运动的电荷Q的作用力

$$\boldsymbol{F}=Q\boldsymbol{v}\times\boldsymbol{B} \tag{3-55}$$

称为洛伦兹力。上式表明,在磁场中静止电荷不受洛伦兹力的作用;又因为洛伦兹力的方向与速度垂直,故它只改变速度的方向而不改变其大小,所以洛伦兹力不做功。在显像管和回旋加速器中就是用偏转线圈产生的磁场改变电子的运动方向。

在既有电场又有磁场的空间,电荷同时受库仑力和磁场力的作用。以速度$\boldsymbol{v}$运动的点电荷Q所受的洛伦兹力为

$$\boldsymbol{F}=Q(\boldsymbol{E}+\boldsymbol{v}\times\boldsymbol{B}) \tag{3-56}$$

对于连续的电荷分布,由于$I\mathrm{d}\boldsymbol{l}'=\boldsymbol{J}\mathrm{d}V'=\boldsymbol{v}\mathrm{d}Q$,故$\boldsymbol{v}\mathrm{d}Q$或$Q\boldsymbol{v}$可分别视为运动的电荷元或点电荷的电流元,于是运动的电荷元$\mathrm{d}Q=\rho\mathrm{d}V'$在电磁场中所受到的作用力可写为

$$\mathrm{d}\boldsymbol{F}=\mathrm{d}Q\boldsymbol{E}+\mathrm{d}Q\boldsymbol{v}\times\boldsymbol{B}=(\rho\boldsymbol{E}+\boldsymbol{J}\times\boldsymbol{B})\mathrm{d}V'$$

因此,单位体积的运动电荷在电磁场中所受到的力(即洛伦兹力密度)为

$$\boldsymbol{f}=\frac{\mathrm{d}\boldsymbol{F}}{\mathrm{d}V'}=\rho\boldsymbol{E}+\boldsymbol{J}\times\boldsymbol{B} \tag{3-57}$$

上式既适用于载流导体中的传导电流,也适用于运流电流。安培力与洛伦兹力是等效的。磁场中载流导线所受到的安培力就是导线中自由电子所受到的洛伦兹力的宏观表现。洛伦兹力或洛伦兹力密度反映了电磁场对运动电荷与电流的作用规律,因此,它是电磁理论的重要组成部分。

3.5 矢量势、稳恒磁场的基本性质

磁场的基本性质是通过磁感应强度的通量和环量来描述,对应于微分形式即为磁感应强度的散度和旋度。通过引入矢量势来分析和计算磁场、揭示磁场的基本性质极为方便。

3.5.1 磁通连续性原理

磁通的定义和电场中$\boldsymbol{E}$通量或电通量(即$\boldsymbol{D}$通量)的定义类似。在磁场中磁感应强度$\boldsymbol{B}$穿过某一曲面S的通量,称为磁通量或磁通。表示为

$$\psi_{\mathrm{m}}=\int_S\boldsymbol{B}\cdot\mathrm{d}\boldsymbol{S}=\int_S B\cos\theta\mathrm{d}S \tag{3-58}$$

其中,θ是磁感应强度矢量$\boldsymbol{B}$与面元矢量$\mathrm{d}\boldsymbol{S}$之间的夹角。若取$\mathrm{d}\boldsymbol{S}$与该处的$\boldsymbol{B}$同方向,则有$\mathrm{d}\psi_{\mathrm{m}}=B\mathrm{d}S$,于是$B=\dfrac{\mathrm{d}\psi_{\mathrm{m}}}{\mathrm{d}S}$。可见$\boldsymbol{B}$的值是单位横截面积中通过的磁通量,因此,$\boldsymbol{B}$也称为磁通密度(即磁通面密度)。

如静电场中由库仑定律推导出高斯定理一样,在稳恒磁场中可由安培定律或毕奥-萨尔定律推导出磁通连续性原理(也称为磁场的高斯定理)。对式(3-48)取散度,并注意到∇是对场点(x,y,z)的微分算符而与源点无关,则有

$$\nabla\cdot\boldsymbol{B}=\frac{\mu_0}{4\pi}\int_{V'}\nabla\cdot\frac{\boldsymbol{J}\times\boldsymbol{e}_R}{R^2}\mathrm{d}V'$$

利用矢量微分恒等式

$$\nabla\cdot\left(\boldsymbol{J}\times\frac{\boldsymbol{e}_R}{R^2}\right)=\frac{\boldsymbol{e}_R}{R^2}\cdot(\nabla\times\boldsymbol{J})-\boldsymbol{J}\cdot\left(\nabla\times\frac{\boldsymbol{e}_R}{R^2}\right)$$

由于$\boldsymbol{J}(x',y',z')$是源点的函数，故$\nabla\times\boldsymbol{J}=0$；又由$\nabla\frac{1}{R}=-\frac{\boldsymbol{R}}{R^3}=-\frac{\boldsymbol{e}_R}{R^2}$，则$\nabla\times\frac{\boldsymbol{e}_R}{R^2}=\nabla\times\frac{\boldsymbol{R}}{R^3}=-\nabla\times\nabla\frac{1}{R}=0$，因此有

$$\nabla\cdot\boldsymbol{B}=0 \tag{3-59}$$

这是磁场的一个基本方程。对上式应用高斯散度定理，可得

$$\oint_S \boldsymbol{B}\cdot\mathrm{d}\boldsymbol{S}=0 \tag{3-60}$$

这表明磁场是无通量源的场，即$\boldsymbol{B}$线总是呈闭合回线，因为它不能由任何闭合面内发出或终止，故穿入与穿出任一闭合面S的磁通量总相等。表述磁场这个基本性质的式(3-59)与式(3-60)称为磁通连续性原理。

3.5.2　矢量势及其微分方程

由于静电场是无旋场，故可在静电场中引入标量电势ϕ，从而从另一个方面描述静电场的基本性质，可使静电场问题的计算得以简化。同样在稳恒磁场中也企图找到类似的函数，以简化磁场的计算。因为$\nabla\cdot\boldsymbol{B}=0$，由矢量分析可知，任一矢量场$\boldsymbol{F}$的旋度的散度恒等于零，即$\nabla\cdot(\nabla\times\boldsymbol{F})\equiv0$，因此，$\boldsymbol{B}$可以表示为

$$\boldsymbol{B}=\nabla\times\boldsymbol{A} \tag{3-61}$$

式中，$\boldsymbol{A}$称为磁场的矢量势或矢量磁位，简称矢势。

矢量势$\boldsymbol{A}$的表达式可由毕奥-萨伐尔定律导出。由于$\nabla\frac{1}{R}=-\frac{\boldsymbol{R}}{R^3}=-\frac{\boldsymbol{e}_R}{R^2}$，故式(3-48)可改写成

$$\boldsymbol{B}=-\frac{\mu_0}{4\pi}\int_{V'}\boldsymbol{J}\times\nabla\frac{1}{R}\mathrm{d}V'=\frac{\mu_0}{4\pi}\int_{V'}\nabla\frac{1}{R}\times\boldsymbol{J}\,\mathrm{d}V'$$

利用如下的矢量微分恒等式：

$$\nabla\times\frac{1}{R}\boldsymbol{J}=\nabla\frac{1}{R}\times\boldsymbol{J}+\frac{1}{R}\nabla\times\boldsymbol{J}$$

因为$\boldsymbol{J}(x',y',z')$是源点的函数，则$\nabla\times\boldsymbol{J}=0$；考虑到上述积分是对源点进行的，于是可得

$$\boldsymbol{B}=\frac{\mu_0}{4\pi}\int_{V'}\nabla\times\frac{\boldsymbol{J}}{R}\mathrm{d}V'=\nabla\times\frac{\mu_0}{4\pi}\int_{V'}\frac{\boldsymbol{J}}{R}\mathrm{d}V'=\nabla\times\boldsymbol{A}$$

式中，

$$\boldsymbol{A}(x,y,z)=\frac{\mu_0}{4\pi}\int_{V'}\frac{\boldsymbol{J}(x',y',z')}{R}\mathrm{d}V' \tag{3-62}$$

可见，矢势$\boldsymbol{A}$的方向与电流密度$\boldsymbol{J}$同方向，它的每一个分量可以通过电流密度$\boldsymbol{J}$的相应分量来计算，例如在直角坐标系中，有

$$\begin{cases}A_x(x,y,z)=\dfrac{\mu_0}{4\pi}\displaystyle\int_{V'}\dfrac{J_x(x',y',z')}{R}\mathrm{d}V'\\[2ex] A_y(x,y,z)=\dfrac{\mu_0}{4\pi}\displaystyle\int_{V'}\dfrac{J_y(x',y',z')}{R}\mathrm{d}V'\\[2ex] A_z(x,y,z)=\dfrac{\mu_0}{4\pi}\displaystyle\int_{V'}\dfrac{J_z(x',y',z')}{R}\mathrm{d}V'\end{cases} \tag{3-63}$$

面电流和线电流分布的矢势分别为

$$\boldsymbol{A}(x,y,z)=\frac{\mu_0}{4\pi}\int_{S'}\frac{\boldsymbol{J}_S(x',y',z')}{R}\mathrm{d}S' \tag{3-64}$$

和

$$\boldsymbol{A}(x,y,z)=\frac{\mu_0 I}{4\pi}\int_{l'}\frac{\mathrm{d}\boldsymbol{l}'}{R} \tag{3-65}$$

由此可见,由电流分布求得矢势 $\boldsymbol{A}$,再取其旋度即得磁感应强度 $\boldsymbol{B}$。这要比直接由毕奥-萨伐尔定律计算磁感应强度简便得多,因为矢势 $\boldsymbol{A}$ 的每个分量可以通过一个标量积分来计算。同电场中的场量 $\boldsymbol{E}$ 与 ϕ 都满足叠加原理一样,磁场中的场量 $\boldsymbol{B}$ 与 $\boldsymbol{A}$ 也都和场源具有线性关系,故它们也满足叠加原理。

无限长直线电流的磁场与无限长直线电荷的电场类似,如果电流 I 沿 z 轴流动为正,则 $\boldsymbol{A}(\boldsymbol{r})$只有 z 分量,建立如图 3-13 所示的坐标系,显然 $\boldsymbol{A}(\boldsymbol{r})$与$(\phi,z)$无关,由式(3-65)可得距离无限长直线电流 I 为 r 的任一点的矢势为

$$A_z=\frac{\mu_0}{4\pi}\int_{-\infty}^{+\infty}\frac{I\mathrm{d}l'}{R}=\frac{\mu_0}{4\pi}\int_{-\infty}^{+\infty}\frac{I\mathrm{d}z'}{\sqrt{z'^2+r^2}}=-\frac{\mu_0 I}{2\pi}\ln r+C$$

最后,得

$$\boldsymbol{A}=\left(-\frac{\mu_0 I}{2\pi}\ln r+C\right)\boldsymbol{e}_z \tag{3-66}$$

或

$$\boldsymbol{A}=\frac{\mu_0 I}{2\pi}\ln\frac{a}{r}\boldsymbol{e}_z \tag{3-67}$$

式中,C 或 a 都是与矢势参考点有关的常数。和在例 2.4 中求解无限长直线电荷的电势一样,无限长直线电流的矢势参考点不能选在无穷远处,否则矢势为无穷大。

将式(3-67)取旋度,便可得到式(3-50)。

引入矢势 $\boldsymbol{A}$ 后,磁通还可以用矢势 $\boldsymbol{A}$ 的环流来计算。将 $\boldsymbol{B}=\nabla\times\boldsymbol{A}$ 代入式(3-58),并应用斯托克斯定理,得

$$\psi_{\mathrm{m}}=\int_S(\nabla\times\boldsymbol{A})\cdot\mathrm{d}\boldsymbol{S}=\oint_l\boldsymbol{A}\cdot\mathrm{d}\boldsymbol{l} \tag{3-68}$$

其中,l 是围绕曲面 S 边缘的闭合路径。

由矢势 $\boldsymbol{A}$ 可以唯一地确定 $\boldsymbol{B}$,但由 $\boldsymbol{B}$ 并不能唯一地确定 $\boldsymbol{A}$,因为可以在 $\boldsymbol{A}$ 上附加任何旋度为零的矢量而并不影响 $\boldsymbol{B}$ 的值。由于任一标量函数 f 的梯度的旋度必等于零,于是 $\boldsymbol{A}\to\boldsymbol{A}'=\boldsymbol{A}+\nabla f$。这种自由变换称为规范变换。为确定 $\boldsymbol{A}$,需对它加上一个辅助的限制条件。下面,对 $\boldsymbol{A}$ 的散度来进行限制。

因为 $\boldsymbol{J}(x',y',z')$是源点的函数,而∇是对场点的微分算符,由式(3-62)有

$$\nabla\cdot\boldsymbol{A}=\frac{\mu_0}{4\pi}\int_{V'}\nabla\cdot\frac{\boldsymbol{J}}{R}\mathrm{d}V'=\frac{\mu_0}{4\pi}\int_{V'}\boldsymbol{J}\cdot\nabla\frac{1}{R}\mathrm{d}V'$$

由于 $R=|\boldsymbol{r}-\boldsymbol{r}'|=\sqrt{(x-x')^2+(y-y')^2+(z-z')^2}$,故 $\nabla\frac{1}{R}=-\nabla'\frac{1}{R}$,而$\nabla'$是对源点的矢量微分算符。应用如下矢量微分恒等式:

$$\nabla'\cdot\frac{1}{R}\boldsymbol{J}=\boldsymbol{J}\cdot\nabla'\frac{1}{R}+\frac{1}{R}\nabla'\cdot\boldsymbol{J}$$

得

$$\nabla \cdot \boldsymbol{A} = -\frac{\mu_0}{4\pi}\int_{V'} \boldsymbol{J} \cdot \nabla' \frac{1}{R} \mathrm{d}V' = -\frac{\mu_0}{4\pi}\int_{V'} \nabla' \cdot \frac{\boldsymbol{J}}{R} \mathrm{d}V' + \frac{\mu_0}{4\pi}\int_{V'} \frac{\nabla' \cdot \boldsymbol{J}}{R} \mathrm{d}V'$$

$$= -\frac{\mu_0}{4\pi}\oint_{S'} \frac{\boldsymbol{J} \cdot \mathrm{d}\boldsymbol{S}'}{R} + \frac{\mu_0}{4\pi}\int_{V'} \frac{\nabla' \cdot \boldsymbol{J}}{R} \mathrm{d}V'$$

式中，S'是包围所有电流分布区域V'的闭合曲面，因而没有电流通过S'，故上式中第一项的闭合面积分为零；而由稳恒电流的连续性可知$\nabla' \cdot \boldsymbol{J}=0$，则上式中的第二项体积分为零。因此，$\nabla \cdot \boldsymbol{A}=0$。如果选择

$$\nabla \cdot \boldsymbol{A} = 0 \tag{3-69}$$

则很方便。这种选择称为库仑规范条件。

前面已根据毕奥-萨伐尔定律导出了磁通连续性原理和矢势 $\boldsymbol{A}$ 的表达式，由此定律还可以导出矢势 $\boldsymbol{A}$ 所满足的微分方程。由于$\nabla\frac{1}{R}=-\frac{\boldsymbol{R}}{R^3}=-\frac{\boldsymbol{e}_R}{R^2}$，并注意到 $\boldsymbol{J}$ 是源点的矢量函数，∇是对场点的微分算符，因此，由式(3-62)可得

$$\nabla^2 \boldsymbol{A} = \frac{\mu_0}{4\pi}\int_{V'} \boldsymbol{J}\, \nabla^2 \frac{1}{R} \mathrm{d}V' = \frac{\mu_0}{4\pi}\int_{V'} \boldsymbol{J}\, \nabla \cdot \nabla \frac{1}{R} \mathrm{d}V' = -\frac{\mu_0}{4\pi}\int_{V'} \boldsymbol{J}\, \nabla \cdot \frac{\boldsymbol{e}_R}{R^2} \mathrm{d}V'$$

因为当$\boldsymbol{R}\neq 0$ 时，$\nabla \cdot \frac{\boldsymbol{R}}{R^3}=\nabla \cdot \frac{\boldsymbol{e}_R}{R^2}=0$，因此上式只可能在$\boldsymbol{r}=\boldsymbol{r}'$的点上不为零，可参考第2 章 δ 函数及式(2-52)，于是体积分仅需对包围该点的小球积分，这时 $\boldsymbol{J}(x',y',z')=\boldsymbol{J}(x,y,z)$可提出积分号外，并应用高斯散度定理，则有

$$\nabla^2 \boldsymbol{A} = -\frac{\mu_0}{4\pi}\boldsymbol{J}\int_{V'} \nabla \cdot \frac{\boldsymbol{e}_R}{R^2} \mathrm{d}V' = -\frac{\mu_0}{4\pi}\boldsymbol{J}\oint_{S'} \frac{\boldsymbol{e}_R \cdot \mathrm{d}\boldsymbol{S}'}{R^2}$$

$$= -\frac{\mu_0}{4\pi}\boldsymbol{J}\oint_{S'} \mathrm{d}\Omega = -\frac{\mu_0}{4\pi}\boldsymbol{J}\, 4\pi$$

即

$$\nabla^2 \boldsymbol{A} = -\mu_0 \boldsymbol{J} \tag{3-70}$$

这就是矢势 $\boldsymbol{A}$ 的泊松方程。式(3-62)、式(3-64)和式(3-65)是上式在相应电流分布下的特解。在直角坐标系中，上式可表示成三个标量的微分方程，即

$$\nabla^2 A_x = -\mu_0 J_x, \quad \nabla^2 A_y = -\mu_0 J_y, \quad \nabla^2 A_z = -\mu_0 J_z \tag{3-71}$$

式(3-63)是式(3-71)中对应分量的特解。

在无电流分布的区域，$\boldsymbol{J}=0$，矢势 $\boldsymbol{A}$ 满足拉普拉斯方程，即

$$\nabla^2 \boldsymbol{A} = 0 \tag{3-72}$$

此矢量微分方程在直角坐标系内同样可以分解为三个标量微分方程。求解矢势各分量的泊松方程或拉普拉斯方程可得到矢势的各个分量，然后进行矢量合成便获得矢势 $\boldsymbol{A}$，进而求其旋度即得到磁感应强度 $\boldsymbol{B}$。因此，与给定电荷分布求解电场的问题一样，对于给定电流分布求解稳恒磁场的问题，仍然可以归结为求解矢势的泊松方程或拉普拉斯方程的问题。

解题点拨：用矢势法求磁场的方法可概括为

方法 1：由已知 $\boldsymbol{J}(\boldsymbol{J}_S、\boldsymbol{I}) \xrightarrow{\boldsymbol{A}(x,y,z)=\frac{\mu_0}{4\pi}\int_{V'}\frac{\boldsymbol{J}(x',y',z')}{R}\mathrm{d}V'} \boldsymbol{A} \xrightarrow{\boldsymbol{B}=\nabla\times\boldsymbol{A}} \boldsymbol{B}$；

方法 2：由已知 $\boldsymbol{J} \xrightarrow{\nabla^2\boldsymbol{A}=-\mu_0\boldsymbol{J}} \boldsymbol{A} \xrightarrow{\boldsymbol{B}=\nabla\times\boldsymbol{A}} \boldsymbol{B}$。

例 3.6 设均匀磁场的磁感应强度为 $\boldsymbol{B}_0$,其方向沿坐标系内的 z 轴方向。试求它的矢量势。

解 利用磁矢势和磁感应强度的关系。由于 $\boldsymbol{B}_0=B_0\boldsymbol{e}_z=\nabla\times\boldsymbol{A}$,其中 B_0 为常数。若采用圆柱坐标系,考虑到问题的轴对称性及在 z 方向无变化,即有 $\dfrac{\partial\boldsymbol{A}}{\partial\varphi}=0$ 与 $\dfrac{\partial\boldsymbol{A}}{\partial z}=0$,于是有

$$\nabla\times\boldsymbol{A}=\begin{vmatrix}\dfrac{\boldsymbol{e}_r}{r} & \boldsymbol{e}_\varphi & \dfrac{\boldsymbol{e}_z}{r}\\ \dfrac{\partial}{\partial r} & 0 & 0\\ A_r & rA_\varphi & A_z\end{vmatrix}=\frac{\boldsymbol{e}_z}{r}\frac{\partial(rA_\varphi)}{\partial r}-\boldsymbol{e}_\varphi\frac{\partial A_z}{\partial r}=B_0\boldsymbol{e}_z$$

得

$$\frac{1}{r}\frac{\partial(rA_\varphi)}{\partial r}=B_0\quad 与\quad \frac{\partial A_z}{\partial r}=0$$

可见 A_z 为一常数,可令它为零,即 $A_z=0$。则有

$$rA_\varphi=B_0\int r\,\mathrm{d}r=\frac{1}{2}B_0r^2+C$$

当 $r=0$ 时,$\boldsymbol{A}$ 为有限值,于是式中的常数 $C=0$。故

$$A_\varphi=\frac{1}{2}B_0r$$

即

$$\boldsymbol{A}=A_\varphi\boldsymbol{e}_\varphi=\frac{1}{2}B_0r\boldsymbol{e}_\varphi$$

本题若采用直角坐标系,据 $B_x=B_y=0,B_z=B_0$,及

$$\nabla\times\boldsymbol{A}=\begin{vmatrix}\boldsymbol{e}_x & \boldsymbol{e}_y & \boldsymbol{e}_z\\ \dfrac{\partial}{\partial x} & \dfrac{\partial}{\partial y} & 0\\ A_x & A_y & A_z\end{vmatrix}$$

得

$$\frac{\partial A_y}{\partial x}-\frac{\partial A_x}{\partial y}=B_0,\quad \frac{\partial A_z}{\partial y}=-\frac{\partial A_z}{\partial x}=0$$

观察上式,可得出一组解为

$$A_y=A_z=0,\quad A_x=-B_0y$$

同理,还可得出另一组解为

$$A_x=A_z=0,\quad A_y=B_0x$$

除此之外,还存在其他形式的解。

不难验证,虽然上述几种解均满足库仑规范 $\nabla\cdot\boldsymbol{A}=0$,但仍不能保证解的唯一性。事实上,由于 $\nabla\times\boldsymbol{A}=\nabla\times(\boldsymbol{A}+\nabla\psi)=\boldsymbol{B}$,所以在所求的 $\boldsymbol{A}$ 中增、减一项 $\nabla\psi$ 都会对应同一个 $\boldsymbol{B}$。经典电磁理论认为,$\boldsymbol{A}$ 的这种任意性表明其本身没有直接的物理意义,只有 $\boldsymbol{A}$ 的环量才具有明确的物理意义。近代物理研究发现,即使在 $\boldsymbol{B}=0$ 的地方,$\boldsymbol{A}$ 也可以单独产生可观察的物理效应,这就是著名的 A-B 效应。

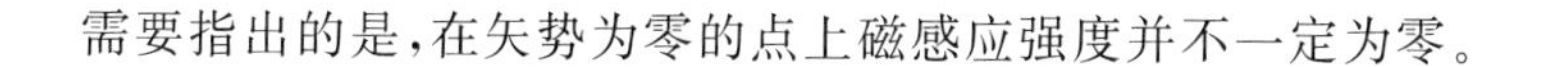

需要指出的是，在矢势为零的点上磁感应强度并不一定为零。

> **延伸思考**：试求一通有恒定电流 I 的线电流圆环轴线上任一点的矢势 $\boldsymbol{A}$，能否根据其值计算出轴线上任一点的磁感应强度？

3.5.3 安培环路定律

磁感应线呈闭合回线，若沿这些闭合回线积分，则 $\boldsymbol{B}$ 的闭合回路线积分不会为零。这与静电场有着本质的不同。利用磁感应强度的旋度公式可导出其环路所服从的规律。

对 $\boldsymbol{B}=\nabla\times\boldsymbol{A}$，求旋度：

$$\nabla\times\boldsymbol{B}=\nabla\times\nabla\times\boldsymbol{A}=\nabla(\nabla\cdot\boldsymbol{A})-\nabla^2\boldsymbol{A}$$

利用矢势 $\boldsymbol{A}$ 的泊松方程 $\nabla^2\boldsymbol{A}=-\mu_0\boldsymbol{J}$，并结合库仑规范条件 $\nabla\cdot\boldsymbol{A}=0$，得

$$\nabla\times\boldsymbol{B}=\mu_0\boldsymbol{J} \tag{3-73}$$

该式表明了磁场的另一个基本性质，即磁场是有旋场，其漩涡源是该点的电流密度，此式即为安培环路定律的微分形式。

式(3-73)对应的积分形式为

$$\oint_l\boldsymbol{B}\cdot\mathrm{d}\boldsymbol{l}=\mu_0\int_S\boldsymbol{J}\cdot\mathrm{d}\boldsymbol{S}=\mu_0 I \tag{3-74}$$

其中，S 为以 l 为边界的任意曲面，此式为安培环路定律的积分形式。它表明 $\boldsymbol{B}$ 沿任一闭合回路(安培环路)的环流等于该闭合回路所包围的总电流 I 乘以 μ_0。

> **特别提醒**：闭合回路 l 所包围的总电流 I 是 l 包围的所有电流的代数和，且与闭合回路 l 符合右手螺旋定则的电流为正，反之为负。

积分形式的安培环路定律不仅表明了磁场的性质，而且在计算某些电流分布的磁场问题中非常有用。和静电场中应用高斯定理一样，在一般的电流分布情形下，由于矢量积分的困难，不能用安培环路定律的积分形式由电流分布求得 $\boldsymbol{B}$。但当电流分布具有简单的对称性时，可作一安培环路，在积分路径即安培环路上各点 $\boldsymbol{B}$ 的值相同，且其方向与路径平行或与一部分路径垂直，可由安培环路定律的积分形式求得 $\boldsymbol{B}$。

例 3.7 已知同轴线的内外导体中载有等值而异号的电流 I(见图 3-16)，设导体内电流分布均匀。试计算同轴线内的磁感应强度。

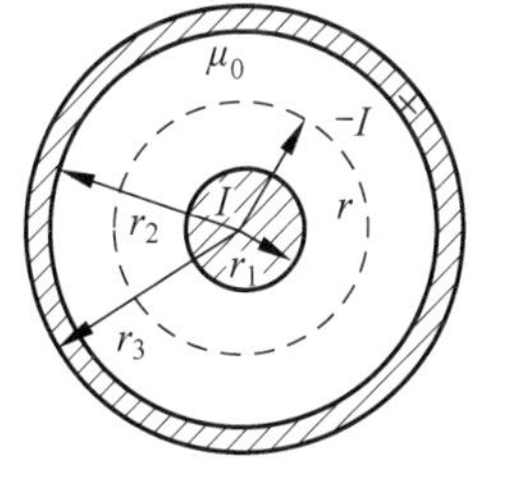

图 3-16 计算同轴线的磁场

解 在以同轴线的轴线为 z 轴的圆柱坐标系内，同轴线的磁场具有轴对称性。

当 $r\leqslant r_1$(内导体内)时，应用安培环路定律，有

$$\oint_l\boldsymbol{B}_1\cdot\mathrm{d}\boldsymbol{l}=2\pi rB_1=\frac{\mu_0 I}{\pi r_1^2}\pi r^2=\frac{\mu_0 Ir^2}{r_1^2}$$

故

$$\boldsymbol{B}_1=\frac{\mu_0 Ir}{2\pi r_1^2}\boldsymbol{e}_\varphi$$

当 $r_1\leqslant r\leqslant r_2$(内外导体间)时，同理有

$$\oint_l \boldsymbol{B}_2 \cdot \mathrm{d}\boldsymbol{l} = 2\pi r B_2 = \mu_0 I$$

即

$$\boldsymbol{B}_2 = \frac{\mu_0 I}{2\pi r}\boldsymbol{e}_\varphi$$

当 $r_2 \leqslant r \leqslant r_3$(外导体内)时,有

$$\oint_l \boldsymbol{B}_3 \cdot \mathrm{d}\boldsymbol{l} = 2\pi r B_3 = \mu_0 \left[I - \frac{\pi(r^2 - r_2^2) I}{\pi(r_3^2 - r_2^2)} \right]$$

则

$$\boldsymbol{B}_3 = \frac{\mu_0 I}{2\pi r} \frac{r_3^2 - r^2}{r_3^2 - r_2^2}\boldsymbol{e}_\varphi$$

因在外导体外($r \geqslant r_3$)的闭合回路包围的总电流为零,故该区域没有场,即

$$\boldsymbol{B}_4 = 0$$

例 3.8 载有均匀面电流密度为 $\boldsymbol{J}_S$ 的无限大薄导体平板,试求空间任一点的磁感应强度。

解 用安培环路定律。以平板所在平面为 xOy 坐标面,z 轴为该平面的法线,设电流密度的方向为 x 轴负方向,则可以根据定性分析得出磁感应强度的方向沿 y 轴,上正下负;在 yOz 平面上取一横跨平板且关于平面对称的矩形闭合回路为安培环路,绕行方向为顺时针,如图 3-17 所示。

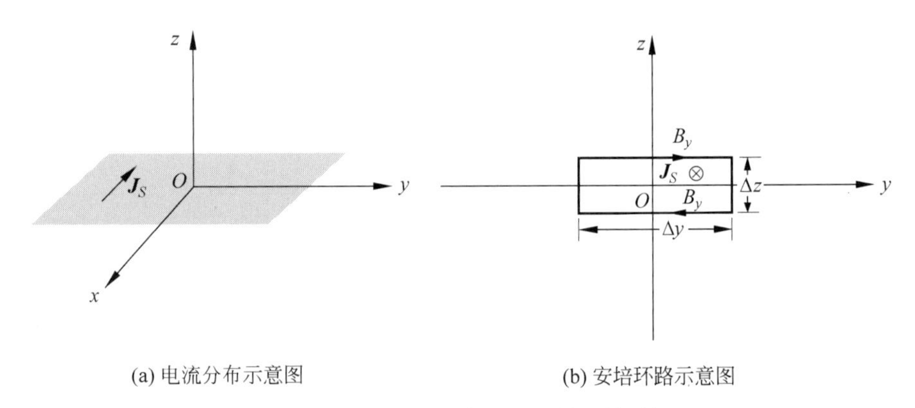

图 3-17 计算无限大载流平面周围的磁场

应用安培环路定律,有

$$\oint_l \boldsymbol{B} \cdot \mathrm{d}\boldsymbol{l} = B_y \Delta y + B_y \Delta y + B_y \Delta z \cos\frac{\pi}{2} + B_y \Delta z \cos\frac{\pi}{2} = \mu_0 J_S \Delta y$$

故

$$\boldsymbol{B} = \begin{cases} \dfrac{\mu_0 J_S}{2}\boldsymbol{e}_y, & z > 0 \\ -\dfrac{\mu_0 J_S}{2}\boldsymbol{e}_y, & z < 0 \end{cases}$$

3.5.4 真空中稳恒磁场的基本方程

稳恒磁场的两个基本性质由磁通连续性原理和安培环路定律来表征,即

$$
\begin{cases}
\text{积分形式} & \text{微分形式} \\
\oint_S \boldsymbol{B} \cdot \mathrm{d}\boldsymbol{S} = 0 & \nabla \cdot \boldsymbol{B} = 0 \\
\oint_l \boldsymbol{B} \cdot \mathrm{d}\boldsymbol{l} = \mu_0 I & \nabla \times \boldsymbol{B} = \mu_0 \boldsymbol{J}
\end{cases} \tag{3-75}
$$

这表明稳恒磁场是无散有旋场,电流是磁场的漩涡源。

稳恒磁场的基本方程也可以通过矢势 $\boldsymbol{A}$ 所满足的泊松方程 $\nabla^2 \boldsymbol{A} = -\mu_0 \boldsymbol{J}$ 来描述。前面已指出,对于由电流分布求解磁场的问题,可以归结为求解满足给定边界条件的矢势 $\boldsymbol{A}$ 的泊松方程或拉普拉斯方程(无电流分布的区域 $\nabla^2 \boldsymbol{A} = 0$),然后取矢势的旋度便可求得磁感应强度 $\boldsymbol{B}$。该方法在分析较复杂的磁场边值问题中较为常用,并且在电磁辐射问题中用来求解辐射场等。

3.6　磁偶极子及磁场对其的作用

3.6.1　磁偶极子的磁场

磁偶极子也是一种理想模型。当一个小电流环的几何尺度远小于距所讨论的场点的长度时,该电流环就称为一个磁偶极子。下面具体计算磁偶极子产生的磁感应强度 $\boldsymbol{B}$。

如图 3-18(a)所示,P 为场点。采用球坐标系,使电流圆环的轴线与 z 轴重合,并取圆环的中心为原点,设圆环的半径为 a。由于对称,磁场与方位角 φ 无关,故取 P 的坐标为 $(r,\theta,0)$。

图 3-18(b)为图 3-18(a)在 xOy 平面上的投影,因 P 点取在 xOz 坐标面内,对圆环上任一电流元 $I\mathrm{d}\boldsymbol{l}'$,总有一个和它关于 xOz 面对称的电流元 $I\mathrm{d}\boldsymbol{l}$,它们的 y 分量相加而 x 分量相互抵消,故只需计算场点 P 处 y 方向(亦即方位角方向)的矢势,对于绕 z 轴的其他半平面情况亦同,即

$$
A_\varphi = \frac{\mu_0 I}{4\pi} \int_0^{2\pi} \frac{(a\,\mathrm{d}\varphi')\cos\varphi'}{R}
$$

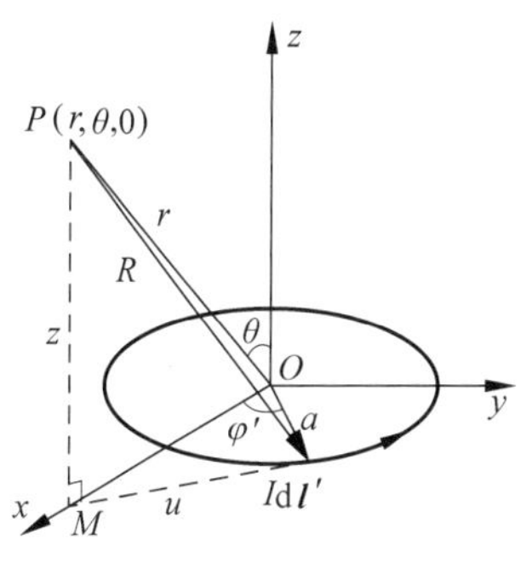

(a) 计算电流元在场点的矢势元

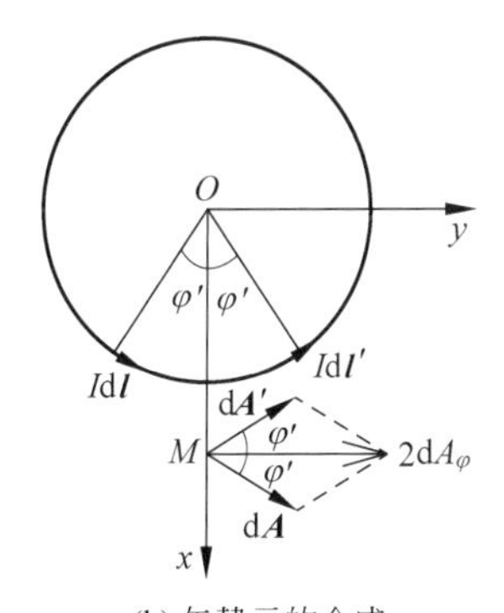

(b) 矢势元的合成

图 3-18　计算电流圆环的磁场

由图 3-18(a)可得 $z = r\cos\theta$,$u^2 = (r\sin\theta)^2 + a^2 - 2ar\sin\theta\cos\varphi'$,$R^2 = z^2 + u^2 = r^2 + a^2 - 2ar\sin\theta\cos\varphi'$,因为 $a \ll r$,可应用牛顿二项式定理,并略去高阶小项,得

$$
\frac{1}{R} = \frac{1}{r}\left(1 + \frac{a^2}{r^2} - \frac{2a}{r}\sin\theta\cos\varphi'\right)^{-\frac{1}{2}} \approx \frac{1}{r}\left(1 - \frac{a^2}{2r^2} + \frac{a}{r}\sin\theta\cos\phi'\right)
$$

$$A_{\varphi}=\frac{\mu_0 Ia}{4\pi r}\int_0^{2\pi}\cos\varphi'\left(1-\frac{a^2}{2r^2}+\frac{a}{r}\sin\theta\cos\varphi'\right)\mathrm{d}\varphi'$$

$$=\frac{\mu_0 I}{4\pi}\frac{\pi a^2}{r^2}\sin\theta=\frac{\mu_0 IS}{4\pi r^2}\sin\theta \tag{3-76}$$

故

$$\boldsymbol{A}=\frac{\mu_0 IS}{4\pi r^2}\sin\theta\boldsymbol{e}_{\varphi} \tag{3-77}$$

其中，$S=\pi a^2$ 是圆环的面积。

在球坐标系中，由 $\boldsymbol{A}$ 可求得磁感应强度 $\boldsymbol{B}$ 为

$$\boldsymbol{B}=\nabla\times\boldsymbol{A}=\frac{1}{r^2\sin\theta}\begin{vmatrix}\boldsymbol{e}_r & r\boldsymbol{e}_\theta & r\sin\theta\boldsymbol{e}_\varphi\\ \dfrac{\partial}{\partial r} & \dfrac{\partial}{\partial\theta} & \dfrac{\partial}{\partial\varphi}\\ 0 & 0 & r\sin\theta A_\varphi\end{vmatrix}=\frac{\mu_0 IS}{4\pi r^3}(2\cos\theta\boldsymbol{e}_r+\sin\theta\boldsymbol{e}_\theta) \tag{3-78}$$

将上式和表示电偶极子的电场强度的式(2-56)对比可知，两者形式相似。可见，IS 作为一个整体决定着空间的矢势。因此，可定义其磁矩为

$$\boldsymbol{m}=I\boldsymbol{S} \tag{3-79}$$

式中，$\boldsymbol{S}$ 是电流回路所包围的面积矢量，其方向与电流为正的绕行方向符合右手螺旋定则。磁矩反映了其属性不仅与分布的电流有关，而且与形状、尺寸、电流的流动方向都有关。

对于形状一般的平面电流回路(见图 3-19)，因其面积矢量为

$$\boldsymbol{S}=\frac{1}{2}\oint_{l'}\boldsymbol{r}'\times\mathrm{d}\boldsymbol{l}' \tag{3-80}$$

故电流环的磁矩的一般表示式(3-79)可写为

$$\boldsymbol{m}=\frac{1}{2}\oint_{l'}\boldsymbol{r}'\times I\mathrm{d}\boldsymbol{l}' \tag{3-81}$$

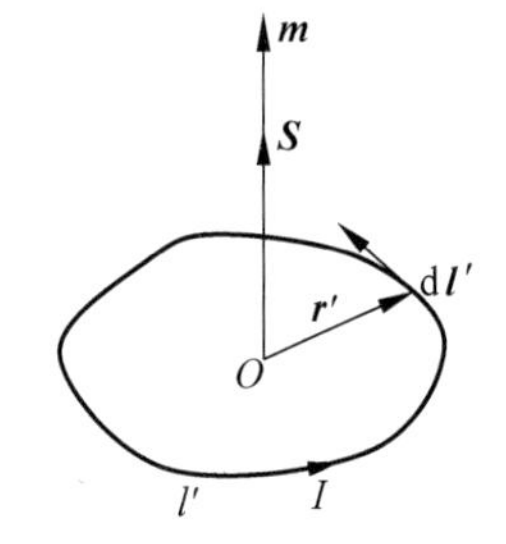

图 3-19 任意小电流回路的磁矩

对于体电流和面分布，由于 $I\mathrm{d}\boldsymbol{l}'=\boldsymbol{J}\mathrm{d}V'=\boldsymbol{J}_S\mathrm{d}S'$，故它们的磁矩分别为

$$\boldsymbol{m}=\frac{1}{2}\int_{V'}\boldsymbol{r}'\times\boldsymbol{J}\mathrm{d}V' \tag{3-82}$$

和

$$\boldsymbol{m}=\frac{1}{2}\int_{S'}\boldsymbol{r}'\times\boldsymbol{J}_S\mathrm{d}S' \tag{3-83}$$

于是，表示磁偶极子的矢势即磁偶极势的式(3-77)可以写成更一般的形式，为

$$\boldsymbol{A}=\frac{\mu_0}{4\pi}\frac{\boldsymbol{m}\times\boldsymbol{R}}{R^3} \tag{3-84}$$

磁偶极子在远处所产生的磁感应强度则为

$$\boldsymbol{B}=\nabla\times\boldsymbol{A}=\frac{\mu_0}{4\pi}\nabla\times\left(\frac{\boldsymbol{m}\times\boldsymbol{R}}{R^3}\right) \tag{3-85}$$

利用矢量恒等式，可得上式和表示电偶极子的电场强度的公式相对应。若令 $\boldsymbol{m}=m\boldsymbol{e}_z$，代入式(3-85)，便可得到式(3-77)，即与式(2-56)的对应形式为

$$\boldsymbol{B}=\frac{\mu_0 m}{4\pi r^3}(2\cos\theta\boldsymbol{e}_r+\sin\theta\boldsymbol{e}_\theta) \tag{3-86}$$

磁偶极子的场图与图 3-15(b)类同。

> **答疑解惑**：可以看到，上述计算中采用的近似计算方法与计算电偶极子的电场很相似。在这里，若用精确的表达式计算磁矢势，过程相当烦琐，其复杂的表达式甚至掩盖掉原本较为清晰的物理图像。所以有的时候，可以"抓大放小"，而不要"斤斤计较"，这样做完全可以满足工程问题的精度要求，这也是读者通过学习电磁场理论需要培养的一种应用能力！

3.6.2 稳恒磁场对磁偶极子的作用

由安培定律和毕奥-萨伐尔定律可知，磁场中的任一电流元将会受到磁场力的作用。图 3-20(a)所示的小矩形电流回路，其磁矩 $\boldsymbol{m}$ 的方向与 $\boldsymbol{B}$ 的夹角为 θ。磁场中的电流元所受到的力为 $\mathrm{d}\boldsymbol{F}=I\mathrm{d}\boldsymbol{l}\times\boldsymbol{B}$。由于 bc 段与 da 段上的每一对电流元所受到的力等值而反向且位于同一直线上，因而互相抵消。ab 段与 cd 段上的电流所受到的力的大小为 $F_1=F_1'=Il_1B$，但由于 $\boldsymbol{F}_1$ 与 $\boldsymbol{F}_1'$ 的方向相反，且两力之间的垂直距离为 $l_2\sin\theta$(见图 3-20)，故它们所受到的力矩为

$$T=F_1\frac{l_2}{2}\sin\theta+F_1'\frac{l_2}{2}\sin\theta=Il_1l_2B\sin\theta=ISB\sin\theta$$

其中，$S=l_1l_2$。上式可以写成如下的矢量形式：

$$\boldsymbol{T}=I\boldsymbol{S}\times\boldsymbol{B}=\boldsymbol{m}\times\boldsymbol{B} \tag{3-87}$$

实际上，电流回路的磁矩与回路的形状无关，故上式也适用于一般的电流回路。由式(3-87)可知，处于稳恒磁场中的电流回路因受到力矩的作用而转动，使其磁矩 $\boldsymbol{m}$ 与 $\boldsymbol{B}$ 同方向，这是磁介质在外加磁场中磁化的微观机理。

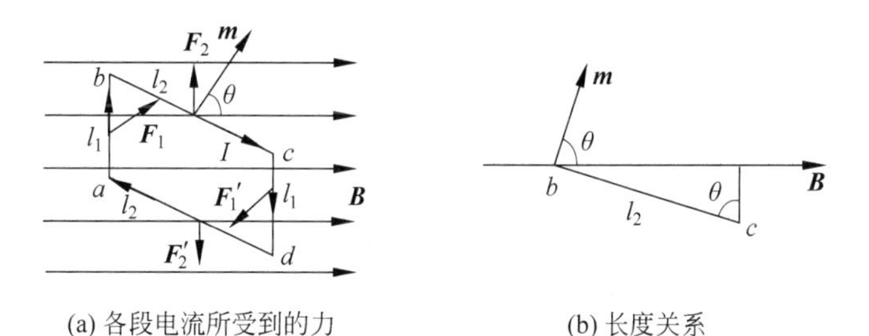

(a) 各段电流所受到的力　　(b) 长度关系

图 3-20　矩形电流回路在磁场中所受到的力矩

3.7 物质的磁化和磁场强度

3.7.1 物质的磁化与磁化强度

按照近代物理的理论，在物质的原子结构中，电子围绕原子核作轨道运动，同时还作自旋运动。原子中各电子的轨道运动磁矩与自旋磁矩的矢量和构成了原子磁矩。在外磁场

中，原子磁矩适当取向，于是在宏观上出现磁矩，该现象称为物质的磁化。磁化后的物质具有磁性。根据磁化的方式不同，物质的磁性可分为抗磁性、顺磁性和铁磁性等。

在抗磁性物质的原子中，具有相反方向的轨道运动和自旋运动的电子成对出现，其磁矩都被抵消，故原子净磁矩为零。这与电介质中的无极分子类似。在外磁场中，电子的轨道运动发生改变而产生与外磁场方向相反的附加磁矩，如图 3-21(a)所示，外磁场被削弱，故称为抗磁性，也称为感应磁化。所有物质都具有抗磁性，只是有些物质的抗磁性与它的其他磁性相比居于次要地位罢了。

物质的顺磁性和铁磁性来源于原子磁矩。在顺磁性物质中，由于原子内的电子磁矩未被完全抵消而存在固有原子磁矩。在无外磁场时，这些原子磁矩排列凌乱，故任意小的宏观体积内的净磁矩为零。在外磁场的作用下，各原子磁矩按外磁场方向顺向排列，但热骚动破坏了这种排列，结果在外磁场方向产生了一个取向的净磁矩，如图 3-21(b)所示，外磁场被加强，故称为顺磁性，这与电介质中有极分子的取向极化相似。物质的抗磁性和顺磁性都很微弱。

铁磁性物质的内部存在着所谓"磁畴"的自发磁化区域。在磁畴内，由于电子之间的某种交换作用，使得由电子自旋净磁矩引起的各原子磁矩排列一致。在无外磁场时，各磁畴的磁化方向不同，因而不表现出宏观磁矩，如图 3-21(c)所示，在外磁场的作用下，磁化方向与外磁场方向接近的磁畴增大(磁畴壁位移)，然后随着外磁场的增大，各磁畴的磁化方向集体转向外磁场方向，故铁磁性物质表现出巨大的磁性。

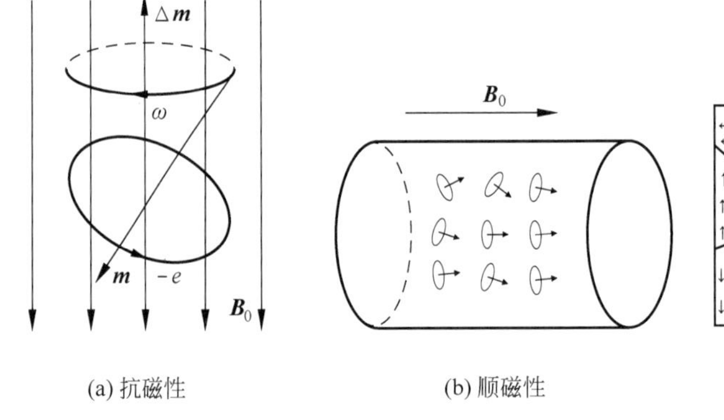

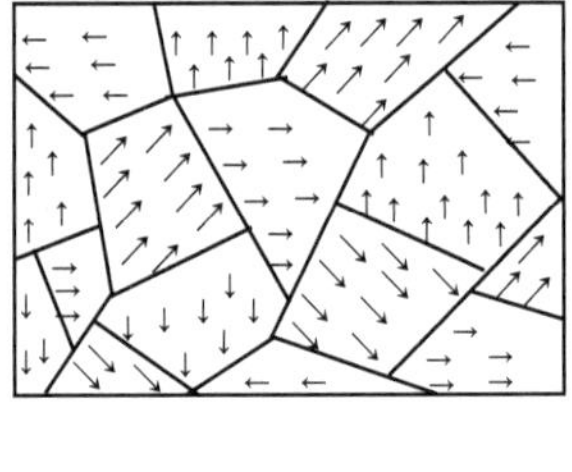

(a) 抗磁性　　(b) 顺磁性　　(c) 铁磁性

图 3-21　物质的磁性

在实际应用中广泛使用多种铁磁性材料。例如，电机、变压器中使用的硅钢片、坡莫合金以及通信设备中使用的软磁铁氧体(如磁性天线、高频磁芯)等软磁材料；扬声器、电铃中使用的磁钢、钡铁氧体及磁悬浮列车可使用的有巨大永磁性的钕铁硼等硬磁材料；有矩形磁滞回线的记忆磁芯的矩磁材料；具有磁滞伸缩效应的压磁材料；微波隔离器、环形器、法拉第旋转相移器等微波器件中的旋磁材料等。

从磁性的角度观察物质，称为磁介质。设磁介质中体积元 $\mathrm{d}V$ 内有 N 个原子，在外磁场方向上一个原子的平均净磁矩为 $\boldsymbol{m}$，单位体积内的原子数为 n，则将单位体积的总磁矩称为磁化强度，用矢量 $\boldsymbol{M}$ 表示，即

$$\boldsymbol{M}=\lim_{\Delta V\to 0}\frac{\sum_{i=1}^{N}\boldsymbol{m}_i}{\Delta V}=\lim_{\Delta V\to 0}\frac{N\boldsymbol{m}}{\Delta V}=n\boldsymbol{m} \tag{3-88}$$

磁介质中的磁化强度 $\boldsymbol{M}$ 与电介质中的电极化强度 $\boldsymbol{P}$ 相对应，二者都是宏观量。

3.7.2　磁化电流

与极化后的电介质内及其表面上出现束缚电荷一样，磁化后的磁介质内及其表面上会出现磁化电流。下面推导它与磁化强度 $\boldsymbol{M}$ 的关系式。

设 S'为介质内部的一个曲面，其边界线为 l'，如图 3-22 所示。为了求出磁化电流密度 $\boldsymbol{J}_{\mathrm{m}}$，首先须计算穿过面的总磁化电流 I_{m}。由图 3-22 可知，分布在 S'上的分子电流，一部分只穿出或穿入该曲面，另一部分同时穿入、穿出该曲面。对于穿过面的总电流有贡献的部分只有前者，这些分子电流被边界线链环着。因此，通过 l'的总磁化电流应等于被边界线链环着的分子个数乘以每个分子电流 i。

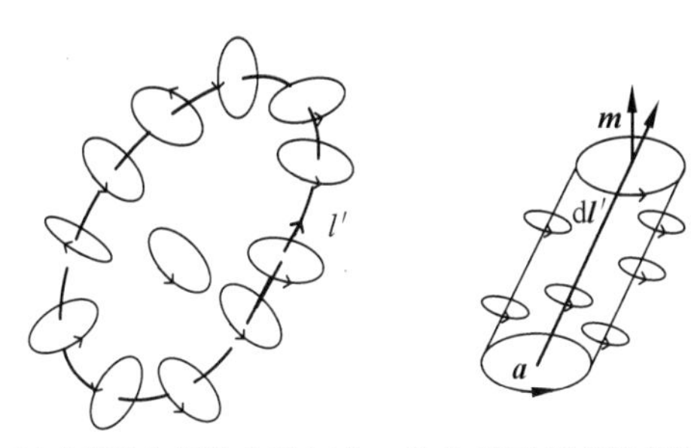

(a) 曲线$\boldsymbol{l}'$包围的分子电流　(b) 与线元$\mathrm{d}\boldsymbol{l}'$交链着的分子电流

图 3-22　磁化电流的安培模型

设分子电流围的面积为 a，在边界 l'上取线元 $\mathrm{d}\boldsymbol{l}'$，做一个以该线元为轴线、$a$ 为底面积的圆柱体元 $\boldsymbol{a}\cdot\mathrm{d}\boldsymbol{l}'$。若分子电流位于该体元内，则该分子电流就被链着。设单位体积的分子数为 n，则被边界 l'链环着的分子电流数为$\oint_{l'} n\boldsymbol{a}\cdot\mathrm{d}\boldsymbol{l}'$。因此，通过 S'的总磁化电流为

$$I_{\mathrm{m}}=\oint_{l'} in\boldsymbol{a}\cdot\mathrm{d}\boldsymbol{l}'=\oint_{l'} n\boldsymbol{m}\cdot\mathrm{d}\boldsymbol{l}'=\oint_{l'}\boldsymbol{M}\cdot\mathrm{d}\boldsymbol{l}'=\int_{S'}\nabla\times\boldsymbol{M}\cdot\mathrm{d}\boldsymbol{S}'$$

根据电流与电流密度的关系 $I_{\mathrm{m}}=\int_{S'}\boldsymbol{J}_{\mathrm{m}}\cdot\mathrm{d}\boldsymbol{S}'$，得

$$\boldsymbol{J}_{\mathrm{m}}=\nabla\times\boldsymbol{M} \tag{3-89}$$

上面考虑的是磁化体电流分布。在介质表面的磁化面电流，也可以用类似的方法进行分析。在介质内部非常靠近表面的地方(厚度在原子、分子尺度)，选择线元 $\Delta l'_1\boldsymbol{t}_1$，其中 $\boldsymbol{t}_1$ 是表面上的一个单位矢量(见图 3-23)。则根据上面的分析，与该线元相铰链的电流为

$$I_{\mathrm{m1}}=\boldsymbol{M}\cdot\mathrm{d}\boldsymbol{l}'=\boldsymbol{M}\cdot\boldsymbol{t}_1\Delta l'_1$$

对应的电流密度为

$$J_{\mathrm{Sm1}}=\frac{I_{\mathrm{m1}}}{\Delta l'_1}=\boldsymbol{M}\cdot\boldsymbol{t}_1=M_1$$

如果考虑方向，并注意图 3-23 中的坐标系，则

$$\boldsymbol{J}_{\mathrm{Sm1}}=M_1(\boldsymbol{t}_1\times\boldsymbol{n})=(M_1\boldsymbol{t}_1)\times\boldsymbol{n}=\boldsymbol{M}_1\times\boldsymbol{n}$$

同理，可以考虑与其正交方向上的面电流密度，为

$$\boldsymbol{J}_{\mathrm{Sm2}}=M_2(\boldsymbol{t}_2\times\boldsymbol{n})=(M_2\boldsymbol{t}_2)\times\boldsymbol{n}=\boldsymbol{M}_2\times\boldsymbol{n}$$

于是,表面上的面电流密度矢量为

$$\boldsymbol{J}_{\mathrm{Sm}}=\boldsymbol{J}_{\mathrm{Sm1}}+\boldsymbol{J}_{\mathrm{Sm2}}=(\boldsymbol{M}_1+\boldsymbol{M}_2)\times\boldsymbol{n}=\boldsymbol{M}\times\boldsymbol{n}$$

即

$$\boldsymbol{J}_{\mathrm{Sm}}=\boldsymbol{M}\times\boldsymbol{n} \tag{3-90}$$

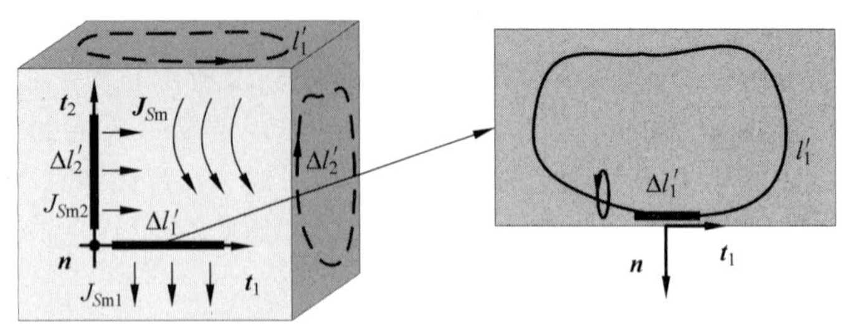

图 3-23　磁化面电流密度的示意

磁化电流密度也可以从磁偶极子的定义出发直接导出。这个过程涉及较多矢量分析的内容,初学者也可以跳过此推演过程,了解其思想及结论即可。

因为$\nabla\dfrac{1}{R}=-\dfrac{\boldsymbol{R}}{R^3}$,则式(3-84)表示的磁偶极势变为

$$\boldsymbol{A}=\frac{\mu_0}{4\pi}\frac{\boldsymbol{m}\times\boldsymbol{R}}{R^3}=-\frac{\mu_0}{4\pi}\boldsymbol{m}\times\nabla\frac{1}{R}$$

由于在磁介质中体积元 $\mathrm{d}V'$ 内的磁矩为 $\boldsymbol{M}\mathrm{d}V'$,故它在场点所产生的矢量势可写为

$$\mathrm{d}\boldsymbol{A}=-\frac{\mu_0}{4\pi}\boldsymbol{M}\times\nabla\frac{1}{R}\mathrm{d}V'$$

注意到$\nabla\dfrac{1}{R}=-\nabla'\dfrac{1}{R}$,则体积 V' 内的磁化物质在场点所产生的矢势为

$$\boldsymbol{A}=\frac{\mu_0}{4\pi}\int_{V'}\boldsymbol{M}\times\nabla'\frac{1}{R}\mathrm{d}V'$$

利用矢量微分恒等式

$$\nabla'\times\frac{1}{R}\boldsymbol{M}=\nabla'\frac{1}{R}\times\boldsymbol{M}+\frac{1}{R}\nabla'\times\boldsymbol{M}=-\boldsymbol{M}\times\nabla'\frac{1}{R}+\frac{1}{R}\nabla'\times\boldsymbol{M}$$

则有

$$\boldsymbol{A}=\frac{\mu_0}{4\pi}\int_{V'}\frac{\nabla'\times\boldsymbol{M}}{R}\mathrm{d}V'-\frac{\mu_0}{4\pi}\int_{V'}\nabla'\times\frac{\boldsymbol{M}}{R}\mathrm{d}V'$$

再应用矢量积分恒等式(旋度定理)

$$\int_{V'}\nabla'\times\frac{\boldsymbol{M}}{R}\mathrm{d}V'=-\oint_{S'}\frac{\boldsymbol{M}}{R}\times\mathrm{d}\boldsymbol{S}'=-\oint_{S'}\frac{\boldsymbol{M}}{R}\times\boldsymbol{n}\,\mathrm{d}S'$$

其中,S'是包围体积 V'的闭合曲面,$\boldsymbol{n}$ 是该闭合面外法线方向上的单位矢量,于是有

$$\boldsymbol{A}=\frac{\mu_0}{4\pi}\int_{V'}\frac{\nabla'\times\boldsymbol{M}}{R}\mathrm{d}V'+\frac{\mu_0}{4\pi}\oint_{S'}\frac{\boldsymbol{M}\times\boldsymbol{n}}{R}\mathrm{d}S' \tag{3-91}$$

将上式中两个积分分别与体电流和面电流分布的矢势表示式(3-62)和式(3-64)对比,可见上式中的两个被积函数的分子分别对应于一个等效的电流密度,即

$$\begin{cases}\boldsymbol{J}_{\mathrm{m}}=\nabla\times\boldsymbol{M}\\ \boldsymbol{J}_{\mathrm{Sm}}=\boldsymbol{M}\times\boldsymbol{n}\end{cases} \tag{3-92}$$

特别说明：一般地，在用直接积分式计算由电流源（电荷源）产生于某一场点的磁场（电场）时，源点的坐标用加撇的变量表示，场点的坐标不加撇。但在不引起概念混淆的情况下，源点的坐标一般用不带撇的变量。比如电流密度分布，一般用 $\boldsymbol{J}(\boldsymbol{r})$ 表示，而不用 $\boldsymbol{J}(\boldsymbol{r}')$ 表示。式(3-92)中已把作用在 $\boldsymbol{M}$ 上的算符 ∇ 上的一撇略去，但仍理解为对源点坐标的导数。特别地，对于场点有源的问题，源点的坐标也是场点的坐标，一般不能用带撇的变量。例如求解磁矢势满足的泊松方程 $\nabla^2\boldsymbol{A}(\boldsymbol{r})=-\mu_0\boldsymbol{J}(\boldsymbol{r})$ 等。

3.7.3 磁场强度与磁介质中的安培环路定律

在磁介质中不但要考虑自由电流所产生的磁场，还要考虑磁化电流的附加作用，正如电介质中静电场的情形一样。因此，对于磁介质，式(3-73)应改写为

$$\nabla\times\boldsymbol{B}=\mu_0(\boldsymbol{J}+\boldsymbol{J}_{\mathrm{m}}) \tag{3-93}$$

这表明自由电流密度 $\boldsymbol{J}$ 和磁化电流密度 $\boldsymbol{J}_{\mathrm{m}}$ 都是磁介质中磁感应强度的漩涡源。

将 $\boldsymbol{J}_{\mathrm{m}}=\nabla\times\boldsymbol{M}$ 代入式(3-93)，得

$$\nabla\times\frac{\boldsymbol{B}}{\mu_0}=\boldsymbol{J}+\nabla\times\boldsymbol{M}$$

即

$$\nabla\times\left(\frac{\boldsymbol{B}}{\mu_0}-\boldsymbol{M}\right)=\boldsymbol{J} \tag{3-94}$$

可见，矢量 $\left(\frac{\boldsymbol{B}}{\mu_0}-\boldsymbol{M}\right)$ 的漩涡源只与自由电流密度 $\boldsymbol{J}$ 有关。为避免直接计算磁化强度 $\boldsymbol{M}$ 的麻烦，与在电介质中引入电位移矢量 $\boldsymbol{D}=\varepsilon_0\boldsymbol{E}+\boldsymbol{P}$ 一样，在磁介质中也引入一个辅助矢量：

$$\boldsymbol{H}=\frac{\boldsymbol{B}}{\mu_0}-\boldsymbol{M} \tag{3-95}$$

称为磁场强度。于是

$$\boldsymbol{B}=\mu_0(\boldsymbol{H}+\boldsymbol{M}) \tag{3-96}$$

这样，式(3-94)便简化为

$$\nabla\times\boldsymbol{H}=\boldsymbol{J} \tag{3-97}$$

这就是磁介质中安培环路定律的微分形式。

对上式两端进行面积分，并应用斯托克斯定理，可以得到磁介质中安培环路定律的积分形式为

$$\oint_l\boldsymbol{H}\cdot\mathrm{d}\boldsymbol{l}=I \tag{3-98}$$

上式表明，磁场强度 $\boldsymbol{H}$ 沿任一闭合回路的线积分等于该闭合回路所包围的总自由电流 I。

磁场可以用磁感应线（$\boldsymbol{B}$ 线）来描写，同样也可以用磁力线（$\boldsymbol{H}$ 线）来表示各点磁场的大小和方向。

实验指出，对于除铁磁物质以外的均匀、线性和各向同性的磁介质，$\boldsymbol{M}$ 与 $\boldsymbol{H}$ 成正比，即

$$\boldsymbol{M}=\chi_{m}\boldsymbol{H} \tag{3-99}$$

式中,比例常数 χ_m 称为磁化率。将上式代入式(3-96),得

$$\boldsymbol{B}=\mu_0(1+\chi_m)\boldsymbol{H}=\mu_0\mu_r\boldsymbol{H}=\mu\boldsymbol{H} \tag{3-100}$$

式中

$$\mu=\mu_0\mu_r=\mu_0(1+\chi_m) \tag{3-101}$$

称为磁介质的磁导率。μ_r 称为相对磁导率,即

$$\mu_r=\frac{\mu}{\mu_0}=1+\chi_m \tag{3-102}$$

对于顺磁性物质,$\chi_m>0$,其值的数量级为 10^{-3},且与温度有关;抗磁性物质的 $\chi_m<0$,其值的数量级为 10^{-5},与温度无关。真空中,$\chi_m=0$。因此,对于顺磁性和抗磁性物质以及空气,$\chi_m\approx0$,$\mu_r\approx1$。对于铁磁性材料,通常用图 3-24 所示的磁滞回线即 $B\sim H$ 曲线来表示 B 与 H 间的非线性关系。因此,铁磁性物质的磁导率 μ 不是常量,其值很大,可变化几个数量级。它是 H 的函数并与材料的磁化历程有关。在很小的磁场中,大多数未经处理的铁磁材料(软磁材料),B 与 H 的关系仍是线性的。

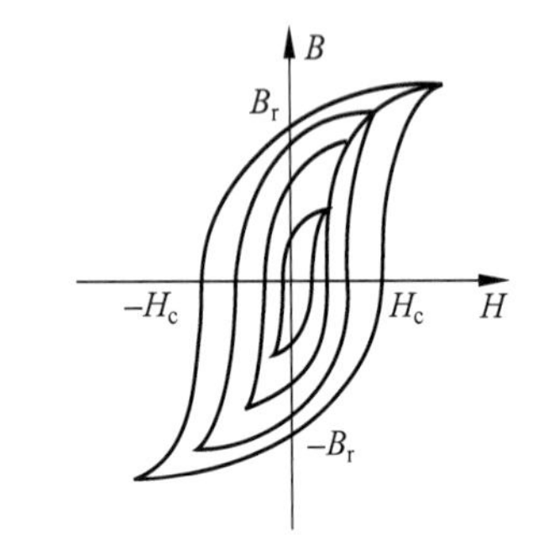

图 3-24 铁磁材料的磁滞回线

由式(3-99)~式(3-102)可得 $\boldsymbol{M}$ 与 $\boldsymbol{B}$ 及 $\boldsymbol{H}$ 之间的关系为

$$\boldsymbol{M}=(\mu_r-1)\boldsymbol{H}=\left(\frac{1}{\mu_0}-\frac{1}{\mu}\right)\boldsymbol{B} \tag{3-103}$$

式(3-92)和式(3-103)是磁介质的磁化规律。由式(3-93)、式(3-97)和式(3-100)可得

$$\mu_0(\boldsymbol{J}+\boldsymbol{J}_m)=\mu\boldsymbol{J}$$

即

$$\boldsymbol{J}_m=(\mu_r-1)\boldsymbol{J} \tag{3-104}$$

式(3-104)说明在均匀、线性和各向同性的磁介质中,磁化电流密度 $\boldsymbol{J}_m$ 与自由电流密度 $\boldsymbol{J}$ 成正比。上式和电介质中的束缚电荷密度 $\rho_b=-\frac{\varepsilon_r-1}{\varepsilon_r}\rho$ 相对应。

3.7.4 磁介质中稳恒磁场的基本方程

在有磁介质中,描述磁场性质的物理量除基本物理量——磁感应强度外,还引入了辅助物理量——磁场强度。首先,在磁介质中磁通的连续性仍然成立。其次,用磁场强度来表述的安培环路定律反映了磁介质中磁场的环路特性。这样,再加上辅助方程 $\boldsymbol{B}=\mu\boldsymbol{H}$,便构成磁介质中稳恒磁场的基本方程,即

积分形式　　微分形式

$$\begin{cases}\oint_S \boldsymbol{B}\cdot d\boldsymbol{S}=0 & \nabla\cdot\boldsymbol{B}=0\\ \oint_l \boldsymbol{H}\cdot d\boldsymbol{l}=I & \nabla\times\boldsymbol{H}=\boldsymbol{J}\\ \boldsymbol{B}=\mu\boldsymbol{H} & \boldsymbol{B}=\mu\boldsymbol{H}\end{cases} \tag{3-105}$$

可见,磁介质中的稳恒磁场是有旋无散场。

同电介质中应用电位移矢量 $\boldsymbol{D}$ 分析计算电场一样，用磁场强度 $\boldsymbol{H}$ 计算磁介质中的磁场是方便的，因为它只与自由电流有关。

在非磁性介质中，由 $\boldsymbol{B}=\mu\boldsymbol{H}$ 和$\nabla\times\boldsymbol{H}=\boldsymbol{J}$，可得

$$\nabla\times\boldsymbol{B}=\mu\boldsymbol{J} \tag{3-106}$$

再由 $\boldsymbol{B}=\nabla\times\boldsymbol{A}$，并运用矢量微分恒等式

$$\nabla\times\boldsymbol{B}=\nabla\times\nabla\times\boldsymbol{A}=\nabla(\nabla\cdot\boldsymbol{A})-\nabla^2\boldsymbol{A}$$

注意到$\nabla\cdot\boldsymbol{A}=0$，于是得到

$$\nabla^2\boldsymbol{A}=-\mu\boldsymbol{J} \tag{3-107}$$

这是用矢势 $\boldsymbol{A}$ 描写的磁介质中磁场的基本方程，即矢势的泊松方程。

当电流为体、面、线分布时，式(3-107)的特解分别为

体电流分布

$$\boldsymbol{A}(x,y,z)=\frac{\mu}{4\pi}\int_{V'}\frac{\boldsymbol{J}}{R}\mathrm{d}V' \tag{3-108}$$

面电流分布

$$\boldsymbol{A}(x,y,z)=\frac{\mu_0}{4\pi}\int_{S'}\frac{\boldsymbol{J}_S+\boldsymbol{J}_{Sm}}{R}\mathrm{d}S' \tag{3-109}$$

线电流分布

$$\boldsymbol{A}(x,y,z)=\frac{\mu I}{4\pi}\int_{l'}\frac{\mathrm{d}\boldsymbol{l}'}{R} \tag{3-110}$$

式(3-109)中的面积分不能像体积分那样转换，因为 $\boldsymbol{J}_{Sm}$ 和 $\boldsymbol{J}_S$ 是不相关的。例如把一块铁放进磁场里，即使 $\boldsymbol{J}_S$ 为零，也能获得磁化强度 $\boldsymbol{M}$，从而出现磁化面电流密度 $\boldsymbol{J}_{Sm}=\boldsymbol{M}\times\boldsymbol{n}$。

在无电流的区域，矢势满足拉普拉斯方程，即

$$\nabla^2\boldsymbol{A}=0 \tag{3-111}$$

3.7.5　磁标势

用矢势 $\boldsymbol{A}$ 求解磁场问题虽然比直接用毕奥-萨伐尔定律方便许多，但因矢势的计算仍需考虑方向性，所以相对仍较为复杂。能否在一定范围内引入一个标量势函数以简化计算呢?

因为磁场是有旋场，故在整个场域不能引入标量势函数。然而，在无电流的区域，$\nabla\times\boldsymbol{H}=0$，则 $\boldsymbol{H}$ 可用一个标量势函数来表示，仿照 $\boldsymbol{E}=-\nabla\phi$，可令

$$\boldsymbol{H}=-\nabla\phi_{\mathrm{m}} \tag{3-112}$$

式中，ϕ_{m} 称为磁标量势或磁标势。

类似于电势与电场强度的关系，有

$$\phi_{\mathrm{m}}(P)-\phi_{\mathrm{m}}(Q)=\int_P^Q\boldsymbol{H}\cdot\mathrm{d}\boldsymbol{l} \tag{3-113}$$

对于均匀、线性、各向同性的非磁性介质，由$\nabla\cdot\boldsymbol{B}=0$ 及 $\boldsymbol{B}=\mu\boldsymbol{H}$，则有

$$\nabla\cdot\boldsymbol{B}=\mu\nabla\cdot\boldsymbol{H}=0$$

即

$$\nabla \cdot \boldsymbol{H}=0 \tag{3-114}$$

将式(3-112)代入上式,得

$$\nabla^2 \phi_{\mathrm{m}}=0 \tag{3-115}$$

因此,在无电流的区域,可用和求解静电场完全相同的方法来求解磁场,以简化磁场的计算。

内容延伸:对于铁磁材料,有 $\boldsymbol{B}=\mu_0(\boldsymbol{H}+\boldsymbol{M})$,由 $\nabla \cdot \boldsymbol{B}=0$,得

$$\nabla \cdot \boldsymbol{H}=-\nabla \cdot \boldsymbol{M} \tag{3-116}$$

如果将磁偶极子看成是一对等值异号的磁荷所产生的,令磁荷密度 $\rho_{\mathrm{m}}=-\mu_0 \nabla \cdot \boldsymbol{M}$,与静电场问题相对应,则有

$$\nabla \cdot \boldsymbol{H}=\frac{\rho_{\mathrm{m}}}{\mu_0} \tag{3-117}$$

将式(3-112)代入上式,得

$$\nabla^2 \phi_{\mathrm{m}}=-\frac{\rho_{\mathrm{m}}}{\mu_0} \tag{3-118}$$

这便是磁标势所满足的一般形式的微分方程。若磁介质被均匀磁化,在其内部有 $\nabla \cdot \boldsymbol{M}=0$,可得磁标势 ϕ_{m} 满足拉普拉斯方程。

例 3.9 已知空气中一无限长直导线中通有电流 I,试求导线周围任意位置处的磁标势。

解 采用圆柱坐标系,因无限长直导线产生的磁场强度为 $\boldsymbol{H}=\frac{I}{2\pi r}\boldsymbol{e}_\phi$,而磁场线与磁标势相垂直,故等磁标面(线)为一族绕电流线的半平面(射线族),即磁标势只与 φ 有关。若选取 $\varphi=0$ 为参考零势面,由式(3-113),得

$$\phi_{\mathrm{m}}=\int_{\varphi=\varphi}^{\varphi=0} \boldsymbol{H} \cdot \mathrm{d}\boldsymbol{l}=\int_{\varphi=\varphi}^{\varphi=0} \frac{I}{2\pi r} r\,\mathrm{d}\varphi=-\frac{I}{2\pi}\varphi$$

3.7.6 磁路

在磁场中,由于磁感应线总形成闭合回路,因此可以将磁感应线与电路中的电流线做类比。在电路中,由于导体媒质和外部介质的电导率大小相差很大,因而电流可以完全被限定在导体回路中。在磁场中,若磁导率悬殊极大的铁磁性材料周围是普通的非磁性介质,那么磁感应线将被限制在高磁导率媒质内。于是,可以将铁磁介质制成适当的形状,这种由磁感应线在磁性材料中形成的回路称为磁路。在磁路中,尽管磁性材料与周围磁介质的磁导率相差很大,以至于绝大多数磁通可以限定在磁性材料中,但仍存在一定的对外泄露,只不过在近似情况下可以忽略。磁路在分析计算变压器、电磁铁、继电器、电机等问题中有着广泛的应用。下面举例来说明如何用磁路的概念计算磁场问题。

例 3.10 一绕 N 匝线圈并通有电流 I 的环形铁芯螺线管,铁芯的磁导率为 μ,设环的截面半径 a 远小于环的平均半径 R,环上开有长为 L_0 的小气隙,如图 3-25 所示。试计算螺线管的铁芯及气隙中的 ψ_{m}、$\boldsymbol{B}$ 和 $\boldsymbol{H}$。

解　由于$a \ll R$，故螺线管内的磁场可近似认为是均匀场。取一个部分环形的闭合面S，使其两底面分别与铁芯及气隙的横截面重合。由磁通连续性原理，可求得其中的磁通为

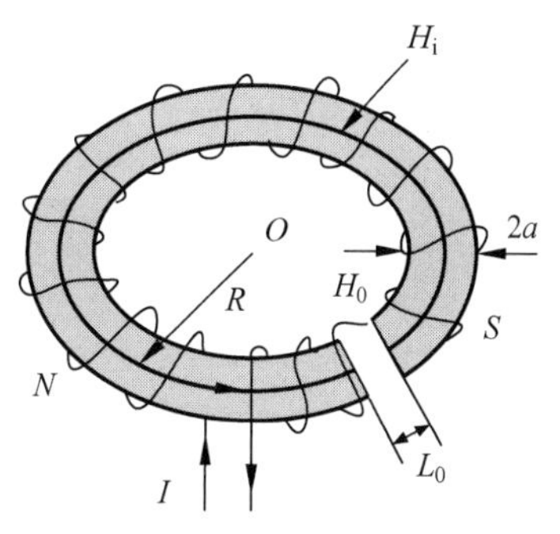

图 3-25　有气隙的环形铁芯螺线管

$$\psi_m = B_i S_i = B_0 S_0$$

其中，下标 i 与 0 分别表示铁芯与气隙。根据安培环路定律，有

$$\int_l \boldsymbol{H} \cdot \mathrm{d}\boldsymbol{l} = H_i L_i + H_0 L_0 = NI$$

即

$$\frac{B_i}{\mu} L_i + \frac{B_0}{\mu_0} L_0 = B_i S_i \left(\frac{L_i}{\mu S_i} + \frac{B_0 L_0}{\mu_0 B_i S_i} \right) = B_i S_i \left(\frac{L_i}{\mu S_i} + \frac{L_0}{\mu_0 S_0} \right) = NI$$

故

$$\psi_m = \frac{NI}{\dfrac{L_i}{\mu S_i} + \dfrac{L_0}{\mu_0 S_0}}$$

令$R_{mi} = \dfrac{L_i}{\mu S_i}$与$R_{m0} = \dfrac{L_0}{\mu_0 S_0}$分别称为铁芯和气隙的磁阻，与电路中电阻相对应，则

$$\psi_m = \frac{NI}{R_{mi} + R_{m0}}$$

对于主要由铁磁材料所组成的磁通的闭合路径的磁路，其中的磁通由NI所产生，称为磁通势或磁动势(简称磁势)，用$\mathscr{E}_m$表示。则上式中的磁通势与磁通量、磁阻之间的关系可表示为

$$\psi_m R_m = \mathscr{E}_m$$

上式称为闭合磁路的欧姆定律。

铁芯和气隙中的磁感应强度与磁场强度分别为

$$B_i = \frac{\psi_m}{S_i} \quad 与 \quad B_0 = \frac{\psi_m}{S_0}$$

$$H_i = \frac{B_i}{\mu} = \frac{\psi_m}{\mu S_i} \quad 与 \quad H_0 = \frac{B_0}{\mu_0} = \frac{\psi_m}{\mu_0 S_0}$$

当气隙很小时，$S_0 \approx S_i = \pi a^2$，则有

$$\psi_m = \frac{NIS_i}{\dfrac{L_i}{\mu} + \dfrac{L_0}{\mu_0}} = \frac{\mu \mu_0 NI \pi a^2}{2\pi R \mu_0 + (\mu - \mu_0) L_0}$$

于是

$$B_i = B_0 = \frac{\mu \mu_0 NI}{2\pi R \mu_0 + (\mu - \mu_0) L_0}$$

$$H_i = \frac{\mu_0 NI}{2\pi R \mu_0 + (\mu - \mu_0) L_0}$$

$$H_0 = \frac{\mu NI}{2\pi R \mu_0 + (\mu - \mu_0) L_0}$$

由于$\mu \gg \mu_0$，可见$H_0 \gg H_i$。当铁芯中没有气隙时，$L_0 = 0$，则有

$$\psi_m = \frac{\mu NIa^2}{2R}, \quad B_i = \frac{\mu NI}{2\pi R}, \quad H_i = \frac{NI}{2\pi R}$$

由此可见，有气隙的铁芯中的磁场比没有气隙时要小得多。在实践中可用调整气隙的长度来调节线圈的电感。

3.8 磁场的边界条件

与静电场类似，稳恒磁场基本方程的微分形式在两种不同磁介质的分界面上不再适用，必须应用场量的边界条件来代替。和推导静电场的边界条件一样，可由磁场的基本方程的积分形式导出磁场的边界条件。

本章已指出，对于给定电流分布求解磁场的问题，可以归结为求解矢势 $\boldsymbol{A}$ 的泊松方程的问题。在无电流的区域，还可以求解磁标势 ϕ_m、矢势 $\boldsymbol{A}$ 的拉普拉斯方程。但这些解都必须满足磁场在分界面上的边界条件。因此，磁场的边界条件在分析磁场问题中有着重要意义。

3.8.1 两种磁介质间磁场的边界条件

1. 法向分量

图 3-26 示出了磁导率分别为 μ_1 和 μ_2 的两种磁介质的分界面。设分界面的法线正方向由磁介质 2 指向磁介质 1。在分界面上取一个无限薄的扁平小圆柱闭合面，根据磁通连续性原理，则有

$$\oint_S \boldsymbol{B} \cdot \mathrm{d}\boldsymbol{S} = B_{1n}\Delta S - B_{2n}\Delta S = 0$$

即

$$\begin{cases} B_{1n} = B_{2n} \\ \boldsymbol{n} \cdot (\boldsymbol{B}_1 - \boldsymbol{B}_2) = 0 \end{cases} \tag{3-119}$$

由此可见，在两种不同磁介质的分界面两侧，磁感应强度的法向分量总是连续的。

2. 切向分量

如果在两种不同磁介质的分界面上取一个无限窄的小矩形闭合回路，如图 3-27 所示，则位于分界面两侧且平行于分界面的两条边 Δl 无限靠近分界面，而另两条窄边的长 $d \to 0$，故闭合回路的面积 $\Delta S = d\Delta l \to 0$。因此，它所包围的体电流 $J\Delta S \to 0$。若线元 Δl 很小，可认为该边上的场量是均匀的。若分界面上存在面电流 $I = J_S \Delta l$，其中 $\boldsymbol{J}_S$ 的方向与 Δl 垂直，且闭合回路的绕行方向与 $\boldsymbol{J}_S$ 的方向符合右手螺旋定则，则根据磁介质中安培环路定律的积分形式可得

$$\oint_l \boldsymbol{H} \cdot \mathrm{d}\boldsymbol{l} = H_{1t}\Delta l - H_{2t}\Delta l = J_S \Delta l$$

即

$$\begin{cases} H_{1t} - H_{2t} = J_S \\ \boldsymbol{n} \times (\boldsymbol{H}_1 - \boldsymbol{H}_2) = \boldsymbol{J}_S \end{cases} \tag{3-120}$$

这说明当分界面上存在面电流分布时，磁场强度的切向分量不是连续的，其突变量为 J_S。

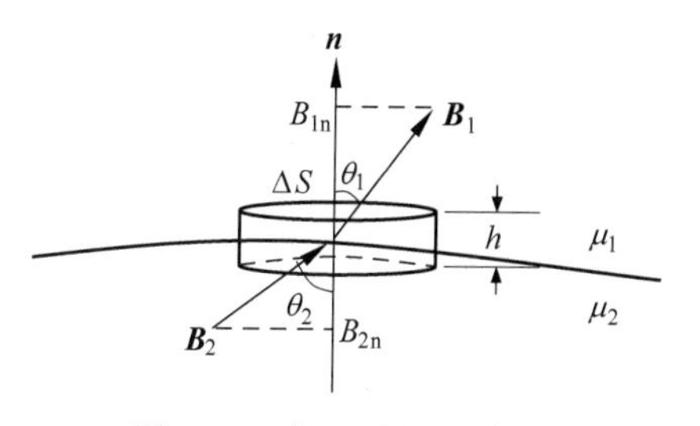

图 3-26 求 B_n 的边界条件

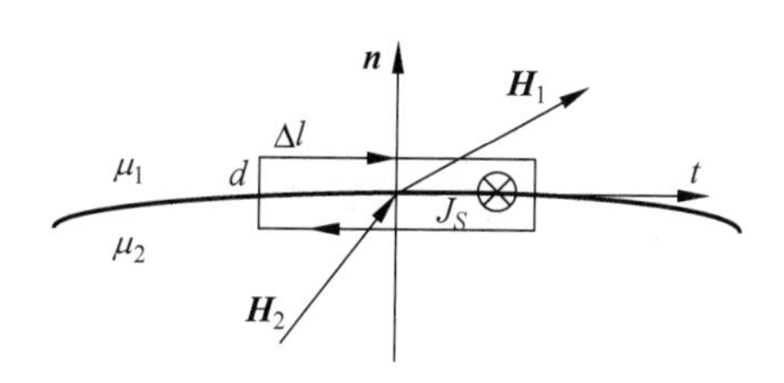

图 3-27 求 H_t 的边界条件

3. 矢势 A 的关系

由于 $\boldsymbol{B}=\nabla\times\boldsymbol{A}$，因此表示磁场边界条件的式(3-119)与式(3-120)也可以改用矢势 $\boldsymbol{A}$ 来表示。事实上，由式(3-68)可知，$\oint_l \boldsymbol{A}\cdot\mathrm{d}\boldsymbol{l}$ 代表通过闭合曲线 l 所包围面积的磁通量。在分界面上，磁通量连续而没有突变，即 $\int_S \boldsymbol{B}\cdot\mathrm{d}\boldsymbol{S}=\oint_l \boldsymbol{A}\cdot\mathrm{d}\boldsymbol{l}=0$，故将该积分路径取为如图 3-27 所示的无限窄的小矩形闭合回路，于是可得

$$A_{1t}=A_{2t}$$

类似地，由库仑规范条件 $\nabla\cdot\boldsymbol{A}=0$ 可得 $\int_V \nabla\cdot\boldsymbol{A}\,\mathrm{d}V=\oint_S \boldsymbol{A}\cdot\mathrm{d}\boldsymbol{S}=0$，它对图 3-26 所示的无限薄的扁平小圆柱闭合面 S 的积分为零，故得

$$A_{1n}=A_{2n}$$

将上述两式合并即得

$$\boldsymbol{A}_1=\boldsymbol{A}_2 \tag{3-121}$$

而关于磁场强度 $\boldsymbol{H}$ 切向分量的边界条件式(3-120)可改写为

$$\boldsymbol{n}\times\left(\frac{1}{\mu_1}\nabla\times\boldsymbol{A}_1-\frac{1}{\mu_2}\nabla\times\boldsymbol{A}_2\right)=\boldsymbol{J}_S \tag{3-122}$$

3.8.2 无自由面电流时两种磁介质间磁场的边界条件

如果分界面上没有自由面电流分布，即 $\boldsymbol{J}_S=0$，则有

$$\begin{cases}H_{1t}=H_{2t}\\ \boldsymbol{n}\times(\boldsymbol{H}_1-\boldsymbol{H}_2)=0\end{cases} \tag{3-123}$$

这表明此时磁场强度的切向分量在分界面两侧连续。但这时 $\boldsymbol{B}$ 的切向分量并不连续，这是因为分界面上存在磁化面电流，从而引起分界面上 $\boldsymbol{B}$ 的切向分量的突变，即 $B_{1t}=\frac{\mu_1}{\mu_2}B_{2t}$。

由于在无电流的区域可以引入磁标势 ϕ_m，故由 $H_{1t}=H_{2t}$ 和 $B_{1n}=B_{2n}$ 可得磁标势应满足的边界条件，即

$$\phi_{m1}=\phi_{m2} \tag{3-124}$$

和

$$\mu_1\frac{\partial\phi_{m1}}{\partial n}=\mu_2\frac{\partial\phi_{m2}}{\partial n} \tag{3-125}$$

这和静电势 ϕ 所满足的边界条件类似。或用矢势表示的边界条件为

$$\boldsymbol{n}\times\left(\frac{1}{\mu_1}\nabla\times\boldsymbol{A}_1-\frac{1}{\mu_2}\nabla\times\boldsymbol{A}_2\right)=0 \tag{3-126}$$

3.8.3 磁介质与理想导磁体间磁场的边界条件

磁导率为无穷大即 $\mu=\infty$ 的磁介质称为理想导磁体,其表面通常称为磁壁。如果磁介质 2 是理想导磁体,则 $\mu_2=\mu=\infty$,有 $\boldsymbol{H}_2=0$,否则,其中的磁感应强度将为无限大。由 $H_{1t}=H_{2t}$ 可知,即 $\boldsymbol{B}$ 线或 $\boldsymbol{H}$ 线在紧邻理想导磁体表面无切向分量,故与该表面垂直。这和紧邻导体表面的 $\boldsymbol{E}$ 线或 $\boldsymbol{D}$ 线总是垂直于导体表面类似。对于铁磁性物质,则 $\mu_2\gg\mu_1\approx\mu_0$,上述结论近似成立。

例 3.11 空气中有一通有电流 I 的无限长直导线,其半径为 a,磁导率为 μ。试求导线内外的矢势和磁感应强度。

解 取载流导线的轴为圆柱坐标系的 z 轴,并设电流 I 沿 z 方向为正,于是矢势 $\boldsymbol{A}=A_z\boldsymbol{e}_z$。

在导线内($r\leqslant a$)的区域,有 $\nabla^2 A_{zi}=-\mu J$,由于对称,A_z 与 φ、z 无关,而只与 r 有关,于是变为一维问题,即 $\frac{1}{r}\frac{\mathrm{d}}{\mathrm{d}r}\left(r\frac{\mathrm{d}A_{zi}}{\mathrm{d}r}\right)=-\frac{\mu I}{\pi a^2}$,得

$$\frac{\mathrm{d}A_{zi}}{\mathrm{d}r}=-\frac{\mu I}{2\pi a^2}r+\frac{C_1}{r}$$

故

$$A_{zi}=-\frac{\mu I}{4\pi a^2}r^2+C_1\ln r+D_1$$

在导线外($r\geqslant a$),有 $\frac{1}{r}\frac{\mathrm{d}}{\mathrm{d}r}\left(r\frac{\mathrm{d}A_{ze}}{\mathrm{d}r}\right)=0$,得

$$A_{ze}=C_2\ln r+D_2$$

式中,积分常数 C_1、D_1、C_2、D_2 可由边界条件确定,即

(1) 当 $r=0$ 时,A_{zi} 应为有限值;

(2) 当 $r=a$ 时,$A_{zi}=A_{ze}$;

(3) 当 $r=a$ 时,因为 $B=B_\varphi=(\nabla\times\boldsymbol{A})_\varphi=-\frac{\mathrm{d}A_z}{\mathrm{d}r}$,则 $H=-\frac{1}{\mu}\frac{\mathrm{d}A_z}{\mathrm{d}r}$,由 $H_{1t}=H_{2t}$,即 $\frac{1}{\mu}\frac{\mathrm{d}A_{zi}}{\mathrm{d}r}=\frac{1}{\mu_0}\frac{\mathrm{d}A_{ze}}{\mathrm{d}r}$。

当 $r=0$ 时,由 A_{zi} 为有限值,得 $C_1=0$;$r=a$ 时,由 $\frac{1}{\mu}\frac{\mathrm{d}A_{zi}}{\mathrm{d}r}=\frac{1}{\mu_0}\frac{\mathrm{d}A_{ze}}{\mathrm{d}r}$,得 $C_2=-\frac{\mu_0 I}{2\pi}$;又由 $r=a$ 时 $A_{zi}=A_{ze}$ 得 $D_2=\frac{\mu_0 I}{2\pi}\ln a-\frac{\mu I}{4\pi}+D_1$。

因此,载流导线内外的矢势分别为

$$\boldsymbol{A}_i=A_{zi}\boldsymbol{e}_z=\left(-\frac{\mu I}{4\pi a^2}r^2+D_1\right)\boldsymbol{e}_z \quad 与 \quad \boldsymbol{A}_e=A_{ze}\boldsymbol{e}_z=\left(-\frac{\mu_0 I}{2\pi}\ln\frac{r}{a}-\frac{\mu I}{4\pi}+D_1\right)\boldsymbol{e}_z$$

式中,D_1 是与矢势的参考点有关的常数。载流导线内外的磁感应强度则分别为

$$\boldsymbol{B}_{\mathrm{i}}=\nabla\times\boldsymbol{A}_{\mathrm{i}}=-\frac{\mathrm{d}A_{z\mathrm{i}}}{\mathrm{d}r}\boldsymbol{e}_{\varphi}=\frac{\mu I r}{2\pi a^{2}}\boldsymbol{e}_{\varphi}\quad 与\quad \boldsymbol{B}_{\mathrm{e}}=\nabla\times\boldsymbol{A}_{\mathrm{e}}=-\frac{\mathrm{d}A_{z\mathrm{e}}}{\mathrm{d}r}\boldsymbol{e}_{\varphi}=\frac{\mu_0 I}{2\pi r}\boldsymbol{e}_{\varphi}$$

如果应用安培环路定律,可以很容易地得到磁感应强度的值。

例 3.12 试求例 3.11 中载流导线外的磁标势和磁感应强度。

解 在垂直于载流导线的任一平面上,载流导线的磁力线是以其轴心为圆心的一些同心圆,与磁力线垂直的则为等磁势线,可见等磁势线是起自圆心且在导线外的一些射线。因磁标势 ϕ_{m} 与圆柱坐标系内的 r、z 无关,故它满足简化的一维拉普拉斯方程,即$\nabla^2\phi_{\mathrm{m}}=\frac{1}{r^2}\frac{\mathrm{d}^2\phi_{\mathrm{m}}}{\mathrm{d}\varphi^2}=0$。解此方程,可得

$$\phi_{\mathrm{m}}=C\varphi+D$$

其中,积分常数 C、D 由边界条件确定。如果选择 x 轴上的等磁势线作为磁标势的参考点,即 $\varphi=0$ 时,$\phi_{\mathrm{m}}=0$,则 $D=0$。于是有

$$\phi_{\mathrm{m}}=C\varphi$$

取一个围绕载流导线的闭合回路 l,如图 3-28 所示,在此回路与 x 轴的交点两侧,再取非常靠近的两点 A 与 B,此两点的磁标势差为

$$\phi_{\mathrm{m}A}-\phi_{\mathrm{m}B}=\int_A^B\boldsymbol{H}\cdot\mathrm{d}\boldsymbol{l}=I$$

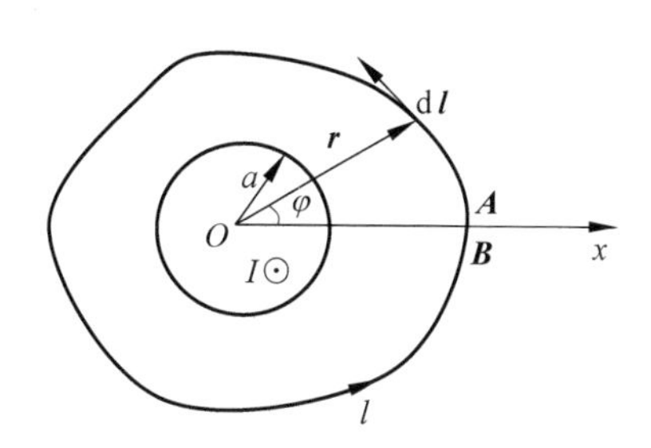

图 3-28 用磁标势求载流导线外的磁场

由于 $\phi_{\mathrm{m}A}=0$,因此有 $\phi_{\mathrm{m}B}=C\cdot 2\pi=-I$,则 $C=-\frac{I}{2\pi}$。故载流导线外的磁标势和磁感应强度分别为

$$\phi_{\mathrm{m}}=-\frac{I}{2\pi}\varphi$$

$$\boldsymbol{B}=\mu_0\boldsymbol{H}=-\mu_0\nabla\phi_{\mathrm{m}}=-\frac{\mu_0}{r}\frac{\mathrm{d}\phi_{\mathrm{m}}}{\mathrm{d}\varphi}\boldsymbol{e}_{\varphi}=\frac{\mu_0 I}{2\pi r}\boldsymbol{e}_{\varphi}$$

可见,这与例 3.9 的结果一致。

> **解题点拨**:由场源(电流)分布求解磁场主要有 5 种方法:毕奥-萨伐尔定律,安培环路定律,矢势法,磁标势法,一维问题的泊松方程或拉普拉斯方程直接积分法。

3.9 电感

在稳恒磁场中,将通过导体回路中的磁通量(或磁链)与产生相应磁通量(或磁链)的电流的比值称为电感系数,简称电感。电感是用于储存磁场能量的元件。电感分为互感和自感。

3.9.1 互感

一个电流回路由 N 匝线圈构成,则穿过这 N 匝线圈的总磁通称为磁链,即

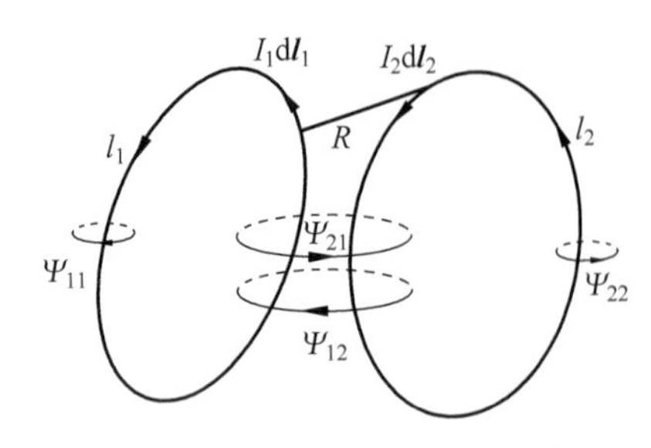

图 3-29 两电流回路间的磁链

$$\Psi = N\psi_{\mathrm{m}} \tag{3-127}$$

在线性磁介质中,如图 3-29 所示,由回路 1 的电流 I_1 所产生并与回路 2 相交链的磁链 Ψ_{21} 和 I_1 成正比,则比值

$$M_{21} = \frac{\Psi_{21}}{I_1} \tag{3-128}$$

称为回路 1 对回路 2 的互感。

同理,回路 2 对回路 1 的互感为

$$M_{12} = \frac{\Psi_{12}}{I_2} \tag{3-129}$$

上面两式中的 Ψ_{21} 与 Ψ_{12} 都是互感磁链。

互感也可以通过磁矢势来计算。设两回路分别由 N_1 与 N_2 匝细导线密绕而成,导线及周围磁介质的磁导率均为 μ_0,则回路 1 中的电流 I_1 在任一场点处的矢势为

$$\boldsymbol{A}_1 = \frac{\mu_0 N_1 I_1}{4\pi}\oint_{l_1}\frac{\mathrm{d}\boldsymbol{l}_1}{R}$$

于是 I_1 所产生并和回路 2 相交链的互感磁链为

$$\Psi_{21} = N_2\psi_{\mathrm{m}21} = N_2\oint_{l_2}\boldsymbol{A}_1\cdot\mathrm{d}\boldsymbol{l}_2 = \frac{\mu_0 N_1 I_1 N_2}{4\pi}\oint_{l_2}\oint_{l_1}\frac{\mathrm{d}\boldsymbol{l}_1\cdot\mathrm{d}\boldsymbol{l}_2}{R}$$

因此

$$M_{21} = \frac{\Psi_{21}}{I_1} = \frac{\mu_0 N_1 N_2}{4\pi}\oint_{l_2}\oint_{l_1}\frac{\mathrm{d}\boldsymbol{l}_1\cdot\mathrm{d}\boldsymbol{l}_2}{R} \tag{3-130}$$

这就是诺伊曼公式。

同样可得

$$M_{12} = \frac{\Psi_{12}}{I_2} = \frac{\mu_0 N_1 N_2}{4\pi}\oint_{l_1}\oint_{l_2}\frac{\mathrm{d}\boldsymbol{l}_1\cdot\mathrm{d}\boldsymbol{l}_2}{R}$$

故有

$$M_{12} = M_{21} \tag{3-131}$$

在一般情况下,亦有

$$M_{ij} = M_{ji} \tag{3-132}$$

应该指出,这里的电流回路都是由无限细的导线构成。在线性磁介质中,两电流回路间的互感只与回路的形状、尺寸、相互位置、周围磁介质及导线的磁导率有关,而与电流的大小无关。

例 3.13 无限长细直导线与半径为 a 的圆形导线回路处于同一平面内,圆心到直导线的距离为 d,如图 3-30 所示。试求直导线与圆形导线回路之间的互感。

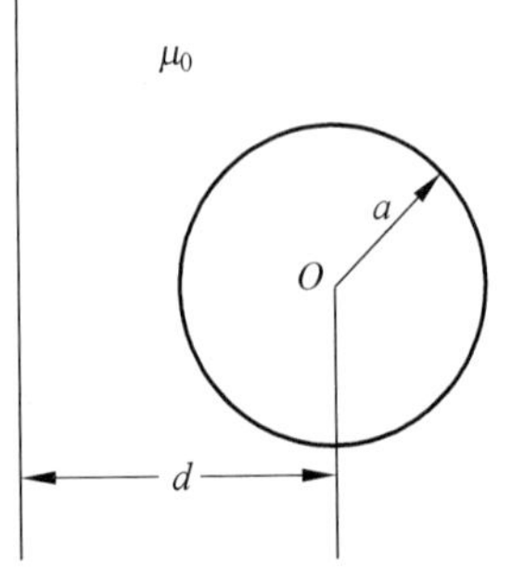

图 3-30 直导线与圆形导线回路

解 采用极坐标系,设圆内任一点的坐标为(r,θ),导线上通有的电流为 I,则导线周围的磁感应强度为

$$\boldsymbol{B} = \frac{\mu_0 I}{2\pi(d + r\cos\theta)}\boldsymbol{e}_\varphi$$

穿过线框的磁通量为

$$\psi_m = \int_S \boldsymbol{B} \cdot \mathrm{d}\boldsymbol{S} = \int_0^a \int_0^{2\pi} \frac{\mu_0 I}{2\pi(d + r\cos\theta)} r\mathrm{d}r\mathrm{d}\theta$$

$$= \int_0^a \frac{\mu_0 I}{2\pi}\left(\frac{4}{\sqrt{d^2 - r^2}}\arctan\sqrt{\frac{d-r}{d+r}}\tan\frac{\theta}{2}\right)\Bigg|_0^{\pi} r\mathrm{d}r$$

$$= \int_0^a \frac{\mu_0 I}{2}\frac{2}{\sqrt{d^2 - r^2}} r\mathrm{d}r = \mu_0 I(d - \sqrt{d^2 - a^2})$$

由互感的定义，得

$$M = \frac{\psi_m}{I} = \frac{\mu_0 I(d - \sqrt{d^2 - a^2})}{I} = \mu_0(d - \sqrt{d^2 - a^2})$$

3.9.2 自感

设回路中的电流 I，它所产生的磁场与回路自身相交链的磁链 Ψ 称为自感磁链，该磁链也与 I 成正比，它们的比值

$$L = \frac{\Psi}{I} \tag{3-133}$$

称为该回路的自感。

自感可分为内自感和外自感两部分。内自感 L_i 是导线内的磁链（即内磁链）Ψ_i 和导线中全部电流 I 的比值，即

$$L_i = \frac{\Psi_i}{I} \tag{3-134}$$

而外自感 L_e 则是导线外的磁链（即外磁链，也称为全磁通）Ψ_e 和导线中全部电流 I 的比值，即

$$L_e = \frac{\Psi_e}{I} \tag{3-135}$$

所以，回路的总自感为

$$L = L_i + L_e \tag{3-136}$$

外自感还可以通过诺依曼公式来计算。如图 3-31 所示，在计算外磁链时，应以图中所示的导线的内侧边线 l_2 作为回路的边界，但导线中的电流 I 应视为集中在导线的几何轴线 l_1 上。因此，计算导线的外自感就等于计算 l_1 与 l_2 两回路间的互感了。设回路由 N 匝细导线密绕而成，导线及周围磁介质的磁导率均为 μ_0，则回路 1 中的电流 I 在任一场点处的矢势为

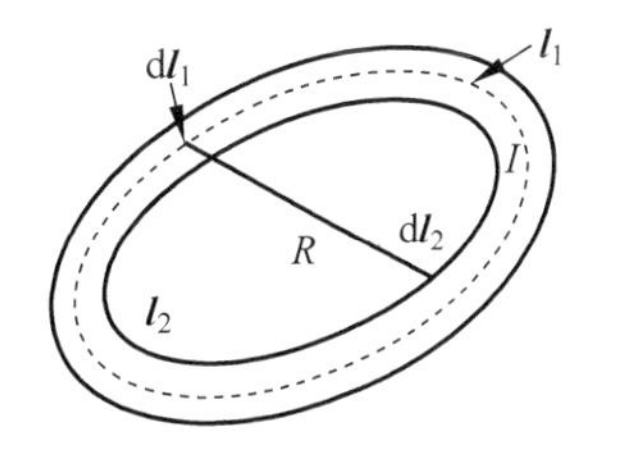

图 3-31　用诺伊曼公式计算外自感

$$\boldsymbol{A} = \frac{\mu_0 NI}{4\pi}\oint_{l_1}\frac{\mathrm{d}\boldsymbol{l}_1}{R} \tag{3-137}$$

与回路 l_2 相交链的互感磁链为

$$\Psi = N\psi_m = N\oint_{l_2}\boldsymbol{A}\cdot\mathrm{d}\boldsymbol{l}_2 = \frac{\mu_0 N^2 I}{4\pi}\oint_{l_2}\oint_{l_1}\frac{\mathrm{d}\boldsymbol{l}_1\cdot\mathrm{d}\boldsymbol{l}_2}{R} \tag{3-138}$$

因而

$$L_e=\frac{\Psi}{I}=\frac{\mu_0 N^2}{4\pi}\oint_{l_2}\oint_{l_1}\frac{\mathrm{d}\boldsymbol{l}_1\cdot\mathrm{d}\boldsymbol{l}_2}{R} \tag{3-139}$$

内磁链是穿过 l_1 和 l_2 所围环域的磁链,穿过导线内部。由于导线一般较细,故内磁链很小。一般情况下,$L_i \ll L_e$,因此有

$$L=\frac{\Psi_S}{I}=\frac{\Psi_i+\Psi_e}{I}=L_i+L_e\approx L_e \tag{3-140}$$

综上,自感的一般计算步骤为

$$\text{设 } I\rightarrow \boldsymbol{B}(\text{或 } \boldsymbol{A})\rightarrow \psi_m\rightarrow \Psi\rightarrow L$$

这种方法称为设电流法。

下面举例说明两种自感的计算方法。

例 3.14 空气中有两根半径为 a 的无限长平行直导线,其轴线间的距离为 D,载有等值而异号的电流 I。试求此双根传输线的磁场及其单位长的自感。

解 先计算双根线的磁场和内自感 L_i。根据安培环路定律可知,单根导线内($r\leqslant a$)的磁场强度在圆柱坐标系中可表示为

$$H_i=\frac{I_i}{2\pi r}=\frac{I(r/a)^2}{2\pi r}=\frac{Ir}{2\pi a^2}$$

如图 3-32(a)所示,在非铁磁性导线内,在距导线的轴线为 r 处,穿过轴向长为 l、宽为 $\mathrm{d}r$ 的矩形面积元的内磁通元为

$$\mathrm{d}\psi_{mi}=B_i\mathrm{d}S=\frac{\mu_0 Ir}{2\pi a^2}l\,\mathrm{d}r$$

但是与 $\mathrm{d}\psi_{mi}$ 这部分磁通元相交链的电流不是导线中的全部电流 I,而是它的一部分,即 $I_i=I\dfrac{r^2}{a^2}$,这相当于 $N=\dfrac{I_i}{I}=\dfrac{r^2}{a^2}$匝,则它所对应的内磁链元为

$$\mathrm{d}\Psi_i=N\,\mathrm{d}\psi_{mi}=\frac{\mu_0 Ir^3}{2\pi a^4}l\,\mathrm{d}r$$

故导线的内磁链为

$$\Psi_i=\frac{\mu_0 Il}{2\pi a^4}\int_0^a r^3\,\mathrm{d}r=\frac{\mu_0 Il}{8\pi}$$

因此,单根导线单位长的内自感为

$$L'_{i0}=\frac{\Psi_i}{Il}=\frac{\mu_0}{8\pi}$$

双根线单位长的内自感等于单根导线的 2 倍,即

$$L_{i0}=\frac{\mu_0}{4\pi}$$

现在求外自感 L_e。如图 3-32(b)所示的圆柱坐标系中,双根线在线外任一点的磁感应强度为

$$\boldsymbol{B}=\frac{\mu_0 I}{2\pi}\left(\frac{\boldsymbol{e}_\varphi}{r}-\frac{\boldsymbol{e}_{\varphi'}}{r'}\right)$$

考虑到磁感应线的连续性,在求磁通量时不必要计算上式中空间任意位置的场,只要计算双

根线所在平面上的磁感应强度所产生的磁通即可。故可得双根线在两线之间的 x 轴上所产生的磁感应强度为

$$\boldsymbol{B}'=\frac{\mu_0 I}{2\pi}\left(\frac{1}{r}+\frac{1}{D-r}\right)\boldsymbol{e}_\varphi=\frac{\mu_0 I}{2\pi}\left(\frac{1}{r}-\frac{1}{r-D}\right)\boldsymbol{e}_\varphi$$

由此可得长为 l 的双根线的外磁链为

$$\Psi_e=\int_a^{D-a}\boldsymbol{B}'\cdot d\boldsymbol{S}=\int_a^{D-a}B' l\,dr=\frac{\mu_0 Il}{2\pi}\int_a^{D-a}\left(\frac{1}{r}+\frac{1}{D-r}\right)dr=\frac{\mu_0 Il}{\pi}\ln\frac{D-a}{a}$$

因此,单位长双根线的外自感为

$$L_{e0}=\frac{\Psi_e}{Il}=\frac{\mu_0}{\pi}\ln\frac{D-a}{a}$$

一般情况下,$D\gg a$,故有 $L_{e0}\approx\frac{\mu_0}{\pi}\ln\frac{D}{a}$。故双根线单位长的自感为

$$L_0=L_{i0}+L_{e0}=\frac{\mu_0}{\pi}\left(\frac{1}{4}+\ln\frac{D}{a}\right)$$

考虑到双根传输线单位长的电容和自感分别为

$$C_0=\frac{\pi\varepsilon_0}{\ln\frac{D}{a}}\quad 和\quad L_0\approx L_{e0}=\frac{\mu_0}{\pi}\ln\frac{D}{a}$$

故有

$$L_0C_0=\varepsilon_0\mu_0$$

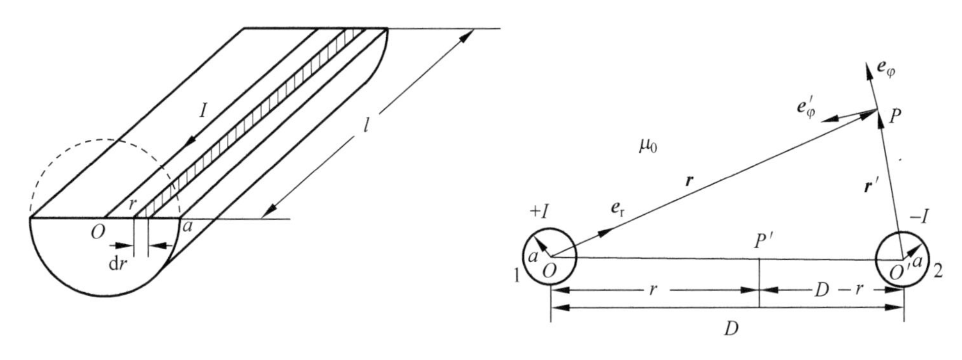

(a) 计算导线的内自感　　(b) 计算双根传输线的磁场

图 3-32 计算双根传输线单位长的自感

*3.9.3 互感计算和无线输电

1. 互感计算

用定义式计算互感的思路为

$$I_1\rightarrow\boldsymbol{B}_1\rightarrow\psi_{21}=\int_{S_2}\boldsymbol{B}_1\cdot d\boldsymbol{S}_2\rightarrow\Psi_{21}\rightarrow M=M_{21}=\frac{\Psi_{21}}{I_1}$$

或

$$I_1\rightarrow\boldsymbol{A}_1\rightarrow\psi_{21}=\int_{S_2}\boldsymbol{A}_1\cdot d\boldsymbol{l}_2\rightarrow\Psi_{21}\rightarrow M=M_{21}=\frac{\Psi_{21}}{I_1}$$

综上,互感的一般计算步骤为

$$设\ I_1 \to \boldsymbol{B}_1(或\ \boldsymbol{A}_1) \to \psi_{m21} \to \Psi_{21} \to M_{21}$$

实际使用电感器时,不但要注意其电感量,还要注意减小导线的损耗(铜损)和铁芯或磁芯的损耗(铁损或磁损)。

例 3.15 两个相互平行且共轴的圆线圈,其半径分别为 R_1、R_2,中心间距为 h。假设线圈的半径远小于中心距离,即 $R_1 \ll h$(或 $R_2 \ll h$),如图 3-33 所示。试求两线圈之间的互感。

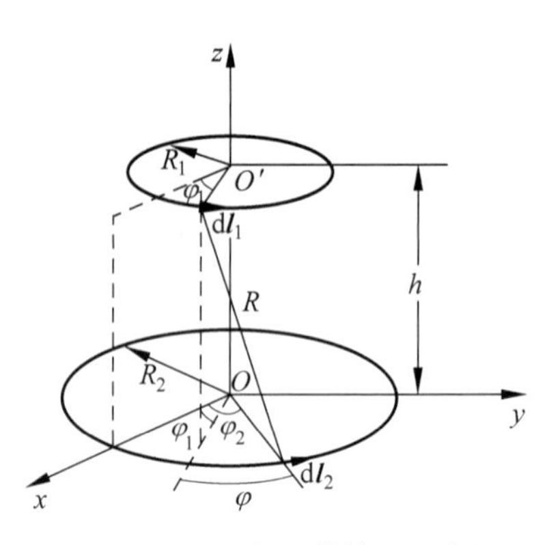

图 3-33 两平行且共轴的圆线圈

解 如图 3-33 所示,dl_1 与 dl_2 之间的夹角为 $\varphi=\varphi_2-\varphi_1$,$dl_1=R_1 d\varphi_1$,$dl_2=R_2 d\varphi_2$,以及

$$R=[R_1^2+R_2^2+h^2-2R_1R_2\cos(\varphi_2-\varphi_1)]^{1/2}$$

由诺伊曼公式可得

$$M=\frac{\mu_0}{4\pi}\oint_{l_1}\oint_{l_2}\frac{d\boldsymbol{l}_1\cdot d\boldsymbol{l}_2}{R}=\frac{\mu_0}{4\pi}\oint_{l_1}\oint_{l_2}\frac{dl_1 dl_2\cos\varphi}{R}$$

$$=\frac{\mu_0}{4\pi}\int_0^{2\pi}\int_0^{2\pi}\frac{R_1R_2\cos(\varphi_2-\varphi_1)d\varphi_1 d\varphi_2}{[R_1^2+R_2^2+h^2-2R_1R_2\cos(\varphi_2-\varphi_1)]^{1/2}}$$

一般情况下,上述积分只能用椭圆积分来表示。但是若 $h \gg R_1$,则可得到如下的近似:

$$[R_1^2+R_2^2+h^2-2R_1R_2\cos(\varphi_2-\varphi_1)]^{-1/2}\approx(R_2^2+h^2)^{-1/2}\left(1-\frac{2R_1R_2\cos\varphi}{R_2^2+h^2}\right)^{-1/2}$$

$$\approx(R_2^2+h^2)^{-1/2}\left(1+\frac{R_1R_2\cos\varphi}{R_2^2+h^2}\right)$$

于是有

$$M\approx\frac{\mu_0R_1R_2}{4\pi\sqrt{R_2^2+h^2}}\int_0^{2\pi}\int_0^{2\pi}\left(1+\frac{R_1R_2\cos(\varphi_2-\varphi_1)}{R_2^2+h^2}\right)\cos(\varphi_2-\varphi_1)d\varphi_1 d\varphi_2=\frac{\mu_0\pi R_1^2R_2^2}{2(R_2^2+h^2)^{3/2}}$$

本题还可以考虑在上述条件下,用其他方法求得结果。由 3.6 节磁偶极子矢量势的结果,当半径为 R_1 的小线圈中通有电流 I_1 时,在远区的矢势为

$$\boldsymbol{A}_1=\frac{\mu_0}{4\pi}\frac{\pi R_1^2 I_1}{R^2}\sin\theta\boldsymbol{e}_\varphi$$

其中,θ 为球坐标系中任意位置与 O' 连线与 z 轴的夹角。在半径为 R_2 的线圈上,$\boldsymbol{A}_1$ 的值近似等于常数,故

$$\psi_{21}=\oint_{l_2}\boldsymbol{A}_1\cdot d\boldsymbol{l}_2=A_1\cdot 2\pi R_2=\frac{\mu_0}{4\pi}\frac{\pi R_1^2 I_1}{R^2}\sin\theta'\cdot 2\pi R_2$$

式中 $\sin\theta'=\dfrac{R_2}{\sqrt{h^2+R_2^2}}$,故

$$M=\frac{\psi_{21}}{I_1}=\frac{\mu_0\pi R_1^2R_2^2}{2(R_2^2+h^2)^{3/2}}$$

在实际应用中,通过两线圈耦合可实现能量的传输,如无线输电中与输入端和输出端链

接的互感线圈即为如此。

2. 电感计算的 MATLAB 实现

电感器、互感器是电路理论中经常遇到的电子器件，很多情况下，需要通过手工绕制的方法自行制作电感或者互感器，如何在加工制作之前就对器件的自感或者互感进行估算，具有重要的意义。下面的 MATLAB 代码，分别利用例 3.15 给出的两种方法，计算两个圆形、共轴线圈之间的互感，并将它们做对比。为方便起见，将这两种方法分别称为方法 1 和方法 2。具体如下

```
R1 = 0.99;                                   % 圆环 1 的半径(单位为 m)
R2 = 1;                                      % 圆环 2 的半径(单位为 m)
h = 0.5;                                     % 环心距离(单位为 m)
mu = 4 * pi * 1e - 7;
M = @(phi1,phi2) mu/(4 * pi) * R1 * R2 * cos(phi2 - phi1)./(sqrt(R1^2 + R2^2 + h^2 - 2 * R1 * R2 *
cos(phi2 - phi1)));                          % 定义诺依曼公式推演得到的互感函数
Mind = integral2(M,0,2 * pi,0,2 * pi);       % 做数值积分得到互感值
Mind * 1e6                                   % 转化为单位为 μH 显示的结果
Mapp = mu * pi * R1^2 * R2^2/2./(h^2 + R2^2)^(3/2);   % 近似方法
Mapp * 1e6                                   % 转化为单位为 μH 显示的结果
```

表 3-2 给出了 R_1 取不同大小时，两种方法计算得到的互感值，从表中可以看出，当近似条件满足时，即 $R_1 \ll h$，方法一和方法二得到了相同的结果；随着 R_1 的增大，二者的差别越来越明显；从而验证了方法的正确性。

如果两个圆环的环心距离为零，即二者共面，且 $R_1 \approx R_2$。此时，利用诺依曼公式计算得到的互感，可以近似看作由线径为 $|R_1 - R_2|$ 的导线环绕而成的、圆环半径为 R_1（或者 R_2）的圆形线圈所对应的自感（外自感）。读者可以参考图 3-31 加以深入理解。表 3-2 也给出了利用诺依曼公式计算得到的圆形线圈的自感。

如果在编程计算时，将两个圆环离散成长度很小的 N 个小段，然后将诺依曼公式中的积分用求和进行近似，也可以得到互感或自感的计算代码如下

```
R1 = 0.99;                                   % 圆环 1 的半径(单位为 m)
R2 = 1;                                      % 圆环 2 的半径(单位为 m)
h = 0.5;                                     % 环心距离(单位为 m)
N = 2000;                                    % 将圆环分成 N 段
mu = 4 * pi * 1e - 7;                        % 真空中的磁导率
theta = linspace(0,2 * pi,N + 1);            % 将圆心角分成 N + 1 份
x1 = R1 * cos(theta);                        % 计算圆环 1 上各节点的 x 坐标轴值
y1 = R1 * sin(theta);                        % 计算圆环 1 上各节点的 y 坐标轴值
dx1 = x1(:,2:N + 1) - x1(:,1:N);             % 圆环 1 上的各个小段对应的 dx1
dy1 = y1(:,2:N + 1) - y1(:,1:N);             % 圆环 1 上的各个小段对应的 dy1
x2 = R2 * cos(theta);                        % 计算圆环 2 上各节点的 x 坐标轴值
y2 = R2 * sin(theta);                        % 计算圆环 2 上各节点的 y 坐标轴值
dx2 = x2(:,2:N + 1) - x2(:,1:N);             % 圆环 2 上的各个小段对应的 dx1
dy2 = y2(:,2:N + 1) - y2(:,1:N);             % 圆环 2 上的各个小段对应的 dy1
theta = (theta(:,1:N) + theta(:,2:N + 1))/2; % 圆环上各个区间中点的角度
x1 = R1 * cos(theta);                        % 圆环 1 各小段区间中点的 x 坐标
y1 = R1 * sin(theta);                        % 圆环 1 各小段区间中点的 y 坐标
x2 = R2 * cos(theta);                        % 圆环 2 各小段区间中点的 x 坐标
y2 = R2 * sin(theta);                        % 圆环 2 各小段区间中点的 y 坐标
```

```
L = 0;                                              % 初始化
for i = 1:N
    for j = 1:N
     dl1dl2 = dx1(i) * dx2(j) + dy1(i) * dy2(j);    % dl1 和 dl2 内积计算
     R = sqrt((x1(i) - x2(j))^2 + (y1(i) - y2(j))^2 + h^2);  % dl1 和 dl2 的距离
     L = L + dl1dl2/R;                              % 求和
    end
end
L = L/4/pi * mu * 1e6                               % 乘以系数,得到电感的数值(单位为 μH)
```

可以将这种纯粹数值计算的方法称为方法 3。表 3-2 中也给出了该方法的计算结果。与前面的方法相比,方法 3 适用的范围更加广泛;经过修改,还可以应用到其他形状的线圈形式,如方形、三角形等;甚至可以工作在线圈不共面的情形。大家可以在理解程序之后,举一反三,加以尝试。

表 3-2 三种方式计算得到的互感/自感对照表

R_1,R_2,h	0.1m,1m,1m	0.5m,1m,1m	1m,1m,1m	0.99,1m,0m
互感/自感(μH)	互感	互感	互感	自感(外自感)
方法 1:诺依曼公式	0.007μF	0.1618μF	0.4941μF	5.8512μF
方法 2:近似方法	0.007μF	0.1745μF	0.6979μF	1.9346μF
方法 3:纯粹数值方法	0.007μF	0.1618μF	0.4941μF	5.8512μF

3. 无线输电

无线输电是指不经过电缆将电能从发电装置传送到接收端的技术。作为一种特殊的输电方式,它是利用无线电传输电力能量。主要方式有以下几种:磁耦合技术、电磁感应技术、电磁辐射技术等。这些技术几乎都是针对时变电磁场的,限于本章主要讨论稳恒磁场问题,仅就针对直流输电过程中的基本原理做一简单介绍,详细的介绍见第 5 章相应部分。

如图 3-34 所示,这种输电系统需要输入端口和接收端口进行交-直流转换,无线输电的部件是通过线圈 1 和线圈 2 的互感来完成的。经过输入端口 DC/AC 转换器后的时变电流,通过原线圈 1 和副线圈 2 的耦合到达输出前端,再通过整流电路获取直流电,完成了电能的传输。其中,原副线圈间的互感系数可由例 3.15 的方法近似计算。从能量转化过程来看,由直流电能→交流电能→磁场能→交流电能→直流电能,两个线圈间形成一个无线能量通道。这种无线传输电能的范围比较有限,不适用于长距离。

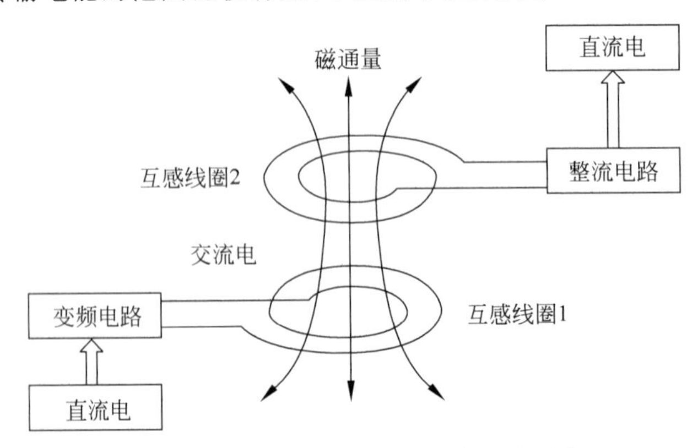

图 3-34 基于磁耦合的无线输电原理图

3.10　磁场能量

3.10.1　电流回路系统的磁场能量

稳恒磁场是由稳恒电流产生，处于磁场中的电流回路会受到磁场力的作用而发生运动，这表明稳恒磁场中储存着能量，磁场能量是在磁场建立的过程中由外电源做功转化而成的。在如图 3-35 所示的电流回路系统中，假设所有电路回路静止不动，即不存在机械能的转换，并忽略焦耳热。由 N 个电流回路所组成系统的磁场能量是由外电源做功转换而来的，只与各回路电流的最终值有关，而与回路中电流的建立过程无关。由于各电流回路的磁链与各回路电流的最终值呈线性关系，故第 i 个电流回路的终值磁链可以写为

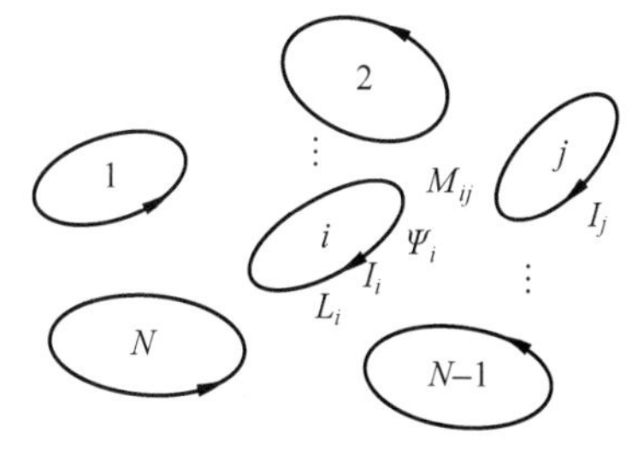

图 3-35　N 个电流回路系统的磁场能量

$$\Psi_i = L_i I_i + \sum_{j=1(j\neq i)}^{N} M_{ij} I_j \quad (i=1,2,\cdots,N) \tag{3-141}$$

不妨假设各回路电流都按同一比例值 ξ 从无开始增长到其最终值。打个比方，如果要给 N 个固定不动的水缸里加满水，可以拿一根水管挨个注水，也可以从总管中分出 N 根细管，让 N 个水缸按同一比例注水。无论采用哪种方式，外力所做的功只与克服水的重力势能有关，而与中间过程无关。回到现在的问题，ξ 应满足 $0\leqslant\xi\leqslant1$。在建立磁场过程的某一中间时刻，第 i 个回路的电流和磁链分别为 ξI_i 和 $\xi\Psi_i$。若这时电流在 dt 时间内改变了 $d(\xi I_i)$，则在此回路中引起的感应电动势为 $\mathscr{E}_i=-d(\xi\Psi_i)/dt$（感应电动势的定义为 $\mathscr{E}=-d\Psi/dt$，详见 5.1 节）。它阻碍着电流的变化。因此，要使电流在 dt 时间内改变 $d(\xi I_i)$，必须在此回路中施加一个等于 $-\mathscr{E}_i$ 的电压。于是在 dt 时间内外电源所做的功，即磁场能量的增加量为

$$dW_m = \sum_{i=1}^{N}(-\mathscr{E}_i\xi I_i dt) = \sum_{i=1}^{N}\xi I_i d(\xi\Psi_i) = \sum_{i=1}^{N} I_i\Psi_i\xi d\xi$$

磁场储存的总能量则为

$$W_m = \sum_{i=1}^{N} I_i\Psi_i\int_0^1\xi d\xi = \frac{1}{2}\sum_{i=1}^{N} I_i\Psi_i \tag{3-142}$$

将式(3-141)代入上式，则为

$$W_m = \frac{1}{2}\sum_{i=1}^{N} L_i I_i^2 + \frac{1}{2}\sum_{i=1}^{N}\sum_{j=1(j\neq i)}^{N} M_{ij} I_i I_j \tag{3-143}$$

可见，N 个电流回路系统所储存的磁场总能量包括两部分：上式中第一项是各个电流回路的自能或固有能，第二项则是各电流回路间的相互作用能（互能）。这与带电体系统的电场能量类似。

解题点拨：因为电感器是储存磁场能量的元件，故电感还可以通过它所储存的磁场能量来计算。因此，对于电感的计算有三种方法，即可按定义设电流法、诺伊曼公式法以及利用电感的储能计算自感的场能法。

3.10.2 磁场的能量密度

式(3-143)也容易给人一种误解，即磁场的能量只取决于电流和电感。没有电流的地方，磁场能量不存在。这是错误的！事实上，电流回路系统的磁场总能量存在于整个磁场所处的全部空间中。上述公式仅仅是从宏观物理量电流强度和电感大小的角度反映了磁场的总能量，这是不完善的。为了更加精确地表示磁场的能量分布情况，需要引入磁场能量密度的概念，即空间场域单位体积内的磁场能量。

假设各电流回路都是单匝的，则第 i 个回路的磁链可表示为

$$\Psi_i = \psi_{mi} = \int_{S_i} \boldsymbol{B} \cdot d\boldsymbol{S}_i = \oint_{l_i} \boldsymbol{A} \cdot d\boldsymbol{l}_i$$

将上式代入式(3-142)，得

$$W_m = \frac{1}{2}\sum_{i=1}^{N}\oint_{l_i} \boldsymbol{A} \cdot (I_i d\boldsymbol{l}_i)$$

为使磁场能量的表达式更加普遍，可以认为电流在导电媒质内。由于 $I d\boldsymbol{l} = \boldsymbol{J} dV$，故上式可以写为

$$W_m = \frac{1}{2}\int_V \boldsymbol{A} \cdot \boldsymbol{J} dV \tag{3-144}$$

注意到 $\nabla \times \boldsymbol{H} = \boldsymbol{J}$ 和 $\boldsymbol{B} = \nabla \times \boldsymbol{A}$，并应用矢量微分恒等式：

$$\nabla \cdot (\boldsymbol{H} \times \boldsymbol{A}) = \boldsymbol{A} \cdot (\nabla \times \boldsymbol{H}) - \boldsymbol{H} \cdot (\nabla \times \boldsymbol{A})$$

经过与2.8.2节相类似的推导，得

$$W_m = \frac{1}{2}\int_V \boldsymbol{H} \cdot \boldsymbol{B} dV \tag{3-145}$$

显然，上式中的被积函数是单位体积的磁场能量，即磁场的能量密度

$$w_m = \frac{dW_m}{dV} = \frac{1}{2}\boldsymbol{H} \cdot \boldsymbol{B} \tag{3-146}$$

磁场的能量密度表明了磁场能量在空间的分布情形。在各向同性的线性磁介质中，上式可表示为

$$w_m = \frac{1}{2}\mu H^2 = \frac{B^2}{2\mu} \tag{3-147}$$

对于一个孤立的电流回路，由式(3-143)可知，其磁场能量为

$$W_m = \frac{1}{2}LI^2 \tag{3-148}$$

因此，该回路的自感可以通过它所储存的磁场能量来计算(场能法)，即

$$L = \frac{2W_m}{I^2} = \frac{1}{I^2}\int_V \mu H^2 dV = \frac{1}{I^2}\int_V \frac{B^2}{\mu} dV \tag{3-149}$$

式中，V 遍及有磁场的全部区域。

例 3.16 试求图3-36所示的长为 l 的同轴线的磁场能量与其单位长的自感。

解 忽略同轴线端部的边缘效应，由安培环路定律可以求得同轴线各部分区域内的磁场强度在圆柱坐标系中分别为

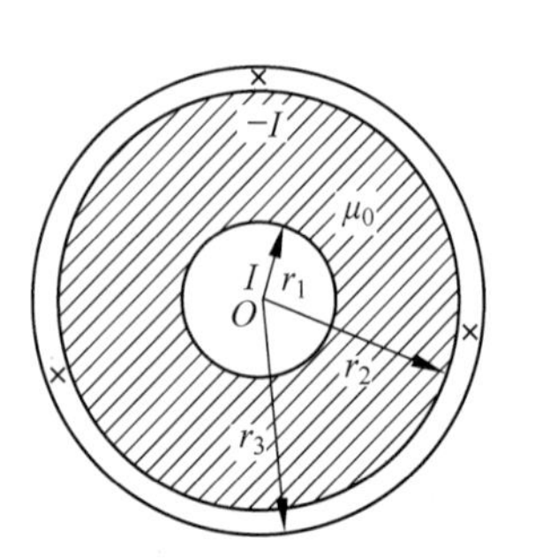

图 3-36 计算同轴线的磁场能量与自感

$r \leqslant r_1$(内导体内):$H_i = \dfrac{Ir}{2\pi r_1^2}$;

$r_1 \leqslant r \leqslant r_2$(电介质内):$H_d = \dfrac{I}{2\pi r}$;

$r_2 \leqslant r \leqslant r_3$(外导体内):

$H_e = \dfrac{I}{2\pi r} \dfrac{r_3^2 - r^2}{r_3^2 - r_2^2}$;

$r \geqslant r_3$(外导体外):$H'_e = 0$。

因此,长为 l 的同轴线的磁场能量为

$$
\begin{aligned}
W_m &= \frac{\mu_0}{2}\int_V H^2 \mathrm{d}V = \frac{\mu_0}{2}\left(\int_0^{r_1} H_i^2 \mathrm{d}V + \int_{r_1}^{r_2} H_d^2 \mathrm{d}V + \int_{r_2}^{r_3} H_e^2 \mathrm{d}V\right) \\
&= \frac{\mu_0 I^2}{8\pi^2}\left[\int_0^{r_1} \frac{r^2}{r_1^4} 2\pi r l \,\mathrm{d}r + \int_{r_1}^{r_2} \frac{1}{r^2} 2\pi r l \,\mathrm{d}r + \int_{r_2}^{r_3} \frac{(r_3^2 - r^2)^2}{r^2 (r_3^2 - r_2^2)^2} 2\pi r l \,\mathrm{d}r\right] \\
&= \frac{\mu_0 I^2 l}{4\pi}\left[\frac{1}{4} + \ln\frac{r_2}{r_1} + \frac{r_3^4}{(r_3^2 - r_2^2)^2}\ln\frac{r_3}{r_2} - \frac{3r_3^2 - r_2^2}{4(r_3^2 - r_2^2)}\right]
\end{aligned}
$$

同轴线单位长的自感则等于

$$
L_0 = \frac{2W_m}{I^2 l} = \frac{\mu_0}{2\pi}\left[\frac{1}{4} + \ln\frac{r_2}{r_1} + \frac{r_3^4}{(r_3^2 - r_2^2)^2}\ln\frac{r_3}{r_2} - \frac{3r_3^2 - r_2^2}{4(r_3^2 - r_2^2)}\right]
$$

式中,第一项是内导体的内自感,最后两项是外导体的内自感,而第二项常常是最主要的,它是同轴线单位长的外自感,于是有

$$
L_0 \approx L_{e0} = \frac{\mu_0}{2\pi}\ln\frac{r_2}{r_1}
$$

考虑到同轴线单位长的电容为 $C_0 = \dfrac{2\pi\varepsilon_0}{\ln\dfrac{r_2}{r_1}}$,故有 $L_0 C_0 = \varepsilon_0 \mu_0$。

*3.11 科技前沿:静磁隐身衣

Pendry 等人在 2008 年提出了静磁超材料,可以用来实现基于变换光学原理的静磁隐身衣。他们的做法是把超导体和铁氧体的层状结构看成是一种等效的超磁性材料,这种材料的磁导率具有各向异性的特点。2012 年,科学家们已经从实验上证实了静磁隐身衣的可行性。图 3-37 即为一种二维静磁隐身衣原理图,它是通过铁磁材料和超导材料实现静磁隐身效果的,理论基础是磁化相消的原理。

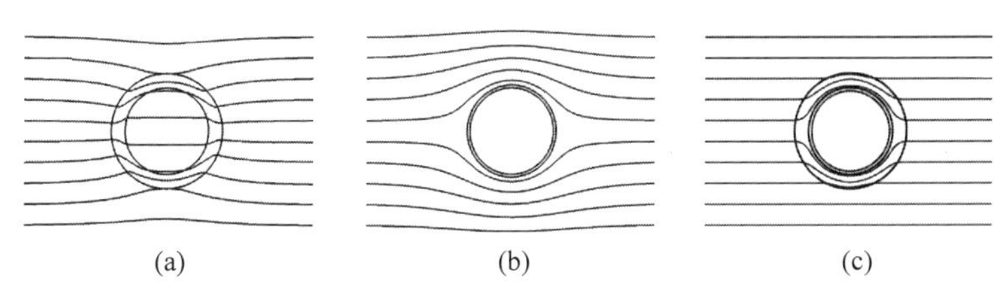

图 3-37 静磁隐身衣原理图

图 3-37 为该静磁隐身衣的大致工作原理。图 3-37(a)为只有铁磁圆柱套层置于稳恒外磁场 $\boldsymbol{H}_0$ 的情形，铁磁体的磁导率为 $\mu_r=3.54$，周围环境为空气介质。可以看到，柱套内的磁场为均匀场，柱外附近磁场受到的影响最大，磁力线向铁磁柱套方向发生弯曲；图 3-37(b)为只有超导体圆柱套层置于稳恒外磁场 $\boldsymbol{H}_0$ 的情形，超导体的磁导率为 $\mu_r=0$。可以看到，柱套内不存在磁场，这与超导材料具有完全抗磁特性相符合，因而磁场全部分布于柱外，附近的磁场线绕行而过；图 3-37(c)为超导体和铁磁材料双层柱套置于稳恒外磁场 $\boldsymbol{H}_0$ 的情形。其中，铁磁体的磁导率仍为 $\mu_r=3.54$。可以看到，不仅柱内不存在磁场，柱外磁场也不受圆柱套层的影响，即对于柱内的目标实现了完美的隐身效果。理论分析(详见第 4 章例 4.8)可得实现隐身时对铁磁材料磁导率要求满足：$\mu_{r2}=\dfrac{R_2^2+R_1^2}{R_2^2-R_1^2}$。其中，$R_0$、$R_1$、$R_2$ 分别表示由里到外超导体和铁磁体圆环的内外半径，实验中取 $R_0=0.96R_1$，$R_2=1.34R_1$，测量结果与理论基本吻合。有兴趣的读者可以参阅文献，或参考本书第 4 章的内容自行推导上述公式。

本章小结

1. 本章知识结构框架

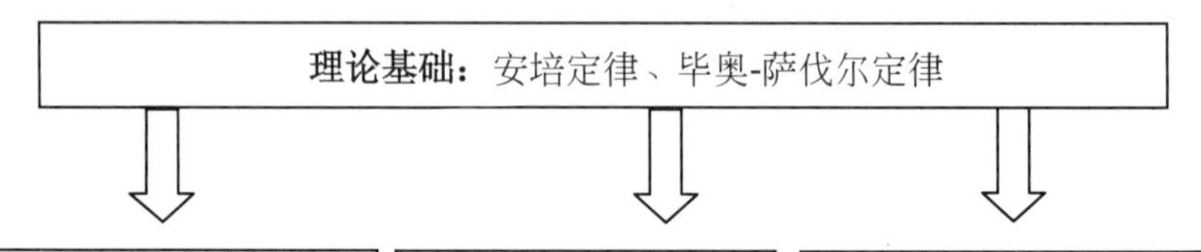

基本概念：

(1) 磁感应强度：$\boldsymbol{B}$

(2) 磁通量：$\psi_m=\int_S \boldsymbol{B}\cdot\mathrm{d}\boldsymbol{S}$

(3) 磁矢势：$\boldsymbol{B}=\nabla\times\boldsymbol{A}$

(4) 磁化强度：$\boldsymbol{M}=n\boldsymbol{m}$

(5) 磁矩：$\boldsymbol{m}=I\boldsymbol{S}$

(6) 磁标势：$\boldsymbol{H}=-\nabla\phi_m$

(7) 电感：$L=\dfrac{\psi}{I}$，$M_{ij}=\dfrac{\psi_{ij}}{I_j}$

(8) 磁场能量密度：$w_m=\dfrac{1}{2}\boldsymbol{B}\cdot\boldsymbol{H}$

基本规律：

(1) 磁通连续性原理：

$$\oint_S \boldsymbol{B}\cdot\mathrm{d}\boldsymbol{S}=0$$

$$\nabla\cdot\boldsymbol{B}=0$$

(2) 安培环路定律：

$$\oint_l \boldsymbol{H}\cdot\mathrm{d}\boldsymbol{l}=\sum_i I_i$$

$$\nabla\times\boldsymbol{H}=\boldsymbol{J}$$

(3) 边界条件：

$$\boldsymbol{n}\cdot(\boldsymbol{B}_1-\boldsymbol{B}_2)=0$$

$$\boldsymbol{n}\times(\boldsymbol{H}_1-\boldsymbol{H}_2)=\boldsymbol{J}_S$$

基本计算：

(1) 磁感应强度：
- 用毕奥-萨伐尔定律；
- 用安培环路定律；
- 矢势法（积分）；
- 矢势微分方程：泊松方程或拉普拉斯方程；
- 解磁标势的拉普拉斯方程（无源区）。

(2) 电感：
- 定义法；
- 诺依曼公式法；
- 磁能法。

2. 几种静态场的比较

类别	静电场	稳恒电场	稳恒磁场
场力	$\boldsymbol{F}_{21}=\dfrac{Q_1Q_2}{4\pi\varepsilon R_{12}^2}\boldsymbol{e}_{R_{12}}$ $\boldsymbol{F}=Q\boldsymbol{E}$	$\boldsymbol{F}_{静}=q\boldsymbol{E}_{恒}$ $\boldsymbol{F}_{非静}=q\boldsymbol{E}_{局外}$	$\boldsymbol{F}_{21}=\dfrac{\mu I_1I_2}{4\pi}\oint_{l_2}\oint_{l_1}\dfrac{\mathrm{d}\boldsymbol{l}_2\times(\mathrm{d}\boldsymbol{l}_1\times\boldsymbol{e}_{R_{12}})}{R^2}$ $\boldsymbol{F}=\oint_{l'}I\mathrm{d}\boldsymbol{l}'\times\boldsymbol{B}$
	洛伦兹力公式：$\boldsymbol{f}=\rho\boldsymbol{E}+\boldsymbol{J}\times\boldsymbol{B}$		
场和势函数	$\phi=\dfrac{1}{4\pi\varepsilon}\int\dfrac{\mathrm{d}Q}{R}$ $\boldsymbol{E}=\dfrac{1}{4\pi\varepsilon}\int\dfrac{\mathrm{d}Q}{R^2}\boldsymbol{e}_R$	$\phi=\dfrac{1}{\sigma}\int_P^{\infty}\boldsymbol{J}\cdot\mathrm{d}\boldsymbol{l}$	$\boldsymbol{B}=\dfrac{\mu}{4\pi}\int_{l'}\dfrac{I\mathrm{d}\boldsymbol{l}'\times\boldsymbol{e}_R}{R^2}$ $\boldsymbol{A}=\dfrac{\mu I}{4\pi}\int_{l'}\dfrac{\mathrm{d}\boldsymbol{l}'}{R}$ $I\mathrm{d}\boldsymbol{l}'=\boldsymbol{J}_S\mathrm{d}S'=\boldsymbol{J}\mathrm{d}V'$
基本方程	$\nabla\cdot\boldsymbol{D}=\rho$ $\nabla\times\boldsymbol{E}=0$ $\boldsymbol{D}=\varepsilon\boldsymbol{E}$	$\nabla\cdot\boldsymbol{J}=0$ $\nabla\times\boldsymbol{E}=0$ $\boldsymbol{J}=\sigma\boldsymbol{E}$	$\nabla\cdot\boldsymbol{B}=0$ $\nabla\times\boldsymbol{H}=\boldsymbol{J}$ $\boldsymbol{B}=\mu\boldsymbol{H}$
微分方程	$\nabla^2\phi=-\dfrac{\rho}{\varepsilon}(\boldsymbol{E}=-\nabla\phi)$	$\nabla^2\phi=0(\boldsymbol{E}=-\nabla\phi)$	$\nabla^2\boldsymbol{A}=-\mu\boldsymbol{J}(\boldsymbol{B}=\nabla\times\boldsymbol{A})$ $\nabla^2\phi_{\mathrm{m}}=0(\boldsymbol{H}=-\nabla\phi_{\mathrm{m}})$
边界条件	$D_{1n}-D_{2n}=\rho_S$ $E_{1t}=E_{2t}$ $\phi_1=\phi_2$ $\varepsilon_1\dfrac{\partial\phi_1}{\partial n}=\varepsilon_2\dfrac{\partial\phi_2}{\partial n}(\rho_S=0)$	$J_{1n}=J_{2n}$ $E_{1t}=E_{2t}$ $\phi_1=\phi_2$ $\sigma_1\dfrac{\partial\phi_1}{\partial n}=\sigma_2\dfrac{\partial\phi_2}{\partial n}$	$H_{1t}-H_{2t}=J_S$ $B_{1n}=B_{2n}$ $\boldsymbol{A}_1=\boldsymbol{A}_2\left(\dfrac{1}{\mu_1}\nabla\times\boldsymbol{A}_1-\dfrac{1}{\mu_2}\nabla\times\boldsymbol{A}_2\right)_t=J_S$ $\phi_{\mathrm{m}1}=\phi_{\mathrm{m}2};\mu_1\dfrac{\partial\phi_{\mathrm{m}1}}{\partial n}=\mu_2\dfrac{\partial\phi_{\mathrm{m}2}}{\partial n}(J_S=0)$
对偶量	$\boldsymbol{D}=\varepsilon_0\boldsymbol{E}+\boldsymbol{P}=\varepsilon\boldsymbol{E}$ $\varepsilon=\varepsilon_0(1+\chi_{\mathrm{e}})=\varepsilon_0\varepsilon_{\mathrm{r}}$ $Q=\oint_S\boldsymbol{D}\cdot\mathrm{d}\boldsymbol{S}$		$\boldsymbol{B}=\mu_0(\boldsymbol{H}+\boldsymbol{M})$ $\mu=\mu_0(1+\chi_{\mathrm{m}})=\mu_{\mathrm{r}}\mu_0$ $\psi_{\mathrm{m}}=\int_S\boldsymbol{B}\cdot\mathrm{d}\boldsymbol{S}$
电路参数	$C=\dfrac{Q}{U}=\dfrac{\varepsilon\oint_S\boldsymbol{E}\cdot\mathrm{d}\boldsymbol{S}}{\int_l\boldsymbol{E}\cdot\mathrm{d}\boldsymbol{l}}$	$G=\dfrac{I}{U}=\dfrac{\sigma\oint_S\boldsymbol{E}\cdot\mathrm{d}\boldsymbol{S}}{\int_l\boldsymbol{E}\cdot\mathrm{d}\boldsymbol{l}}$	$L=\dfrac{\Psi}{I}=\dfrac{N\int_S\boldsymbol{B}\cdot\mathrm{d}\boldsymbol{S}}{\sigma\int_S\boldsymbol{E}\cdot\mathrm{d}\boldsymbol{S}}$
场的通量	$\psi_{\mathrm{e}}=\int_S\boldsymbol{E}\cdot\mathrm{d}\boldsymbol{S}$		$\psi_{\mathrm{m}}=\int_S\boldsymbol{B}\cdot\mathrm{d}\boldsymbol{S}=\oint_l\boldsymbol{A}\cdot\mathrm{d}\boldsymbol{l}$
场源分布	$\rho=\dfrac{\mathrm{d}Q}{\mathrm{d}V'}$ $\rho_S=\dfrac{\mathrm{d}Q}{\mathrm{d}S'}$ $\rho_l=\dfrac{\mathrm{d}Q}{\mathrm{d}l'}$		$J=\dfrac{\mathrm{d}I}{\mathrm{d}S'}$ $J_S=\dfrac{\mathrm{d}I}{\mathrm{d}l'}$ $I=\dfrac{\mathrm{d}Q}{\mathrm{d}t}$
介质的极化和磁化规律	$\boldsymbol{p}=Q\boldsymbol{l}$ $\boldsymbol{P}=n\boldsymbol{p}=\varepsilon_0\chi_{\mathrm{e}}\boldsymbol{E}=(\varepsilon-\varepsilon_0)\boldsymbol{E}$ $\rho_{\mathrm{b}}=-\nabla\cdot\boldsymbol{P}=-\dfrac{\varepsilon_{\mathrm{r}}-1}{\varepsilon_{\mathrm{r}}}\rho$ $\rho_{S\mathrm{b}}=\boldsymbol{P}\cdot\boldsymbol{n}$		$\boldsymbol{m}=I\boldsymbol{S}$ $\boldsymbol{M}=n\boldsymbol{m}=\chi_{\mathrm{m}}\boldsymbol{H}$ $\boldsymbol{J}_{\mathrm{m}}=\nabla\times\boldsymbol{M}=(\mu_{\mathrm{r}}-1)\boldsymbol{J}$ $\boldsymbol{J}_{S\mathrm{m}}=\boldsymbol{M}\times\boldsymbol{n}$

续表

类别	静电场	稳恒电场	稳恒磁场
场能	$W_e=\frac{1}{2}\sum_{i=1}^{N}Q_i\phi_i$ $W_e=\frac{1}{2}\int_V \boldsymbol{D}\cdot\boldsymbol{E}\mathrm{d}V$ $w_e=\frac{1}{2}\boldsymbol{D}\cdot\boldsymbol{E}=\frac{1}{2}\varepsilon E^2=\frac{D^2}{2\varepsilon}$		$W_m=\frac{1}{2}\sum_{i=1}^{N}I_i\Psi_i$ $W_m=\frac{1}{2}\int_V \boldsymbol{H}\cdot\boldsymbol{B}\mathrm{d}V$ $w_m=\frac{1}{2}\boldsymbol{H}\cdot\boldsymbol{B}=\frac{1}{2}\mu H^2=\frac{B^2}{2\mu}$

3. 稳恒磁场的场量与场源之间的关系

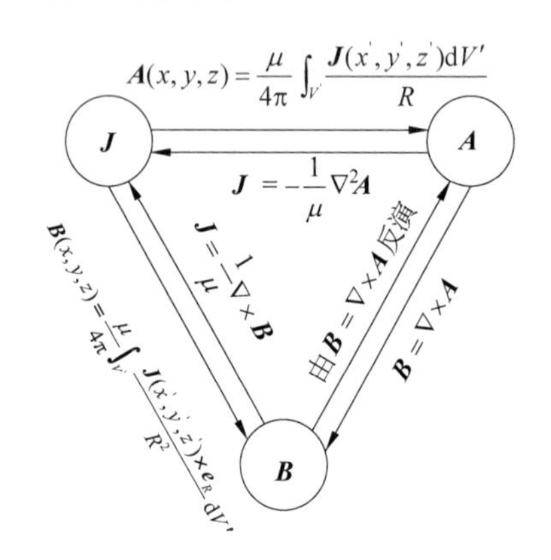

习题

3.1　一半径为 a 的均匀带电球，已知该球所带电量为 Q，球体以匀角速度 ω 绕极轴旋转，求：

(1) 球内的电流密度；

(2) 若为电荷分布均匀的导体球壳，其他条件不变，求球表面的面电流分布。

3.2　同轴线中内外导体的半径分别为 r_1 和 r_2，其电导率为 σ，内外导体中载有等值而异号的电流 I，两导体间的电压为 U_0，并填满介电常数为 ε 的介质。试求内导体表面上的电场强度的切向分量和法向分量之比。

3.3　球形电容器中内外极板的半径分别为 r_1 和 r_2，其中的介质是有耗的，电导率为 σ，介电常数为 ε。若两极板间的电压为 U_0，试求介质中的电势、电场强度与漏电导。

3.4　在双层介质平行板电容器中，厚度分别为 d_1 与 d_2 的两层介质填满两极板间的空间，且其分界面与极板平行。如果介质都是有耗的，其电导率和介电常数分别为 σ_1 与 σ_2 及 ε_1 与 ε_2。当两极板间的电压为 U_0 时，试求每层介质上的电场、漏电流密度及介质分界面上的束缚电荷面密度。

3.5　有两片厚度均为 d、电导率分别为 σ_1 与 σ_2 的导体片组成弧形导电片，其内外半径分别为 r_1 和 r_2（见题 3.5 图）。

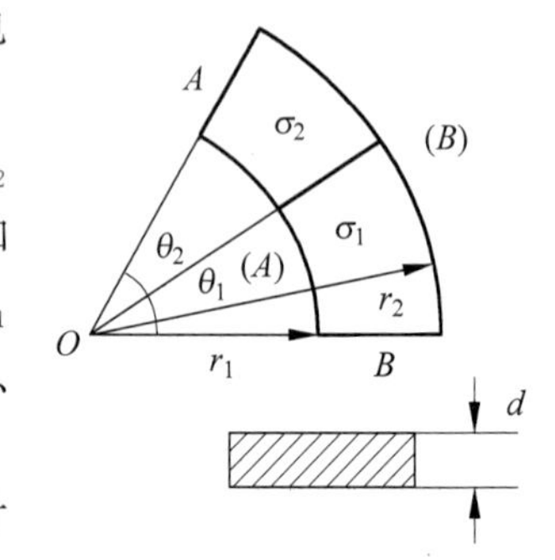

题 3.5 图

若 A、B 两端面间加电压 U，且以 B 端面为电势的参考点，试求：

(1) 弧片内的电势分布；

(2) 弧片中的总电流和总电阻；

(3) 分界面上的自由电荷面密度。

如果将电极改置于导电片的两弧边，重求之。

3.6　一个半径为 a 的导体球，作为接地电极深埋于地下，设大地的电导率为 σ，求接地电阻。

3.7　两无限长平行直线电流线相距为 d，分别载有等值而异号的电流 I。试求两载流线间单位长度的相互作用力。

3.8　有一宽度为 b、载有电流 I 的无限长薄导体带位于 $x=0$ 的平面上，其中心线与 z 轴重合。试求 x 轴上任一点的磁感应强度。若 $b\to\infty$，且面电流密度为 J_S，重新计算前述问题。

3.9　有一半径为 a、长为 l 的圆柱形长螺线管，单位长度上密绕 n 匝线圈，其中通有电流 I。试求螺线管轴线上的磁感应强度，并讨论螺线管趋于无限长时的情况。

3.10　在下列情况下，导线中的电流为 I，所有圆的半径均为 a。试求下列情况（见题3.10图）下圆心处的磁感应强度：

(1) 长直导线突起一半圆，圆心在导线所在的直线上；

(2) 两平行长直导线及与之相切的半圆导线；

(3) 将电流环沿某一直径折成相互垂直的半圆面。

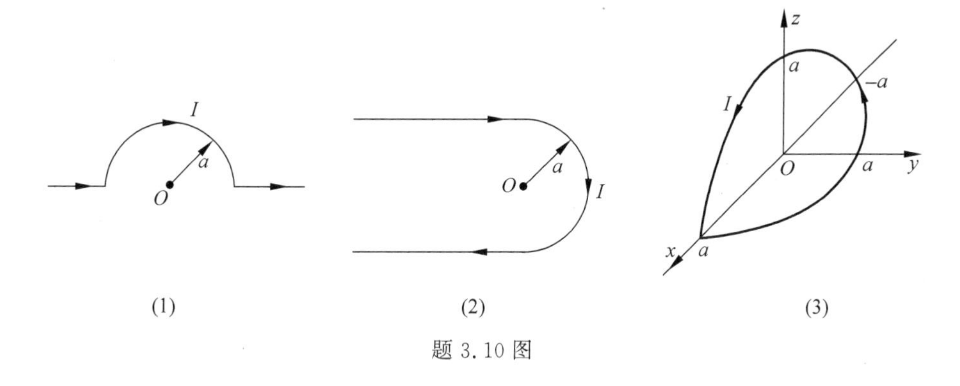

题 3.10 图

3.11　下列的矢量函数中，哪些可能是磁场？若是，求其漩涡源。

(1) $\boldsymbol{B}=az\boldsymbol{e}_z$；

(2) $\boldsymbol{B}=ay\boldsymbol{e}_x-ax\boldsymbol{e}_y$；

(3) $\boldsymbol{B}=a\boldsymbol{e}_x+b\boldsymbol{e}_y$；

(4) $\boldsymbol{B}=\dfrac{\mu_0 Ir}{2\pi a^2}\boldsymbol{e}_\varphi$（圆柱坐标系）。

3.12　设在赤道上地球的磁场 $\boldsymbol{B}_0$ 与地平面平行，方向指向北方。若 $B_0=5\times10^{-5}\mathrm{T}$，已知铜导线的质量密度为 $\rho_m=8.9\mathrm{g/cm^3}$，试求铜导线在地球的磁场中飘浮起来所需要的最小电流密度。

3.13　雷达或微波炉中磁控管的工作原理可用阳极与阴极为平行导体板的模型来说明。两极板的间距为 d，电压为 U，且在两极板间有稳恒磁场 $\boldsymbol{B}_0$ 平行于极板（见题3.13图）。试证明，如果

$$U < \frac{eB_0^2 d^2}{2m}$$

则以零初速自阴极发射的电子不能到达阳极。(式中 e、m 分别为电子电荷与质量。)

3.14 无限长导体圆管的内外半径分别为 r_1 和 r_2,其中通有均匀分布且沿轴向的电流 I。试求导体圆管内外的磁感应强度。

3.15 两个半径分别为 a 和 $b(a<b)$ 的平行长直圆柱体,其轴线间距为 d,且 $b-a<d<a+b$。除重叠区域 S 外,两圆柱体中有沿轴向等值而反向的电流密度 $\boldsymbol{J}_0$ 且均匀分布(见题 3.15 图)。试求重叠区域 S 中的磁感应强度($d<a-b$)。

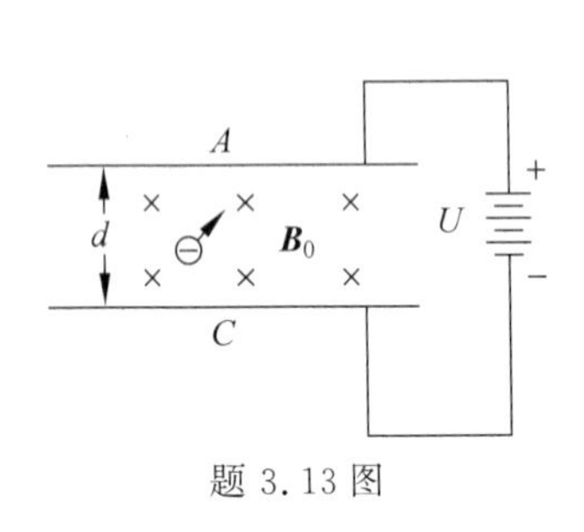

题 3.13 图

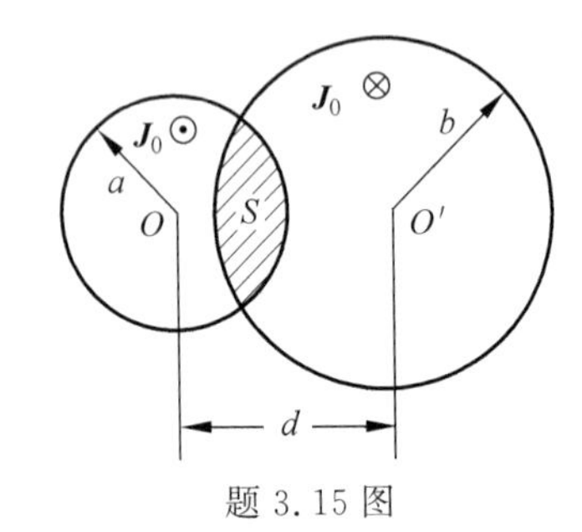

题 3.15 图

3.16 有一 N 匝、载电流 I、边长为 a 的方环形线圈,位于均匀磁场 $\boldsymbol{B}_0$ 中。若环面法线与 $\boldsymbol{B}_0$ 的夹角为 α,试求磁场作用于方环形线圈的转矩。

3.17 有一细小磁铁棒,沿其纵向的磁矩为 $\boldsymbol{m}$,位于无限长细直线电流 I 的磁场里,且线电流 I 沿 $\boldsymbol{m}$ 的方向为正。若磁棒与线电流的距离为 d,试求磁场作用于磁棒上的转矩。

3.18 有一用细导线密绕成 N 匝的平面螺旋形线圈,其半径为 a,通有电流 I(见题 3.18 图)。试求其磁矩。

3.19 一半径为 a 的无限长螺线管,单位长度上密绕 n 匝线圈,其中通有电流 I。螺线管中填满磁导率为 μ 的磁芯。试求螺线管内的磁场强度、磁感应强度和磁芯表面的磁化面电流密度。

3.20 有一电磁铁由磁导率为 μ 的 U 形铁轭和一个长方体铁块构成,其厚度均为 b,宽度均为 d(见题 3.20 图)。为避免铁块与铁轭直接接触,两者之间有一厚度为 t 的薄铜片。如果铁轭半圆的平均半径为 a,圆心至铜片的距离为 h,且铁轭上绕有通电流 I 的 N 匝线圈。试求铜片隙中的磁通、磁阻与磁感应强度。

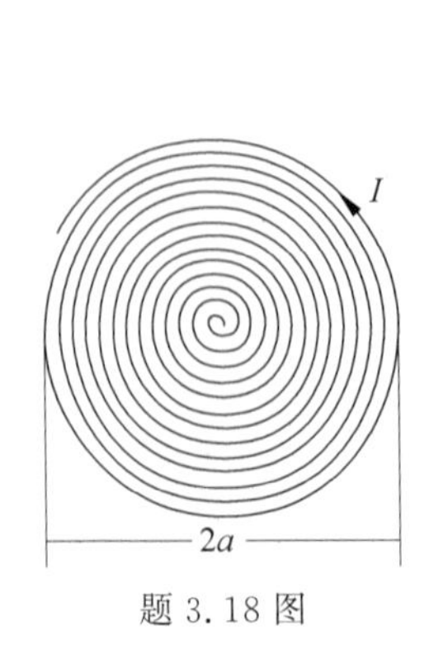

题 3.18 图

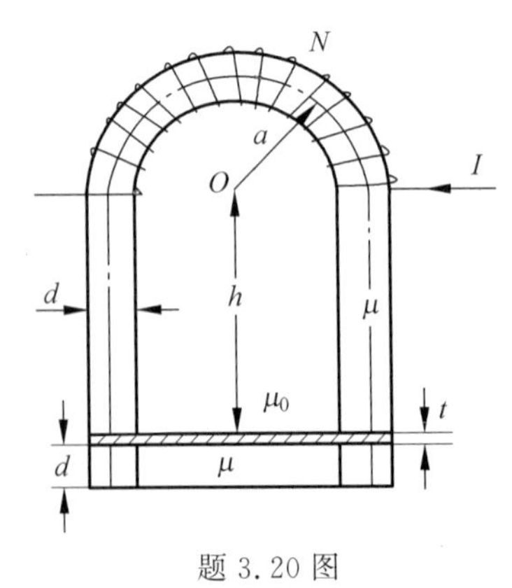

题 3.20 图

3.21　一半径为 a、载均匀分布的电流为 I 的长直圆柱导体，其磁导率为 μ_0。它外面套以同轴的磁导率为 μ 的磁介质圆管，其内外半径分别为 b 与 $c(a<b<c)$。试求空间各点的磁场强度和磁感应强度及磁介质圆管表面上的磁化面电流密度。如果移去磁介质圆套管，磁场的分布有何变化？

3.22　一半径为 a、长为 L、磁导率为 μ 的均匀磁化圆柱形永久磁铁，其磁化强度 $\boldsymbol{M}_0$ 沿柱轴方向。试求圆柱体内与柱面上的磁化电流密度及柱轴上的磁感应强度。

3.23　半径为 a 的磁介质球，其磁导率为 μ，球外为空气。已知球内外的磁场强度分别为

$$\boldsymbol{H}_1 = C(\cos\theta \boldsymbol{e}_r - \sin\theta \boldsymbol{e}_\theta) \quad \text{和} \quad \boldsymbol{H}_2 = D\left(\frac{2}{r^3}\cos\theta \boldsymbol{e}_r + \frac{1}{r^3}\sin\theta \boldsymbol{e}_\theta\right)$$

试决定系数 C、D 的关系，并求出磁介质球表面上的自由面电流密度 $\boldsymbol{J}_S$ 和总的面电流密度 $\boldsymbol{J}_{St}$。

3.24　有一铁磁材料的球壳，其内外半径分别为 r_1 和 r_2，它被均匀磁化到 $\boldsymbol{M}_0$，其方向沿极轴。试求球壳内外极轴上的磁标势及磁感应强度。

3.25　在空气与磁导率为 μ 的铁磁物质的分界平面上，有一载电流 I 的无限长细直导线。试分别求空气和铁磁物质中的磁场强度和磁感应强度。

3.26　试求一平均半径为 a、圆截面半径为 $b(b \ll a)$，其上密绕 N 匝线圈的非磁性导体圆环的自感。

3.27　有两对相互平行的双根传输线 1、2 和 3、4，它们的相对位置如题 3.27 图所示。试求两对传输线之间单位长度的互感。

3.28　在空气中一载电流为 I 的长直导线的磁场中，有一与之共面的边长分别为 a、b 的平行四边形导线回路，如题 3.28 图所示。试求该直导线与导线回路的互感。

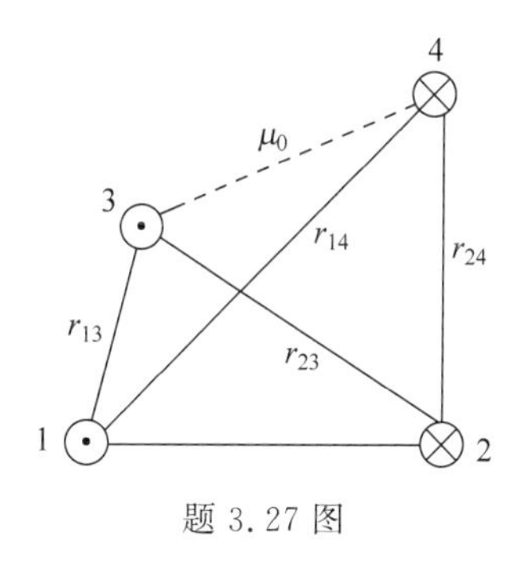

题 3.27 图

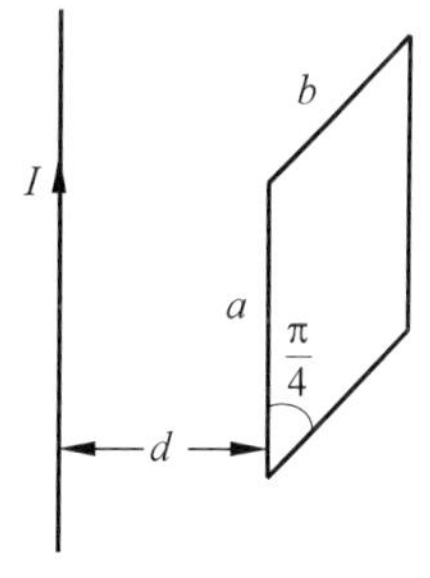

题 3.28 图

3.29　内外半径分别为 r_1 与 r_2、磁导率为 μ 的无限长直导体圆筒，其中通有沿轴向的电流 I 且均匀分布。试求单位长导体内的磁场能量和内自感。

3.30　一平均半径为 a、圆截面半径为 $b(b \ll a)$ 的环形铁芯螺线管，其中铁芯的磁导率为 μ，环上密绕 N 匝线圈并通有电流 I。试求此环形铁芯螺线管的磁场能量和自感。

3.31　试证明磁路中储存的磁场能量等于 $W_m = \frac{1}{2}\Psi_m^2 R_m$，其中 R_m 是磁阻。

3.32 一环形铁芯螺线管，平均半径为15cm，其圆形截面的半径为2cm，铁芯的相对磁导率为$\mu_r=1400$，环上密绕1000匝线圈，通过电流0.7A。试计算：

(1) 螺线管的电感；

(2) 在铁芯上开一0.1cm的气隙，再计算电感(假设开口后铁芯的磁导率不变)；

(3) 空气隙和铁芯中磁场能量的比值。

第4章 静态场边值问题的解法

CHAPTER 4

本章导读：第2章中对于静电场的求解采用了库仑场强法、高斯定理法、电势法等；之后，针对第3章静磁场问题的求解，采用了毕-萨定律法、安培环路法、磁矢势或磁标势法等等。这些方法，对于简单问题，尤其是无限大空间中的电荷或电流分布等，都是非常有效的。但是，在一般情况下，由电荷或电流分布求解静态场的问题均可归结为在给定边界条件下求解静电势或磁矢量势的泊松方程或拉普拉斯方程的问题，或者磁标势的拉普拉斯方程，即场的边值问题。本章阐述求解边值问题的主要解法，主要内容包括静态场唯一性定理及其应用、介质和导体边界的镜像法、三种坐标系下的分离变量法、保角变换法等。这些方法既适用于静态场和准静态场，也适用于时变电磁场。可以看到，本章介绍的大多数方法，是开展电磁领域研究的重要基础科研工具，具有重要的理论价值！

4.1 静态场边值问题的分类和唯一性定理

4.1.1 静态场边值问题的分类

静态场包括静电场、稳恒电流的电场与静磁场。更广泛些，还可包括准静态场，即变化缓慢的时变场，例如似稳电磁场。

在较复杂的场源或媒质分布下，求解静态场的基本问题都可以归结为求解场的标量势或矢量势的泊松方程或拉普拉斯方程满足给定边值条件下的解。通常将满足一定边值条件的微分方程的求解问题，称为边值问题。势函数的泊松方程与拉普拉斯方程解的关系和非齐次微分方程与齐次微分方程的解类似，即泊松方程的通解是对应的拉普拉斯方程的通解再加上泊松方程的特解。

静态场的边值问题可分为三类：第一类边值问题(也称为狄里赫利问题)是给定整个边界上的势函数值 $\phi|_S=\phi(\zeta)$，其中 ζ 是边界 S 上的点，例如静电场中给定各导体表面的电势值；第二类边值问题(也称为诺伊曼问题)是给定整个边界上势函数的法向导数值 $\left.\frac{\partial \phi}{\partial n}\right|_S=f(\zeta)$，例如静电场中给定各导体的电荷面密度值 $\rho_S=-\varepsilon\frac{\partial \phi}{\partial n}$ 或总电量 $Q=-\oint_S \varepsilon\frac{\partial \phi}{\partial n}\mathrm{d}S$；第三类边值问题(也称为鲁宾问题)则是混合边值问题，即在一部分边界上给定势函数值 $\phi|_{S_i}=$

$\phi(\zeta)$,而在另一部分边界上给定势函数的法向导数值$\left.\frac{\partial\phi}{\partial n}\right|_{S_j}=f(\zeta)(j\neq i)$。求解静态场边值问题的方法很多,本章主要介绍几种常用的解析方法:镜像法、分离变量法、保角变换法等。

4.1.2 静态场的边值条件

静态场边值问题的边值条件有如下三种类型:

(1) 场域边界上给定的边值条件。若场域边界上给定的势函数值 $\phi(\zeta)=0$ 或其法向导数值 $f(\zeta)=0$,这称为齐次边值条件;反之,$\phi(\zeta)\neq0$ 或 $f(\zeta)\neq0$,则称为非齐次边值条件。场域边界上给定的边值条件又可以分为三类,分别对应于上述三类边值问题。

(2) 分界面上场量的衔接条件。分界面上场量的衔接条件是指电场和磁场或静电势、磁矢势或磁标势在场域边界上的边界条件,即电场和磁场的边界条件。在所研究的问题是分区均匀的情况下,在不同区域的分界面上,往往要使用衔接条件做场量匹配。

(3) 自然边值条件。这是指不言而喻的边界条件。比如,当场域包含坐标系的原点或极轴时,场量应为有限值;若场源分布在有限远的区域,则当场点趋近于无穷远即 $r\to\infty$时,场值应为零等。此外,在柱坐标系或球坐标系下,一般情况下,当水平方位角增加 2π 时,场点又回到同一点,因此,场值也必须为同一个。也就是说,场量必须是水平方位角的周期函数。这称为周期性边界条件,也可以看作是自然边界条件的一个特例。

4.1.3 静态场边值问题的求解方法

静态场边值问题的求解方法很多,主要有解析法、数值计算法、图解法和实验法等。

解析法包括镜像法、电轴法、分离变量法、格林函数法及复变函数法等,其中除分离变量法是直接解析法外,其他都是间接的解析方法。在解析法中,还包括近似解析法。

数值计算法包括有限差分法、有限元法、边界元法、矩量法等利用计算机进行数值计算的方法。另外,还有半解析与半数值计算相结合的混合方法。

图解法是利用计算机或人工作图实现求解的方法。例如,静电场的电力线和等势线处处相互垂直,且在导体表面上电力线与其垂直而等势线与其平行,满足这些条件的场图便是待求的场图。由场图可知场域各处电场的大小和方向。

实验法是用物理实验的方法来确定在满足给定边值条件下的势或场。比如,在给定边值条件下,利用等电阻网格或导电液槽测定场域各处的电势等方法。

4.1.4 唯一性定理

唯一性定理可以表述为:对于任一静态场(也包括准静态场),满足一定边界条件的泊松方程或拉普拉斯方程的解是唯一的,即在区域 V 内给定自由电荷(或电流)分布,在 V 的边界 S 上给定电势 ϕ 或其法向导数$\frac{\partial\phi}{\partial n}$的值(或者矢势 A 或磁标势 ϕ_m 的相应值),则 V 内的场便被唯一地确定。唯一性定理是很重要的,它意味着可以自由地选择任何一种计算场的方法。

现以静电场第一边值问题为例来证明唯一性定理。若使电势 ϕ 为边值问题唯一正确的解,一是电势 ϕ 必须满足泊松方程或拉普拉斯方程,二是电势 ϕ 要满足场域边界上的边值条件。要证明唯一性定理，可以使用反证法，如图4-1所示，先假定在场域内有两个满足上述条件的解 ϕ_1 和 ϕ_2，即

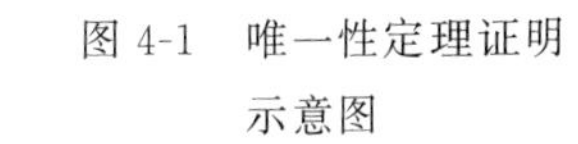

图4-1 唯一性定理证明示意图

$$\begin{cases}\nabla^2\phi_1=-\dfrac{\rho}{\varepsilon}\\ \phi_1\big|_S=\phi(\zeta)\end{cases}\quad 和 \quad \begin{cases}\nabla^2\phi_2=-\dfrac{\rho}{\varepsilon}\\ \phi_2\big|_S=\phi(\zeta)\end{cases}$$

其中 ζ 是边界上的点。将上述两组式子相减，则有

$$\begin{cases}\nabla^2\phi'=0\\ \phi'\big|_S=0\end{cases}$$

其中 $\phi'=\phi_1-\phi_2$。考虑在场域内应用格林第一恒等式(1-28)，即

$$\int_V(\phi\,\nabla^2\psi+\nabla\phi\cdot\nabla\psi)\mathrm{d}V=\oint_S\phi\,\nabla\psi\cdot\mathrm{d}\boldsymbol{S}$$

同时，取上式中的标量函数 $\phi=\psi=\phi'$，并考虑到 $\nabla^2\phi'=0$，则有

$$\int_V|\nabla\phi'|^2\mathrm{d}V=\oint_S\phi'\,\nabla\phi'\cdot\mathrm{d}\boldsymbol{S}=\oint_S\phi'\frac{\partial\phi'}{\partial n}\mathrm{d}S$$

式中，S 是包围场域 V 的闭合曲面。考虑到 ϕ' 在 S 上处处为零$\left(如果是第二边值问题，则\dfrac{\partial\phi}{\partial n}=0\right)$，所以上式右端的积分为零。

因 $|\nabla\phi'|^2$ 总是非负值，要使上式左端的积分为零，只有满足

$$\nabla\phi'=0$$

故有

$$\phi'=C$$

于是得 $\phi_1=\phi_2+C$，其中 C 是任意常数。由于电势取值与电势零点选择有关，不同的电势参考点对应的电势分布仅仅差一个常数，因此上述两个电势的差别可以看作是电势参考点选择的不同而造成的，从而证明了唯一性定理。当边界条件是第二或第三类时，仿照相同的方法可以证明该定理。

4.1.5 基于唯一性定理求解边值问题

唯一性定理的重要意义在于，当满足一定边界条件的电势问题的解存在时，该解是唯一的，而与求解该问题使用的具体方法无关。换句话说，如果有能力看出边值问题的解，那它一定是唯一的解。这就为实际应用中的"试探法"奠定了理论基础。

例4.1 一个内部有不规则空腔的导体，外表面 S_e 电势为5V(见图4-2)。求空腔 V 内的电势分布。

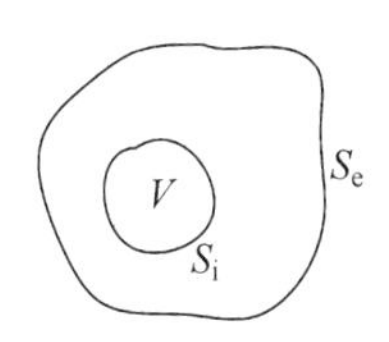

图4-2 空腔内的电势分布

解 由静电场中导体的性质知，空腔内表面 S_i 电势也为5V，因此边值问题是

$$\begin{cases}\nabla^2\phi=0\\ \phi\big|_{S_i}=\phi\big|_{S_e}=5\end{cases}$$

观察可知，如果空腔内的电势为5V，则电势满足拉普拉斯

方程(常数),而且其满足边界条件。因此,由唯一性定理,所求电势分布即为5V。

例4.2 有一个半径为 a,带电量为 Q 的导体球,其球心位于两种不同介质的分界平面上,如图4-3所示。试求两介质中的电场强度和其表面上的电荷分布。

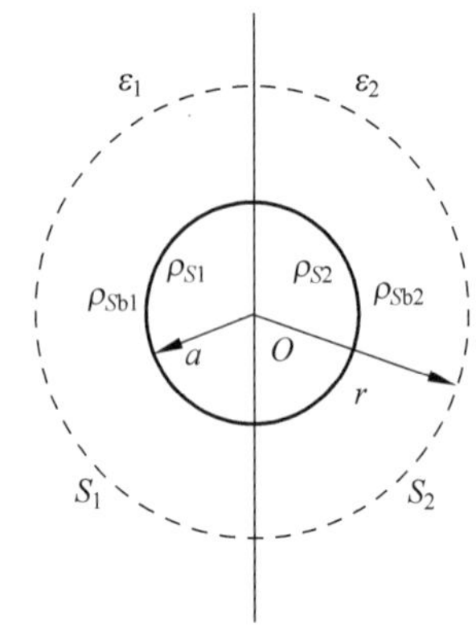

图4-3 介质分界面上的带电导体球

解 本题是属于比较典型的分区均匀的静电场问题。区域1和区域2中的电势分布,都满足拉普拉斯方程;且在两种介质的分界面上满足所谓的"衔接条件",即:电场强度的切向分量连续,电位移矢量的法向分量连续。同时,在介质和金属的边界面上,满足切向电场为零、总电荷量为 Q 的条件。此题目如果采用其他分析方法比较复杂,但如果考虑采用唯一性定理求解,则相当简单。这里的出发点依旧是:①场分布满足静电场的方程;②场分布满足所有的边界条件。据此,采用球坐标系,使其原点与导体球的球心重合。

为了求得电场强度 $\boldsymbol{E}_1$ 和 $\boldsymbol{E}_2$,不妨假定它们仍然具有球对称性,并且沿着径向,即取试探场为(试探场显然满足两个介质分界面上的边界条件)

$$\boldsymbol{E}_1=\boldsymbol{E}_2=\boldsymbol{E}=E\boldsymbol{e}_r$$

任选一个半径为 $r(r>a)$ 且与导体球同心的球面(高斯面),应用高斯定理可得

$$\int_{S_1}\boldsymbol{D}_1\cdot \mathrm{d}\boldsymbol{S}_1+\int_{S_2}\boldsymbol{D}_2\cdot \mathrm{d}\boldsymbol{S}_2=\varepsilon_1\int_{S_1}\boldsymbol{E}_1\cdot \mathrm{d}\boldsymbol{S}_1+\varepsilon_2\int_{S_2}\boldsymbol{E}_2\cdot \mathrm{d}\boldsymbol{S}_2=Q$$

代入上式即可得

$$\boldsymbol{E}=\frac{Q}{2\pi(\varepsilon_1+\varepsilon_2)r^2}\boldsymbol{e}_r=\boldsymbol{E}_1=\boldsymbol{E}_2$$

如此计算得到的电场,在两种介质分布区域,显然满足静电场的方程,即旋度为零,散度为零(与点电荷的电场分布形式类似)。同时,在介质1、介质2的分界面上,上述试探场满足电场切向分量连续的条件且法向分量均为零;在导体球面上又处处与之垂直,使导体为等势面。因此,按场的唯一性定理,它们就是所述问题的正确解。

如果介质1与导体球接触面对球心 O 所张的立体角为 Ω,则介质2与导体球的接触面对球心 O 所张的立体角便是 $4\pi-\Omega$,同理可得

$$\boldsymbol{E}=\frac{Q}{[\Omega\varepsilon_1+(4\pi-\Omega)\varepsilon_2]r^2}\boldsymbol{e}_r=\boldsymbol{E}_1=\boldsymbol{E}_2$$

当 $\varepsilon_1=\varepsilon_2=\varepsilon$ 时,$\boldsymbol{E}=\dfrac{Q}{4\pi\varepsilon r^2}\boldsymbol{e}_r$,即为带电导体球的场强。

导体球两侧表面上的自由电荷面密度分别为

$$\rho_{S1}=D_{1\mathrm{n}}\big|_{r=a}=\varepsilon_1E_{1r}\big|_{r=a}=\frac{\varepsilon_1Q}{2\pi(\varepsilon_1+\varepsilon_2)a^2}$$

和

$$\rho_{S2}=D_{2\mathrm{n}}\big|_{r=a}=\varepsilon_2E_{2r}\big|_{r=a}=\frac{\varepsilon_2Q}{2\pi(\varepsilon_1+\varepsilon_2)a^2}$$

可以验证 $(\rho_{S1}S_1+\rho_{S2}S_2)\big|_{r=a}=Q$,即整个导体球的带电量为 Q。

如果考虑到 $\rho_{Sb}=-\dfrac{\varepsilon_r-1}{\varepsilon_r}\rho_S=-\dfrac{\varepsilon-\varepsilon_0}{\varepsilon}\rho_S$，可得紧贴导体球面的两介质表面上的束缚电荷面密度分别为

$$\rho_{Sb1}=-\frac{\varepsilon_1-\varepsilon_0}{\varepsilon_1}\rho_{S1}=-\frac{(\varepsilon_1-\varepsilon_0)Q}{2\pi(\varepsilon_1+\varepsilon_2)a^2}$$

和

$$\rho_{Sb2}=-\frac{\varepsilon_2-\varepsilon_0}{\varepsilon_2}\rho_{S2}=-\frac{(\varepsilon_2-\varepsilon_0)Q}{2\pi(\varepsilon_1+\varepsilon_2)a^2}$$

在两种不同介质的分界面上场强只有切向分量而无法向分量，故在介质分界面上，没有束缚电荷分布。

延伸思考：有一个半径为 a、单位长度带电量为 Q 的无限长导体柱，其柱轴位于两种不同介质的分界平面上，横截面如图 4-3 所示。试求两介质中的电场强度和其表面上的电荷分布。

动画视频

例 4.3　一个半径为 a 的导体球，其内部有一个不规则的空穴；空穴内有一个点电荷 q。求该点电荷在导体球外所产生的电场。

解　该点电荷所产生的场，会在导体内外表面感应出等量异号的电荷。如图 4-4 所示在导体内部作一个高斯面，包含点电荷和感应电荷。由于导体内部电场为零，所以电场穿过该高斯面的通量为零，因此，空穴的内表面感应出 $-q$ 的电荷，导体球表面上感应出 $+q$ 的电荷。

图 4-4　不规则洞穴内点电荷的电场

假设导体球外对应的电场有如下形式：

$$\boldsymbol{E}=\frac{A}{r^2}\boldsymbol{e}_r$$

此电场分布与点电荷的场强类似，因此，在球外一定满足旋度为零、散度为零(换句话说，就是指球外的电势分布一定满足拉普拉斯方程)。在导体球表面，电场强度与球面垂直，满足介质与导体分界面的边界条件，且有

$$\rho_S=D_n\big|_{r=a}=\varepsilon_0 E_r\big|_{r=a}=\frac{\varepsilon_0 A}{a^2}$$

由于球面的感应电荷总量为 $+q$(注意，不要误认为是导体球感应的总电荷，即 0。因为站在球的外部看，只能观察到导体球外表面的电荷分布)，所以

$$4\pi a^2\rho_S=4\pi\varepsilon_0 A=q$$

于是，$A=\dfrac{q}{4\pi\varepsilon_0}$。电场强度分布为 $\boldsymbol{E}=\dfrac{q}{4\pi\varepsilon_0 r^2}\boldsymbol{e}_r$。

根据唯一性定理可知，这就是导体球外的电场强度分布。上述电场分布形式表明，该电场分布与半径为 a、电荷量为 q 的导体球在空气中产生的电场完全一致，而与空穴的位置、形状等无关。

*4.1.6 科技前沿：有源隐形的理论基础

近年来，科研领域里面关于有源隐形的研究得到了广泛的关注。有源隐形的基础，就是场的唯一性定理和叠加原理。图 4-5 为有源隐形的示意图。尽管本小节是针对静态场来对有源隐形进行的论述，实际上这个原理对时变场也是适用的。

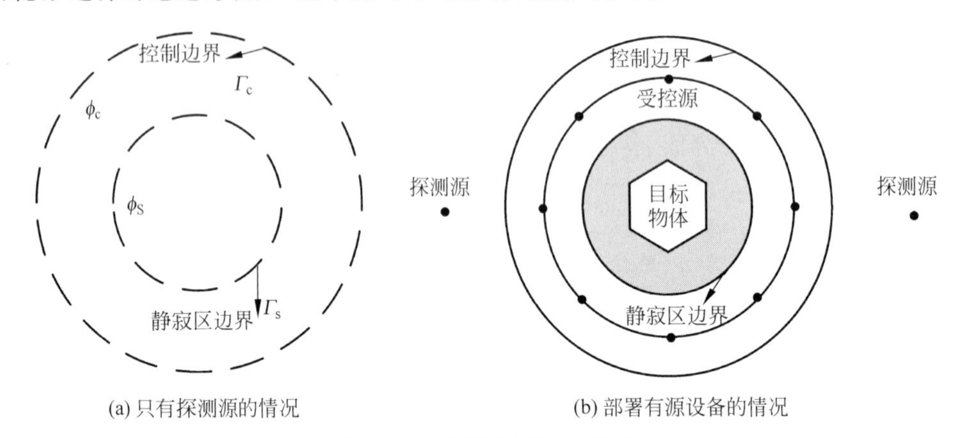

(a) 只有探测源的情况　　(b) 部署有源设备的情况

图 4-5　有源隐形原理示意图

图 4-5(a)为空间只有探测源的情况(比如探测电极)。因为探测源是已知的，所以探测者能够事先知道空间各点的场分布，如图 4-5(a)中给出的电势分布(时变场的情况，就是时变电磁场的分布)。如果这个分布受到目标物体的扰动而发生改变，那么探测者就知道有物体存在，进而根据探测结果推知物体的位置、形状等。作为被探测者，如果想要隐藏目标物体，就需要在物体周围布置一些受控的源。这些源能够在计算机的控制下动态、灵活地改变，如图 4-5(b)所示。对受控源的要求是：当其单独工作时，要求 $\phi|_{\Gamma_c}=0$，$\phi|_{\Gamma_s}=-\phi_s$。这样一来，当探测源进行探测时，在控制边界和静寂区边界上，对于总场有：$\phi|_{\Gamma_c}=\phi_c$，$\phi|_{\Gamma_s}=0$。静寂区的边界总场为零，内部场也为零，因此目标物体不会产生额外的扰动。这也就是静寂区的由来。而站在探测源的角度看，控制边界与空间没有物体时的控制边界完全一致[见图 4-5(a)]。由唯一性定理，探测者可推知没有物体存在。

有人会问，作为被探测者，如何知道图 4-5(a)中的场分布呢？这个问题就仿佛敌人怎么会事先告诉你他的探测信号呢？这正是有源隐形的弱点：需要事先知道探测源的特性！如果无法知道，必须通过传感器实时检测探测源的特点，并及时反馈给计算机，并由计算机控制受控源产生动作，以抵消探测信号的影响。因此，有源隐形在静态场、低频情况下，实现相对容易。大家经常在汽车电子领域听到的有源降噪技术，市面上销售的有源降噪耳机等，其工作原理都和上面的过程相似。

4.2 镜像法

4.2.1 镜像法的原理

镜像法可以用来求解某些涉及平面边界或圆形边界的边值问题。使用镜像法物理概念清晰，而且不需要直接求解泊松方程或拉普拉斯方程，所以镜像法是求解边值问题的一种有效方法，其理论根据是唯一性定理。

利用镜像法分析问题有两个场景：一个是包含物理边界的实际场景，另一个是去掉物理边界而以虚拟边界代之的镜像场景，如图 4-6 所示。镜像法的核心思想是用实际场源（电荷或电流）的镜像代替边界上分布的感应电荷或感应电流，从而可以在镜像场景中去掉边界，将有限区域转换为无限大区域，进而大大简化问题的分析。镜像的个数、大小和位置由具体边界条件来确定。对于镜像的要求只有一个，那就是：在实际场源和镜像源的共同作用下，在镜像场景中，虚拟边界处计算得到的边界条件（第一类、第二类、第三类均可）与实际场景中物理边界处的边界条件完全一致。这样，可以撤去物理边界，并将场源所在区域的媒质扩展到整个空间，待求场则由场源及其镜像共同确定。根据唯一性定理，实际场景和镜像场景中，待研究区域内的场方程一致（源分布在区域内未改变），且边界条件相同，因此，它们对应的解也完全相同。需要注意，镜像法的适用区域只是在边界面内场源所存在的区域。而且，镜像只能存在于区域外部（否则，待研究区域内的源分布就与实际场景不符）。应该指出，镜像法不是一种普遍适用的解决边值问题的方法，它只适用于一些较特殊的情形，故有一定的局限性。

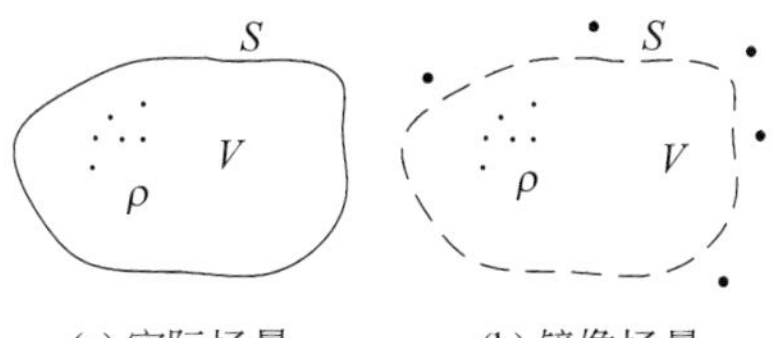

图 4-6 镜像法所对应的实际场景和镜像场景示意图

动画视频

4.2.2 导体与介质平面边界的镜像法

考虑在距离无限大接地导体平面 h 处有一点电荷 Q，其周围是介电常数为 ε 的介质，如图 4-7(a)所示，求介质中任一点的电场。

对于所示问题，电荷分布和边界都非常简单，有人容易用无限大空间中点电荷的场强公式直接给出电场强度分布。这是不正确的。因为所求的场除直接由点电荷 Q 产生外，还应考虑无限大导体表面上异号的感应电荷的场。边界的存在一定是不可忽略的一个因素。因此，尽管电荷分布和边界都很简单，但直接求解也不是一蹴而就的。

根据镜像法的原理，可以将无限大的导体边界去掉而用镜像电荷代替，从而将半无界的空间转换为无界空间，如图 4-7(b)所示。这样，就可以用无限大空间中点电荷的场强公式和叠加原理进行求解。这种方法能否成功的关键点在于：在镜像场景中，虚拟边界的位置上，电势分布是否与物理边界一样都是零呢？答案是肯定的。

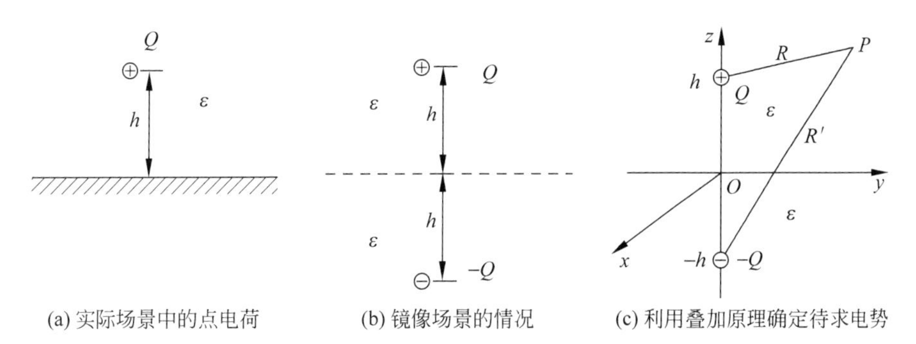

图 4-7 点电荷对无限大导体平面的镜像

动画视频

在与点电荷 Q 对称的位置上放一个镜像电荷 $Q'=-Q$，撤去导体平面，并使介质充满整个空间。若选择无穷远处为电势的参考点，则无限大导体平面处的电势显然为零(与物理边界电势一致)。在虚拟的镜像场景中观察上半空间，电荷分布没有变化(只有一个原始点电荷)，物理边界对应的位置处(即虚拟边界处)，电势依然为零。方程未改变，边界条件未变。因此，由唯一性定理可得，两个场景中上半空间的电场分布相同。

于是，在原来有介质的上半空间中任一点 P 处的电势由点电荷 Q 及其镜像电荷 $Q'=-Q$ 共同确定。采用直角坐标系，如图 4-7(c)所示，将点电荷 Q 置于 z 轴上，坐标原点取在导体平面上，则有

$$\phi=\frac{Q}{4\pi\varepsilon}\left(\frac{1}{R}-\frac{1}{R'}\right),\quad z\geqslant 0 \tag{4-1}$$

式中，R 与 R' 分别是点电荷 Q 与其镜像电荷 Q' 到场点的距离。它们分别为

$$R=\sqrt{x^2+y^2+(z-h)^2}\quad 和 \quad R'=\sqrt{x^2+y^2+(z+h)^2}$$

上述问题可看作是由两个半无限大导体平面相交且其夹角为 π 的情形。于是可将上述方法推广到两个半无限大导体平面相交成 $\alpha=\frac{\pi}{N}$(N 为正整数)的情况。图 4-8 示出了此时镜像电荷的分布情况，由此可以计算角形域内任一点的场强。

如果在接地的金属二面角内部有一个无限长的线电荷分布，二面角大小为 $\alpha=\frac{\pi}{N}$(N 为正整数)，且线电荷平行于二面角的轴线。也可以利用类似的方法在镜像位置上放置相应的镜像线电荷，用同样的方法计算二面角内任一点的电势和电场强度。只不过此时需要用线电荷的电势和电场强度分布做叠加分析。

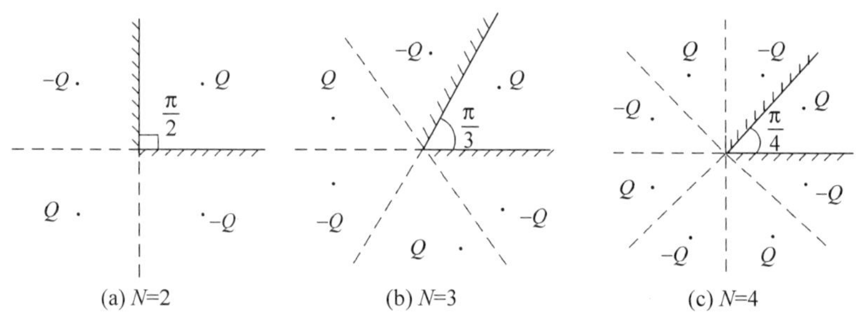

动画视频

图 4-8 点电荷对夹角为 $\alpha=\frac{\pi}{N}$ 的两个半无限大导体平面的镜像

在应用镜像法计算得到实际场景中的电势和电场强度后，可以利用边界条件确定无限大导体平面上感应面电荷的分布，并利用面积分得到感应电荷的总量；进一步，实际场景中点电荷与导体平面之间的相互作用力，也可以用镜像场景中点电荷和它的镜像电荷之间的作用力得到。

4.2.3 导体与介质圆柱面边界的镜像法

圆柱面边界适用于与导体圆柱轴线平行的线电荷(或线电流)的情形。

设在半径为 a 的无限长接地导体圆柱面外，有一与圆柱轴线平行且线密度为 ρ_l 的无限长带电直线，周围介质的介电常数为 ε，带电直线与圆柱轴线的距离为 d，如图 4-9(a)所示。

由镜像法可求出导体圆柱面外任一点 P 处的电势和电场。

依照镜像法，导体圆柱面内应有一密度为 $\rho_l' = -\rho_l$ 且与圆柱轴线平行的镜像直线电荷（后面就会看到，这个不是显而易见的）。由于对称性，镜像线电荷应位于带电直线与圆柱轴线所在的平面内，而它与圆柱轴线的距离 d' 可由导体圆柱面上的边界条件来确定。采用圆柱坐标系，使圆柱轴线与 z 轴重合，并使线电荷（ρ_l）及其镜像线电荷（ρ_l'）位于 x 轴上，如图 4-9(b)所示，则圆柱面外任一点 P 处的电势为

$$\phi = -\frac{\rho_l}{2\pi\varepsilon}\ln R - \frac{\rho'_l}{2\pi\varepsilon}\ln R' + C = \frac{\rho_l}{2\pi\varepsilon}\ln\frac{R'}{R} + C \tag{4-2}$$

式中，C 是与电势参考点有关的常数。

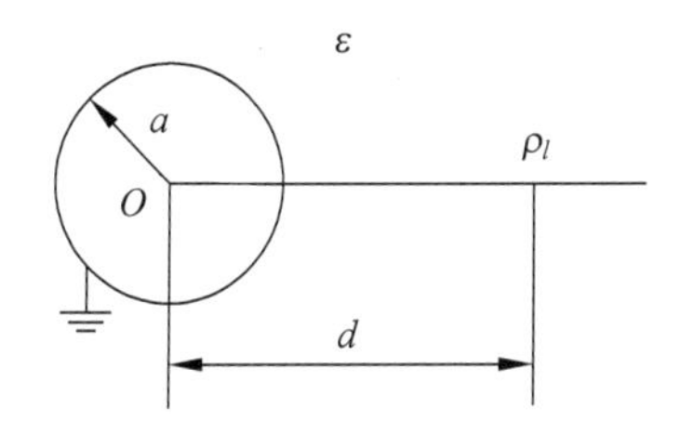

(a) 接地导体柱实际场景

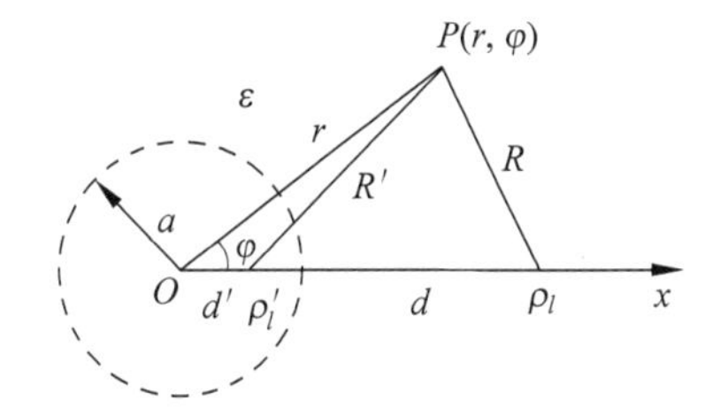

(b) 对应的镜像场景

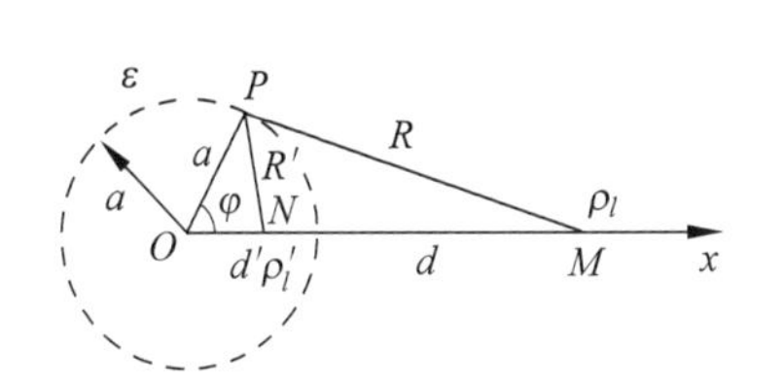

(c) 场点移至圆柱面上以确定镜像线电荷的位置

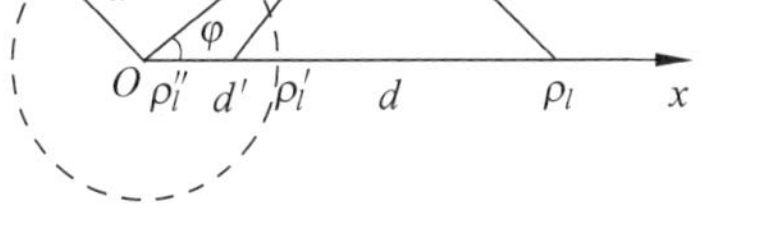

(d) 线电荷和不接地导体柱的情形

图 4-9　无限长均匀直线电荷对导体圆柱面的镜像

接下来是确定镜像线电荷的位置和常数 C 的大小。在镜像场景中，可将 P 点移至导体圆柱面所在位置处，为方便描述，将线电荷和其镜像对应的位置分别用 M 和 N 表示，如图 4-9(c)所示。由于导体圆柱面为零势面，因此对于圆柱面上的任意一点 P，由公式(4-2)，必须有

$$\frac{R'}{R} = k \quad \text{（常数）} \tag{4-3}$$

这意味着镜像线电荷位置选择非常具有挑战性，它必须保证对于柱面上任意一点 P，上式恒成立。对图 4-9(c)仔细观察可知，如果满足

$$\frac{a}{d'} = \frac{d}{a}$$

即

$$d' = \frac{a^2}{d} \tag{4-4}$$

则三角形 PON 和三角形 MOP 相似（边角边），此时有

$$\frac{R'}{R} = \frac{a}{d} = \frac{d'}{a} = k \quad \text{（恒成立）}$$

因此，只要将镜像电荷放置在式(4-4)所示位置，即可满足镜像法要求。此时，导体圆柱表面的电势为

$$\phi_S=\frac{\rho_l}{2\pi\varepsilon}\ln k+C=\frac{\rho_l}{2\pi\varepsilon}\ln\frac{a}{d}+C=0 \tag{4-5}$$

所以有

$$C=\frac{\rho_l}{2\pi\varepsilon}\ln\frac{d}{a}$$

在得到了镜像电荷的位置和常数 C 之后，导体圆柱外任一点处的电势由式(4-2)表示为

$$\phi=\frac{\rho_l}{2\pi\varepsilon}\ln\frac{dR'}{aR} \tag{4-6}$$

其中，$R^2=r^2+d^2-2rd\cos\varphi$，$R'^2=r^2+d'^2-2rd'\cos\varphi$.

重点提醒：在式(4-2)、式(4-3)和式(4-6)中，$\frac{R'}{R}$的含义不同。读者仔细观察图 4-9(b)和图 4-9(c)即可体会这种差别。只有在图 4-9(c)的情形下，式(4-3)才成立。

上面得到的是无限长带电直导线在接地圆柱体周围产生的电势。如果圆柱既不带电又不接地，该如何考虑呢？为了保持导体圆柱面是等势面(非零)且导体柱上的总电量为零(电中性)，可以在柱轴上放置一个与镜像线电荷异号的线电荷，如图 4-9(d)所示。此时，三个线电荷在圆柱面上的电势为一常数(原始电荷与第一镜像电荷在圆柱表面叠加得到零电势，第二个镜像线电荷独立在柱面处产生的电势即为所求。由于线电荷对应等势面为柱面，此电势必为一常数)，即

$$\begin{cases}\rho_l''=-\rho_l'=\rho_l\\ d''=0\end{cases} \tag{4-7}$$

则导体圆柱外任一点处的电势为这三个线电荷所产生的电势叠加，也就是

$$\phi=\frac{\rho_l}{2\pi\varepsilon}\ln\frac{R'}{rR}+C \tag{4-8}$$

其中 C 与电势参考点的选择有关。若仍取导体圆柱面为电势的参考点，即 $r=a$ 时，$\phi_S=0$。应用式(4-3)、式(4-4)，则导体圆柱外任一点处的电势为

$$\phi=\frac{\rho_l}{2\pi\varepsilon}\ln\frac{dR'}{rR} \tag{4-9}$$

延伸思考：众所周知，到两定点距离之和为定值的点的集合是椭圆，到两定点距离之差为定值的点的集合是双曲线。那么，到两定点距离之比为定值的点的集合是什么呢？大家从这个题目的求解过程可以回答吗？

事实上，如果有一个无限长的线电荷平行于圆柱轴线放置在圆柱内部，且柱面接地，柱内填充材料的介电常数为 ε，则柱内的电势分布、电场强度分布等，也可以利用类似的方法求得。

更进一步讲，在电场强度已知的情况下，两种情况下圆柱表面的电荷分布，也可以利用金属与介质分界面处的边界条件获得。

4.2.4　导体与介质球面边界的镜像法

球面边界适用于导体球壳外(或内)的点电荷。如图 4-10(a)所示，半径为 a 的接地导体球壳外(或内)有一点电荷 Q，它与球心的距离为 d，周围介质的介电常数为 ε。应用镜像法可以计算球外(或内)任一点的电势和电场强度。

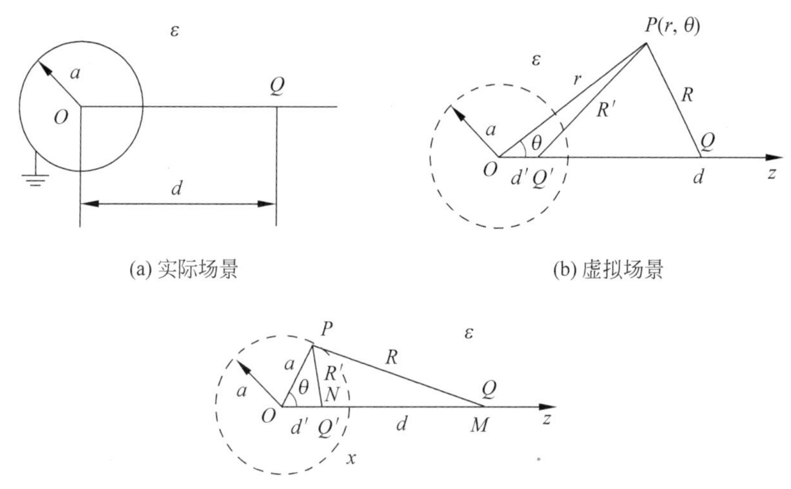

(a) 实际场景　(b) 虚拟场景

(c) 场点移至球面上以确定镜像电荷的大小和位置

图 4-10　点电荷对接地导体球的镜像

动画视频

设点电荷 Q 对导体球的镜像电荷 Q' 位于点电荷与球心的连线上，且在球内(或外)距球心的距离为 d'，采用球坐标系，并使点电荷 Q 及其镜像电荷 Q' 位于极轴上，如图 4-10(b)所示。

如前所述，若能够使用镜像法，则导体球外任一点 P 处的电势由点电荷 Q 和其镜像电荷 Q' 共同确定，即

$$\phi=\frac{1}{4\pi\varepsilon}\left(\frac{Q}{R}+\frac{Q'}{R'}\right) \tag{4-10}$$

为确定镜像电荷 Q' 及其位置 d'，可将场点 P 移至球面上，同时，将原始电荷及其镜像电荷的位置分别用字母 M 和 N 表示。根据镜像法的要求，球面电势应该为零，由图 4-10(c)可得

$$\phi_S=\frac{1}{4\pi\varepsilon}\left(\frac{Q}{R}+\frac{Q'}{R'}\right)=0$$

则有

$$\frac{Q'}{Q}=-\frac{R'}{R} \tag{4-11}$$

可见，镜像电荷 Q' 与点电荷 Q 的符号相反，但其电量并不相同，二者的比值取决于两电荷到球面上任一点的距离。换句话说，如果原始电荷和镜像电荷的大小确定，则球面上任意一点到二者的距离之比一定为常数。与柱面边界下的情况相类似，如果满足

$$\frac{a}{d'}=\frac{d}{a}, \quad 即 \quad d'=\frac{a^2}{d}$$

则三角形 PON 和三角形 MOP 相似(边角边),此时有

$$\frac{R'}{R}=\frac{a}{d}=\frac{d'}{a}=-\frac{Q'}{Q}(恒成立)$$

上述性质尽管是在一个圆面上证明成立的,但考虑到球的轴对称特性,球面上任意一点与原始电荷和镜像电荷的距离都满足上述关系。于是取

$$d'=\frac{a^2}{d} \tag{4-12}$$

而镜像电荷则为

$$Q'=-\frac{a}{d}Q \tag{4-13}$$

应该指出,Q'和 Q 两点电荷所在位置对球面互为反演点,即 Q 在球内 d 处,则 Q'在球外 d'处;反之,二者位置互换。前面圆柱面边界亦有类似情形。

在确定了镜像电荷的大小和位置之后,由图 4-10(b)可知,Q 和 Q'所确定的球外任一点 P 处的电势为

$$\phi=\frac{Q}{4\pi\varepsilon}\left(\frac{1}{R}-\frac{a}{dR'}\right) \tag{4-14}$$

式中,R 与 R'分别为 Q 和 Q'到场点 P 的距离,且有

$$R^2=r^2+d^2-2rd\cos\theta$$

$$R'^2=r^2+d'^2-2rd'\cos\theta$$

不难理解,镜像电荷 Q'代替了导体球面上与 Q 异号的感应电荷的作用。由于感应电荷在球面上的分布不均匀,在靠近点电荷 Q 的表面上密度较大,因此镜像电荷 Q'偏离球心而靠近 Q 的一方。又因为导体球接地,故与 Q 同号的感应电荷不可能存在。

如果导体球不接地(浮空导体球),原来又不带电,则其表面电势不为零,而球面上的净感应电荷为零。此时,如果利用镜像法求解,则需在球心再放置一个镜像电荷 Q'',如图 4-11 所示,并使之满足:

$$\begin{cases}Q''=-Q'=\frac{a}{d}Q \\ d''=0\end{cases} \tag{4-15}$$

这就仍保证导体球面为等势面。按叠加原理此时球外任一点 P 处的电势为

$$\phi=\frac{Q}{4\pi\varepsilon}\left(\frac{1}{R}-\frac{a}{dR'}+\frac{a}{dr}\right) \tag{4-16}$$

导体球面上的电势则为

$$\phi_S=\frac{Q''}{4\pi\varepsilon a}=\frac{Q}{4\pi\varepsilon d} \tag{4-17}$$

更进一步,如果导体球不接地,而且带有电荷 q。此时,可以在图 4-11 镜像法的基础上,将 q 放在球心处与第二镜像电荷做叠加处理,其他步骤保持不变。

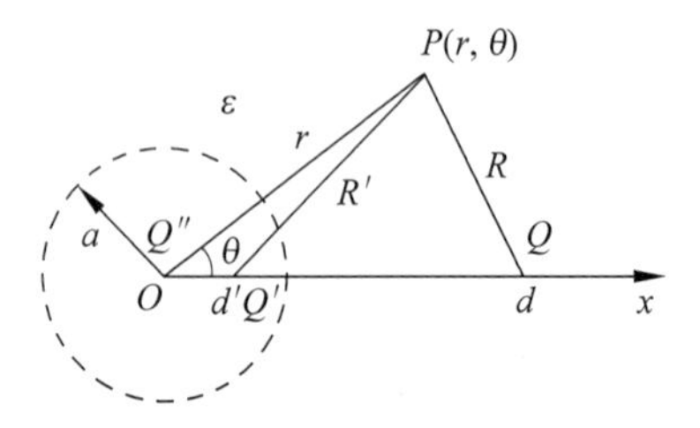

图 4-11 点电荷对不接地导体球的镜像

答疑解惑：纵观柱面边界和球面边界的分析过程，有些读者可能会有疑问：为什么在分析柱面边界的时候，一开始就假定镜像电荷与原始电荷等量异号，而对于球面边界来讲，又必须设定两个电荷非等量异号，这不是"厚此薄彼"吗？简直有"蒙答案"的味道。事实上，镜像法的基础是唯一性定理，只要所得结果满足物理方程和相应的边界条件，则对求解的方法、过程是不予追究的。所以说，"蒙之有道"，这就是原因。

4.2.5 两种介质间平面边界的镜像法

真正能够把唯一性定理应用到极致的，或者说"凑答案"的意味更浓的情景，当属两种介质间平面边界的镜像法了。假设两种不同的电介质间具有无限大的平面边界，且在介质 1 中距离分界面 h 处有一点电荷 Q，如图 4-12(a)所示。这个题目如果不应用镜像法，求解起来比较困难，因为它属于分区均匀的情况。应用镜像法，欲求介质 1 中的场，可使整个空间充满介质 1，则由点电荷 Q 及其对称位置上的镜像电荷 Q' 共同确定原介质 1 中的场，如图 4-12(b)所示(注意：这部分场仅仅适用于原来的介质 1 区域)。同样，欲求介质 2 中的场，可使整个空间充满介质 2，在原点电荷位置上放置镜像电荷 Q''，则它就可以确定原介质 2 中的场，如图 4-12(c)所示(注意：这部分场仅仅适用于原来的介质 2 区域)。

可以看出，两种情况下镜像电荷的位置，都必须放置在所研究区域的外部，否则就改变了原始问题。镜像电荷 Q' 与 Q'' 的大小则由两介质间平面边界上的边界条件 $D_{1n}=D_{2n}$ 和 $E_{1t}=E_{2t}$ 来确定。

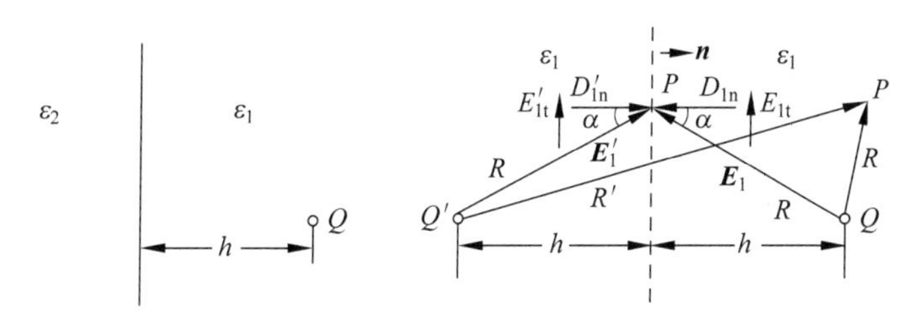

(a) 原始问题中的点电荷　　(b) 求电介质1中的场

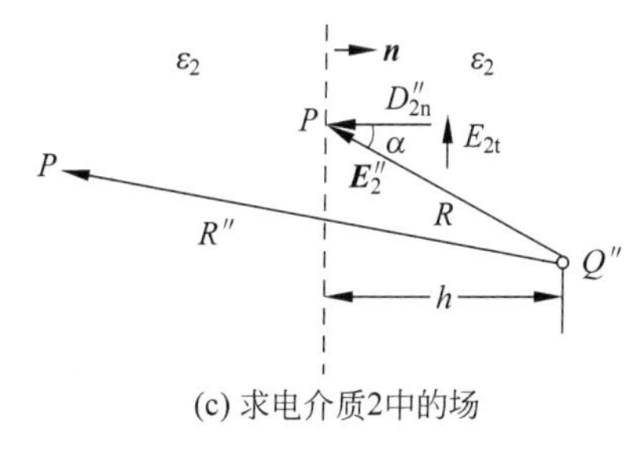

(c) 求电介质2中的场

图 4-12　点电荷对两种不同电介质间具有无限大平面边界的镜像

将场点 P 移至平面边界上，由 $E_{1t}=E_{2t}$，可得 $E_{1t}+E'_{1t}=E''_{2t}$，即

$$E_1\sin\alpha+E'_1\sin\alpha=E''_2\sin\alpha$$

于是

$$\frac{Q}{4\pi\varepsilon_1 R^2}+\frac{Q'}{4\pi\varepsilon_1 R^2}=\frac{Q''}{4\pi\varepsilon_2 R^2}$$

故

$$\frac{Q}{\varepsilon_1}+\frac{Q'}{\varepsilon_1}=\frac{Q''}{\varepsilon_2} \tag{4-18}$$

再由 $D_{1n}=D_{2n}$,并考虑到分界面的正法线方向是由介质 2 指向介质 1,则有

$$-D_{1n}+D'_{1n}=-D''_{2n}$$

即

$$-D_1\cos\alpha+D'_1\cos\alpha=-D''_2\cos\alpha$$

则

$$\frac{Q}{4\pi R^2}-\frac{Q'}{4\pi R^2}=\frac{Q''}{4\pi R^2}$$

故

$$Q=Q'+Q'' \tag{4-19}$$

联解式(4-18)与式(4-19),得

$$Q'=\frac{\varepsilon_1-\varepsilon_2}{\varepsilon_1+\varepsilon_2}Q \tag{4-20}$$

$$Q''=\frac{2\varepsilon_2}{\varepsilon_1+\varepsilon_2}Q \tag{4-21}$$

可见,镜像电荷 Q''的符号与点电荷 Q 相同,而镜像电荷 Q'的符号则决定于两电介质的介电常数。不难看出,当 $\varepsilon_1=\varepsilon_2$ 时,其结果正好是原点电荷 Q 所产生的场。若 $\varepsilon_2=\infty$时,则电介质 1 中的场正好是点电荷 Q 和镜像电荷 $Q'=-Q$ 所产生的场,而电介质 2 中的场 $E_2=\dfrac{Q''}{4\pi\varepsilon_2 R^2}=\dfrac{Q}{2\pi(\varepsilon_1+\varepsilon_2)R^2}=0$,这正是用导体代替电介质的结果。上述结果同样可以推广到其他电荷分布时的情形,也可以延伸到磁介质的领域。

4.3 直角坐标系下的分离变量法

4.3.1 分离变量法简介

一般情况下,待求势函数既要满足拉普拉斯方程,同时也要满足给定场域的边界条件。分离变量法是一种求解拉普拉斯方程的直接而重要的解析方法,也称为本征函数展开法或傅里叶级数法。拉普拉斯方程可有很多个解,这些解称为调和函数,它们的线性组合也是拉普拉斯方程的一个解。分离变量法是非常经典的解析方法,在科研工作中具有重要的应用价值。许多重要的科研成果中,都涉及分离变量法的内容,有些甚至是直接基于分离变量法完成的。

分离变量法的基本思想是将待求势函数看作是两个(二维问题)或三个(三维问题)本征函数的乘积,而每一个本征函数只包含一个坐标变量,然后将拉普拉斯方程进行变量分离,从而将求解偏微分方程的问题简化为求解常微分方程的问题,利用线性方程的解的叠加性,将这些解组合起来便求得问题的通解,再根据边界条件确定出其中的系数,便得到待求边值问题的特解。使用分离变量法的流程如图 4-13 所示。

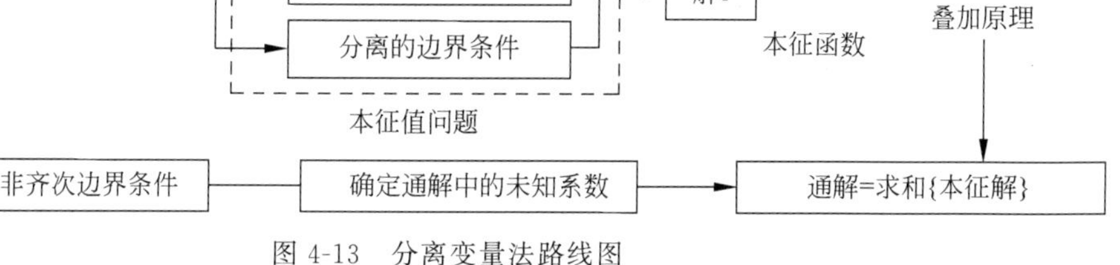

图 4-13 分离变量法路线图

一般情况下，分离变量法得到的各常微分方程，其解的形式也不确定，需要附加额外的条件才可以确定。这些条件可以通过将假设的乘积形式的解代入边值问题的齐次边界条件来获得，也可以通过自然边界条件（比如电势函数在无穷远处或特定的位置取有限值）或者周期边界条件（如柱坐标系和球坐标系下电势是水平方位角 φ 的以 2π 为周期的函数）来获得。确定各个常微分方程的解的具体形式的过程，如图 4-13 中虚线方框所示，数学上称之为本征值问题。后面章节还会多次提到。一般来讲，需要求解 2 个本征值问题（二维情况下需要 1 个），从而确定原始问题的通解形式。大多数情况下，通解都是类似于傅里叶展开的级数形式，其中的待定系数，可以利用剩余的边界条件确定。这也就是为什么分离变量法也称为本征函数展开法和广义傅里叶级数法的原因。

采用分离变量法，要求选择适当的正交曲线坐标系，使边值问题给定的边界面与一个或几个坐标面相重合，这样可使变量分离，从而将偏微分方程简化为常微分方程。

4.3.2 直角坐标系内的分离变量法

一个沿 z 轴无限长的 U 形槽道，如图 4-14(a)所示，边界电势分布如图 4-14(b)所示，求槽道内电势分布。下面结合这个具体的例子，来分析直角坐标系下的分离变量法。

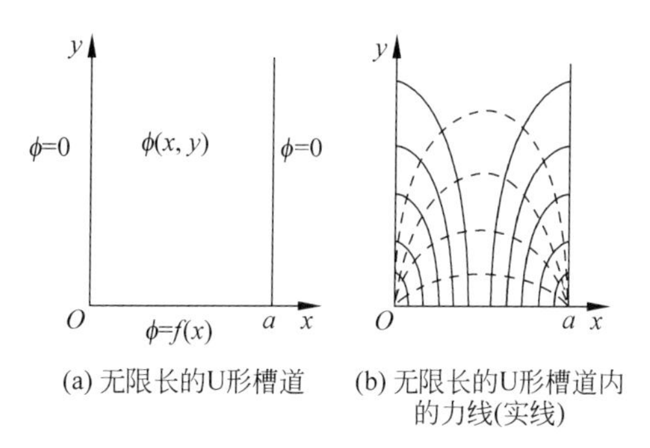

(a) 无限长的U形槽道 (b) 无限长的U形槽道内的力线(实线)

图 4-14 求半无限长带形域内的电势

这是第一类边值问题，电势在U形槽道内满足拉普拉斯方程，以及附加在槽道边界上的第一类边界条件。在直角坐标系内，电势的拉普拉斯方程为

$$\nabla^2\phi=\frac{\partial^2\phi}{\partial x^2}+\frac{\partial^2\phi}{\partial y^2}+\frac{\partial^2\phi}{\partial z^2}=0 \tag{4-22}$$

参考图4-13，应用分离变量法解此方程，设其解为三个函数的乘积，即

$$\phi(x,y,z)=X(x)Y(y)Z(z) \tag{4-23}$$

其中，$X(x)$、$Y(y)$、$Z(z)$分别只是x、y、z的函数。将式(4-23)代入式(4-22)，并将各项除以XYZ，得

$$\frac{1}{X}\frac{\mathrm{d}^2X}{\mathrm{d}x^2}+\frac{1}{Y}\frac{\mathrm{d}^2Y}{\mathrm{d}y^2}+\frac{1}{Z}\frac{\mathrm{d}^2Z}{\mathrm{d}z^2}=0 \tag{4-24}$$

上式已将变量分离，因为此式中每一项都只是一个变量的函数。要使上式对所有的x、y、z值都成立，每一项都必须等于一个常数，分别设为$-k_x^2$，$-k_y^2$，$-k_z^2$，故有

$$\begin{cases}\dfrac{\mathrm{d}^2X}{\mathrm{d}x^2}+k_x^2X=0\\[2ex]\dfrac{\mathrm{d}^2Y}{\mathrm{d}y^2}+k_y^2Y=0\\[2ex]\dfrac{\mathrm{d}^2Z}{\mathrm{d}z^2}+k_z^2Z=0\end{cases} \tag{4-25}$$

式中，k_x、k_y、k_z称为分离常数。为使后面的表达式中不出现根号，故上式中取分离常数的平方，它们由边界条件确定。由式(4-24)与式(4-25)可知，分离常数的平方和等于零，即

$$k_x^2+k_y^2+k_z^2=0 \tag{4-26}$$

这样，拉普拉斯方程经过分离变量后变成了三个很容易求解的常微分方程。这三个方程解的形式与分离常数有关。根据分离常数$k_{x_i}^2$($i=1,2,3$，即$x_1=x$，$x_2=y$，$x_3=z$)等于零、大于零或小于零，相应的常微分方程的解分别是一次式、正弦与余弦三角函数的组合或正弦与余弦双曲函数(或正、负指数函数)的组合。

那么，具体该选择哪个解的形式呢？这就牵涉到前面提到的本征值问题。从图4-14中可以看到，沿着x方向，有两个边界，即$x=0$和$x=a$，其对应的都是第一类齐次边界条件。这就是问题的突破口！可以将式(4-23)代入这组齐次的边界条件，则易得

$$X(0)Y(y)Z(z)=0,\quad 且\ X(a)Y(y)Z(z)=0$$

考虑到Y和Z不是恒为零的函数，由上式可得

$$X(0)=X(a)=0 \tag{4-27}$$

这样一来，关于坐标变量x的函数$X(x)$，满足如下的方程和附加的边界条件，即

$$\begin{cases}\dfrac{\mathrm{d}^2X}{\mathrm{d}x^2}+k_x^2X=0\\[2ex]X(0)=X(a)=0\end{cases} \tag{4-28}$$

观察上述常微分方程，其含有一个参变量k_x^2，且要满足在两个边界上的齐次边界条件。可以发现这个方程若想有非零解，k_x^2不能任意取值，它只能取一些离散的值(本征值)，对应每个值有一个函数$X(x)$(本征函数)。定解式(4-28)就是前面所提到的本征值问题！下面

对此本征值问题进行求解。

(1) $k_x^2=0$

方程通解可以通过连续积分两次得到，$X(x)=A_1x+A_2$。

考虑到边界条件，则 $A_1=A_2=0$，不予考虑。

(2) $k_x^2<0$(此时 k_x 必为纯虚数)

常微分方程的两个特征根为 $\pm\sqrt{-k_x^2}=\pm|k_x|$，方程的通解为

$$X(x)=A'_1\mathrm{e}^{|k_x|x}+A'_2\mathrm{e}^{-|k_x|x}=A_1\sinh|k_x|x+A_2\cosh|k_x|x$$

考虑到边界条件，则有 $A_1=A_2=0$，不予考虑。

(3) $k_x^2>0$

常微分方程的两个特征根为 $\pm\mathrm{j}k_x$，方程的通解为

$$X(x)=A'_1\mathrm{e}^{\mathrm{j}k_xx}+A'_2\mathrm{e}^{-\mathrm{j}k_xx}=A_1\cos(k_xx)+A_2\sin(k_xx)$$

考虑到边界条件，则有 $A_1=0$，$A_2\sin(k_xa)=0$。

如果 $A_2=0$，则方程的解又回到前两种情况的结果；除非 $\sin(k_xa)=0$，即

$$k_x=\frac{n\pi}{a}\quad(n=1,2,3,\cdots)\tag{4-29}$$

于是

$$X_n(x)=A_{2n}\sin\left(\frac{n\pi}{a}x\right)\quad(n=1,2,3,\cdots)\tag{4-30}$$

重点提醒：由于分离常数是 k_x^2，所以在本征值的选择中，只选取了正整数部分，负整数部分与之有相同的平方值，故不需要单独考虑。此外，当 n 取不同的数值时，对应有不同的本征函数，为了区别这些函数，将其用 $X_n(x)$表示。

类似地，可以考虑坐标变量 z 的函数 $Z(z)$。由于是二维场问题，所以有

$$\begin{cases}\dfrac{\mathrm{d}^2Z}{\mathrm{d}z^2}+k_z^2Z=0\\ Z(z)=C\end{cases}\tag{4-31}$$

其中 C 是常数。上述问题可以采用类似于 $X(x)$的求解过程进行，通过考虑三种情况并求解，可知 $k_z^2=0$。只有这个时候，$Z(z)$才可以有常函数形式的解。

当 k_x^2、k_z^2 确定之后，即可以由式(4-26)确定 k_y^2 的表示形式，有

$$k_y^2=-k_x^2-k_z^2=-\left(\frac{n\pi}{a}\right)^2$$

此时，关于 y 的方程，$\dfrac{\mathrm{d}^2Y}{\mathrm{d}y^2}+k_y^2Y=0$，可以确定解的具体形式，而无须求解所谓的本征值问题。其通解为

$$Y_n(y)=B_{1n}\mathrm{e}^{\frac{n\pi}{a}y}+B_{2n}\mathrm{e}^{-\frac{n\pi}{a}y}\quad(n=1,2,3,\cdots)\tag{4-32}$$

重点提醒：这里采用了指数形式的通解，而没有使用双曲函数形式。很快就会看到这个选择的好处。

当确定了三个函数的具体形式之后，易得到

$$\phi(x,y,z)=X(x)Y(y)Z(z)=X_n(x)Y_n(y) \tag{4-33}$$

并简单地认为这就是原始问题的解，因为问题的求解过程，就是从给出乘积形式的分离变量解展开的。这个是不正确的。事实上，式(4-33)中对于 n 的不同值，都对应有一个势函数，不妨写作 $\phi_n(x,y,z)=X_n(x)Y_n(y)$，也叫作本征解。因此，选择哪一个都看似有道理。究竟该如何选择呢？认真分析可知，上述针对特定 n 的本征解，都满足拉普拉斯方程(读者可以代入方程验证一下)、x 方向齐次的边界条件且与 z 坐标无关；由于拉普拉斯方程满足叠加原理，因此，这些本征解的和，也具有上述三个特点。这才是真正的通解，即

$$\begin{aligned}\phi(x,y,z)&=\sum_n X_n(x)Y_n(y)=\sum_n A_{2n}\sin\left(\frac{n\pi}{a}x\right)\left[B_{1n}\mathrm{e}^{\frac{n\pi}{a}y}+B_{2n}\mathrm{e}^{-\frac{n\pi}{a}y}\right]\\&=\sum_n \sin\left(\frac{n\pi}{a}x\right)\left[C_{1n}\mathrm{e}^{\frac{n\pi}{a}y}+C_{2n}\mathrm{e}^{-\frac{n\pi}{a}y}\right]\end{aligned} \tag{4-34}$$

因此，事先假设的乘积形式的解，实际上是本征解。利用叠加原理对所有可能的本征解求和，得到的才是题目的通解。

对照原始问题，仅有 y 方向的边界条件未被考虑；而通解中的两组未知系数，恰恰可以通过这些边界条件确定。

因为 $y\to\infty,\phi\to 0$，所以 $C_{1n}=0$。考虑 $y=0,\phi=f(x)$，则

$$\phi(x,0,z)=\sum_n C_{2n}\sin\left(\frac{n\pi}{a}x\right)=f(x)$$

仔细观察，这正好是函数 $f(x)$ 的傅里叶正弦级数展开形式。将上式两端乘以 $\sin\dfrac{p\pi x}{a}$，其中 p 是另一个正整数，然后积分，得

$$\int_0^a f(x)\sin\frac{p\pi x}{a}\mathrm{d}x=\int_0^a\sum_{n=1}^{\infty}C_{2n}\sin\frac{n\pi x}{a}\sin\frac{p\pi x}{a}\mathrm{d}x$$

由于傅里叶级数是正交函数族，故上式右端的无穷级数中唯一不为零的项只有 $n=p$ 的那一项，即

$$\int_0^a f(x)\sin\frac{p\pi x}{a}\mathrm{d}x=C_{2p}\int_0^a\sin^2\frac{p\pi x}{a}\mathrm{d}x=\frac{a}{2}C_{2p}$$

于是

$$C_{2n}=C_{2p}=\frac{2}{a}\int_0^a f(x)\sin\frac{n\pi x}{a}\mathrm{d}x \tag{4-35}$$

至此，上述边值问题全部求解完成！

重点点拨：关于 y 方向的函数形式，本节使用了指数形式。这使得后面待定系数的确定变得非常简单；如果当初选择了双曲形式，则待定系数的过程会变得复杂。可见，对于具体函数形式的选择是需要慎重考虑的。大多数情况下，对于双曲还是指数函数的考量，基于如下条件：如果某方向对应区域有限，则选择双曲形式；反之，如果该方向延伸到无穷远处，则选择指数(衰减)形式。

总结上述求解过程：在实际问题中，通常是由给定的边界条件(尤其是齐次条件)，求解本征值问题，先确定出 $X(x)$、$Y(y)$、$Z(z)$ 中两个函数的形式及其相应的两个分离常数，再

由式(4-26)得出剩余的一个分离常数,于是可得到待求势函数的通解。若势函数与某一坐标变量无关或与其呈线性关系,则其解为常数或线性函数,相应的分离常数为零;若在某些坐标方向上,边界条件是齐次的(可看成具有周期性),其解应选三角函数,相应的分离常数大于零;若分离常数小于零,则在相应的坐标方向上,边界条件是非周期性的,其解应选双曲函数(有界区域的解)或衰减的指数函数(无界区域的解)。在很多情况下,为满足给定的边界条件,分离常数往往需要取一系列的值(本征值),每一个值对应一组特解(本征解)。故这时拉普拉斯方程的通解将是一个级数解。表 4-1 以 x 方向的四种齐次边界条件为例,给出了分离常数的 4 种形式及对应的本征函数,在学习过程中应灵活掌握。

表 4-1　不同齐次边界条件下本征值问题的解

x 方向边界条件	本　征　值	本 征 函 数	备　　注
$\phi\|_{x=0}=0,\phi\|_{x=a}=0$ $X(0)=X(a)=0$	$k_{xn}=\dfrac{n\pi}{a}$	$\sin\left(\dfrac{n\pi}{a}x\right)$	$n=1,2,\cdots$
$\dfrac{\partial\phi}{\partial n}\|_{x=0}=0,\dfrac{\partial\phi}{\partial n}\|_{x=a}=0$ $X'(0)=X'(a)=0$	$k_{xn}=\dfrac{n\pi}{a}$	$\cos\left(\dfrac{n\pi}{a}x\right)$	$n=0,1,2,\cdots$
$\dfrac{\partial\phi}{\partial n}\|_{x=0}=0,\phi\|_{x=a}=0$ $X'(0)=X(a)=0$	$k_{xn}=\dfrac{(2n+1)\pi}{2a}$	$\cos\left[\dfrac{(2n+1)\pi}{2a}x\right]$	$n=0,1,2,\cdots$
$\phi\|_{x=0}=0,\dfrac{\partial\phi}{\partial n}\|_{x=a}=0$ $X(0)=X'(a)=0$	$k_{xn}=\dfrac{(2n+1)\pi}{2a}$	$\sin\left[\dfrac{(2n+1)\pi}{2a}x\right]$	$n=0,1,2,\cdots$

4.3.3　边界条件的叠加

如果给定的边界条件有两个或两个以上不为零,可利用线性方程解的叠加原理来求解。在求每一个解时,只有相应的一个边界条件不为零,而其余边界条件都为零。然后将所有的特解叠加便得到满足给定边界条件的拉普拉斯方程的特解。换言之,边界条件的叠加对应着其特解的叠加。如图 4-15 所示,左侧二维场问题中,没有齐次边界条件;但是通过叠加原理,可以转化为右侧两个边值问题的和,每个边值问题分别对应一组齐次边界条件,可以直接做分离变量法求解。图中给出的是第一类边值问题,对于第二类、第三类边值问题,方法类似,只不过需要将相应的边界条件转换为同类型的齐次边界条件。

直角坐标系内的分离变量法适用于二维场或三维场的矩形域问题。

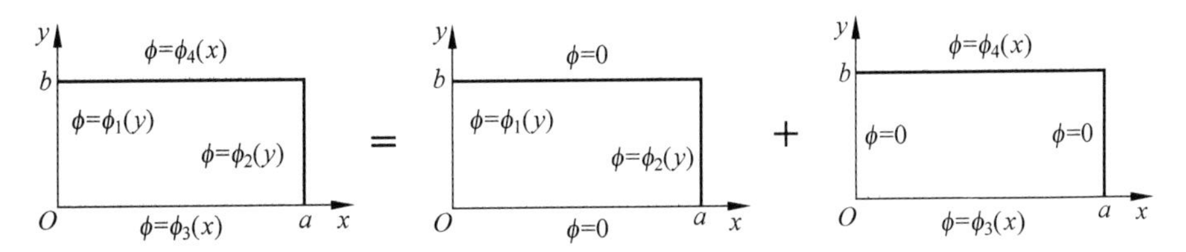

图 4-15　二维情况下叠加原理示意

例 4.4 试求图 4-16 所示的无限长矩形截面导体槽内部的电势分布。

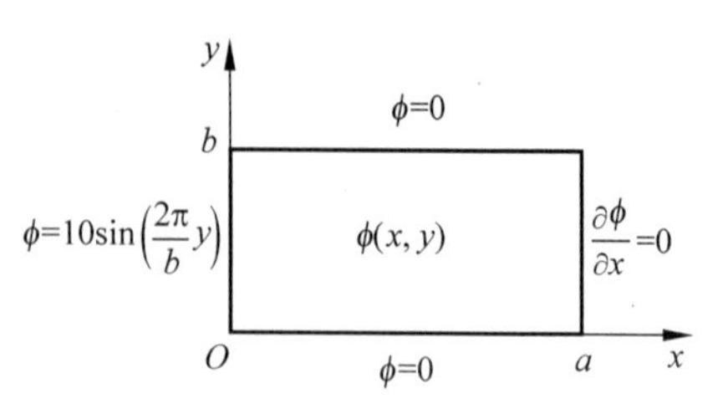

图 4-16 求矩形槽内部的电势分布

解 无限长矩形导体槽道区域内的电势分布是一个与 z 无关的二维场问题,故 $k_z^2=0, Z(z)=C$。

根据问题给定的边界条件,当 $y=0$ 或 b 时,$\phi=0$,$Y(y)$应为三角函数的组合,由表 4-1 中的结果可知,取 $k_y=\frac{m\pi}{b}, Y_m(y)=\sin\frac{m\pi y}{b}$。于是

$$k_x^2=-k_y^2=-\left(\frac{m\pi}{b}\right)^2, \quad m=1,2,3,\cdots$$

由于分离常数小于零,因此,对应的解的形式为指数或者双曲函数的线性组合。考虑到场域在 x 方向有界,因此选择双曲形式,即

$$X_m(x)=A_m\sinh\frac{m\pi x}{b}+B_m\cosh\frac{m\pi x}{b}$$

所以通解为

$$\phi(x,y)=\sum_{m=1}^{\infty}\sin\frac{m\pi y}{b}\left(A_m\sinh\frac{m\pi x}{b}+B_m\cosh\frac{m\pi x}{b}\right)$$

该通解满足拉普拉斯方程,z 方向函数形式为常数,且满足 y 方向的齐次边界条件。由剩余的 x 方向的边界条件可以确定式中的待定常数。

由 $\phi(0,y)=10\sin\frac{2\pi}{b}y$,得

$$\sum_{m=1}^{\infty}B_m\sin\frac{m\pi y}{b}=10\sin\frac{2\pi}{b}y$$

上式左侧级数表示的实际上就是右侧函数的傅里叶正弦级数展开。一般情况下应利用傅里叶级数展开计算系数。但考虑到右侧已经是正弦函数的形式,因此可以通过对比系数得到如下结论:

$$B_2=10\ (m=2), \quad B_m=A_m=0\ (m\neq 2)$$

即

$$\phi(x,y)=\sin\frac{2\pi y}{b}\left(A_2\sinh\frac{2\pi x}{b}+10\cosh\frac{2\pi x}{b}\right)$$

由 $x=a$ 时,$\frac{\partial\phi}{\partial x}=0$,得

$$\sin\frac{2\pi y}{b}\left(A_2\frac{2\pi}{b}\cosh\frac{2\pi a}{b}+10\frac{2\pi}{b}\sinh\frac{2\pi a}{b}\right)=0$$

于是,$A_2=-10\sinh\frac{2\pi a}{b}/\cosh\frac{2\pi a}{b}=-10\tanh\frac{2\pi a}{b}$。至此问题得解。

更进一步,可以将系数代入解的表达式,并进行化简,可得

$$\phi(x,y)=\frac{10}{\cosh\left(\frac{2\pi a}{b}\right)}\cosh\left[\frac{2\pi}{b}(x-a)\right]\sin\left(\frac{2\pi}{b}y\right)$$

这里面用到了如下的公式:

$$\cosh(\alpha-\beta)=\cosh\alpha\cosh\beta-\sinh\alpha\sinh\beta$$

例 4.5　试求图 4-17 所示的长方体内的电势分布。设边界条件为：除 $z=0,\frac{\partial\phi}{\partial z}=0$ 和 $z=c,\phi=\phi(x,y)$ 外，其余各表面的电势均为零。

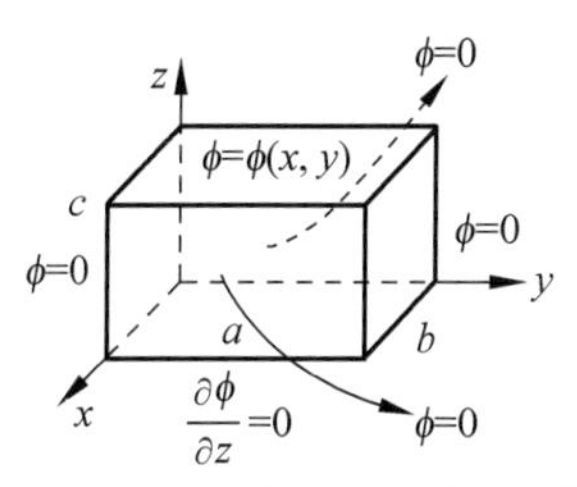

图 4-17　求长方体内的电势函数

解　应用分离变量法解此三维问题，令 $\phi(x,y,z)=X(x)Y(y)Z(z)$。为满足 $x=0$ 和 a 时 $\phi=0$ 的边界条件，$X(x)$必须选择 $\sin\frac{m\pi x}{a}$形式的解，其中 m 是正整数，$k_x=\frac{m\pi}{a}$。

同理，由 $y=0$ 和 b 时 $\phi=0$ 的边界条件，$Y(y)$也必须为 $\sin\frac{n\pi y}{b}$形式的解，其中 n 是正整数，$k_y=\frac{n\pi}{b}$，则由 $k_x^2+k_y^2+k_z^2=0$，得 $k_z^2=-(k_x^2+k_y^2)<0$，于是

$$k_z=\pm\mathrm{j}\sqrt{k_x^2+k_y^2}=\pm\mathrm{j}\sqrt{\left(\frac{m\pi}{a}\right)^2+\left(\frac{n\pi}{b}\right)^2}=\pm\mathrm{j}\Gamma_{mn}$$

式中，$\Gamma_{mn}=|k_z|=\sqrt{\left(\frac{m\pi}{a}\right)^2+\left(\frac{n\pi}{b}\right)^2}$。

因此，$Z(z)$两个可能的解是指数函数形式或双曲函数。考虑到所研究的区域在 z 方向有限，所以选择双曲函数形式，即 $\sinh\Gamma_{mn}z$ 与 $\cosh\Gamma_{mn}z$。

于是，题目的本征解为

$$\phi_{mn}(x,y,z)=\sin\frac{m\pi}{a}x\sin\frac{n\pi}{b}y\left[A_{mn}\sinh\Gamma_{mn}z+B_{mn}\cosh\Gamma_{mn}z\right]$$

对应的通解为

$$\phi(x,y,z)=\sum_m\sum_n\sin\frac{m\pi}{a}x\sin\frac{n\pi}{b}y\left[A_{mn}\sinh\Gamma_{mn}z+B_{mn}\cosh\Gamma_{mn}z\right]$$

其中的两组待定系数，正好可以由剩余的 z 方向的边界条件来确定。可以利用二维傅里叶级数展开来得到。

由于 $z=0$ 时$\frac{\mathrm{d}Z(z)}{\mathrm{d}z}=0$，所以 $A_{mn}=0$。于是

$$\phi(x,y,z)=\sum_m\sum_n B_{mn}\sin\frac{m\pi}{a}x\sin\frac{n\pi}{b}y\cosh\Gamma_{mn}z$$

又因为 $z=c$ 时 $\phi=\phi(x,y)$，即

$$\sum_m\sum_n B_{mn}\sin\frac{m\pi}{a}x\sin\frac{n\pi}{b}y\cosh\Gamma_{mn}c=\sum_m\sum_n D_{mn}\sin\frac{m\pi}{a}x\sin\frac{n\pi}{b}y=\phi(x,y)$$

式中，$D_{mn}=B_{mn}\cosh\Gamma_{mn}c$。可见，只要确定出 D_{mn}，则 $B_{mn}=\frac{D_{mn}}{\cosh\Gamma_{mn}c}$便被确定。系数 D_{mn} 仍用求傅里叶级数系数的方法来确定。当 p、q 都为正整数时，以 $\sin\frac{p\pi x}{a}\sin\frac{q\pi y}{b}$乘以上式两端并积分，得

$$\int_0^a\int_0^b\phi(x,y)\sin\frac{p\pi x}{a}\sin\frac{q\pi y}{b}\mathrm{d}y\mathrm{d}x$$

$$=\int_0^a\int_0^b\sum_{m=1}^{\infty}\sum_{n=1}^{\infty}D_{mn}\sin\frac{m\pi x}{a}\sin\frac{p\pi x}{a}\sin\frac{n\pi y}{b}\sin\frac{q\pi y}{b}\mathrm{d}y\mathrm{d}x=\frac{ab}{4}D_{pq}$$

因为上式中只有 $p=m$、$q=n$ 的那一项不为零，于是

$$D_{mn}=D_{pq}=\frac{4}{ab}\int_0^a\int_0^b\phi(x,y)\sin\frac{p\pi x}{a}\sin\frac{q\pi y}{b}\mathrm{d}x\mathrm{d}y$$

故

$$\phi(x,y,z)=\sum_{m=1}^{\infty}\sum_{n=1}^{\infty}\frac{D_{mn}}{\mathrm{ch}\Gamma_{mn}c}\sin\frac{m\pi x}{a}\sin\frac{n\pi y}{b}\mathrm{ch}\Gamma_{mn}z$$

这样，只要给定 $z=c$ 的表面上的边界条件 $\phi(x,y)$，系数 D_{mn} 便可确定，电势 ϕ 的特解即可得出。

延伸思考：对题目仔细分析可以发现，x 方向的齐次边界条件，可以有如表 4-1 所示的 4 种情况；类似地，y 方向的齐次边界条件也有 4 种。因此，可以有类似于例题 4.5 的 16 种不同问题，对应有 16 种不同的解的形式。都可以使用相同的方法求解。

在最一般的情况下，可以使用直角坐标系下分离变量法求解的三维情形，如图 4-18 所示。利用边界条件叠加原理，可以分成 3 种情况直接进行分离变量法求解。最终解就是这 3 种情况下解的叠加。图 4-18 中给出的是第一类边界条件的情况，对于第二类、第三类边界条件，这个结论依然成立。

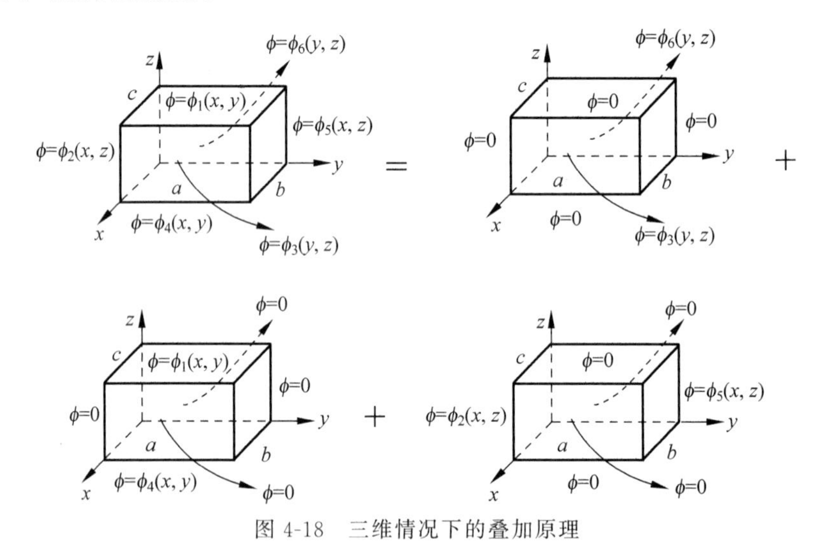

图 4-18　三维情况下的叠加原理

4.4　圆柱坐标系内的分离变量法

4.4.1　通解的三种形式

对于三维场，圆柱坐标系内的拉普拉斯方程为

$$\frac{1}{r}\frac{\partial}{\partial r}\left(r\frac{\partial\phi}{\partial r}\right)+\frac{1}{r^2}\frac{\partial^2\phi}{\partial\varphi^2}+\frac{\partial^2\phi}{\partial z^2}=0\tag{4-36}$$

应用分离变量法，设 $\phi(r,\varphi,z)=R(r)\Phi(\varphi)Z(z)$，将其代入式(4-36)，并将各项乘以 $\frac{r^2}{R\Phi Z}$，得

$$\frac{r}{R}\frac{\mathrm{d}}{\mathrm{d}r}\left(r\frac{\mathrm{d}R}{\mathrm{d}r}\right)+\frac{1}{\Phi}\frac{\mathrm{d}^2\Phi}{\mathrm{d}\varphi^2}+\frac{r^2}{Z}\frac{\mathrm{d}^2Z}{\mathrm{d}z^2}=0 \tag{4-37}$$

式中第二项仅是 φ 的函数，要使上式对任何 r、φ、z 的值都成立，第二项必须等于一个常数，并令其为 $-n^2$，则有

$$\frac{r}{R}\frac{\mathrm{d}}{\mathrm{d}r}\left(r\frac{\mathrm{d}R}{\mathrm{d}r}\right)+\frac{r^2}{Z}\frac{\mathrm{d}^2Z}{\mathrm{d}z^2}=-\frac{1}{\Phi}\frac{\mathrm{d}^2\Phi}{\mathrm{d}\varphi^2}=n^2$$

故得

$$\frac{\mathrm{d}^2\Phi}{\mathrm{d}\varphi^2}+n^2\Phi=0 \tag{4-38}$$

和

$$\left[\frac{1}{rR}\frac{\mathrm{d}}{\mathrm{d}r}\left(r\frac{\mathrm{d}R}{\mathrm{d}r}\right)-\frac{n^2}{r^2}\right]+\frac{1}{Z}\frac{\mathrm{d}^2Z}{\mathrm{d}z^2}=0 \tag{4-39}$$

一般情况下，由于势函数的单值性要求 $\phi(\varphi+2n\pi)=\phi(\varphi)$，即待求的解对 φ 呈现周期性(此即周期性边界条件)。事实上，式(4-38)附加上述周期性边界条件，构成所谓的本征值问题。对其分情况讨论求解可知，n^2 必须大于或等于零(如果小于零，则方程对应的通解为双曲或指数函数的形式，不可能是周期函数)，且 n 只能取自然数，此时对应的本征函数为

$$\Phi_n(\varphi)=B_{1n}\sin n\varphi+B_{2n}\cos n\varphi \tag{4-40}$$

> **注意**：$n=0$ 时，$\Phi(\varphi)=C$。也就是，势函数的分布与水平方位角无关。这是轴对称情况。

对式(4-39)移项，并注意到移项后等式两侧分别是 r 和 z 的函数，则可以得到

$$\frac{1}{rR}\frac{\mathrm{d}}{\mathrm{d}r}\left(r\frac{\mathrm{d}R}{\mathrm{d}r}\right)-\frac{n^2}{r^2}=-\frac{1}{Z}\frac{\mathrm{d}^2Z}{\mathrm{d}z^2}=k_z^2$$

由此得

$$\frac{\mathrm{d}^2Z}{\mathrm{d}z^2}+k_z^2Z=0 \tag{4-41}$$

和

$$\frac{1}{r}\frac{\mathrm{d}}{\mathrm{d}r}\left(r\frac{\mathrm{d}R}{\mathrm{d}r}\right)-\left(\frac{n^2}{r^2}+k_z^2\right)R=0 \tag{4-42}$$

对式(4-41)而言，其形式与直角坐标系下分离变量时 z 方向对应的函数所满足的方程完全一致(柱坐标系和直角坐标系下 z 方向的坐标变量完全一致，所以出现这个结果完全在意料之中)。因此，对其求解可以按照直角坐标系下的过程，分3种情况讨论。与直角坐标系下情况不同的是，式(4-42)也包含有分离常数 k_z^2。所以，在开展上述讨论时，需要对上述两式同时进行。3种情况讨论如下：

(1) 当分离常数 $k_z^2=0$ 时,式(4-41)的解为

$$Z(z)=C_1z+C_2 \tag{4-43}$$

此时,式(4-42)变为

$$r^2\frac{\mathrm{d}^2R}{\mathrm{d}r^2}+r\frac{\mathrm{d}R}{\mathrm{d}r}-n^2R=0 \tag{4-44}$$

式(4-44)是欧拉型方程,在 $n\neq0$ 的时候,它的解是

$$R_n(r)=A_{1n}r^n+A_{2n}r^{-n} \tag{4-45}$$

如果考虑到分离常数 $n=0$ 的情况,则

$$R_0(r)=A_{10}\ln r+A_{20} \tag{4-46}$$

答疑解惑:有人可能会疑惑为何要讨论 $n=0$ 和 $n\neq0$ 的情况。对式(4-45)观察可知,$n=0$ 时,方程的两个解退化为同一个,即常数函数1;因此,必须找到另外一个与其线性无关的解,或必须对此情况单独进行考虑。

综上,并考虑叠加原理,拉普拉斯方程的通解为

$$\begin{aligned}\phi(r,\varphi,z)=&\sum_{n=1}^{\infty}(A_{1n}r^n+A_{2n}r^{-n})(B_{1n}\sin n\varphi+B_{2n}\cos n\varphi)(C_1z+C_2)+\\&(A_{10}\ln r+A_{20})(C_1z+C_2)\end{aligned} \tag{4-47}$$

重点提醒:$C_1=0$ 时,$Z(z)=C$。此时,势函数的分布与 z 无关。这就是二维平面场的情况。

在二维情况下,拉普拉斯方程的通解为

$$\begin{aligned}\phi(r,\varphi)=&\sum_{n=1}^{\infty}(A_{1n}r^n+A_{2n}r^{-n})(B_{1n}\sin n\varphi+B_{2n}\cos n\varphi)+\\&A_{10}\ln r+A_{20}\end{aligned} \tag{4-48}$$

(2) 当分离常数 $k_z^2<0$ 时,则 $k_z=\pm\mathrm{j}\gamma$ 为虚数,而 γ 为实数,式(4-41)变为

$$\frac{\mathrm{d}^2Z}{\mathrm{d}z^2}-\gamma^2Z=0 \tag{4-49}$$

其解为

$$Z(z)=C_1'\mathrm{e}^{\gamma z}+C_2'\mathrm{e}^{-\gamma z}=C_1\sinh\gamma z+C_2\cosh\gamma z \tag{4-50}$$

这时,式(4-42)变为

$$\frac{\mathrm{d}^2R}{\mathrm{d}r^2}+\frac{1}{r}\frac{\mathrm{d}R}{\mathrm{d}r}+\left(\gamma^2-\frac{n^2}{r^2}\right)R=0 \tag{4-51}$$

上式经过简单的变换 $x=\gamma r$,可以转换为标准的 n 阶贝塞尔方程,其解为

$$R(r)=A_1J_n(\gamma r)+A_2N_n(\gamma r) \tag{4-52}$$

其中,$J_n(x)$称为贝塞尔函数或第一类贝塞尔函数,$N_n(x)$称为诺伊曼函数或第二类贝塞尔函数。贝塞尔和诺依曼函数的图像如图4-19所示。待求势函数为

$$\begin{aligned}\phi(r,\varphi,z)=&\sum_{n=0}^{\infty}[A_{1n}J_n(\gamma r)+A_{2n}N_n(\gamma r)](B_{1n}\sin n\varphi+B_{2n}\cos n\varphi)\times\\&(C_{1n}\sinh\gamma z+C_{2n}\cosh\gamma z)\end{aligned} \tag{4-53}$$

其中，A_{1n}、A_{2n}、B_{1n}、B_{2n}、C_{1n}、C_{2n} 均为待定常数。

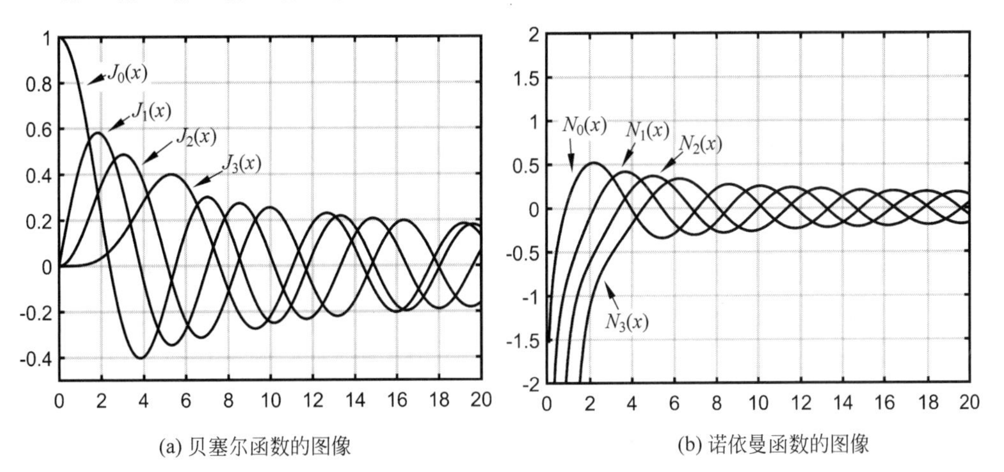

(a) 贝塞尔函数的图像　　(b) 诺依曼函数的图像

图 4-19 贝塞尔函数的图像

(3) 当分离常数 $k_z^2>0$ 时，k_z 为实数，式(4-41)的解则为

$$Z(z)=C_1\sin k_z z+C_2\cos k_z z \tag{4-54}$$

此时令 $x=\mathrm{j}k_z r$ 并代入式(4-42)，仍可得标准的 n 阶贝塞尔方程，其解为

$$R(r)=A_1'J_n(\mathrm{j}k_z r)+B_1'N_n(\mathrm{j}k_z r)=A_1I_n(k_z r)+B_1K_n(k_z r) \tag{4-55}$$

其中，$I_n(k_z r)$ 和 $K_n(k_z r)$ 分别称为虚宗量贝塞尔函数和虚宗量汉克尔函数，它们的图像如图 4-20 所示。因此，待求势函数为

$$\phi(r,\varphi,z)=\sum_{n=0}^{\infty}\left[A_{1n}I_n(k_z r)+A_{2n}K_n(k_z r)\right](B_{1n}\sin n\varphi+B_{2n}\cos n\varphi)\times (C_{1n}\sin k_z z+C_{2n}\cos k_z z) \tag{4-56}$$

其中，A_{1n}、A_{2n}、B_{1n}、B_{2n}、C_{1n} 和 C_{2n} 均为待定常数。

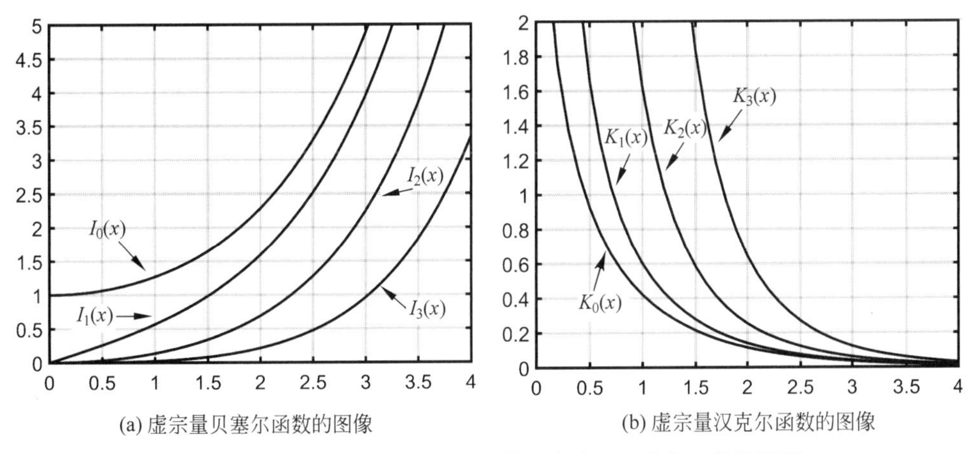

(a) 虚宗量贝塞尔函数的图像　　(b) 虚宗量汉克尔函数的图像

图 4-20 前几个虚宗量贝塞尔函数和虚宗量汉克尔函数的图像

综上所述，柱坐标系下对拉普拉斯方程分离变量，其通解的形式也有 3 种情况。具体应用时该使用哪种情况，也要结合具体的边界条件来分析确定。一般情况下，对于圆柱坐标系内的边值问题，由于角向具有周期性，角向 φ 的解总是由正弦和余弦组合的三角函数。对

于 z 方向和径向的函数形式，可以用“现觅领队，山区植被”这句话来协助记忆。具体如下：

如果势函数关于 z 是**线性函数**(包括与 z 无关的二维平行平面场的圆域问题)，则径向(r 方向)是欧拉方程的解，即 $R(r)=A_1r^n+A_2r^{-n}$，是**幂函数**形式；当势函数是轴对称问题时(n **为零时**)，则必须考虑**对数形式**的解，即 $A_{10}\ln r+A_{20}$；若含圆心($r=0$)在内的问题，则无 r 的负幂次项和对数项。(以上读“现觅领队”，表示线性函数和幂函数，以及 n 为零时的对数函数。)

如果所研究的问题在 z 方向有齐次边界条件(参考表 4-1，共有 4 种情况)，则纵向的解是正弦或余弦组成的**三角函数**；此时，势函数在径向($r=a$)为非齐次边界条件(k_z 为实数即 $k_z^2>0$)，径向的解是**虚宗量**贝塞尔函数和虚宗量汉克尔函数。由于当 $r\to0$ 时虚宗量汉克尔 $K_n(k_zr)$ 趋于无穷大，因此，若含柱轴($r=0$)在内的问题，则无虚宗量汉克尔函数。(以上读“山区”，即三角函数和虚宗量贝塞尔函数。)

对于三维场的圆柱域问题，若径向($r=a$)为齐次边界条件，径向的解是**贝塞尔方程**的解。因为当 $r\to0$ 时诺伊曼函数趋于负无穷大，所以若含柱轴($r=0$)在内的问题，则无诺伊曼函数 $N_n(\gamma r)$；此时，k_z 为纯虚数，即 $k_z^2<0$。如果纵向(z 方向)为有界区，其解是双曲函数即 $Z(z)=C_1\sinh\gamma z+C_1\cosh\gamma z$，如果纵向为无界区，其解为衰减的**指数函数**。(以上读“植被”，即纵向和径向分别取指数函数和贝塞尔函数。)

柱坐标系下分离变量的情况总结如表 4-2 所示。

表 4-2 柱坐标系下分离变量的情况总结

边界条件	径向函数	角向函数	z 向函数	备注
二维平行平面场	$\begin{Bmatrix}r^n\\r^{-n}\end{Bmatrix}_{n\neq0}$ $\begin{Bmatrix}1\\\ln r\end{Bmatrix}_{n=0}$ 柱内情况，无对数函数和负次幂函数	$\begin{Bmatrix}\sin n\varphi\\\cos n\varphi\end{Bmatrix}$ n 为零时，对应轴对称的情况	常数	
$\phi\|_{r=a}=0$ 或 $\left.\dfrac{\partial\phi}{\partial r}\right\|_{r=a}=0$	$\begin{Bmatrix}J_n(\gamma r)\\N_n(\gamma r)\end{Bmatrix}$ 柱内情况，无诺依曼函数		$\begin{Bmatrix}e^{\gamma z}\\e^{-\gamma z}\end{Bmatrix}$ 或 $\begin{Bmatrix}\sinh\gamma z\\\cosh\gamma z\end{Bmatrix}$ z 向无界：指数；有界：双曲函数	$\gamma=\dfrac{x_n^i}{a}$，x_n^i 表示 n 阶贝塞尔函数(或其导数)的第 i 个根
$\phi\|_{z=0}=0$ $\phi\|_{z=h}=0$ 其他 3 种齐次边界条件参见表 4-1	$\begin{Bmatrix}I_n(k_zr)\\K_n(k_zr)\end{Bmatrix}$		$\sin\dfrac{m\pi}{h}z$	$k_z=\dfrac{m\pi}{h}$ 参见表 4-1

*4.4.2 特殊函数不特殊：用 MATLAB 绘制贝塞尔函数等曲线

在柱坐标系下分离变量的过程中，提到了几个以外国人名字命名的函数，如贝塞尔函数、诺依曼函数、虚宗量贝塞尔函数及虚宗量汉克尔函数等。因为这些函数并不常见，即使学过《高等数学》的大学生也未必识得，而且它们的求解过程也相对比较复杂，因此被冠之以“特殊函数”。这样一来，很多人会认为“特殊函数”很“特殊”，很难，学不会。这种认识是不对的。

中学生都认识正弦函数或余弦函数，也没有人认为它们特殊，众所周知，它们可以被写作 $\sin x$ 或者 $\cos x$。可人们果真了解这些函数吗？如果有一天有人突然问你，$\sin40°$该如何计算？你会怎么回答呢？这个问题并不是所有的人都能正确回答。

学过高等数学的人都知道，正弦函数是可以做泰勒级数展开的。因此，只要级数的项数取得足够多，就可以得到精确的正弦函数的值。而且只要你愿意，用手工的方法也可以进行计算。事实上，各种计算机语言的函数库里面，大多已经包含了这个级数求和的内容，因此都可以用来计算正弦函数的值。

本节说贝塞尔函数等特殊函数不“特殊”，是因为它们也都是用无穷级数来表示出来的。只要愿意，也可以用手工的方法以任意的精度来计算这些“特殊”函数的值。如果计算机语言里面也定义了相应函数的级数求和的过程，或者自己编程定义了这些函数，那它们不就像正弦函数一样，可以直接引用了吗？这些函数哪有什么“特殊”的地方呢？

因此，特殊函数不“特殊”！想象一下如何简便地使用 $\sin x$、$\cos x$ 等函数，你就会认识到 $J_n(x)$、$N_n(x)$ 等函数不是和它们完全相似吗？事实上，在很多语言如 MATLAB 里面，上述特殊函数都是内置的函数，可以直接调用。它们真的不“特殊”。

比如，要绘制 $J_0(x)$，可以这样操作：

```
x = [0:0.1:20];                 % 定义自变量取值范围
y = besselj(0,x);               % 计算 0 阶贝塞尔函数的函数值
plot(x,y);                      % 绘图
```

要绘制 $N_1(x)$，可以这样操作：

```
x = [0:0.1:20];                 % 定义自变量取值范围
y = bessely(1,x);               % 计算 1 阶诺依曼函数的函数值
plot(x,y);                      % 绘图
```

如果要绘制 $I_2(x)$，可以这样操作：

```
x = [0:0.1:20];                 % 定义自变量取值范围
y = besseli(2,x);               % 计算 2 阶虚宗量贝塞尔函数的函数值
plot(x,y);                      % 绘图
```

最后，如果要绘制 $K_3(x)$，可以这样操作：

```
x = [0:0.1:20];                 % 定义自变量取值范围
y = besselk(3,x);               % 计算 3 阶虚宗量汉克尔函数的函数值
plot(x,y);                      % 绘图
```

4.4.1 小节中的图 4-19 和图 4-20 就是利用 MATLAB 绘制的贝塞尔函数等的曲线。读者要仔细观察，注意其变化趋势及特点。如：贝塞尔函数、诺依曼函数有无穷多个根，虚宗量贝塞尔函数和虚宗量汉克尔函数没有实数根等。

例 4.6　在介电常数为 ε_1 的无限大介质中存在电场强度为 $\boldsymbol{E}_0$ 的场，垂直于电场方向放置一根半径为 a 的无限长直介质圆柱体，其介电常数为 ε_2。试求介质圆柱体内外的电势和电场强度。

解　此题目是典型的二维场的问题。取 $\boldsymbol{E}_0$ 沿 x 方向，介质圆柱体的轴线与圆柱坐标系的 z 轴重合，如图 4-21(a)所示。设介质圆柱体外、内的电势分别为 ϕ_1、ϕ_2，因为介质圆柱为无限长，故 ϕ_1、ϕ_2 与 z 无关(通解具有“现觅领队”的形式)；又因对称，$\phi(r,\varphi)=\phi(r,-\varphi)$，即电势 ϕ 是方位角 φ 的偶函数，故解中无正弦项，于是待求势函数具有如下形式：

$$\phi(r,\varphi)=\sum_{n=1}^{\infty}(A_n r^n+B_n r^{-n})\cos n\varphi+A_0+B_0\ln r$$

另外,外电场$\boldsymbol{E}_0$的电势可表示为

$$\phi_0=-E_0 x=-E_0 r\cos\varphi+C$$

此边值问题给定的边界条件是:当$r\to\infty$时$\phi_1=\phi_0$(由于在平面内,感应电荷分布在有限区域,因此对匀强场的扰动也在有限远处;在无穷远处,电场、电势均为初始场分布);当$r=a$时,$\phi_1=\phi_2$和$\varepsilon_1\dfrac{\partial\phi_1}{\partial r}=\varepsilon_2\dfrac{\partial\phi_2}{\partial r}$;当$r=0$时,$\phi_2$应为有限值。由此可确定解中的各待定常数。

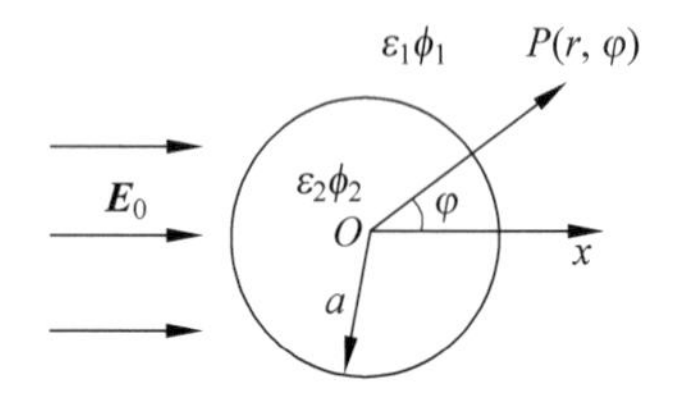

(a) 均匀电场中的介质柱

动画视频

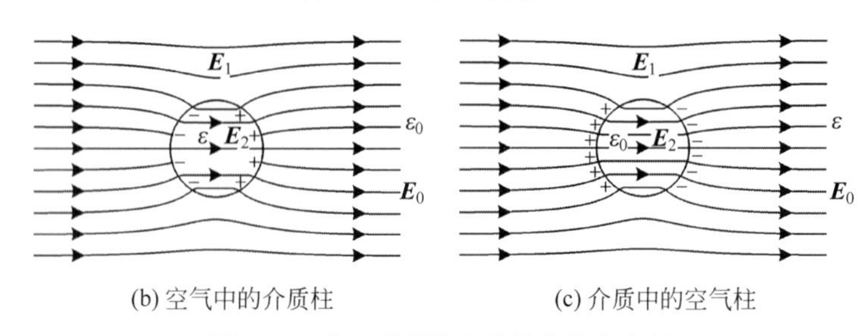

(b) 空气中的介质柱　　(c) 介质中的空气柱

图 4-21　求介质圆柱内外的电势和电场

由$r\to\infty$时,$\phi_1=\phi_0$,即

$$\sum_{n=1}^{\infty}A_n r^n\cos n\varphi+A_0+B_0\ln r=-E_0 r\cos\varphi+C$$

比较等式两边的函数形式和相关系数,可得$n=1$,且$A_1=-E_0$,$B_0=0$,$A_0=C$。其中C是常数,与电势参考原点相关,不妨设置为0。于是,

$$\phi_1=\left(-E_0 r+\frac{B_1}{r}\right)\cos\varphi$$

当$r=a$时,$\phi_1=\phi_2$与$\varepsilon_1\dfrac{\partial\phi_1}{\partial r}=\varepsilon_2\dfrac{\partial\phi_2}{\partial r}$,同理,考虑两种介质内的函数形式和对应系数,可得$\phi_2$中的$n=1$,且因$r=0$时$\phi_2$为有限值,故有

$$\phi_2=A_1' r\cos\varphi$$

代入$r=a$时的边界条件,可得

$$\begin{cases}-E_0 a+\dfrac{B_1}{a}=A_1' a\\[2ex]-\varepsilon_1 E_0-\varepsilon_1\dfrac{B_1}{a^2}=\varepsilon_2 A_1'\end{cases}$$

联解上面二式，得

$$B_1=\frac{\varepsilon_2-\varepsilon_1}{\varepsilon_2+\varepsilon_1}E_0a^2 \quad 和 \quad A_1'=-\frac{2\varepsilon_1}{\varepsilon_2+\varepsilon_1}E_0$$

因此，介质圆柱体外、内的电势分别为

$$\phi_1=\left(-r+\frac{\varepsilon_2-\varepsilon_1}{\varepsilon_2+\varepsilon_1}\frac{a^2}{r}\right)E_0\cos\varphi \quad 和 \quad \phi_2=-\frac{2\varepsilon_1}{\varepsilon_2+\varepsilon_1}E_0r\cos\varphi$$

介质圆柱体外、内的电场强度分别为

$$\begin{aligned}\boldsymbol{E}_1&=-\nabla\phi_1=-\frac{\partial\phi_1}{\partial r}\boldsymbol{e}_r-\frac{1}{r}\frac{\partial\phi_1}{\partial\varphi}\boldsymbol{e}_\varphi\\&=\left(1+\frac{\varepsilon_2-\varepsilon_1}{\varepsilon_2+\varepsilon_1}\frac{a^2}{r^2}\right)E_0\cos\varphi\boldsymbol{e}_r+\left(-1+\frac{\varepsilon_2-\varepsilon_1}{\varepsilon_2+\varepsilon_1}\frac{a^2}{r^2}\right)E_0\sin\varphi\boldsymbol{e}_\varphi\end{aligned}$$

和
$$\boldsymbol{E}_2=-\nabla\phi_2=\frac{2\varepsilon_1}{\varepsilon_2+\varepsilon_1}E_0\cos\varphi\boldsymbol{e}_r-\frac{2\varepsilon_1}{\varepsilon_2+\varepsilon_1}E_0\sin\varphi\boldsymbol{e}_\varphi$$

由于直角坐标系与圆柱坐标系的坐标单位矢量之间的关系为

$$\boldsymbol{e}_x=\cos\varphi\boldsymbol{e}_r-\sin\varphi\boldsymbol{e}_\varphi$$

故

$$\boldsymbol{E}_2=\frac{2\varepsilon_1}{\varepsilon_2+\varepsilon_1}E_0\boldsymbol{e}_x=\frac{2\varepsilon_1}{\varepsilon_2+\varepsilon_1}\boldsymbol{E}_0$$

可见，介质圆柱体内的场强 $\boldsymbol{E}_2$ 仍为均匀场且与外电场 $\boldsymbol{E}_0$ 同方向。当介质圆柱外为空气时，即 $\varepsilon_1=\varepsilon_0$、$\varepsilon_2=\varepsilon$，则$\boldsymbol{E}_2=\frac{2\varepsilon_0}{\varepsilon+\varepsilon_0}\boldsymbol{E}_0=\frac{2}{\varepsilon_r+1}\boldsymbol{E}_0$，由于$\frac{2}{\varepsilon_r+1}<1$，故$|\boldsymbol{E}_2|<|\boldsymbol{E}_0|$。这是因为介质圆柱表面上出现束缚电荷，从而使介质圆柱内的场强被削弱了，如图 4-21(b)所示。反之，若 $\varepsilon_1=\varepsilon$、$\varepsilon_2=\varepsilon_0$，这相当于在介质内有一长圆柱形空腔，则$\boldsymbol{E}_2=\frac{2\varepsilon}{\varepsilon_0+\varepsilon}\boldsymbol{E}_0=\frac{2\varepsilon_r}{1+\varepsilon_r}\boldsymbol{E}_0$，因$\frac{2\varepsilon_r}{1+\varepsilon_r}>1$，故$|\boldsymbol{E}_2|>|\boldsymbol{E}_0|$。这是由于介质的内表面出现束缚电荷而使空腔中的场强增大的缘故，如图 4-21(c)所示。因此，若电介质中有介电常数较小的针状夹杂物，例如空气泡时，在此处容易造成介质的击穿现象而使其绝缘遭受破坏。

重点点拨：如果将介质柱换为理想导体柱，则只要使介电常数 $\varepsilon_2\to\infty$，便可得到圆柱导体外的电势和电场分布。

需要指出的是，例 4.6 研究的是静电场的问题，在数学上体现为满足特定边界条件的拉普拉斯方程的求解。除了静电势满足拉普拉斯方程之外，静磁场中的磁标势、稳恒电场中的电势函数、稳定温度分布等也都满足拉普拉斯方程。因此，这些表面上互不相关的物理问题，实质上也有着千丝万缕的联系。具体来说，对于例题的结果，完全可以应用比拟的方法推广到稳恒电场 $\boldsymbol{E}_0$ 中有导体圆柱或稳恒磁场$\boldsymbol{H}_0$ 中有导磁圆柱的情形。稳恒电场的情况下，使各式中的 ε 换成σ，有

$$\phi_1=\left(-1+\frac{\sigma_2-\sigma_1}{\sigma_2+\sigma_1}\frac{a^2}{r^2}\right)\boldsymbol{E}_0r\cos\varphi$$

$$\phi_2=-\frac{2\sigma_1}{\sigma_2+\sigma_1}\boldsymbol{E}_0 r\cos\varphi,\quad \boldsymbol{E}_2=-\nabla\phi_2=\frac{2\sigma_1}{\sigma_2+\sigma_1}\boldsymbol{E}_0$$

在稳恒磁场的情形下，需要注意当 $\boldsymbol{E}$ 与 $\boldsymbol{H}$ 比拟时，应使 ε 换成 μ，故有

$$\phi_{\mathrm{m1}}=\left(-1+\frac{\mu_2-\mu_1}{\mu_2+\mu_1}\frac{a^2}{r^2}\right)\boldsymbol{H}_0 r\cos\varphi$$

$$\phi_{\mathrm{m2}}=-\frac{2\mu_1}{\mu_2+\mu_1}\boldsymbol{H}_0 r\cos\varphi$$

$$\boldsymbol{H}_2=-\nabla\phi_{\mathrm{m2}}=\frac{2\mu_1}{\mu_2+\mu_1}\boldsymbol{H}_0$$

从上述求解过程可以看出，本题是从无穷远处入手，由远及近进行分析。考虑到外加场在无限远处不受有限远电荷分布的影响，得到了无穷远处的电势分布函数，通过与柱坐标系下的通解形式进行对比，得到了具体的解；然后，利用介质分界面的边界条件，对比分界面两侧的函数形式及系数，再得到柱内的电势分布函数。最终，利用边界条件，确定具体解里的待定系数。整个求解过程与生活中剥洋葱皮的过程十分类似。从外到内，一层一层做类似分析。实际上，当问题给出的是一个 N 层的柱状结构时，上述分析过程依然成立。

*4.4.3 科技前沿：柱状隐形装置的分离变量法分析

本节给出另外一个分层柱状结构的静态场问题。正如前面所讲，分离变量法是一种经典的方法，在科研领域有着重要的应用。下面的题目就是出现在很多知名刊物中的科研论文里的内容，而且，它有一个非常吸引眼球的题目，即“隐形衣”。

例 4.7 如图 4-22 所示，无限大的背景材料(ε_b)中有一匀强电场$\boldsymbol{E}_0$，垂直于电场方向，有一个半径分别为 a、b，介电常数分别为 ε_1、ε_2 的双层介质柱。求：

(1) 背景材料中的电势分布；

(2) 如果双层结构的中心圆柱为导体柱，背景中的电势分布又是怎样的？讨论什么时候背景材料中电场依然为匀强？

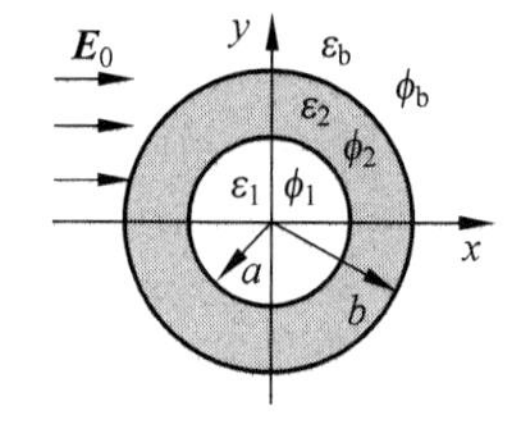

图 4-22 匀强电场中双层介质柱的情况

解 (1) 如图 4-22 所示，建立坐标系，首先假定二维情况下柱坐标系拉普拉斯方程的通解形式，然后采用由远及近的“剥洋葱”方法进行分析，于是得到图中各个区域内的电势分布如下：

$$\begin{cases}\phi_1=Ar\cos\varphi\\ \phi_2=\left(Br+\dfrac{C}{r}\right)\cos\varphi\\ \phi_b=\left(-E_0 r+\dfrac{D}{r}\right)\cos\varphi\end{cases}$$

在介质分界面上，有如下边界条件：

当 $r=a$ 时，$\phi_1=\phi_2$ 且 $\varepsilon_1\dfrac{\partial\phi_1}{\partial r}=\varepsilon_2\dfrac{\partial\phi_2}{\partial r}$

当 $r=b$ 时，$\phi_2=\phi_b$ 且 $\varepsilon_2\dfrac{\partial\phi_2}{\partial r}=\varepsilon_b\dfrac{\partial\phi_b}{\partial r}$

将各个区域的电势表达式代入，则有

$$\begin{cases} Aa = Ba + C/a \\ \varepsilon_1 A = \varepsilon_2(B - C/a^2) \\ Bb + C/b = -E_0 b + D/b \\ \varepsilon_2(B - C/b^2) = \varepsilon_b(-E_0 - D/b^2) \end{cases}$$

写成矩阵方程的形式

$$\begin{bmatrix} a & -a & -\dfrac{1}{a} & 0 \\ \varepsilon_1 & -\varepsilon_2 & \dfrac{\varepsilon_2}{a^2} & 0 \\ 0 & b & \dfrac{1}{b} & -\dfrac{1}{b} \\ 0 & \varepsilon_2 & -\dfrac{\varepsilon_2}{b^2} & \dfrac{\varepsilon_b}{b^2} \end{bmatrix} \begin{bmatrix} A \\ B \\ C \\ D \end{bmatrix} = \begin{bmatrix} 0 \\ 0 \\ -E_0 b \\ -E_0 \varepsilon_b \end{bmatrix}$$

求解上述四元一次方程组，得到 D 的表达式为

$$D = E_0 b^2 \frac{(b^2 - a^2)\varepsilon_2^2 + a^2\varepsilon_1(\varepsilon_b + \varepsilon_2) + b^2\varepsilon_1(\varepsilon_2 - \varepsilon_b) - (a^2 + b^2)\varepsilon_b\varepsilon_2}{(b^2 - a^2)\varepsilon_2^2 + a^2\varepsilon_1(\varepsilon_2 - \varepsilon_b) + b^2\varepsilon_1(\varepsilon_2 + \varepsilon_b) + (a^2 + b^2)\varepsilon_b\varepsilon_2} \tag{4-57}$$

于是，背景材料中的电势分布可以确定；利用电势求梯度，还可以得到背景材料中的电场强度。

顺便介绍一下，对于上述四元一次方程组的求解，可以直接使用 MATLAB 下的符号工具箱进行求解，从而大大降低计算强度。其主要代码如下：

```
syms a b eps1 eps2 epsb E0 ;                           % 定义符号变量
M = [a  - a  - 1/a 0; eps1  - eps2 eps2/a^2 0;
     0 b 1/b  - 1/b; 0 eps2  - eps2/b^2 epsb/b^2];     % 定义系数矩阵
N = [0 0  - E0 * b  - E0 * epsb].';                    % 定义列向量
x = M\N;                                               % 计算未知向量 x,x = [A B C D]'
pretty(x(4));                                          % 显示计算结果,这里显示的是 D
```

利用同样的方法，还可以得到其他系数如 A、B、C 的表达式，在此不再赘述。当方程中未知数的个数比较多的时候，这种方法非常有效。

(2) 当中心圆柱为导体柱时，与前面的例题相似，结果可以用 $\varepsilon_1 \to \infty$ 来获得，于是

$$D = E_0 b^2 \frac{a^2(\varepsilon_b + \varepsilon_2) + b^2(\varepsilon_2 - \varepsilon_b)}{a^2(\varepsilon_2 - \varepsilon_b) + b^2(\varepsilon_2 + \varepsilon_b)}$$

将其代入背景区域中的电势表达式，即得到具体的电势分布函数。

对背景材料中的电势表达式进行分析发现，该电势由两部分组成：其一是外加匀强电场所对应的电势分布；另外一部分是由于介质(导体)柱被极化后束缚(感应)电荷所产生的电场。该电场对原始电场有扰动作用，使得电场分布在介质(导体)柱附近不再均匀。当距离介质(导体)柱较远时，扰动场趋近于零，背景材料中仅有外加电场存在。如果存在一个设计，使得 D 恒为零，那就意味着扰动场始终为零：背景材料中，无论介质柱附近还是远处，场分布都是均匀的。换句话说，对于双层介质柱来讲，对外加电场无干扰，就像整个空间全

部都是背景材料一样，即双层介质柱被隐形了！

令 $D=0$，得到

$$\varepsilon_2=\frac{b^2-a^2}{b^2+a^2}\varepsilon_b \tag{4-58}$$

或

$$b^2=a^2\frac{\varepsilon_2+\varepsilon_b}{\varepsilon_b-\varepsilon_2} \tag{4-59}$$

这就是利用极化相消得到的隐形装置的设计公式。尽管上述两个公式本质上是一致的，但在具体实现的时候，难度大不相同。式(4-58)表明，对于半径为 a 的金属柱，如果用半径为 b、介电常数为 ε_2 的材料包覆时，对外加匀强电场无任何扰动，金属柱被覆盖层材料所"隐形"。式(4-59)表明，在金属柱和材料 2 都确定的情况下，对它们的几何尺寸做适当调整，可以使得金属柱"隐形"。由于寻找适当的材料比较困难，而改变几何尺寸相对容易，因此，式(4-59)在实验中应用较广。

例 4.8 美国《科学》杂志曾经报道了一种所谓的静磁"隐形衣"，如图 4-23 所示。这是一种双层柱状结构，中心圆柱采用超导材料构成，即 $\mu_1=0$，从而任何磁场进入不到柱体内部；超导材料外部是一个内外半径分别为 a 和 b 的柱套，其磁导率为 μ_2。当在背景材料(μ_b)中施加一个垂直于柱轴方向的匀强磁场 $\boldsymbol{H}_0$ 时，该磁场不会受到任何扰动，就像背景材料中没有任何东西一样。请分析这种"隐形衣"的工作机理。

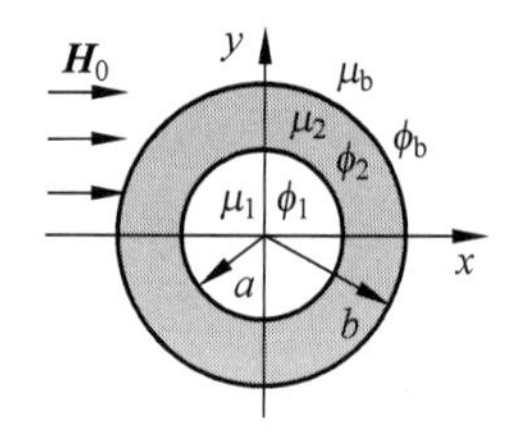

图 4-23 静磁隐形衣结构示意图

解 本题可以采用电磁比拟的方法，设静磁隐形衣周围的磁标势分布为 $\phi_b=\left(-H_0r+\frac{D}{r}\right)\cos\varphi$，则 D 可以利用边界条件匹配得到，如式(4-57)所示，用 μ 将其中的 ε 做替换。考虑到超导材料 $\mu_1=0$，则 D 可以简化为

$$D=H_0b^2\frac{(b^2-a^2)\mu_2^2-(a^2+b^2)\mu_b\mu_2}{(b^2-a^2)\mu_2^2+(a^2+b^2)\mu_b\mu_2}=H_0b^2\frac{(b^2-a^2)\mu_2-(a^2+b^2)\mu_b}{(b^2-a^2)\mu_2+(a^2+b^2)\mu_b} \tag{4-60}$$

如果要实现隐形的功能，则 $D=0$，于是

$$\mu_2=\frac{b^2+a^2}{b^2-a^2}\mu_b \tag{4-61}$$

或

$$b^2=a^2\frac{\mu_2+\mu_b}{\mu_2-\mu_b} \tag{4-62}$$

因此，这种静磁"隐形装置"，其套层材料要满足式(4-61)，或其几何结构必须满足式(4-62)。具体应用时，需要隐藏的物体可以放置在超导材料内部而不被外界探测到(需要"挖洞"以腾出空间)。大家可以核查一下《科学》杂志上的这篇论文，并且验证一下是否和本题的计算相符合。

*4.5　球坐标系内的分离变量法

4.5.1　球坐标系内的分离变量法

在球坐标系内,拉普拉斯方程可表示为

$$\frac{1}{r^2}\frac{\partial}{\partial r}\left(r^2\frac{\partial \phi}{\partial r}\right)+\frac{1}{r^2\sin\theta}\frac{\partial}{\partial\theta}\left(\sin\theta\frac{\partial\phi}{\partial\theta}\right)+\frac{1}{r^2\sin^2\theta}\frac{\partial^2\phi}{\partial\varphi^2}=0 \tag{4-63}$$

采用分离变量法,令 $\phi(r,\theta,\varphi)=R(r)\Theta(\theta)\Phi(\varphi)$,将其代入式(4-63),并将各项乘以 $\frac{r^2\sin^2\theta}{R\Theta\Phi}$,得

$$\frac{\sin^2\theta}{R}\frac{\mathrm{d}}{\mathrm{d}r}\left(r^2\frac{\mathrm{d}R}{\mathrm{d}r}\right)+\frac{\sin\theta}{\Theta}\frac{\mathrm{d}}{\mathrm{d}\theta}\left(\sin\theta\frac{\mathrm{d}\Theta}{\mathrm{d}\theta}\right)+\frac{1}{\Phi}\frac{\mathrm{d}^2\Phi}{\mathrm{d}\varphi^2}=0 \tag{4-64}$$

上式中最后一项仅为 φ 的函数,前两项仅是 r、θ 的函数,要使上式对所有的 r、θ、φ 值都成立,必有

$$\frac{1}{\Phi}\frac{\mathrm{d}^2\Phi}{\mathrm{d}\varphi^2}=-m^2 \tag{4-65}$$

即

$$\frac{\mathrm{d}^2\Phi}{\mathrm{d}\varphi^2}+m^2\Phi=0 \tag{4-66}$$

其中,m 为分离常数。

与柱坐标系下的情况相同,大多数情况下,角向函数还应满足周期性边界条件,即 $\Phi(\varphi)=\Phi(\varphi+2\pi)$。这个条件与式(4-66)一起,构成了所谓的本征值问题。容易得到,式(4-66)的解为

$$\Phi_m(\varphi)=C_m\sin m\varphi+D_m\cos m\varphi \tag{4-67}$$

其中,m 取自然数。

由式(4-64)可得

$$\frac{1}{R}\frac{\mathrm{d}}{\mathrm{d}r}\left(r^2\frac{\mathrm{d}R}{\mathrm{d}r}\right)+\frac{1}{\Theta\sin\theta}\frac{\mathrm{d}}{\mathrm{d}\theta}\left(\sin\theta\frac{\mathrm{d}\Theta}{\mathrm{d}\theta}\right)-\frac{m^2}{\sin^2\theta}=0 \tag{4-68}$$

可见,上式中第一项仅为 r 的函数,而后两项仅为 θ 的函数,故已将变量分离。设分离常数为 λ,则有

$$\frac{1}{R}\frac{\mathrm{d}}{\mathrm{d}r}\left(r^2\frac{\mathrm{d}R}{\mathrm{d}r}\right)=-\frac{1}{\Theta\sin\theta}\frac{\mathrm{d}}{\mathrm{d}\theta}\left(\sin\theta\frac{\mathrm{d}\Theta}{\mathrm{d}\theta}\right)+\frac{m^2}{\sin^2\theta}=\lambda$$

由此得

$$\frac{\mathrm{d}}{\mathrm{d}r}\left(r^2\frac{\mathrm{d}R}{\mathrm{d}r}\right)-\lambda R=0 \tag{4-69}$$

和

$$\frac{1}{\Theta\sin\theta}\frac{\mathrm{d}}{\mathrm{d}\theta}\left(\sin\theta\frac{\mathrm{d}\Theta}{\mathrm{d}\theta}\right)-\frac{m^2}{\sin^2\theta}=-\lambda \tag{4-70}$$

令 $x=\cos\theta$,考虑到 $\frac{\mathrm{d}}{\mathrm{d}\theta}=\frac{\mathrm{d}}{\mathrm{d}x}\frac{\mathrm{d}x}{\mathrm{d}\theta}=-\sin\theta\frac{\mathrm{d}}{\mathrm{d}x}$,代入式(4-70),并将 $\Theta(\theta)$ 改为 $P(x)$,得

$$\frac{\mathrm{d}}{\mathrm{d}x}\left[(1-x^2)\frac{\mathrm{d}P}{\mathrm{d}x}\right]+\left(\lambda-\frac{m^2}{1-x^2}\right)P=0 \tag{4-71}$$

或

$$(1-x^2)\frac{\mathrm{d}^2P}{\mathrm{d}x^2}-2x\frac{\mathrm{d}P}{\mathrm{d}x}+\left(\lambda-\frac{m^2}{1-x^2}\right)P=0 \tag{4-72}$$

方程(4-71)或(4-72)称为连带勒让德方程,其求解牵涉所谓的自然边界条件和相应的本征值问题。众所周知,在没有电荷的有限远区域,一个电势值不可以为无穷大。体现在上述方程中,就是当 $x=\pm1$ 时,或者说在球坐标系下的极轴上,P 为有限值,此即自然边界条件。有些人或许对此不解,为什么要选择极轴?为什么不选择其他坐标轴或任意点?这是因为,在球坐标系下,$\theta\in[0,\pi]$,所以 $x\in[-1,1]$。当采用级数展开方法对上述方程进行求解时,所得级数解在开区间内是收敛的。而对级数在自变量位于区间端点上的值进行敛散分析表明,一般情况下级数发散,除非该级数能够退化为多项式。由此看来,函数值在极轴上或者 $x=\pm1$ 时有限,这个看似"平常"的条件,竟然隐含着对上述方程的"严格"要求。具体到参变量 λ 上,就要求

$$\lambda=n(n+1)\quad n=0,1,2,\cdots \tag{4-73}$$

这就是方程(4-72)与自然边界条件所要求的本征值。于是,方程变为

$$(1-x^2)\frac{\mathrm{d}^2P}{\mathrm{d}x^2}-2x\frac{\mathrm{d}P}{\mathrm{d}x}+\left[n(n+1)-\frac{m^2}{1-x^2}\right]P=0 \tag{4-74}$$

这个方程称为连带(或缔合)勒让德方程,其解为 n 次 m 阶连带(或缔合)勒让德多项式,即

$$P_n^m(x)=P_n^m(\cos\theta)=(1-x^2)^{\frac{m}{2}}\frac{\mathrm{d}^m}{\mathrm{d}x^m}P_n(x)=(1-x^2)^{\frac{m}{2}}\frac{1}{2^nn!}\frac{\mathrm{d}^{(n+m)}}{\mathrm{d}x^{(n+m)}}(x^2-1)^n$$
$$(m\leqslant n,|x|\leqslant1) \tag{4-75}$$

事实上,方程(4-74)有两个独立的解 $P_n^m(x)$ 与 $Q_n^m(x)$,但当 $\theta=0$、π,即 $x=\pm1$ 时,第二类连带勒让德函数 $Q_n^m(x)\to\infty$,故包含球坐标系的极轴在内的问题将只含有连带勒让德函数 $P_n^m(x)$,而 $Q_n^m(x)$ 不应计入。

由式(4-69)和式(4-73)可得

$$r^2\frac{\mathrm{d}^2R}{\mathrm{d}r^2}+2r\frac{\mathrm{d}R}{\mathrm{d}r}-n(n+1)R=0 \tag{4-76}$$

这是一个欧拉型方程,其解为

$$R_n(r)=A_nr^n+B_nr^{-(n+1)} \tag{4-77}$$

显然,当研究球内的问题时,因为包含了 $r=0$ 这个点,所以上述解中应该除去负次幂。

因此,考虑叠加原理,则三维场边值问题的待求势函数为

$$\phi(r,\theta,\varphi)=\sum_{n=0}^{\infty}\sum_{m=0}^{n}[A_nr^n+B_nr^{-(n+1)}]P_n^m(\cos\theta)(C_m\sin m\varphi+D_m\cos m\varphi) \tag{4-78}$$

4.5.2 轴对称情况下势函数的通解表达式

现在考虑一个特殊情况。如果场分布与坐标变量 φ 无关,即为轴对称场,则式(4-65)中分离常数 $m=0$,于是,(4-71)变为如下形式:

$$(1-x^2)\frac{d^2P}{dx^2}-2x\frac{dP}{dx}+\lambda P=0 \tag{4-79}$$

上式称为勒让德方程。它也具有幂级数的解，称为勒让德多项式或勒让德函数。由于自然边界条件的限制，$\lambda=n(n+1)$，且 $n=0,1,2,\cdots$。由式(4-74)、式(4-75)可知，方程的解可以表示为

$$P_n(x)=P_n^0(x)=\frac{1}{2^n n!}\frac{d^n}{dx^n}(x^2-1)^n \quad (-1\leqslant x\leqslant 1) \tag{4-80}$$

前几个勒让德多项式如下：

$P_0(x)=1, P_1(x)=x=\cos\theta$

$P_2(x)=\frac{1}{2}(3x^2-1)=\frac{1}{2}(3\cos^2\theta-1)=\frac{1}{4}(3\cos 2\theta+1)$

$P_3(x)=\frac{1}{2}(5x^3-3x)=\frac{1}{2}(5\cos^3\theta-3\cos\theta)=\frac{1}{8}(5\cos 3\theta+3\cos\theta)$

从上面各式可以看出，当 n 为奇数时，勒让德多项式只有奇次项，$P_n(x)$为奇函数，而当 n 为偶数时，则只有偶次项，$P_n(x)$为偶函数，即 $P_n(-x)=(-1)^n P_n(x)$；且当 $x=1$，即 $\theta=0$ 时，$P_n(1)=1$；而当 $x=-1$，即 $\theta=\pi$ 时，$P_n(-1)=(-1)^n$。图 4-24 给出了前几个勒让德多项式的图像。

与连带勒让德方程相似，除了式(4-80)外，方程(4-79)还有另一个独立解 $Q_n(x)$，称为第二类勒让德函数，但它在 $\theta=0$、π 时趋于无限大，故当球坐标的轴($\theta=0$、π)也包括在所考虑的区域中时，不应计入这第二个解；但在有些特殊问题中应计入，这里不做详述。

因此，轴对称二维场的待求势函数为

$$\phi(r,\varphi)=\sum_{n=0}^{\infty}[A_n r^n+B_n r^{-(n+1)}]P_n(\cos\theta) \tag{4-81}$$

综上所述，无论是与方位角 φ 无关的轴对称二维场还是一般的三维场，径向的解总是欧拉型方程的解，即 $A_n r^n+B_n r^{-(n+1)}$，若含球心($r=0$)在内的问题，则其解中不会出现 r 的负幂次项；极角 θ 方向的解是勒让德多项式(轴对称二维场)或连带勒让德多项式(三维场)，如果包含极轴在内的问题，则其解内不会出现第二类勒让德函数 $Q_n(\cos\theta)$或第二类连带勒让德函数 $Q_n^m(\cos\theta)$，因为它们在极轴上时均为无穷大；角向 φ 的解则是由正弦函数和余弦函数组合的三角函数(三维场)。

4.5.3　特殊函数不特殊——用 MATLAB 绘制勒让德多项式曲线

有了前面的贝塞尔函数等做基础，本节讨论勒让德多项式的情况。和正弦、余弦函数一样，勒让德多项式、连带勒让德多项式等也不是“特殊”的函数，它们的表达式已经用式(4-75)和式(4-80)表示出来了。在很多应用软件如 MATLAB 环境下，勒让德多项式等是作为内置函数出现的，可以直接使用，如：

```
x=[-1:0.01:1];            %x取值范围
m=0;
n=5;
y=legendre(n,x);          %计算所有的n阶连带勒让德多项式
```

```
y = y(m + 1, :);                % 第 m + 1 行,即为所求的 Pnm,本例给出的是 P5
plot(x, y);                     % 绘制曲线
```

MATLAB 可以一次计算所有的连带勒让德多项式。使用者根据需要自行选择。比如上面示例的就是计算 P_5 的情况。如果选择 P_5^3,则如下:

```
m = 3;
n = 5;
y = legendre(n, x);             % 计算所有的 n 阶连带勒让德多项式
y = y(m + 1, :);                % 第 m + 1 行,即为所求的 Pnm,本例给出的是 P53
plot(x, y);                     % 绘制曲线
```

利用上面的绘图命令,图 4-24(a)给出了是几个连带勒让德多项式的情况;图 4-24(b)给出了前几个勒让德多项式的曲线。

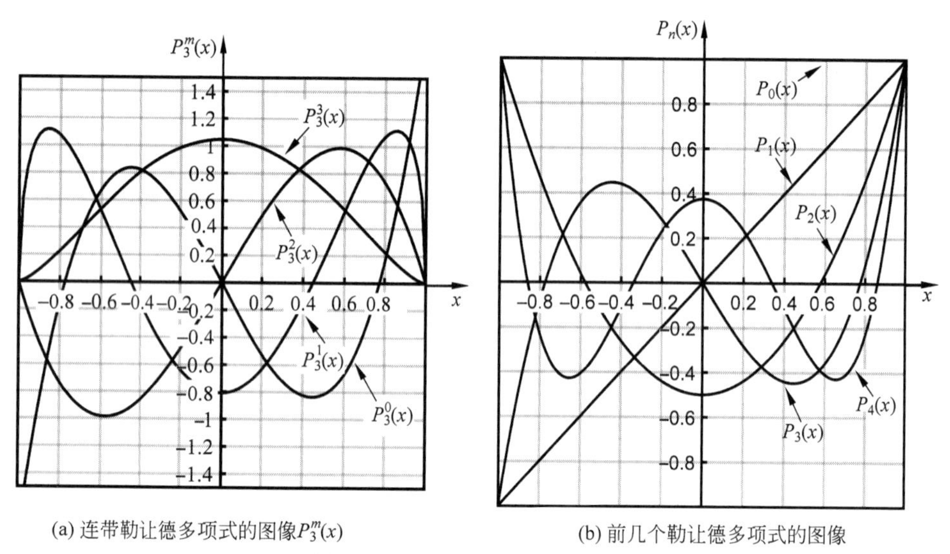

(a) 连带勒让德多项式的图像$P_3^m(x)$　　(b) 前几个勒让德多项式的图像

图 4-24　勒让德多项式等的图像

例 4.9　在无限大的介电常数为 ε_1 的介质内存在均匀电场强度$\boldsymbol{E}_0$,有一半径为 a 的介质球置于其中,其介电常数为 ε_2。试求介质球内外的电势和电场强度。

解　设外电场$\boldsymbol{E}_0$ 的方向与球坐标系内极轴 z 的方向一致,并取球心为原点,如图 4-25 所示。由于对称性,电势 ϕ 与方位角 φ 无关,此问题是轴对称二维场,故 ϕ 具有如下形式:

动画视频

$$\phi(r,\theta)=\sum_{n=0}^{\infty}\left[A_n r^n+B_n r^{-(n+1)}\right]P_n(\cos\theta)$$

均匀外电场$\boldsymbol{E}_0$ 的电势可表示为

$$\phi_0=-E_0 z=-E_0 r\cos\theta=-E_0 r P_1(\cos\theta)$$

图 4-25　均匀电场中的介质球

设介质球内外的电势分别为 ϕ_2 和 ϕ_1,根据边界条件确定解中的待定常数和分离常数。

当 $r\to\infty$时,$\phi_1=\phi_0$,即

$$\sum_{n=0}^{\infty}\left[A_n r^n+B_n r^{-(n+1)}\right]_{r=\infty}P_n(\cos\theta)=\sum_{n=0}^{\infty}A_n r^n P_n(\cos\theta)=-E_0 r P_1(\cos\theta)$$

比较上式两端，得 $n=1$，且 $A_1=-E_0$，于是

$$\phi_1=(-E_0 r+B_1 r^{-2})P_1(\cos\theta)$$

当 $r=a$ 时，有 $\phi_1=\phi_2$ 和 $\varepsilon_1\dfrac{\partial\phi_1}{\partial r}=\varepsilon_2\dfrac{\partial\phi_2}{\partial r}$，可知 ϕ_2 中 $n=1$，并考虑到 $r=0$ 时 ϕ_2 应为有限值，故有

$$\phi_2=A'_1 r P_1(\cos\theta)$$

再由 $r=a$ 的边界条件，可得

$$\begin{cases}-E_0 a+\dfrac{B_1}{a^2}=A'_1 a\\[2mm] -\varepsilon_1 E_0-2\varepsilon_1\dfrac{B_1}{a^3}=\varepsilon_2 A'_1\end{cases}$$

联解上面二式，得 $B_1=\dfrac{\varepsilon_2-\varepsilon_1}{2\varepsilon_1+\varepsilon_2}E_0 a^3$ 和 $A'_1=-\dfrac{3\varepsilon_1}{2\varepsilon_1+\varepsilon_2}E_0$。因此，介质球外、内的电势与电场强度分别为

$$\phi_1=\left(-r+\frac{\varepsilon_2-\varepsilon_1}{2\varepsilon_1+\varepsilon_2}\frac{a^3}{r^2}\right)E_0\cos\theta \quad 和 \quad \phi_2=-\frac{3\varepsilon_1}{2\varepsilon_1+\varepsilon_2}E_0 r\cos\theta$$

$$\begin{aligned}\boldsymbol{E}_1&=-\nabla\phi_1=-\frac{\partial\phi_1}{\partial r}\boldsymbol{e}_r-\frac{1}{r}\frac{\partial\phi_1}{\partial\theta}\boldsymbol{e}_\theta\\&=\left(1+2\frac{\varepsilon_2-\varepsilon_1}{2\varepsilon_1+\varepsilon_2}\frac{a^3}{r^3}\right)E_0\cos\theta\boldsymbol{e}_r+\left(-1+\frac{\varepsilon_2-\varepsilon_1}{2\varepsilon_1+\varepsilon_2}\frac{a^3}{r^3}\right)E_0\sin\theta\boldsymbol{e}_\theta\end{aligned}$$

在直角坐标系中，有

$$\phi_2=-\frac{3\varepsilon_1}{2\varepsilon_1+\varepsilon_2}E_0 z \quad 和 \quad \boldsymbol{E}_2=-\nabla\phi_2=\frac{3\varepsilon_1}{2\varepsilon_1+\varepsilon_2}E_0\boldsymbol{e}_z=\frac{3\varepsilon_1}{2\varepsilon_1+\varepsilon_2}\boldsymbol{E}_0$$

可见，介质球内的电场也是均匀场，且与外电场方向一致。当介质球外是空气时，即 $\varepsilon_1=\varepsilon_0$，$\varepsilon_2=\varepsilon$，则有 $E_2=\dfrac{3\varepsilon_0}{2\varepsilon_0+\varepsilon}E_0=\dfrac{3}{2+\varepsilon_r}E_0<E_0$。因此介质球内的电场小于外电场。这是由于介质球被极化，其表面出现束缚电荷的缘故。

介质中有介电常数较小的球形夹杂物(例如空气泡)时，则有 $\varepsilon_1=\varepsilon>\varepsilon_2$，此处的场强为 $E_2=\dfrac{3\varepsilon}{2\varepsilon+\varepsilon_2}E_0>E_0$，这和例 4.6 中讨论的介质中有介电常数较小的针状夹杂物的情况类似，介质有可能在该处被击穿而使其绝缘性能受到破坏。

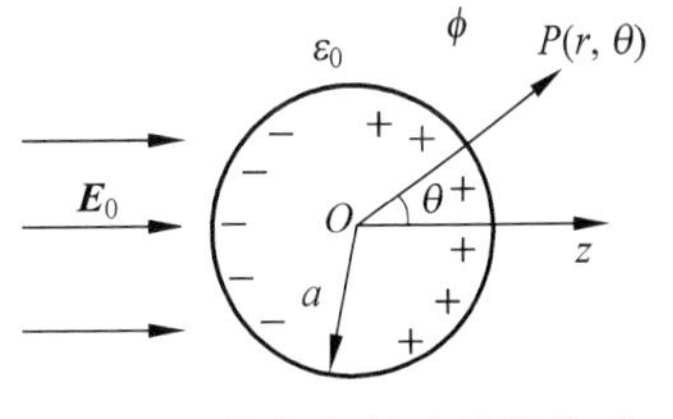

图 4-26 均匀电场中的导体球

令介电常数 $\varepsilon_1=\varepsilon_0$，$\varepsilon_2=\infty$，这是如图 4-26 所示的空气里均匀电场中有导体球的情形。这时导体球内外的电势和场强分别为

$$\phi_2=0 \quad 和 \quad \phi_1=\left(-r+\frac{a^3}{r^2}\right)E_0\cos\theta$$

$$\boldsymbol{E}_2=0 \quad 和 \quad \boldsymbol{E}_1=-\nabla\phi_1=\left(1+\frac{2a^3}{r^3}\right)E_0\cos\theta\boldsymbol{e}_r+\left(-1+\frac{a^3}{r^3}\right)E_0\sin\theta\boldsymbol{e}_\theta$$

导体球面上的感应电荷面密度则等于

$$\rho_S = \varepsilon_0 E_{1r}\big|_{r=a} = 3\varepsilon_0 E_0 \cos\theta$$

可见球的两面对称地感应出等值而异号的电荷,球面上总的感应电荷为零。

4.5.4 科技前沿:球状静场隐形装置的分离变量法分析

前面章节分析了二维柱状电磁隐形装置,本节利用分离变量法来分析设计一个球形的电磁隐形衣。

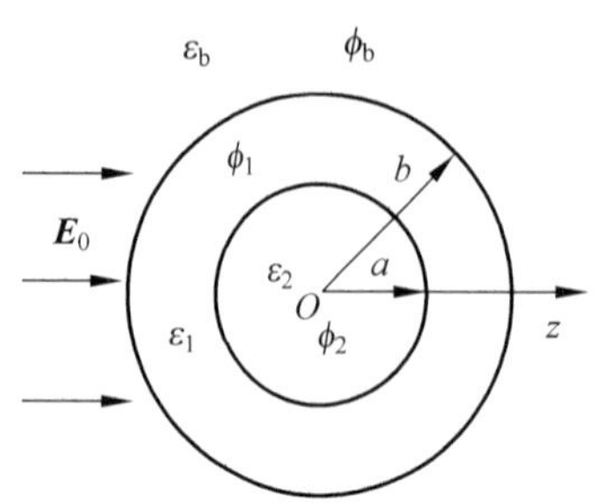

图 4-27 双层介质球的模型

例 4.10 如图 4-27 所示,无限大的背景材料(ε_b)中有一匀强电场$\boldsymbol{E}_0$,方向为水平方向;有一个半径分别为 a、b,介电常数分别为 ε_1、ε_2 的双层介质球位于背景材料中。试求:

(1) 背景材料中的电势分布;

(2) 如果将双层结构中心的介质球换为导体球,背景中的电势分布又是怎样的?讨论什么时候背景材料电场依然为匀强?

解 (1) 仿照例 4.6,采用由远及近的"剥洋葱"的方法,并利用球坐标系下电势的通解形式,可以假设如下形式的各个区域的电势函数:

$$\begin{cases} \phi_2 = ArP_1(\cos\theta) \\ \phi_1 = [Br + Cr^{-2}]P_1(\cos\theta) \\ \phi_b = [-E_0 r + Dr^{-2}]P_1(\cos\theta) \end{cases}$$

边界条件为

$$r = a \text{ 时}, \phi_1 = \phi_2 \text{ 且 } \varepsilon_1 \frac{\partial \phi_1}{\partial r} = \varepsilon_2 \frac{\partial \phi_2}{\partial r}$$

$$r = b \text{ 时}, \phi_1 = \phi_b \text{ 且 } \varepsilon_1 \frac{\partial \phi_1}{\partial r} = \varepsilon_b \frac{\partial \phi_b}{\partial r}$$

代入边界条件可得

$$\begin{cases} Aa = Ba + C/a^2 \\ \varepsilon_2 A = \varepsilon_1 (B - 2C/a^3) \\ Bb + C/b^2 = -E_0 b + D/b^2 \\ \varepsilon_1 (B - 2C/b^3) = \varepsilon_b (-E_0 - 2D/b^3) \end{cases}$$

写成矩阵方程的形式,为

$$\begin{bmatrix} a & -a & -\dfrac{1}{a^2} & 0 \\ \varepsilon_2 & -\varepsilon_1 & \dfrac{2\varepsilon_1}{a^3} & 0 \\ 0 & b & \dfrac{1}{b^2} & -\dfrac{1}{b^2} \\ 0 & \varepsilon_1 & -\dfrac{2\varepsilon_1}{b^3} & \dfrac{2\varepsilon_b}{b^3} \end{bmatrix} \begin{bmatrix} A \\ B \\ C \\ D \end{bmatrix} = \begin{bmatrix} 0 \\ 0 \\ -E_0 b \\ -E_0 \varepsilon_b \end{bmatrix}$$

求解该四元一次方程组，得

$$D=E_0b^3\frac{2(b^3-a^3)\varepsilon_1^2-(b^3-a^3)\varepsilon_b\varepsilon_2+(2a^3+b^3)\varepsilon_1\varepsilon_2-(a^3+2b^3)\varepsilon_1\varepsilon_b}{2(b^3-a^3)\varepsilon_1^2+2(b^3-a^3)\varepsilon_b\varepsilon_2+2(a^3+2b^3)\varepsilon_1\varepsilon_b+(2a^3+b^3)\varepsilon_1\varepsilon_2} \tag{4-82}$$

于是，背景材料中的电势分布可以确定；利用电势求梯度，还可以得到背景材料中的电场强度。

(2) 当中心介质球为导体球时，与例 4.9 相同，结果可以用 $\varepsilon_2\to\infty$ 来获得，于是得到

$$D=E_0b^3\frac{(2a^3+b^3)\varepsilon_1-(b^3-a^3)\varepsilon_b}{2(b^3-a^3)\varepsilon_b+(2a^3+b^3)\varepsilon_1}$$

可知，若令 $D=0$，则可以达到隐形的效果，此时，导体球及外壳的存在，对匀强电场无扰动，有

$$\varepsilon_1=\frac{b^3-a^3}{b^3+2a^3}\varepsilon_b \quad 或 \quad b^3=a^3\frac{2\varepsilon_1+\varepsilon_b}{\varepsilon_b-\varepsilon_1}$$

因此，在实验中可以通过选择外壳材料或者对外壳的几何参数进行调整的方法，实现隐形。

例 4.11 《科学报告》杂志(*Scientific Reports*)曾经报道了一种所谓的三维静磁"隐形衣"，其横截面如图 4-28 所示。这是一种双层球状结构，中心球体采用超导材料构成，即 $\mu_2=0$，从而任何磁场进入不到球体内部；超导材料外部是一个内外半径分别为 a 和 b 的球壳，其磁导率为 μ_1。当在背景材料(μ_b)中施加一个匀强磁场$\boldsymbol{H}_0$ 时，该磁场不会受到任何扰动，就像背景材料中没有任何东西一样。请分析这种"隐形衣"的工作机理。

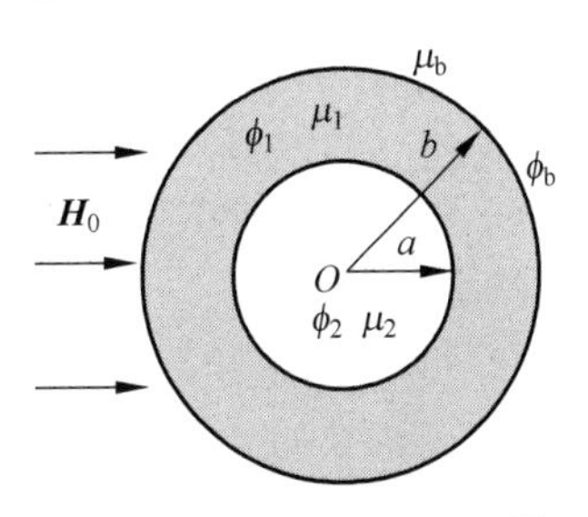

图 4-28 三维磁性隐形衣横截面示意图

解 本题采用电磁比拟的方法，设静磁隐形衣周围的磁标势分布为 $\phi_b=(-H_0r+Dr^{-2})P_1(\cos\theta)$，则 D 可以利用边界条件匹配得到，如式(4-82)所示。考虑将 ε 用 μ 替换，并令 $\mu_2=0$，则 D 可以简化为

$$D=H_0b^3\frac{2(b^3-a^3)\mu_1-(a^3+2b^3)\mu_b}{2(b^3-a^3)\mu_1+2(a^3+2b^3)\mu_b}$$

令 $D=0$，得到

$$\mu_1=\frac{a^3+2b^3}{2(b^3-a^3)}\mu_b \quad 或 \quad b^3=a^3\frac{2\mu_1+\mu_b}{2(\mu_1-\mu_b)}$$

上式就是三维静磁隐形衣的设计参数。

4.6 保角变换法

保角变换法是基于解析函数的性质而提出的一种非常重要的解析方法。由于解析函数具有调和性、正交性、保角性以及满足柯西-黎曼条件等性质，与二维情况下电势函数具有内在的密切联系，因此，可以用于二维平面场问题的求解。

4.6.1 复变函数及其性质

1. 复变函数

若 x、y 都是实变数，则变数

$$z = x + \mathrm{j}y = r\mathrm{e}^{\mathrm{j}\varphi} = r\cos\varphi + \mathrm{j}r\sin\varphi \tag{4-83}$$

称为复变数，其模和辐角分别为

$$\begin{cases} r = |z| = \sqrt{x^2 + y^2} \\ \tan\varphi = \dfrac{y}{x} \end{cases} \tag{4-84}$$

函数

$$w = f(z) = u(x, y) + \mathrm{j}v(x, y) \tag{4-85}$$

是复变数 z 的函数，w 也是复数，称为复变函数。它的实数部分和虚数部分分别是实变函数 $u(x,y)$ 和 $v(x,y)$，且都是 x、y 的单值函数。由 $z=x+\mathrm{j}y$ 确定的复平面称为 z 平面，由 $w=u+\mathrm{j}v$ 确定的复平面称为 w 平面。z 平面上的点与 w 平面上的点具有一一对应的关系。z 平面上的图形在 w 平面上也有对应的图形，这种几何上的对应关系称为变换或映射(映象)。

2. 解析函数和柯西-黎曼条件

复变函数的导数和实变函数导数的定义相似，即其导数为

$$\frac{\mathrm{d}w}{\mathrm{d}z} = \lim_{\Delta z \to 0} \frac{\Delta w}{\Delta z} = \lim_{\Delta z \to 0} \frac{f(z + \Delta z) - f(z)}{\Delta z}$$

一个复变函数如在某区域内的所有点上都有唯一的导数，则称这个复变函数是在该区域的解析函数。它是复变函数中最重要的一类。

由于 $\Delta z = \Delta x + \mathrm{j}\Delta y$，使 $\Delta z \to 0$，可采取两种不同的方式：

若 $\Delta y = 0$，$\Delta x \to 0$ 时，则 $\Delta z \to 0$；

若 $\Delta x = 0$，$\Delta y \to 0$ 时，$\Delta z \to 0$。

如在 z 点不管 $\Delta z \to 0$ 的方式如何，$\dfrac{\Delta w}{\Delta z}$ 都有唯一的极限，则 w 在该点具有导数。对于上述两种 $\Delta z \to 0$ 的方式，有

$$\begin{cases} \Delta y = 0, \dfrac{\mathrm{d}w}{\mathrm{d}z} = \dfrac{\mathrm{d}w}{\mathrm{d}x} = \dfrac{\partial u}{\partial x} + \mathrm{j}\dfrac{\partial v}{\partial x} \\ \Delta x = 0, \dfrac{\mathrm{d}w}{\mathrm{d}z} = \dfrac{\mathrm{d}w}{\mathrm{j}\mathrm{d}y} = \dfrac{\partial u}{\mathrm{j}\partial y} + \mathrm{j}\dfrac{\partial v}{\mathrm{j}\partial y} = -\mathrm{j}\dfrac{\partial u}{\partial y} + \dfrac{\partial v}{\partial y} \end{cases} \tag{4-86}$$

为使上式中的两种结果相等，必须有

$$\begin{cases} \dfrac{\partial u}{\partial x} = \dfrac{\partial v}{\partial y} \\ \dfrac{\partial v}{\partial x} = -\dfrac{\partial u}{\partial y} \end{cases} \tag{4-87}$$

这是 $w(z)$ 有唯一导数的必要条件，称为柯西-黎曼(Cauchy-Riemann)条件。进一步可以证明：若 u、v 是 x、y 的连续函数，则此条件是 $w(z)$ 为解析函数的充要条件，常简称为 C-R 条件。

复变函数求导数是用和实变函数相同的规则进行的。例如：

$$\frac{\mathrm{d}z^n}{\mathrm{d}z}=nz^{n-1},\frac{\mathrm{d}\mathrm{e}^{\alpha z}}{\mathrm{d}z}=\alpha\mathrm{e}^{\alpha z},\frac{\mathrm{d}\sin z}{\mathrm{d}z}=\cos z,\frac{\mathrm{d}\ln z}{\mathrm{d}z}=\frac{1}{z},\cdots$$

容易证明，这些复变函数在其定义域上都满足柯西-黎曼条件，故它们都是解析函数。由式(4-86)和式(4-87)可知，解析函数的导数可以有4种形式，即

$$\begin{aligned}f'(z)&=\frac{\partial u}{\partial x}+\mathrm{j}\frac{\partial v}{\partial x}=\frac{\partial v}{\partial y}-\mathrm{j}\frac{\partial u}{\partial y}\\&=\frac{\partial u}{\partial x}-\mathrm{j}\frac{\partial u}{\partial y}=\frac{\partial v}{\partial y}+\mathrm{j}\frac{\partial v}{\partial x}\end{aligned}\tag{4-88}$$

3. 解析函数的性质

解析函数有如下性质：

1) 调和性

将柯西-黎曼条件(式(4-87))的等式两端分别对 x、y 求导，得

$$\frac{\partial^2 u}{\partial x^2}=\frac{\partial^2 v}{\partial y\partial x},\quad \frac{\partial^2 v}{\partial x\partial y}=-\frac{\partial^2 u}{\partial y^2}$$

由于偏导数存在且连续，故其混合偏导数与求导次序无关且相等，因而有

$$\frac{\partial^2 u}{\partial x^2}+\frac{\partial^2 u}{\partial y^2}=0$$

即

$$\nabla_{\mathrm{T}}^2 u=0\tag{4-89}$$

式中，$\nabla_{\mathrm{T}}^2=\frac{\partial^2}{\partial x^2}+\frac{\partial^2}{\partial y^2}$是二维或横向拉普拉斯算子，T 表示 transverse。

同理可得

$$\nabla_{\mathrm{T}}^2 v=0\tag{4-90}$$

这说明解析函数的实部函数 u、虚部函数 v 均满足拉普拉斯方程，故 u、v 皆为调和函数，也称它们为共轭调和函数。

2) 正交性

将柯西-黎曼条件(式(4-87))中两式的两端相乘，可得

$$\frac{\partial u}{\partial x}\frac{\partial v}{\partial x}=-\frac{\partial u}{\partial y}\frac{\partial v}{\partial y}\quad 或\quad \frac{\partial u}{\partial x}\frac{\partial v}{\partial x}+\frac{\partial u}{\partial y}\frac{\partial v}{\partial y}=0$$

即

$$\nabla_{\mathrm{T}} u\cdot\nabla_{\mathrm{T}} v=0\tag{4-91}$$

这说明解析函数的实部函数 u 和虚部函数 v 的梯度处处正交。由于梯度与等值线互相垂直，因此 u 和 v 均为常数的两族曲线也处处垂直。图4-29给出了解析函数 $\sin z$ 的实部函数和虚部函数对应的等值线，可以看出，二者处处正交。

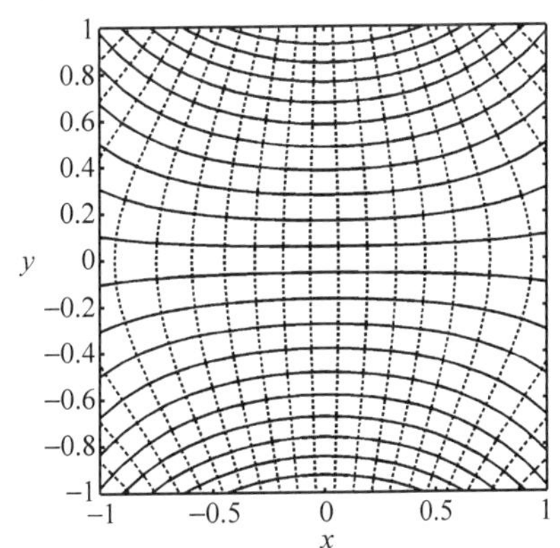

图4-29 $\sin z$ 的实部(实线)和虚部(虚线)对应的等值线

3) 保角性

由于 $w(z)$ 和 z 有一一对应关系，z 平面上某一曲线 c 对应 w 平面上一曲线 c'。在曲线 c 上任一点，

$w(z)$的导数可表示为

$$\frac{\mathrm{d}w}{\mathrm{d}z}=w'(z)=M\mathrm{e}^{\mathrm{j}\theta}$$

$w'(z)$一般也为复变函数,因此,M 和 θ 也都是 x、y 的函数。由解析函数有唯一导数的性质,对任一给定点 z,M、θ 有唯一值。如在 z 平面上的 z_0 点,取其附近小线段 Δz,即 z 从 z_0 点移至 $z_0+\Delta z$ 点时,则在 w 平面上将从 w_0 点移至 $w_0+\Delta w$ 点。当 Δz 很小时,有

$$\left.\frac{\Delta w}{\Delta z}\right|_{z=z_0}\approx\left.\frac{\mathrm{d}w}{\mathrm{d}z}\right|_{z=z_0}=M_0\mathrm{e}^{\mathrm{j}\theta_0}\quad\text{或}\quad\Delta w=\Delta zM_0\mathrm{e}^{\mathrm{j}\theta_0}$$

设 $\Delta z=|\Delta z|\mathrm{e}^{\mathrm{j}\alpha}$,$\Delta w=|\Delta w|\mathrm{e}^{\mathrm{j}\beta}$,其中 α、β 分别为 Δz、Δw 与实轴之间的夹角,即其辐角,则

$$\Delta w=|\Delta w|\mathrm{e}^{\mathrm{j}\beta}=M_0|\Delta z|\mathrm{e}^{\mathrm{j}(\alpha+\theta_0)}$$

于是

$$\begin{cases}|\Delta w|=M_0|\Delta z|\\ \beta=\alpha+\theta_0\end{cases}\tag{4-92}$$

这表明对 z_0 点附近任一给定的小线段 Δz,在 w 平面上 w_0 点附近有一与之对应的小线段 Δw,称为 Δz 变换到 w 平面上的 Δw,如图 4-30 所示,其长度被“放大”了 M_0 倍,其辐角增加了 θ_0 即逆时针旋转了 θ_0 角度。不论 Δz 的取向如何,此 M_0 和 θ_0 的值一定。因此,若有两曲线 c_1 与 c_2 在 z 平面上相交于 z_0 点,其夹角为 γ,则变换到 w 平面上后,通过 w_0 点的两曲线 c_1'与 c_2'均旋转相同的 θ_0 角。故在 w 平面上的两曲线 c_1'与 c_2'的夹角仍为 γ,即变换具有保角性质,因而常称为保角变换或保角映射(也称保角映像)。

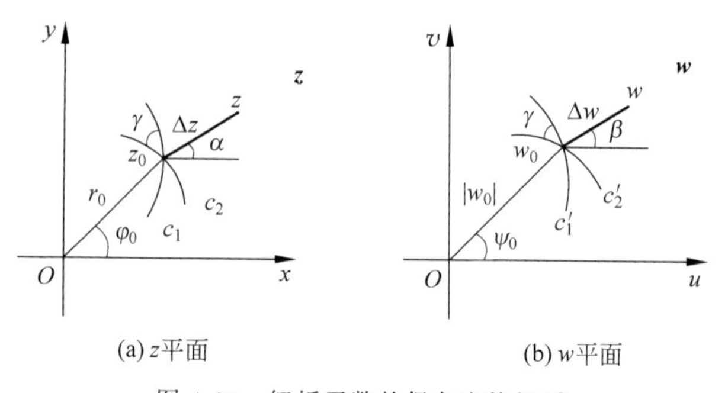

(a) z平面　(b) w平面

图 4-30　解析函数的保角变换性质

答疑解惑:需要指出的是,当某一点对应的导数值为 0 时,上述论断不成立。这是因为,对于复数 0,其模值为 0,但辐角不确定。因此,式(4-92)中的 θ_0 不确定。这就造成不同的曲线旋转角度可能不同,即保角性不成立。

由于$\frac{\mathrm{d}w}{\mathrm{d}z}$是 z 的函数,所以尽管对某一点而言,各个取向上小线段所放大的倍数和旋转的角度相同,但它们均随 z 而变,因此不同的点放大倍数和旋转角度都不同。这样,z 平面上的曲线 c 变换到 w 平面上的曲线 c',两曲线的形状完全不同。同样地,在 z 平面上任一闭合曲线所围区域变换到 w 平面上,区域的形状也完全不同了。因此,利用一个适当的变

换，可把 z 平面上给出的复杂边界曲线变换到 w 平面上更为简单的边界曲线。这样，在 z 平面上很难求解的二维问题，变换到 w 平面上便容易解决了。

4.6.2 保角变换法求解平面场问题的原理

从映射的角度来看，解析函数 $w(z)$ 可以把 z 平面上的一个区域，映射为 w 平面上的一个区域，在这个映射过程中，具有保角的特性（导数不为零处）。实际应用过程中，如何把电磁场的边值问题与保角变换联系在一起呢？利用保角变换处理问题的步骤如何？下面以图 4-31 为例，利用变量替换的方法给大家介绍。

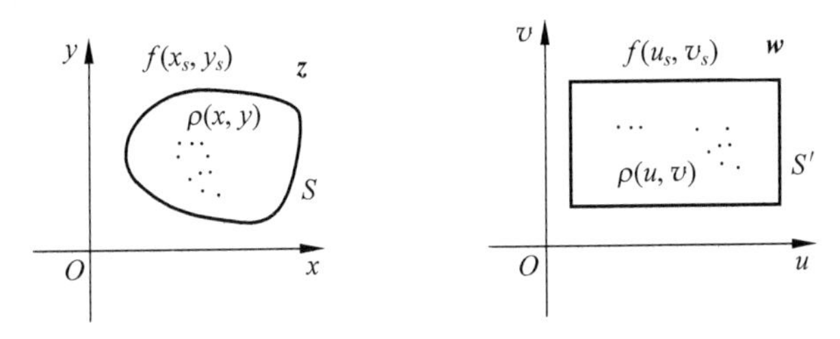

图 4-31 保角变换图示

如图 4-31 所示，在 z 平面上定义有一个边值问题，其覆盖的区域为边界 S 包围的部分。以第一类边值问题为例，则

$$\begin{cases}\phi_{xx}+\phi_{yy}=-\dfrac{\rho(x,y)}{\varepsilon}\\ \phi\mid_S=f(x_s,y_s)\end{cases}$$

但观察边界可知，由于其不规则性，显然无法直接使用分离变量法或其他的解析方法。因此，考虑引入二元变量替换：$u(x,y)$、$v(x,y)$，把 z 平面上的任意点 (x,y)，映射为 w 平面上的点 (u,v)，试图将 z 平面上的区域变换为 w 平面上的形状较为简单的另一个区域，而将原来关于 (x,y) 的微分方程，转化为关于 (u,v) 的方程。众所周知，在这个过程中，定义在相应区域上的势函数的方程，一般情况下会发生变化，从而验证“所有的机械都不省功”，即：区域的边界形状可能会变得简单，但是方程形式会变得复杂。

因为解析函数 $w(z)=u(x,y)+\mathrm{j}v(x,y)$ 可以实现保角映射，其包含的两个实变函数 $u(x,y)$ 和 $v(x,y)$ 都满足拉普拉斯方程，而且在 z 平面上 $u(x,y)=c_1$ 与 $v(x,y)=c_2$ 的两曲线族正交。因此，考虑采用解析函数的实部函数和虚部函数作为所选择的变量替换的两个函数，则有

$$\frac{\partial\phi}{\partial x}=\frac{\partial\phi}{\partial u}\frac{\partial u}{\partial x}+\frac{\partial\phi}{\partial v}\frac{\partial v}{\partial x}$$

$$\frac{\partial^2\phi}{\partial x^2}=\frac{\partial\phi}{\partial u}\frac{\partial^2 u}{\partial x^2}+\frac{\partial^2\phi}{\partial u^2}\left(\frac{\partial u}{\partial x}\right)^2+\frac{\partial\phi}{\partial v}\frac{\partial^2 v}{\partial x^2}+\frac{\partial^2\phi}{\partial v^2}\left(\frac{\partial v}{\partial x}\right)^2+2\frac{\partial^2\phi}{\partial u\partial v}\frac{\partial u}{\partial x}\frac{\partial v}{\partial x}$$

同理，

$$\frac{\partial^2\phi}{\partial y^2}=\frac{\partial\phi}{\partial u}\frac{\partial^2 u}{\partial y^2}+\frac{\partial^2\phi}{\partial u^2}\left(\frac{\partial u}{\partial y}\right)^2+\frac{\partial\phi}{\partial v}\frac{\partial^2 v}{\partial y^2}+\frac{\partial^2\phi}{\partial v^2}\left(\frac{\partial v}{\partial y}\right)^2+2\frac{\partial^2\phi}{\partial u\partial v}\frac{\partial u}{\partial y}\frac{\partial v}{\partial y}$$

于是，

$$\frac{\partial^2 \phi}{\partial x^2}+\frac{\partial^2 \phi}{\partial y^2}=\left[\left(\frac{\partial u}{\partial x}\right)^2+\left(\frac{\partial u}{\partial y}\right)^2\right]\frac{\partial^2 \phi}{\partial u^2}+\left[\left(\frac{\partial v}{\partial x}\right)^2+\left(\frac{\partial u}{\partial y}\right)^2\right]\frac{\partial^2 \phi}{\partial v^2}+$$
$$\left(\frac{\partial^2 u}{\partial x^2}+\frac{\partial^2 u}{\partial y^2}\right)\frac{\partial \phi}{\partial u}+\left(\frac{\partial^2 v}{\partial x^2}+\frac{\partial^2 v}{\partial y^2}\right)\frac{\partial \phi}{\partial v}+$$
$$2\left(\frac{\partial u}{\partial x}\frac{\partial v}{\partial x}+\frac{\partial u}{\partial y}\frac{\partial v}{\partial y}\right)\frac{\partial^2 \phi}{\partial u \partial v}$$

考虑到解析函数对应的实部函数和虚部函数,满足 C—R 条件和拉普拉斯方程,即

$$\frac{\partial u}{\partial x}=\frac{\partial v}{\partial y},\quad \frac{\partial v}{\partial x}=-\frac{\partial u}{\partial y}$$
$$\frac{\partial^2 u}{\partial x^2}+\frac{\partial^2 u}{\partial y^2}=0,\quad \frac{\partial^2 v}{\partial x^2}+\frac{\partial^2 v}{\partial y^2}=0$$

并注意到式(4-88),上述方程可以简化为

$$\frac{\partial^2 \phi}{\partial x^2}+\frac{\partial^2 \phi}{\partial y^2}=\left[\left(\frac{\partial u}{\partial x}\right)^2+\left(\frac{\partial v}{\partial x}\right)^2\right]\left(\frac{\partial^2 \phi}{\partial u^2}+\frac{\partial^2 \phi}{\partial v^2}\right)=|f'(z)|^2\left(\frac{\partial^2 \phi}{\partial u^2}+\frac{\partial^2 \phi}{\partial v^2}\right)$$

将其代入原边值问题,则原来的边值问题可以转换为

$$\begin{cases}\phi_{uu}+\phi_{vv}=-\dfrac{\rho(x(u,v),y(u,v))}{|f'(z)|^2\varepsilon}\\ \phi|_{S'}=f(x_s(u_s,v_s),y_s(u_s,v_s))\end{cases}$$

上式根据对应关系将 x、y 用 u、v 表示了出来。观察可知,由于使用了解析函数的实部和虚部函数所对应的二元变量替换,也就是保角变换,从而达到了"既要马儿不吃草,又要马儿跑得快"的效果:泊松方程经过该变换,结果依然是泊松方程,形式不变,只是电荷密度发生了变化;拉普拉斯方程依然是拉普拉斯方程;但是 z 平面上的边界,经过变换之后,"可能"变得简单。具体应用保角变换的时候,首先需要根据实际情况对解析函数进行筛选,选择可以简化边界或计算的变换,并得到变量之间的关系;其次,在 w 平面上对类似的但又简化了边界的边值问题进行解析分析,从而得到 w 平面上的势函数分布;最后,将变量从 (u,v) 再替换到原始变量 (x,y),即可得到 z 平面上的势函数分布。上述三个步骤也是利用保角变换法求解平面场问题的"三部曲"。

观察 z 平面和 w 平面,以及定义在相应区域上的势函数,可以发现:在利用保角变换实现 z 平面到 w 平面映射的过程中,有"五变"和"五不变"。"五变"指的是:边界形状发生变化;导数为零处角度发生变化;源的强度(电荷密度)发生变化;映射过程中长度发生变化(导数的模值);电场强度发生变化。"五不变"是指:方程形式不变;导数非零处两线夹角不变;对应点的电势不变;总电量不变;电容不变(z 平面上两个导体之间的电容,因为电势、电量不变,所以对应到 w 平面上,电容大小不变)。

以上证明过程是针对第一类边值问题展开的。事实上,对第二类、第三类边值问题,依然可以采用保角变换的方法。此外,保角变换不仅适用于泊松方程、拉普拉斯方程,它对亥姆霍兹方程也是适用的。因此,具有重要的应用价值。

4.6.3 常见的保角变换

任一保角变换都给出两个拉普拉斯方程的势场之间的关系,应用变换方法来求解场的

问题首先是确定一个合适的变换函数，它把所求的场与另一个易于求解的场联系起来。但是，这个选择过程没有什么捷径可走。大多数情况下，需要研究各个解析函数所对应的映射关系，把它们记在表格里；具体应用的时候，通过查找表格，确定最适合的变换关系式。

1. 幂函数变换

考察变换

$$w=z^n \tag{4-93}$$

由 $z=r\mathrm{e}^{\mathrm{j}\varphi}$，可得

$$w=\rho\mathrm{e}^{\mathrm{j}\theta}=r^n\mathrm{e}^{\mathrm{j}n\varphi}$$

则

$$\begin{aligned}\rho&=r^n\\ \theta&=n\varphi\end{aligned} \tag{4-94}$$

可见，在 $w=z^n$ 的变换下，z 平面上的圆周 $|z|=r$ 变换成 w 平面上的圆周 $|w|=r^n$，特别是单位圆周 $|z|=1$ 变换成单位圆周 $|w|=1$；射线 $\varphi=\varphi_0$ 变换成射线 $\theta=\theta_0=n\varphi_0$；正实轴 $\varphi=0$ 变换成正实轴 $\theta=0$；角形域 $0<\varphi<\varphi_0\left(<\frac{2\pi}{n}\right)$变换成角形域 $0<\theta<\theta_0=n\varphi_0$，张角增至原来的 n 倍。从而可知，幂函数变换的特点是把 z 平面上以原点为顶点的角形域变换成 w 平面上以原点为顶点的角形域，但其张角扩张为原来的 n 倍（若 $n<1$，则张角缩小）；反之亦然。因此，幂函数变换可用来求解任意角形区域内的场。观察可知，幂函数的导数在原点处为零，因此，该映射在原点处不保角。很多情况下，正是基于它不保角的性质来完成计算的。

如图 4-32 所示，如果在 z 平面上有如图 4-32(a)所示的任意夹角为 α 的角形区域，当 $\varphi=\alpha$ 时，令 $\theta=\pi=n\alpha$，则 $n=\frac{\pi}{\alpha}$，于是式(4-93)变换成为

$$w=z^{\frac{\pi}{\alpha}} \tag{4-95}$$

式中，$0<\alpha\leqslant 2\pi$。此变换将 z 平面上的正实轴($\varphi=0$)变换到 w 平面上仍为正实轴($\theta=0$)，而 z 平面上 $\varphi=\alpha$ 的边界变换到 w 平面上则为负实轴($\theta=\pi$)，z 平面上的角形域 $0<\varphi<\alpha$ 变换成 w 平面上的上半区域。

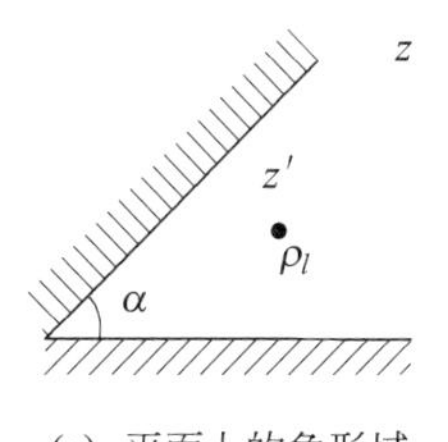

(a) z平面上的角形域

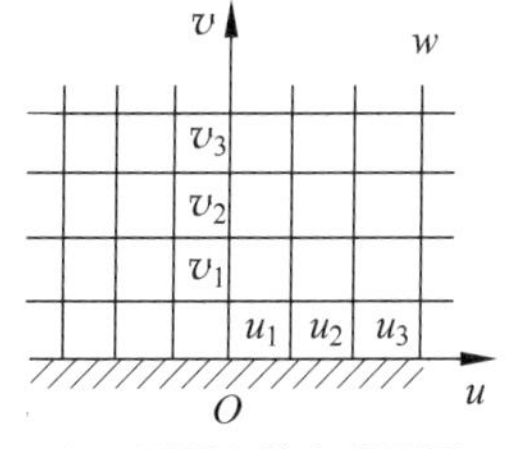

(b) w平面上的上半平面

动画视频

图 4-32　角形域的变换

当 $\alpha=\frac{\pi}{2}$时，对应的上述变换为

$$w=z^2 \tag{4-96}$$

或

$$z=\sqrt{w}=w^{\frac{1}{2}}$$

此变换将 w 平面的正实轴变换成 z 平面上的正实轴，其负实轴却因负值的方根变成 z 平面上的正虚轴，这样，w 平面上的上半区域变换成 z 平面上的第一象限的区域。

例 4.12 两个半无限大接地导体平板成夹角为 α 的二面角，其间有介电常数为 ε 的介质。与两导体平板交线平行有一个密度为 ρ_l 的无限长直线电荷，如图 4-32 (a) 所示。试求此角形域内的电势。

解 采用极坐标系。

(1) 观察可知，应该选择变换函数为 $w=z^{\frac{\pi}{\alpha}}$。设直线电荷在 z 平面上位于 $z'=r'\mathrm{e}^{\mathrm{j}\varphi'}$，变换到 w 平面上则位于 $w'=z'^{\frac{\pi}{\alpha}}=r'^{\frac{\pi}{\alpha}}\mathrm{e}^{\mathrm{j}\frac{\pi}{\alpha}\varphi'}$，而其镜像直线电荷位于 $w''=r'^{\frac{\pi}{\alpha}}\mathrm{e}^{-\mathrm{j}\frac{\pi}{\alpha}\varphi'}$，它们到场点 w 的距离分别为 R 与 R'，如图 4-33 所示。

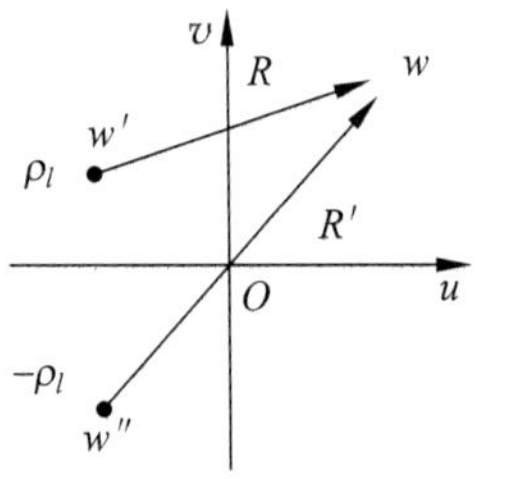

图 4-33 w 平面上的直线电荷及其镜像

(2) 若选取 w 平面上的实轴为电势参考点，于是 w 平面的上半区域的电势为

$$\phi=\frac{\rho_l}{2\pi\varepsilon}\ln\frac{R'}{R}=\frac{\rho_l}{2\pi\varepsilon}\ln\left|\frac{w-w''}{w-w'}\right|$$

(3) 以 $w=z^{\frac{\pi}{\alpha}}=r^{\frac{\pi}{\alpha}}\mathrm{e}^{\mathrm{j}\frac{\pi}{\alpha}\varphi}$ 代入上式，则在 z 平面上角形域内的电势为

$$\phi=\frac{\rho_l}{2\pi\varepsilon}\ln\left|\frac{r^{\frac{\pi}{\alpha}}\mathrm{e}^{\mathrm{j}\frac{\pi}{\alpha}\varphi}-r'^{\frac{\pi}{\alpha}}\mathrm{e}^{-\mathrm{j}\frac{\pi}{\alpha}\varphi'}}{r^{\frac{\pi}{\alpha}}\mathrm{e}^{\mathrm{j}\frac{\pi}{\alpha}\varphi}-r'^{\frac{\pi}{\alpha}}\mathrm{e}^{\mathrm{j}\frac{\pi}{\alpha}\varphi'}}\right|$$

当 $\alpha=\pi$ 时，有

$$\begin{aligned}\phi&=\frac{\rho_l}{2\pi\varepsilon}\ln\left|\frac{r\mathrm{e}^{\mathrm{j}\varphi}-r'\mathrm{e}^{-\mathrm{j}\varphi'}}{r\mathrm{e}^{\mathrm{j}\varphi}-r'\mathrm{e}^{\mathrm{j}\varphi'}}\right|=\frac{\rho_l}{2\pi\varepsilon}\ln\left|\frac{(x-x')+\mathrm{j}(y+y')}{(x-x')+\mathrm{j}(y-y')}\right|\\&=\frac{\rho_l}{4\pi\varepsilon}\ln\frac{(x-x')^2+(y+y')^2}{(x-x')^2+(y-y')^2}\end{aligned}$$

其中，$x'=r'\cos\varphi'$ 和 $y'=r'\sin\varphi'$ 为线电荷所在位置的直角坐标。

当 $\alpha=\dfrac{\pi}{2}$ 时，注意到 $z'=x'+\mathrm{j}y'$ 和 $z''=x'-\mathrm{j}y'$，有

$$\begin{aligned}\phi&=\frac{\rho_l}{2\pi\varepsilon}\ln\left|\frac{z^2-z''^2}{z^2-z'^2}\right|=\frac{\rho_l}{2\pi\varepsilon}\ln\left|\frac{(x+\mathrm{j}y)^2-(x'-\mathrm{j}y')^2}{(x+\mathrm{j}y)^2-(x'+\mathrm{j}y')^2}\right|\\&=\frac{\rho_l}{2\pi\varepsilon}\ln\frac{|(x+x')+\mathrm{j}(y-y')|\,|(x-x')+\mathrm{j}(y+y')|}{|(x+x')+\mathrm{j}(y+y')|\,|(x-x')+\mathrm{j}(y-y')|}\\&=\frac{\rho_l}{4\pi\varepsilon}\ln\frac{[(x+x')^2+(y-y')^2]\,[(x-x')^2+(y+y')^2]}{[(x+x')^2+(y+y')^2]\,[(x-x')^2+(y-y')^2]}\end{aligned}$$

上述结果和直接用镜像法所得的结果相同。

2. 对数变换

对于对数变换

$$w=\ln z \tag{4-97}$$

在极坐标系中，$z=r\mathrm{e}^{\mathrm{j}\varphi}$，则

$$w=\ln z=\ln r\mathrm{e}^{\mathrm{j}\varphi}=\ln r+\mathrm{j}\varphi=u+\mathrm{j}v$$

故

$$\begin{cases} u=\ln r \\ v=\varphi \end{cases} \tag{4-98}$$

可见，z 平面上半径为 r 的圆，映射到 w 平面上，成为平行于虚轴的直线；z 平面上与 x 轴夹角为 φ 的射线，映射成 w 平面上，成为平行于实轴的直线；z 平面上的极坐标网格，映射到 w 平面上，成为直角坐标网格，如图 4-34 所示。此外，在 z 平面上，由于 $\varphi\in[0,2\pi)$，因此，整个 z 平面上映射成 w 平面上 $v\in[0,2\pi)$ 的一条水平条带区域。对数变换可以处理圆形区域或者角形区域的场。

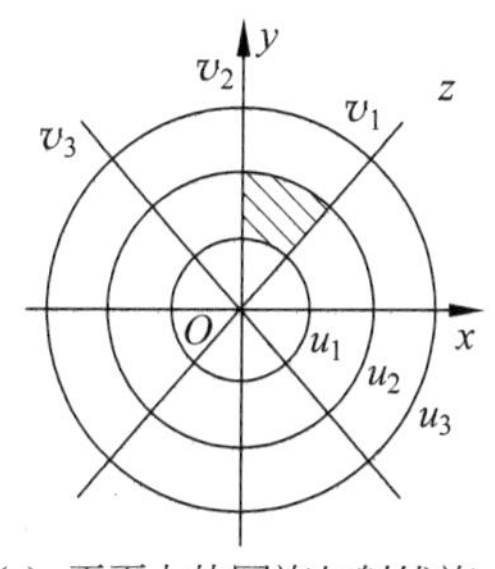

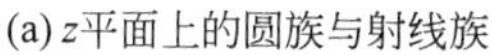
(a) z平面上的圆族与射线族

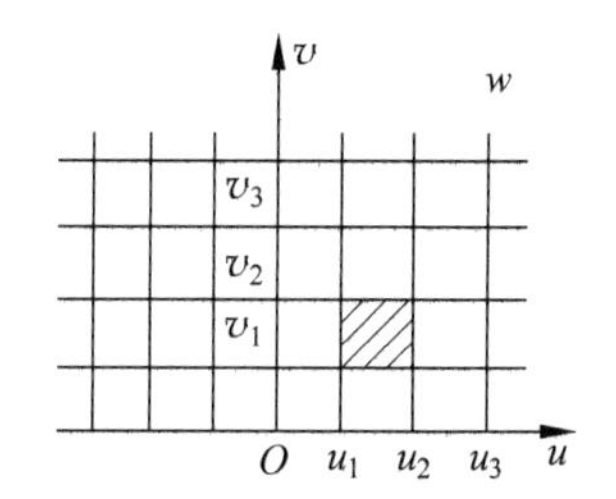

(b) w平面的上半区域内的直线族

图 4-34　对数变换示意图

例 4.13　试求内导体半径为 r_1、外导体半径为 r_2 的同轴线单位长度的电容。

解　本题目是求解电容的一个例子。通过假设导体表面的电荷量 Q，利用高斯定理很容易计算得到两个极板之间的电场强度，进而通过积分得到两个导体之间的电势差，由此可以计算电容。这里考虑使用保角变换的方法进行计算。

通过观察可以知道，同轴线的内外导体构成了两个同心圆，因此，可以采用对数变换，将其转换成 w 平面上两个平行的极板；同轴线内部的区域，转化为两个平行板之间的区域。从而可以在 w 平面上利用平行板电容器的公式进行计算。

观察可知，采用对数函数 $w=\ln z=\ln r\mathrm{e}^{\mathrm{j}\varphi}=\ln r+\mathrm{j}\varphi=u+\mathrm{j}v$，则 $u=\ln r$，$v=\varphi$。于是，两个圆形极板映射为 $u_1=\ln r_1$，$u_2=\ln r_2$ 两个平板极板；z 平面上的同轴线，转为 w 平面上的平行板电容器。考虑到沿圆周一周，φ 变化 2π。所以该平行板电容器的极板宽度为 2π（$\boldsymbol{v}$ 方向的高度）。利用平行板电容器的公式，则对应的电容为

$$C=\frac{\varepsilon S}{d}=\frac{2\pi\varepsilon}{\ln(r_2/r_1)}$$

这与第 2 章基于高斯定理得到的结果完全一致。

例 4.14　如图 4-35 所示，计算角形区域内部的电势分布。

解　此二面角的特点是两条射线对应的电势分布不同，因此，如果使用幂函数的方法，将其展开为平面，则平面上的电势分布不同，依旧无法直接求解。但如果采用对数函数，则两条射线可以转换为 w 平面上的两条平行线，从而可以求解。

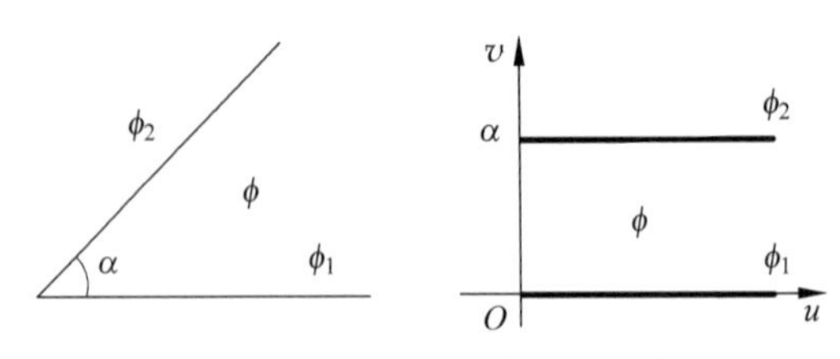

图 4-35 角形区域内部的电势分布

观察，采用对数函数 $w=\ln z=\ln r\mathrm{e}^{\mathrm{j}\varphi}=\ln r+\mathrm{j}\varphi=u+\mathrm{j}v$，则 $u=\ln r$，$v=\varphi$。于是，$v_1=\varphi_1=0$，$v_2=\varphi_2=\alpha$。z 平面上相交的两条射线，映射到 w 平面上，成为两条平行线。考虑到 $u=\ln r$，而 r 在 0 到无穷变化，所以 u 从负无穷变化到正无穷。角形区域内部，映射成为两平行线之间的区域，如图 4-35 所示。

考虑到平行板电容器之间的场分布是均匀的，则在 w 平面上有

$$\phi=Av+B$$

因为 $\phi|_{v=0}=\phi_1$，$\phi|_{v=\alpha}=\phi_2$，所以 $A=\dfrac{\phi_2-\phi_1}{\alpha}$，$B=\phi_1$，于是

$$\phi=\frac{\phi_2-\phi_1}{\alpha}v+\phi_1$$

由于 $v=\varphi$，因此上式用 z 平面的变量表示为

$$\phi=\frac{\phi_2-\phi_1}{\alpha}\varphi+\phi_1$$

3. 反三角函数变换

对于反正弦函数变换

$$w=\arcsin(z/c) \tag{4-99}$$

或

$$z=c\sin w \tag{4-100}$$

由于

$$\sin \mathrm{j}v=\frac{\mathrm{e}^{\mathrm{j}(\mathrm{j}v)}-\mathrm{e}^{-\mathrm{j}(\mathrm{j}v)}}{2\mathrm{j}}=-\mathrm{j}\,\frac{\mathrm{e}^{-v}-\mathrm{e}^{v}}{2}=\mathrm{j}\,\frac{\mathrm{e}^{v}-\mathrm{e}^{-v}}{2}=\mathrm{j}\sinh v$$

故同理可得

$$\begin{cases}\sin \mathrm{j}v=\mathrm{j}\sinh v & \sinh \mathrm{j}v=\mathrm{j}\sin v\\ \cos \mathrm{j}v=\cosh v & \cosh \mathrm{j}v=\cos v\end{cases} \tag{4-101}$$

利用上述公式，将式(4-100)展开，得

$$z=x+\mathrm{j}y=c\sin(u+\mathrm{j}v)=c\sin u\cosh v+\mathrm{j}c\cos u\sinh v$$

则有

$$x=c\sin u\cosh v \quad \text{和} \quad y=c\cos u\sinh v$$

将上面两式平方后分别相加和相减，得

$$\begin{cases}\dfrac{x^2}{c^2\cosh^2 v}+\dfrac{y^2}{c^2\sinh^2 v}=1\\ \dfrac{x^2}{c^2\sin^2 u}-\dfrac{y^2}{c^2\cos^2 u}=1\end{cases} \tag{4-102}$$

由此可见，$u=c_1$ 表示出一共焦双曲线族，其半焦距为 $c\sqrt{\sin^2 u+\cos^2 u}=c$；而 $v=c_2$ 则表示出一椭圆族，其半焦距为 $c\sqrt{\cosh^2 v-\sinh^2 v}=c$。如图 4-36 所示，在 w 平面上任一平行于虚轴的直线（$u=c_1'$）和平行于实轴的直线（$v=c_2'$）分别变换为 z 平面上的一双曲线和一椭圆。w 平面上的 $PQRS$ 区域变换为 z 平面上的 $P'Q'R'S'$ 区域，且各对应角均相等。应该指出，x（或 y）值是周期性的，这是因为在 $-\infty$ 至 ∞ 的无限个 u 值将只给出一个 x 值。因此，必须谨慎处理，注意变换函数的单值性，一般仅在主值范围内讨论。图 4-37 给出了实际应用中的两种情况。

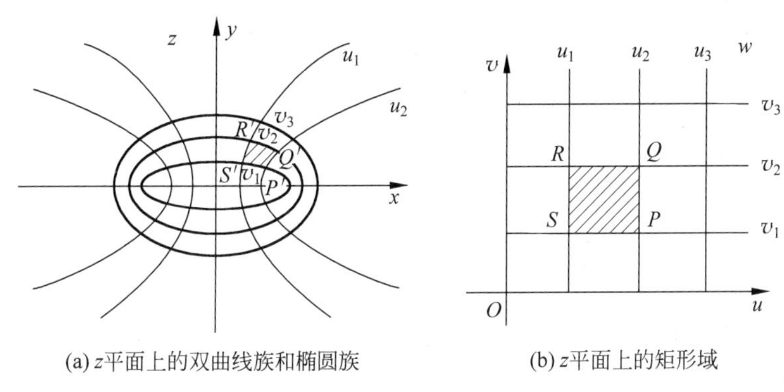

(a) z平面上的双曲线族和椭圆族 (b) z平面上的矩形域

图 4-36 $z=c\sin w$ 的变换

动画视频

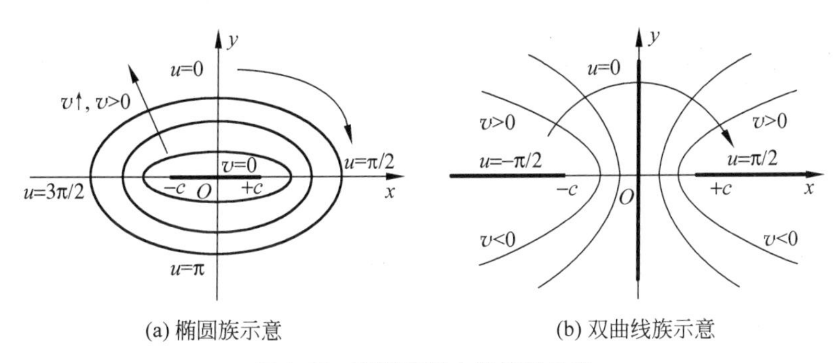

(a) 椭圆族示意 (b) 双曲线族示意

图 4-37 实际应用中的情况示意

图 4-37(a)中，$v\geqslant 0, 0\leqslant u<2\pi$，可以实现从 z 平面到 w 平面的单值映射；图 4-37(b)中，$-\pi/2\leqslant u\leqslant \pi/2, -\infty<v<\infty$，也可以实现从 z 平面到 w 平面的单值映射。图 4-37 中的黑色粗线，表示的是极限情况下的几个椭圆和双曲线。椭圆的极限是连接两个焦点、宽度为 $2c$ 的线段；双曲线的极限是 y 轴以及 x 轴上以焦点为顶点的两条方向相反的射线。

这类变换常用来求解两椭圆导体柱面间或共焦双曲柱面的场，以及它们的极限情形。对于反余弦函数变换，可以用相似的方法分析，具有类似的变换特性。

例 4.15 如图 4-38 所示，在 z 平面上，y 轴上有一个无限大的导体板，其电势为 ϕ_1；x 轴上有一个半无限大的导体板，其对应的电势为 ϕ_2。试求第一象

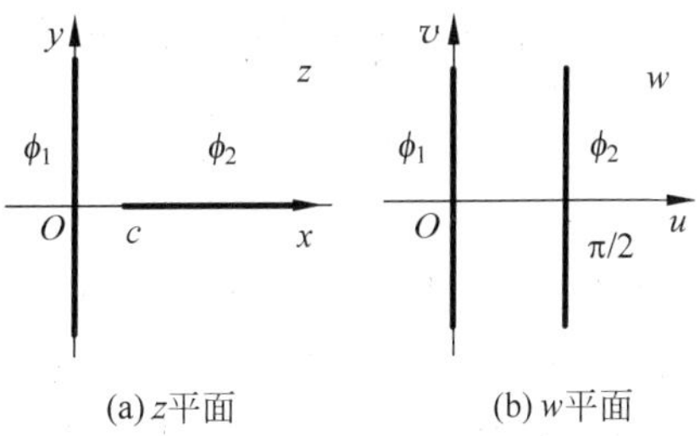

(a) z平面 (b) w平面

图 4-38 求第一象限、第四象限的电势分布

限、第四象限的电势和电场强度分布。

解 参见图4-37(b)的情形，容易发现：z 平面上的两个导体板，可以看作双曲线的极限情况。因此，考虑采用 $w=\arcsin(z/c)$ 来进行变换，则可以得到图4-38(b)的 w 平面的情况。其中，第一象限、第四象限的区域，被映射到两条平行直线之间。

利用平行板电容器的性质，容易知道：在 w 平面上，有

$$\phi=2\frac{\phi_2-\phi_1}{\pi}u+\phi_1$$

考虑到 z 平面变量与 w 平面变量的关系，则电势分布表示为

$$\phi=2\frac{\phi_2-\phi_1}{\pi}\mathrm{Re}\left[\arcsin\frac{z}{c}\right]+\phi_1$$

如果要计算电场强度的表达式，可以做如下变形：

$$\phi=\mathrm{Re}\left[2\frac{\phi_2-\phi_1}{\pi}\arcsin\frac{z}{c}+\phi_1\right]=\mathrm{Re}[t]=\mathrm{Re}[\phi+\mathrm{j}\psi]$$

其中，$t=2\dfrac{\phi_2-\phi_1}{\pi}\arcsin\dfrac{z}{c}+\phi_1$。

将电场强度用复数形式表示，即该复数的实部和虚部分别是电场强度的 x、y 分量。考虑到解析函数导数的四种表达形式——式(4-88)，则

$$\dot{E}=E_x+\mathrm{j}E_y=-\frac{\partial\phi}{\partial x}-\mathrm{j}\frac{\partial\phi}{\partial y}=-\frac{\partial\phi}{\partial x}+\mathrm{j}\frac{\partial\psi}{\partial x}=-\overline{\left[\frac{\partial\phi}{\partial x}+\mathrm{j}\frac{\partial\psi}{\partial x}\right]}=-\overline{\frac{\mathrm{d}t}{\mathrm{d}z}}$$

字母上方的"一杠"表示取共轭。将复变函数 t 的表达式代入，进行适当化简，得

$$\dot{E}=-\frac{2(\phi_2-\phi_1)}{\pi\sqrt{c^2-\bar{z}^2}}=-\frac{2(\phi_2-\phi_1)\sqrt{c^2-z^2}}{\pi\mid c^2-z^2\mid}$$

由于

$$c^2-z^2=c^2-x^2+y^2-\mathrm{j}2xy=\sqrt{(c^2-x^2+y^2)^2+4x^2y^2}\,e^{-\mathrm{j}\theta}$$

$$\theta=\arctan\frac{2xy}{c^2-x^2+y^2}$$

所以

$$\dot{E}=-\frac{2(\phi_2-\phi_1)}{\pi\sqrt[4]{(c^2-x^2+y^2)^2+4x^2y^2}}e^{-\mathrm{j}\frac{\theta}{2}}$$

将上式取实部和虚部，即可得到电场强度的分量表达式，不再赘述。

4.6.4 许瓦兹-克利斯多菲变换

实际问题中经常遇到且较为复杂的平行平面场域，是由有限段折线所围成的 n 边多角形区域。应用许瓦兹-克利斯多菲变换，可将 z 平面上的多角形区域的边界变换为 w 平面上的实轴，而将多角形区域变换为 w 平面的上半平面。这种变换仍然是保角的，也称为多角形变换。应该指出，z 平面上的多角形区域可以是封闭的，也可以是非封闭的，但后者可以看成是封闭于无穷远处，即多角形的一个或几个顶点在无限远处。不论多角形两相邻边的交点是在有限远还是无限远，均视为顶点，其夹角亦视为顶角。

如图4-39 (a) 所示，z 平面上有一个 n 边多角形边界，其各顶点的坐标为 z_i ($i=1,2,$

$3,\cdots,n$)，相应的内角和外角分别为 α_i 与 β_i。将此 n 边形边界变换到 w 平面的实轴上，多角形的内域变换为 w 平面的上半区域，必须使界点坐标 u_i 与顶点坐标 z_i 相对应，且其顺序应一致，变换函数可由下面的方程取积分得到，即

$$\frac{\mathrm{d}z}{\mathrm{d}w}=A(w-u_1)^{\frac{\alpha_1}{\pi}-1}(w-u_2)^{\frac{\alpha_2}{\pi}-1}\cdots(w-u_n)^{\frac{\alpha_n}{\pi}-1}=A\prod_{i=1}^{n}(w-u_i)^{\frac{\alpha_i}{\pi}-1} \tag{4-103}$$

这就是许瓦兹-克利斯多菲微分方程，其中 A 是一个表示从 w 平面变换到 z 平面上时，使整个图形放大和旋转的复常数。显然，如图 4-39(b)所示的 $w=u_i$ 的界点为奇点，变换不应包括界点在内。

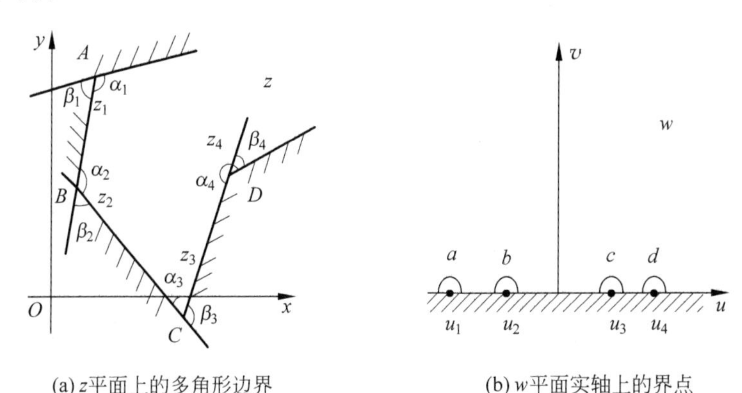

(a) z平面上的多角形边界　　(b) w平面实轴上的界点

图 4-39　多角形变换

将式(4-103)积分，便可求得变换函数，即

$$z=A\int\prod_{i=1}^{n}(w-u_i)^{\frac{\alpha_i}{\pi}-1}\mathrm{d}w+B \tag{4-104}$$

式中，B 是另一个复常数。上式即为许瓦兹-克利斯多菲变换公式。

为了理解式(4-104)的意义，可将该式用微分关系代替，且当 w 平面上的实轴变换为 z 平面上的多角形边界时，将式(4-103)中各顶点的内角 α_i 用其外角 β_i($\beta_i=\pi-\alpha_i$)代替。各顶点的外角表示 z 平面上的多角形边界在相应顶点上旋转的角度，如在顶点 B，$\overline{AB}$ 的延伸段旋转 β_2 即转到 $\overline{BC}$。这样式(4-103)变为

$$\mathrm{d}z=A\prod_{i=1}^{n}(w-u_i)^{-\frac{\beta_i}{\pi}}\mathrm{d}w \tag{4-105}$$

式(4-103)和式(4-105)都表示 w 平面上的长度元 $\mathrm{d}w$ 变换到 z 平面上的 $\mathrm{d}z$ 时的放大倍数和旋转角度，即以 $\mathrm{d}w$ 的长度和方向(辐角)来描写 $\mathrm{d}z$ 的长度和方向。由于构成 w 平面上实轴的全部 $\mathrm{d}w$ 的辐角是常数 0，故当实数形式的 w 在 $-\infty$ 至 $+\infty$ 连续变化时，式(4-105)的辐角就直接确定了 z 平面的多角形边界上 $\mathrm{d}z$ 方向的变化，即

$$\arg\left(\frac{\mathrm{d}z}{\mathrm{d}w}\right)=\arg A-\sum_{i=1}^{n}\frac{\beta_i}{\pi}\arg(w-u_i) \tag{4-106}$$

事实上，在 w 平面的实轴上 $\mathrm{d}w$ 的方向不变，故上式表明对于 w 为任意实数时(实轴上的点)在 z 平面上 $\mathrm{d}z$ 的倾角，即 $\mathrm{d}z$ 与 x 轴的夹角。

现在考察 w 从 $-\infty$ 变到 $+\infty$ 时，$\mathrm{d}z$ 的方向变化。当 $w<u_1$ 时，$(w-u_i)$($i=1,2,$

$3,\cdots,n$)均为负,即所有 $\arg(w-u_i)=\pi$,因此

$$\arg\left(\frac{\mathrm{d}z}{\mathrm{d}w}\right)=\arg A-\sum_{i=1}^{n}\beta_i=\arg A-2\pi$$

为常数,因为 n 边形的所有外角之和等于 2π。上式表明 $w<u_1$ 时,w 在实轴上的变动,将在 z 平面上绘出一条直线。而当 w 经过 u_1 从而使得($w-u_1$)为正时,$\arg(w-u_1)=0$,而其他的 $\arg(w-u_i)=\pi(i=2,3,\cdots,n)$,于是

$$\arg\left(\frac{\mathrm{d}z}{\mathrm{d}w}\right)=\arg A-\sum_{i=2}^{n}\beta_i=\arg A-(2\pi-\beta_1)=\arg A-2\pi+\beta_1$$

这表示 $\mathrm{d}z$ 的倾角增加了 β_1,对应 z 平面上绘出的那条直线旋转了 β_1 角度。当 $u_1<w<u_2$ 时,$\arg(\mathrm{d}z/\mathrm{d}w)$保持这个新的值不变;在 z 平面上仍得一条直线。同样,当 w 经过 u_2 时,即当 $u_2<w<u_3$ 时,($w-u_2$)由负变正,则 $\arg(w-u_2)$由 π 变为 0,而其他 $\arg(w-u_i)=\pi(i=3,4,\cdots,n)$,于是得

$$\arg\left(\frac{\mathrm{d}z}{\mathrm{d}w}\right)=\arg A-\sum_{i=3}^{n}\beta_i=\arg A-2\pi+\beta_1+\beta_2$$

即在 z 平面上后来绘出的直线又旋转了 β_2 角,以后的变化依此类推,直到描绘出整个多角形边界。可见 w 平面上界点 a、b、c、d 等的位置决定于在 z 平面上倾角发生变换的位置,即顶点 A、B、C、D 等的位置。w 平面实轴上的线段 $|u_{i+1}-u_i|$ 变换为 z 平面的多角形边界上线段的长度 $|z_{i+1}-z_i|$,即式(4-105)的模决定了 $\mathrm{d}z$ 对 $\mathrm{d}w$ 的放大倍数。为使变换到 z 平面上的多角形和给定的多角形有相同的尺寸,必须适当选择常数 u_i 的值,以使 u 轴上的界点与所给定的多角形的相应顶点对应。

如果 $w=\pm\infty$ 的点也对应 z 平面上的一个顶点,显然,变换函数不会包含 $w=\pm\infty$ 的点在内。因为 n 边多角形的内角之和为($n-2$)π,则这时在 z 平面上对应顶点的内角将由多角形的其他内角之和来确定。这样,式(4-103)中就只有($n-1$)个因子相乘。

例 4.16 将 z 平面上在原点交成直角的两条半无限长直线变换为 w 平面上的实轴。

解 设 $w=-\infty,0,+\infty$ 分别和 $z=\mathrm{j}\infty,0,+\infty$ 相对应,如图 4-40 所示。在 $z=0$ 点,$\alpha=\dfrac{\pi}{2}$,故有

$$\mathrm{d}z=A(w-0)^{\frac{1}{2}-1}\mathrm{d}w=Aw^{-\frac{1}{2}}\mathrm{d}w$$

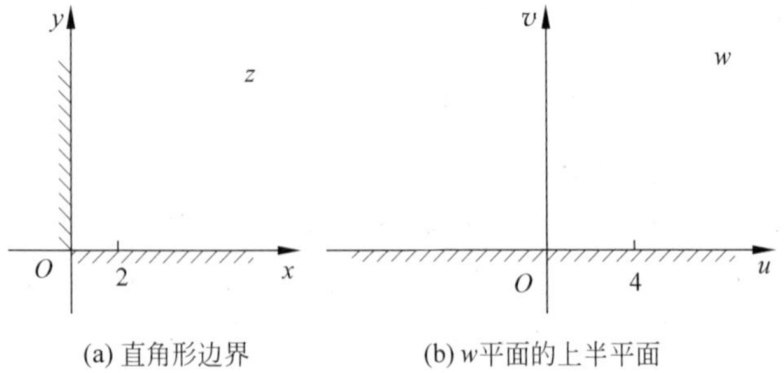

(a) 直角形边界　　(b) w平面的上半平面

图 4-40　直角形边界的变换

积分得

$$z=A'w^{\frac{1}{2}}+B$$

当 $w=0,z=0$ 时，故 $B=0$。若取 $z=2$ 与 $w=4$ 的点相对应，则 $A'=1$。因此，变换式为

$$z=w^{\frac{1}{2}} \quad 或 \quad w=z^2$$

这就是前面已介绍过的幂函数变换。

*4.6.5　神通广大的保角变换

从前面的描述可以看出，解析函数具有良好的性质，如正交性、调和性、保角性等，而且在利用解析函数完成的变量替换中，泊松方程、拉普拉斯方程甚至是后面将要遇到的亥姆霍兹方程等，形式都不变。因此，基于解析函数的保角变换方法，具有非常重要的用途，是进行科学研究的利器，真可谓神通广大。

2006年，美国《科学》杂志刊登了两篇研究电磁隐形装置的论文。其中的一篇，称之为光学保角变换，就是利用保角变换实现电磁隐形衣设计，其中使用的变换函数，被人们称之为儒阔夫斯基变换。在随后的几年中，基于保角变换的电磁隐形装置的设计，以及其他新颖电磁器件的设计，层出不穷。

为了让大家进一步了解保角变换的功能，下面再列举一个例子，即利用分式变换，将偏心同轴线转为同轴线。为此，先介绍一下分式变换：

$$w=\frac{az+b}{cz+d} \quad (ad\neq bc) \tag{4-107}$$

上式被称为分式变换，也称之为双线性变换。

将上式进行适当化简，可以得到 $w=\dfrac{A}{z+B}+C$，其中，$A=\dfrac{bc-ad}{c^2}$，$B=\dfrac{d}{c}$，$C=\dfrac{a}{c}$。由此可见，分式变换可以看作是两次平移变换和一次反演变换($w=1/z$)得到的。分式变换具有下面两个最主要的特点：①保圆性，即 z 平面上的圆，变换到 w 平面上依然是圆。其中，直线作为圆的特例来看待。②保对称性。关于圆的镜像点，经过变换之后，依然互为镜像点。作为一个特例，圆心的镜像点是无穷远处。这里，镜像点就是镜像法里提到的原始电荷和镜像电荷所在的位置，也称为对称点。

当牵涉到圆的问题时，分式变换是重要的候选方案。下面以计算偏心同轴线单位长度的电容为例，给大家介绍一下分式变换是如何实现"乾坤大挪移"的。

例 4.17　如图4-41所示有两个平行圆柱，半径分别是 R_1 和 R_2，柱轴相距 $L(L>R_1+R_2)$。试求该系统每单位长度的电容量。

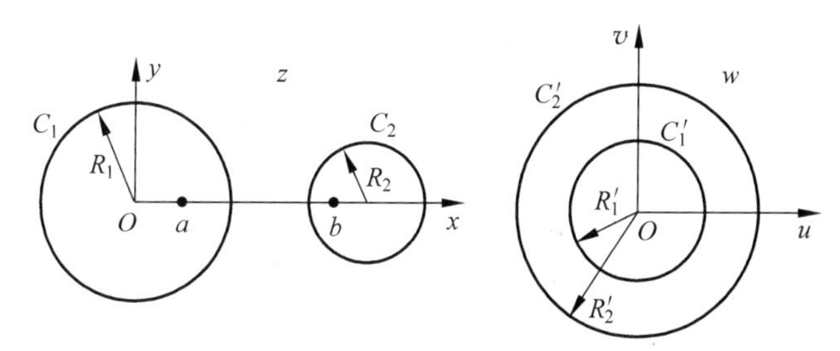

图4-41　相离的两个圆柱变换为同轴圆柱

解 由于这两个圆柱不共轴，因此计算起来相对复杂。设法把这两圆柱变为同轴圆柱，就可引用同轴线的结论进行计算。从横截面看，两圆柱是两个圆 C_1 和 C_2。为把圆 C_1 和圆 C_2 转换为同心圆，考虑采用分式变换，因为它能够实现把 z 平面上的圆映射为 w 平面上的圆。为此，先要找到 a 和 b 两点，它们关于圆 C_1 是对称点(镜像点)，关于圆 C_2 也是对称点。大致位置必然如图 4-41 中的 z 平面所示。

由圆的对称点的定义，a 和 b 可用代数方法找到，取圆 C_1 的圆心为 z 平面的原点，取连心线为 x 轴，把 a 和 b 的坐标分别记作 x_1 和 x_2，由对称点定义，得

$$\begin{cases} x_1 x_2 = R_1^2 \\ (L - x_1)(L - x_2) = R_2^2 \end{cases}$$

由这两个方程解得

$$\begin{cases} x_1 = \dfrac{1}{2L}\left[(L^2 + R_1^2 - R_2^2) - \sqrt{(L^2 + R_1^2 - R_2^2)^2 - 4R_1^2 L^2}\right] \\ x_2 = \dfrac{1}{2L}\left[(L^2 + R_1^2 - R_2^2) + \sqrt{(L^2 + R_1^2 - R_2^2)^2 - 4R_1^2 L^2}\right] \end{cases}$$

根号下的式子又可改写为

$$\begin{aligned}(L^2 + R_1^2 - R_2^2)^2 - 4R_1^2 L^2 &= (L^4 + R_1^4 + R_2^4 - 2L^2R_1^2 - 2L^2R_2^2 + 2LR_1^2R_2^2) - 4R_1^2R_2^2 \\ &= (L + R_1 - R_2)(L - R_1 + R_2)(L + R_1 + R_2)(L - R_1 - R_2) \\ &= (L^2 - R_1^2 - R_2^2)^2 - 4R_1^2R_2^2\end{aligned}$$

取分式线性变换

$$w(z) = \frac{z - x_1}{z - x_2}$$

这个变换把点 $a(x_1)$ 变为 w 平面的原点 $w=0$，把点 $b(x_2)$ 变为 w 平面的无限远点 $w=\infty$，把圆 C_1 变为 w 平面上的圆 C_1'。由于点 a 和 b 对于圆 C_1 是对称点，因而 $w=0$ 和 $w=\infty$ 对于圆 C_1' 为对称点。换句话说，圆 C_1' 以原点 $w=0$ 为圆心(注意：无穷远点和圆心是对称点)。同理，圆 C_2 变为 w 平面上的圆 C_2'，而圆 C_2' 也是以原点 $w=0$ 为圆心。这样，圆 C_1' 和圆 C_2' 是同心圆(注意：圆 C_1 外部变换为圆 C_1' 的外部，圆 C_2 外部变换为圆 C_2' 的内部；因此，z 平面上两圆之外的区域一定变换到 w 平面上两圆之间的部分，且圆 C_2' 包含圆 C_1')。

为了计算电容量，还必须知道圆 C_1' 和圆 C_2' 的半径 R_1' 和 R_2'，在 z 平面的圆 C_1 上取一点 $z=-R_1$，它变为 w 平面的圆 C_1' 上的

$$w = \frac{-R_1 - x_1}{-R_1 - x_2} = \frac{R_1 + x_1}{R_1 + x_2}$$

于是，

$$R_1' = \left|\frac{R_1 + x_1}{R_1 + x_2}\right| = \frac{(L + R_1)^2 - R_2^2 - \sqrt{(L^2 - R_1^2 - R_2^2)^2 - 4R_1^2R_2^2}}{(L + R_1)^2 - R_2^2 + \sqrt{(L^2 - R_1^2 - R_2^2)^2 - 4R_1^2R_2^2}}$$

同理，在 z 平面的圆 C_2 上取一点 $z=L+R_2$，它变为 w 平面的圆 C_2' 上的

$$w = \frac{L + R_2 - x_1}{L + R_2 - x_2}$$

于是，

$$R'_2=\left|\frac{L+R_2-x_1}{L+R_2-x_2}\right|=\frac{(L+R_2)^2-R_1^2+\sqrt{(L^2-R_1^2-R_2^2)^2-4R_1^2R_2^2}}{(L+R_2)^2-R_1^2-\sqrt{(L^2-R_1^2-R_2^2)^2-4R_1^2R_2^2}}$$

容易看出，$R'_2>R'_1$。对于同轴线来讲，每单位长度的电容量为

$$C=\frac{2\pi\varepsilon_0}{\ln(R'_2/R'_1)}$$

这需要先计算 R'_2/R'_1，将前面的式子代入，并进行化简，得到

$$\begin{aligned}\frac{R'_2}{R'_1}&=\frac{[(L+R_2)^2-R_1^2+\sqrt{(L^2-R_1^2-R_2^2)^2-4R_1^2R_2^2}]}{[(L+R_2)^2-R_1^2-\sqrt{(L^2-R_1^2-R_2^2)^2-4R_1^2R_2^2}]}\times\\&\quad\frac{[(L+R_1)^2-R_2^2+\sqrt{(L^2-R_1^2-R_2^2)^2-4R_1^2R_2^2}]}{[(L+R_1)^2-R_2^2-\sqrt{(L^2-R_1^2-R_2^2)^2-4R_1^2R_2^2}]}\\&=\frac{(L+R_1-R_2)(L-R_1+R_2)+\sqrt{(L^2-R_1^2-R_2^2)^2-4R_1^2R_2^2}}{(L+R_1-R_2)(L-R_1+R_2)-\sqrt{(L^2-R_1^2-R_2^2)^2-4R_1^2R_2^2}}\\&=\frac{L^2-R_1^2-R_2^2}{2R_1R_2}+\sqrt{\left(\frac{L^2-R_1^2-R_2^2}{2R_1R_2}\right)^2-1}\end{aligned}$$

因此，每单位长度的电容量为

$$C=\frac{2\pi\varepsilon_0}{\ln\left[\frac{L^2-R_1^2-R_2^2}{2R_1R_2}+\sqrt{\left(\frac{L^2-R_1^2-R_2^2}{2R_1R_2}\right)^2-1}\right]}$$

在这个题目的求解中，两个圆柱的横截面之间是相离的关系；如果它们具有包含的关系，但是不共轴，依然可以采用类似的办法进行计算，如图 4-42 所示。

由此看来，保角变换确实具有“大变活人”的效果，真可谓神通广大！

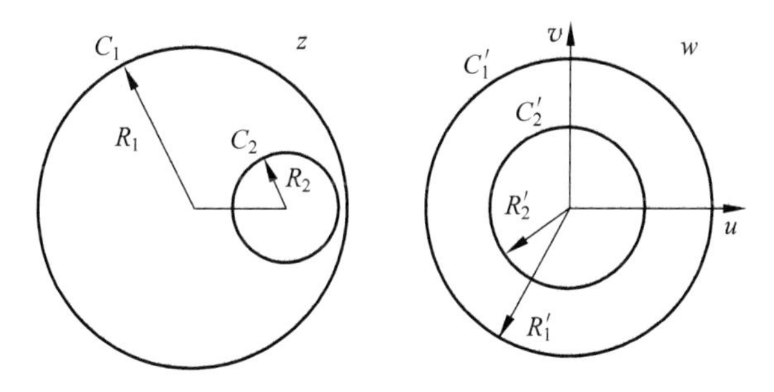

图 4-42 相含的两个圆柱变换为同轴圆柱

最后简单介绍一下美国《科学》杂志刊登的利用保角变换设计电磁隐形装置的思路。这里面要用到第 5 章提出的亥姆霍兹方程，即 $\Delta\phi+k_0^2n^2\phi=0$。它反映了电磁波的传播特征，其中 k_0、n 分别表示电磁波的波数和相应媒质的折射率。类比第 4.6.2 节中的推证，利用保角变换对该方程进行变换，由于

$$\frac{\partial^2\phi}{\partial x^2}+\frac{\partial^2\phi}{\partial y^2}=\left[\left(\frac{\partial u}{\partial x}\right)^2+\left(\frac{\partial v}{\partial x}\right)^2\right]\left(\frac{\partial^2\phi}{\partial u^2}+\frac{\partial^2\phi}{\partial v^2}\right)=|f'(z)|^2\left(\frac{\partial^2\phi}{\partial u^2}+\frac{\partial^2\phi}{\partial v^2}\right)$$

所以

$$\frac{\partial^2\phi}{\partial u^2}+\frac{\partial^2\phi}{\partial v^2}+k_0^2\frac{n^2}{|f'(z)|^2}\phi=0$$

即

$$\Delta\phi+k_0^2\frac{n^2}{|f'(z)|^2}\phi=0$$

所以,亥姆霍兹方程形式依旧保持不变,但是媒质的折射率发生了变化,如下:

$$n'=\frac{n}{|f'(z)|} \tag{4-108}$$

这样就可以设计一个保角变换,即 $w=f(z)$,它可以将 z 平面中的平直光线映射为弯曲的曲线,能够绕过特定目标障碍物,从而达到隐形的目的。而实现的方法也非常简单:只需用式(4-108)描述的新的折射率材料填充在相关区域(w 平面)即可。利用这个公式,还可以设计其他的新型电磁器件。

为了便于保角变换的学习,本书在附录部分罗列了大致 20 种常用的保角变换及其映射区域对照表,感兴趣的读者可以仔细查阅。

本章小结

1. 本章知识结构框图

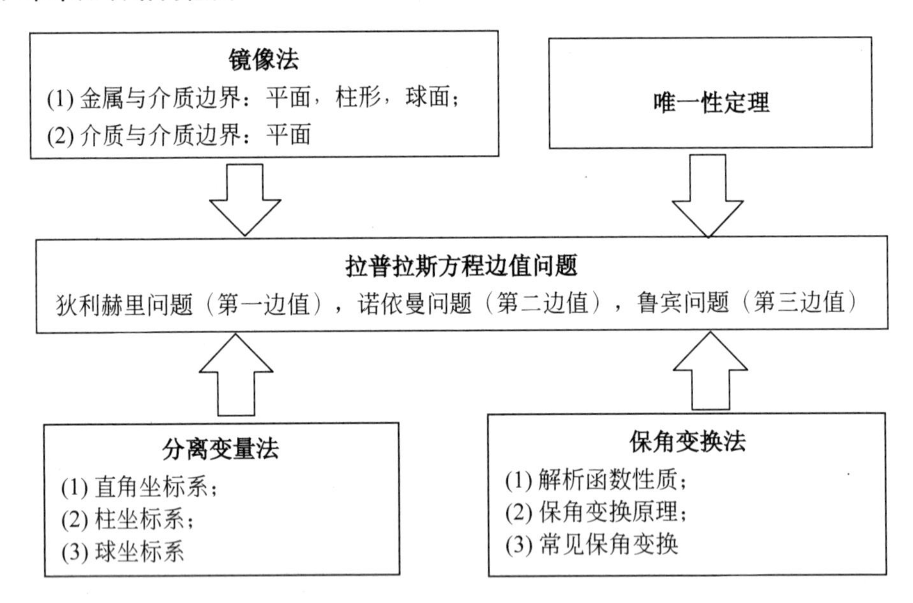

2. 镜像法

镜像法是边值问题的一种解析解法,其理论根据是唯一性定理,其实质是用场源的镜像代替边界上的感应电荷或束缚电荷(感应电流或磁化电流)的作用,由场源及其镜像共同确定原待求区域中的场。镜像法的关键是由边界条件确定镜像的个数、大小及其位置,如表 4-3 所示。

表 4-3 不同媒质间具有平面或圆形边界时镜像的个数、大小及其位置

媒质		导体与介质			电介质间
边界面		平面	圆柱面	球面	平面
媒质 1 中的场	场源	Q	ρ_l	Q	Q
	镜像	$Q'=-Q$	$\rho_l'=-\rho_l$	$Q'=-\frac{a}{d}Q$	$Q'=\frac{\varepsilon_1-\varepsilon_2}{\varepsilon_1+\varepsilon_2}Q$
	镜像位置	对称	$d'=\frac{a^2}{d}$	$d'=\frac{a^2}{d}$	对称
媒质 2 中的场	场源	Q	ρ_l	Q	Q
	镜像				$Q''=\frac{2\varepsilon_2}{\varepsilon_1+\varepsilon_2}Q$
	镜像位置				原场源处

3. 分离变量法

分离变量法是广泛采用的求解拉普拉斯方程的重要直接解法。要求根据给定的边界形状，来选择适当的坐标系。拉普拉斯方程解的具体形式取决于边界条件。三种坐标系下拉普拉斯方程的解如表 4-4 所示。

表 4-4 在三种常用坐标系内用分离变量法所得拉普拉斯方程的解

坐标系	分离常数	拉普拉斯方程的解
直角坐标系	$k_x^2=0$（k_x 为零） $k_x^2>0$（k_x 为实数） $k_x^2<0$（k_x 为虚数）	$X(x)=A_1x+A_2$ $X(x)=A_1\sin k_x x+A_2\cos k_x x$ $X(x)=A_1'\mathrm{e}^{\lvert k_x\rvert x}+A_2'\mathrm{e}^{-\lvert k_x\rvert x}=A_1\sinh\lvert k_x\rvert x+A_2\cosh\lvert k_x\rvert x$ $\phi(x,y,z)=\sum X(x)Y(y)Z(z)$ 其中，$Y(y)$、$Z(z)$根据边界条件取与 $X(x)$类似的三种形式的解之一
圆柱坐标系	$k_z^2=0$ （包含二维场特例） $k_z^2<0$（k_z 为虚数） （$\gamma=\lvert k_z\rvert$为实数） $k_z^2>0$（k_z 为实数）	$\phi(r,\varphi)=\left[\sum_{n=1}^{\infty}(A_{1n}r^n+A_{2n}r^{-n})(B_{1n}\sin n\varphi+B_{2n}\cos n\varphi)+A_{10}\ln r+A_{20}\right](C_1z+C_2)$ $\phi(r,\varphi,z)=\sum_{n=0}^{\infty}[A_{1n}J_n(\gamma r)+A_{2n}N_n(\gamma r)]\times(B_{1n}\sin n\varphi+B_{2n}\cos n\varphi)(C_{1n}\sinh\gamma z+C_{2n}\cosh\gamma z)$ $\phi(r,\varphi,z)=\sum_{n=0}^{\infty}[A_{1n}I_n(k_zr)+A_{2n}K_n(k_zr)]\times(B_{1n}\sin n\varphi+B_{2n}\cos n\varphi)(C_{1n}\sin k_zz+C_{2n}\cos k_zz)$
球坐标系	$m^2=0$（二维场） $m^2\neq0$（三维场）	$\phi(r,\varphi)=\sum_{n=0}^{\infty}[A_nr^n+B_nr^{-(n+1)}]P_n(\cos\theta)$ $\phi(r,\varphi)=\sum_{n=0}^{\infty}\sum_{m=0}^{n}[A_nr^n+B_nr^{-(n+1)}]\times P_n^m(\cos\theta)(C_m\sin m\varphi+D_m\cos m\varphi)$

4. 保角变换法

解析函数具有调和性、正交性和保角性，且满足 C-R 条件。可以借用解析函数来求解无源的二维拉普拉斯方程，这就是保角变换的方法。

借助于保角变换，可把一个给定的、其场域几何特征较复杂的二维场问题变换为一个场域几何特征较简单的二维场问题，而方程形式不变，从而简化计算。

习题

4.1 在距地面(大地可视为导体)高为 h 处有一根与地面平行、半径为 $a(a \ll h)$ 的无限长带电直导线，其电荷线密度为 ρ_l。试求它在空间产生的电场强度和它在地面上的感应电荷面密度及此系统单位长度的电容。

4.2 在无限大水平导体平板下面距板为 h 处有一质量为 m 的带电小球。试求此小球在空间恰能飘浮起来时所带的电量 Q。若导体板带有密度为 ρ_S 的面电荷，这时小球的带电量又应为何值？

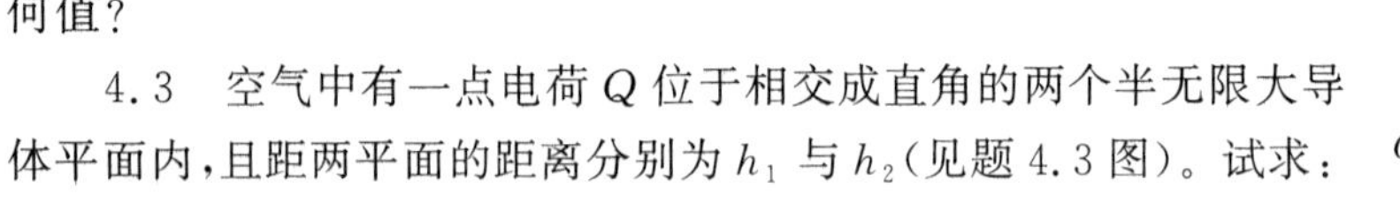

4.3 空气中有一点电荷 Q 位于相交成直角的两个半无限大导体平面内，且距两平面的距离分别为 h_1 与 h_2(见题 4.3 图)。试求：

(1) 导体平板所构成的直角区域内任一点的电势和电场强度；

(2) 每块导体板上的感应电荷面密度及感应电荷量。

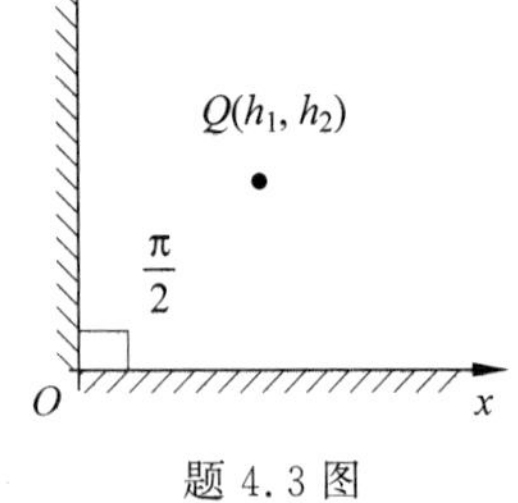

题 4.3 图

4.4 双根平行传输线的半径为 a，轴线间的距离为 D，两轴线距地面均为 h。试求此双根传输线单位长度的电容。

4.5 在内半径为 a 的无限长直导体圆筒内，在距其轴线为 $d(d<a)$ 处置一密度为 ρ_l 且与轴线平行的无限长直线电荷。试求圆筒内任一点的电势、电场强度和圆筒内表面上的感应电荷面密度。

4.6 在半径为 a 的无限长理想导磁圆柱体($\mu=\infty$)外距其轴线为 d 处置一与轴线平行的无限长直线电流 I，圆柱外为空气。试求圆柱外的磁感应强度。

4.7 点电荷 Q 位于半径为 a 的接地薄导体球壳内，且距球心为 d。试求导体球壳内的电势和电场强度及球壳内表面上的感应电荷面密度。

4.8 两个点电荷 $+Q$ 和 $-Q$ 分别位于半径为 a 的导体球的直径延长线上(两侧)，并且关于圆心对称，距球心为 $d(d>a)$，试证明其镜像电荷是位于球心的电偶极子，其偶极矩为 $p=\dfrac{2a^3Q}{d^2}$。

4.9 空气中有一电荷 Q 放在如题 4.9 图所示的接地导体上方，画出镜像电荷分布并标出相应电荷量，写出空气中电势分布函数 $\phi(x,y,z)$ 的表达式(不必详细计算)。

4.10 地面上有一半径为 a 的半球形土堆，球心在地面上。若在半球的对称轴上距球心为 $h(h>a)$ 处置一点电荷 Q(见题 4.10 图)。若大地可视为导体，试求空间的电势和半球凸部上的感应电荷。

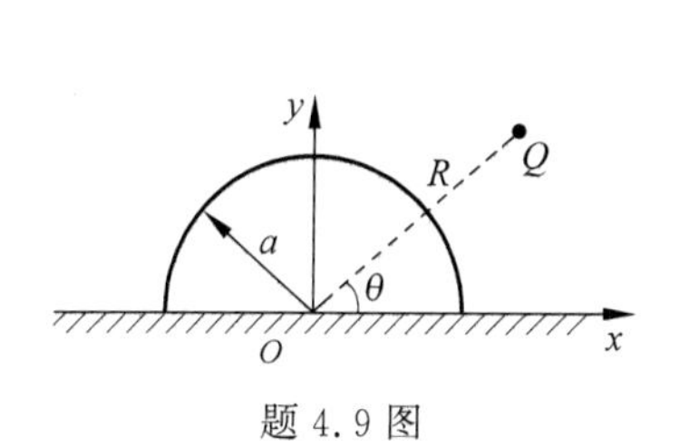

题 4.9 图

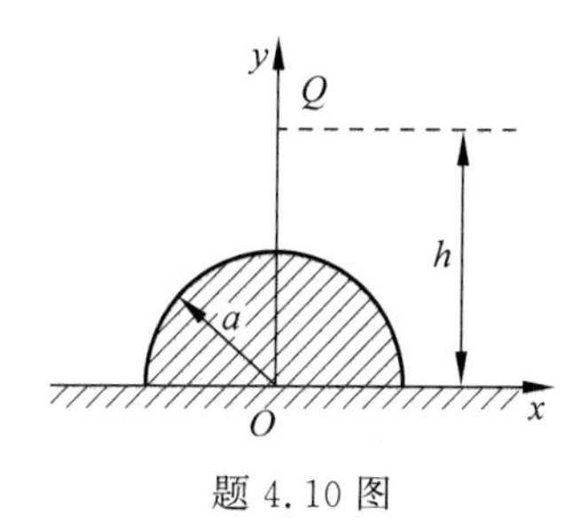

题 4.10 图

4.11 两同心薄导体球壳的半径分别为 r_1 和 $r_2(r_1<r_2)$，外球壳接地。一点电荷 Q 置于两球壳间、距球心为 d 处(见题 4.11 图)。试求两个球壳之间各点的电势。(提示：只考虑该电荷关于两个球壳的一次镜像，不考虑镜像电荷的镜像。)

4.12 真空中有一半径为 a 的接地导体球，AB 是它的一条切线，OB 和 OA 间的夹角为 60°(见题 4.12 图)。若在 B 点放一点电荷 Q，试求导体球面点 A 处的感应电荷面密度。

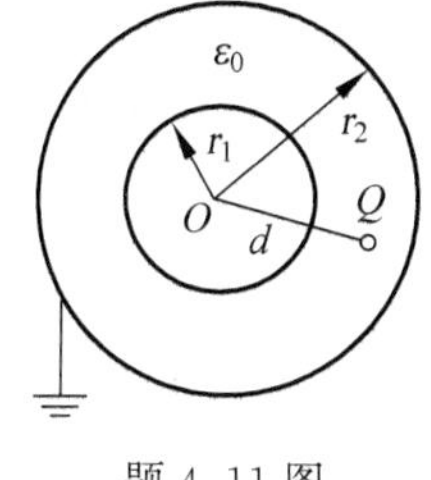

题 4.11 图

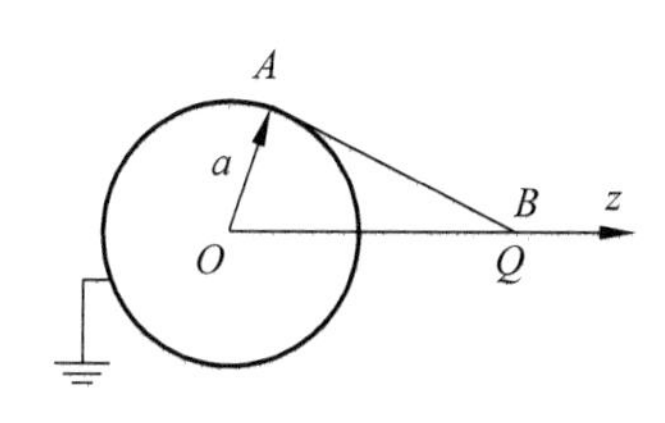

题 4.12 图

4.13 设 $z=0$ 的平面上分布有电荷，电荷面密度为 $\rho_S=\rho_{S0}\sin\alpha x\sin\beta y$，其中 ρ_{S0}、α、β 为常数。试求空间任一点的电势。

4.14 一个横截面是矩形的无限长薄导体管，其截面尺寸沿 x 方向为 a，沿 y 方向为 b。边界面上的电势除 $x=a$，$0<y\leqslant\frac{b}{2}$，$\phi=\frac{\phi_0 y}{b}$ 和 $x=a$，$\frac{b}{2}\leqslant y<b$，$\phi=\phi_0\left(1-\frac{y}{b}\right)$ 外 (ϕ_0 为常数)，其余平面上的电势均为零。试求矩形导体管内任一点的电势。

4.15 沿 z 方向为无限长的矩形薄导体管，其截面尺寸沿 x 方向为 a，沿 y 方向为 b。试求下述两种情况下此矩形域内的电势：

(1) 除 $y=0$ 的平面上 $\phi=\phi_0\sin\frac{\pi x}{a}$ 外，其余平面上的电势均为零；

(2) 除 $x=0$ 的平面上 $\phi=\phi_0$ 和 $x=a$ 的平面上 $\phi=\phi_0$ 外，其余平面上的电势均为零。

4.16 试求如题 4.16 图所示的矩形区域内的电势分布。

4.17 在三维矩形域的边界面上，除 $x=0$ 的平面上 $\phi=\phi_0$ 和 $x=a$ 的平面上 $\phi=\phi_0\sin\frac{3\pi y}{b}$ 外，其他各平面上的电势均为零(见题 4.17 图)。试求此矩形域内的电势。

4.18 一半径为 a 的无限长直导体圆柱置于均匀电场 $\boldsymbol{E}_0$ 中，柱轴与 $\boldsymbol{E}_0$ 垂直，导体圆柱外是空气。设导体圆柱表面的电势为零，试求柱外任一点的电势、电场强度与柱面上的感应电荷面密度及其最大值。

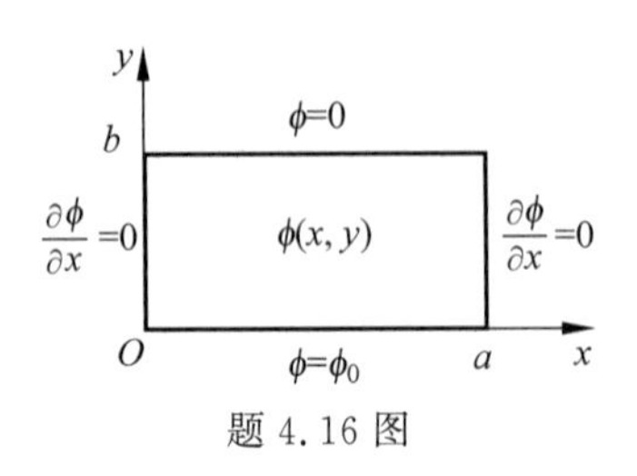

题 4.16 图

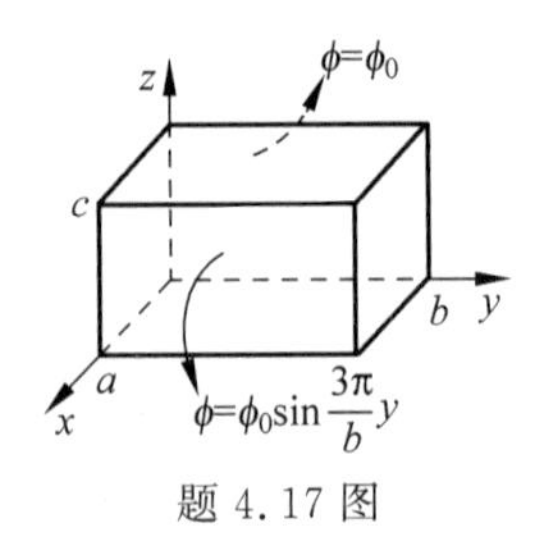

题 4.17 图

4.19 电子透镜是由两个半径为 a、长为$\frac{d}{2}$的导体圆筒构成，其间的缝隙很小，两端面各有导线栅网。两圆筒及其栅网的电势分别为 0 和 ϕ_0(见题 4.19 图)。试求透镜内的电势。

4.20 在空气里的均匀电场 $\boldsymbol{E}_0$ 内置一半径为 a 的长直导线，其轴线与 $\boldsymbol{E}_0$ 垂直，线外包一层介电常数为 ε、外半径为 b 的电介质。试求空间各点的电势。

4.21 空气中有一半径为 a 的无限长直介质圆柱，其表面电势分布为 $\phi(a,\varphi)=U_0\left(\cos\varphi+\frac{3}{2}\cos3\varphi\right)$，如题 4.21 图所示。试求圆柱外任一点的电势分布。

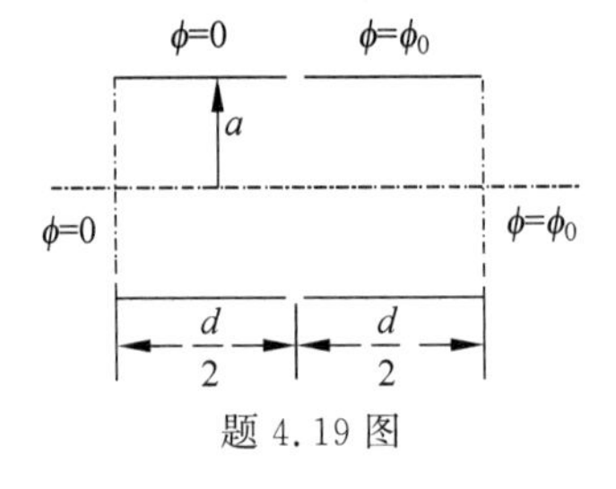

题 4.19 图

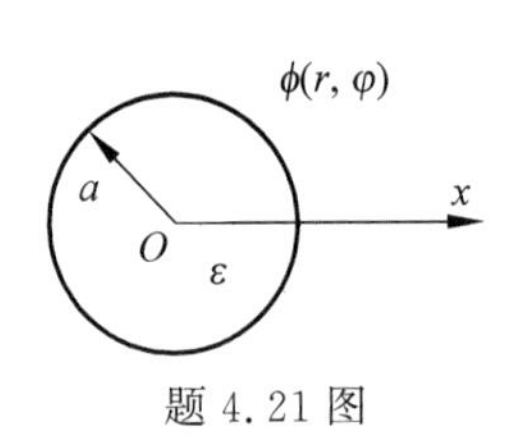

题 4.21 图

4.22 半径分别为 r_1 和 $r_2(r_1<r_2)$的两个同轴长圆筒，内筒被分成相互绝缘的四等份，彼此间的缝隙很小，电势交错为 $+\phi_0$ 和 $-\phi_0$(见题 4.22)。外筒接地。试求外筒内的电势分布。

4.23 一半径为 a 的无限长又无限薄的导体圆筒的截面如题 4.23 图所示，假设该圆柱的上半部分和下半部分的电位分别为 U_0 和 $-U_0$。试导出该导体圆筒内、外的电位表达式。

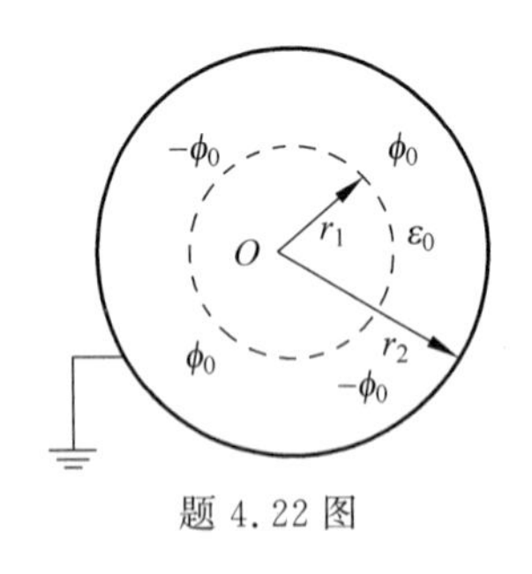

题 4.22 图

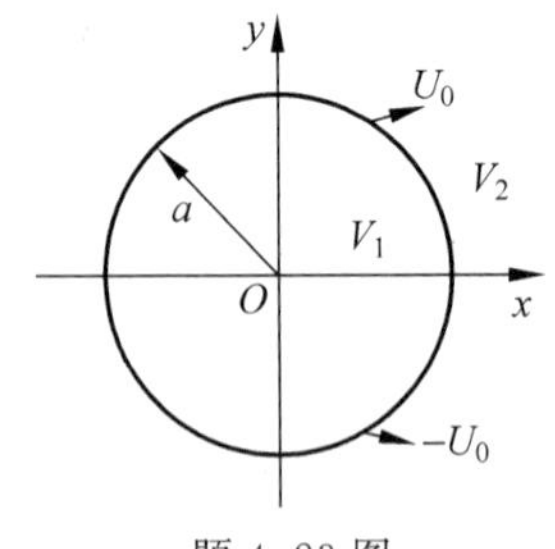

题 4.23 图

4.24 半径为 a、长为 l 的圆筒，侧面接地，与侧面绝缘的顶面和底面的电势均为 ϕ_0。试求圆筒内的电势。

4.25 半径为 a 的接地导体球外是介电常数为 ε 的均匀介质，在球外距球心为 d 处置

一点电荷 Q。试用分离变量法求介质中的电势，并将所得结果与镜像法的结果比较。

4.26　已知一同轴线的内外半径分别为 r_1、r_2，两导体上电势分别为 V_1、V_2。试用柱坐标系下分离变量法计算两导体间的电势分布。

4.27　均匀磁场 $\boldsymbol{H}_0$ 中置一内外半径分别为 r_1 与 r_2 的导磁球壳，其磁导率为 μ，球壳外部是空气。试求空腔内的磁场强度，并讨论 $\mu \gg \mu_0$ 时导磁球壳的磁屏蔽作用。（提示：磁屏蔽系数定义为导磁球壳空腔内的磁场强度 $\boldsymbol{H}_3$ 与均匀外磁场 $\boldsymbol{H}_0$ 大小的比值即 $K=H_3/H_0$。）

4.28　半径为 a、带电量为 Q 的球置于空气里的均匀外电场 $\boldsymbol{E}_0$ 中。在下列两种情况下试分别求空间各点的电势和电场强度：

(1) 带电球为导体球；

(2) 带电球为介电常数为 ε 的介质球，电荷均匀分布于球体内。

4.29　均匀电场 $\boldsymbol{E}_0$ 中有一无限大导体平板，板面与 $\boldsymbol{E}_0$ 垂直，导体板上置一半径为 a 的导体半球，球心在导体板上（见题 4.29 图）。设导体板及球面的电势为零，试求空间任一点的电势、电场强度及球面与导体板上的感应电荷面密度。（提示：由边界条件可知，本题目与匀强电场中的完整导体球完全一致。）

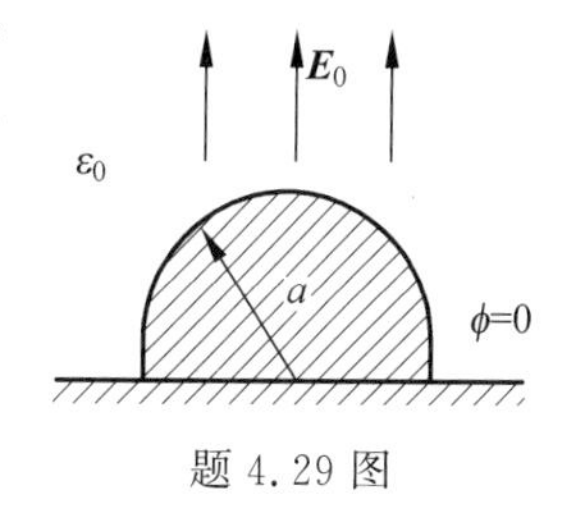

题 4.29 图

4.30　在空气里的均匀外电场 $\boldsymbol{E}_0$ 中有一半径为 a 的导体球壳，其被切成两个薄导体半球壳，且切面与 $\boldsymbol{E}_0$ 垂直。试问为阻止此两半球壳分离需要多大的力？（提示：电场、电荷分布与完整的球壳一致；利用球壳表面的电荷密度和电场强度计算，并考虑轴对称特性。）

4.31　试证明：

(1) $\delta(ax)=\dfrac{1}{a}\delta(x)$，$a>0$。若 $a<0$，结果又如何？

(2) $x\delta(x)=0$。

4.32　在沿 z 方向为无限长的矩形区域的边界面上，电势函数 $G=0$。矩形域内在点 (x',y') 处有一无限长单位直线电荷 ($\rho_l=1$) 与 z 轴平行，如题 4.32 图所示。试求此矩形域内的电势分布。

4.33　在相距为 b 的两无限大平行导体板间有一与导体板面垂直且沿 z 方向为无限长的带电平板，其电荷面密度为 $\rho_S=a_n\sin\dfrac{n\pi y}{b}\delta(x-x')$，其中 a_n 为常数，n 为正整数（见题 4.33 图）。边界条件是 $|x|\to\infty$ 时 $G=0$；$y=0$、b 时，$G=0$。试求两平行板之间区域内的电势函数 G。

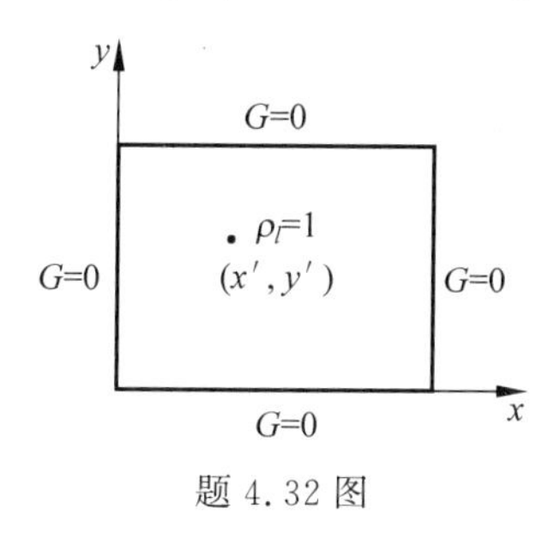

题 4.32 图

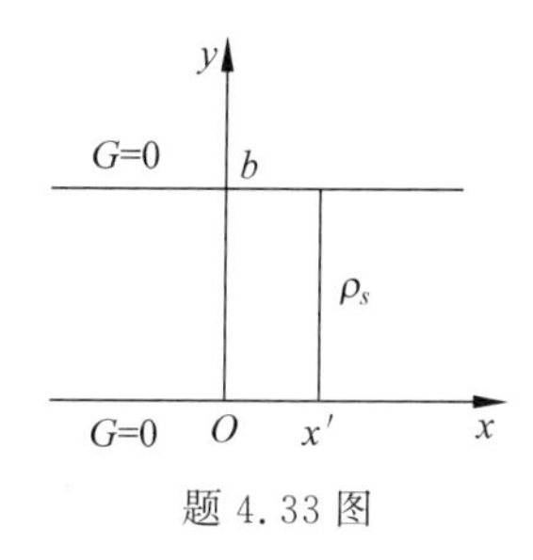

题 4.33 图

4.34　无限大接地导体平板上方的空气中有一与导体平板平行且间距为 h 的无限长单位线电荷($\rho_l=1$)，试求空气中的电势分布。

4.35　有一半径为 a 的无限长圆柱形导体壳，外壳接地。在圆内 (r',φ') 处有一单位线电荷分布，试求圆域内的电势分布。

4.36　半无限大导体平面与 $y=0$ 的平面重合。在其附近的点 (x',y') 上置一密度为 ρ_l 的无限长直线电荷，且与导体平面平行。试用保角变换法求空间的电势和电场强度及导体平面上的感应电荷面密度。

4.37　试证明变换函数 $w=\sin\dfrac{\pi}{a}z$ 可把 z 平面上宽度为 a 的半无限长矩形区域变换为 w 平面上的上半平面。若在宽度为 a 的半无限长矩形区域的中心面上距端面为 b 处置一密度为 ρ_l 的无限长直线电荷，且与各边界面平行，各边界面上的电势均为零，如题 4.37 图所示。试求此矩形域内的电势。

4.38　椭圆同轴线内导体的外表面与外导体的内表面为共焦椭圆柱面。若内导体外表面的半长轴与半短轴分别为 a_1 和 b_1，外导体内表面的半长轴与半短轴分别为 a_2 和 b_2，两导体间填充介电常数为 ε 的介质，如题 4.38 图所示。试求此椭圆同轴线单位长度的电容。

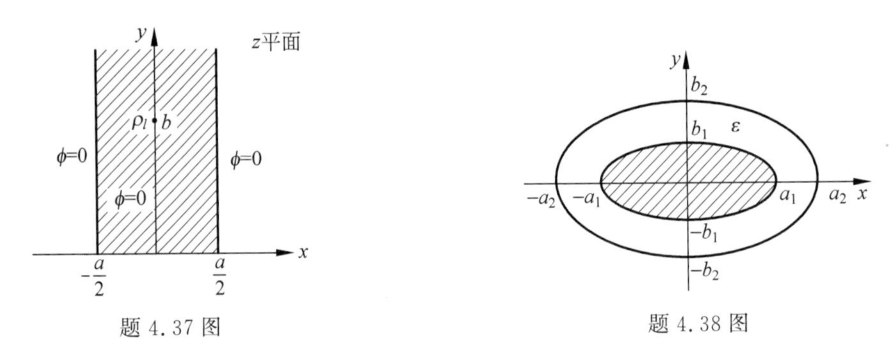

题 4.37 图　　　　题 4.38 图

4.39　两共面的半无限大导体平板与 $y=0$ 的平面重合，其内缘间隔为 $2a$，两平板上的电势分别为零与 ϕ_0，如题 4.39 图所示。试求变换函数及空间任一点的电场强度。

4.40　一无限长电容器的横截面结构如题 4.40 图所示，极板间填充的是空气。用保角变换法求该电容器沿轴向单位长度的电容。

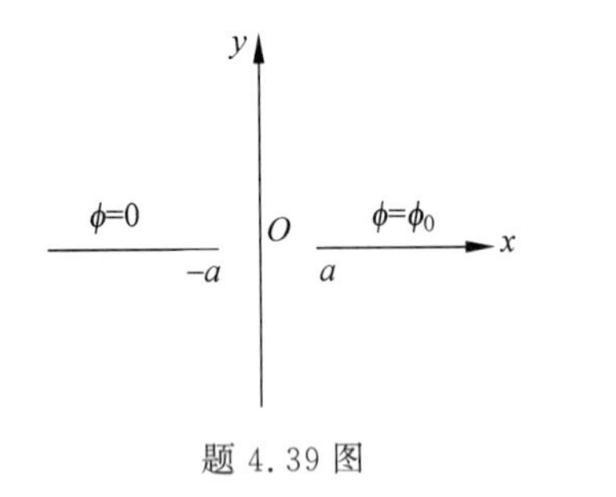

题 4.39 图

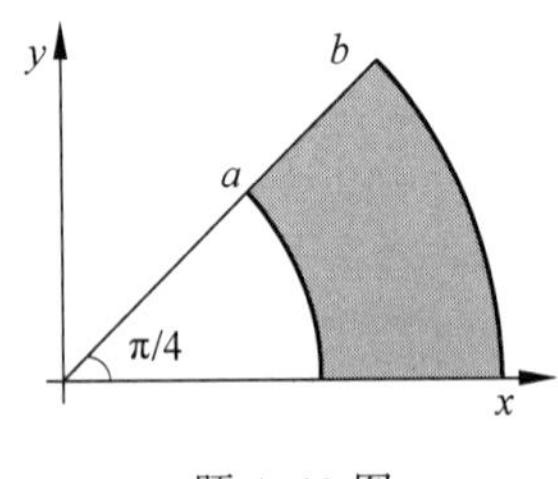

题 4.40 图

第5章 时变电磁场

CHAPTER 5

本章导读：前面章节已经介绍了静电场和静磁场的性质及相应解法，本章将步入时变电磁场领域。时变电磁场是电磁场理论的核心部分，也是学习后续章节的理论基础。其核心内容是电磁场的基本方程，即麦克斯韦方程组。要求学生掌握这些基本方程，电磁场的基本边值条件、坡印亭矢量；理解位移电流、电磁场的矢量势与标量势、洛伦兹条件和达朗贝尔方程、推迟势等概念。后续章节将基于本章内容推导电场与磁场的波动方程，讨论平面电磁波的传输、电磁波的发射等。作为"静"与"动"的过渡章节，大家务必掌握相关内容。

5.1 法拉第电磁感应定律

在静态场的情形下，电场磁场是独立存在的，因此将电场和磁场分开来研究。当电荷、电流随时间变化时，其产生的电场 $\boldsymbol{E}$ 和磁场 $\boldsymbol{H}$ 不仅是空间的函数，也是时间的函数，称为时变电磁场。而且电场和磁场不再相互独立，它们相互依存、相互转化，构成不可分割的统一体。

5.1.1 法拉第电磁感应定律

1831年，英国科学家法拉第首次从实验上发现并总结出电磁感应定律，证明变化的磁场可以产生变化的电场。如果磁场中存在导体构成的闭合回路，当穿过该回路的磁通发生变化时，此回路中将出现感应电动势并引起感应电流。感应电动势大小与磁通时变率成正比关系，且感应电动势在导体回路中引起的感应电流产生的磁场总是阻止回路中磁通的变化(楞次定律)。法拉第电磁感应定律的数学表达式为

$$\mathscr{E}=-\frac{\mathrm{d}\psi_{\mathrm{m}}}{\mathrm{d}t} \tag{5-1}$$

式中，负号表示感应电动势所引起的感应电流的磁场总是企图阻止回路中磁通的改变。它从一个方面揭示出电现象和磁现象之间的内在联系。如果规定感应电动势的正方向(参考方向)也即感应电流的正方向和磁通的正方向之间符合右手螺旋定则(见图5-1(a))。当磁通增加，即 $\frac{\mathrm{d}\psi_{\mathrm{m}}}{\mathrm{d}t}>0$ 时，相应感应电流的磁场方向总是与原磁场方向相反(见图5-1(b))；当磁通减少，即 $\frac{\mathrm{d}\psi_{\mathrm{m}}}{\mathrm{d}t}<0$ 时，相应感应电流的磁场方向总是与原磁场方向相同(见图5-1(c))。

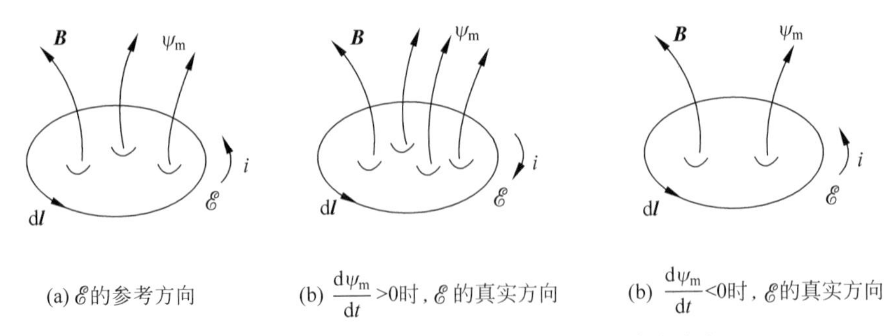

图 5-1 感应电动势与感应电流的正方向和真实方向

法拉第电磁感应定律迈出了电与磁联系的第一步，是电磁理论中最重大的发现之一。一方面，人们依据电磁感应的原理制造出了发电机，从而使电能的大规模生产和远距离输送成为可能；另一方面，电磁感应现象在电工、电子以及电磁测量技术方面都得到了广泛应用。

对于 N 匝线圈的导体回路，当与它交链的磁链发生变化时，由于磁链为 $\Psi=N\psi_m$，该导体回路中的感应电动势应为

$$\mathscr{E}_N=-\frac{d\Psi}{dt}=-N\frac{d\psi_m}{dt} \tag{5-2}$$

难点点拨：由已知磁场求感应电动势时，首先需要做的是规定感应电动势的正方向。方法：感应电动势产生感应电流的正方向和磁通的正方向之间总是符合右手螺旋定则。

导体回路中出现感应电动势，则必然出现感应电场，该电场并非由电荷所产生，是由其他形式的能量转换而来，且感应电动势等于感应场强沿闭合回路的线积分，即

$$\mathscr{E}=\oint_l \boldsymbol{E}\cdot d\boldsymbol{l} \tag{5-3}$$

法拉第电磁感应定律指出，感应电动势的大小只与磁通对时间的变化率有关，而与引起磁通变化的原因无关。因此，法拉第电磁感应定律既适用于导体回路静止不动而磁场变化的情形(感生电动势)，也适用于回路相对于磁场运动(即回路的导体切割磁力线)的情形(动生电动势)，或二者兼而有之。另外，法拉第在总结该实验规律时仅局限于导体回路，未能深刻地揭示电磁本质，麦克斯韦提出"涡旋电场"的概念并补充了这一理论，提出变化的磁场激发感应电场的现象不仅发生在导体回路中，而且可以发生在一切媒质内。在任意假设的闭合回路中，只要磁场随时间而变化，就会出现感应电场。后来电磁波的出现完全证实了麦克斯韦对电磁感应定律所作的这一推广的正确性。

5.1.2 感应电动势的计算

1. 感生电动势

如果静止的导体回路处于随时间变化的磁场中，只是磁场随时间变化，回路所包围的面积不变，导体回路中产生的感应电动势，即感生电动势为

$$\mathscr{E}=\mathscr{E}_i=-\frac{d}{dt}\int_S \boldsymbol{B}\cdot d\boldsymbol{S}=-\int_S \frac{\partial \boldsymbol{B}}{\partial t}\cdot d\boldsymbol{S} \tag{5-4}$$

再结合式(5-3),可得

$$\oint_l \boldsymbol{E}\cdot \mathrm{d}\boldsymbol{l}=-\int_S \frac{\partial \boldsymbol{B}}{\partial t}\cdot \mathrm{d}\boldsymbol{S} \tag{5-5}$$

上式称为法拉第电磁感应定律的积分形式。它表明变化的磁场可以产生变化的电场。这是电场与磁场紧密联系的一个重要方面。对式(5-5)应用斯托克斯定理,可以得到法拉第电磁感应定律的微分形式,即

$$\nabla\times \boldsymbol{E}=-\frac{\partial \boldsymbol{B}}{\partial t} \tag{5-6}$$

上式表明,感应电场的性质和静电场或稳恒电场完全不同,它是有旋场,变动的磁场是其漩涡源。在静态场的情形下,由于$\frac{\partial \boldsymbol{B}}{\partial t}=0$,故有$\nabla\times \boldsymbol{E}=0$。

2. 动生电动势

如果磁场不随时间变化,导体回路在磁场中运动,回路所包围的磁通相应发生变化,回路中也会产生感应电动势,即动生电动势。设导体回路以速度$\boldsymbol{v}$相对于磁场运动,如图5-2所示,当导体回路在$\mathrm{d}t$时间内由l_1运动到l_2时,穿过回路的磁通将发生变化:

$$\mathrm{d}\psi_{\mathrm{m}}=\psi_{\mathrm{m2}}-\psi_{\mathrm{m1}}$$

其中,ψ_{m1}与ψ_{m2}分别为回路移动前后穿过此回路的磁通。在$\mathrm{d}t$时间内,回路上的任一个线元矢量$\mathrm{d}\boldsymbol{l}$移动了$\boldsymbol{v}\mathrm{d}t$的距离,则它所扫过的面积元矢量为$\mathrm{d}\boldsymbol{S}=\mathrm{d}\boldsymbol{l}\times \boldsymbol{v}\mathrm{d}t$,面元矢量$\mathrm{d}\boldsymbol{S}$的方向为其外法线方向。当$\mathrm{d}t$很小时,可以近似认为穿过面元的磁场是均匀的,穿出此面元的磁通为

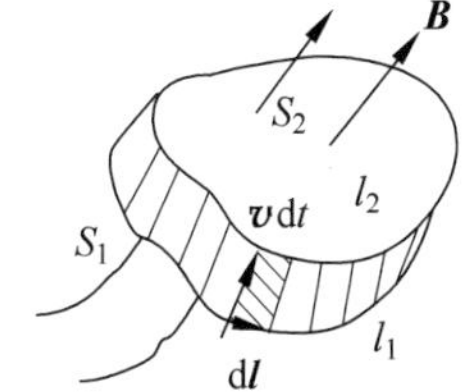

图5-2　在磁场内运动的导体回路中产生动生电动势

$$\boldsymbol{B}\cdot \mathrm{d}\boldsymbol{S}=\boldsymbol{B}\cdot(\mathrm{d}\boldsymbol{l}\times \boldsymbol{v})\mathrm{d}t=(\boldsymbol{v}\times \boldsymbol{B})\cdot \mathrm{d}\boldsymbol{l}\mathrm{d}t$$

因此,穿出整个回路所扫过面积的磁通为$\oint_l(\boldsymbol{v}\times \boldsymbol{B})\cdot \mathrm{d}\boldsymbol{l}\mathrm{d}t$。在时变电磁场中,磁通连续性原理仍然成立,其微分形式和积分形式分别为

$$\nabla\cdot \boldsymbol{B}=0 \tag{5-7}$$

和

$$\oint_S \boldsymbol{B}\cdot \mathrm{d}\boldsymbol{S}=0 \tag{5-8}$$

则对图5-2中所示的封闭面,根据磁通连续性原理,流入该密闭曲面的净磁通为0,即

$$\psi_{\mathrm{m1}}-\psi_{\mathrm{m2}}-\oint_l(\boldsymbol{v}\times \boldsymbol{B})\cdot \mathrm{d}\boldsymbol{l}\mathrm{d}t=0$$

故有

$$\mathrm{d}\psi_{\mathrm{m}}=\psi_{\mathrm{m2}}-\psi_{\mathrm{m1}}=-\oint_l(\boldsymbol{v}\times \boldsymbol{B})\cdot \mathrm{d}\boldsymbol{l}\mathrm{d}t$$

再结合式(5-1),可得产生的感应电动势即动生电动势为

$$\mathscr{E}_{\mathrm{m}}=-\frac{\mathrm{d}\psi_{\mathrm{m}}}{\mathrm{d}t}=\oint_l(\boldsymbol{v}\times \boldsymbol{B})\cdot \mathrm{d}\boldsymbol{l} \tag{5-9}$$

3. 变化的磁场内运动的导体回路

一导体回路在变化的磁场内运动,其产生的感应电动势是上述两种情形的叠加,即

$$\mathscr{E}=\mathscr{E}_{i}+\mathscr{E}_{m}=-\int_{S}\frac{\partial \boldsymbol{B}}{\partial t}\cdot \mathrm{d}\boldsymbol{S}+\oint_{l}(\boldsymbol{v}\times \boldsymbol{B})\cdot \mathrm{d}\boldsymbol{l} \tag{5-10}$$

但在实际情况中,一般不会对感生电动势和动生电动势分别求解,通常先求出穿过导体回路的磁通,然后根据式(5-1)或式(5-2)直接求出感应电动势。感应电动势的正方向(即参考方向)和感应电场的方向相同,与磁场的正方向符合右手螺旋定则。

5.1.3 动生电动势的另一种推证方法

前面通过法拉第电磁感应定律得到了动生电动势的表达式式(5-9)。其实还可以通过局外场强积分的方法对此进行简单推证。当一段长为 l 的导体在磁场中以速度 $\boldsymbol{v}$ 运动时,因为导体中的自由电荷也以速度 $\boldsymbol{v}$ 相对于磁场运动,因而受到一个洛伦兹力的作用,即

$$\boldsymbol{F}=Q\boldsymbol{v}\times \boldsymbol{B} \tag{5-11}$$

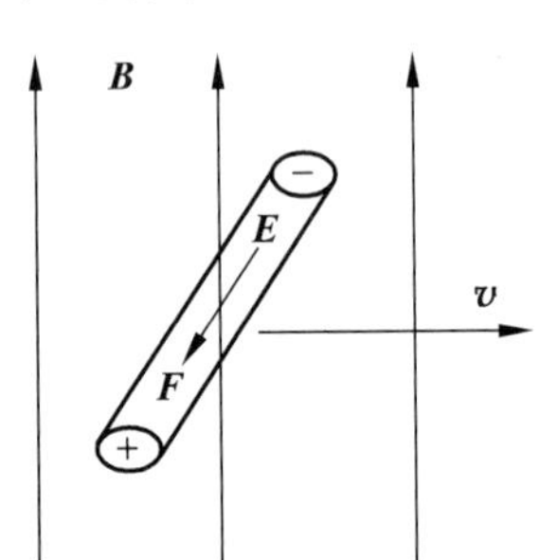

图 5-3 一段导体在磁场中运动产生动生电动势

此力与磁场方向和运动方向皆垂直,如图 5-3 所示。对这些受力电荷来讲,与处在一个外电场中的情况相类似,此电场对应的强度为

$$\boldsymbol{E}=\frac{\boldsymbol{F}}{Q}=\boldsymbol{v}\times \boldsymbol{B} \tag{5-12}$$

这个电场强度显然不是由电荷产生的,不是库仑场,所以称之为局外场。

依据第 3 章的概念,由式(3-13),将局外场沿导体积分,即得到感应电动势的大小:

$$\mathscr{E}_{m}=\int_{l}\boldsymbol{E}\cdot \mathrm{d}\boldsymbol{l}=\int_{l}(\boldsymbol{v}\times \boldsymbol{B})\cdot \mathrm{d}\boldsymbol{l} \tag{5-13}$$

如果导体形成了闭合回路,则积分的结果就是式(5-9)。

例 5.1 在通有电流 $i=I_{m}\cos\omega t$ 的长直细导线一侧平行地放置一矩形导线框,如图 5-4 所示。若线框以速度 $\boldsymbol{v}$ 沿垂直于导线的方向运动,试求线框中的感应电动势。

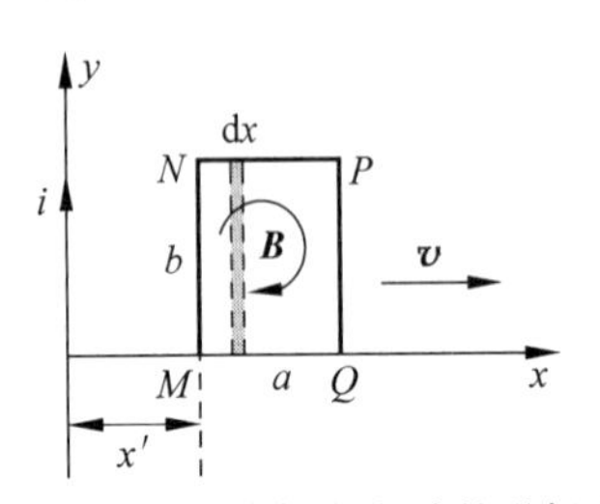

图 5-4 矩形线框在变动的磁场内运动产生的感应电动势

解 可以运用两种方法求得。

方法 1 采用直角坐标系,使载流导线与导线框位于 $z=0$ 的平面内,且线框沿 x 轴正方向运动。设电流 i 沿 y 轴为正方向,于是感应电动势 $\mathscr{E}$ 的正方向在线框中为顺时针方向,如图 5-4 所示。电流 i 在距载流直导线为 x 处所产生的磁感应强度为

$$\boldsymbol{B}=\frac{\mu_{0}i}{2\pi x}(-\boldsymbol{e}_{z})=\frac{\mu_{0}I_{m}}{2\pi x}\cos\omega t(-\boldsymbol{e}_{z})$$

设 $t=0$ 时,线框的 MN 边距载流直导线为 d。当 $t=t$ 的瞬时,MN 边位于 $x'=d+vt$,线框的瞬时磁通为

$$\psi_{m}=\int_{S}\boldsymbol{B}\cdot \mathrm{d}\boldsymbol{S}=\frac{\mu_{0}i}{2\pi}\int_{x'}^{x'+a}\frac{b\,\mathrm{d}x}{x}=\frac{\mu_{0}ib}{2\pi}\ln\frac{x'+a}{x'}=\frac{\mu_{0}I_{m}b}{2\pi}\ln\frac{a+d+vt}{d+vt}\cos\omega t$$

故感应电动势为

$$\mathscr{E}=-\frac{\mathrm{d}\psi_{\mathrm{m}}}{\mathrm{d}t}=\frac{\mu_0 I_{\mathrm{m}} b}{2\pi}\left[\omega\ln\left(1+\frac{a}{d+vt}\right)\sin\omega t+v\left(\frac{1}{d+vt}-\frac{1}{a+d+vt}\right)\cos\omega t\right]$$

当 $t\to\infty$ 时，线框远离载流导线，$\boldsymbol{B}\to 0$，则 $\mathscr{E}\to 0$。

如果矩形导线框不运动，则 $v=0$，导线框中只有感生电动势，即

$$\mathscr{E}=\frac{\mu_0 I_{\mathrm{m}} b\omega}{2\pi}\ln\left(1+\frac{a}{d}\right)\sin\omega t$$

如果电流不变化，$\omega=0$，则 $i=I_{\mathrm{m}}$（常数），线框中仅有动生电动势，即

$$\mathscr{E}=\frac{\mu_0 I_{\mathrm{m}} bv}{2\pi}\left(\frac{1}{d+vt}-\frac{1}{a+d+vt}\right)$$

方法 2 分别求出感生电动势与动生电动势，然后求和。

令线框在 $t=t$ 的瞬时静止，MN 边位于 $x'=d+vt$，仅由线框的磁通变化而产生的感生电动势为

$$\begin{aligned}\mathscr{E}_{\mathrm{i}}&=-\int_S\frac{\partial\boldsymbol{B}}{\partial t}\cdot\mathrm{d}\boldsymbol{S}=-\int_{x'}^{x'+a}\left(\frac{\partial}{\partial t}\frac{\mu_0 I_{\mathrm{m}}}{2\pi x}\cos\omega t\right)b\,\mathrm{d}x\\&=\frac{\mu_0 I_{\mathrm{m}}\omega b}{2\pi}\sin\omega t\int_{x'}^{x'+a}\frac{\mathrm{d}x}{x}=\frac{\mu_0 I_{\mathrm{m}}\omega b}{2\pi}\sin\omega t\cdot\ln\frac{x'+a}{x'}\\&=\frac{\mu_0 I_{\mathrm{m}}\omega b}{2\pi}\sin\omega t\cdot\ln\left(1+\frac{a}{d+vt}\right)\end{aligned}$$

由线框的 NP 边与 QM 边满足$(\boldsymbol{v}\times\boldsymbol{B})\cdot\mathrm{d}\boldsymbol{l}=0$，故运动的导体回路产生的动生电动势为

$$\begin{aligned}\mathscr{E}_{\mathrm{m}}&=\int_{lMN}(\boldsymbol{v}\times\boldsymbol{B})\cdot\mathrm{d}\boldsymbol{l}+\int_{lPQ}(\boldsymbol{v}\times\boldsymbol{B})\cdot\mathrm{d}\boldsymbol{l}=\int_{lMN}\frac{\mu_0 i}{2\pi x'}v\,\mathrm{d}\boldsymbol{l}-\int_{lPQ}\frac{\mu_0 i}{2\pi(x'+a)}v\,\mathrm{d}l\\&=\frac{\mu_0 ivb}{2\pi}\left(\frac{1}{x'}-\frac{1}{x'+a}\right)=\frac{\mu_0 I_{\mathrm{m}} bv}{2\pi}\cos\omega t\left(\frac{1}{d+vt}-\frac{1}{a+d+vt}\right)\end{aligned}$$

因此，总的感应电动势为

$$\mathscr{E}=\mathscr{E}_{\mathrm{i}}+\mathscr{E}_{\mathrm{m}}=\frac{\mu_0 I_{\mathrm{m}} b}{2\pi}\left[\omega\ln\left(1+\frac{a}{d+vt}\right)\sin\omega t+v\left(\frac{1}{d+vt}-\frac{1}{a+d+vt}\right)\cos\omega t\right]$$

可见，两种方法所得结果相同。

例 5.2 直角坐标系中的 yOz 平面上有一宽和高分别为 a、b 的矩形导线框，轴线在 z 轴上，假设垂直于导线框加时变磁场 $\boldsymbol{B}=B_{\mathrm{m}}\cos\Omega t\boldsymbol{e}_x$，且导线框绕其轴线以角速度 ω 旋转，如图 5-5 所示。试求矩形导线框中的感应电动势。

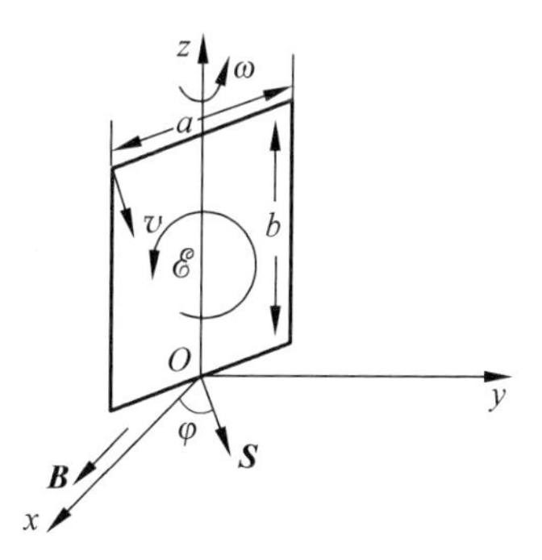

图 5-5 矩形线框在变动的磁场内运动产生的感应电动势

解 设 $t=0$ 时导线框平面的法线与外磁场的方向即 x 轴的夹角为 φ_0，当 $t=t$ 时导线框平面的法线的角度为 $\varphi=\varphi_0+\omega t$。则穿过运动的导线框的磁通为

$$\psi_{\mathrm{m}}=\boldsymbol{B}\cdot\boldsymbol{S}=B_{\mathrm{m}}\cos\Omega t\cdot S\cos\varphi=B_{\mathrm{m}}S\cos\Omega t\cos(\varphi_0+\omega t)$$

其中，$S=ab$ 是导线框的面积。因此，导线框中所产生的感应电动势为

$$\mathscr{E}=-\frac{\mathrm{d}\psi_{\mathrm{m}}}{\mathrm{d}t}=B_{\mathrm{m}}S\left[\Omega\sin\Omega t\cos(\varphi_0+\omega t)+\omega\cos\Omega t\sin(\varphi_0+\omega t)\right]$$

如果 $\omega=\Omega$，有

$$\mathscr{E}=B_{\mathrm{m}}S\omega\sin(2\omega t+\varphi_0)$$

如果导线框不转动，则 $\omega=0$，有

$$\mathscr{E}=\mathscr{E}_{\mathrm{i}}=B_{\mathrm{m}}S\Omega\cos\varphi_0\sin\Omega t$$

如果磁场不变化，则 $\Omega=0$，这时令 $B=B_{\mathrm{m}}=B_0$ 为常数，有

$$\mathscr{E}=\mathscr{E}_{\mathrm{m}}=B_0S\omega\sin(\varphi_0+\omega t)$$

*5.1.4 再议无线输电

无线输电，是科学家们正在研发的最新供电技术，原理是采用无线方式传输电力能量并驱动电器的技术。无线输电技术与无线通信的主要区别是着眼于传输能量，而非附载于能量之上的信息。这种技术有望用于很多领域，如海上风力发电站向陆地、向自然环境艰险的地区输电及生活中很多便携设备的无线充电等。

近年来取得较大进展的无线输电技术都基于电磁感应原理，虽然输电距离较近，但在小功率短距离输电的情况下具有很大的优势。其原理如图5-6所示，设备由发送端的初级线圈和接收端的次级线圈组成，初级线圈加载一定频率的交流电，通过电磁感应在次级线圈中产生一定的电流，从而实现能量从传输端至接收端的传输。比较新颖的方式是磁场共振式无线输电，由能量发送装置和能量接收装置组成，均由铜制线圈制成，当两个装置调整到相同频率，或者说在一个特定的频率上共振，它们就可以交换彼此的能量。这项技术由麻省理工学院(MIT)的研究团队提出，利用该技术点亮了2m外的一盏60W的灯泡，该成果发表在美国《科学》杂志。实验中使用的线圈直径达到50cm，无法实现商用化，因为缩小线圈尺寸时接收功率自然也会下降。

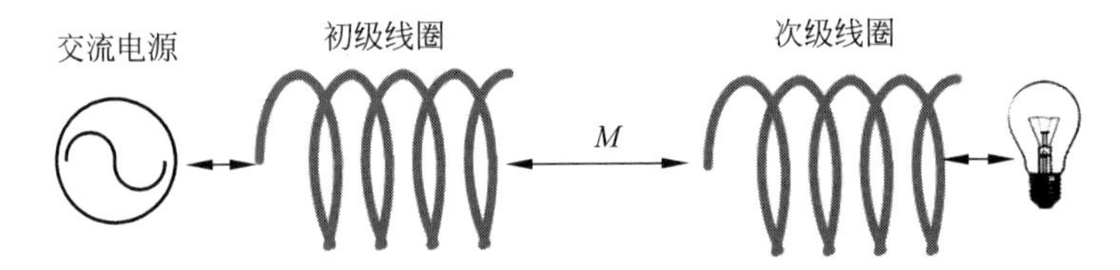

图5-6 无线输电原理示意图

人们也在探究长距离的无线输电，如激光束输电和微波输电等。2016年10月，俄罗斯的火箭宇航“能源”公司的科学家们利用激光束和一个特殊的光电转换装置，为远在1.5km的手机进行了无线充电。但考虑到日常生活的实用性、安全性和空间局域性，长距离的无线输电还有很长的路要走。

5.2 位移电流和全电流定律

5.1节的内容说明了变化的磁场可以激发电场，那么变化的电场是否可以激发磁场呢？答案是肯定的。

麦克斯韦方程组是电磁理论的基石，是麦克斯韦在总结前人成果的基础上提出来的。它不仅是对前述理论的简单概括和总结，而且有创造性的发展，其最突出的成果就是位移电流的提出。

由法拉第电磁感应定理可知，时变场和静电场不同，电场的旋度不再为0。在麦克斯韦之前的其他理论成果有

$$\nabla\cdot \boldsymbol{D}=\rho \tag{5-14}$$

$$\nabla\cdot \boldsymbol{B}=0 \tag{5-15}$$

$$\nabla\times \boldsymbol{H}=\boldsymbol{J} \tag{5-16}$$

在时变场的情形下，变化的电荷产生变化的电场，高斯定理式(5-14)仍然成立，磁通连续性原理式(5-15)仍然成立，但研究安培环路定律在时变场的适用性时则出现了矛盾。

对稳恒磁场中的安培环路定律式(5-16)两边取散度，因为任一矢量的旋度的散度必等于零，有

$$\nabla\cdot(\nabla\times \boldsymbol{H})=\nabla\cdot \boldsymbol{J}=0 \tag{5-17}$$

也就是说，在稳恒磁场中稳恒电流总是连续的。

但是在时变场中电荷随时间变化，根据电荷守恒定律，有

$$\nabla\cdot \boldsymbol{J}=-\frac{\partial\rho}{\partial t} \tag{5-18}$$

即时变电流不再连续，式(5-17)和式(5-18)相矛盾。因为电荷守恒定律是准确成立的普遍规律，只能认为稳恒磁场的安培环路定律不再适用于时变场，需要对它加以修正，使之满足普遍的电荷守恒定律的要求。

式(5-14)两边对时间求偏导，有

$$\frac{\partial\rho}{\partial t}=\nabla\cdot\frac{\partial \boldsymbol{D}}{\partial t}$$

代入式(5-18)，可得

$$\nabla\cdot\left(\boldsymbol{J}+\frac{\partial \boldsymbol{D}}{\partial t}\right)=0 \tag{5-19}$$

这说明上式括号中的矢量是连续的，$\boldsymbol{J}$ 为自由电流密度(包含传导电流密度$\boldsymbol{J}_{c}=\sigma\boldsymbol{E}$ 和运流电流密度$\boldsymbol{J}_{v}=\rho\boldsymbol{v}$)，本书中基本不涉及运流电流，所以后续章节中 $\boldsymbol{J}$ 基本单指 $\boldsymbol{J}_{c}$，读者可以根据上下文理解，而$\frac{\partial \boldsymbol{D}}{\partial t}$与$\boldsymbol{J}$ 具有相同量纲，称之为位移电流密度，即

$$\boldsymbol{J}_{D}=\frac{\partial \boldsymbol{D}}{\partial t} \tag{5-20}$$

上式是麦克斯韦1862年首次提出的，并认为位移电流和自由电流以同一方式激发磁场。这样，麦克斯韦将安培环路定律修正为

$$\nabla\times \boldsymbol{H}=\boldsymbol{J}+\frac{\partial \boldsymbol{D}}{\partial t} \tag{5-21}$$

这样便不会与电荷守恒定律发生矛盾，上式称为全电流定律的微分形式。应用斯托克斯定理，可以得到全电流定律的积分形式

$$\oint_{l}\boldsymbol{H}\cdot \mathrm{d}\boldsymbol{l}=\int_{S}\left(\boldsymbol{J}+\frac{\partial \boldsymbol{D}}{\partial t}\right)\cdot \mathrm{d}\boldsymbol{S} \tag{5-22}$$

这表明在时变场的情形下，自由电流和时变电场都是磁场的漩涡源，都可以产生磁场。对静态场有$\frac{\partial \boldsymbol{D}}{\partial t}=0$，磁场仅由自由电流产生，于是全电流定律又退化为安培环路定律。因此，不

仅变化的磁场可以激发变化的电场，变化的电场也可以激发变化的磁场。后者是电场与磁场紧密联系的另一个重要方面。

因为介质中的电位移矢量 $\boldsymbol{D}=\varepsilon_0\boldsymbol{E}+\boldsymbol{P}=\varepsilon\boldsymbol{E}$，由式(5-20)可得

$$\boldsymbol{J}_{\mathrm{D}}=\varepsilon_0\frac{\partial \boldsymbol{E}}{\partial t}+\frac{\partial \boldsymbol{P}}{\partial t} \tag{5-23}$$

由此可见，位移电流并不是由自由电荷的运动所产生的。在一般介质中，位移电流由两部分构成：第一项 $\varepsilon_0\frac{\partial \boldsymbol{E}}{\partial t}$ 由电场随时间的变化引起，另一项 $\frac{\partial \boldsymbol{P}}{\partial t}$ 则是极化强度对时间的变化率，它是由介质中束缚电荷在时变电场中的运动所引起的，称为极化电流密度，可用 $\boldsymbol{J}_{\mathrm{b}}=\frac{\partial \boldsymbol{P}}{\partial t}$ 表示。在真空中，$\boldsymbol{P}=0$，位移电流密度仅由电场随时间的变化决定。

介质中的位移电流密度还可以表示为

$$\boldsymbol{J}_{\mathrm{D}}=\varepsilon\frac{\partial \boldsymbol{E}}{\partial t} \tag{5-24}$$

因此，位移电流存在于一切媒质中，只要电场随时间变化，便会有位移电流出现，且随频率的升高而增大。由此看来，位移电流只不过是代表电场随时间的变化率的一个假想的电流密度概念而已。

重点归纳：传导电流是电荷在导电媒质中有规则运动形成的电流；运流电流是电荷在不导电的空间，如真空或极稀薄气体中有规则运动形成的电流；位移电流则是由电位移矢量随时间变化形成的，它存在于一切媒质中，只要有变化的电场，便会有位移电流。

和传导电流的计算一样，通过任一截面 S 的位移电流为

$$i_{\mathrm{D}}=\int_S \boldsymbol{J}_{\mathrm{D}}\cdot \mathrm{d}\boldsymbol{S} \tag{5-25}$$

式(5-19)括号中的电流密度包括传导电流密度 $\boldsymbol{J}_{\mathrm{c}}$、运流电流密度 $\boldsymbol{J}_{v}$ 和位移电流密度 $\boldsymbol{J}_{\mathrm{D}}$，合称为全电流密度。由式(5-19)可知，全电流密度是连续的，其对应的积分形式为

$$\oint_S\left(\boldsymbol{J}+\frac{\partial \boldsymbol{D}}{\partial t}\right)\cdot \mathrm{d}\boldsymbol{S}=0 \tag{5-26}$$

图 5-7 展示了一个由电子管、电阻、电容器及导线构成的交流电路，电子管内通过运流电流，电阻及导线中流过传导电流，而电容器中则通过位移电流。在电路的任何节点或支路上，全电流总是连续的。静态场情况下，位移电流为零，电子管中的运流电流和导体中的传导电流仍然连续。因此，全电流的连续性不论对于时变场或静态场都成立。这是电荷守恒定律的必然结果。

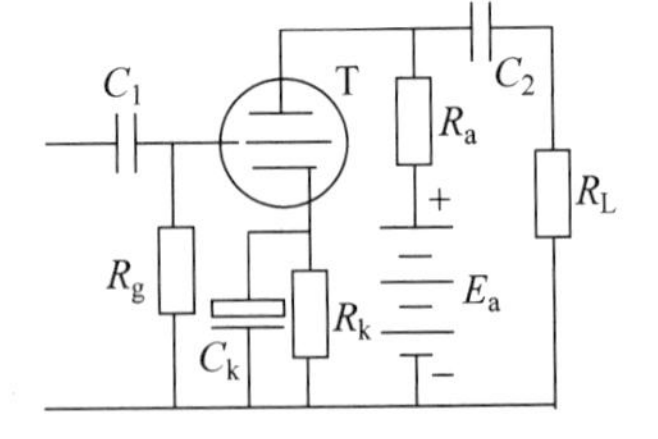

图 5-7　电子管交流电路

位移电流的引入具有重大意义。它揭示了变化的电场可以产生磁场，表明磁场可以由脱离电荷以外的电场变化来激发；它和法拉第电磁感应定律一起，揭示了电磁场可以互相激发和转化，并预言了电磁波的存在；这一假说使古老的电磁学说彻底改变，使人类对电磁现象的认识有了质的飞跃。

例 5.3 已知海水的电导率 $\sigma=4\text{S/m}$，相对介电常数 $\varepsilon_r=81$，假设海水中的电场为 $\boldsymbol{E}=E_m\cos\omega t\boldsymbol{e}_x$，$\omega=2\pi\times10^4\text{rad/s}$，计算海水中的位移电流密度和传导电流密度。

解 海水中的传导电流密度为

$$\boldsymbol{J}_c=\sigma\boldsymbol{E}=\sigma E_m\cos\omega t\boldsymbol{e}_x$$

位移电流密度为

$$\boldsymbol{J}_D=\frac{\partial\boldsymbol{D}}{\partial t}=\varepsilon_0\varepsilon_r\frac{\partial\boldsymbol{E}}{\partial t}=-\omega\varepsilon_0\varepsilon_r E_m\sin\omega t\boldsymbol{e}_x$$

也可以计算得到传导电流和位移电流振幅之比

$$\left|\frac{\boldsymbol{J}_D}{\boldsymbol{J}_c}\right|=\frac{\omega\varepsilon_0\varepsilon_r}{\sigma}=\frac{2\pi\times10^4\times\dfrac{1}{36\pi}\times10^{-9}\times81}{4}=1.125\times10^{-5}$$

可见在工作频率 $f=10\text{kHz}$ 时，海水中传导电流占主导。

例 5.4 由半径为 a、相距为 $d(d\ll a)$ 的圆形极板构成的平行板电容器，其中的介质是非理想的，具有电导率 σ、介电常数 ε 和磁导率 μ_0。假定电容器内的电场是均匀的，不计边缘效应，且所加电压 $u=U_m\sin\omega t$ 的角频率 ω 很低。试求电容器中的位移电流、传导电流和导线中的传导电流及两极板间的磁感应强度。

解 采用如图 5-8 所示的圆柱坐标系，使平行板电容器圆形极板的中心轴与 z 轴重合，忽略电容器的边缘效应，且所加电压 u 的频率很低，则两极板间的电磁场可视为准静态场，故其中的电场强度为

$$\boldsymbol{E}=\frac{u}{d}\boldsymbol{e}_z=\frac{U_m}{d}\sin\omega t\boldsymbol{e}_z$$

电容器两极板间任一点的传导电流密度与位移电流密度分别为

$$\boldsymbol{J}_c=\sigma\boldsymbol{E}=\frac{\sigma U_m}{d}\sin\omega t\boldsymbol{e}_z$$

$$\boldsymbol{J}_D=\frac{\partial\boldsymbol{D}}{\partial t}=\varepsilon\frac{\partial\boldsymbol{E}}{\partial t}=\frac{\varepsilon\omega U_m}{d}\cos\omega t\boldsymbol{e}_z$$

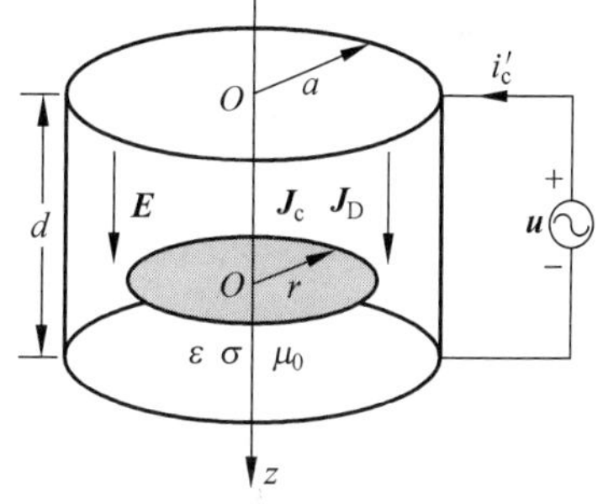

图 5-8 求电容器中的位移电流和磁场

可以看出，两个电流密度不随空间坐标变化，因此，通过电容器的传导电流和位移电流分别为

$$i_c=\int_S\boldsymbol{J}_c\cdot d\boldsymbol{S}=J_cS=\frac{\sigma S}{d}U_m\sin\omega t=Gu$$

$$i_D=\int_S\boldsymbol{J}_D\cdot d\boldsymbol{S}=J_DS=\frac{\varepsilon\omega U_m}{d}\cos\omega t\cdot S$$

$$=\omega\frac{\varepsilon S}{d}U_m\cos\omega t=\omega CU_m\cos\omega t$$

其中，$S=\pi a^2$ 为极板面积，$C=\dfrac{\varepsilon S}{d}$ 和 $G=\dfrac{\sigma S}{d}$ 分别是圆形平行板电容器的电容和漏电导。

忽略导线的电阻，由全电流的连续性可得导线中的传导电流为

$$i_c'=i_c+i_D=\frac{\pi a^2U_m}{d}(\sigma\sin\omega t+\omega\varepsilon\cos\omega t)$$

设位移电流沿 z 方向为正。在两极板间取一个半径为 r 且圆心在 z 轴上的圆截面 S，

应用全电流定律的积分形式，则有

$$\oint_l \boldsymbol{H} \cdot \mathrm{d}\boldsymbol{l} = \int_S (\boldsymbol{J}_c + \boldsymbol{J}_D) \cdot \mathrm{d}\boldsymbol{S} = \int_0^r (J_c + J_D) 2\pi r \mathrm{d}r$$

即

$$H \cdot 2\pi r = \frac{\pi r^2 U_m}{d}(\sigma \sin\omega t + \varepsilon\omega \cos\omega t)$$

因此，电容器两极板间的磁场强度和磁感应强度分别为

$$\boldsymbol{H} = \frac{rU_m}{2d}(\sigma \sin\omega t + \varepsilon\omega \cos\omega t)\boldsymbol{e}_\varphi$$

$$\boldsymbol{B} = \frac{\mu_0 rU_m}{2d}(\sigma \sin\omega t + \varepsilon\omega \cos\omega t)\boldsymbol{e}_\varphi$$

如果极板间为理想介质，即 $\sigma=0$，有

$$\boldsymbol{B} = \frac{\mu_0 \varepsilon\omega rU_m}{2d}\cos\omega t \boldsymbol{e}_\varphi$$

如果 $\sigma \gg \varepsilon\omega$，即极板间媒质为良导体，则导体中的位移电流远小于传导电流，故有

$$\boldsymbol{B} \approx \frac{\mu_0 \sigma rU_m}{2d}\sin\omega t \boldsymbol{e}_\varphi$$

5.3 麦克斯韦方程组和洛伦兹力公式

5.3.1 麦克斯韦方程组

1864 年，麦克斯韦对时变电磁场中电磁现象的实验规律进行了全面的分析总结，主要创新有：将静电场的高斯定理和稳恒磁场的磁通连续性原理推广到时变场；将法拉第电磁感应定律的适用范围推广到一切媒质中；引入位移电流的概念，将稳恒磁场的安培环路定律修改为适用于时变场的全电流定律；提出了麦克斯韦方程组，依次为第一方程、第二方程、第三方程、第四方程，如下：

微分形式	积分形式	
$\nabla\times \boldsymbol{H} = \boldsymbol{J} + \frac{\partial \boldsymbol{D}}{\partial t}$	$\oint_l \boldsymbol{H} \cdot \mathrm{d}\boldsymbol{l} = \int_S \left(\boldsymbol{J} + \frac{\partial \boldsymbol{D}}{\partial t}\right) \cdot \mathrm{d}\boldsymbol{S}$	(5-27)
$\nabla\times \boldsymbol{E} = -\frac{\partial \boldsymbol{B}}{\partial t}$	$\oint_l \boldsymbol{E} \cdot \mathrm{d}\boldsymbol{l} = -\int_S \frac{\partial \boldsymbol{B}}{\partial t} \cdot \mathrm{d}\boldsymbol{S}$	(5-28)
$\nabla\cdot \boldsymbol{B} = 0$	$\oint_S \boldsymbol{B} \cdot \mathrm{d}\boldsymbol{S} = 0$	(5-29)
$\nabla\cdot \boldsymbol{D} = \rho$	$\oint_S \boldsymbol{D} \cdot \mathrm{d}\boldsymbol{S} = Q$	(5-30)

再加上三个电磁场的辅助方程，即

$$\boldsymbol{B} = \mu \boldsymbol{H} \tag{5-31}$$

$$\boldsymbol{D} = \varepsilon \boldsymbol{E} \tag{5-32}$$

$$\boldsymbol{J}_c = \sigma \boldsymbol{E} \tag{5-33}$$

便构成了完整的麦克斯韦方程组，它对静止媒质中宏观电磁现象的普遍规律做出了高度概括，是电磁场的基本方程，它全面地描述了电场和磁场间的相互联系、电磁场和场源之间的

关系以及电磁场与其所处媒质间的关系。它在宏观电磁场理论中的地位，就如同牛顿定律在经典力学中的地位一样。

由麦克斯韦方程组可见：

(1) 第二方程式(5-28)和第四方程式(5-30)给出了电场的旋度和散度，即电场包括由时变磁场激发的感应电场和自由电荷激发的库仑电场两部分；麦克斯韦第一方程式(5-27)和第三方程式(5-29)给出了磁场的旋度和散度，即磁场也包括自由电流激发的磁场和时变电场激发的磁场两部分；式(5-31)～式(5-33)这 3 个辅助方程则给出了电磁场与其所处媒质间的关系。

(2) 第一方程式(5-27)与第二方程式(5-28)是麦克斯韦方程组的核心，它们显示了电场和磁场间的相互制约和彼此的紧密联系，从而表明了电磁场变化的主要特征；它们说明时变电场和时变磁场可以互相激发，表明时变电磁场可以脱离场源而独立存在，在空间形成电磁波。麦克斯韦根据时变电磁场的普遍规律，首次从理论上预言了电磁波的存在，并指出光也是一种电磁波，电磁波在真空中的传播速度等于光速。1887 年，赫兹所做的电磁波实验以及近代无线电技术的实践完全证实了这个预言的正确性。

(3) 从第一方程式(5-27)和第二方程式(5-28)可知，电场激发的磁场是右旋的$\left(对应\frac{\partial \boldsymbol{D}}{\partial t}\right)$，而磁场激发的电场却是左旋的$\left(对应-\frac{\partial \boldsymbol{B}}{\partial t}\right)$；电场变化最大处的磁场最大，而磁场变化最大处的电场最大，如图 5-9 所示。

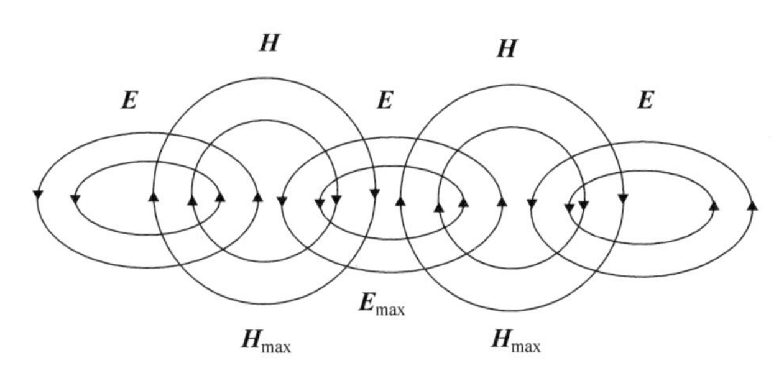

图 5-9　电场与磁场互相激发形成电磁波

(4) 第三方程式(5-29)和第四方程式(5-30)表明磁场和电场本身所具有的规律，即磁通连续性原理和变动的自由电荷可以激发电场的高斯定理。在时变场情形下，空间中磁力线仍为闭合曲线，而电力线则起始于正电荷终止于负电荷。但需要说明的是，在远离场源的无源区域中，电场和磁场的散度都为零，这时电力线和磁力线均为闭合曲线，且相互交链，在空间形成电磁波。

(5) 麦克斯韦方程组中包含了电荷守恒定律。第四方程式(5-30)可由第一方程式(5-27)和电荷守恒定律导出。由式(5-27)有$\nabla\cdot(\nabla\times\boldsymbol{H})=\nabla\cdot\left(\boldsymbol{J}+\frac{\partial \boldsymbol{D}}{\partial t}\right)=0$，将电荷守恒定律$\nabla\cdot\boldsymbol{J}=-\frac{\partial\rho}{\partial t}$代入，有$\frac{\partial}{\partial t}(\nabla\cdot\boldsymbol{D}-\rho)=0$，则$\nabla\cdot\boldsymbol{D}=\rho+C$，其中 C 是与时间无关的一个常数。若假设在某一时刻$\nabla\cdot\boldsymbol{D}$ 与 ρ 同时为零，则常数 C 必为零，于是得到第四方程式(5-30)。也可由第一方程式(5-27)和第四方程式(5-30)导出电荷守恒定律。同理，第三方

程式(5-29)可由第二方程式(5-28)导出。

(6) 在线性媒质中,麦克斯韦方程组是一组线性微分方程,可以应用叠加原理。

(7) 麦克斯韦方程组是反映宏观电磁现象普遍规律的电磁场基本方程。静电场、稳恒电场和稳恒磁场的基本方程都只不过是麦克斯韦方程组在静态条件下的特例而已。

(8) 麦克斯韦方程的积分形式适用于一切场合,但其微分形式只适用于场量的各个分量连续、可微的情况。

5.3.2 正弦电磁场基本方程的复数形式

在时变电磁场中,场量是空间变量和时间变量的函数。前面所讨论的麦克斯韦方程组适用于任何时间变化规律。本节讨论最重要的一类时变电磁场,正弦电磁场,即场源随时间按正弦或余弦规律变化,它所激发的电磁场的每一个分量也随时间以相同的频率按正弦或余弦规律变化。正弦电磁场也称时谐电磁场,数学形式简单,可用三角函数或指数函数来表述,在实践上也易于产生,是实际问题中最常见的时变电磁场。非正弦电磁场则可以应用傅里叶级数展开法化为正弦电磁场的线性叠加来研究。因此,正弦电磁场中麦克斯韦方程组的表示形式非常重要。

正弦电磁场中的任一场量都随时间做正弦或余弦变化,这就与复数有了关系,可以用复数的实部或虚部来表示,比如,电场强度在直角坐标系内可以表示为

$$\begin{aligned}\boldsymbol{E} &= E_x\boldsymbol{e}_x + E_y\boldsymbol{e}_y + E_z\boldsymbol{e}_z \\ &= E_{xm}\cos(\omega t+\varphi_x)\boldsymbol{e}_x + E_{ym}\cos(\omega t+\varphi_y)\boldsymbol{e}_y + E_{zm}\cos(\omega t+\varphi_z)\boldsymbol{e}_z \\ &= \mathrm{Re}\left[E_{xm}\mathrm{e}^{\mathrm{j}(\omega t+\varphi_x)}\boldsymbol{e}_x + E_{ym}\mathrm{e}^{\mathrm{j}(\omega t+\varphi_y)}\boldsymbol{e}_y + E_{zm}\mathrm{e}^{\mathrm{j}(\omega t+\varphi_z)}\boldsymbol{e}_z\right] \\ &= \mathrm{Re}\left[(\dot{E}_{xm}\boldsymbol{e}_x + \dot{E}_{ym}\boldsymbol{e}_y + \dot{E}_{zm}\boldsymbol{e}_z)\mathrm{e}^{\mathrm{j}\omega t}\right] = \mathrm{Re}\left[\dot{\boldsymbol{E}}_{\mathrm{m}}\mathrm{e}^{\mathrm{j}\omega t}\right]\end{aligned} \tag{5-34}$$

即

$$\boldsymbol{E} = \mathrm{Re}\left[\dot{\boldsymbol{E}}_{\mathrm{m}}\mathrm{e}^{\mathrm{j}\omega t}\right]$$

其中,

$$\dot{\boldsymbol{E}}_{\mathrm{m}} = \dot{E}_{xm}\boldsymbol{e}_x + \dot{E}_{ym}\boldsymbol{e}_y + \dot{E}_{zm}\boldsymbol{e}_z \tag{5-35}$$

称为电场强度复矢量;

$$\dot{E}_{xm} = E_{xm}\mathrm{e}^{\mathrm{j}\varphi_x},\quad \dot{E}_{ym} = E_{ym}\mathrm{e}^{\mathrm{j}\varphi_y},\quad \dot{E}_{zm} = E_{zm}\mathrm{e}^{\mathrm{j}\varphi_z} \tag{5-36}$$

称为电场强度各分量的复振幅。各分量振幅 E_{xm}、E_{ym}、E_{zm} 和初相角 φ_x、φ_y、φ_z 都是空间坐标的函数。

有同学可能会有疑问,电场强度随时间做余弦变化,上式做了取实部的操作;如果电场强度随时间正弦变化,是不是该取虚部呢?

事实上,也有教材中使用的是取虚部的操作。但读者务必要记住:无论是取虚部,或者取实部,都是正确、可行的,都可以得到相同的结果。但是对于个人来讲,必须坚持一个选择!要么取实部,要么取虚部,万万不可随意选择。更不可在一道题目里面一会儿取实部,一会儿取虚部。

难点点拨：对于电场强度随时间做正弦变化的情况，可以这样处理：

$$\begin{aligned}\boldsymbol{E} &= E_x\boldsymbol{e}_x + E_y\boldsymbol{e}_y + E_z\boldsymbol{e}_z\\ &= E_{x\mathrm{m}}\sin(\omega t+\varphi_x)\boldsymbol{e}_x + E_{y\mathrm{m}}\sin(\omega t+\varphi_y)\boldsymbol{e}_y + E_{z\mathrm{m}}\sin(\omega t+\varphi_z)\boldsymbol{e}_z\\ &= E_{x\mathrm{m}}\cos\left(\omega t+\varphi_x-\frac{\pi}{2}\right)\boldsymbol{e}_x + E_{y\mathrm{m}}\cos\left(\omega t+\varphi_y-\frac{\pi}{2}\right)\boldsymbol{e}_y + E_{z\mathrm{m}}\cos\left(\omega t+\varphi_z-\frac{\pi}{2}\right)\boldsymbol{e}_z\\ &= \mathrm{Re}\left[E_{x\mathrm{m}}\mathrm{e}^{\mathrm{j}\left(\omega t+\varphi_x-\frac{\pi}{2}\right)}\boldsymbol{e}_x + E_{y\mathrm{m}}\mathrm{e}^{\mathrm{j}\left(\omega t+\varphi_y-\frac{\pi}{2}\right)}\boldsymbol{e}_y + E_{z\mathrm{m}}\mathrm{e}^{\mathrm{j}\left(\omega t+\varphi_z-\frac{\pi}{2}\right)}\boldsymbol{e}_z\right]\\ &= \mathrm{Re}\left[(-\mathrm{j}E_{x\mathrm{m}}\mathrm{e}^{\mathrm{j}\varphi_x}\boldsymbol{e}_x - \mathrm{j}E_{y\mathrm{m}}\mathrm{e}^{\mathrm{j}\varphi_y}\boldsymbol{e}_y - \mathrm{j}E_{z\mathrm{m}}\mathrm{e}^{\mathrm{j}\varphi_z}\boldsymbol{e}_z)\mathrm{e}^{\mathrm{j}\omega t}\right]\\ &= \mathrm{Re}\left[\dot{\boldsymbol{E}}_\mathrm{m}\mathrm{e}^{\mathrm{j}\omega t}\right]\end{aligned}$$

也就是说，如果场量按照正弦变化，电场强度也可以写作类似的复数形式。

对于时谐电磁场其他所有场量，也可以运用类似的表达式。这种“简单问题复杂化”的做法有什么好处呢？复数表达式的运用使得数学运算简化，比如将对时间变量的偏微分变为代数运算。例如 $\boldsymbol{D}=\mathrm{Re}[\dot{\boldsymbol{D}}_\mathrm{m}\mathrm{e}^{\mathrm{j}\omega t}]$，则有

$$\frac{\partial \boldsymbol{D}}{\partial t}=\frac{\partial}{\partial t}\mathrm{Re}[\dot{\boldsymbol{D}}_\mathrm{m}\mathrm{e}^{\mathrm{j}\omega t}]=\mathrm{Re}[\mathrm{j}\omega\dot{\boldsymbol{D}}_\mathrm{m}\mathrm{e}^{\mathrm{j}\omega t}]$$

将各场量都用复数表示，用 $\mathrm{j}\omega$ 的因子代替对时间的导数①，消去方程两边的时间因子 $\mathrm{e}^{\mathrm{j}\omega t}$，并省略了符号 Re。例如麦克斯韦第一方程式(5-27)可表示为

$$\nabla\times\dot{\boldsymbol{H}}_\mathrm{m}=\dot{\boldsymbol{J}}_\mathrm{m}+\mathrm{j}\omega\dot{\boldsymbol{D}}_\mathrm{m}$$

上式也可以写为

$$\nabla\times\dot{\boldsymbol{H}}=\dot{\boldsymbol{J}}+\mathrm{j}\omega\dot{\boldsymbol{D}}$$

式中，$\dot{\boldsymbol{H}}=\frac{\dot{\boldsymbol{H}}_\mathrm{m}}{\sqrt{2}}$、$\dot{\boldsymbol{J}}=\frac{\dot{\boldsymbol{J}}_\mathrm{m}}{\sqrt{2}}$和$\dot{\boldsymbol{D}}=\frac{\dot{\boldsymbol{D}}_\mathrm{m}}{\sqrt{2}}$，分别是各对应场量的复数有效值矢量(有时以下标“e”加以区分)。同理可以得到麦克斯韦方程组的复数形式：

$$\begin{cases}\nabla\times\dot{\boldsymbol{H}}=\dot{\boldsymbol{J}}+\mathrm{j}\omega\dot{\boldsymbol{D}}\\ \nabla\times\dot{\boldsymbol{E}}=-\mathrm{j}\omega\dot{\boldsymbol{B}}\\ \nabla\cdot\dot{\boldsymbol{B}}=0\\ \nabla\cdot\dot{\boldsymbol{D}}=\dot{\rho}\end{cases}\tag{5-37}$$

和辅助方程的复数形式：

$$\begin{cases}\dot{\boldsymbol{B}}=\mu\dot{\boldsymbol{H}}\\ \dot{\boldsymbol{D}}=\varepsilon\dot{\boldsymbol{E}}\\ \dot{\boldsymbol{J}}_\mathrm{c}=\sigma\dot{\boldsymbol{E}}\end{cases}\tag{5-38}$$

---

① 另一种习惯是把场量表示为 $\boldsymbol{D}=\mathrm{Re}[\dot{\boldsymbol{D}}_\mathrm{m}\mathrm{e}^{-\mathrm{j}\omega t}]$ 的形式，则对时间的导数为 $\frac{\partial \boldsymbol{D}}{\partial t}=-\mathrm{j}\omega\boldsymbol{D}$，本书一律采用 $\mathrm{e}^{\mathrm{j}\omega t}$ 的表示法。

可以看出,麦克斯韦方程组写成复数形式后时间因子 t 换成了频率因子 ω,时域问题转化为频域问题。应该指出,式(5-38)中媒质的介电常数 ε 和磁导率 μ 只有在理想介质时才都是实数。在高频时有耗介质中这些媒质参量将都是复数,且随频率而变化。

大多数情况下都从频域出发研究电磁问题,因此以后复数形式方程各场量通常省掉表示复数的"·"号,但仍表示场量的复数有效值矢量。这并不会引起混淆,因为电磁场的复数形式和瞬时值形式有明显的区别,即具有 $\mathrm{j}\omega$ 因子的显然是复数形式,而具有对时间的偏导数 $\frac{\partial}{\partial t}$ 的则是瞬时值形式。

例 5.5 将下列场矢量由复数形式写成瞬时值形式,或作相反的变化。

(1) $\boldsymbol{E}=E_0\mathrm{e}^{-\mathrm{j}\beta z}\boldsymbol{e}_x$;

(2) $\boldsymbol{E}=-\mathrm{j}E_0\mathrm{e}^{-\mathrm{j}\beta z}\boldsymbol{e}_y$;

(3) $\boldsymbol{E}=\boldsymbol{e}_xE_0\cos(\omega t-\beta z)+\boldsymbol{e}_yE_0\sin(\omega t-\beta z)$。

解 (1) 题为复数形式,其瞬时值形式为

$$\boldsymbol{E}=\mathrm{Re}(\boldsymbol{e}_xE_0\mathrm{e}^{\mathrm{j}\omega t}\mathrm{e}^{-\mathrm{j}\beta z})=E_0\cos(\omega t-\beta z)\boldsymbol{e}_x$$

(2) 题为复数形式,其瞬时值形式为

$$\boldsymbol{E}=\mathrm{Re}(\boldsymbol{e}_yE_0\mathrm{e}^{\mathrm{j}\omega t}\mathrm{e}^{-\mathrm{j}\beta z}\mathrm{e}^{-\mathrm{j}\frac{\pi}{2}})=E_0\cos\left(\omega t-\beta z-\frac{\pi}{2}\right)\boldsymbol{e}_y=E_0\sin(\omega t-\beta z)\boldsymbol{e}_y$$

(3) 题为瞬时值形式,也可以写作

$$\boldsymbol{E}=E_0\cos(\omega t-\beta z)\boldsymbol{e}_x+E_0\cos\left(\omega t-\beta z-\frac{\pi}{2}\right)\boldsymbol{e}_y$$

其复数形式为

$$\boldsymbol{E}=E_0\mathrm{e}^{-\mathrm{j}\beta z}\boldsymbol{e}_x+E_0\mathrm{e}^{-\mathrm{j}\beta z}\mathrm{e}^{-\mathrm{j}\frac{\pi}{2}}\boldsymbol{e}_y=(\boldsymbol{e}_x-\mathrm{j}\boldsymbol{e}_y)E_0\mathrm{e}^{-\mathrm{j}\beta z}$$

5.3.3 洛伦兹力

电荷能够激发电磁场,反过来电磁场对电荷有作用力。洛伦兹把静态场中的结果推广为普遍情况下电磁场对任意运动的电荷系统的作用力。在时变场情形下,空间中以速度 $\boldsymbol{v}$ 运动的电荷 Q 在时变电场和时变磁场的共同作用下,它受到的洛伦兹力为

$$\boldsymbol{F}=Q(\boldsymbol{E}+\boldsymbol{v}\times\boldsymbol{B}) \tag{5-39}$$

当连续分布的电荷系统以速度 $\boldsymbol{v}$ 在时变电磁场中运动时,单位体积的电荷系统所受到的洛伦兹力密度可以表示为

$$\boldsymbol{f}=\rho\boldsymbol{E}+\boldsymbol{J}\times\boldsymbol{B} \tag{5-40}$$

近代物理学的实践已证实了式(5-39)和式(5-40)的正确性。麦克斯韦方程组和洛伦兹力公式正确地反映了宏观电磁场运动的基本规律以及电磁场与带电系统的相互作用规律,因而它们成为宏观电磁理论的基础。

5.4 电磁场的边值关系

麦克斯韦方程的微分形式只适用于场量的各个分量连续、可微的情况。而需要求解的实际问题场域中往往存在几种不同的媒质,在媒质界面上场量不连续,则我们必须回到麦克

斯韦方程的积分形式，通过一定的推算得到时变场的边值关系。

5.4.1 两种媒质间电磁场的边值关系

考虑介电常数与磁导率分别为 ε_1、μ_1 和 ε_2、μ_2 的两种媒质界面，假设 $\boldsymbol{n}$ 为分界面上任意位置的法向单位矢量，正方向由媒质 2 指向媒质 1。横跨分界面取一无限窄的小矩形闭合回路，如图 5-10 所示。在该矩形回路上应用全电流定律的积分形式，因为回路无限窄，其包围的面积趋于零，故它所包围的体自由电流和位移电流均趋于零。如果分界面上存在密度为 $\boldsymbol{J}_S$ 的面电流，其方向与 Δl 垂直，且闭合回路的绕行方向与 $\boldsymbol{J}_S$ 的方向符合右手螺旋定则，故它所包围的面电流为 $J_S\Delta l$，于是可得磁场强度 $\boldsymbol{H}$ 沿此闭合回路的线积分为

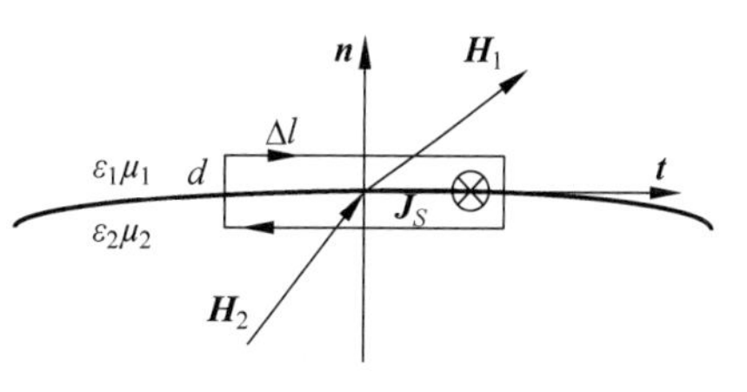

图 5-10 求边界面上 H_t 的边界条件

$$\oint_l \boldsymbol{H} \cdot \mathrm{d}\boldsymbol{l} = H_{1t}\Delta l - H_{2t}\Delta l = J_S\Delta l$$

即

$$\begin{cases} H_{1t} - H_{2t} = J_S \\ \boldsymbol{n} \times (\boldsymbol{H}_1 - \boldsymbol{H}_2) = \boldsymbol{J}_S \end{cases} \tag{5-41}$$

同理，在矩形回路上利用法拉第电磁感应定律的积分形式

$$\oint_l \boldsymbol{E} \cdot \mathrm{d}\boldsymbol{l} = -\int_S \frac{\partial \boldsymbol{B}}{\partial t} \cdot \mathrm{d}\boldsymbol{S} = -\frac{\mathrm{d}\psi_\mathrm{m}}{\mathrm{d}t}$$

由于该矩形回路面积趋于零，穿过它的磁通量 ψ_m 趋于零，于是可得电场强度 $\boldsymbol{E}$ 沿闭合回路的线积分为 0，如下：

$$\oint_l \boldsymbol{E} \cdot \mathrm{d}\boldsymbol{l} = E_{1t}\Delta l - E_{2t}\Delta l = 0$$

即

$$\begin{cases} E_{1t} - E_{2t} = 0 \\ \boldsymbol{n} \times (\boldsymbol{E}_1 - \boldsymbol{E}_2) = 0 \end{cases} \tag{5-42}$$

横跨分界面取一无限薄的扁平小圆柱闭合面，如图 5-11 所示，由于小圆柱闭合面无限薄，其包围体积趋于零，故它所包围的体电荷也趋于零。如果分界面上存在密度为 ρ_S 的面电荷，则该小圆柱闭合面所包围的电荷为 $\rho_S\Delta S$，在该闭合面上应用高斯定理的积分形式，有

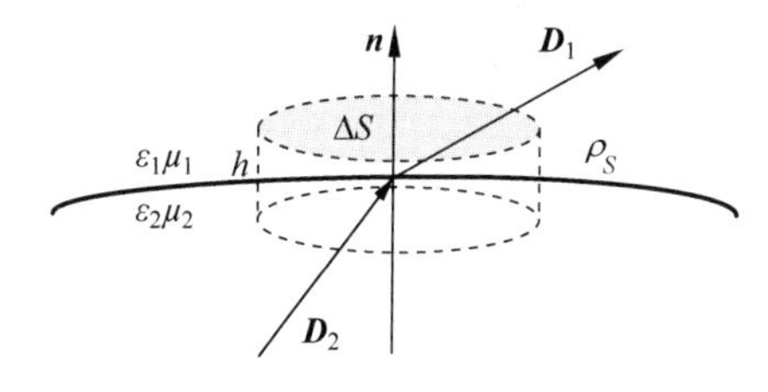

图 5-11 求边界面上 D_n 的边界条件

$$\oint_S \boldsymbol{D} \cdot \mathrm{d}\boldsymbol{S} = D_{1n}\Delta S - D_{2n}\Delta S = \rho_S\Delta S$$

即

$$\begin{cases} D_{1n} - D_{2n} = \rho_S \\ \boldsymbol{n} \cdot (\boldsymbol{D}_{1n} - \boldsymbol{D}_{2n}) = \rho_S \end{cases} \tag{5-43}$$

同样，在该圆柱闭合面上磁通连续性原理的积分形式，可得

$$\oint_S \boldsymbol{B} \cdot \mathrm{d}\boldsymbol{S} = B_{1n}\Delta S - B_{2n}\Delta S = 0$$

即

$$\begin{cases} B_{1n} - B_{2n} = 0 \\ \boldsymbol{n} \cdot (\boldsymbol{B}_1 - \boldsymbol{B}_2) = 0 \end{cases} \tag{5-44}$$

由此可见,时变场的边值关系在形式上和静态场相同,为

$$\begin{cases} \boldsymbol{n} \times (\boldsymbol{H}_1 - \boldsymbol{H}_2) = \boldsymbol{J}_S \\ \boldsymbol{n} \times (\boldsymbol{E}_1 - \boldsymbol{E}_2) = 0 \\ \boldsymbol{n} \cdot (\boldsymbol{B}_1 - \boldsymbol{B}_2) = 0 \\ \boldsymbol{n} \cdot (\boldsymbol{D}_1 - \boldsymbol{D}_2) = \rho_S \end{cases} \tag{5-45}$$

因此,在两种不同媒质的分界面上,电场强度 $\boldsymbol{E}$ 的切向分量和磁感应强度 $\boldsymbol{B}$ 的法向分量总是连续的;磁场强度 $\boldsymbol{H}$ 的切向分量和电位移矢量 $\boldsymbol{D}$ 的法向分量发生突变,突变量分别为分界面上的面电流密度 J_S 和电荷面密度 ρ_S。

5.4.2 两种理想介质间电磁场的边值关系

理想介质是 $\sigma=0$ 的一种无欧姆损耗的简单媒质,两种理想介质的分界面上不存在面电流或面电荷,即 $J_S=0$,$\rho_S=0$,故由式(5-45)得

$$\begin{cases} H_{1t} - H_{2t} = 0 \\ E_{1t} - E_{2t} = 0 \\ B_{1n} - B_{2n} = 0 \\ D_{1n} - D_{2n} = 0 \end{cases} \tag{5-46}$$

5.4.3 介质与理想导体间电磁场的边值关系

理想导体 $\sigma=\infty$,若 $\boldsymbol{E}\neq 0$,由 $\boldsymbol{J}_c=\sigma\boldsymbol{E}$ 将产生无穷大的电流,故在理想导体内必有 $\boldsymbol{E}=0$;而由 $\nabla\times\boldsymbol{E}=-\mathrm{j}\omega\mu\boldsymbol{H}$ 可知,$\boldsymbol{H}=0$,故由式(5-45)可得介质与理想导体分界面上的边值关系为

$$\begin{cases} \boldsymbol{n} \times \boldsymbol{H} = \boldsymbol{J}_S \\ \boldsymbol{n} \times \boldsymbol{E} = 0 \\ \boldsymbol{n} \cdot \boldsymbol{B} = 0 \\ \boldsymbol{n} \cdot \boldsymbol{D} = \rho_S \end{cases} \tag{5-47}$$

由此可见,在理想导体的表面上只有磁场强度的切向分量 H_t 和电位移矢量的法向分量 D_n。由于 $D_n=\varepsilon E_n=\rho_S$,故理想导体表面上的电场强度和电位移矢量分别为

$$\boldsymbol{E} = \frac{\rho_S}{\varepsilon}\boldsymbol{n} \tag{5-48}$$

和

$$\boldsymbol{D} = \rho_S \boldsymbol{n} \tag{5-49}$$

由 $\boldsymbol{n}\times\boldsymbol{H}=\boldsymbol{J}_S$ 中 $\boldsymbol{H}$ 与 $\boldsymbol{J}_S$ 矢量关系,容易得到

$$\boldsymbol{H} = \boldsymbol{J}_S \times \boldsymbol{n} \tag{5-50}$$

和

$$\boldsymbol{B} = \mu \boldsymbol{J}_S \times \boldsymbol{n} \tag{5-51}$$

因此,电场强度 $\boldsymbol{E}$ 或电位移矢量 $\boldsymbol{D}$ 总是垂直于理想导体的表面,而磁场强度 $\boldsymbol{H}$ 或磁感

应强度$\boldsymbol{B}$总是平行于理想导体的表面，如图5-12所示。

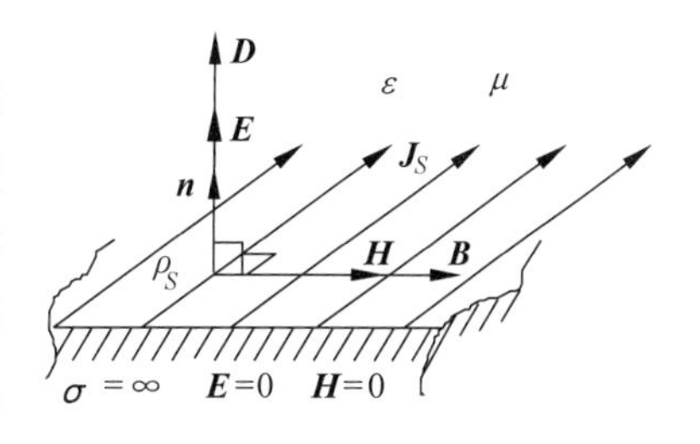

图5-12 介质与导体分界面上的场量

对于实际导体，σ为有限值，导体内部电场与磁场不等于零。但由于高频时的趋肤效应，电流集中于导体表面附近，而且当频率趋于无限大时，电流只分布于导体表面。因此，在高频下用理想导体的边界代替实际导体的边界，可使问题得以简化。即使在频率不很高的情况下，由于实际金属导体的电导率很大，外部的电磁波在导体表面上发生强烈反射，因而进入导体内部的电磁波能量非常小，这时用理想导体的边界代替实际金属导体的表面也不会带来显著的误差。这部分内容第6章将做详细分析。

5.5 电磁场的能量守恒定律与坡印亭矢量

5.5.1 电磁场的能量守恒定律——坡印亭定理

麦克斯韦方程组所反映的最重要的内容是时变电场和时变磁场可以相互激发而形成电磁波从而离开场源向空间传播。电磁场是物质，是能量的携带者，因而电磁波的传播过程也是电磁能量的传播过程。

时变电磁场中电场和磁场都随时间变化，空间各点的电场能量密度、磁场能量密度也随时间变化，电磁能量按一定的分布形式储存于空间，并随着电磁场的运动变化而在空间传输，形成电磁能流。由电磁场的基本方程可以导出电磁场的能量守恒定律和电磁能量的传播规律。运用矢量微分恒等式：

$$\nabla\cdot(\boldsymbol{E}\times\boldsymbol{H})=\boldsymbol{H}\cdot(\nabla\times\boldsymbol{E})-\boldsymbol{E}\cdot(\nabla\times\boldsymbol{H})$$

将麦克斯韦第一方程$\nabla\times\boldsymbol{H}=\boldsymbol{J}+\dfrac{\partial\boldsymbol{D}}{\partial t}$和第二方程$\nabla\times\boldsymbol{E}=-\dfrac{\partial\boldsymbol{B}}{\partial t}$代入上式，得

$$\nabla\cdot(\boldsymbol{E}\times\boldsymbol{H})=-\boldsymbol{H}\cdot\frac{\partial\boldsymbol{B}}{\partial t}-\boldsymbol{E}\cdot\boldsymbol{J}-\boldsymbol{E}\cdot\frac{\partial\boldsymbol{D}}{\partial t}$$

由于

$$\boldsymbol{H}\cdot\frac{\partial\boldsymbol{B}}{\partial t}=\boldsymbol{H}\cdot\frac{\partial\mu\boldsymbol{H}}{\partial t}=\frac{\partial}{\partial t}\left(\frac{1}{2}\mu\boldsymbol{H}\cdot\boldsymbol{H}\right)=\frac{\partial}{\partial t}\left(\frac{1}{2}\boldsymbol{H}\cdot\boldsymbol{B}\right)=\frac{\partial}{\partial t}\left(\frac{1}{2}\mu H^2\right)$$

和

$$\boldsymbol{E}\cdot\frac{\partial\boldsymbol{D}}{\partial t}=\frac{\partial}{\partial t}\left(\frac{1}{2}\boldsymbol{E}\cdot\boldsymbol{D}\right)=\frac{\partial}{\partial t}\left(\frac{1}{2}\varepsilon E^2\right)$$

得

$$\nabla\cdot(\boldsymbol{E}\times\boldsymbol{H})=-\frac{\partial}{\partial t}\left(\frac{1}{2}\boldsymbol{E}\cdot\boldsymbol{D}+\frac{1}{2}\boldsymbol{H}\cdot\boldsymbol{B}\right)-\boldsymbol{E}\cdot\boldsymbol{J} \tag{5-52}$$

因

$$w_{\mathrm{e}}=\frac{1}{2}\boldsymbol{E}\cdot\boldsymbol{D}=\frac{1}{2}\varepsilon E^2 \tag{5-53}$$

$$w_{\mathrm{m}}=\frac{1}{2}\boldsymbol{H}\cdot\boldsymbol{B}=\frac{1}{2}\mu H^2 \tag{5-54}$$

分别是各向同性的线性媒质中电场和磁场的能量密度。它们之和,即

$$w = w_{e} + w_{m} = \frac{1}{2}(\boldsymbol{E} \cdot \boldsymbol{D} + \boldsymbol{H} \cdot \boldsymbol{B}) = \frac{1}{2}\varepsilon E^{2} + \frac{1}{2}\mu H^{2} \tag{5-55}$$

则是电磁场的能量密度。于是式(5-52)可写为

$$\nabla \cdot (\boldsymbol{E} \times \boldsymbol{H}) + \boldsymbol{E} \cdot \boldsymbol{J} = -\frac{\partial w}{\partial t} \tag{5-56}$$

将上式对电磁场中的任一体积 V 积分,并利用高斯散度定理,可得

$$\oint_{S} (\boldsymbol{E} \times \boldsymbol{H}) \cdot \mathrm{d}\boldsymbol{S} + \int_{V} \boldsymbol{E} \cdot \boldsymbol{J} \,\mathrm{d}V = -\frac{\partial W}{\partial t} \tag{5-57}$$

其中,S 是包围体积 V 的闭合面。而式中的

$$W = \int_{V} w \,\mathrm{d}V = \frac{1}{2}\int_{V} (\boldsymbol{E} \cdot \boldsymbol{D} + \boldsymbol{H} \cdot \boldsymbol{B}) \mathrm{d}V \tag{5-58}$$

是体积 V 内的电磁场能量。

为了探求式(5-57)的物理意义,注意到 $\boldsymbol{E} = \frac{\boldsymbol{J}}{\sigma}$,将该式改写为

$$\oint_{S} (\boldsymbol{E} \times \boldsymbol{H}) \cdot \mathrm{d}\boldsymbol{S} + \int_{V} \frac{J^{2}}{\sigma} \mathrm{d}V = -\frac{\partial W}{\partial t} \tag{5-59}$$

式中,$\int_{V} \frac{J^{2}}{\sigma} \mathrm{d}V$ 是体积 V 内传导电流所引起的损耗功率,即单位时间内的焦耳热损耗。

式(5-59)右端是单位时间内体积 V 中减少的电磁场能量,式(5-59)左端的第二项表示单位时间内热损耗的能量。根据能量守恒定律,单位时间内体积 V 中减少的电磁场能量一部分被热损耗,另一部分能量只能从包围 V 的闭合面 S 流出。因此,式(5-59) 左端第一项 $\oint_{S} (\boldsymbol{E} \times \boldsymbol{H}) \cdot \mathrm{d}\boldsymbol{S}$ 就表示单位时间内从闭合面 S 流出体积 V 的电磁能量,也即流出闭合面 S 的功率。由此可知,当体积 V 内没有外源时,单位时间内体积 V 内减少的电磁能量 $-\frac{\partial W}{\partial t}$ 一部分转变为热的能量损耗,另一部分穿出包围体积 V 的闭合面 S,这就是电磁场的能量守恒定律,也称为坡印亭定理。式(5-57)是它的积分形式,而式(5-56)则是它的微分形式。

如果式(5-57)中的体积 V 包括整个空间,则流出无限远处闭合面的电磁场能量为零,于是有

$$\int_{V} \boldsymbol{E} \cdot \boldsymbol{J} \,\mathrm{d}V = -\frac{\partial W}{\partial t} \tag{5-60}$$

这表明场域 V 内单位时间转变为热的能量损耗等于电磁场总能量的减少。

如果场域 V 内还有外源,即存在局外电场强度 $\boldsymbol{E}_{e}$,则有

$$\oint_{S} (\boldsymbol{E} \times \boldsymbol{H}) \cdot \mathrm{d}\boldsymbol{S} + \int_{V} \frac{J^{2}}{\sigma} \mathrm{d}V = -\frac{\partial W}{\partial t} + \int_{V} \boldsymbol{J} \cdot \boldsymbol{E}_{e} \mathrm{d}V \tag{5-61}$$

式中,$\int_{V} \boldsymbol{J} \cdot \boldsymbol{E}_{e} \mathrm{d}V$ 表示体积 V 内的外源提供的功率。这就是普遍情况下电磁场能量守恒定律即坡印亭定理的积分形式,表示单位时间内穿出闭合面 S 的能量和体积 V 内的焦耳热损耗能量等于 V 内单位时间电磁场能量的减少和外源所做的功。

利用高斯散度定理,可由式(5-61)得到坡印亭定理的微分形式,即

$$\nabla \cdot (\boldsymbol{E} \times \boldsymbol{H}) + \frac{J^{2}}{\sigma} = -\frac{\partial w}{\partial t} + \boldsymbol{J} \cdot \boldsymbol{E}_{e} \tag{5-62}$$

5.5.2　坡印亭矢量——能流密度矢量

既然$\oint_S (\boldsymbol{E}\times\boldsymbol{H})\cdot \mathrm{d}\boldsymbol{S}$是穿出闭合面$S$的功率，则矢量$\boldsymbol{E}\times\boldsymbol{H}$可解释为穿出闭合面$S$且与面垂直的单位面积的电磁功率。因此，定义一个矢量

$$\boldsymbol{S}=\boldsymbol{E}\times\boldsymbol{H} \tag{5-63}$$

称为坡印亭矢量，它是描述空间电磁能量传播规律的一个重要物理量。

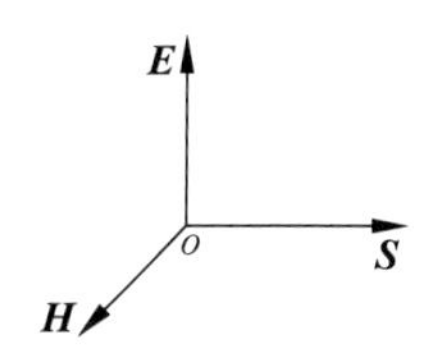

图 5-13　坡印亭矢量与场量的关系

在空间某一点上，$\boldsymbol{S}$的方向是该点能量流动的方向；其数值是通过与能量流动方向垂直的单位面积的功率，故它又称为能流密度或功率流。$\boldsymbol{E}$、$\boldsymbol{H}$和$\boldsymbol{S}$三者之间两两垂直，且符合右手螺旋定则，如图5-13所示。需要指出，坡印亭矢量即电磁场的能流密度矢量$\boldsymbol{S}$既是空间坐标的函数，也是时间的函数，所以它的值表示穿过单位面积的瞬时功率。

如果电磁场域V内无传导电流，则式(5-56)变为

$$\nabla\cdot\boldsymbol{S}=-\frac{\partial w}{\partial t} \tag{5-64}$$

上式与电流连续性方程即电荷守恒定律类似，也称为电磁能流的连续性方程。它表明电磁场能量也像流体一样具有流动的性质，这是由于电磁场内所储藏的电能和磁能本身的运动而产生的。

5.5.3　正弦场的复数坡印亭矢量与复功率

前面已经定义了坡印亭矢量$\boldsymbol{S}$。当电场强度$\boldsymbol{E}$和磁场强度$\boldsymbol{H}$都随时间变化的时候，比如正弦电磁场的情况，坡印亭矢量$\boldsymbol{S}$也是随时间变化的，是瞬时值形式。一般情况下并不关注瞬时值形式，而更关注它在一个周期内的平均值。假设正弦电磁场的瞬时值为

$$\begin{aligned}\boldsymbol{E}&=E_x\boldsymbol{e}_x+E_y\boldsymbol{e}_y+E_z\boldsymbol{e}_z\\&=E_{x\mathrm{m}}\cos(\omega t+\varphi_{\mathrm{e}x})\boldsymbol{e}_x+E_{y\mathrm{m}}\cos(\omega t+\varphi_{\mathrm{e}y})\boldsymbol{e}_y+E_{z\mathrm{m}}\cos(\omega t+\varphi_{\mathrm{e}z})\boldsymbol{e}_z\end{aligned} \tag{5-65}$$

$$\begin{aligned}\boldsymbol{H}&=H_x\boldsymbol{e}_x+H_y\boldsymbol{e}_y+H_z\boldsymbol{e}_z\\&=H_{x\mathrm{m}}\cos(\omega t+\varphi_{\mathrm{h}x})\boldsymbol{e}_x+H_{y\mathrm{m}}\cos(\omega t+\varphi_{\mathrm{h}y})\boldsymbol{e}_y+H_{z\mathrm{m}}\cos(\omega t+\varphi_{\mathrm{h}z})\boldsymbol{e}_z\end{aligned} \tag{5-66}$$

它们的复矢量形式为

$$\dot{\boldsymbol{E}}_{\mathrm{m}}=E_{x\mathrm{m}}\mathrm{e}^{\mathrm{j}\varphi_{\mathrm{e}x}}\boldsymbol{e}_x+E_{y\mathrm{m}}\mathrm{e}^{\mathrm{j}\varphi_{\mathrm{e}y}}\boldsymbol{e}_y+E_{z\mathrm{m}}\mathrm{e}^{\mathrm{j}\varphi_{\mathrm{e}z}}\boldsymbol{e}_z \tag{5-67}$$

$$\dot{\boldsymbol{H}}_{\mathrm{m}}=H_{x\mathrm{m}}\mathrm{e}^{\mathrm{j}\varphi_{\mathrm{h}x}}\boldsymbol{e}_x+H_{y\mathrm{m}}\mathrm{e}^{\mathrm{j}\varphi_{\mathrm{h}y}}\boldsymbol{e}_y+H_{z\mathrm{m}}\mathrm{e}^{\mathrm{j}\varphi_{\mathrm{h}z}}\boldsymbol{e}_z \tag{5-68}$$

则按照坡印亭矢量的定义，有

$$\begin{aligned}\boldsymbol{S}&=\boldsymbol{E}\times\boldsymbol{H}\\&=E_{x\mathrm{m}}H_{y\mathrm{m}}\cos(\omega t+\varphi_{\mathrm{e}x})\cos(\omega t+\varphi_{\mathrm{h}y})\boldsymbol{e}_z-E_{x\mathrm{m}}H_{z\mathrm{m}}\cos(\omega t+\varphi_{\mathrm{e}x})\cos(\omega t+\varphi_{\mathrm{h}z})\boldsymbol{e}_y-\\&\quad E_{y\mathrm{m}}H_{x\mathrm{m}}\cos(\omega t+\varphi_{\mathrm{e}y})\cos(\omega t+\varphi_{\mathrm{h}x})\boldsymbol{e}_z+E_{y\mathrm{m}}H_{z\mathrm{m}}\cos(\omega t+\varphi_{\mathrm{e}y})\cos(\omega t+\varphi_{\mathrm{h}z})\boldsymbol{e}_x+\\&\quad E_{z\mathrm{m}}H_{x\mathrm{m}}\cos(\omega t+\varphi_{\mathrm{e}z})\cos(\omega t+\varphi_{\mathrm{h}x})\boldsymbol{e}_y-E_{z\mathrm{m}}H_{y\mathrm{m}}\cos(\omega t+\varphi_{\mathrm{e}z})\cos(\omega t+\varphi_{\mathrm{h}y})\boldsymbol{e}_x\end{aligned} \tag{5-69}$$

可以看出，坡印亭矢量的六项形式相似，因此，仅考虑第一项的平均值，然后写出全部结果。

显然可知：

$$\frac{1}{T}\int_0^T E_{xm}H_{ym}\cos(\omega t+\varphi_{ex})\cos(\omega t+\varphi_{hy})\mathrm{d}t=\frac{1}{2}E_{xm}H_{ym}\cos(\varphi_{ex}-\varphi_{hy})$$

其中，$T=\dfrac{2\pi}{\omega}$。于是坡印亭矢量在一个周期的平均值 $\bar{\boldsymbol{S}}$ 可以表示为

$$\begin{aligned}\bar{\boldsymbol{S}}=\frac{1}{2}[&E_{xm}H_{ym}\cos(\varphi_{ex}-\varphi_{hy})\boldsymbol{e}_z-E_{xm}H_{zm}\cos(\varphi_{ex}-\varphi_{hz})\boldsymbol{e}_y-\\&E_{ym}H_{xm}\cos(\varphi_{ey}-\varphi_{hx})\boldsymbol{e}_z+E_{ym}H_{zm}\cos(\varphi_{ey}-\varphi_{hz})\boldsymbol{e}_x+\\&E_{zm}H_{xm}\cos(\varphi_{ez}-\varphi_{hx})\boldsymbol{e}_y-E_{zm}H_{ym}\cos(\varphi_{ez}-\varphi_{hy})\boldsymbol{e}_x]\end{aligned} \tag{5-70}$$

这就是坡印亭矢量的平均值形式。

对正弦电磁场而言，多数情况下场量都采用复矢量形式，因此直接用复矢量形式计算得到平均坡印亭矢量更具有实际意义。

根据叉乘的定义、复矢量的表示方法，不难看出：

$$\bar{\boldsymbol{S}}=\mathrm{Re}\boldsymbol{S}_{\mathrm{c}}=\frac{1}{2}\mathrm{Re}\boldsymbol{E}_{\mathrm{m}}\times\boldsymbol{H}_{\mathrm{m}}^{*}=\mathrm{Re}\boldsymbol{E}_{\mathrm{e}}\times\boldsymbol{H}_{\mathrm{e}}^{*}$$

其中，

$$\boldsymbol{S}_{\mathrm{c}}=\frac{1}{2}\boldsymbol{E}_{\mathrm{m}}\times\boldsymbol{H}_{\mathrm{m}}^{*}=\boldsymbol{E}_{\mathrm{e}}\times\boldsymbol{H}_{\mathrm{e}}^{*} \tag{5-71}$$

称为复数形式的坡印亭矢量。使用中应该特别注意最大值和有效值的不同。

学过电路分析的同学对上述过程都不应该陌生，正弦稳态电路中的功率计算与上述过程有异曲同工之妙。表 5-1 为其与电磁场的对比。

事实上，如果对于复数形式的坡印亭矢量在空间任意一个闭合曲面上做积分，并考虑麦克斯韦方程组，则有

$$-\oint_S\boldsymbol{S}_{\mathrm{c}}\cdot\mathrm{d}\boldsymbol{S}=-\oint_S(\boldsymbol{E}_{\mathrm{e}}\times\boldsymbol{H}_{\mathrm{e}}^{*})\cdot\mathrm{d}\boldsymbol{S}=\int_V\sigma E_{\mathrm{e}}^2\mathrm{d}V+\mathrm{j}\omega\int_V(\mu H_{\mathrm{e}}^2-\varepsilon E_{\mathrm{e}}^2)\mathrm{d}V=P+\mathrm{j}Q$$

$$P=-\mathrm{Re}\oint_S\boldsymbol{S}_{\mathrm{c}}\cdot\mathrm{d}\boldsymbol{S} \tag{5-72}$$

和

$$Q=-\mathrm{Im}\oint_S\boldsymbol{S}_{\mathrm{c}}\cdot\mathrm{d}\boldsymbol{S} \tag{5-73}$$

式(5-72)中的有功功率 P 表示电磁场传播功率的时间平均值即平均功率，无功功率 Q 只是电能和磁能相互转换的一种量度。它们和穿入闭合面 S 内的复数功率组成一个功率三角形，如图 5-14 所示。这时可以看到，电磁场理论与电路理论的对照，是何其相似啊！

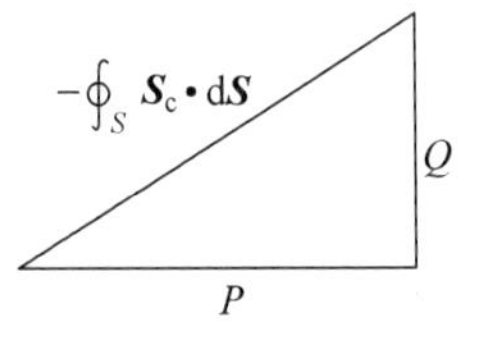

图 5-14 功率三角形

表 5-1 电路与电磁场中参量对照表

电路		电磁场	
物理量	正弦电路	物理量	正弦电磁场
电压 $u(t)$	$U_{\mathrm{m}}\cos(\omega t+\varphi_u)$	电场强度 $\boldsymbol{E}$	式(5-65)
电流 $i(t)$	$I_{\mathrm{m}}\cos(\omega t+\varphi_i)$	磁场强度 $\boldsymbol{H}$	式(5-66)
电压相量 $\dot{U}_{\mathrm{m}}$，$\dot{U}_{\mathrm{e}}$	$U_{\mathrm{m}}\mathrm{e}^{\mathrm{j}\varphi_u}$，$U_{\mathrm{e}}\mathrm{e}^{\mathrm{j}\varphi_u}$	电场强度复矢量	$\dot{\boldsymbol{E}}_{\mathrm{m}}$，$\dot{\boldsymbol{E}}_{\mathrm{e}}$，式(5-67)

续表

电　路		电　磁　场	
物　理　量	正 弦 电 路	物　理　量	正弦电磁场
电流相量 $\dot{I}_m,\dot{I}_e$	$I_m e^{j\varphi_i}, I_e e^{j\varphi_i}$	磁场强度复矢量	$\dot{\boldsymbol{H}}_m,\dot{\boldsymbol{H}}_e$,式(5-68)
瞬时功率 $p(t)$	$u(t)\cdot i(t)$	瞬时坡印亭矢量	$\boldsymbol{S}=\boldsymbol{E}\times\boldsymbol{H}$,式(5-69)
平均功率 P	$\frac{1}{2}U_m I_m\cos(\varphi_u-\varphi_i)$ $U_e I_e\cos(\varphi_u-\varphi_i)$	平均坡印亭矢量 $\bar{\boldsymbol{S}}$	式(5-70)
相量计算平均功率 P	$\frac{1}{2}\mathrm{Re}\ \dot{U}_m\cdot\dot{I}_m^*,\mathrm{Re}\ \dot{U}_e\cdot\dot{I}_e^*$	复矢量计算平均坡印亭矢量 $\bar{\boldsymbol{S}}$	$\frac{1}{2}\mathrm{Re}\ \dot{\boldsymbol{E}}_m\times\dot{\boldsymbol{H}}_m^*=\mathrm{Re}\ \dot{\boldsymbol{E}}_e\times\dot{\boldsymbol{H}}_e^*$
有功功率 P	$\frac{1}{2}\mathrm{Re}\ \dot{U}_m\cdot\dot{I}_m^*,\mathrm{Re}\ \dot{U}_e\cdot\dot{I}_e^*$	平均坡印亭矢量 $\bar{\boldsymbol{S}}$	$\frac{1}{2}\mathrm{Re}\ \dot{\boldsymbol{E}}_m\times\dot{\boldsymbol{H}}_m^*=\mathrm{Re}\ \dot{\boldsymbol{E}}_e\times\dot{\boldsymbol{H}}_e^*$
无功功率 Q	$\frac{1}{2}\mathrm{Im}\dot{U}_m\cdot\dot{I}_m^*,\mathrm{Im}\dot{U}_e\cdot\dot{I}_e^*$	复数坡印亭矢量的虚部 Q	$\frac{1}{2}\mathrm{Im}\ \dot{\boldsymbol{E}}_m\times\dot{\boldsymbol{H}}_m^*=\mathrm{Im}\ \dot{\boldsymbol{E}}_e\times\dot{\boldsymbol{H}}_e^*$
复数功率 S	$\frac{1}{2}\dot{U}_m\cdot\dot{I}_m^*,\dot{U}_e\cdot\dot{I}_e^*$	复数坡印亭矢量 $\boldsymbol{S}_c$	$\frac{1}{2}\dot{\boldsymbol{E}}_m\times\dot{\boldsymbol{H}}_m^*=\dot{\boldsymbol{E}}_e\times\dot{\boldsymbol{H}}_e^*$

例 5.6　已知无源的自由空间中,时变电磁场的电场强度复矢量为

$$\boldsymbol{E}(z)=E_0\mathrm{e}^{-\mathrm{j}kz}\boldsymbol{e}_x\ (\mathrm{V/m})$$

式中,k、E_0 为常数,求:

(1) 磁场强度复矢量;

(2) 坡印亭矢量的瞬时值;

(3) 平均坡印亭矢量。

解　(1) 由麦克斯韦第二方程有

$$\nabla\times\boldsymbol{E}=\begin{vmatrix}\boldsymbol{e}_x & \boldsymbol{e}_y & \boldsymbol{e}_z\\ \dfrac{\partial}{\partial x} & \dfrac{\partial}{\partial y} & \dfrac{\partial}{\partial z}\\ E_x & 0 & 0\end{vmatrix}=\frac{\partial E_x}{\partial z}\boldsymbol{e}_y=-\mathrm{j}kE_0\mathrm{e}^{-\mathrm{j}kz}\boldsymbol{e}_y=-\mathrm{j}\omega\mu_0\boldsymbol{H}$$

从而得到

$$\boldsymbol{H}=\frac{k}{\omega\mu_0}E_0\mathrm{e}^{-\mathrm{j}kz}\boldsymbol{e}_y$$

(2) 电场和磁场的瞬时值分别为

$$\boldsymbol{E}(z,t)=E_0\cos(\omega t-kz)\boldsymbol{e}_x$$

$$\boldsymbol{H}(z,t)=\frac{kE_0}{\omega\mu_0}\cos(\omega t-kz)\boldsymbol{e}_y$$

因此,坡印亭矢量的瞬时值为

$$\boldsymbol{S}(z,t)=\boldsymbol{E}(z,t)\times\boldsymbol{H}(z,t)=\frac{kE_0^2}{\omega\mu_0}\cos^2(\omega t-kz)\boldsymbol{e}_z$$

(3) 平均坡印亭矢量

$$\bar{\boldsymbol{S}}=\frac{1}{2}\mathrm{Re}\left[\boldsymbol{E}(z)\times\boldsymbol{H}^*(z)\right]=\frac{1}{2}\mathrm{Re}\left[E_0\mathrm{e}^{-\mathrm{j}kz}\boldsymbol{e}_x\times\frac{kE_0}{\omega\mu_0}\mathrm{e}^{\mathrm{j}kz}\boldsymbol{e}_y\right]=\frac{kE_0^2}{2\omega\mu_0}\boldsymbol{e}_z$$

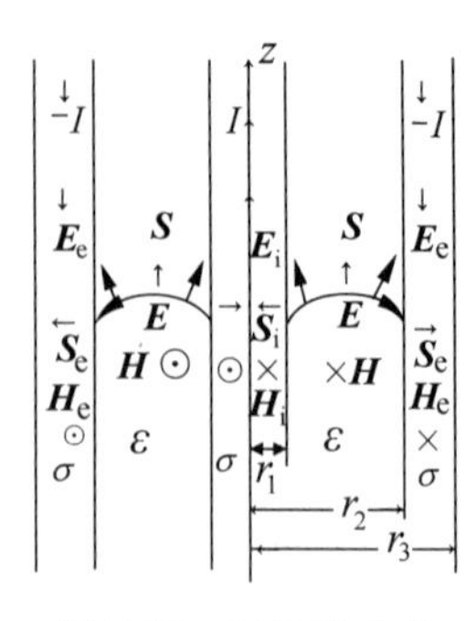

图 5-15 同轴线中的能量传输

例 5.7 同轴线内导体的半径为 r_1，外导体的内外半径分别为 r_2 和 r_3，内外导体的电导率为 σ，其中载有等值而异号的电流 I，两导体间的电压为 U，内外导体间填充介电常数为 ε 的介质。试求同轴线传输的功率及导体中的损耗功率。

动画视频

解 取同轴线的轴线与圆柱坐标系内的 z 轴重合，并使内导体中的电流沿 z 方向为正，外导体中的电流则为 $-I$，如图 5-15 所示。

当 $r \leqslant r_1$(内导体内)时，电场强度、磁场强度及坡印亭矢量分别为

$$\boldsymbol{E}_{\mathrm{i}}=\frac{\boldsymbol{J}}{\sigma}=\frac{I}{\pi r_1^2 \sigma} \boldsymbol{e}_z$$

$$\boldsymbol{H}_{\mathrm{i}}=\frac{1}{2 \pi r} \frac{I}{\pi r_1^2} \cdot \pi r^2 \boldsymbol{e}_{\varphi}=\frac{I r}{2 \pi r_1^2} \boldsymbol{e}_{\varphi}$$

$$\boldsymbol{S}_{\mathrm{i}}=\boldsymbol{E}_{\mathrm{i}} \times \boldsymbol{H}_{\mathrm{i}}=-\frac{I^2 r}{2 \pi^2 r_1^4 \sigma} \boldsymbol{e}_r$$

当 $r=0$ 时，$\boldsymbol{S}_{\mathrm{i}}=0$，可见在内导体中$\boldsymbol{S}_{\mathrm{i}}$ 沿$-\boldsymbol{e}_r$ 方向逐渐减少至零。

当 $r_2 \leqslant r \leqslant r_3$(外导体内)时，有

$$\boldsymbol{E}_{\mathrm{e}}=\frac{\boldsymbol{J}}{\sigma}=-\frac{I}{\pi\left(r_3^2-r_2^2\right) \sigma} \boldsymbol{e}_z$$

$$\boldsymbol{H}_{\mathrm{e}}=\frac{1}{2 \pi r}\left[I-\frac{I \pi\left(r^2-r_2^2\right)}{\pi\left(r_3^2-r_2^2\right)}\right] \boldsymbol{e}_{\varphi}=\frac{I\left(r_3^2-r^2\right)}{2 \pi r\left(r_3^2-r_2^2\right)} \boldsymbol{e}_{\varphi}$$

$$\boldsymbol{S}_{\mathrm{e}}=\boldsymbol{E}_{\mathrm{e}} \times \boldsymbol{H}_{\mathrm{e}}=\frac{I^2\left(r_3^2-r^2\right)}{2 \pi^2 r\left(r_3^2-r_2^2\right)^2 \sigma} \boldsymbol{e}_r$$

当 $r=r_3$ 时，$\boldsymbol{S}_{\mathrm{e}}=0$，可见在外导体中$\boldsymbol{S}_{\mathrm{e}}$ 沿$\boldsymbol{e}_r$ 方向逐渐减少至零。

当 $r_1 \leqslant r \leqslant r_2$(介质内)时，设单位长内导体的带电量为 Q_0，则介质中的电场强度既有法向分量 E_r，又有切向分量 E_z。这样，坡印亭矢量 $\boldsymbol{S}$ 也对应两个分量。于是有 $E_r=\dfrac{Q_0}{2 \pi \varepsilon r}$，则

$$U=\int_{r_1}^{r_2} E_r \mathrm{d} r=\frac{Q_0}{2 \pi \varepsilon} \int_{r_1}^{r_2} \frac{\mathrm{d} r}{r}=\frac{Q_0}{2 \pi \varepsilon} \ln \frac{r_2}{r_1}$$

故 $Q_0=\dfrac{2 \pi \varepsilon U}{\ln \dfrac{r_2}{r_1}}$，因此

$$E_r=\frac{U}{r \ln \dfrac{r_2}{r_1}}$$

$$\boldsymbol{H}=\frac{I}{2 \pi r} \boldsymbol{e}_{\varphi}, \quad H_{\varphi}=\frac{I}{2 \pi r}$$

$$S_z=E_r H_{\varphi}=\frac{U I}{2 \pi r^2 \ln \dfrac{r_2}{r_1}}$$

上面的 S_z 是介质中传输能量的分量，将它对内外导体间圆环状的介质截面积分，考虑到其面元矢量为 $\mathrm{d}\boldsymbol{S}=\boldsymbol{e}_z\mathrm{d}S$，则得到同轴线传输的功率，即

$$P=\int_S S_z\boldsymbol{e}_z\cdot\mathrm{d}\boldsymbol{S}=\int_{r_1}^{r_2}S_z\cdot 2\pi r\,\mathrm{d}r=\frac{UI}{\ln\frac{r_2}{r_1}}\int_{r_1}^{r_2}\frac{\mathrm{d}r}{r}=UI$$

这个结果和通常电路中传输功率的表示式相同。但是，电磁能量并不是通过导线传输的，而是在内外导体之间的介质中沿着传输线的方向由电源端向负载端传输，导线只是起着引导能量传输的作用。

由边界条件可以求得介质中内导体外表面附近电场强度的切向分量与坡印亭矢量的法向分量分别为

$$E_z\big|_{r=r_1}=E_\mathrm{i}=\frac{I}{\pi r_1^2\sigma}$$

和

$$S_r\big|_{r=r_1}=-E_zH_\varphi\big|_{r=r_1}=-\frac{I^2}{2\pi^2r_1^3\sigma}=S_\mathrm{i}\big|_{r=r_1}$$

因此，长为 l 的内导体所消耗的功率为

$$P_\mathrm{i}=-\int_{S_\mathrm{i}}S_r\boldsymbol{e}_r\cdot\mathrm{d}\boldsymbol{S}_\mathrm{i}=\frac{I^2}{2\pi^2r_1^3\sigma}\cdot 2\pi r_1 l=I^2\frac{l}{\sigma\pi r_1^2}=I^2R_\mathrm{i}$$

其中，$R_\mathrm{i}=\dfrac{l}{\sigma\pi r_1^2}$是长为 l 的内导体的电阻。由此可见，内导体中转变为焦耳热的功率是介质中的能流密度的分量通过内导体表面流入的。

在外导体的内表面附近，同理有

$$E_z\big|_{r=r_2}=E_\mathrm{e}=-\frac{I}{\pi(r_3^2-r_2^2)\sigma}$$

和

$$S_r\big|_{r=r_2}=-E_zH_\varphi\big|_{r=r_2}=\frac{I^2}{2\pi^2r_2(r_3^2-r_2^2)\sigma}=S_\mathrm{e}\big|_{r=r_2}$$

注意到外导体内表面上的面元矢量为 $\mathrm{d}\boldsymbol{S}_2=\boldsymbol{e}_r\mathrm{d}S_2$，则长为 l 的外导体所消耗的功率为

$$P_\mathrm{e}=\int_{S_\mathrm{e}}S_r\boldsymbol{e}_r\cdot\mathrm{d}\boldsymbol{S}_2=\frac{I^2}{2\pi^2r_2(r_3^3-r_2^2)\sigma}\cdot 2\pi r_2 l=I^2\frac{l}{\sigma\pi(r_3^2-r_2^2)}=I^2R_\mathrm{e}$$

其中，$R_\mathrm{e}=\dfrac{l}{\sigma\pi(r_3^2-r_2^2)}$是长为 l 的外导体的电阻。同样地，外导体内转变为焦耳热的损耗功率则是介质中的功率流通过外导体的内表面流入的。

5.6 电磁场的矢量势和标量势

5.6.1 电磁场的矢量势和标量势介绍

在有源的情况下，例如研究天线辐射、波导或谐振腔的耦合等问题时，应用麦克斯韦方程组直接求解电磁场是很困难的。因此，与静态场相同，在时变电磁场的求解中也引入势函数间接求解。

在有源空间,电磁场的麦克斯韦方程组为

$$\begin{cases}\nabla\times\boldsymbol{H}=\boldsymbol{J}+\dfrac{\partial\boldsymbol{D}}{\partial t}\\\nabla\times\boldsymbol{E}=-\dfrac{\partial\boldsymbol{B}}{\partial t}\\\nabla\cdot\boldsymbol{B}=0\\\nabla\cdot\boldsymbol{D}=\rho\end{cases}\tag{5-74}$$

类似稳恒磁场,由$\nabla\cdot\boldsymbol{B}=0$,引入电磁场的矢量势即动态矢量势$\boldsymbol{A}$,满足

$$\boldsymbol{B}=\nabla\times\boldsymbol{A}\tag{5-75}$$

或

$$\boldsymbol{H}=\frac{1}{\mu}\nabla\times\boldsymbol{A}\tag{5-76}$$

将式(5-75)代入式(5-74)中的第二方程,得

$$\nabla\times\boldsymbol{E}=-\frac{\partial}{\partial t}\nabla\times\boldsymbol{A}=\nabla\times\left(-\frac{\partial\boldsymbol{A}}{\partial t}\right)$$

即

$$\nabla\times\left(\boldsymbol{E}+\frac{\partial\boldsymbol{A}}{\partial t}\right)=0\tag{5-77}$$

上式括号中的矢量是无旋的,与静电场中电势的引入类似,这里引入动态标量势ϕ,令

$$\boldsymbol{E}+\frac{\partial\boldsymbol{A}}{\partial t}=-\nabla\phi$$

即

$$\boldsymbol{E}=-\nabla\phi-\frac{\partial\boldsymbol{A}}{\partial t}\tag{5-78}$$

式中,ϕ 和 $\boldsymbol{A}$ 分别为时变电磁场的标量势和矢量势。它们均是空间坐标和时间的函数,都是人为引入的辅助函数。如果已知两个辅助函数 ϕ 和 $\boldsymbol{A}$ 的值,则可以代入式(5-76)和式(5-78)求得 $\boldsymbol{E}$ 和 $\boldsymbol{H}$。第 5.6.2 节将由麦克斯韦组的另外两个方程得到两个势函数 ϕ 和 $\boldsymbol{A}$ 满足的方程,即达朗贝尔方程。

5.6.2 洛伦兹条件与动态势的波动方程——达朗贝尔方程

为了求得势函数 ϕ 和 $\boldsymbol{A}$ 与场源之间的关系,将式(5-76)代入式(5-74)中的第一方程,并利用矢量微分恒等式,得

$$\nabla\times\boldsymbol{H}=\frac{1}{\mu}\nabla\times\nabla\times\boldsymbol{A}=\frac{1}{\mu}(\nabla(\nabla\cdot\boldsymbol{A})-\nabla^2\boldsymbol{A})=\boldsymbol{J}+\frac{\partial\boldsymbol{D}}{\partial t}$$

将式(5-78)代入上式,有

$$\nabla(\nabla\cdot\boldsymbol{A})-\nabla^2\boldsymbol{A}=\mu\boldsymbol{J}-\nabla\left(\varepsilon\mu\frac{\partial\phi}{\partial t}\right)-\varepsilon\mu\frac{\partial^2\boldsymbol{A}}{\partial t^2}$$

即

$$\nabla^2\boldsymbol{A}-\nabla\left(\nabla\cdot\boldsymbol{A}+\varepsilon\mu\frac{\partial\phi}{\partial t}\right)-\varepsilon\mu\frac{\partial^2\boldsymbol{A}}{\partial t^2}=-\mu\boldsymbol{J}\tag{5-79}$$

同理，再将式(5-78)代入式(5-74)中的第四方程，得

$$\nabla\cdot \boldsymbol{D}=-\varepsilon\ \nabla\cdot\left(\nabla\phi+\frac{\partial \boldsymbol{A}}{\partial t}\right)=\rho$$

即

$$\nabla^2\phi+\frac{\partial}{\partial t}\nabla\cdot \boldsymbol{A}=-\frac{\rho}{\varepsilon} \tag{5-80}$$

于是便得到了两个势函数满足的方程式(5-79)和式(5-80)，但是这两个方程都包含有 ϕ 和 $\boldsymbol{A}$，是联立方程。

观察 $\boldsymbol{A}$ 和 ϕ 的引入可知二者都不是唯一的，它们的取值具有一定的任意性。若 ϕ 和 $\boldsymbol{A}$ 是一组满足方程式(5-79)及式(5-80)的动态势函数，则由下式确定的另一组动态势函数 ϕ' 和 $\boldsymbol{A}'$，即

$$\phi'=\phi-\frac{\partial f}{\partial t}$$

$$\boldsymbol{A}'=\boldsymbol{A}+\nabla f$$

它们也是原方程的解，且对应同一电磁场，其中 f 为任一标量函数。显而易见，只有同时已知某矢量的旋度和散度，才能唯一地确定该矢量。而数学上，可以任意地规定其散度值，从而得到一组确定的 $\boldsymbol{A}$ 和 ϕ。

顺着这个思路，可以适当地选择 $\nabla\cdot\boldsymbol{A}$ 的值，使得势函数的两个方程进一步简化，若假定

$$\nabla\cdot \boldsymbol{A}+\varepsilon\mu\frac{\partial\phi}{\partial t}=0 \tag{5-81}$$

则式(5-79)与式(5-80)可分别简化为

$$\begin{cases}\nabla^2\boldsymbol{A}-\varepsilon\mu\dfrac{\partial^2\boldsymbol{A}}{\partial t^2}=-\mu\boldsymbol{J}\\[2ex]\nabla^2\phi-\varepsilon\mu\dfrac{\partial^2\phi}{\partial t^2}=-\dfrac{\rho}{\varepsilon}\end{cases} \tag{5-82}$$

这是动态势函数的波动方程，称为达朗贝尔方程。由此，$\boldsymbol{A}$ 与 ϕ 分别满足不同的微分方程，且方程的形式也很对称。两个动态势函数与场源的关系变得简单，$\boldsymbol{A}$ 只依赖于自由电流密度 $\boldsymbol{J}$，而 ϕ 只依赖于自由电荷密度 ρ。式(5-81)称为洛伦兹条件即洛伦兹规范条件。方程中 $\boldsymbol{J}$ 和 ρ 由电荷守恒定律 $\nabla\cdot\boldsymbol{J}=-\frac{\partial\rho}{\partial t}$ 联系着，给定了 $\boldsymbol{J}$ 也就给定了 ρ。

上面利用麦克斯韦第二方程、第三方程求得了电磁场的标量势 ϕ 和矢量势 $\boldsymbol{A}$，又用第一方程、第四方程和洛伦兹条件导出了动态势函数的达朗贝尔方程。因此，达朗贝尔方程和洛伦兹条件则是用动态势函数表述的电磁场基本方程。给定场源 $\boldsymbol{J}$ 和 ρ，求解动态势函数的达朗贝尔方程，便可得到 $\boldsymbol{A}$ 和 ϕ 的解，再代入式(5-76) 和式(5-78)就可得到 $\boldsymbol{H}$ 和 $\boldsymbol{E}$。实际上，可以只求 $\boldsymbol{A}$ 的解，再由洛伦兹条件根据 $\boldsymbol{A}$ 求得 ϕ。这样，只要给定电流分布 $\boldsymbol{J}$，就可以得到电磁场的解，此求解过程为

$$\boldsymbol{J} \overset{\nabla^2 \boldsymbol{A} - \varepsilon\mu \frac{\partial^2 \boldsymbol{A}}{\partial t^2} = -\mu \boldsymbol{J}}{\Rightarrow} \boldsymbol{A} \begin{cases} \to \boldsymbol{B} \to \boldsymbol{H} \\ \nabla \cdot \boldsymbol{A} + \varepsilon\mu \dfrac{\partial \phi}{\partial t} = 0 \\ \to \quad \phi \to \boldsymbol{E} \end{cases}$$

在无源空间，$\boldsymbol{J}=0$，$\rho=0$，动态势函数的波动方程变为齐次微分方程即

$$\begin{cases} \nabla^2 \boldsymbol{A} - \varepsilon\mu \dfrac{\partial^2 \boldsymbol{A}}{\partial t^2} = 0 \\ \nabla^2 \phi - \varepsilon\mu \dfrac{\partial^2 \phi}{\partial t^2} = 0 \end{cases} \tag{5-83}$$

在静态场的情形下，动态势函数的达朗贝尔方程退化为势函数的泊松方程$\nabla^2 \boldsymbol{A} = -\mu \boldsymbol{J}$和$\nabla^2 \phi = -\dfrac{\rho}{\varepsilon}$。在静态场中，由于$\boldsymbol{J}$和$\rho$之间没有联系，故$\boldsymbol{A}$与$\phi$彼此独立，$\boldsymbol{B}=\nabla\times\boldsymbol{A}$和$\boldsymbol{E}=-\nabla\phi$分别由$\boldsymbol{A}$和$\phi$单独确定。在无源空间，式(5-83)则退化为拉普拉斯方程$\nabla^2 \boldsymbol{A}=0$与$\nabla^2 \phi=0$。

对于正弦电磁场，动态势函数的达朗贝尔方程(5-82)可表示为

$$\begin{cases} \nabla^2 \boldsymbol{A} + k^2 \boldsymbol{A} = -\mu \boldsymbol{J} \\ \nabla^2 \phi + k^2 \phi = -\dfrac{\rho}{\varepsilon} \end{cases} \tag{5-84}$$

式中，$k=\omega\sqrt{\varepsilon\mu}$，称为波数。洛伦兹条件式(5-81)则变为

$$\nabla \cdot \boldsymbol{A} + \mathrm{j}\omega\varepsilon\mu\phi = 0 \tag{5-85}$$

电场强度和磁场强度的表达式为

$$\begin{cases} \boldsymbol{E} = -\nabla\phi - \mathrm{j}\omega \boldsymbol{A} \\ \boldsymbol{H} = \dfrac{1}{\mu} \nabla \times \boldsymbol{A} \end{cases} \tag{5-86}$$

无源空间中正弦电磁场的势函数所满足的方程为

$$\begin{cases} \nabla^2 \boldsymbol{A} + k^2 \boldsymbol{A} = 0 \\ \nabla^2 \phi + k^2 \phi = 0 \end{cases} \tag{5-87}$$

但在这种情况下不采用势函数求解电磁场，因为这时$\boldsymbol{E}$和$\boldsymbol{H}$也满足相同形式的方程，该方程称为亥姆霍兹方程，将在第6章进行讨论。

5.7 推迟势和似稳电磁场

5.7.1 达朗贝尔方程的解——推迟势

本小节主要求动态势函数达朗贝尔方程的解。因为两个方程具有相同的形式，只求出一个方程的解就可以类比出另外一个方程的解。另外，因为达朗贝尔方程是线性的，场的叠加原理可以应用到方程的求解中，即先考虑某一体积元内变化电荷所产生的动态标量势，然后对所有场源区域积分，就得到总的动态标量势。

下面先求坐标原点处变化的点电荷 $Q(t)$ 所产生的动态标量势 ϕ，其电荷密度为 $\rho(\boldsymbol{r},t)=Q(t)\delta(\boldsymbol{r})$，于是动态标量势 ϕ 所满足的达朗贝尔方程可表示为

$$\nabla^2\phi-\varepsilon\mu\frac{\partial^2\phi}{\partial t^2}=-\frac{Q(t)}{\varepsilon}\delta(\boldsymbol{r})\tag{5-88}$$

在球坐标系中求解，由于点电荷的动态标量势函数具有球对称性，ϕ 与极角 θ 和方位角 φ 无关，仅为坐标变量 r 和时间 t 的函数。因此，式(5-88)可写为

$$\frac{1}{r^2}\frac{\partial}{\partial r}\left(r^2\frac{\partial\phi}{\partial r}\right)-\varepsilon\mu\frac{\partial^2\phi}{\partial t^2}=-\frac{Q(t)}{\varepsilon}\delta(\boldsymbol{r})\tag{5-89}$$

除原点外，即 $r\neq0$ 处，动态标量势 ϕ 满足齐次波动方程，即

$$\frac{1}{r^2}\frac{\partial}{\partial r}\left(r^2\frac{\partial\phi}{\partial r}\right)-\varepsilon\mu\frac{\partial^2\phi}{\partial t^2}=0\tag{5-90}$$

由于

$$\frac{1}{r^2}\frac{\partial}{\partial r}\left(r^2\frac{\partial\phi}{\partial r}\right)=\frac{1}{r}\left(2\frac{\partial\phi}{\partial r}+r\frac{\partial^2\phi}{\partial r^2}\right)=\frac{1}{r}\frac{\partial}{\partial r}\left(\phi+r\frac{\partial\phi}{\partial r}\right)=\frac{1}{r}\frac{\partial^2(r\phi)}{\partial r^2}$$

故式(5-90)又可以写为

$$\frac{1}{r}\frac{\partial^2(r\phi)}{\partial r^2}=\varepsilon\mu\frac{\partial^2\phi}{\partial t^2}$$

或

$$\frac{\partial^2(r\phi)}{\partial r^2}=\frac{1}{v^2}\frac{\partial^2(r\phi)}{\partial t^2}\tag{5-91}$$

其中，

$$v=\frac{1}{\sqrt{\varepsilon\mu}}\tag{5-92}$$

是电磁波在介质中的传播速度，称为波速。式(5-91)是关于 $r\phi$ 的一维波动方程，其解为

$$r\phi=F_1(r-vt)+F_2(r+vt)$$

即

$$\phi(\boldsymbol{r},t)=\frac{F_1(r-vt)}{r}+\frac{F_2(r+vt)}{r}\tag{5-93}$$

式中，$F_1(r-vt)$是以速度 v 沿 $+r$ 方向离开波源的球面波，而 $F_2(r+vt)$则是以速度 v 沿 $-r$ 方向朝着波源会聚的球面波。

对于电磁辐射问题，电磁波由变化的电荷和电流激发在无界媒质中传播，只需考虑沿 $+r$ 方向行进的球面波。将 $F_1(r-vt)$的自变量改为$\left(t-\dfrac{r}{v}\right)=t'$，则

$$\phi(\boldsymbol{r},t)=\frac{f_1\left(t-\dfrac{r}{v}\right)}{r}=\frac{f_1(t')}{r}\tag{5-94}$$

式中，$f_1\left(t-\dfrac{r}{v}\right)$是 r、t 的函数，具体形式由场源激发时的条件决定。

考虑在静电场中，位于原点的电荷 Q 产生的静电势满足泊松方程 $\nabla^2\phi=-\dfrac{Q}{\varepsilon}\delta(\boldsymbol{r})$ 的解为 $\phi(\boldsymbol{r})=\dfrac{Q}{4\pi\varepsilon r}$。推广到时变场，可以证明式(5-88)的解为

$$\phi(\boldsymbol{r},t)=\frac{Q(t')}{4\pi\varepsilon r}=\frac{Q\left(t-\dfrac{r}{v}\right)}{4\pi\varepsilon r} \tag{5-95}$$

对于有限区域 V' 内以电荷密度 $\rho(x',y',z',t)$ 连续分布的变化电荷，在点 (x',y',z') 处取电荷元 $\mathrm{d}Q=\rho\mathrm{d}V'$，设它到场点 $P(x,y,z)$ 的距离为 R，则电荷元在 P 点所激发的动态标量势可写为

$$\mathrm{d}\phi=\frac{\rho\left(x',y',z',t-\dfrac{R}{v}\right)\mathrm{d}V'}{4\pi\varepsilon R}$$

根据场的叠加原理，V' 内所有电荷在场点 $P(x,y,z)$ 所激发的总动态标量势为

$$\phi(x,y,z,t)=\frac{1}{4\pi\varepsilon}\int_{V'}\frac{\rho\left(x',y',z',t-\dfrac{R}{v}\right)}{R}\mathrm{d}V' \tag{5-96}$$

同理，在有限区域 V' 内连续分布的变化电流在场点所激发的动态矢量势应为

$$\boldsymbol{A}(x,y,z,t)=\frac{\mu}{4\pi}\int_{V'}\frac{\boldsymbol{J}\left(x',y',z',t-\dfrac{R}{v}\right)}{R}\mathrm{d}V' \tag{5-97}$$

对于正弦电磁波，波源在空间所激发的势函数也都是与波源同频率的正弦函数，分别为

$$\begin{aligned}\phi(x,y,z,t)&=\frac{1}{4\pi\varepsilon}\int_{V'}\frac{\rho(x',y',z')\mathrm{e}^{\mathrm{j}\omega\left(t-\frac{R}{v}\right)}}{R}\mathrm{d}V'\\&=\frac{1}{4\pi\varepsilon}\int_{V'}\frac{\rho(x',y',z')\mathrm{e}^{\mathrm{j}(\omega t-kR)}}{R}\mathrm{d}V'\end{aligned} \tag{5-98}$$

和

$$\boldsymbol{A}(x,y,z,t)=\frac{\mu}{4\pi}\int_{V'}\frac{\boldsymbol{J}(x',y',z')\mathrm{e}^{\mathrm{j}(\omega t-kR)}}{R}\mathrm{d}V' \tag{5-99}$$

势函数中时间的滞后表现为相位的滞后，滞后时间 $\dfrac{R}{v}$ 所对应的滞后相位角为 $\omega\dfrac{R}{v}=\omega\sqrt{\varepsilon\mu}R=kR$。

总而言之，对于距离波源为 R 的观察点，某一时刻 t 的势函数并不是由 t 时刻波源的电荷和电流决定的，而是由较早时刻 $t'=t-\dfrac{R}{v}$ 的波源所决定。换言之，电磁波传播一段距离需要一定的时间，而不是瞬间完成的，因此观察点势场的变化滞后于场源的变化，滞后的时间 $t-t'=\dfrac{R}{v}$ 就是电磁波传播距离 R 所需要的时间。在真空中电磁波的传播速度就是光速 c。由于观察点处的电磁场决定于较早时刻的场源，因此，场点处的动态标量势 ϕ 和矢量势 $\boldsymbol{A}$ 称为推迟势。应用推迟势求解电磁波的辐射问题将在第7章中介绍。

5.7.2 似稳条件和似稳电磁场

对于正弦电磁场，由式(5-98)与式(5-99)可知，推迟作用体现在相位角滞后 kR，可见如果波源频率较高或者场点距离波源较远，则推迟作用显著；反之，若波源频率较低或场点距离波源较近，推迟作用不明显。也就是说，如果 $kR \ll 1$，则 $\mathrm{e}^{-\mathrm{j}kR} \approx 1$，可以不考虑推迟作用。由 $kR = \dfrac{\omega}{v}R = \dfrac{2\pi f}{v}R = 2\pi\dfrac{R}{\lambda} \ll 1$ 得

$$
\begin{cases}
R \ll \dfrac{\lambda}{2\pi} \approx \dfrac{\lambda}{6} \\
f \ll \dfrac{v}{2\pi R} \approx \dfrac{v}{6R}
\end{cases}
\tag{5-100}
$$

这时时变场的分布与静态场的分布相似，满足上述条件的电磁场称为似稳电磁场，也称为缓变场或准静态场，式(5-100)所表示的条件称为似稳条件或近区场条件。由于 $R \ll \dfrac{v}{6f}$，故似稳区随场的频率升高而缩小。不满足上述条件$\left(\text{即 } f \gg \dfrac{v}{6R}\right)$的场则称为迅变场。依距离而言，$R \ll \dfrac{\lambda}{6}$ 的区域称为近区，近区的电磁波是束缚电磁波。$R \sim \dfrac{\lambda}{6}$ 的区域称为感应区，对应的场为感应场。而 $R \gg \dfrac{\lambda}{6}$ 的区域则称为远区，远区的电磁波是自由电磁波。因此，对于似稳场或近区场可不计推迟作用；而对于迅变场或远区场及感应场则必须考虑推迟作用。

> **延伸思考：** *以计算机系统的核心 CPU 为例，其工作频率大致在 2GHz 左右，工作波长为 15cm，CPU 的尺寸可以大致估计为 5cm 左右。由此看来，对于以 CPU 为代表的大规模集成电路而言，其推迟作用不可忽略！随着电脑主频的不断提升，芯片尺寸大幅度缩减，这个推迟作用越来越明显。因此，在集成电路、射频电路领域，必须采用电磁波的理论开展设计和分析，而不能采用单纯电路的理论。*

这样，动态标量势和矢量势将和静态场的势函数具有相同的形式，分别表示为

$$
\begin{cases}
\phi(x,y,z,t) = \dfrac{1}{4\pi\varepsilon}\displaystyle\int_{V'} \dfrac{\rho(x',y',z',t)}{R}\mathrm{d}V' \\
\boldsymbol{A}(x,y,z,t) = \dfrac{\mu}{4\pi}\displaystyle\int_{V'} \dfrac{\boldsymbol{J}(x',y',z',t)}{R}\mathrm{d}V'
\end{cases}
\tag{5-101}
$$

对于正弦似稳场或近区场，有

$$
\begin{cases}
\phi(x,y,z,t) = \dfrac{1}{4\pi\varepsilon}\displaystyle\int_{V'} \dfrac{\rho(x',y',z')\mathrm{e}^{\mathrm{j}\omega t}}{R}\mathrm{d}V' \\
\boldsymbol{A}(x,y,z,t) = \dfrac{\mu}{4\pi}\displaystyle\int_{V'} \dfrac{\boldsymbol{J}(x',y',z')\mathrm{e}^{\mathrm{j}\omega t}}{R}\mathrm{d}V'
\end{cases}
\tag{5-102}
$$

在导电媒质中，似稳电场必将引起传导电流密度 $\boldsymbol{J} = \sigma\boldsymbol{E}$ 和位移电流密度$\boldsymbol{J}_{\mathrm{D}} = \dfrac{\partial \boldsymbol{D}}{\partial t}$。对麦克斯韦第一方程

$$\nabla\times \boldsymbol{H}=\boldsymbol{J}+\frac{\partial \boldsymbol{D}}{\partial t}=\sigma\boldsymbol{E}+\frac{\partial \boldsymbol{D}}{\partial t}=\frac{\sigma}{\varepsilon}\boldsymbol{D}+\frac{\partial \boldsymbol{D}}{\partial t}$$

两边取散度,并运用第四方程$\nabla\cdot\boldsymbol{D}=\rho$,有

$$\frac{\partial\rho}{\partial t}+\frac{\sigma}{\varepsilon}\rho=0 \tag{5-103}$$

其解为

$$\rho=\rho_0 \mathrm{e}^{-\frac{\sigma}{\varepsilon}t}=\rho_0 \mathrm{e}^{-\frac{t}{\tau}} \tag{5-104}$$

式中,

$$\tau=\frac{\varepsilon}{\sigma} \tag{5-105}$$

称为弛豫时间。它是自由电荷密度ρ衰减到其初始值ρ_0的$\frac{1}{\mathrm{e}}$所需的时间。金属导体在微波范围的频率下,有$\varepsilon\approx\varepsilon_0$。若取$\varepsilon_0\approx10^{-11}\mathrm{F/m}$,$\sigma\approx10^7\mathrm{S/m}$,则$\tau\approx10^{-18}\mathrm{s}$。因此,在一般情况下,金属导体内部有$\rho=0$,即使最初放入密度为$\rho_0$的自由电荷,它也将极快地散开并分布于导电媒质的表面。与静电场的情形相同,在时变场中导电媒质内部没有自由电荷。

5.7.3 电磁理论与电路理论之间的关系

在低频正弦电路中,工作频率很低,不但似稳条件成立,而且满足$\omega\varepsilon\ll\sigma$,即$\frac{\left|\frac{\partial \boldsymbol{D}}{\partial t}\right|}{|\boldsymbol{J}|}=\left|\frac{\mathrm{j}\omega\varepsilon}{\sigma}\right|=\frac{\omega\varepsilon}{\sigma}\ll1$,导线中的传导电流远大于位移电流,则导线中的位移电流可忽略。麦克斯韦第一方程写为$\nabla\times\boldsymbol{H}=\boldsymbol{J}$,两边取散度,有$\nabla\cdot\nabla\times\boldsymbol{H}=\nabla\cdot\boldsymbol{J}=0$或$\oint_S\boldsymbol{J}\cdot\mathrm{d}\boldsymbol{S}=0$,即电路各节点上的电流是连续的。由此可得低频正弦电路中的基尔霍夫第一定律(电流定律),即

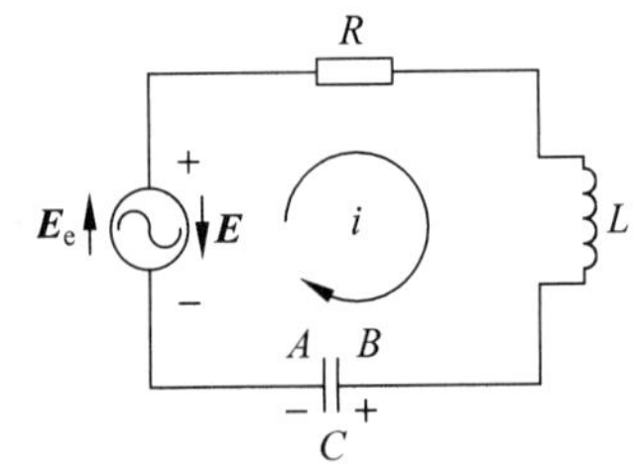

图 5-16 似稳场中的串联电路

$$\sum \dot{I}=0 \tag{5-106}$$

图 5-16 展示了一个由电阻R、电感L和电容C所组成的串联电路,满足似稳条件。可由似稳场方程得到低频电路方程。似稳场的场源中的传导电流密度为

$$\boldsymbol{J}=\sigma(\boldsymbol{E}+\boldsymbol{E}_{\mathrm{e}})$$

式中,$\boldsymbol{E}$是似稳电场,$\boldsymbol{E}_{\mathrm{e}}$是电源中的局外电场。考虑到$\boldsymbol{E}=-\nabla\phi-\frac{\partial \boldsymbol{A}}{\partial t}$,由上式可得

$$\boldsymbol{E}_{\mathrm{e}}=\frac{\boldsymbol{J}}{\sigma}-\boldsymbol{E}=\frac{\boldsymbol{J}}{\sigma}+\nabla\phi+\frac{\partial \boldsymbol{A}}{\partial t}$$

于是

$$\int_A^B\boldsymbol{E}_{\mathrm{e}}\cdot\mathrm{d}\boldsymbol{l}=\int_A^B\frac{\boldsymbol{J}}{\sigma}\cdot\mathrm{d}\boldsymbol{l}+\int_A^B\nabla\phi\cdot\mathrm{d}\boldsymbol{l}+\int_A^B\frac{\partial \boldsymbol{A}}{\partial t}\cdot\mathrm{d}\boldsymbol{l}$$

即

$$\mathscr{E}=i\int_A^B \frac{\mathrm{d}l}{\sigma S}+\int_A^B \frac{\partial \phi}{\partial l}\mathrm{d}l+\frac{\partial}{\partial t}\int_A^B \boldsymbol{A}\cdot \mathrm{d}\boldsymbol{l} \tag{5-107}$$

上式右端第一项的积分为电路的总电阻，如果略去电源内部和导线的电阻以及电容与电感中的能量损耗，则积分值为 $R=\dfrac{l}{\sigma S}$，第一项等于 Ri。

右端第二项是动态标量势梯度的线积分，积分与路径无关，故只在电容器内部积分，即认为电场全部集中于电容器内，故该项等于电容器两极板间的电压，即 $u_C=\phi_B-\phi_A=\dfrac{q}{C}=\dfrac{1}{C}\int i\,\mathrm{d}t$。

右端第三项，由于电容器两极板间的距离很小而近似于闭合回路积分，而 $\boldsymbol{A}$ 的闭合回路积分是磁通，故该项是感应电动势。但外电路的磁通远小于电感线圈中的磁链，即认为磁场全部集中于电感线圈中，故该项等于电感线圈的电压，即 $u_L=-\mathscr{E}_L=\dfrac{\mathrm{d}\Psi_L}{\mathrm{d}t}=\dfrac{\mathrm{d}(Li)}{\mathrm{d}t}=L\dfrac{\mathrm{d}i}{\mathrm{d}t}$。因此，有

$$\mathscr{E}=Ri+\frac{1}{C}\int i\,\mathrm{d}t+L\frac{\mathrm{d}i}{\mathrm{d}t} \tag{5-108}$$

这就是似稳电路方程。对正弦电磁场，上式为

$$\mathscr{E}=R\dot{I}+\frac{1}{\mathrm{j}\omega C}\dot{I}+\mathrm{j}\omega L\dot{I} \tag{5-109}$$

这就是低频串联电路中的第二定律即电压定律。

由此可见，低频电路理论是麦克斯韦电磁理论在一定条件下的近似结果。第一，电路尺寸远小于电磁波的波长即 $R\ll\dfrac{\lambda}{6}$ 或频率远低于 $f\ll\dfrac{c}{6R}$，以满足准静态条件即似稳条件；第二，认为电路的电场能量和磁场能量分别集中于电容和电感中，并忽略其能量损耗及电路导线损耗。电磁场理论是普遍适用的，但其微分方程较复杂，在一般情况下不易求得严格解。虽然电路理论是一种近似，但低频电路方程是一组代数方程，用它分析与计算问题要简单得多。

因此，求解电磁问题有两种方法，即场的方法和路的方法。场是路的普遍的微观描述，路是场的有条件的简化与宏观体现。当频率升高以致电路尺寸与波长可比拟时，似稳条件不再满足，电场储能和磁场储能的空间已难于分开，除极个别的情形外，似稳电路方程失去适用条件，只有用场的理论来解决。但是，即使在高达微波频率的范围，在一定的条件下，也可以使用电路的方法以简化计算；而在低频范围，有时为了获得电场或磁场的分布，或者电路元件的计算，也使用电磁场的方法。

*5.8　科技前沿：麦克斯韦方程组的空间协变性——电磁隐身衣的基本原理

本章已推导得到了麦克斯韦方程组，这是一切电磁现象所遵从的规律！麦克斯韦方程组是一个线性方程组，满足叠加原理，而且具有空间协变性，即麦克斯韦方程组在不同的坐

标系中具有相同的形式。换言之,即通过坐标变换,不改变其方程的形式。如图5-17所示,在图5-17(a)所示的空间A中任取一点$P(x,y,z)$,按照函数对应法则$\boldsymbol{X}'=\boldsymbol{X}'(\boldsymbol{X})$,将其映射为图5-17(b)所示空间$B$中的点$P'(x',y',z')$。其中,$\boldsymbol{X}=(x,y,z)$,$\boldsymbol{X}'=(x',y',z')$。由麦克斯韦方程的空间协变性,对于频率为$\omega$的电磁波,在空间$A$有

$$\begin{aligned}\nabla\times\boldsymbol{E}+\mathrm{j}\omega\boldsymbol{\mu}\cdot\boldsymbol{H}=0\\ \nabla\times\boldsymbol{H}-\mathrm{j}\omega\boldsymbol{\varepsilon}\cdot\boldsymbol{E}=0\end{aligned}\tag{5-110}$$

变换到空间B,则有

$$\begin{aligned}\nabla\times\boldsymbol{E}'+\mathrm{j}\omega\boldsymbol{\mu}'\cdot\boldsymbol{H}'=0\\ \nabla\times\boldsymbol{H}'-\mathrm{j}\omega\boldsymbol{\varepsilon}'\cdot\boldsymbol{E}'=0\end{aligned}\tag{5-111}$$

式中,$\boldsymbol{\varepsilon}$、$\boldsymbol{\mu}$、$\boldsymbol{\varepsilon}'$、$\boldsymbol{\mu}'$分别表示空间$A$和空间$B$的电磁参数,它们都是矩阵形式,表示的是各向异性的材料。

对照式(5-110)和式(5-111),理论上可以推得

$$\begin{aligned}\boldsymbol{\varepsilon}'(X')=\frac{\boldsymbol{A}\cdot\varepsilon(\boldsymbol{X})\cdot\boldsymbol{A}^{\mathrm{T}}}{\det\boldsymbol{A}}\\ \boldsymbol{\mu}'(X')=\frac{\boldsymbol{A}\cdot\boldsymbol{\mu}(\boldsymbol{X})\cdot\boldsymbol{A}^{\mathrm{T}}}{\det\boldsymbol{A}}\end{aligned}\tag{5-112}$$

其中,$\boldsymbol{A}$为雅可比矩阵,$\boldsymbol{A}=\partial\boldsymbol{X}'/\partial\boldsymbol{X}$,代表着两空间变量的关系,一般情况为$3\times3$阶,$\boldsymbol{A}^{\mathrm{T}}$为$\boldsymbol{A}$的转置矩阵。

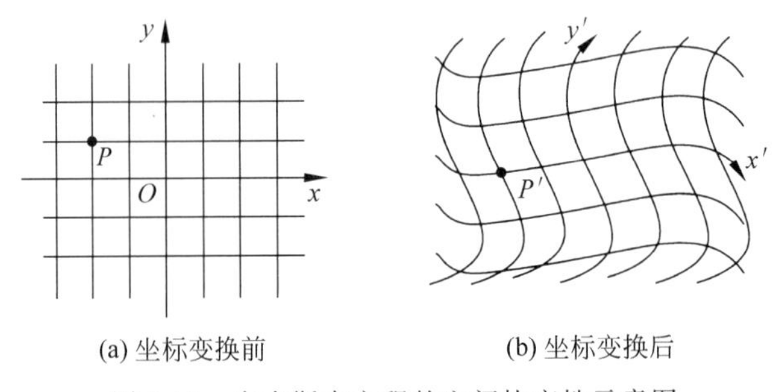

图5-17 麦克斯韦方程的空间协变性示意图

2006年,英国物理学家Pendry等人提出了电磁隐身的可行性构想,在随后的实验中这个构想得到验证。其理论基础就是麦克斯韦方程组的协变性。图5-18展示了Pendry等人提出的"隐身衣"的基本原理示意图。图5-18(b)中用特别设计的电磁材料填充于半径为R_1和R_2的柱面之间,电磁波将沿着这种"特殊"的媒质流动,绕过隐形区域的物体,之后又回到原来的传播轨迹,从而实现隐形区域中物体的隐形。图5-18中带箭头曲线给出了一条电磁波的典型传播路径。事实上,电磁隐形衣的设计也非常简单:假设在空间X中有一个任意闭合的曲线(三维空间为曲面),如图5-18(a)中所示半径为R_2的柱面。取其内部任意一点O,设想曲线(面)保持不动但O点向四周膨胀,并得到另外一个曲线(面),如图5-18(b)中半径为R_1的柱面。这样,原来O点的位置,凭空多出一个区域来,这就是隐形区域。而上述膨胀的过程,恰恰可以用空间A到B的一个坐标变换来表述。根据麦克斯韦方程组的协变性,利用式(5-111)、式(5-112)即可得到隐形衣(两个曲线或曲面之间的区域)的电磁参数。具有这个参数的材料即具有电磁隐形的功能,一般在自然界中并不存在,需要用特殊的方

式加工得到，它们被称为新型人工电磁材料，又叫超材料。上述变换关系称为变换光学原理。

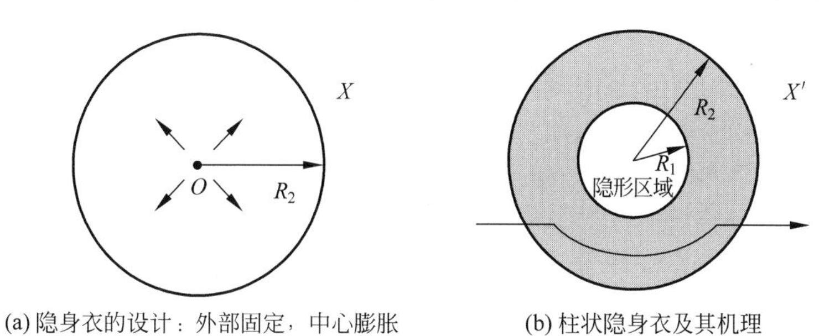

(a) 隐身衣的设计：外部固定，中心膨胀　　(b) 柱状隐身衣及其机理

图 5-18　Pendry 等人提出的隐形示意图

变换光学理论最早应用于时变电磁场，后来推广到了静态场，如静态直流场、静磁场、静电场等。第 3 章给出的直流电型隐形装置的设计，就是利用了变换光学的原理。知道了上述原理，还可以设计其他形状的电磁隐形装置，如球形、柱状、椭圆、三角、方形等，甚至还可以设计心形的电磁隐形衣！但其基本原理，都是上面提到的变换光学原理。图 5-18 中给出的就是柱状隐形衣的特例。

利用麦克斯韦方程的空间协变性，不仅可以实现对物体的隐身，而且可以实现幻觉和反隐身等效果。因此，它已经成为 21 世纪初电磁理论与应用领域的研究热点之一。

*5.9　时变电磁场在生活中的应用

电与磁是大自然中一直存在的现象，例如闪电与磁石。人类很早就知道运用电与磁来改善生活，丰富生命。除了自然存在的电磁场外，人们开发了许多新的电磁用具，如常用的电磁炉、微波炉等家用电器，甚至磁悬浮列车、输变电设备等公共设施，为人们的生活提供了诸多方便；又如电磁炮、电磁秋千、通信卫星、隐身飞机等。时变电磁场的应用可谓无处不在。

5.9.1　电磁炮

电磁炮是利用电磁发射技术制成的一种先进动能杀伤武器。与传统大炮将火药燃气压力作用于弹丸不同，电磁炮是利用电磁系统中电磁场产生的洛伦兹力来对金属炮弹进行加速，使其达到打击目标所需的动能，与传统的火药推动的大炮相比，电磁炮可大大提高弹丸的速度和射程。

电磁炮主要由能源、加速器、开关三部分组成。能源通常采用可蓄存 10～100MJ 能量的装置，实验用的能源有蓄电池组、磁通压缩装置、单极发电机，其中单极发电机是最有前途的能源。加速器是把电磁能量转换成炮弹动能，使炮弹达到高速的装置。开关是接通能源和加速器的装置，能在几毫秒之内把兆安级电流引进加速器中。

按照结构的不同，电磁炮可区分为电磁轨道炮、同轴线圈炮和磁力线重接炮三种。目前发展比较迅速、理论和实践上比较成熟、接近武器化的电磁炮，主要是电磁轨道炮和同轴线圈炮。

1. 电磁轨道炮

电磁轨道炮由两条联接着大电流源的固定平行导轨和一个沿导轨轴线方向可滑动的电

枢组成。发射时,电流由一条导轨流经电枢,再由另一条导轨流回,而构成闭合回路。强大的电流流经两平行导轨时,在两导轨间产生强大的磁场,这个磁场与流经电枢的电流相互作用,产生强大的电磁力,该力推动电枢和置于电枢前面的弹丸沿导轨加速运动,从而获得高速度。

2. 同轴线圈炮

线圈炮又称交流同轴线圈炮,它是电磁炮的最早形式,由环绕于炮膛的一系列固定的加速线圈与环绕于弹丸的弹载运动线圈构成,它是根据通电线圈之间磁场的相互作用原理而工作的。把加速线圈固定在炮管中,当它通入交变电流时,产生的交变磁场就会在弹丸线圈中产生感应电流,感应电流的磁场与加速线圈电流的磁场互相作用,产生磁场力,使弹丸加速运动并发射出去。

5.9.2 电磁秋千

电磁秋千最典型的例子是商店里的招财猫,开关打开后招财猫就能不停地摆手。电磁秋千的电路十分简单,它由装在秋千踏板上的小磁铁和底座里的磁控开关及电磁线圈等电路组成。

图 5-19 中 K 为干簧管,又称磁簧开关,在电路中作为磁控开关;L 为电磁线圈,当秋千踏板位于最低位置时,踏板上小磁铁使干簧管 K 内两簧片磁化吸合,因而有电流通过线圈 L,并产生磁场,线圈的特定绕向使线圈产生的磁场和踏板磁铁的磁场正好相反,线圈磁场将踏板推向高处。踏板远离干簧管 K 后,使 K 里磁场减弱,两簧片立即脱开复原,线圈 L 中电磁场也随之消失,踏板在重力作用下,又反方向摆回。当越过干簧管上方时 K 簧片又接通,踏板又被向上推起,就这样往复不止,踏板就前后不停地来回摆动着。发光二极管 LED 和限流电阻 R 串联后并联在线圈 L 的两端,当 L 通电时,LED 也通电发光,L 失电时,LED 也随之熄灭,所以秋千来回摆动时,LED 也就一闪一闪地发光。

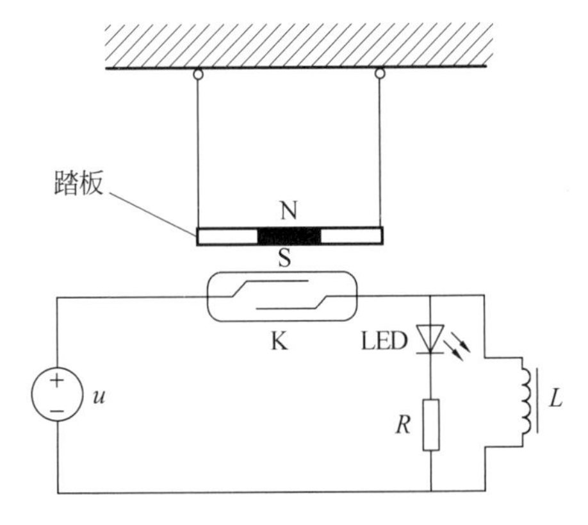

图 5-19 电磁秋千示意图

5.9.3 磁悬浮

磁悬浮技术的主要原理是利用高频电磁场在金属表面产生的涡流来实现对金属物体的悬浮。将金属样品放置在通有高频电流的线圈上时,高频电磁场会在金属材料表面产生一高频涡流,这一高频涡流与外磁场相互作用,使金属样品受到一个磁力的作用。在合适的空间配制下,可使磁力的方向与重力方向相反,通过改变高频源的功率使电磁力与重力相等,即可实现电磁悬浮。一般通过线圈的交变电流频率为 $10^4 \sim 10^5$ Hz。最常见的应用便是磁悬浮列车。

磁悬浮列车利用安装在列车两侧转向架上的悬浮电磁铁和铺设在轨道上的磁铁之间的排斥力,使车体完全脱离轨道,悬浮在距离轨道约 1cm 处,腾空行驶,创造了近乎“零高度”空间飞行的奇迹。

5.9.4 电磁阻尼

在大块导体中，可任意构成许许多多闭合的导体回路，当大块导体在磁场中运动时，所有这些小的导体回路都做切割磁感线运动，如图 5-20 所示，因而在回路中形成许多闭合的感应电流，称为涡电流。根据楞次定律，所有这些涡电流受磁场作用的电磁力将阻碍大块导体在磁场中的运动，也就是说，涡电流受到的电磁力是阻力，称为电磁阻尼，由于导体电阻率很小，即使感应电动势不大，也可能产生明显的涡电流，使他们受到的电磁阻力明显。

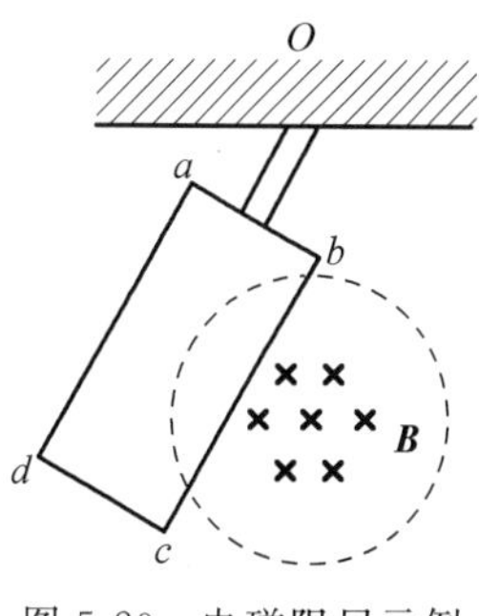

图 5-20　电磁阻尼示例

电磁阻尼被广泛应用于需要稳定摩擦力及制动力的场合，例如万用表、电磁制动机械等。

*5.10 利用 MATLAB 实现矢量场散度和旋度的可视化

在麦克斯韦方程组中，最主要的两个运算，或者说普通人最不易理解的运算，就是矢量场(如电场或者磁场)的旋度和散度运算。结合 MATLAB 的可视化工具，可以实现对矢量场散度和旋度的绘制，从而加深对这两个运算和电磁理论的理解。

1. MATLAB 中 divergence 函数介绍

divergence 是计算矢量场相对于直角坐标系的散度的函数，其基本格式为：

```
div = divergence(X,V)
```

该函数用于求矢量场 V 关于矢量 X 的散度，此处的 V 和 X 均为三维(或者)向量，前者包含矢量在直角坐标系下的三个(两个)分量；后者则是对应于该矢量的相应位置坐标。

下面的例子给出了利用符号工具箱计算矢量场散度的操作。

```
syms x y z;
divergence([x^2 2 * y z], [x y z]);
```

MATLAB 运行结果为：

```
2 * x + 3
```

MATLAB 环境下，也可以利用数值方法直接计算散度，具体格式如下：

```
div = divergence(x,y,z,u,v,w)
```

该函数用于计算包含分量 u、v 和 w 的三维矢量场的散度。数组 x、y 和 z 用于定义矢量分量 u、v 和 w 的坐标，它们必须是单调的，但不需要间距均匀。x、y 和 z 必须具有相同数量的元素，就像由 meshgrid 生成一样。

本节主要采用的是第一种方法。

2. 矢量场散度的可视化

矢量场的散度反映的是矢量场有无“源”和“汇”。矢量场在某一点的散度大于零，说明矢量场在此处有源(好像水龙头)，代表矢量的力线从此处发出；反之，如果散度小于零，说明矢量场在此处有汇(比如下水道),矢量的力线从外部流入该点;散度等于零,说明矢量的力线从该点穿过。MATLAB可以计算矢量函数的散度并做可视化处理。

下面的例子对矢量函数 F=[u,v]=[sin(x+y),cos(x−y)]进行求散度的操作,并将结果作图显示出来。

```
syms x y z real                          %定义符号变量
F = [ sin(x+y), cos(x-y) ];              %定义函数 F
g = divergence(F,[x y])                  %求函数 F 的散度,符号形式
divF = matlabFunction(g);                %将散度转换为函数形式
x = linspace( - 2.5,2.5,20);
[X,Y] = meshgrid(x,x);                   %定义网格
Fx = sin(X+Y);                           %F 的 x 分量
Fy = cos(X-Y);                           %F 的 y 分量
div_num = divF(X,Y);                     %散度的数值形式
pcolor(X,Y,div_num);                     %用伪彩色图绘制散度
shading interp;                          %做插值
colorbar;                                %绘制色条
hold on;                                 %保持绘图叠加模式打开
quiver(X,Y,Fx,Fy,'k','linewidth',1);     %叠加绘制箭头图
```

MATLAB窗口显示的散度函数结果如下,绘制的图像如图5-21所示。

```
g = sin(x - y) + cos(x + y)
```

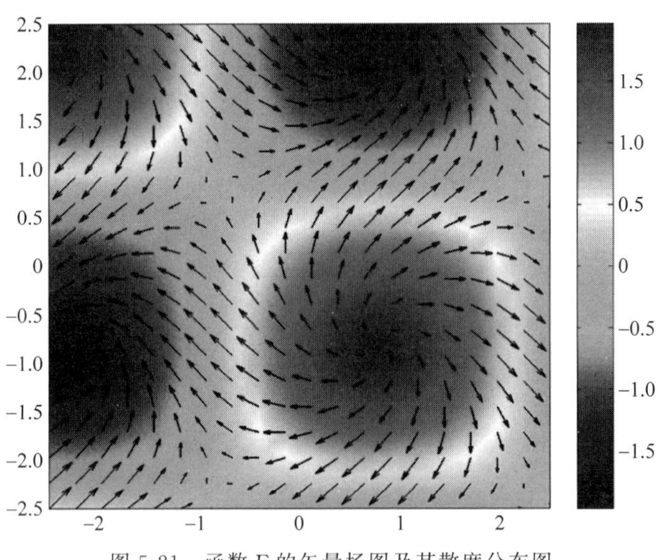

图5-21 函数F的矢量场图及其散度分布图

上面的代码中,首先利用MATLAB的符号工具箱函数,对函数F进行符号形式的散度计算,然后将得到的散度结果g显示在MATLAB窗口。同时,利用matlabFunction方法将其转换为函数形式。最后,利用pcolor和quiver函数,将散度和矢量场绘制在一幅图像里面。从图5-21可知,散度大于零的地方,即图中的发亮区域,箭头呈现发散的情形,表明在对应的区域有"源";散度小于零的地方,即图中发暗区域,箭头呈现汇聚状态,表明在该

区域有“汇”。

在麦克斯韦方程组中，$\nabla \cdot \boldsymbol{D}=\rho$ 反映的就是电荷是电位移矢量的“源”：正电荷处对应电位移矢量从该处发出；负电荷处电位移矢量汇入该处；无电荷处电位移矢量在该点连续。而 $\nabla \cdot \boldsymbol{B}=0$ 表明磁场是无源场，磁感应线处处连续，因此磁通连续的性质成立。

3. MATLAB 中 curl 函数介绍

curl 是 MATLAB 中求矢量函数旋度的函数，其基本格式为

```
curl(V,X)
```

该函数用于求矢量场 V 关于矢量 X 的旋度，此处的 V 和 X 均为三维(或二维)向量，前者包含矢量在直角坐标系下的三个(或两个)分量；后者则是对应于该矢量的相应位置坐标。

下面的代码用于计算矢量场 V 关于矢量 X=(x,y,z)的旋度。

```
syms x y z
V = [x^3 * y^2 * z, y^3 * z^2 * x, z^3 * x^2 * y];
X = [x y z];
curl(V,X)
```

MATLAB 显示结果如下

```
ans =
   x^2 * z^3 - 2 * x * y^3 * z
   x^3 * y^2 - 2 * x * y * z^3
   - 2 * x^3 * y * z + y^3 * z^2
```

众所周知，对一个标量函数的梯度场进行旋度计算，结果为零。换句话说，标量函数的梯度场是无旋的。下面的代码就直接利用 MATLAB 验证上述结论的正确性。其中 gradient(f,vars)表示对称量函数 f 取梯度运算。

```
syms x y z
f = x^2 + y^2 + z^2;
vars = [x y z];
curl(gradient(f,vars),vars)
```

MATLAB 显示结果为：

```
ans =
  0
  0
  0
```

4. 矢量场旋度的可视化

下面对二维矢量函数 F=[sin(x+y)，cos(x−y)]求其旋度并作图。代码如下

```
syms x y z real                         % 定义符号变量
F = [ sin(x + y), cos(x - y) ];         % 定义函数 F
G = curl([F,0],[x y z])                 % 计算 F 的旋度,并赋予 G
curlF = matlabFunction(G(3));           % 将 G 的 z 分量转换为函数,赋予 curlF
```

```
x = linspace( - 2.5,2.5,20);
[X,Y] = meshgrid(x,x);                      % 定义网格
Fx = sin(X + Y);                            % 计算 F 的 x 分量
Fy = cos(X - Y);                            % 计算 F 的 y 分量
rot = curlF(X,Y);                           % 计算旋度的值
pcolor(X,Y,rot);                            % 绘制旋度
shading interp;                             % 颜色做插值
colorbar;                                   % 绘制色条
hold on;                                    % 保持模式打开
quiver(X,Y,Fx,Fy,'k','linewidth',1); % 绘制箭头图,并设置颜色为黑色,线宽为 1
```

首先利用 MATLAB 的符号工具箱函数,对函数 F 进行解析形式的旋度计算,然后将得到的旋度结果 G 转换为函数形式。最后,利用 pcolor 和 quiver 函数,将二者绘制在一幅图像里面。由于题目给出的是二维函数,因此,其旋度只有 z 分量,其他两个分量为零。

上述程序运行时,窗口输出结果为

```
G =
                                 0
                                 0
    - sin(x - y) - cos(x + y)
```

上式表示该函数的旋度的解析表达式,显然是一个矢量,有三个分量。我们关心的是第三个分量,即 z 分量。

将旋度的 z 分量用图形呈现出来,结果如图 5-22 所示。从图中可以看出,旋度大于零的地方,即图中的发亮区域,箭头呈现逆时针旋转的情形;旋度小于零的地方,即图中发黑的区域,箭头呈现顺时针旋转的状态。考虑到图中显示的是 z 方向的旋度(其他两个方向为零),利用右手螺旋定则,可以看出这个现象是正确的,真实反映了相关区域的旋涡源状态。与图 5-21 对比,大家能够更加清晰地了解散度和旋度的区别。

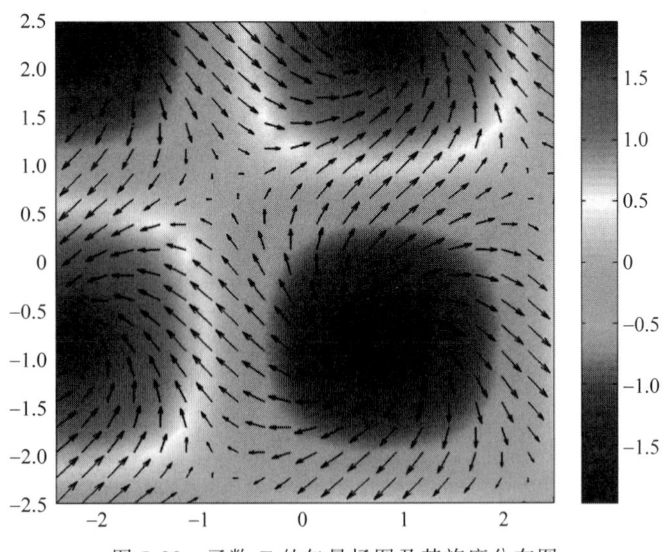

图 5-22 函数 $\boldsymbol{F}$ 的矢量场图及其旋度分布图

在麦克斯韦方程组中，$\nabla\times\boldsymbol{E}=-\dfrac{\partial \boldsymbol{B}}{\partial t}$，该式表明：电场的旋涡源是磁场随时间的变化率的相反数。有磁场发生变化的地方，就有旋涡源，电场围绕该旋涡源旋转。同理 $\nabla\times\boldsymbol{H}=\boldsymbol{J}+\dfrac{\partial \boldsymbol{D}}{\partial t}$，表明电流和电位移矢量的变化率之和，是磁场强度的旋涡源。在静磁场中，磁场强度总是围绕着电流旋转，就是这个性质的一个具体体现。

本章小结

1. 麦克斯韦方程组及辅助方程

积分形式	微分形式	正弦电磁场
(1) $\oint_l \boldsymbol{H}\cdot d\boldsymbol{l}=\int_S\left(\boldsymbol{J}+\dfrac{\partial \boldsymbol{D}}{\partial t}\right)\cdot d\boldsymbol{S}$	$\nabla\times\boldsymbol{H}=\boldsymbol{J}+\dfrac{\partial \boldsymbol{D}}{\partial t}$	$\nabla\times\boldsymbol{H}=\boldsymbol{J}+j\omega\boldsymbol{D}$
(2) $\oint_l \boldsymbol{E}\cdot d\boldsymbol{l}=-\int_S\dfrac{\partial \boldsymbol{B}}{\partial t}\cdot d\boldsymbol{S}$	$\nabla\times\boldsymbol{E}=-\dfrac{\partial \boldsymbol{B}}{\partial t}$	$\nabla\times\boldsymbol{E}=-j\omega\boldsymbol{B}$
(3) $\oint_S \boldsymbol{B}\cdot d\boldsymbol{S}=0$	$\nabla\cdot\boldsymbol{B}=0$	$\nabla\cdot\boldsymbol{B}=0$
(4) $\oint_S \boldsymbol{D}\cdot d\boldsymbol{S}=Q$	$\nabla\cdot\boldsymbol{D}=\rho$	$\nabla\cdot\boldsymbol{D}=\rho$

辅助方程：$\boldsymbol{B}=\mu\boldsymbol{H}, \boldsymbol{D}=\varepsilon\boldsymbol{E}, \boldsymbol{J}_c=\sigma\boldsymbol{E}$

洛伦兹力：$\boldsymbol{F}=Q(\boldsymbol{E}+\boldsymbol{v}\times\boldsymbol{B})$

洛伦兹力密度：$\boldsymbol{f}=\rho\boldsymbol{E}+\boldsymbol{J}\times\boldsymbol{B}$

2. 电磁场边值关系

媒质分界面	两种媒质分界面	两种介质分界面	介质与理想导体分界面
边值关系	$\boldsymbol{n}\times(\boldsymbol{H}_1-\boldsymbol{H}_2)=\boldsymbol{J}_S$	$H_{1t}=H_{2t}$	$H_t=J_S$
	$\boldsymbol{n}\times(\boldsymbol{E}_1-\boldsymbol{E}_2)=0$	$E_{1t}=E_{2t}$	$E_t=0$
	$\boldsymbol{n}\cdot(\boldsymbol{B}_1-\boldsymbol{B}_2)=0$	$B_{1n}=B_{2n}$	$B_n=0$
	$\boldsymbol{n}\cdot(\boldsymbol{D}_1-\boldsymbol{D}_2)=\rho_S$	$D_{1n}=D_{2n}$	$D_n=\rho_S$

3. 坡印亭定理和坡印亭矢量

坡印亭定理：

$$\oint_S(\boldsymbol{E}\times\boldsymbol{H})\cdot d\boldsymbol{S}+\int_V\boldsymbol{E}\cdot\boldsymbol{J}\,dV=-\frac{\partial W}{\partial t}\text{（积分形式）}$$

$$\nabla\cdot(\boldsymbol{E}\times\boldsymbol{H})+\boldsymbol{E}\cdot\boldsymbol{J}=-\frac{\partial w}{\partial t}\text{（微分形式）}$$

坡印亭矢量瞬时值：$\boldsymbol{S}=\boldsymbol{E}\times\boldsymbol{H}$

正弦电磁场的复数坡印亭矢量：$\boldsymbol{S}_c=\boldsymbol{E}\times\boldsymbol{H}^*=\dfrac{1}{2}\boldsymbol{E}_m\times\boldsymbol{H}_m^*$

正弦电磁场的复数坡印亭矢量时间平均值：

$$\bar{\boldsymbol{S}}=\mathrm{Re}\boldsymbol{S}_c=\mathrm{Re}\boldsymbol{E}_e\times\boldsymbol{H}_e^*=\frac{1}{2}\mathrm{Re}\boldsymbol{E}_m\times\boldsymbol{H}_m^*$$

4. 电磁场的矢量势和标量势及其微分方程

<table>
<tr><td rowspan="3">势的方程</td><td colspan="2">动态场</td><td rowspan="2">静态场</td></tr>
<tr><td>时变场</td><td>正弦场</td></tr>
<tr><td>$\nabla^2\boldsymbol{A}-\varepsilon\mu\dfrac{\partial^2\boldsymbol{A}}{\partial t^2}=-\mu\boldsymbol{J}$
$\nabla^2\phi-\varepsilon\mu\dfrac{\partial^2\phi}{\partial t^2}=-\dfrac{\rho}{\varepsilon}$</td><td>$\nabla^2\boldsymbol{A}+k^2\boldsymbol{A}=-\mu\boldsymbol{J}$
$\nabla^2\phi+k^2\phi=-\dfrac{\rho}{\varepsilon}$
$(k^2=\omega^2\varepsilon\mu)$</td><td>$\nabla^2\boldsymbol{A}=-\mu\boldsymbol{J}$
$\nabla^2\phi=-\dfrac{\rho}{\varepsilon}$</td></tr>
<tr><td rowspan="4">矢量势和标量势的计算</td><td colspan="2">推迟势(动态势)</td><td>静态势</td></tr>
<tr><td>$\boldsymbol{A}=\dfrac{\mu}{4\pi}\int_{V'}\dfrac{\boldsymbol{J}\left(x',y',z',t-\dfrac{R}{v}\right)}{R}\mathrm{d}V'$
$\phi=\dfrac{1}{4\pi\varepsilon}\int_{V'}\dfrac{\rho\left(x',y',z',t-\dfrac{R}{v}\right)}{R}\mathrm{d}V'$</td><td>$\boldsymbol{A}=\dfrac{\mu}{4\pi}\int_{V'}\dfrac{\boldsymbol{J}(x',y',z')\mathrm{e}^{\mathrm{j}(\omega t-kR)}}{R}\mathrm{d}V'$
$\phi=\dfrac{1}{4\pi\varepsilon}\int_{V'}\dfrac{\rho(x',y',z')\mathrm{e}^{\mathrm{j}(\omega t-kR)}}{R}\mathrm{d}V'$</td><td rowspan="3">$\boldsymbol{A}=\dfrac{\mu}{4\pi}\int_{V'}\dfrac{\boldsymbol{J}(x',y',z')}{R}\mathrm{d}V'$
$\phi=\dfrac{1}{4\pi\varepsilon}\int_{V'}\dfrac{\rho(x',y',z')}{R}\mathrm{d}V'$</td></tr>
<tr><td colspan="2">似稳场</td></tr>
<tr><td>$\boldsymbol{A}=\dfrac{\mu}{4\pi}\int_{V'}\dfrac{\boldsymbol{J}(x',y',z',t)}{R}\mathrm{d}V'$
$\phi=\dfrac{1}{4\pi\varepsilon}\int_{V'}\dfrac{\rho(x',y',z',t)}{R}\mathrm{d}V'$</td><td>$\boldsymbol{A}=\dfrac{\mu}{4\pi}\int_{V'}\dfrac{\boldsymbol{J}(x',y',z')\mathrm{e}^{\mathrm{j}\omega t}}{R}\mathrm{d}V'$
$\phi=\dfrac{1}{4\pi\varepsilon}\int_{V'}\dfrac{\rho(x',y',z')\mathrm{e}^{\mathrm{j}\omega t}}{R}\mathrm{d}V'$</td></tr>
<tr><td>场量</td><td>$\boldsymbol{H}=\dfrac{1}{\mu}\nabla\times\boldsymbol{A}$
$\boldsymbol{E}=-\nabla\phi-\dfrac{\partial\boldsymbol{A}}{\partial t}$</td><td>$\boldsymbol{H}=\dfrac{1}{\mu}\nabla\times\boldsymbol{A}$
$\boldsymbol{E}=-\nabla\phi-\mathrm{j}\omega\boldsymbol{A}$</td><td>$\boldsymbol{B}=\nabla\times\boldsymbol{A}$
$\boldsymbol{E}=-\nabla\phi$</td></tr>
</table>

习题

5.1 设沿$+z$方向传输的均匀平面电磁波电场为$\boldsymbol{E}=E_{\mathrm{m}}\sin(\omega t-\beta z)\boldsymbol{e}_x$，一长为$a$、宽为$b$的矩形线圈的轴线在$x$轴上，且与$xOz$平面夹角为$\alpha$(见题5.1图)。求该线圈中的感应电动势。

5.2 尺寸为$a\times b$的矩形线圈与长直线电流i共面，且靠近直线电流的边与线电流平行，二者相距为d，线圈以角速度ω绕其中心轴旋转，如题5.2图所示。试求下列两种情况下线圈中的感应电动势：

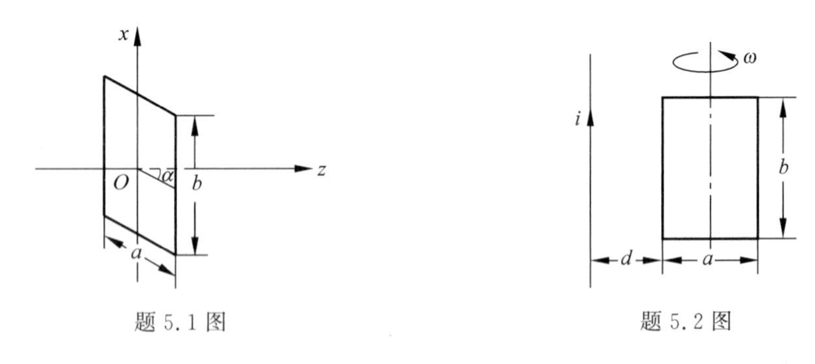

题5.1图　　　　题5.2图

(1) $i=I_0$(常数)；

(2) $i=I_{\mathrm{m}}\cos\Omega t$。

5.3 平行双线与一矩形回路共面，如题5.3图所示，设 $a=0.2\text{m}$，$b=c=d=0.1\text{m}$，$i=0.1\cos(2\pi\times10^7t)\text{A}$，求回路中的感应电动势。

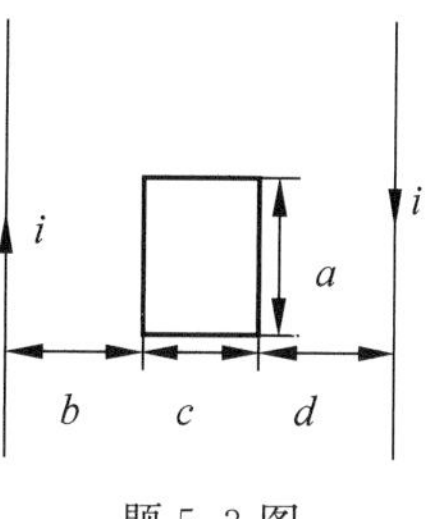

题5.3图

5.4 电子回旋加速器利用空间的交变磁场产生交变电场，从而使带电粒子加速。设加速器中的磁场在圆柱坐标系内只有轴向分量，且只是 r、t 的函数，即 $\boldsymbol{H}=f(r,t)\boldsymbol{e}_z$。试求在半径为 r 处感应电场的大小与方向。若在某一时间间隔内 $f(r,t)=crt$，其中 C 是常数。试求感应电场强度的具体形式。

5.5 长为 l 的圆柱形电容器，内外电极的半径分别为 r_1 与 r_2，其中介质的介电常数为 ε。若两极板间所加的电压 $u=U_m\sin\omega t$，且其角频率 ω 不高，故电场分布与静态场情形相同。试计算介质中的位移电流密度及穿过介质中半径为 $r(r_1<r<r_2)$ 的圆柱形表面的总位移电流；并证明后者等于电容器引线中的传导电流。

5.6 一铜导线中通过1A的传导电流，已知铜的介电常数为 ε_0，电导率为 $\sigma=5.8\times10^7\text{S/m}$。试分别求电流的频率为10kHz与100MHz时导线中的位移电流。

5.7 一球形电容器内外电极的半径分别为 r_1 与 r_2，其间填充介电常数为 ε 的介质。若两球面极板间所加的电压 $u=U_m\sin\omega t$，且其角频率 ω 不高。试计算介质中的位移电流密度及穿过介质中半径为 $r(r_1<r<r_2)$ 的球面的总位移电流。

5.8 假设真空中的磁场强度为 $\boldsymbol{H}=0.01\cos(6\pi\times10^6t-2\pi z)\boldsymbol{e}_y\text{A/m}$，试求与之相应的位移电流密度。

5.9 已知电场强度矢量为

$$\boldsymbol{E}=E_m[\cos(\omega t-\beta z)\boldsymbol{e}_x+\sin(\omega t-\beta z)\boldsymbol{e}_y]$$

其中，E_m、ω 及 β 均为常数。试由麦克斯韦方程组确定与之相联系的磁感应强度矢量 $\boldsymbol{B}$。

5.10 试写出下列各场量的复数表示式的瞬时值：

(1) $\boldsymbol{E}=E_m e^{-j\beta z}\boldsymbol{e}_x$；

(2) $\boldsymbol{H}=H_m e^{-j(\beta-j\alpha)z}\boldsymbol{e}_y$；

(3) $\boldsymbol{E}=E_m\sin\beta z\boldsymbol{e}_x$；

(4) $\boldsymbol{E}=40(\sqrt{2}-j\sqrt{2})e^{-j20z}\boldsymbol{e}_x$；

(5) $\boldsymbol{H}=(4\boldsymbol{e}_x+5j\boldsymbol{e}_y)e^{j(\omega t+\beta z)}$；

(6) $\boldsymbol{E}=10e^{-j(6x+8z)}\boldsymbol{e}_y$。

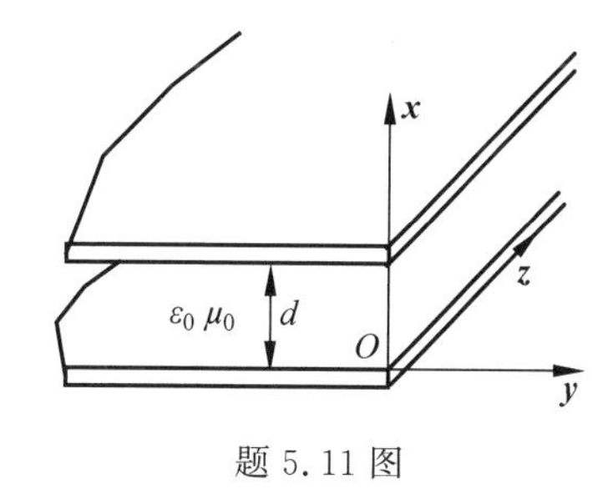

题5.11图

5.11 如题5.11图所示，已知相距为 d 的两无限大平行导体板间的电场强度为

$$\boldsymbol{E}=E_m\cos(\omega t-\beta z)\boldsymbol{e}_x$$

试求两板间的磁场强度和导体板上的感应电荷及电流分布。

5.12 长为 l、内外半径分别为 r_1 与 r_2 的理想导体同轴线，两端用理想导体板短路。内外导体间填充介电常数为 ε、磁导率为 μ_0 的介质。介质内的电磁场分别为

$$\boldsymbol{E}=\frac{A}{r}\sin\beta z e^{j\omega t}\boldsymbol{e}_r$$

$$\boldsymbol{H}=j\frac{B}{r}\cos\beta z e^{j\omega t}\boldsymbol{e}_\varphi$$

试确定式中 A、B 间的关系，并求出 β 和 $r=r_1$、r_2 及 $z=0$、l 面上的电荷面密度与面电流密度。

5.13　已知在自由空间传播的均匀平面波的磁场强度为

$$\boldsymbol{H}(z,t)=0.8(\boldsymbol{e}_x+\boldsymbol{e}_y)\cos(6\pi\times10^8 t-2\pi z)\ \text{A/m}$$

(1) 求此电磁波的电场强度矢量；

(2) 计算瞬时坡印亭矢量。

5.14　由半径为 a、相距为 $d(d\ll a)$ 的圆形极板构成的平行板电容器，其中的介质是非理想的，具有电导率 σ、介电常数 ε。假定电容器内的电场是均匀的，可忽略其边缘效应。若电容器有电压为 U_0 的直流电源供电，试求电容器内任一点的坡印亭矢量，并验证其中损耗的功率由电源供给。

5.15　在同一空间有可能存在静止电荷的静电场 $\boldsymbol{E}$ 和永久磁铁的磁场 $\boldsymbol{H}$，这时有可能存在坡印亭矢量 $\boldsymbol{S}=\boldsymbol{E}\times\boldsymbol{H}$，但没有能流。试证明对任一闭合面 S，则有

$$\oint_S(\boldsymbol{E}\times\boldsymbol{H})\cdot \mathrm{d}\boldsymbol{S}=0$$

5.16　由理想导体板构成的波导内的电场强度为

$$\boldsymbol{E}=E_{\mathrm{m}}\sin\frac{\pi x}{a}\sin(\omega t-\beta z)\boldsymbol{e}_y$$

内部为空气(见题 5.16 图)，试求：

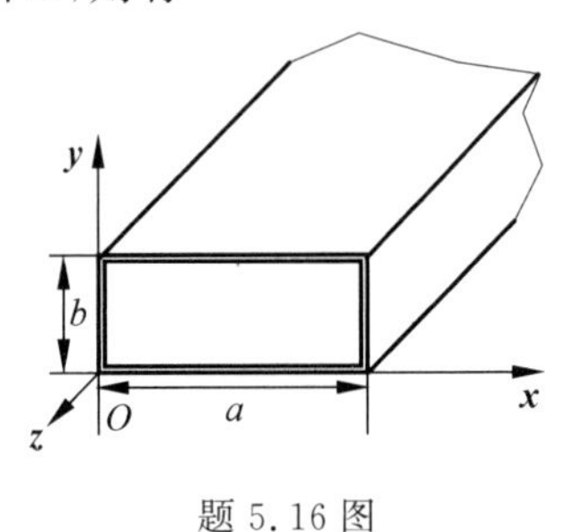

题 5.16 图

(1) 波导内的磁场强度和波导壁上的面电流密度；

(2) 波导内的位移电流密度；

(3) 波导内的坡印亭矢量的瞬时值和平均值；

(4) 穿过波导任一横截面的平均功率。

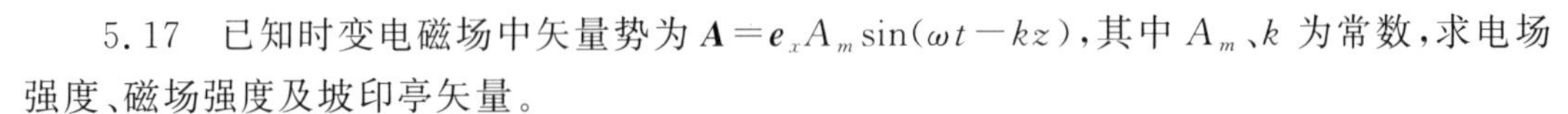

5.17　已知时变电磁场中矢量势为 $\boldsymbol{A}=\boldsymbol{e}_x A_m\sin(\omega t-kz)$，其中 A_m、k 为常数，求电场强度、磁场强度及坡印亭矢量。

5.18　如果在良导体中存在正弦电磁波，试证明近似有

$$\boldsymbol{E}=-\mathrm{j}\omega\boldsymbol{A},\quad \boldsymbol{B}=\nabla\times\boldsymbol{A},\quad \boldsymbol{J}=-\mathrm{j}\omega\sigma\boldsymbol{A}$$

$$\nabla^2\boldsymbol{A}-\mathrm{j}\omega\mu\sigma\boldsymbol{A}=0\quad 与\quad \nabla\cdot\boldsymbol{A}=0$$

5.19　若电磁场矢量势的分量 $A_x=A_y=0$，$A_z=f(r)\mathrm{e}^{\mathrm{j}(\omega t-\beta z)}$，试求在圆坐标系内场量 $\boldsymbol{E}$ 与 $\boldsymbol{H}$ 的表示式。

5.20　在无耗的各向同性媒质中，电场 $\boldsymbol{E}$ 满足的方程为 $\nabla^2\boldsymbol{E}+\omega^2\varepsilon\mu\boldsymbol{E}=0$，试问在什么条件下 $\boldsymbol{E}=\boldsymbol{E}_{\mathrm{m}}\mathrm{e}^{-\mathrm{j}\boldsymbol{k}\cdot\boldsymbol{r}}$ 是上述方程的解？其中 $\boldsymbol{k}$ 为常矢量，$\boldsymbol{r}$ 为位置矢径。此电场作为麦克斯韦方程的解的条件是什么？

5.21　若仅考虑远场区，且设电流沿 z 轴方向流动，试证明 $\boldsymbol{H}=\dfrac{1}{\mu}\nabla\times\boldsymbol{A}$ 在球坐标系内可以简化为

$$H_\varphi=-\frac{1}{\mu}\sin\theta\frac{\partial A_z}{\partial r}$$

5.22　长为 l(l 不甚小于波长)的直导线沿 z 轴放置，其中心在原点。设直导线上载有沿 $+z$ 方向为正的交变电流，其复数值为 $I(z)=I_{\mathrm{m}}\mathrm{e}^{-\mathrm{j}\beta z}$。试求在远区任一点处电磁场的矢量势及磁场强度。

第6章 电磁波的传播

CHAPTER 6

本章导读：在第5章中，根据麦克斯韦方程组中第一方程、第二方程知，随时间变化的电场可以在周围激发时变磁场。同时，随时间变化的磁场也可以激发时变电场，时变电磁场满足矢量波动方程，表明其具有波动性。

电磁波的传播是指电磁波脱离波源后在空间的运动过程，以波动性为主要表现形式，是本课程的重点内容之一。本章将从最基本的均匀平面电磁波入手，首先介绍均匀平面电磁波在无界的理想介质中的传播特性；在此基础上，介绍有耗媒质中、两种媒质分界面上电磁波的传播特性；最后，介绍由金属边界围成的矩形波导中电磁波——导行波的传播特性。此外，本章还增加了一些最新科研成果，简要介绍了电磁波在新型电磁材料中的传播规律和应用。要求学生重点掌握均匀平面电磁波在连续媒质中的传播特性以及在媒质分界面上的反射与折射规律，理解电磁波的相速度、群速度、趋肤效应、表面电阻等概念。本章的学习为后续微波技术和其他相关课程奠定相应的基础。

6.1 理想介质中的均匀平面电磁波

6.1.1 电磁波的波动方程及其解——均匀平面电磁波

在理想各向同性介质中，麦克斯韦方程组为

$$\begin{cases}\nabla\times \boldsymbol{H}=\boldsymbol{J}+\dfrac{\partial \boldsymbol{D}}{\partial t}\\ \nabla\times \boldsymbol{E}=-\dfrac{\partial \boldsymbol{B}}{\partial t}\\ \nabla\cdot \boldsymbol{B}=0\\ \nabla\cdot \boldsymbol{D}=\rho\end{cases}\tag{6-1}$$

式中，$\boldsymbol{D}=\varepsilon\boldsymbol{E}$，$\boldsymbol{B}=\mu\boldsymbol{H}$。对于无源区域，自由电流密度和自由电荷密度都为0，即$\boldsymbol{J}=0$与$\rho=0$。将麦克斯韦方程组中的第一方程、第二方程取旋度并运用矢量微分恒等式，可得电场强度$\boldsymbol{E}$、磁场强度$\boldsymbol{H}$的波动方程分别为

$$\nabla^2\boldsymbol{E}-\varepsilon\mu\frac{\partial^2\boldsymbol{E}}{\partial t^2}=0\tag{6-2a}$$

$$\nabla^2\boldsymbol{H}-\varepsilon\mu\frac{\partial^2\boldsymbol{H}}{\partial t^2}=0\tag{6-2b}$$

上述两个场矢量的方程是均包含三个标量的波动方程。在直角坐标系内，每一标量波动方程将只包含场矢量的一个分量。若用 ψ 表示其中任一个分量，则可将它们统一写为以下形式：

$$\frac{\partial^2 \psi}{\partial x^2}+\frac{\partial^2 \psi}{\partial y^2}+\frac{\partial^2 \psi}{\partial z^2}=\varepsilon\mu\frac{\partial^2 \psi}{\partial t^2} \tag{6-3}$$

首先考虑最简单的一种情况。设电磁波沿 z 方向传播，场量只在沿传播方向即 z 方向变化，而在 xOy 平面内无变化，考虑电场强度沿 x 方向的分量即取 $\psi=E_x(z,t)$，于是式(6-3)变为

$$\frac{\partial^2 E_x}{\partial z^2}-\varepsilon\mu\frac{\partial^2 E_x}{\partial t^2}=0 \tag{6-4}$$

上式仅为一个空间坐标变量 z 的函数，即一维波动方程。由第 5.7 节中达朗贝尔方程解的意义可得，此方程的一个解为 $f_1(z-vt)$，它是宗量 $(z-vt)$ 的任意函数。其中，v 是电磁波的传播速度即波速，它等于

$$v=\frac{1}{\sqrt{\varepsilon\mu}} \tag{6-5}$$

同理，$f_2(z+vt)$ 也是它的一个解，以波速 v 沿 $-z$ 方向传播的波，因此式(6-4)的通解为

$$E_x(z,t)=f_1(z-vt)+f_2(z+vt) \tag{6-6}$$

将 $f_1(z-vt)$、$f_2(z+vt)$ 分别用 $E_x^+(z,t)$、$E_x^-(z,t)$ 表示，故式(6-6)又可以写为

$$E_x(z,t)=E_x^+(z,t)+E_x^-(z,t) \tag{6-7}$$

在自由空间即真空中，行波的波速为

$$v_0=\frac{1}{\sqrt{\varepsilon_0\mu_0}}=c \tag{6-8}$$

式中，v_0 是真空中电磁波的波速，即光速 c。由式(6-5)与式(6-8)可得

$$v=\frac{1}{\sqrt{\varepsilon\mu}}=\frac{c}{\sqrt{\varepsilon_r\mu_r}} \tag{6-9}$$

由此可见，电磁波的波速取决于媒质的属性。在不同的介质中，电磁波的传播速度不同，且小于光速。

用类似的方法可得，场分量 E_y、H_x 和 H_y 均为一个空间坐标变量 z 的函数。由式(6-1)可知，$\nabla\cdot\boldsymbol{B}=\nabla\cdot\boldsymbol{E}=0$，且因 $\boldsymbol{E}$ 和 $\boldsymbol{H}$ 均与 x、y 无关，故有

$$\frac{\partial E_z}{\partial z}=0 \quad 和 \quad \frac{\partial H_z}{\partial z}=0$$

因此，E_z 和 H_z 与 z 无关，可令

$$E_z=0 \quad 与 \quad H_z=0$$

故

$$\begin{cases}\boldsymbol{E}=E_x\boldsymbol{e}_x+E_y\boldsymbol{e}_y\\ \boldsymbol{H}=H_x\boldsymbol{e}_x+H_y\boldsymbol{e}_y\end{cases} \tag{6-10}$$

由此可见，在理想介质(包括真空)中传播的电磁波其电场和磁场没有传播方向上的纵向分量，即 $E_z=H_z=0$，而只有与传播方向垂直的横向分量，且场量在横向截面上分布均

匀，故这类电磁波称为均匀平面波，又可称为横电磁(TEM)波。

对于均匀平面波的研究具有实际意义。例如在远离场源(太阳、天线等)的小区域里可以把场源发出的球面波看成是只向一个方向传播的均匀平面波；另一方面，均匀平面波可用随时间变化的三角函数或复指数函数来表示，其数学处理较简单，且任何复杂形式的电磁波都可以通过傅里叶级数展开或积分变换分解为许多不同频率的均匀平面波的叠加，故它也有着重要的理论意义。

在一般情况下，电磁波的电场和磁场矢量各有三个分量，若各分量皆不为0时，称这类电磁波为混型(HE或EH)波。对于一类 $E_z=0$ 而 $H_z\neq0$ 的波，因为电场只有横向分量，故称之为横电(TE)波；由于它仅有磁场的纵向分量，也称为磁(H)波。对于 $H_z=0$ 而 $E_z\neq0$ 的波，则称之为横磁(TM)波或电(E)波。若电磁波的六个场分量中只有一个横向电场分量为零($E_x=0$ 或 $E_y=0$)的波，其电场强度矢量 $\boldsymbol{E}$ 在纵平面内，故称之为纵电(LE或LSE)波，而只有一个横向磁场分量为零($H_x=0$ 或 $H_y=0$)的波，则称之为纵磁(LM或LSM)波。

6.1.2　复波动方程和均匀平面波的传播特性

对于随时间按正弦(余弦)规律变化的电磁波，亦即正弦电磁波，场量随时间变化规律的复数形式为 $e^{j\omega t}$。由式(6-2a)、式(6-2b)可以得到其波动方程的复数形式为

$$\begin{cases}\nabla^2\boldsymbol{E}+k^2\boldsymbol{E}=0\\ \nabla^2\boldsymbol{H}+k^2\boldsymbol{H}=0\end{cases}\tag{6-11}$$

此复波动方程也称为电磁场的亥姆霍兹(Helmholtz)方程。式中，

$$k=\omega\sqrt{\varepsilon\mu}\tag{6-12}$$

称为圆波数，简称波数。为了引出有关电磁波传播特性的几个重要参数，将式(6-11)改写为如下形式：

$$\begin{cases}\nabla^2\boldsymbol{E}=\gamma^2\boldsymbol{E}\\ \nabla^2\boldsymbol{H}=\gamma^2\boldsymbol{H}\end{cases}\tag{6-13}$$

式中，$\gamma^2=-k^2=-\omega^2\varepsilon\mu$，或

$$\gamma=j\omega\sqrt{\varepsilon\mu}=j\beta\tag{6-14}$$

γ 称为传播常数，β 称为相位常数。考虑到式(6-5)，则有

$$\beta=k=\omega\sqrt{\varepsilon\mu}=\frac{\omega}{v}\tag{6-15}$$

对于沿 z 方向传播的均匀平面波，$\boldsymbol{E}$ 和 $\boldsymbol{H}$ 都只有横向分量，且在横向无变化。例如 E_x 分量的复波动方程由式(6-13)可以写为

$$\frac{\partial^2E_x}{\partial z^2}=\gamma^2E_x\tag{6-16}$$

其解为

$$E_x(z)=E_x^+(z)+E_x^-(z)=E_m^+e^{-\gamma z}+E_m^-e^{\gamma z}$$

即

$$E_x(z)=E_m^+e^{-j\beta z}+E_m^-e^{j\beta z}\tag{6-17}$$

类似地，均匀平面波的其他场分量 E_y、H_x 和 H_y 也可以写成上述形式。

为讨论方便，先考虑沿$+z$方向行进的波，并设电场沿$+x$方向，即电场强度矢量$\boldsymbol{E}$只有E_x^+分量，其瞬时值可以写为

$$E_x^+(z,t)=E_m^+\cos(\omega t-\beta z) \tag{6-18}$$

上式可以表示为

$$E_x^+(z,t)=E_m^+\text{Re}[e^{j(\omega t-\beta z)}] \tag{6-19}$$

通常将取实部的符号 Re(或取虚部的符号 Im)和时间因子$e^{j\omega t}$省略，即简写为

$$E_x^+(z)=E_m^+e^{-j\beta z} \tag{6-20}$$

由式(6-18)可见，βz代表相位角，相位常数β表示电磁波沿$+z$方向传播单位距离所滞后的相位，β也称相移常数，单位是 rad/m。在传播方向上相位差为2π的两点间的距离称为波长，以λ表示，故有

$$\beta=k=\frac{2\pi}{\lambda} \tag{6-21}$$

可见，β与k都表明在2π的距离上波长的个数，故β也可称为波数。

式(6-18)给出了在z处t时刻的场量。在z为常数的平面上，各点的相位相等。通常将电磁波的空间相位相等的场点所构成的曲面称为电磁波的等相面(即波阵面)，而称幅值相等的面为等幅面。等相面为平面的电磁波称为平面波。若平面波的等相面上幅值也处处相等，则称之为均匀平面波。可见，平面波的等相面亦是等幅面，显然，式(6-18)表示的是均匀平面波。

在一般情况下，电磁波可以沿空间任一方向传播，由式(6-11)可知，在直角坐标系内，电场复矢量$\boldsymbol{E}$满足三维矢量亥姆霍兹方程：

$$\frac{\partial^2\boldsymbol{E}}{\partial x^2}+\frac{\partial^2\boldsymbol{E}}{\partial y^2}+\frac{\partial^2\boldsymbol{E}}{\partial z^2}+k^2\boldsymbol{E}=0 \tag{6-22}$$

而$\boldsymbol{E}$的三个分量E_x、E_y、E_z均满足相同形式的标量亥姆霍兹方程：

$$\frac{\partial^2 E_i}{\partial x^2}+\frac{\partial^2 E_i}{\partial y^2}+\frac{\partial^2 E_i}{\partial z^2}+k^2E_i=0 \tag{6-23}$$

式中，$i=x,y,z$。可采用分离变量法求出任一分量E_i，以E_x为例，令$E_x=X(x)Y(y)Z(z)$，代入式(6-23)，并在等式两端同除以XYZ，可得

$$\frac{X''}{X}+\frac{Y''}{Y}+\frac{Z''}{Z}+k^2=0 \tag{6-24}$$

由于上式前三项分别只关于变量x、y和z的函数，故前三项必须分别等于各自的分离常数。设分离常数分别为$-k_x^2$、$-k_y^2$和$-k_z^2$，则有

$$X''+k_x^2X=0,\quad Y''+k_y^2Y=0,\quad Z''+k_z^2Z=0 \tag{6-25}$$

且满足：

$$k_x^2+k_y^2+k_z^2=k^2 \tag{6-26}$$

式(6-25)中三个方程对应的本征函数分别应为$A_1e^{\pm jk_xx}$、$A_2e^{\pm jk_yy}A_3e^{\pm jk_zz}$。其中，各指数因子中的“+”代表平面波沿负$x$、$y$、$z$传播方向，而各指数因子中的“−”代表平面波沿正$x$、$y$、$z$传播方向。假设平面波仅沿着正$x$、$y$、$z$方向传播，则电场分量的形式解为

$$E_x=E_{x0}e^{-j(k_xx+k_yy+k_zz)} \tag{6-27}$$

其中，E_{x0}为E_x的振幅值。定义矢量$\boldsymbol{k}=k_x\boldsymbol{e}_x+k_y\boldsymbol{e}_y+k_z\boldsymbol{e}_z$，称为波矢量，其大小为波数$k=$

$\frac{2\pi}{\lambda}$。再利用 $\boldsymbol{r}=x\boldsymbol{e}_x+y\boldsymbol{e}_y+z\boldsymbol{e}_z$，上式可表示为

$$E_x=E_{x0}\mathrm{e}^{-\mathrm{j}\boldsymbol{k}\cdot\boldsymbol{r}} \tag{6-28}$$

对于电场 $\boldsymbol{E}$ 的其他分量可同理得到形式解分别为 $E_y=E_{y0}\mathrm{e}^{-\mathrm{j}\boldsymbol{k}\cdot\boldsymbol{r}}$、$E_z=E_{z0}\mathrm{e}^{-\mathrm{j}\boldsymbol{k}\cdot\boldsymbol{r}}$。写成矢量形式即为

$$\boldsymbol{E}=\boldsymbol{E}_{\mathrm{m}}\mathrm{e}^{-\mathrm{j}\boldsymbol{k}\cdot\boldsymbol{r}} \tag{6-29}$$

式中，$\boldsymbol{E}_{\mathrm{m}}=E_{x0}\boldsymbol{e}_x+E_{y0}\boldsymbol{e}_y+E_{z0}\boldsymbol{e}_z$ 为电场强度的合振幅。

由 $\nabla\cdot\boldsymbol{E}=0$，将式(6-29)代入，有 $\nabla\cdot(\boldsymbol{E}_{\mathrm{m}}\mathrm{e}^{-\mathrm{j}\boldsymbol{k}\cdot\boldsymbol{r}})=(\nabla\cdot\boldsymbol{E}_{\mathrm{m}})\mathrm{e}^{-\mathrm{j}\boldsymbol{k}\cdot\boldsymbol{r}}+\boldsymbol{E}_{\mathrm{m}}\cdot\nabla\mathrm{e}^{-\mathrm{j}\boldsymbol{k}\cdot\boldsymbol{r}}=-\mathrm{j}\boldsymbol{k}\cdot\boldsymbol{E}=0$ 即

$$\boldsymbol{k}\cdot\boldsymbol{E}=0 \tag{6-30}$$

上式表明电磁波的电场矢量 $\boldsymbol{E}$ 与波矢量方向垂直。由 $\boldsymbol{k}\cdot\boldsymbol{r}=k_xx+k_yy+k_zz=C$ 可知该电磁波的等相面仍为平面，且与矢量 $\boldsymbol{k}$ 垂直，故得波矢量的方向沿波的传播方向，如图 6-1 所示。

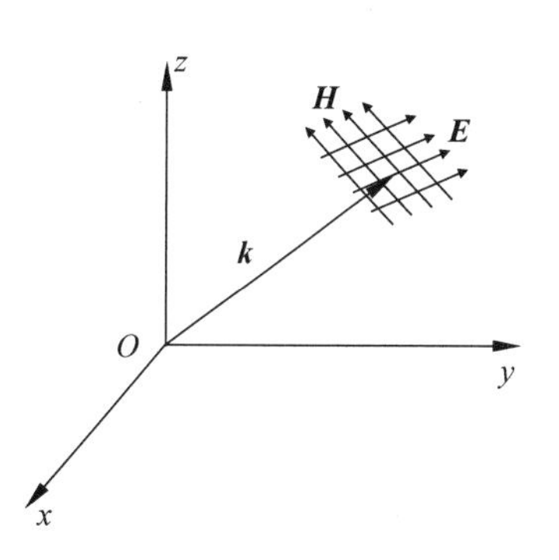

图 6-1　空间任意方向的均匀平面波和波矢量

式(6-29)的实数形式可写为

$$\boldsymbol{E}=\boldsymbol{E}_{\mathrm{m}}\cos(\omega t-\boldsymbol{k}\cdot\boldsymbol{r}) \tag{6-31}$$

式(6-20)为式(6-29)的特例，可见用波矢量描述波的传播更为方便。

对于空间某一固定点，场量仅随时间按余弦规律变化，其周期为

$$T=\frac{2\pi}{\omega} \tag{6-32}$$

相应的频率则为

$$f=\frac{1}{T}=\frac{\omega}{2\pi} \tag{6-33}$$

将上式与式(6-21)代入式(6-15)可得

$$v=f\lambda \tag{6-34}$$

考虑到式(6-15)，则有

$$\lambda=\frac{v}{f}=\frac{1}{f\sqrt{\varepsilon\mu}}=\frac{c}{f\sqrt{\varepsilon_{\mathrm{r}}\mu_{\mathrm{r}}}}=\frac{\lambda_0}{\sqrt{\varepsilon_{r}\mu_{r}}} \tag{6-35}$$

式中，$\lambda_0=\frac{c}{f}$是电磁波在自由空间中的波长。相应地有

$$k=\beta=\frac{\omega}{v}=2\pi f\sqrt{\varepsilon\mu}=\frac{\omega}{c}\sqrt{\varepsilon_{\mathrm{r}}\mu_{\mathrm{r}}}=\frac{2\pi}{\lambda_0}\sqrt{\varepsilon_{\mathrm{r}}\mu_{\mathrm{r}}}=k_0\sqrt{\varepsilon_{\mathrm{r}}\mu_{\mathrm{r}}} \tag{6-36}$$

式中，$k_0=\frac{\omega}{c}=\frac{2\pi}{\lambda_0}$是电磁波在自由空间中的波数。可见，电磁波的波长 λ、相移常数 β、波数 k 与电磁波的频率及它所处媒质的参量 ε、μ 有关。介质中电磁波的波长 λ 小于它在自由空间中的波长 λ_0，而波数 k 或相移常数 β 却大于它在自由空间中的波数 k_0。

至于磁场强度矢量 $\boldsymbol{H}$ 可由式(6-29)和麦克斯韦第二方程的复数形式 $\nabla\times\boldsymbol{E}=-\mathrm{j}\omega\mu\boldsymbol{H}$ 求得：

$$
\begin{aligned}
\boldsymbol{H} &= \frac{\mathrm{j}}{\omega\mu}\nabla\times(\boldsymbol{E}_{\mathrm{m}}\mathrm{e}^{-\mathrm{j}\boldsymbol{k}\cdot\boldsymbol{r}}) = \frac{\mathrm{j}}{\omega\mu}(\nabla\mathrm{e}^{-\mathrm{j}\boldsymbol{k}\cdot\boldsymbol{r}}\times\boldsymbol{E}_{\mathrm{m}} + \mathrm{e}^{-\mathrm{j}\boldsymbol{k}\cdot\boldsymbol{r}}\nabla\times\boldsymbol{E}_{\mathrm{m}}) \\
&= \frac{1}{\omega\mu}\mathrm{e}^{-\mathrm{j}\boldsymbol{k}\cdot\boldsymbol{r}}\boldsymbol{k}\times\boldsymbol{E}_{\mathrm{m}} = \frac{1}{\omega\mu}\boldsymbol{k}\times\boldsymbol{E}_{\mathrm{m}}\mathrm{e}^{-\mathrm{j}\boldsymbol{k}\cdot\boldsymbol{r}} = \frac{1}{\omega\mu}\boldsymbol{k}\times\boldsymbol{E} \\
&= \frac{k}{\omega\mu}\boldsymbol{e}_k\times\boldsymbol{E}
\end{aligned} \tag{6-37}
$$

式中，$\boldsymbol{e}_k=\dfrac{\boldsymbol{k}}{k}$是波的传播方向上即波矢量$\boldsymbol{k}$的单位矢量。

由式(6-30)、式(6-37)可见，磁场与电场相互垂直，且与波矢量垂直，$\boldsymbol{E}$、$\boldsymbol{H}$、$\boldsymbol{k}$服从右手螺旋定则，如图6-2所示。

定义

$$
Z=\frac{E}{H}=\frac{\omega\mu}{k}=\sqrt{\frac{\mu}{\varepsilon}} \tag{6-38}
$$

为电磁波在介质中的波阻抗，此值取决于媒质参量ε和μ。在自由空间中，波阻抗为

$$
Z_0=\sqrt{\frac{\mu_0}{\varepsilon_0}}=120\pi\Omega\approx 377\Omega \tag{6-39}
$$

于是式(6-38)又可以表示为

$$
Z=\sqrt{\frac{\mu_{\mathrm{r}}}{\varepsilon_{\mathrm{r}}}}Z_0 \tag{6-40}
$$

式(6-38)表明，$\boldsymbol{E}$的值是$\boldsymbol{H}$的值的Z倍。当电磁波沿$+z$方向传播时，如果$\boldsymbol{E}$只有E_x^+分量，则由式(6-37)知$\boldsymbol{H}$仅有H_y^+分量，即$\boldsymbol{E}$沿$+x$方向时，$\boldsymbol{H}$沿$+y$方向；而$\boldsymbol{E}$只有E_y^+分量，则$\boldsymbol{H}$仅有H_x^+分量，即$\boldsymbol{E}$沿$+y$方向时，$\boldsymbol{H}$沿$-x$方向。均匀平面波的电场矢量$\boldsymbol{E}$和磁场矢量$\boldsymbol{H}$在时间上同相位，在空间互相垂直，如图6-3所示。

动画视频

动画视频

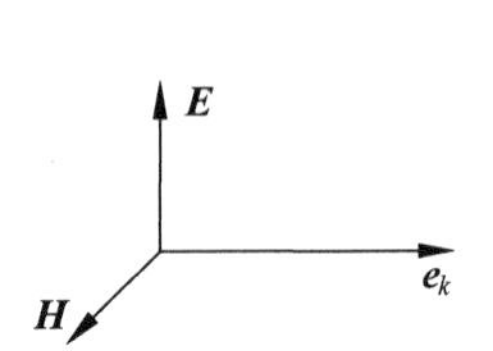

图6-2 $\boldsymbol{E}$与$\boldsymbol{H}$及$\boldsymbol{k}$三者垂直的关系

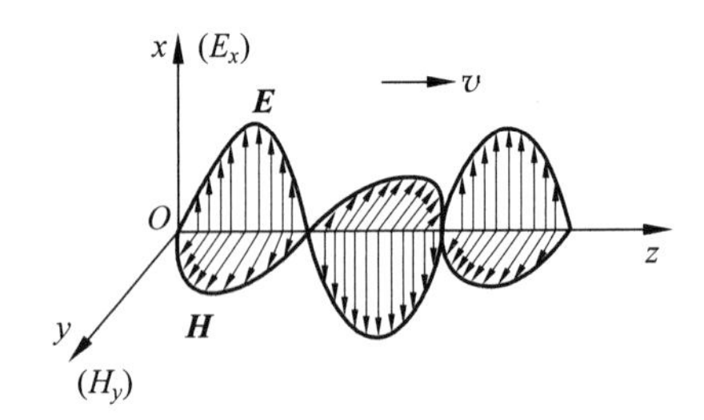

图6-3 均匀平面波的电场和磁场

在一般情况下，波的传播方向沿其波矢量$\boldsymbol{k}$的方向为空间任意方向，当由电场矢量$\boldsymbol{E}$去求磁场矢量$\boldsymbol{H}$时，式(6-37)又可以表示为

$$
\boldsymbol{H}=\frac{1}{Z}\boldsymbol{e}_k\times\boldsymbol{E} \tag{6-41}
$$

类似地，若将均匀平面波的磁场强度矢量$\boldsymbol{H}$写为复矢量式，即

$$
\boldsymbol{H}=\boldsymbol{H}_{\mathrm{m}}\mathrm{e}^{-\mathrm{j}\boldsymbol{k}\cdot\boldsymbol{r}} \tag{6-42}
$$

由磁场矢量$\boldsymbol{H}$去求电场矢量$\boldsymbol{E}$时，则由麦克斯韦第一方程的复数形式$\nabla\times\boldsymbol{H}=\mathrm{j}\omega\varepsilon\boldsymbol{E}$，同理可得

$$
\boldsymbol{E}=-\frac{\mathrm{j}}{\omega\varepsilon}\nabla\times\boldsymbol{H}=-\frac{1}{\omega\varepsilon}\boldsymbol{k}\times\boldsymbol{H}=-\frac{k}{\omega\varepsilon}\boldsymbol{e}_k\times\boldsymbol{H}=Z\boldsymbol{H}\times\boldsymbol{e}_k \tag{6-43}
$$

重点归纳：在平面电磁波中，式(6-41)、式(6-43)给出了由已知的 $\boldsymbol{E}$ 如何求出 $\boldsymbol{H}$ 的方法及相反情形，非常重要。但具体应用时不用死记，只要将式(6-1)中前两方程按照$\nabla\to -\mathrm{j}\boldsymbol{k}$，$\frac{\partial}{\partial t}\to \mathrm{j}\omega$ 代换，即可得到。

例 6.1　设空气中一沿 $+z$ 方向传播的正弦均匀平面波电场强度的表达式为 $\boldsymbol{E}=E_{\mathrm{m}}\sin(\omega t-\beta z)\boldsymbol{e}_x$，现于空中置一长为 a、宽为 b 的矩形线圈，且其平面与 $y=0$ 的平面重合，线圈的一个宽边与 x 轴重合，如图 6-4 所示。试求此线圈中的感应电动势的大小。

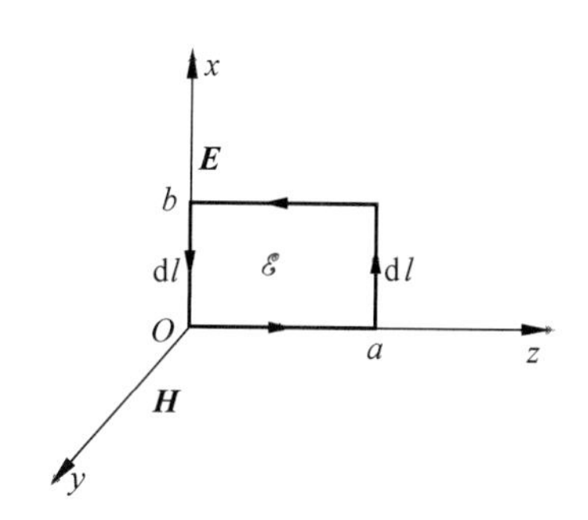

图 6-4　求矩形线圈中的感应电动势

解　方法 1：利用感应电场的积分。

由已知 $\boldsymbol{E}=E_{\mathrm{m}}\sin(\omega t-\beta z)\boldsymbol{e}_x$，得 $\boldsymbol{H}$ 沿 $+y$ 方向，如图 6-4 所示。不妨选逆时针方向为电动势的参考方向，因为线圈的两长边与 $\boldsymbol{E}$ 垂直，故在两长边上处处有 $\boldsymbol{E}\cdot\mathrm{d}\boldsymbol{l}=0$，于是矩形线圈中的感应电动势为

$$\mathscr{E}=\oint_l \boldsymbol{E}\cdot\mathrm{d}\boldsymbol{l}=\int_b^0 E_{\mathrm{m}}\sin\omega t\,\mathrm{d}x+\int_0^b E_{\mathrm{m}}\sin(\omega t-\beta a)\,\mathrm{d}x$$

$$=-bE_{\mathrm{m}}[\sin\omega t-\sin(\omega t-\beta a)]=-2bE_{\mathrm{m}}\sin\frac{\beta a}{2}\cos\left(\omega t-\frac{\beta a}{2}\right)$$

可见感应电动势与线圈的宽边 b 成正比，且当$\frac{\beta a}{2}=\frac{2\pi}{\lambda_0}\cdot\frac{a}{2}=\frac{\pi a}{\lambda_0}=\left(n+\frac{1}{2}\right)\pi$，其中，$n=0,1,2,\cdots$，即 $a=\left(n+\frac{1}{2}\right)\lambda_0$ 时，矩形线圈中的感应电动势的幅值最大。

方法 2：利用法拉第电磁感应定律。

由$\nabla\times\boldsymbol{E}=-\frac{\partial\boldsymbol{B}}{\partial t}$得$\frac{\partial\boldsymbol{B}}{\partial t}=\beta E_{\mathrm{m}}\cos(\omega t-\beta z)\boldsymbol{e}_y$，$\boldsymbol{B}$ 沿 $+y$ 方向，于是矩形线圈中的感应电动势为

$$\mathscr{E}=-\int_S\frac{\partial\boldsymbol{B}}{\partial t}\cdot\mathrm{d}\boldsymbol{S}=-\int_0^a\beta E_{\mathrm{m}}\cos(\omega t-\beta z)b\,\mathrm{d}z=bE_{\mathrm{m}}[\sin(\omega t-\beta a)-\sin\omega t]$$

$$=-2bE_{\mathrm{m}}\sin\frac{\beta a}{2}\cos\left(\omega t-\frac{\beta a}{2}\right)$$

本例是接收天线的基本原理，详见第 7 章。

6.1.3　均匀平面波的能量密度和能流密度

根据第 5 章知，对于线性、各向同性的介质中时变电磁场的电场和磁场的能量密度分别为 $w_{\mathrm{e}}=\frac{1}{2}\varepsilon E^2$ 与 $w_{\mathrm{m}}=\frac{1}{2}\mu H^2$。由式(6-38)可得

$$w_{\mathrm{e}}=w_{\mathrm{m}}\tag{6-44}$$

这表明均匀平面波的电场和磁场的能量密度在空间任何场点、任何时刻总是相等的。故均匀平面波能量密度的瞬时值为

$$w=w_{\mathrm{e}}+w_{\mathrm{m}}=2w_{\mathrm{e}}=2w_{\mathrm{m}}=\varepsilon E^2=\mu H^2\tag{6-45}$$

即

$$w = \varepsilon E_m^2 \cos^2(\omega t - \boldsymbol{k} \cdot \boldsymbol{r}) = \mu H_m^2 \cos^2(\omega t - \boldsymbol{k} \cdot \boldsymbol{r}) \tag{6-46}$$

其时间平均值为

$$\bar{w} = \frac{1}{T}\int_0^T \varepsilon E_m^2 \cos^2(\omega t - \boldsymbol{k} \cdot \boldsymbol{r}) dt = \frac{1}{2}\varepsilon E_m^2 = \frac{1}{2}\mu H_m^2 \tag{6-47}$$

在某一瞬时,电磁波的能量密度沿传播方向的分布如图 6-5 所示。

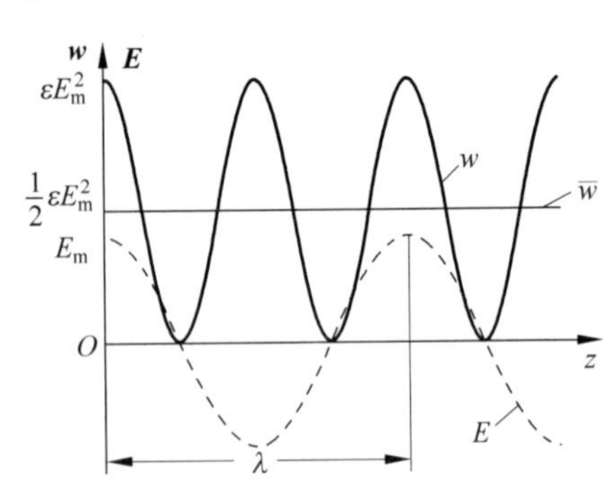

图 6-5 能量密度沿传播方向的分布

由式(6-38)可得均匀平面波的能流密度的瞬时值为

$$\boldsymbol{S} = \boldsymbol{E} \times \boldsymbol{H} = \frac{E^2}{Z}\boldsymbol{e}_k = ZH^2\boldsymbol{e}_k \tag{6-48}$$

同样可得能流密度的时间平均值为

$$\bar{\boldsymbol{S}} = \frac{E_m^2}{2Z}\boldsymbol{e}_k = \frac{1}{2}ZH_m^2\boldsymbol{e}_k \tag{6-49}$$

注意到 $Z = \sqrt{\frac{\mu}{\varepsilon}}$ 和 $v = \frac{1}{\sqrt{\varepsilon\mu}}$,由式(6-45)与式(6-48)可得

$$\boldsymbol{S} = w\boldsymbol{v} \tag{6-50}$$

可见,在理想介质或真空中,电磁波的能流密度等于其能量密度与波速的乘积;电磁波的传播伴随着电磁能量的流动。同样上式也可以表示为

$$\bar{\boldsymbol{S}} = \bar{w}\boldsymbol{v} \tag{6-51}$$

采用复矢量形式

$$\boldsymbol{E} = \boldsymbol{E}_m e^{j(\omega t - \boldsymbol{k} \cdot \boldsymbol{r})}$$

$$\boldsymbol{H} = \boldsymbol{H}_m e^{j(\omega t - \boldsymbol{k} \cdot \boldsymbol{r})}$$

可以证明,能量密度和能流密度的平均值分别为

$$\bar{w} = \frac{1}{4}\mathrm{Re}(\boldsymbol{E} \cdot \boldsymbol{D}^* + \boldsymbol{B} \cdot \boldsymbol{H}^*) \tag{6-52}$$

和

$$\bar{\boldsymbol{S}} = \frac{1}{2}\mathrm{Re}(\boldsymbol{E} \times \boldsymbol{H}^*) \tag{6-53}$$

例 6.2 已知自由空间中均匀平面波的磁场强度矢量为

$$\boldsymbol{H} = (3\boldsymbol{e}_x + B\boldsymbol{e}_y + 6\boldsymbol{e}_z)\sin(2.1 \times 10^9 t + 6x - 3y - 2z)\mathrm{A/m}$$

试求该电磁波的频率 f、波长 λ_0、波矢量 $\boldsymbol{k}_0$、电场强度矢量 $\boldsymbol{E}$、能量密度 w 和坡印亭矢量 $\boldsymbol{S}$。

解 均匀平面波的频率为

$$f = \frac{\omega}{2\pi} = \frac{2.1 \times 10^9}{2\pi} = 3.34 \times 10^8\,\mathrm{Hz} = 334\mathrm{MHz}$$

由 $\boldsymbol{k}_0 \cdot \boldsymbol{r} = k_x x + k_y y + k_z z = -6x + 3y + 2z$,比较可得

$$k_x = -6, \quad k_y = 3, \quad k_z = 2$$

于是自由空间中均匀平面波的波矢量为

$$\boldsymbol{k}_0 = k_x\boldsymbol{e}_x + k_y\boldsymbol{e}_y + k_z\boldsymbol{e}_z = (-6\boldsymbol{e}_x + 3\boldsymbol{e}_y + 2\boldsymbol{e}_z)\mathrm{m}^{-1}$$

波矢量 $\boldsymbol{k}_0$ 的模及其单位矢量分别为

$$k_0=\sqrt{k_x^2+k_y^2+k_z^2}=\sqrt{36+9+4}=7\text{m}^{-1}$$

$$\boldsymbol{e}_k=\frac{\boldsymbol{k}_0}{k_0}=\frac{1}{7}(-6\boldsymbol{e}_x+3\boldsymbol{e}_y+2\boldsymbol{e}_z)$$

自由空间中均匀平面波的波长则为

$$\lambda_0=\frac{2\pi}{k_0}=\frac{2\pi}{7}=0.898\text{m}$$

由 $\boldsymbol{k}_0\cdot\boldsymbol{H}=0$，可得 $-18+3B+12=0$，故 $B=2$。因此，平面波的磁场强度为

$$\boldsymbol{H}=(3\boldsymbol{e}_x+2\boldsymbol{e}_y+6\boldsymbol{e}_z)\sin(2.1\times10^9t+6x-3y-2z)\text{A/m}$$

于是，均匀平面波的电场强度为

$$\begin{aligned}\boldsymbol{E}&=Z_0\boldsymbol{H}\times\boldsymbol{e}_k\\&=377(3\boldsymbol{e}_x+2\boldsymbol{e}_y+6\boldsymbol{e}_z)\times\frac{1}{7}(-6\boldsymbol{e}_x+3\boldsymbol{e}_y+2\boldsymbol{e}_z)\sin(2.1\times10^9t+6x-3y-2z)\\&=377(-2\boldsymbol{e}_x-6\boldsymbol{e}_y+3\boldsymbol{e}_z)\sin(2.1\times10^9t+6x-3y-2z)\text{V/m}\end{aligned}$$

均匀平面电磁波的能量密度和能流密度矢量分别为

$$\begin{aligned}w&=\mu_0H^2=\mu_0H_\text{m}^2\sin^2(2.1\times10^9t+6x-3y-2z)\\&=4\pi\times10^{-7}(9+4+36)\sin^2(2.1\times10^9t+6x-3y-2z)\\&=6.1\times10^{-5}\sin^2(2.1\times10^9t+6x-3y-2z)\text{J/m}^3\end{aligned}$$

$$\begin{aligned}\boldsymbol{S}&=Z_0H^2\boldsymbol{e}_k\\&=377(9+4+36)\frac{1}{7}(-6\boldsymbol{e}_x+3\boldsymbol{e}_y+2\boldsymbol{e}_z)\sin^2(2.1\times10^9t+6x-3y-2z)\\&=377\times7(-6\boldsymbol{e}_x+3\boldsymbol{e}_y+2\boldsymbol{e}_z)\sin^2(2.1\times10^9t+6x-3y-2z)\\&=2.64\times10^3(-6\boldsymbol{e}_x+3\boldsymbol{e}_y+2\boldsymbol{e}_z)\sin^2(2.1\times10^9t+6x-3y-2z)\text{W/m}^2\end{aligned}$$

例 6.3　已知非磁性理想介质中均匀平面波的电场强度矢量为

$$\boldsymbol{E}=(2\boldsymbol{e}_x+6\boldsymbol{e}_y+9\boldsymbol{e}_z)\text{e}^{\text{j}(1.1\times10^9t-6x-7y+Cz)}\text{V/m}$$

试求该电磁波的频率 f、波长 λ、波矢量 $\boldsymbol{k}$、磁场强度矢量 $\boldsymbol{H}$、能量密度的平均值 $\bar{w}$ 和能流密度矢量的平均值 $\bar{\boldsymbol{S}}$ 以及介质的相对介电常数 ε_r。

解　均匀平面电磁波的频率为

$$f=\frac{\omega}{2\pi}=\frac{1.1\times10^9}{2\pi}=1.75\times10^8\text{Hz}=175\text{MHz}$$

由 $\boldsymbol{E}\cdot\boldsymbol{k}=12+42-9C=0$，可得 $C=6$。于是电场强度矢量为

$$\boldsymbol{E}=(2\boldsymbol{e}_x+6\boldsymbol{e}_y+9\boldsymbol{e}_z)\text{e}^{\text{j}(1.1\times10^9t-6x-6y+6z)}\text{V/m}$$

再由 $\boldsymbol{k}\cdot\boldsymbol{r}=k_xx+k_yy+k_zz=6x+7y-6z$，得

$$k_x=6,\quad k_y=7,\quad k_z=-6$$

于是，介质中均匀平面波的波矢量为

$$\boldsymbol{k}=k_x\boldsymbol{e}_x+k_y\boldsymbol{e}_y+k_z\boldsymbol{e}_z=(6\boldsymbol{e}_x+7\boldsymbol{e}_y-6\boldsymbol{e}_z)\text{m}^{-1}$$

介质中波矢量 $\boldsymbol{k}$ 的模及其单位矢量分别为

$$k=\sqrt{k_x^2+k_y^2+k_z^2}=\sqrt{36+49+36}=\sqrt{121}=11\text{m}^{-1}$$

$$\boldsymbol{e}_k=\frac{\boldsymbol{k}}{k}=\frac{1}{11}(6\boldsymbol{e}_x+7\boldsymbol{e}_y-6\boldsymbol{e}_z)$$

介质中均匀平面波的波长则为

$$\lambda=\frac{2\pi}{k}=\frac{2\pi}{11}=0.571\mathrm{m}$$

由 $k=\frac{\omega}{c}\sqrt{\varepsilon_r\mu_r}$ 和 $\mu_r=1$，可得非磁性介质的相对介电常数为

$$\varepsilon_r=\left(\frac{kc}{\omega}\right)^2=\left(\frac{11\times3\times10^8}{1.1\times10^9}\right)^2=9$$

因此，介质中的波阻抗为

$$Z=\sqrt{\frac{\mu_r}{\varepsilon_r}}Z_0=\frac{377}{\sqrt{9}}=\frac{377}{3}=125.7\Omega$$

所以，均匀平面波的磁场强度矢量为

$$\begin{aligned}\boldsymbol{H}&=\frac{1}{Z}\boldsymbol{e}_k\times\boldsymbol{E}\\&=\frac{1}{125.7}\times\frac{1}{11}(6\boldsymbol{e}_x+7\boldsymbol{e}_y-6\boldsymbol{e}_z)\times(2\boldsymbol{e}_x+6\boldsymbol{e}_y+9\boldsymbol{e}_z)\mathrm{e}^{\mathrm{j}(1.1\times10^9t-6x-7y+6z)}\\&=8\times10^{-3}(9\boldsymbol{e}_x-6\boldsymbol{e}_y+2\boldsymbol{e}_z)\mathrm{e}^{\mathrm{j}(1.1\times10^9t-6x-7y+6z)}\mathrm{A/m}\end{aligned}$$

介质中均匀平面波的能量密度和能流密度矢量的平均值分别为

$$\bar{w}=\frac{1}{2}\varepsilon E_m^2=\frac{1}{2}\times9\times8.854\times10^{-12}\times(4+36+81)=4.82\times10^{-9}\mathrm{J/m^3}$$

$$\begin{aligned}\bar{\boldsymbol{S}}&=\frac{1}{2}\mathrm{Re}(\boldsymbol{E}\times\boldsymbol{H}^*)=\frac{E_m^2}{2Z}\boldsymbol{e}_k=\frac{4+36+81}{2\times125.7}\times\frac{1}{11}(6\boldsymbol{e}_x+7\boldsymbol{e}_y-6\boldsymbol{e}_z)\\&=4.38\times10^{-2}(6\boldsymbol{e}_x+7\boldsymbol{e}_y-6\boldsymbol{e}_z)\mathrm{W/m^2}\end{aligned}$$

动画视频

6.1.4 均匀平面电磁波的极化

波的极化是描述电磁波传播过程中电场强度 $\boldsymbol{E}$(或磁场 $\boldsymbol{H}$)的方向变化轨迹。在光学中由于电场的感光效果在人眼中明显，因此一般选择用 $\boldsymbol{E}$ 的变化来表示，光学中称为偏振。例如，前面讨论的 TEM 波没有纵向分量，而只有横向分量。若 $\boldsymbol{E}$ 仅有 E_x 分量时，称波在 x 方向极化；若 $\boldsymbol{E}$ 仅有 E_y 分量时，则称波在 y 方向极化。这只是两种特殊情形。在一般情形下，E_x 和 E_y 两个分量都可能存在，而且这两个分量的振幅和相位不一定相同。例如，由天线发射的电磁波或在收讯点接收到的电磁波，$\boldsymbol{E}$ 和 $\boldsymbol{H}$ 都可能有两个横向分量。此种情况下的极化就不能一概而论，需要具体分析。

考虑简单情形，假设均匀平面波沿 $+z$ 方向传播，则电场强度矢量 $\boldsymbol{E}$ 的一般瞬时值式和复矢量式可分别表示为

$$\boldsymbol{E}=E_{xm}\cos(\omega t-\beta z)\boldsymbol{e}_x+E_{ym}\cos(\omega t-\beta z-\psi)\boldsymbol{e}_y \tag{6-54}$$

和

$$\boldsymbol{E}=(E_{xm}\boldsymbol{e}_x+E_{ym}\mathrm{e}^{-\mathrm{j}\psi}\boldsymbol{e}_y)\mathrm{e}^{-\mathrm{j}\beta z} \tag{6-55}$$

式中，ψ 是 E_y 分量较 E_x 分量滞后的相位角。对于一般情形下波的极化，实质上就是确定电场强度合矢量末端的轨迹。可分为下述三种情形来讨论。

1. 椭圆极化波

一般情况下，电场强度 $\boldsymbol{E}$ 的两个横向分量 E_x 和 E_y 的振幅与相位都不相同，即 $\psi\neq0$、

$\pi, E_{xm} \neq E_{ym}$，电场分量的瞬时值式分别为

$$E_x = E_{xm}\cos(\omega t - \beta z) \quad \text{和} \quad E_y = E_{ym}\cos(\omega t - \beta z - \psi)$$

在 $z=0$ 的等相面上，有

$$E_x = E_{xm}\cos\omega t \quad \text{和} \quad E_y = E_{ym}\cos(\omega t - \psi)$$

为消去上面两式中的 ωt，将上面两式先化为

$$\cos\omega t = \frac{E_x}{E_{xm}}, \quad \sin\omega t = \sqrt{1-\cos^2\omega t} = \sqrt{1-\frac{E_x^2}{E_{xm}^2}}$$

以及

$$\frac{E_y}{E_{ym}} = \cos(\omega t - \psi) = \cos\omega t\cos\psi + \sin\omega t\sin\psi$$

$$= \frac{E_x}{E_{xm}}\cos\psi + \sqrt{1-\frac{E_x^2}{E_{xm}^2}}\sin\psi$$

即

$$\frac{E_y}{E_{ym}} - \frac{E_x}{E_{xm}}\cos\psi = \sqrt{1-\frac{E_x^2}{E_{xm}^2}}\sin\psi$$

由此得

$$\frac{E_x^2}{E_{xm}^2} - \frac{2E_xE_y}{E_{xm}E_{ym}}\cos\psi + \frac{E_y^2}{E_{ym}^2} = \sin^2\psi \tag{6-56}$$

这是一个椭圆方程。表明合成场强矢量 $\boldsymbol{E}$ 的末端在一个椭圆上旋转，如图 6-6 所示。当 $\psi>0$（即 E_y 滞后于 E_x）时，若迎着波的传播方向看去，$\boldsymbol{E}$ 矢量沿逆时针方向旋转。此时 $\boldsymbol{E}$ 矢量的旋转方向与波的传播方向之间符合右手螺旋定则，称这种椭圆极化波为右旋椭圆极化波；反之，$\boldsymbol{E}$ 矢量沿顺时针方向旋转，则称为左旋椭圆极化波。

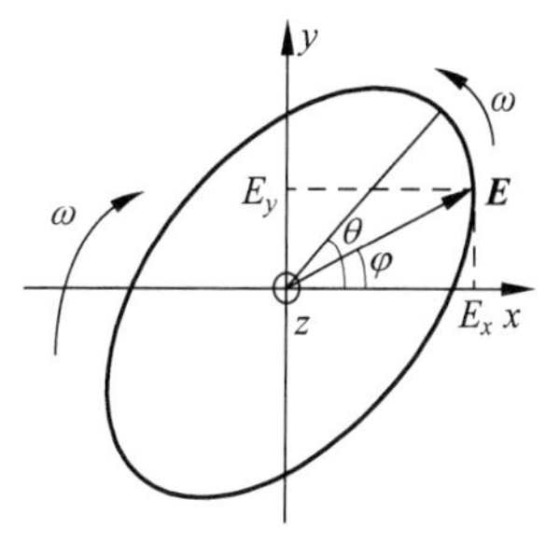

图 6-6　椭圆极化波

动画视频

一般地，椭圆的长轴并不一定与 x 轴重合。可以证明，长轴与 x 轴之间的夹角 θ 决定于下式：

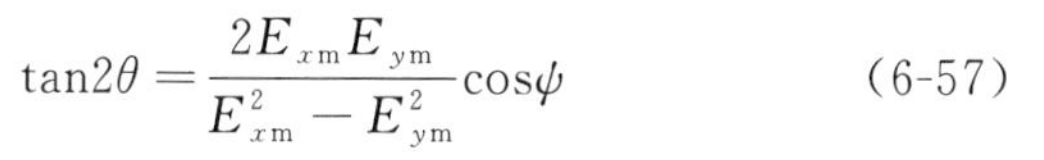

$$\tan 2\theta = \frac{2E_{xm}E_{ym}}{E_{xm}^2 - E_{ym}^2}\cos\psi \tag{6-57}$$

动画视频

重点提醒： 不同版本的教材中对左旋和右旋的定义有时不同，主要区别是相对于沿着波的传播方向或是迎着波的传播方向作为参考的，这一点读者一定要注意区分。

2. 线性极化波

若式(6-54)中电场强度 $\boldsymbol{E}$ 的两个横向分量的相位相同或反相，即 $\psi=0,\pi$，则式(6-54)变为

$$E_x = E_{xm}\cos(\omega t - \beta z) \quad \text{和} \quad E_y = \pm E_{ym}\cos(\omega t - \beta z)$$

在 $z=0$ 的等相面，有

$$E_x = E_{xm}\cos\omega t, \quad E_y = \pm E_{ym}\cos\omega t$$

它们的合成电场强度的量值为

$$E = \sqrt{E_x^2 + E_y^2} = \sqrt{E_{xm}^2 + E_{ym}^2}\cos\omega t \tag{6-58}$$

合成场强与 x 轴的夹角则为

$$\varphi = \arctan\frac{E_y}{E_x} = \pm\arctan\frac{E_{ym}}{E_{xm}} \tag{6-59}$$

动画视频

动画视频

可见,φ 是一个常数。尽管合成场强的大小随时间按正弦规律变化,但其方向始终保持在一条直线上,即 $\boldsymbol{E}$ 矢量末端的轨迹是一条斜率为 $\pm\frac{E_{ym}}{E_{xm}}$ 的直线,如图 6-7 所示。因此,称这种波为线性极化波。

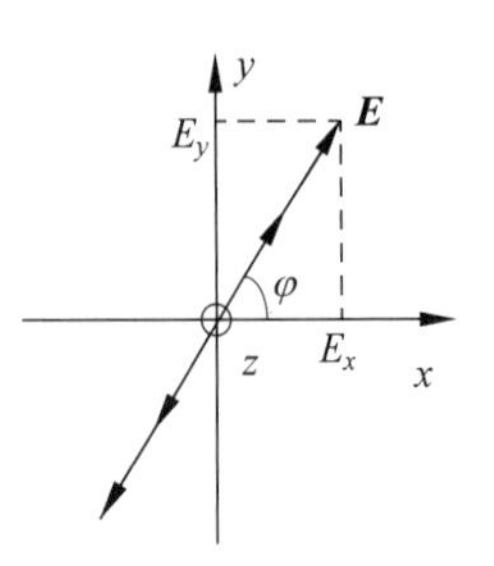

图 6-7 线性极化波

工程应用中,如果电场矢量只在水平方向上变化,即 $\varphi=0$ 时,称为水平极化波。如果电场矢量只在竖直方向上变化,即 $\varphi=\frac{\pi}{2}$,称为垂直极化波。例如,在中波广播信号的发射和接收过程中常使用垂直极化波;电视发射和接收常用水平极化波。

3. 圆极化波

若 $E_{xm}=E_{ym}=E_m$,且 $\psi=\pm\frac{\pi}{2}$,则式(6-54)变为

$$E_x = E_m\cos(\omega t-\beta z) \text{ 和 } E_y = E_m\cos\left(\omega t-\beta z\mp\frac{\pi}{2}\right) = \pm E_m\sin(\omega t-\beta z)$$

在 $z=0$ 的等相面上,则有

$$E_x = E_m\cos\omega t \quad \text{和} \quad E_y = \pm E_m\sin\omega t$$

它们的合成场强的大小为

$$E = \sqrt{E_x^2+E_y^2} = E_m \tag{6-60}$$

合成场强矢量 $\boldsymbol{E}$ 与 x 轴的夹角为

$$\varphi = \arctan\frac{E_y}{E_x} = \pm\omega t \tag{6-61}$$

动画视频

动画视频

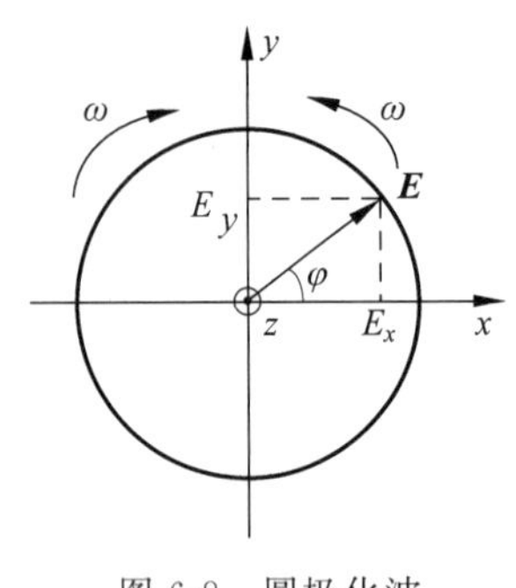

图 6-8 圆极化波

可见,合成场强矢量 $\boldsymbol{E}$ 的大小不随时间而变化,但 $\boldsymbol{E}$ 矢量的末端却在一个圆上以角速度 ω 旋转,如图 6-8 所示。因此,称这种波为圆极化波。如果迎着波的传播方向看去,当 E_y 较 E_x 滞后 90°时,即式(6-61)中取正号,$\boldsymbol{E}$ 矢量沿逆时针方向旋转,称这种圆极化波为右旋圆极化波(见图 6-8);反之,当 E_y 较 E_x 超前 90°时,即式(6-61)中取负号,$\boldsymbol{E}$ 矢量沿顺时针方向旋转,则称之为左旋圆极化波。

卫星通信中常用圆极化波,这是因为飞机、火箭等飞行器在飞行过程中其状态和位置在不断地改变,因此天线方位也在不断改变。此时如果用线极化信号通信,在某些情况下可能收不到信号,故这种情况下均采用圆极化天线。

可以看到,线性极化波和圆极化波都是椭圆极化波的特例。

以上是在垂直于电磁波传播方向的一个横平面($z=0$)上观察电场随时间的变化情况。但是无论哪一种极化波,在任何一个横平面上的瞬时情况都将沿着电磁波的传播方向以波速向前推进。因此,在固定时刻观察电场沿传播方向的空间分布与在任一横平面上观察电

场随时间的变化情况本质上是相同的。由此可知,对于空间时变场或电磁波的研究,可以在固定时刻观察它在传播方向上的空间分布,也可以在空间的某一固定点研究它随时间的变化情况。

例 6.4　证明:任一线性极化波可以分解为两个振幅相等、旋向相反的圆极化波的叠加。

证　设线性极化波的表达式为

$$\boldsymbol{E}=E_{xm}\cos(\omega t-\beta z)\boldsymbol{e}_x+E_{ym}\cos(\omega t-\beta z)\boldsymbol{e}_y$$

对上式进行矢量合成,得

$$\boldsymbol{E}=\sqrt{E_{xm}^2+E_{ym}^2}\cos(\omega t-\beta z)\boldsymbol{e}_\varphi$$

其中

$$\varphi=\arctan\frac{E_{ym}}{E_{xm}}$$

上式又可表示为

$$\boldsymbol{E}=\frac{1}{2}\left[\begin{array}{l}\sqrt{E_{xm}^2+E_{ym}^2}\cos(\omega t-\beta z)\boldsymbol{e}_\varphi+\sqrt{E_{xm}^2+E_{ym}^2}\sin(\omega t-\beta z)\boldsymbol{e}_{\varphi+\frac{\pi}{2}}+\\\sqrt{E_{xm}^2+E_{ym}^2}\cos(\omega t-\beta z)\boldsymbol{e}_\varphi-\sqrt{E_{xm}^2+E_{ym}^2}\sin(\omega t-\beta z)\boldsymbol{e}_{\varphi+\frac{\pi}{2}}\end{array}\right]$$

$$=\boldsymbol{E}_1+\boldsymbol{E}_2$$

其中

$$\boldsymbol{E}_1=\sqrt{E_{xm}^2+E_{ym}^2}\cos(\omega t-\beta z)\boldsymbol{e}_\varphi+\sqrt{E_{xm}^2+E_{ym}^2}\sin(\omega t-\beta z)\boldsymbol{e}_{\varphi+\frac{\pi}{2}}$$

$$\boldsymbol{E}_2=\sqrt{E_{xm}^2+E_{ym}^2}\cos(\omega t-\beta z)\boldsymbol{e}_\varphi-\sqrt{E_{xm}^2+E_{ym}^2}\sin(\omega t-\beta z)\boldsymbol{e}_{\varphi+\frac{\pi}{2}}$$

显然,$\boldsymbol{E}_1$ 在两个相互垂直的方向上振动,其幅值相等,相差为$\frac{\pi}{2}$,故为圆极化波,且为右旋;同理,$\boldsymbol{E}_2$ 表示左旋圆极化波。

类似地,可证两个旋向相反、振幅相等的圆极化波可合成一个线性极化波。

6.1.5　均匀平面电磁波的性质

综上所述,在无界的理想介质或自由空间中传播的均匀平面电磁波的性质可以归纳如下:

(1) 均匀平面波是横电磁(TEM)波,它的 $\boldsymbol{E}$ 矢量和 $\boldsymbol{H}$ 矢量没有传播方向上的(纵向)分量,仅有与传播方向垂直的(横向)分量;

(2) $\boldsymbol{E}$ 和 $\boldsymbol{H}$ 在空间上互相垂直,且 $\boldsymbol{E}\times\boldsymbol{H}$ 沿传播方向,在该方向上的波速为

$$v=\frac{1}{\sqrt{\varepsilon\mu}}=\frac{c}{\sqrt{\varepsilon_r\mu_r}}$$

(3) $\boldsymbol{E}$ 和 $\boldsymbol{H}$ 在时间上同相位,它们的大小之比为波阻抗,即

$$Z=\frac{E}{H}=\sqrt{\frac{\mu}{\varepsilon}}=\sqrt{\frac{\mu_r}{\varepsilon_r}}Z_0$$

其中 $Z_0=377\Omega$ 是自由空间的波阻抗;

(4) 在任何时刻、任何场点上,均匀平面电磁波的电场与磁场的能量密度总相等,即 $w_e = w_m$,而均匀平面电磁波的能量密度的瞬时值为 $w = 2w_e = 2w_m = \varepsilon E^2 = \mu H^2$,其时间平均值则为 $\bar{w} = \frac{1}{2}\varepsilon E_m^2 = \frac{1}{2}\mu H_m^2$;

(5) 均匀平面波的能流密度即坡印亭矢量 $\boldsymbol{S} = \boldsymbol{E} \times \boldsymbol{H}$ 沿传播方向,其瞬时值为 $\boldsymbol{S} = \frac{E^2}{Z}\boldsymbol{e}_k = ZH^2\boldsymbol{e}_k = w\boldsymbol{v}$,其时间平均值为 $\bar{\boldsymbol{S}} = \frac{E_m^2}{2Z}\boldsymbol{e}_k = \frac{1}{2}ZH_m^2\boldsymbol{e}_k = \bar{w}\boldsymbol{v}$,其中 $\boldsymbol{e}_k = \frac{\boldsymbol{k}}{k}$ 是电磁波传播方向上的单位矢量,$\boldsymbol{k}$ 是波矢量;

(6) 均匀平面波一般是椭圆极化波,线性极化波和圆极化波只是它的特例。

*6.1.6 双负电磁参数媒质中的均匀平面电磁波

双负电磁参数媒质是指一种介电常数和磁导率同时为负值的人工电磁材料。早在1967年,苏联物理学家 V. G. Veselago 首次报道了这类媒质中平面电磁波的传播问题,得出了一些理论性的预言。但由于自然界不存在该种特性的媒质,因此,几乎在近30年内没有被人们关注。直到1996年以后,英国科学家 Pendry 等人提出了一种巧妙的设计结构,可以实现负的介电常数与负的磁导率,美国加州大学圣迭戈分校的 David Smith 等根据 Pendry 等人的建议,利用以铜为主的复合材料首次制造出在微波波段具有负介电常数和负磁导率的媒质,从而证明了双负电磁参数材料的存在性。

在双负电磁参数媒质中,麦克斯韦方程组中的电磁参数 $\varepsilon<0, \mu<0$。对于时谐电磁场,由矢量分析可得电磁场所满足的亥姆霍兹方程仍为

$$\nabla^2\boldsymbol{E} + k^2\boldsymbol{E} = 0 \tag{6-62}$$

式中,$k^2 = \omega^2\varepsilon\mu$。当 $\varepsilon<0, \mu<0$ 时,k 的值仍为实数,故上式的解仍为行波。求解方程(6-62),可得

$$\boldsymbol{E} = \boldsymbol{E}_0 e^{-j\boldsymbol{k}\cdot\boldsymbol{r}} \tag{6-63}$$

类同于6.1.1节,由麦克斯韦方程组可得

$$\boldsymbol{k}\cdot\boldsymbol{E} = 0, \quad \boldsymbol{k}\cdot\boldsymbol{H} = 0, \quad \boldsymbol{k}\times\boldsymbol{E} = \omega\mu\boldsymbol{H}, \quad \boldsymbol{k}\times\boldsymbol{H} = -\omega\varepsilon\boldsymbol{E} \tag{6-64}$$

根据式(6-64)不难看到,当 $\varepsilon<0, \mu<0$ 时,$\boldsymbol{E}$、$\boldsymbol{H}$ 和 $\boldsymbol{k}$ 服从左手螺旋定则,如图6-9所示。故将这种媒质称为左手材料,或称左手媒质;而将常规的 $\varepsilon>0, \mu>0$ 的媒质称为右手材料。在左手材料中,坡印亭矢量仍为 $\boldsymbol{S} = \boldsymbol{E}\times\boldsymbol{H}$,即 $\boldsymbol{E}$、$\boldsymbol{H}$ 和 $\boldsymbol{S}$ 服从右手螺旋定则,故 $\boldsymbol{k}$ 与 $\boldsymbol{S}$ 方向相反。

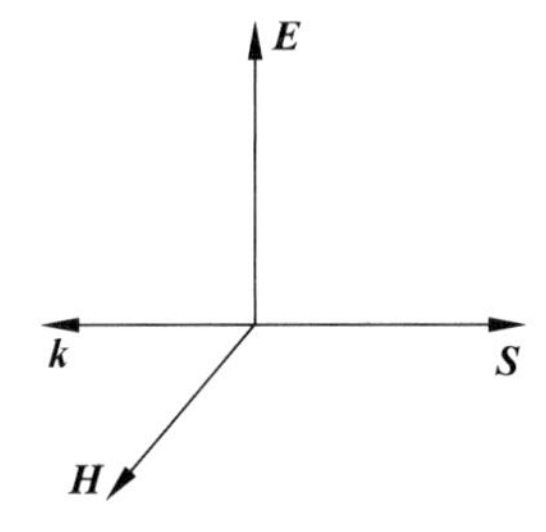

图6-9 左手材料中 $\boldsymbol{E}$、$\boldsymbol{H}$ 与 $\boldsymbol{k}$ 及 $\boldsymbol{S}$ 的关系

6.2 媒质的频散和电磁波的相速与群速

频散即色散,它又分为媒质的频散和波的频散。媒质的频散是指媒质的参量与频率有关,而波的频散是指电磁波的相速度与频率有关。如果媒质的参量 ε、μ 和 σ 与频率有关,则是频散媒质,其中传播的电磁波必然发生频散。

6.2.1　媒质的频散及其复介电常数

在经典电磁理论中，讨论媒质的频散是基于微观粒子的简单模型和经典力学理论进行推导的。根据洛伦兹的频散介质模型，分子是由若干重粒子（如原子核）和围绕它们旋转的一些轻粒子（电子）组成的。在无极分子中，电子和原子核的电荷总量不仅相等，而且正负电荷中心重合，对外不呈现电偶极矩。但在有外电场作用下，这些无极分子正负电荷中心分离，形成电偶极矩。由于原子核的质量远大于电子的质量，相对于电子的位移，可近似认为原子核不动。设电量为 e 的电子在外场的作用下离开平衡位置的位移为 $\boldsymbol{r}$，所产生的电偶极矩为 $\boldsymbol{p}=e\boldsymbol{r}$。以速度 $\boldsymbol{v}$ 运动的电子在电磁场中所受到的洛伦兹力为

$$\boldsymbol{F}=e(\boldsymbol{E}+\boldsymbol{v}\times\boldsymbol{B}) \tag{6-65}$$

因为真空中时变电磁场的电场强度与磁感应强度的大小之比为 $E/B=c$。由此可见，电场强度的幅值比磁感应强度的大得多，因而可以忽略磁场力。这只是粗略的分析模型，要严格计算电子在电场力的作用下所产生的位移是一复杂的量子力学问题。为简单计算，假定质量为 m 的电子离开平衡位置的运动过程服从牛顿第二定律，电子在外电场作用下的运动方程为

$$m\left(\frac{\mathrm{d}^2\boldsymbol{r}}{\mathrm{d}t^2}+d\,\frac{\mathrm{d}\boldsymbol{r}}{\mathrm{d}t}+\omega_0^2\boldsymbol{r}\right)=e\boldsymbol{E} \tag{6-66}$$

式中，ω_0 是电子绕其平衡点振动的角频率，d 是阻尼系数，左式第二项代表阻尼力，第三项代表弹性恢复力，第一项则为合力。

设电场为正弦场，即 $\boldsymbol{E}=\boldsymbol{E}_{\mathrm{m}}\mathrm{e}^{\mathrm{j}\omega t}$，并假定式(6-66)的解的形式为

$$\boldsymbol{r}=\boldsymbol{r}_{\mathrm{m}}\mathrm{e}^{\mathrm{j}\omega t} \tag{6-67}$$

将式(6-67)代入式(6-66)，可以解得

$$\boldsymbol{r}_{\mathrm{m}}=\frac{e}{m}\,\frac{\boldsymbol{E}_{\mathrm{m}}}{(\omega_0^2-\omega^2)+\mathrm{j}\omega d} \tag{6-68}$$

由此可得电极化强度矢量的最大值，即

$$\boldsymbol{P}_m=ne\boldsymbol{r}_{\mathrm{m}}=\frac{ne^2}{m}\,\frac{\boldsymbol{E}_{\mathrm{m}}}{(\omega_0^2-\omega^2)+\mathrm{j}\omega d} \tag{6-69}$$

式中，n 为单位体积中的电子数。由于 $\boldsymbol{P}_{\mathrm{m}}=\varepsilon_0\chi_{\mathrm{e}}\boldsymbol{E}_{\mathrm{m}}$，故可得电极化率为

$$\chi_{\mathrm{e}}=\frac{ne^2}{m\varepsilon_0}\,\frac{1}{(\omega_0^2-\omega^2)+\mathrm{j}\omega d} \tag{6-70}$$

因此，介质的相对介电常数为

$$\varepsilon_{\mathrm{r}}=1+\chi_{\mathrm{e}}=1+\frac{ne^2}{m\varepsilon_0}\,\frac{1}{(\omega_0^2-\omega^2)+\mathrm{j}\omega d} \tag{6-71}$$

可见，介质的相对介电常数是一个复数，且与频率有关，用复数的代数式可表示为

$$\varepsilon_{\mathrm{r}}(\omega)=\varepsilon_{\mathrm{r}}'(\omega)-\mathrm{j}\varepsilon_{\mathrm{r}}''(\omega) \tag{6-72}$$

提取式(6-72)的实部和虚部，可得

$$\varepsilon_{\mathrm{r}}'(\omega)=1+\frac{ne^2}{m\varepsilon_0}\,\frac{\omega_0^2-\omega^2}{(\omega_0^2-\omega^2)^2+\omega^2d^2} \tag{6-73}$$

和

$$\varepsilon_r''(\omega)=\frac{ne^2}{m\varepsilon_0}\frac{\omega d}{(\omega_0^2-\omega^2)^2+\omega^2 d^2} \tag{6-74}$$

由式(6-73)、式(6-74)可以看出，相对介电常数与频率有关，即介质具有频散特性，其相对介电常数与角频率的关系如图 6-10 所示。图 6-10 中除去在 ω_0 附近很窄的一段频率范围内，相对介电常数的实部 ε_r' 随频率的升高而急剧减小外，在其他范围都随频率升高而增大。ε_r' 随频率的升高而增大称为正常频散，ε_r' 随频率的升高而减小则称为反常频散。由于原子的吸收频率 ω_0 几乎全部落在紫外光谱区，所以从无线电的射频波谱直到可见光谱域内，一般介质的 ε_r' 总是大于 1。从图 6-10 中还可看出，在反常频散区域相对介电常数的虚部 ε_r'' 很大，这表明能量被带电粒子吸收很多，损耗很大，因此该曲线称为介质的吸收曲线。

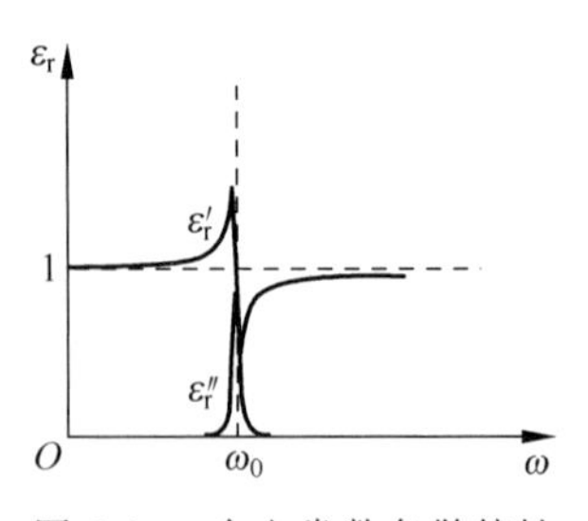

图 6-10 介电常数色散特性

电介质的复介电常数一般也可表示为

$$\varepsilon(\omega)=\varepsilon'(\omega)-\mathrm{j}\varepsilon''(\omega)=\varepsilon'(\omega)(1-\mathrm{j}\tan\delta_e)=|\varepsilon(\omega)|\mathrm{e}^{-\mathrm{j}\delta_e} \tag{6-75}$$

式中，δ_e 称为电损耗角。$\varepsilon(\omega)$ 的实部 $\varepsilon'(\omega)$ 表示介质原来介电常数的意义，$\varepsilon(\omega)$ 的虚部 $\varepsilon''(\omega)$ 反映出介质的损耗，即

$$\begin{cases}\varepsilon'(\omega)=\varepsilon_0\varepsilon_r'(\omega)\\ \varepsilon''(\omega)=\varepsilon_0\varepsilon_r''(\omega)\end{cases} \tag{6-76}$$

通常用损耗角正切值表示介质损耗的程度，即

$$\tan\delta_e=\frac{\varepsilon''(\omega)}{\varepsilon'(\omega)}=\frac{\varepsilon_r''(\omega)}{\varepsilon_r'(\omega)} \tag{6-77}$$

> **重点提醒**：电损耗角在解决实际应用问题中经常会用到。严格地说，在时变场情况下电介质的介电常数即使在理想介质中也不为实数，因为式(6-66)对于理想介质(无自由电荷)仍然成立。所以，实际上的介质都是存在电损耗角的，只不过在频率不很高时，可以忽略罢了。电介质的损耗随频率的升高而增大。在微波频率下，良好电介质的 $\tan\delta_e$ 在 10^{-3} 或 10^{-4} 及以下的数量级。

电介质在高频下损耗增大的原因可解释为介质中存在着阻尼力，电介质的极化跟不上外加高频电场的变化，因而极化强度 $\boldsymbol{P}$ 的变化在相位上总是落后于电场强度 $\boldsymbol{E}$。在很高的频率下，例如微波频率，介质的损耗变得显著起来，许多介质都因损耗太大而不能应用，需要采用如聚四氟乙烯、聚苯乙烯等损耗较小的介质。

> **重点提醒**：复介电常数 $\varepsilon_r(\omega)=\varepsilon_r'(\omega)-\mathrm{j}\varepsilon_r''(\omega)$ 中虚部之所以为负数，是由于假设外加电场中时间因子为 $\mathrm{e}^{\mathrm{j}\omega t}$ 的必然结果。理论上，时间复数因子可取 $\mathrm{e}^{\pm\mathrm{j}\omega t}$。在一些书籍中，作者习惯将时谐电磁场的时间因子取为 $\mathrm{e}^{-\mathrm{j}\omega t}$。这种情况下，复介电常数应为 $\varepsilon_r(\omega)=\varepsilon_r'(\omega)+\mathrm{j}\varepsilon_r''(\omega)$。而且，麦克斯韦方程中 $\frac{\partial}{\partial t}\to-\mathrm{j}\omega$，故第一方程、第二方程与本书中相差一负号。以下讨论的复磁导率和复电导率也类同。

6.2.2 磁介质的复磁导率

和电介质一样，磁介质的磁导率在高频下也是复数，即

$$\mu(\omega)=\mu'(\omega)-\mathrm{j}\mu''(\omega)$$
$$=\mu'(\omega)(1-\mathrm{j}\tan\delta_{\mathrm{m}})=|\mu(\omega)|\mathrm{e}^{-\mathrm{j}\delta_{\mathrm{m}}} \tag{6-78}$$

式中，δ_{m} 称为磁损耗角。同样，它的正切值表示磁介质损耗的大小，即

$$\tan\delta_{\mathrm{m}}=\frac{\mu''(\omega)}{\mu'(\omega)}=\frac{\mu''_{\mathrm{r}}(\omega)}{\mu'_{\mathrm{r}}(\omega)} \tag{6-79}$$

磁导率的损耗同样随频率的升高而增大。在微波频率下，良好磁介质的 $\tan\delta_{\mathrm{m}}$ 在 10^{-3} 或 10^{-4} 及以下的数量级。

6.2.3 导电媒质的频散及其等效复介电常数

在导体的晶格上有固定的正离子，而在其周围则有运动的自由电子。当有外电场作用时，引起自由电子逆外电场方向漂移，但这会受到晶格上正离子的反复碰撞和阻挡，使漂移电子的动量转移到晶格点上变为正离子的热振动，同时电子的运动也受到了阻尼。此阻尼作用与电子的速度成正比，可用 $-md\dfrac{\mathrm{d}\boldsymbol{r}}{\mathrm{d}t}$ 表示，其中 m 和 d 分别为电子的质量及阻尼系数。因此，电子的运动方程可表示为

$$m\frac{\mathrm{d}^2\boldsymbol{r}}{\mathrm{d}t^2}+md\frac{\mathrm{d}\boldsymbol{r}}{\mathrm{d}t}=e\boldsymbol{E} \tag{6-80}$$

对于正弦场 $\boldsymbol{E}=\mathrm{Re}(\boldsymbol{E}_{\mathrm{m}}\mathrm{e}^{\mathrm{j}\omega t})$，同样设 $\boldsymbol{r}=\mathrm{Re}(\boldsymbol{r}_{\mathrm{m}}\mathrm{e}^{\mathrm{j}\omega t})$，不难解得

$$\boldsymbol{r}_{\mathrm{m}}=\frac{-\mathrm{j}e}{m\omega}\frac{\boldsymbol{E}_{\mathrm{m}}}{d+\mathrm{j}\omega} \tag{6-81}$$

可得

$$\frac{\mathrm{d}\boldsymbol{r}_{\mathrm{m}}}{\mathrm{d}t}=\mathrm{j}\omega\boldsymbol{r}_{\mathrm{m}}=\frac{e}{m}\frac{\boldsymbol{E}_{\mathrm{m}}}{d+\mathrm{j}\omega} \tag{6-82}$$

设单位体积内的自由电子数为 n，则电流密度可表示为

$$\boldsymbol{J}_{\mathrm{m}}=\rho\boldsymbol{v}_{\mathrm{m}}=ne\frac{\mathrm{d}\boldsymbol{r}_{\mathrm{m}}}{\mathrm{d}t}=\frac{ne^2}{m}\frac{\boldsymbol{E}_{\mathrm{m}}}{d+\mathrm{j}\omega} \tag{6-83}$$

因此，导体的电导率为

$$\sigma=\frac{J_{\mathrm{m}}}{E_{\mathrm{m}}}=\frac{ne^2}{m(d+\mathrm{j}\omega)} \tag{6-84}$$

可见，导体的电导率亦为复数。但因金属导体的自由电子的惯性一直到接近红外波段都可以忽略，即式(6-80)中的 $m\dfrac{\mathrm{d}^2\boldsymbol{r}}{\mathrm{d}t^2}$ 项可略去，这时得

$$\sigma=\frac{ne^2}{md} \tag{6-85}$$

即电导率变为实数且与频率无关。当频率高于远红外波段或亚毫米波段，即波长短于0.25mm时，导体的电导率则成为复数，需按式(6-84)计算。

在时变场的情形下，与静电场的情形相似，导电媒质内部不带自由电荷，即 $\rho\approx0$。于是

在导电媒质中,麦克斯韦方程组的复数形式可表示为

$$\begin{cases}\nabla\times \boldsymbol{H}=\sigma \boldsymbol{E}+\mathrm{j}\omega\varepsilon \boldsymbol{E}=\mathrm{j}\omega\left(\varepsilon-\mathrm{j}\dfrac{\sigma}{\omega}\right)\boldsymbol{E}\\ \nabla\times \boldsymbol{E}=-\mathrm{j}\omega\mu \boldsymbol{H}\\ \nabla\cdot \boldsymbol{B}=0\\ \nabla\cdot \boldsymbol{D}=0\end{cases}\tag{6-86}$$

将上式与无界的理想介质中麦克斯韦方程组的复数形式

$$\begin{cases}\nabla\times \boldsymbol{H}=\mathrm{j}\omega\varepsilon \boldsymbol{E}\\ \nabla\times \boldsymbol{E}=-\mathrm{j}\omega\mu \boldsymbol{H}\\ \nabla\cdot \boldsymbol{B}=0\\ \nabla\cdot \boldsymbol{D}=0\end{cases}\tag{6-87}$$

对比,$\left(\varepsilon-\mathrm{j}\dfrac{\sigma}{\omega}\right)$可等效为一复介电常数,即

$$\varepsilon_{\mathrm{c}}=\varepsilon-\mathrm{j}\frac{\sigma}{\omega}=\varepsilon(1-\mathrm{j}\tan\delta_{\mathrm{c}})=|\varepsilon_{\mathrm{c}}|\mathrm{e}^{-\mathrm{j}\delta_{\mathrm{c}}}\tag{6-88}$$

ε_{c} 的实部与虚部分别和位移电流与传导电流相联系。上式中 δ_{c} 是导电媒质的损耗角,其正切值为

$$\tan\delta_{\mathrm{c}}=\frac{\sigma}{\omega\varepsilon}\tag{6-89}$$

由此可见,导电媒质的损耗角正切值实际上是传导电流密度 $\boldsymbol{J}$ 与位移电流密度 $\boldsymbol{J}_{\mathrm{D}}$ 的量值之比,即$|\sigma\boldsymbol{E}|\Big/\left|\dfrac{\partial \boldsymbol{D}}{\partial t}\right|$。若$\dfrac{\sigma}{\omega\varepsilon}\ll 1$,即其中传导电流远小于位移电流的媒质,则为电介质(绝缘体);$\sigma=0$ 的介质是理想介质;若$\dfrac{\sigma}{\omega\varepsilon}\gg 1$,即其中传导电流远大于位移电流的媒质,则为良导体;$\sigma=\infty$的导体是理想导体或完纯导体。由于金属原子的电子谐振频率远落在紫外光谱以外,故导体的介电常数可认为是 ε_0。在频率低于光频(10^{15} Hz)的范围内,良导体中的位移电流与传导电流相比是微不足道的。如果定量划分,一般认为$\dfrac{\sigma}{\omega\varepsilon}<\dfrac{1}{100}$的媒质为电介质;$\sigma=0$ 的介质是理想介质;$\dfrac{\sigma}{\omega\varepsilon}>100$ 的媒质为良导体;介于电介质和良导体之间的媒质$\left(\text{即}\dfrac{1}{100}<\dfrac{\sigma}{\omega\varepsilon}<100\right)$则为不良导体或半导电媒质。其实,良导体和不良导体及电介质之间并没有严格的界限,这里只是一种较方便的划分。媒质的性质与频率有关,导体和介质只不过是媒质在不同频率下的表现形式而已。例如,在光频以下是良导体的铜,在 X 射线范围却是电介质了。图 6-11 展示了几种媒质的损耗角正切值与频率的关系。需要说明,图 6-11 是在媒质的参量 ε 与 σ 不变的情况下绘出的。

6.2.4 电磁波的相速度和群速度

电磁波除有沿传播方向上的波速 $\boldsymbol{v}$ 外,还有相速度和群速度的定义。先讨论相速度 $\boldsymbol{v}_{\mathrm{p}}$,它是电磁波沿某一参考方向上等相面的推进速度。观察沿 $+z$ 方向行进的均匀平面波的电场 $E=E_{\mathrm{m}}\cos(\omega t-\beta z)$中的某个等相面(例如波峰)的推进速度。欲求相速可固定波的

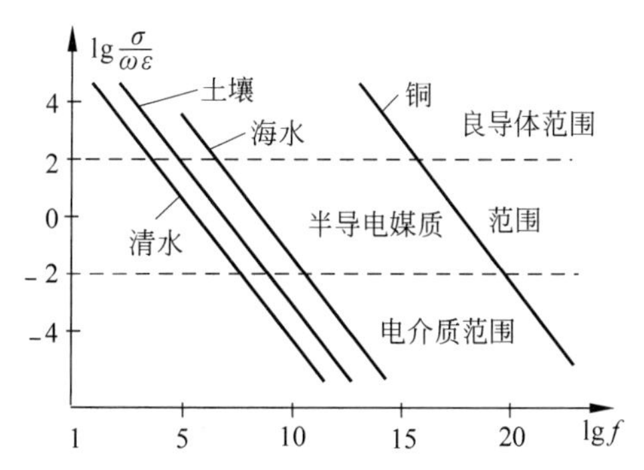

图 6-11　几种媒质的损耗角正切值与频率的关系

某一等相面，即令 $\varphi=\omega t-\beta z=C$（常数），将上式对时间求导数，故有

$$v_{\mathrm{p}}=\frac{\mathrm{d}z}{\mathrm{d}t}=\frac{\omega}{\beta} \tag{6-90}$$

相速度与频率有无关系，这要由相位常数 β 决定。电磁波的相速度随频率而变化的现象，称为频散或色散。在自由空间中，$\beta=\omega\sqrt{\varepsilon_0\mu_0}$，$v_{\mathrm{p}}=\dfrac{1}{\sqrt{\varepsilon_0\mu_0}}=c$，没有频散。在介质中，因为介电常数 ε 和磁导率 μ 一般是频率的函数，因此，不同频率的电磁波具有不同的相速。这就是波的频散现象。

在某些情况下，当电磁波的相速不是常数而是位置的函数时，可根据波的相位移来求得相速。沿 $+z$ 方向行进波位移 $\mathrm{d}z$ 时，其相位将有 $\mathrm{d}\varphi$ 的滞后，于是等相面行进这一距离所需要的时间为

$$\mathrm{d}t=T\frac{-\mathrm{d}\varphi}{2\pi}=-\frac{\mathrm{d}\varphi}{\omega}$$

故得

$$v_{\mathrm{p}}=\frac{\mathrm{d}z}{\mathrm{d}t}=-\frac{\omega}{\mathrm{d}\varphi/\mathrm{d}z} \tag{6-91}$$

由于沿 $+z$ 方向行进的波$\dfrac{\mathrm{d}\varphi}{\mathrm{d}z}$为负值，故 v_{p} 仍为正值。

在光学里，媒质的折射率 n 是自由空间的光速与媒质中的相速之比，即

$$n=\frac{c}{v_{\mathrm{p}}}=\sqrt{\varepsilon_{\mathrm{r}}\mu_{\mathrm{r}}} \tag{6-92}$$

对于非磁性媒质，$\mu_{\mathrm{r}}\approx1$，故有

$$n=\sqrt{\varepsilon_{\mathrm{r}}} \tag{6-93}$$

这就是麦克斯韦关系。顺便指出，如果 ε_{r} 是复数，则折射率也是复数；n 常常是在光频下测定的，而 ε_{r} 一般是在低频下测得的，而它又是频率的函数，所以在不同频率下测出的 n 与 ε_{r} 和上式不符，但上述关系却提供了测量 ε_{r} 及 v_{p} 的一种方法。

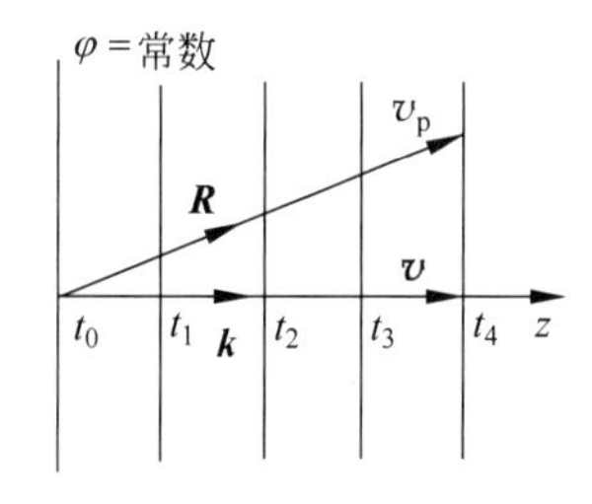

图 6-12　电磁波的相速与波速

如图 6-12 所示，电磁波的等相面沿传播方向即波矢量 $\boldsymbol{k}$ 的方向上的速度是波速 v，而沿某一参考方向 $\boldsymbol{R}$ 的速度是

相速 v_p。在传播方向上，$v=v_p$。如果它们的方向不同，而 v 又接近于光速，则 v_p 可以大于光速。然而这与相对论的理论并不矛盾，因为 v_p 并不代表电磁波能量的传播速度。在大多数情况下，能够表征电磁波能量传播速度的是其群速度。

接下来讨论群速度。无限大理想媒质中传播的平面电磁波只是单一频率的等幅时谐波，不携带任何信号，其相速与频率无关。但当电磁波在色散媒质中传播时，包含不同频率的信号相速不再相同。而一个能够传递信号的波总是由不同频率的波叠加而成的，称为波群或波包。这样的色散波还需要另一个物理量——群速度，来表征其速度特性。所谓群速，是指一群具有非常接近的角速度 ω 和相位常数 β 的波，在传播过程中表现出来的共同速度，该速度代表着能量的传播速度。

为讨论方便，考察沿 $+z$ 方向传播的两个振幅相等、极化方向相同而频率相差极微的均匀平面波的叠加情形。设它们的电场强度分别为

$$E_1=E_{0m}\cos[(\omega+\Delta\omega)t-(\beta+\Delta\beta)z]$$

$$E_2=E_{0m}\cos[(\omega-\Delta\omega)t-(\beta-\Delta\beta)z]$$

它们的合成电场强度为

$$\begin{aligned}E(z,t)&=E_1+E_2\\&=E_{0m}\{\cos[(\omega+\Delta\omega)t-(\beta+\Delta\beta)z]+\cos[(\omega-\Delta\omega)t-(\beta-\Delta\beta)z]\}\\&=2E_{0m}\cos(\Delta\omega\cdot t-\Delta\beta\cdot z)\cos(\omega t-\beta z)\\&=E_m(z,t)\cos(\omega t-\beta z)\end{aligned}\tag{6-94}$$

这是一种调制波(调幅波)，如图 6-13 所示。调制波的振幅 $E_m(z,t)$ 按照频率为 $\Delta\omega$ 的信号的规律变化，称为包络波。由式(6-94)可知包络波为

$$E_m(z,t)=2E_{0m}\cos(\Delta\omega\cdot t-\Delta\beta\cdot z)\tag{6-95}$$

调制波中的信息包含在包络波中。式(6-94)所表示的调制波 $E(z,t)$ 的等相面($\omega t-\beta z=$常数)的推进速度是其相速度，即

$$v_p=\frac{dz}{dt}=\frac{\omega}{\beta}$$

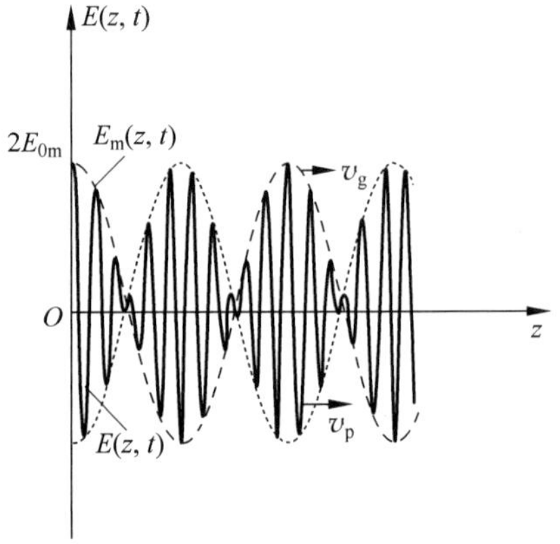

式(6-95)所表示的包络波的等相面($\Delta\omega\cdot t-\Delta\beta\cdot z=$常数)的推进速度，则是群速度，即

$$v_g=\frac{dz}{dt}=\frac{\Delta\omega}{\Delta\beta}$$

图 6-13 包络波与群速度

由于 $\Delta\omega\ll\omega$，在极限情况下，上式可表示为

$$v_g=\frac{d\omega}{d\beta}=\frac{1}{\frac{d\beta}{d\omega}}\tag{6-96}$$

由电磁波的相速可以求得其群速，略去烦琐的数学推导，其计算结果为

$$v_g=v_p-\lambda\frac{dv_p}{d\lambda}\tag{6-97}$$

或

$$v_g = \frac{v_p}{1 - \frac{\omega}{v_p}\frac{dv_p}{d\omega}} \tag{6-98}$$

式(6-97)与式(6-98)适用于相速度分别是波长 λ 和频率 ω 的函数时来推求群速度。

由上述分析可知，当媒质的参数 ε、μ 及 σ 与频率有关时，将会呈现媒质的频散；而当电磁波的相速与频率有关时将会出现波的频散，然而相速又与媒质的参量有关。因此，无论是媒质的频散还是波的频散，都源于媒质的参量与频率有关。

显然，可分为以下三种可能：

(1) $\frac{dv_p}{d\omega}=0$，即相速与频率无关，此时，$v_g=v_p$，无色散现象；

(2) $\frac{dv_p}{d\omega}<0$，即相速随频率升高而减小，此时，$v_g<v_p$，群速度小于相速度，称正常色散；

(3) $\frac{dv_p}{d\omega}>0$，即相速随频率升高而增大，此时，$v_g>v_p$，群速度大于相速度，称反常色散。

对于频散系统，$v_g \neq v_p$。在正常频散媒质中，频率越高相速越小；而在反常频散媒质(例如导体)中，频率越高相速越大，则有 $v_g>v_p$，不过这时波包变形，群速已失去意义。顺便指出，大多数情况下，群速度能够正确地给出能量的传播速度。但在有些情况中会出现群速度 v_g 大于真空中光速 c 的现象，从而违反了相对论的基本原理；有时群速度还会变成负值。为了克服这种困难，可以定义一个信号速度 v_s。在所有的情况下，信号速度 v_s 均小于 c。

6.3 电磁波在有耗媒质中的传播

电磁波在理想介质中传播时，相应的电场强度(与磁场强度)矢量的振幅不发生变化，所以在传播过程中没有能量的损耗。但在有耗媒质中传播的电磁波，电磁波的幅值随传播距离按照负指数规律逐渐减小，能量被逐渐损耗。因此，表现出与理想介质中许多不同的特性。

6.3.1 有耗媒质中传播的均匀平面波

为讨论方便，本节中假设均匀平面波在无界的有耗介质中沿 $+z$ 方向传播。

仍设电场强度矢量 $\boldsymbol{E}$ 只有 E_x 分量，即 $\boldsymbol{E}=E_x\boldsymbol{e}_x$，$\boldsymbol{E}$ 的复波动方程由式(6-16)给出，即

$$\frac{\partial^2 E_x}{\partial z^2} = \gamma^2 E_x$$

由式(6-14)、式(6-72)和式(6-78)可得，上式中的 γ 则为

$$\gamma = j\omega\sqrt{\varepsilon\mu} = j\omega\sqrt{(\varepsilon' - j\varepsilon'')(\mu' - j\mu'')} \tag{6-99}$$

可见在有耗介质中，电磁波的传播常数 γ 也是一个复数。令

$$\gamma = \alpha + j\beta \tag{6-100}$$

式中，α 与 β 的值可由式(6-99)与式(6-100)解得，它们分别为

$$\alpha = \omega\sqrt{\frac{\varepsilon'\mu' - \varepsilon''\mu''}{2}\left[\sqrt{1+\frac{(\varepsilon''\mu' + \varepsilon'\mu'')^2}{(\varepsilon'\mu' - \varepsilon''\mu'')^2}} - 1\right]} \tag{6-101}$$

和

$$\beta=\omega\sqrt{\frac{\varepsilon'\mu'-\varepsilon''\mu''}{2}\left[\sqrt{1+\frac{(\varepsilon''\mu'+\varepsilon'\mu'')^2}{(\varepsilon'\mu'-\varepsilon''\mu'')^2}}+1\right]} \tag{6-102}$$

对于无磁损耗的媒质，有 $\mu''=0$ 和 $\mu=\mu'$，于是有

$$\alpha=\omega\sqrt{\frac{\varepsilon'\mu'}{2}\left[\sqrt{1+\frac{(\varepsilon'')^2}{(\varepsilon')^2}}-1\right]}=\omega\sqrt{\frac{\varepsilon'\mu'}{2}\left[\sqrt{1+\tan^2\delta_e}-1\right]} \tag{6-103}$$

和

$$\beta=\omega\sqrt{\frac{\varepsilon'\mu'}{2}\left[\sqrt{1+\frac{(\varepsilon'')^2}{(\varepsilon')^2}}+1\right]}=\omega\sqrt{\frac{\varepsilon'\mu'}{2}\left[\sqrt{1+\tan^2\delta_e}+1\right]} \tag{6-104}$$

对于沿 $+z$ 方向行进的波，由复波动方程的解，电场强度可表示为复矢量式，即

$$\boldsymbol{E}=\boldsymbol{E}_{0m}e^{-\gamma z}=\boldsymbol{E}_{0m}e^{-\alpha z}e^{-j\beta z}=\boldsymbol{E}_m e^{-j\beta z} \tag{6-105}$$

其相应的瞬时值形式为

$$\boldsymbol{E}=\boldsymbol{E}_{0m}e^{-\alpha z}\cos(\omega t-\beta z)=\boldsymbol{E}_m\cos(\omega t-\beta z) \tag{6-106}$$

式中，$\boldsymbol{E}_{0m}$ 是 $z=0$ 处电场强度的振幅矢量。由式(6-106)可见，场强的振幅 $\boldsymbol{E}_m=\boldsymbol{E}_{0m}e^{-\alpha z}$ 随 z 的增大而按 $e^{-\alpha z}$ 的指数规律衰减。因此，传播常数 γ 的实部 α 是表明电磁波传播单位距离的衰减程度的一个常数，称为衰减常数，单位为 Np/m(奈培/米)或 dB/m(分贝/米)，二者的换算关系为 $1\text{Np}=\frac{20}{\ln 10}\text{dB}=\frac{20}{2.3026}\text{dB}=8.686\text{dB}$，或 $1\text{dB}=0.115\text{Np}$；其虚部 β 是相移常数，它反映出电磁波在传播过程中相位落后的情况。

若 $\alpha=0$，则 $\gamma=j\beta$，这便是电磁波在理想介质或自由空间中传播的情形。

在有耗媒质中可定义复波矢量 $\boldsymbol{k}=\boldsymbol{\beta}-j\boldsymbol{\alpha}$，$\boldsymbol{\beta}$ 与 $\boldsymbol{\alpha}$ 的方向一般不一致。但对于均匀平面波，它们的方向一致，则

$$\boldsymbol{k}=(\beta-j\alpha)\boldsymbol{e}_k=-j\gamma\boldsymbol{e}_k \tag{6-107}$$

在一般情况下，由上式和式(6-105)，可将均匀平面波的电场强度矢量 $\boldsymbol{E}$ 表示为复矢量式，即

$$\boldsymbol{E}=\boldsymbol{E}_{0m}e^{-\gamma\boldsymbol{e}_k\cdot\boldsymbol{r}}=\boldsymbol{E}_{0m}e^{-j\boldsymbol{k}\cdot\boldsymbol{r}} \tag{6-108}$$

于是，可由麦克斯韦第二方程的复数形式 $\nabla\times\boldsymbol{E}=-j\omega\mu\boldsymbol{H}$ 求出均匀平面波的磁场强度矢量 $\boldsymbol{H}$，即

$$\boldsymbol{H}=\frac{j}{\omega\mu}\nabla\times(\boldsymbol{E}_{0m}e^{-j\boldsymbol{k}\cdot\boldsymbol{r}})=\frac{1}{\omega\mu}\boldsymbol{k}\times\boldsymbol{E}=\frac{k}{\omega\mu}\boldsymbol{e}_k\times\boldsymbol{E}=\frac{1}{Z}\boldsymbol{e}_k\times\boldsymbol{E} \tag{6-109}$$

式中，Z 为有耗媒质的波阻抗。它的大小为

$$\begin{aligned}Z&=\frac{\omega\mu}{k}=\frac{\omega\mu}{-j\gamma}=\frac{j\omega\mu}{\gamma}\\&=\sqrt{\frac{\mu}{\varepsilon}}=\sqrt{\frac{\mu'-j\mu''}{\varepsilon'-j\varepsilon''}}=\sqrt{\frac{|\mu|}{|\varepsilon|}}e^{j\frac{\delta_e-\delta_m}{2}}\end{aligned} \tag{6-110}$$

其中，δ_e 和 δ_m 分别是媒质的电损耗角和磁损耗角。可见，有耗媒质中的波阻抗一般情况下是一个复数。式(6-109)则说明 $\boldsymbol{E}$ 与 $\boldsymbol{H}$ 在空间上仍互相垂直，但在时间上有相位差 $\frac{\delta_e-\delta_m}{2}$ 存在。

可见，式(6-41)和式(6-43)仍然适用，只是 Z 不再为实数，而是由式(6-110)决定的一个复数。

对于一般的媒质，可不考虑其磁损耗，即 $\mu''=0$，$\mu=\mu'$，则 $\delta_m=0$，由式(6-108)与式(6-110)可见，$\boldsymbol{E}$ 在时间上超前于 $\boldsymbol{H}$ 的相位角为 $\frac{\delta_e}{2}$，或 $\boldsymbol{H}$ 滞后于 $\boldsymbol{E}$ 一个相位角 $\frac{\delta_e}{2}$，如图 6-14 所示。

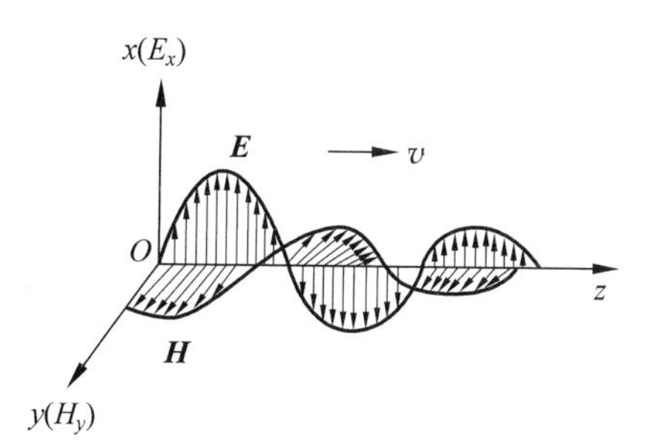

图 6-14　有耗媒质中传播的均匀平面波

对于理想电介质，$\varepsilon''=0$ 即 $\tan\delta_e=0$，$\varepsilon=\varepsilon'$，$\mu=\mu'$，于是 $\alpha=0$，$\beta=\omega\sqrt{\varepsilon\mu}$ 及 $Z=\sqrt{\frac{\mu}{\varepsilon}}$，与上节的结果相同。

6.3.2　导电媒质中传播的均匀平面波

对于导电媒质，由于其等效复介电常数为 $\varepsilon_c=\varepsilon-\mathrm{j}\frac{\sigma}{\omega}$，与有耗介质的复介电常数 $\varepsilon=\varepsilon'-\mathrm{j}\varepsilon''$ 的对比可知：

$$\begin{cases}\varepsilon' \sim \varepsilon \\ \varepsilon'' \sim \dfrac{\sigma}{\omega}\end{cases} \tag{6-111}$$

根据上式的对换关系，如果忽略磁损耗即 $\mu''=0$ 和 $\mu=\mu'$，则由式(6-103)和式(6-104)，可求得导电媒质的 α 和 β 分别为

$$\alpha=\omega\sqrt{\frac{\varepsilon\mu}{2}\left[\sqrt{1+\left(\frac{\sigma}{\omega\varepsilon}\right)^2}-1\right]}=\omega\sqrt{\frac{\varepsilon\mu}{2}\left[\sqrt{1+\tan^2\delta_c}-1\right]} \tag{6-112}$$

和

$$\beta=\omega\sqrt{\frac{\varepsilon\mu}{2}\left[\sqrt{1+\left(\frac{\sigma}{\omega\varepsilon}\right)^2}+1\right]}=\omega\sqrt{\frac{\varepsilon\mu}{2}\left[\sqrt{1+\tan^2\delta_c}+1\right]} \tag{6-113}$$

在导电媒质中，沿 $+z$ 方向行进的均匀平面波，其电磁场的振幅随 z 的增大同样按 $\mathrm{e}^{-\alpha z}$ 的指数规律衰减。这是因为电磁波在导电媒质中传播时，其中的自由电荷在电场的作用下形成传导电流，由此产生的焦耳热功率使电磁波的能量不断损耗，表现为波的振幅的衰减。当 $\sigma=0$ 时，$\alpha=0$，波的振幅不变，这便是理想介质的情形。

由式(6-113)求得相移常数 β 后，就可以求出电磁波在导电媒质中的波长 $\lambda=\frac{2\pi}{\beta}$ 和相速 $v_p=\frac{\omega}{\beta}$。由式(6-113)可知，相速 v_p 与 ω 有关，故导电媒质是频散媒质。在导电媒质中，β 随电导率 σ 的增加而增大，而其中传播的电磁波的波长却随 σ 的增加而变短，相速减慢。

注意到式(6-111)并忽略磁损耗，由式(6-110)可得导电媒质中的波阻抗为

$$Z=\sqrt{\frac{\mu}{\varepsilon}}=\sqrt{\frac{\mu}{\varepsilon-\mathrm{j}\dfrac{\sigma}{\omega}}}=\sqrt{\frac{\mu}{|\varepsilon_c|}}\,\mathrm{e}^{\mathrm{j}\frac{\delta_c}{2}} \tag{6-114}$$

同有耗介质的情形一样，导电媒质中的波阻抗也是一个复数，$\boldsymbol{E}$ 与 $\boldsymbol{H}$ 虽在空间上仍互

相垂直,但在时间上不再同相位,$\boldsymbol{H}$ 滞后于 $\boldsymbol{E}$ 的相位角为$\frac{\delta_c}{2}$。

对于良导体,由于$\frac{\sigma}{\omega\varepsilon}\gg 1$,则$\frac{\sigma}{\omega}\gg\varepsilon$,$\varepsilon_c\approx -\mathrm{j}\frac{\sigma}{\omega}$,于是式(6-112)与式(6-113)可近似表示为

$$\alpha\approx\beta\approx\sqrt{\frac{\omega\mu\sigma}{2}}=\sqrt{\pi f\mu\sigma} \tag{6-115}$$

因此,在良导体中电磁波随 σ、μ 的增大和 f 的升高而衰减得更快。

由式(6-114)可得良导体中的波阻抗为

$$Z_c=\sqrt{\frac{\omega\mu}{\sigma}}\mathrm{e}^{\mathrm{j}\frac{\pi}{4}}=(1+\mathrm{j})\sqrt{\frac{\omega\mu}{2\sigma}}=(1+\mathrm{j})\sqrt{\frac{\pi f\mu}{\sigma}} \tag{6-116}$$

在无耗媒质中传播的均匀平面电磁波,其电场与磁场的能量密度相等。但在良导体中,电磁波的电场与磁场的能量密度之比为

$$\left|\frac{w_e}{w_m}\right|=\left|\frac{\frac{1}{2}\varepsilon E^2}{\frac{1}{2}\mu H^2}\right|=\left|\frac{\varepsilon Z_c^2}{\mu}\right|=\frac{\omega\varepsilon}{\sigma}\ll 1 \tag{6-117}$$

这说明在良导体中电磁波的能量主要是磁场能量。这是因为导体损耗的能量主要是电场能量的缘故。对于有耗媒质,也有类似的情形。

由式(6-49)、式(6-106)与式(6-114)可以计算出导电媒质中电磁波能流密度的时间平均值为

$$\begin{aligned}\bar{\boldsymbol{S}}&=\mathrm{Re}\frac{E_m^2}{2Z_c}\boldsymbol{e}_k=\mathrm{Re}\frac{E_m^2}{2|Z_c|}\mathrm{e}^{-\mathrm{j}\frac{\delta_c}{2}}\boldsymbol{e}_k=\frac{E_m^2}{2|Z_c|}\cos\frac{\delta_c}{2}\boldsymbol{e}_k\\&=\frac{E_{0m}^2}{2|Z_c|}\mathrm{e}^{-2\alpha z}\cos\frac{\delta_c}{2}\boldsymbol{e}_k\end{aligned} \tag{6-118}$$

或

$$\bar{\boldsymbol{S}}=\frac{1}{2}H_m^2|Z_c|\cos\frac{\delta_c}{2}\boldsymbol{e}_k=\frac{1}{2}H_{0m}^2|Z_c|\mathrm{e}^{-2\alpha z}\cos\frac{\delta_c}{2}\boldsymbol{e}_k \tag{6-119}$$

式中,E_{0m} 与 H_{0m} 分别是坐标原点即 $z=0$ 处电场强度与磁场强度的最大值。可见,在有耗媒质中,电磁波的能量随 z 的增加而按 $\mathrm{e}^{-2\alpha z}$ 的指数规律衰减。

将式(6-116)代入式(6-118)或式(6-119),可得良导体中电磁波能流密度的时间平均值为

$$\bar{\boldsymbol{S}}=\sqrt{\frac{\sigma}{8\omega\mu}}E_{0m}^2\mathrm{e}^{-2\alpha z}\boldsymbol{e}_k \tag{6-120}$$

或

$$\bar{\boldsymbol{S}}=\sqrt{\frac{\omega\mu}{8\sigma}}H_{0m}^2\mathrm{e}^{-2\alpha z}\boldsymbol{e}_k$$

对于理想导体($\sigma=\infty$),$\alpha=\beta=\infty$,$\bar{\boldsymbol{S}}=0$,电磁波不可能在其中传播。

例 6.5 已知土壤的电导率为 10^{-3}S/m,相对介电常数为 5;海水的电导率为 4S/m,相对介电常数为 80,它们都是非磁性媒质。有一均匀平面电磁波在空气中传播时,其波长为

300m。试分别计算此电磁波进入土壤和海水后的相速、波长及其振幅和能量衰减一半的传播距离。

解　电磁波的频率为

$$f=\frac{c}{\lambda_0}=\frac{3\times10^8}{300}=10^6\,\text{Hz}$$

需要先判断媒质的性质再计算不同媒质中电磁波的传播参量。对于土壤，有

$$\frac{\sigma}{\omega\varepsilon}=\frac{\sigma}{2\pi f\varepsilon_r\varepsilon_0}=\frac{10^{-3}}{2\pi\times10^6\times5\times8.85\times10^{-12}}\approx3.6$$

可见土壤对 1MHz 的电磁波属于半导电媒质，于是有

$$\alpha=\omega\sqrt{\frac{\mu_0\varepsilon}{2}\left[\sqrt{1+\left(\frac{\sigma}{\omega\varepsilon}\right)^2}-1\right]}=\frac{2\pi}{\lambda_0}\sqrt{\frac{\varepsilon_r}{2}\left[\sqrt{1+\left(\frac{\sigma}{\omega\varepsilon}\right)^2}-1\right]}$$

$$=\frac{2\pi}{300}\sqrt{\frac{5}{2}\left[\sqrt{1+3.6^2}-1\right]}\approx0.055\text{Np/m}$$

$$\beta=\frac{2\pi}{\lambda_0}\sqrt{\frac{\varepsilon_r}{2}\left[\sqrt{1+\left(\frac{\sigma}{\omega\varepsilon}\right)^2}+1\right]}=\frac{2\pi}{300}\sqrt{\frac{5}{2}\left[\sqrt{1+3.6^2}+1\right]}\approx0.072\text{rad/m}$$

电磁波在土壤中传播时的相速和波长分别为

$$v_p=\frac{2\pi f}{\beta}=\frac{2\pi\times10^6}{0.072}=8.73\times10^7\,\text{m/s}$$

$$\lambda=\frac{v_p}{f}=\frac{8.73\times10^7}{10^6}=87.3\text{m}$$

由 $e^{-\alpha l_a}=\frac{1}{2}$，可得电磁波的振幅在土壤中衰减一半的传播距离为

$$l_a=\frac{\ln2}{\alpha}=\frac{0.693}{0.055}\approx12.6\text{m}$$

再由 $e^{-2\alpha l_e}=\frac{1}{2}$，可得电磁波的能量在土壤中衰减一半的传播距离为

$$l_e=\frac{\ln2}{2\alpha}=\frac{0.693}{0.11}\approx6.3\text{m}$$

对于海水，则有

$$\frac{\sigma}{\omega\varepsilon}=\frac{\sigma}{2\pi f\varepsilon_r\varepsilon_0}=\frac{4}{2\pi\times10^6\times80\times8.85\times10^{-12}}\approx900>100$$

因此，对于 1MHz 的电磁波，海水可视为良导体，则

$$\alpha=\beta=\sqrt{\pi f\mu_0\sigma}=\sqrt{\pi\times10^6\times4\pi\times10^{-7}\times4}=\frac{4\pi}{\sqrt{10}}\approx4\text{Np/m}\ (\text{或 rad/m})$$

同理可得

$$v_p=\frac{2\pi f}{\beta}=\frac{2\pi\times10^6}{4}=1.57\times10^6\,\text{m/s}\quad\text{和}\quad\lambda=\frac{2\pi}{\beta}=\frac{2\pi}{4}\approx1.57\text{m}$$

$$l_a=\frac{\ln2}{\alpha}=\frac{0.693}{4}\approx0.17\text{m}\quad\text{和}\quad l_e=\frac{\ln2}{2\alpha}=\frac{0.693}{8}\approx0.087\text{m}$$

由此可见，电磁波在导电媒质中传播时，随电导率 σ 的增加，相速越来越慢，波长越来越

短，波的衰减越来越快；而随频率的增加，相速越来越大，所以导电媒质是反常频散媒质。

例 6.6 有一块电导率为 σ、磁导率为 μ_0 且长为 a、宽为 b、厚度为 d 的矩形良导体薄片，电磁波垂直穿过薄层，如图 6-15 所示。试求电磁波在该导体薄片内的损耗功率。

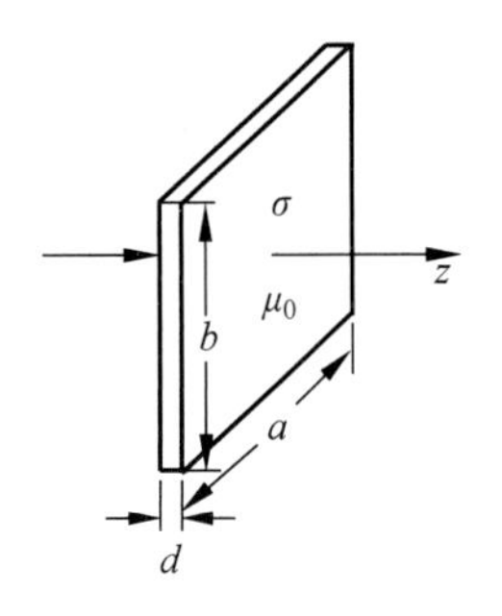

图 6-15 矩形良导体薄片

解 方法 1：用功率守恒原理计算。

设良导体薄片左表面上电磁波的电场强度的幅值为 E_{0m}，则在右表面上场强的幅值为 $E_{0m}e^{-\alpha d}$。由于良导体的波阻抗为 $Z=\sqrt{\dfrac{\omega\mu_0}{\sigma}}e^{j\frac{\pi}{4}}$，故电磁波在良导体薄片左表面上的平均能流密度为

$$\bar{S}_1=\mathrm{Re}\left(\frac{1}{2}\frac{E_m^2}{Z}\right)=\frac{1}{2}\sqrt{\frac{\sigma}{2\omega\mu_0}}E_{0m}^2$$

同理，在良导体薄片右表面上有

$$\bar{S}_r=\frac{1}{2}\sqrt{\frac{\sigma}{2\omega\mu_0}}E_{0m}^2e^{-2\alpha d}$$

因此，良导体薄片中损耗的平均功率为

$$\bar{P}=ab(\bar{S}_1-\bar{S}_r)=\frac{ab}{2}\sqrt{\frac{\sigma}{2\omega\mu_0}}E_{0m}^2(1-e^{-2\alpha d})$$

方法 2：直接用焦耳定律计算。

设电磁波在导体内任意位置处的电场强度振幅为 $E_m=E_{0m}e^{-\alpha z}$，由微分形式的焦耳定律 $\bar{p}=\dfrac{1}{2}\mathrm{Re}(\boldsymbol{J}\cdot\boldsymbol{E}^*)=\dfrac{1}{2}\sigma E_m^2$，得电磁波穿过厚度为 d 的良导体时，产生的焦耳热为

$$\begin{aligned}\bar{P}&=\int_0^d\frac{1}{2}\sigma E^2ab\,dz=\int_0^d\frac{1}{2}\sigma abE_{0m}^2e^{-2\alpha z}\,dz=\frac{\sigma abE_{0m}^2}{4\alpha}(1-e^{-2\alpha d})\\&=\frac{abE_{0m}^2}{2}\sqrt{\frac{\sigma}{2\omega\mu_0}}(1-e^{-2\alpha d})\end{aligned}$$

两种方法结果完全相同。上式中用到了良导体中 $\alpha=\sqrt{\dfrac{\omega\mu_0\sigma}{2}}$ 的公式。

讨论：当 $\alpha d\ll 1$ 时，$(1-e^{-2\alpha d})\approx 2\alpha d$，则有

$$\bar{P}\approx\frac{abE_{0m}^2}{2}\sqrt{\frac{\sigma}{2\omega\mu_0}}\cdot 2\sqrt{\frac{\omega\mu_0\sigma}{2}}d=\frac{1}{2}abd\sigma E_{0m}^2$$

这个结果也可以由良导体薄片两侧场强的平均值计算出薄片中的平均电流密度而获得，即

$$\bar{J}_m=\int_0^d\sigma E_{0m}e^{-\alpha z}\,dz=\frac{\sigma E_{0m}}{\alpha}(1-e^{-\alpha d})\approx\sigma E_{0m}$$

由于平均电流的幅值为

$$\bar{I}_m=\bar{J}_m ad=\sigma E_{0m}ad$$

故得

$$\bar{P}=\frac{1}{2}\bar{I}_m^2R=\frac{1}{2}(\sigma E_{0m}ad)^2\frac{b}{\sigma ad}=\frac{1}{2}abd\sigma E_{0m}^2$$

电磁波在良导体薄片中损耗的能量转变为焦耳热。

重点提醒：需要说明的是，当 $ad \ll 1$ 时，虽然近似的结果相同，但若 d 的长度足够大时，根据良导体薄片两侧场强的平均值计算出薄片中的平均电流密度会导致较大的误差，有兴趣的同学可以进一步考虑之。

6.4　电磁波在介质分界面上的反射与折射

前面几节讨论的问题是电磁波在无界连续媒质中的传播规律。在无界连续的均匀媒质中，电磁波沿直线传播。如果电磁波在传播过程中遇到媒质的不连续面，即媒质的分界面时，将发生反射与折射现象。入射到媒质分界面上的电磁波即入射波将分成两部分：一部分能量被反射回原媒质中成为反射波，而另一部分能量则被折射(或透射)入另一媒质中而成为折射波或透射波。本节讨论均匀平面电磁波在两种理想介质分界平面上的反射与折射规律。

分界平面上的反射与折射规律的分析，本质上属于求解时变电磁场的边值问题。

6.4.1　反射定律与折射定律

设均匀电磁波以一定的角度入射到两种介质形成的无限大平面的分界面上，如图6-16所示，介质1和介质2的分界面为 $x=0$ 的平面。入射波的入射线与分界面法线所构成的平面称为入射面，即 $y=0$ 的平面。入射线与法线之间的夹角 θ_i 称为入射角，反射线、折射线与法线之间的夹角 θ_r 和 θ_t 分别称为反射角和折射角。如果入射波、反射波和折射波的方向分别沿着各自波矢量 $\boldsymbol{k}_i$、$\boldsymbol{k}_r$ 和 $\boldsymbol{k}_t$ 的方向，则相应的电场强度可分别表示为

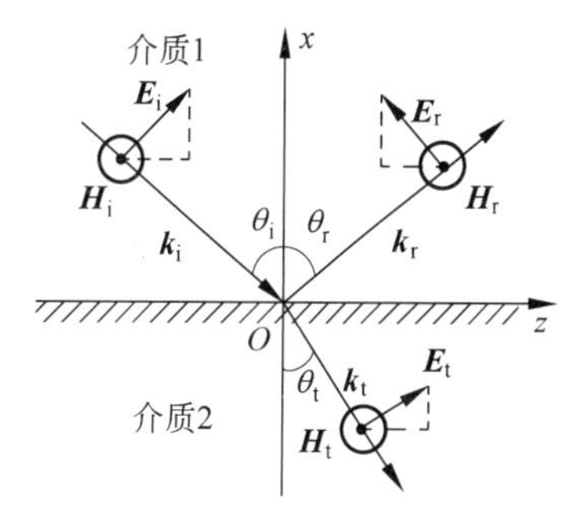

图6-16　入射波、反射波与折射波

$$\begin{cases} \boldsymbol{E}_i = \boldsymbol{E}_{im} e^{j(\omega_i t - \boldsymbol{k}_i \cdot \boldsymbol{r})} \\ \boldsymbol{E}_r = \boldsymbol{E}_{rm} e^{j(\omega_r t - \boldsymbol{k}_r \cdot \boldsymbol{r})} \\ \boldsymbol{E}_t = \boldsymbol{E}_{tm} e^{j(\omega_t t - \boldsymbol{k}_t \cdot \boldsymbol{r})} \end{cases} \tag{6-121}$$

介质1中的总场强由入射波的场强 $\boldsymbol{E}_i$ 和反射波的场强 $\boldsymbol{E}_r$ 的叠加而成，合成电场强度为

$$\boldsymbol{E}_1 = \boldsymbol{E}_i + \boldsymbol{E}_r = \boldsymbol{E}_{im} e^{j(\omega_i t - \boldsymbol{k}_i \cdot \boldsymbol{r})} + \boldsymbol{E}_{rm} e^{j(\omega_r t - \boldsymbol{k}_r \cdot \boldsymbol{r})} \tag{6-122}$$

为讨论方便，取电场强度矢量的方向在入射平面内，磁场强度矢量的方向则垂直于入射面，即沿 $+y$ 方向，于是两介质中的磁场强度可分别表示为

$$H_1 = H_{iy} + H_{ry} = \frac{E_{im}}{Z_1} e^{j(\omega_i t - \boldsymbol{k}_i \cdot \boldsymbol{r})} + \frac{E_{rm}}{Z_1} e^{j(\omega_r t - \boldsymbol{k}_r \cdot \boldsymbol{r})} \tag{6-123}$$

和

$$H_2 = H_{ty} = \frac{E_{tm}}{Z_2} e^{j(\omega_t t - \boldsymbol{k}_t \cdot \boldsymbol{r})} \tag{6-124}$$

在两介质的分界面即 $x=0$ 的平面上，根据电场强度和磁场强度的切向分量连续的边界条件 $E_{1t}=E_{2t}$ 和 $H_{1t}=H_{2t}$，有

$$\begin{cases}E_{iz}+E_{rz}=E_{tz}\\ H_{iy}+H_{ry}=H_{ty}\end{cases} \tag{6-125}$$

注意到在入射面上 $\boldsymbol{k}\cdot\boldsymbol{r}=k_x x+k_z z$ 和在介质的分界面上 $x=0$，于是，

$$\begin{cases}E_{im}\cos\theta_i e^{j(\omega_i t-k_{iz}z)}-E_{rm}\cos\theta_r e^{j(\omega_r t-k_{rz}z)}=E_{tm}\cos\theta_t e^{j(\omega_t t-k_{tz}z)}\\ \dfrac{E_{im}}{Z_1}e^{j(\omega_i t-k_{iz}z)}+\dfrac{E_{rm}}{Z_1}e^{j(\omega_r t-k_{rz}z)}=\dfrac{E_{tm}}{Z_2}e^{j(\omega_t t-k_{tz}z)}\end{cases} \tag{6-126}$$

要使上式对所有的 z 和 t 都成立，式中各项的相位因子必须相等，因而有

$$\begin{cases}\omega_i=\omega_r=\omega_t=\omega\\ k_{iz}=k_{rz}=k_{tz}\end{cases} \tag{6-127}$$

可见，反射波与折射波的频率和入射波相同；反射波和折射波及入射波的波矢量在分界面上的切向分量连续，也称为波矢匹配。在不同介质中传播的电磁波，由于边界条件的约束，波矢量必然遵守切向分量匹配的规则。

由 $k_{iz}=k_{rz}$，可得

$$k_i\sin\theta_i=k_r\sin\theta_r$$

因为 $k_i=k_r=k_1=\omega\sqrt{\varepsilon_1\mu_1}$，故得

$$\theta_r=\theta_i \tag{6-128}$$

这表明反射角 θ_r 等于入射角 θ_i，且在同一入射平面内。这就是斯奈尔反射定律。

再由 $k_{iz}=k_{tz}$，可得

$$k_i\sin\theta_i=k_t\sin\theta_t$$

考虑到 $k_t=k_2=\omega\sqrt{\varepsilon_2\mu_2}$，有

$$\frac{\sin\theta_t}{\sin\theta_i}=\frac{k_1}{k_2}=\frac{\sqrt{\varepsilon_1\mu_1}}{\sqrt{\varepsilon_2\mu_2}}=\frac{n_1}{n_2} \tag{6-129}$$

这就是斯奈尔折射定律。它表明折射角和入射角在同一入射平面内，且其正弦与相应介质的折射率成反比，即比值 $\dfrac{\sin\theta_t}{\sin\theta_i}$ 与相应介质的相对介电常数的平方根成反比，故在介电常数大的介质中波的传播方向与分界面法线之间的夹角小。

反射定律和折射定律反映了反射波、折射波和入射波之间的方向关系。若在前述问题中取电场强度矢量的方向垂直于入射面，磁场强度矢量的方向在入射面内，以及最一般的情形，即电场强度既不平行也不垂直于入射面，反射定律和折射定律均成立，故它们与电场的极化方式无关。

6.4.2 菲涅耳公式

当电磁波斜入射到介质分界面时，极化方向不同，则相应的边界关系也不同。虽然对于反射定律和折射定律没有影响，但对于波的振幅关系却不同。一个任意极化方向的入射平面波，总可以分解为相对于入射面的平行极化波和垂直极化波。所谓平行极化波是指 $\boldsymbol{E}$ 矢量在入射面内极化(见图 6-16)，又称 TM 波或 p 波；而垂直极化波则是 $\boldsymbol{E}$ 矢量在与入射面

垂直的方向极化，又称 TE 波、n 波或 s 波。下面分别讨论这两种极化波的振幅关系。

1. 平行极化波

如图 6-16 所示，$\boldsymbol{E}$ 矢量在入射面内，即电场强度既有 x 方向分量又有 z 方向分量，磁场强度只有 y 方向分量。根据边界条件 $E_{1t}=E_{2t}$，$H_{1t}=H_{2t}$，并结合式(6-127)中各项的相位因子相同，则有

$$\begin{cases} E_{im}\cos\theta_i - E_{rm}\cos\theta_r = E_{tm}\cos\theta_t \\ \dfrac{E_{im}}{Z_1}+\dfrac{E_{rm}}{Z_1}=\dfrac{E_{tm}}{Z_2} \end{cases} \tag{6-130}$$

由反射定律，上式可表示为

$$\begin{cases} (E_{im}-E_{rm})\cos\theta_i = E_{tm}\cos\theta_t \\ E_{im}+E_{rm}=\dfrac{Z_1}{Z_2}E_{tm} \end{cases} \tag{6-131}$$

如果定义平行极化波的反射系数 $\Gamma_{/\!/}=\dfrac{E_{rm}}{E_{im}}$ 与传输系数(即折射系数或透射系数)$T_{/\!/}=\dfrac{E_{tm}}{E_{im}}$，则式(6-131)变为

$$\begin{cases} 1-\Gamma_{/\!/}=\dfrac{\cos\theta_t}{\cos\theta_i}T_{/\!/} \\ 1+\Gamma_{/\!/}=\dfrac{Z_1}{Z_2}T_{/\!/} \end{cases} \tag{6-132}$$

解此联立方程组，对于非磁性介质，波阻抗 $Z_1=\sqrt{\dfrac{\mu_0}{\varepsilon_1}}$ 与 $Z_2=\sqrt{\dfrac{\mu_0}{\varepsilon_2}}$，并考虑到折射定律可得

$$\begin{aligned} \Gamma_{/\!/}&=\frac{E_{rm}}{E_{im}}=\frac{Z_1\cos\theta_i - Z_2\cos\theta_t}{Z_1\cos\theta_i + Z_2\cos\theta_t}=\frac{\sqrt{\varepsilon_2}\cos\theta_i-\sqrt{\varepsilon_1}\cos\theta_t}{\sqrt{\varepsilon_2}\cos\theta_i+\sqrt{\varepsilon_1}\cos\theta_t} \\ &=\frac{\dfrac{\varepsilon_2}{\varepsilon_1}\cos\theta_i-\sqrt{\dfrac{\varepsilon_2}{\varepsilon_1}-\sin^2\theta_i}}{\dfrac{\varepsilon_2}{\varepsilon_1}\cos\theta_i+\sqrt{\dfrac{\varepsilon_2}{\varepsilon_1}-\sin^2\theta_i}} \end{aligned} \tag{6-133}$$

和

$$\begin{aligned} T_{/\!/}&=\frac{E_{tm}}{E_{im}}=\frac{2Z_2\cos\theta_i}{Z_1\cos\theta_i + Z_2\cos\theta_t}=\frac{2\sqrt{\varepsilon_1}\cos\theta_i}{\sqrt{\varepsilon_2}\cos\theta_i+\sqrt{\varepsilon_1}\cos\theta_t} \\ &=\frac{2\sqrt{\dfrac{\varepsilon_2}{\varepsilon_1}}\cos\theta_i}{\dfrac{\varepsilon_2}{\varepsilon_1}\cos\theta_i+\sqrt{\dfrac{\varepsilon_2}{\varepsilon_1}-\sin^2\theta_i}} \end{aligned} \tag{6-134}$$

上面两式中具有波阻抗的表达式也适用于磁性介质，而具有介电常数的表达式仅适用于非磁性介质。由折射定律，上面两式还可以分别表示为

$$\Gamma_{/\!/}=\frac{\tan(\theta_i-\theta_t)}{\tan(\theta_i+\theta_t)} \tag{6-135}$$

和

$$T_{/\!/}=\frac{2\cos\theta_{\mathrm{i}}\sin\theta_{\mathrm{t}}}{\sin(\theta_{\mathrm{i}}+\theta_{\mathrm{t}})\cos(\theta_{\mathrm{i}}-\theta_{\mathrm{t}})} \tag{6-136}$$

由此可见,传输系数 $T_{/\!/}$ 总是正值,这说明折射波与入射波的电场强度的相位相同。反射系数 $\Gamma_{/\!/}$ 则可正、可负或为零。当它为负值时,反射波与入射波的电场强度的相位相反,这相当于"损失"了半个波长,故称为半波损失。

对于非磁性介质,由式(6-132)可以得到 $\Gamma_{/\!/}$ 与 $T_{/\!/}$ 之间的关系为

$$1+\Gamma_{/\!/}=\sqrt{\frac{\varepsilon_2}{\varepsilon_1}}T_{/\!/} \tag{6-137}$$

可见,$\Gamma_{/\!/}$ 与 $T_{/\!/}$ 之和并不等于1,因为它们并非由反射波、折射波与入射波的能量比来定义,而是以电场强度的幅值比定义的。

另外,由式(6-133)可知,当 $\sqrt{\varepsilon_2}\cos\theta_{\mathrm{i}}=\sqrt{\varepsilon_1}\cos\theta_{\mathrm{t}}$ 时,$\Gamma_{/\!/}=0$,结合折射定律,则有

$$\sqrt{\frac{\varepsilon_2}{\varepsilon_1}}\cos\theta_{\mathrm{i}}=\cos\theta_{\mathrm{t}}=\sqrt{1-\sin^2\theta_{\mathrm{t}}}=\sqrt{1-\frac{\varepsilon_1}{\varepsilon_2}\sin^2\theta_{\mathrm{i}}}$$

即

$$\frac{\varepsilon_2}{\varepsilon_1}(1-\sin^2\theta_{\mathrm{i}})=1-\frac{\varepsilon_1}{\varepsilon_2}\sin^2\theta_{\mathrm{i}}$$

故得

$$\theta_{\mathrm{i}}=\theta_{\mathrm{B}}=\arcsin\sqrt{\frac{\varepsilon_2}{\varepsilon_1+\varepsilon_2}}=\arctan\sqrt{\frac{\varepsilon_2}{\varepsilon_1}} \tag{6-138}$$

因此,当平行极化波以角度 θ_{B} 入射到两介质的分界面上时,其全部能量将透射入介质2而没有反射。这个特定的入射角 θ_{B} 称为布儒斯特角。激光技术中常用的布儒斯特窗就是根据这一原理设计的。对于一个任意极化方向的均匀平面波,当它以布儒斯特角 θ_{B} 入射到介质分界面上时,反射波中将只剩下垂直极化波分量而没有平行极化波分量。例如,光学中的起偏器就是利用了这种极化滤波的作用,故 θ_{B} 又称为极化角或起偏振角。

由式(6-135)可知,当 $\theta_{\mathrm{i}}=\theta_{\mathrm{B}}$ 时,恰好有

$$\theta_{\mathrm{B}}+\theta_{\mathrm{t}}=\frac{\pi}{2} \tag{6-139}$$

图6-17示出了聚乙烯在不同极化情况下反射系数随入射角的变化关系。

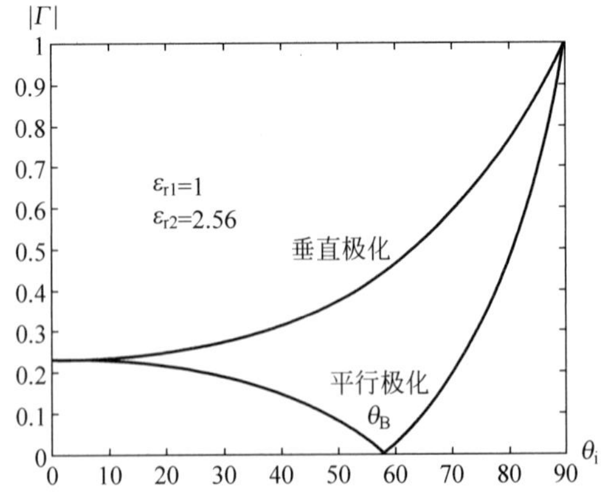

图6-17 聚乙烯的反射系数随入射角的变化关系

2. 垂直极化波

对于如图 6-18 所示的垂直极化波，利用介质分界面上电磁场的边界条件 $E_{1y}=E_{2y}$，$H_{1z}=H_{2z}$，有

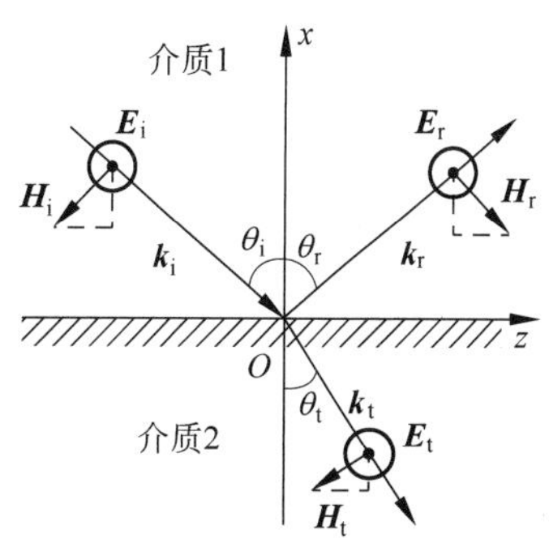

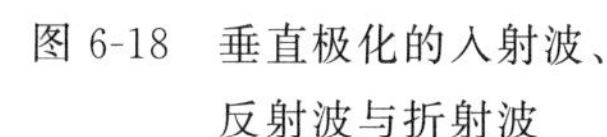
图 6-18　垂直极化的入射波、反射波与折射波

动画视频

$$\begin{cases} E_{iy}+E_{ry}=E_{ty} \\ H_{iz}+H_{rz}=H_{tz} \end{cases} \tag{6-140}$$

由于上式中各项的相位因子相同，于是有

$$\begin{cases} E_{im}+E_{rm}=E_{tm} \\ -\dfrac{E_{im}}{Z_1}\cos\theta_i+\dfrac{E_{rm}}{Z_1}\cos\theta_r=-\dfrac{E_{tm}}{Z_2}\cos\theta_t \end{cases} \tag{6-141}$$

如果同样定义垂直极化波的反射系数 $\Gamma_{\perp}=\dfrac{E_{rm}}{E_{im}}$ 与传输系数(即折射系数或透射系数) $T_{\perp}=\dfrac{E_{tm}}{E_{im}}$，并考虑到反射定律 $\theta_r=\theta_i$，则式(6-141)变为

$$\begin{cases} 1+\Gamma_{\perp}=T_{\perp} \\ 1-\Gamma_{\perp}=\dfrac{Z_1\cos\theta_t}{Z_2\cos\theta_i}T_{\perp} \end{cases} \tag{6-142}$$

联立解上式，可得垂直极化波的反射系数 $\Gamma_{\perp}$ 与传输系数 $T_{\perp}$ 分别为

$$\Gamma_{\perp}=\frac{E_{rm}}{E_{im}}=\frac{Z_2\cos\theta_i-Z_1\cos\theta_t}{Z_2\cos\theta_i+Z_1\cos\theta_t}=\frac{\sqrt{\varepsilon_1}\cos\theta_i-\sqrt{\varepsilon_2}\cos\theta_t}{\sqrt{\varepsilon_1}\cos\theta_i+\sqrt{\varepsilon_2}\cos\theta_t}$$
$$=\frac{\cos\theta_i-\sqrt{\dfrac{\varepsilon_2}{\varepsilon_1}-\sin^2\theta_i}}{\cos\theta_i+\sqrt{\dfrac{\varepsilon_2}{\varepsilon_1}-\sin^2\theta_i}} \tag{6-143}$$

和

$$T_{\perp}=\frac{E_{tm}}{E_{im}}=\frac{2Z_2\cos\theta_i}{Z_2\cos\theta_i+Z_1\cos\theta_t}=\frac{2\sqrt{\varepsilon_1}\cos\theta_i}{\sqrt{\varepsilon_1}\cos\theta_i+\sqrt{\varepsilon_2}\cos\theta_t}$$
$$=\frac{2\cos\theta_i}{\cos\theta_i+\sqrt{\dfrac{\varepsilon_2}{\varepsilon_1}-\sin^2\theta_i}} \tag{6-144}$$

上面两式还可以表示为

$$\Gamma_{\perp}=-\frac{\sin(\theta_i-\theta_t)}{\sin(\theta_i+\theta_t)} \tag{6-145}$$

和

$$T_{\perp}=\frac{2\cos\theta_i\sin\theta_t}{\sin(\theta_i+\theta_t)} \tag{6-146}$$

同样，式(6-145)、式(6-146)也仅适用于非磁性介质。由此可见，传输系数 $T_{\perp}$ 总是正值，这说明不论是平行极化波还是垂直极化波，折射波与入射波的电场强度总是同相位；而

反射系数 $\Gamma_\perp$ 亦可正可负。当 $\varepsilon_1>\varepsilon_2$ 时，$\theta_t>\theta_i$，$\sin(\theta_i-\theta_t)<0$，$\Gamma_\perp$ 为正值，反射波与入射波的电场强度的相位相同；反之，$\varepsilon_1<\varepsilon_2$ 时，$\Gamma_\perp$ 为负值，相位差为 π，即有半波损失。但与平行极化波的情形不同，由式(6-143)可知，对于非磁性介质，除非 $\varepsilon_1=\varepsilon_2$，否则反射系数 $\Gamma_\perp$ 不可能为零，即垂直极化波不存在布儒斯特角。

由式(6-142)可得 $\Gamma_\perp$ 和 $T_\perp$ 之间的关系为

$$1+\Gamma_\perp=T_\perp \tag{6-147}$$

式(6-133)～式(6-136)和式(6-143)～式(6-146)称为菲涅耳公式。它们在麦克斯韦的电磁理论建立以前的1823年，已由菲涅耳根据光的弹性理论首先推导出来，并由光学的实验事实所证实，现在又以电磁场理论重新求得，这充分证明了光的电磁理论的正确性。菲涅耳公式表明了反射波、折射波和入射波的电场强度的振幅和相位关系。并且在平行极化与垂直极化两种情况下，反射系数和传输系数并不相同，它们和极化方向有关。

基于能流守恒定律式(5-64)在两种介质分界面上的关系，可以定义反射率 ρ 和透射率 τ 分别为反射平均能流密度的法向分量、透射平均能流密度的法向分量与入射平均能流密度的法向分量的大小之比，即

$$\rho=\left|\frac{\bar{\boldsymbol{S}}_r\cdot\boldsymbol{e}_n}{\bar{\boldsymbol{S}}_i\cdot\boldsymbol{e}_n}\right|=\frac{Z_1}{Z_1}\left(\frac{E_r}{E_i}\right)^2=\Gamma^2 \tag{6-148}$$

$$\tau=\left|\frac{\bar{\boldsymbol{S}}_t\cdot\boldsymbol{e}_n}{\bar{\boldsymbol{S}}_i\cdot\boldsymbol{e}_n}\right|=\frac{Z_1\cos\theta_t}{Z_2\cos\theta_i}\left(\frac{E_t}{E_i}\right)^2=\frac{Z_1\cos\theta_t}{Z_2\cos\theta_i}T^2 \tag{6-149}$$

将式(6-132)、式(6-142)中两项直接相乘，容易验证：$\rho+\tau=1$，该结论与极化方式无关。反射率和透射率的概念在光学中会经常用到。

重点点拨：反射定律、折射定律和菲涅耳公式的推导看似纷繁复杂，仿佛雾里看花。其实，只要抓住一条主线：各种情形皆为两种介质分界面附近的边值问题，泛定方程为波动方程(或亥姆霍兹方程)，边界条件无一例外地均为电磁场切向分量连续的关系式，就如拨云见青天！充分掌握分析这类问题的基本思路，在学习接下来的全反射、正入射、导体边界面上的反折射等问题时，便顿觉其实属一脉相承，真可谓触类旁通也。

例 6.7 空气中有一均匀平面电磁波的电场强度矢量为

$$\boldsymbol{E}_i=(\sqrt{3}\boldsymbol{e}_x+\boldsymbol{e}_z)\,e^{j\frac{\pi}{3}(x-\sqrt{3}z)}\ \text{V/m}$$

在 $y=0$ 的入射面上入射到 $x=0$ 的半无限大介质平面上，其相对介电常数和磁导率分别为 $\varepsilon_r=3$ 和 $\mu_r=1$。试求空气中的反射波和介质中折射波的电场强度和磁场强度的复矢量式和瞬时值式。

解 与入射波场强 $\boldsymbol{E}_i=(\sqrt{3}\boldsymbol{e}_x+\boldsymbol{e}_z)e^{j\frac{\pi}{3}(x-\sqrt{3}z)}$ 的相位因子 $e^{-j\boldsymbol{k}_i\cdot\boldsymbol{r}}$ 比较，可得其波矢量为 $\boldsymbol{k}_i=\frac{\pi}{3}(-\boldsymbol{e}_x+\sqrt{3}\boldsymbol{e}_z)$，波数为 $k_i=k_r=k_0=\frac{\pi}{3}\sqrt{1+3}=\frac{2\pi}{3}\text{m}^{-1}$。入射角等于反射角为 $\theta_i=\theta_r=\arctan\sqrt{3}=\frac{\pi}{3}$。

电磁波的角频率为 $\omega=k_0c=\frac{2\pi}{3}\times3\times10^8=2\pi\times10^8\,\text{rad/s}$。因为电场强度矢量在入射

平面内，故由平行极化波的菲涅耳公式，可得反射波的反射系数为

$$\Gamma_{/\!/}=\frac{\frac{\varepsilon_2}{\varepsilon_1}\cos\theta_i-\sqrt{\frac{\varepsilon_2}{\varepsilon_1}-\sin^2\theta_i}}{\frac{\varepsilon_2}{\varepsilon_1}\cos\theta_i+\sqrt{\frac{\varepsilon_2}{\varepsilon_1}-\sin^2\theta_i}}=\frac{3\cos\frac{\pi}{3}-\sqrt{3-\sin^2\frac{\pi}{3}}}{3\cos\frac{\pi}{3}+\sqrt{3-\sin^2\frac{\pi}{3}}}=\frac{\frac{3}{2}-\sqrt{3-\frac{3}{4}}}{\frac{3}{2}+\sqrt{3-\frac{3}{4}}}=0$$

因此，没有反射波，在此情况下入射角 $\theta_i=\frac{\pi}{3}$ 恰为布儒斯特角 θ_B。

对非磁性媒质，其 $k=k_0\sqrt{\varepsilon_r}$，则 $k_t=\sqrt{\frac{\varepsilon_{rt}}{\varepsilon_{ri}}}k_i=\sqrt{3}\frac{2\pi}{3}=\frac{2\pi}{\sqrt{3}}$。由入射角 $\theta_i=\frac{\pi}{3}$ 和折射定律可得折射角为

$$\theta_t=\arcsin\frac{\sin\theta_i}{\sqrt{3}}=\arcsin\frac{1}{\sqrt{3}}\frac{\sqrt{3}}{2}=\arcsin\frac{1}{2}=\frac{\pi}{6}$$

于是，折射波的波矢量为

$$\boldsymbol{k}_t=k_t(-\cos\theta_t\boldsymbol{e}_x+\sin\theta_t\boldsymbol{e}_z)=\frac{2\pi}{\sqrt{3}}\left(-\frac{\sqrt{3}}{2}\boldsymbol{e}_x+\frac{1}{2}\boldsymbol{e}_z\right)=\pi\left(-\boldsymbol{e}_x+\frac{1}{\sqrt{3}}\boldsymbol{e}_z\right)\ \mathrm{m}^{-1}$$

其单位矢量为 $\boldsymbol{e}_{kt}=\frac{\sqrt{3}}{2}\left(-\boldsymbol{e}_x+\frac{1}{\sqrt{3}}\boldsymbol{e}_z\right)$。

再由平行极化波的菲涅耳公式，可得折射波的透射系数为

$$T_{/\!/}=\frac{2\sqrt{\varepsilon_{ri}}\cos\theta_i}{\sqrt{\varepsilon_{rt}}\cos\theta_i+\sqrt{\varepsilon_{ri}}\cos\theta_t}=\frac{2\cos\frac{\pi}{3}}{\sqrt{3}\cos\frac{\pi}{3}+\cos\frac{\pi}{6}}=\frac{1}{\frac{\sqrt{3}}{2}+\frac{\sqrt{3}}{2}}=\frac{1}{\sqrt{3}}$$

由式(6-149)，得透射率为

$$\tau=\frac{Z_1\cos\theta_t}{Z_2\cos\theta_i}T^2=\frac{\sqrt{\varepsilon_{r2}}\times\cos\frac{\pi}{6}}{\sqrt{\varepsilon_{r1}}\times\cos\frac{\pi}{3}}\times\left(\frac{1}{\sqrt{3}}\right)^2=\frac{\sqrt{3}\times\frac{\sqrt{3}}{2}}{\sqrt{1}\times\frac{1}{2}}\times\left(\frac{1}{\sqrt{3}}\right)^2=1$$

可见，从能量的角度看，这是全透射的结果。

由于 $E_{im}=\sqrt{3+1}=2\mathrm{V/m}$，故 $E_{tm}=T_{/\!/}E_{im}=\frac{2}{\sqrt{3}}\mathrm{V/m}$；再由 $\boldsymbol{k}_t\cdot\boldsymbol{E}_{tm}=0$，得 $\boldsymbol{E}_{tm}=\frac{1}{\sqrt{3}}\boldsymbol{e}_x+\boldsymbol{e}_z$；又因介质中的波阻抗为

$$Z_t=\sqrt{\frac{\mu_{rt}}{\varepsilon_{rt}}}Z_0=\frac{120\pi}{\sqrt{3}}=40\sqrt{3}\,\pi\Omega$$

因此，介质中折射波的电场强度和磁场强度的复矢量式和瞬时值式分别为

$$\boldsymbol{E}_t=\left(\frac{1}{\sqrt{3}}\boldsymbol{e}_x+\boldsymbol{e}_z\right)\mathrm{e}^{\mathrm{j}\pi\left(x-\frac{1}{\sqrt{3}}z\right)}\ \mathrm{V/m}$$

$$\boldsymbol{H}_t=\frac{1}{Z_t}\boldsymbol{e}_{kt}\times\boldsymbol{E}_t=\frac{1}{40\sqrt{3}\pi}\frac{\sqrt{3}}{2}\left(-\boldsymbol{e}_x+\frac{1}{\sqrt{3}}\boldsymbol{e}_z\right)\times\left(\frac{1}{\sqrt{3}}\boldsymbol{e}_x+\boldsymbol{e}_z\right)\mathrm{e}^{\mathrm{j}\pi\left(x-\frac{1}{\sqrt{3}}z\right)}$$

$$=\frac{1}{60\pi}\mathrm{e}^{\mathrm{j}\pi\left(x-\frac{1}{\sqrt{3}}z\right)}\boldsymbol{e}_y\ \mathrm{A/m}$$

和
$$\boldsymbol{E}_{\mathrm{t}}=\left(\frac{1}{\sqrt{3}}\boldsymbol{e}_x+\boldsymbol{e}_z\right)\cos\left(2\pi\times10^8t+\pi x-\frac{\pi}{\sqrt{3}}z\right)\ \mathrm{V/m}$$
$$\boldsymbol{H}_{\mathrm{t}}=\boldsymbol{e}_y\ \frac{1}{60\pi}\cos\left(2\pi\times10^8t+\pi x-\frac{\pi}{\sqrt{3}}z\right)\ \mathrm{A/m}$$

6.4.3 全反射

当电磁波从折射率较大的媒质(光学中称光密媒质)入射到折射率较小的媒质(光疏媒质)时,即 $n_1>n_2$,则根据折射定律式(6-129)有 $\theta_{\mathrm{t}}>\theta_{\mathrm{i}}$。若入射角 θ_{i} 增大到某一角度 θ_{c} 时,$\theta_{\mathrm{t}}=90°$,这时由式(6-133)与式(6-143)可知,有 $\Gamma_{/\!/}=1$ 和 $\Gamma_{\perp}=1$,折射波沿分界面掠过。而当 $\theta_{\mathrm{i}}>\theta_{\mathrm{c}}$ 时,介质1中的入射波将被界面完全反射回介质1中去。这种现象称为全反射。使折射角 $\theta_{\mathrm{t}}=90°$的入射角 θ_{c} 称为临界角。由折射定律可以求得临界角为

$$\theta_{\mathrm{c}}=\arcsin\sqrt{\frac{\varepsilon_2\mu_2}{\varepsilon_1\mu_1}} \tag{6-150}$$

对于非磁性材料,$\mu_1\approx\mu_2\approx\mu_0$,上式即为

$$\theta_{\mathrm{c}}=\arcsin\sqrt{\frac{\varepsilon_2}{\varepsilon_1}} \tag{6-151}$$

由上式可知,只有当电磁波从介电常数大的介质入射到介电常数小的介质即 $\varepsilon_1>\varepsilon_2$ 时,临界角 θ_{c} 才有实数解,从而有可能发生全反射现象。

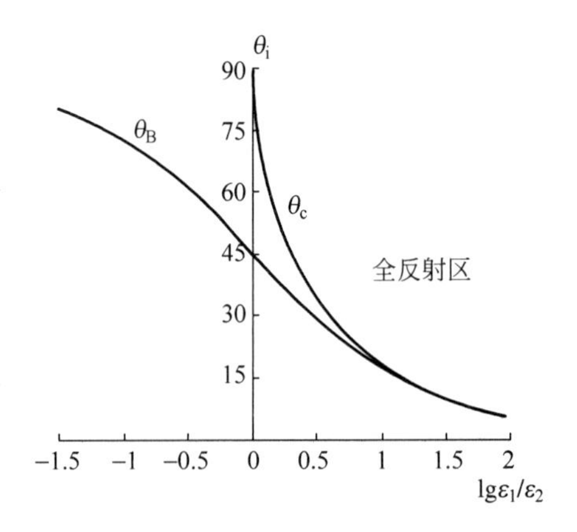

图 6-19 θ_{c} 与 θ_{B} 随$\frac{\varepsilon_1}{\varepsilon_2}$的变化关系

图6-19示出了临界角 θ_{c} 和布儒斯特角 θ_{B} 随$\frac{\varepsilon_1}{\varepsilon_2}$的变化关系。可见,一般情况下,$\theta_{\mathrm{B}}<\theta_{\mathrm{c}}$;只有当 $\varepsilon_1\gg\varepsilon_2$ 时,$\theta_{\mathrm{c}}\approx\theta_{\mathrm{B}}\approx0$。另外,布儒斯特角 θ_{B} 并不要求 $\varepsilon_1>\varepsilon_2$ 的限制条件,但仅当 $\theta_{\mathrm{i}}=\theta_{\mathrm{B}}$ 时,平行极化的反射波才消失;而发生全反射的入射角范围为 $\theta_{\mathrm{c}}<\theta_{\mathrm{i}}<90°$,并且与入射波的极化方向无关。

当发生全反射时,根据折射定律,$\sin\theta_{\mathrm{t}}>1$,此时折射角 θ_{t} 无实数解,这表明不应有电磁能量透入介质2。但由于分界面上电场和磁场的切向分量连续,故介质2中应有电磁场存在。在 $\varepsilon_1>\varepsilon_2$ 的情况下,当 $\theta_{\mathrm{i}}>\theta_{\mathrm{c}}$ 时,则有

$$\sin\theta_{\mathrm{t}}=\sqrt{\frac{\varepsilon_1}{\varepsilon_2}}\sin\theta_{\mathrm{i}}=M>1 \tag{6-152}$$

其中,M 为大于1的实数。显然 θ_{t} 必为复角,于是

$$\cos\theta_{\mathrm{t}}=\sqrt{1-\sin^2\theta_{\mathrm{t}}}=-\mathrm{j}\sqrt{\sin^2\theta_{\mathrm{t}}-1}=-\mathrm{j}N \tag{6-153}$$

式中,$N=\sqrt{\sin^2\theta_{\mathrm{t}}-1}=\sqrt{\left(\frac{\sin\theta_{\mathrm{i}}}{\sin\theta_{\mathrm{c}}}\right)^2-1}=\sqrt{M^2-1}>0$,即 N 为正实数。则由图6-16或图6-18和式(6-152)与式(6-153)可得

$$\begin{aligned}\boldsymbol{k}_{\mathrm{t}}\cdot\boldsymbol{r}&=k_{\mathrm{t}x}x+k_{\mathrm{t}z}z=k_{\mathrm{t}}(-x\cos\theta_{\mathrm{t}}+z\sin\theta_{\mathrm{t}})=k_{\mathrm{t}}(Mz+\mathrm{j}Nx)\\&=\beta_2(Mz+\mathrm{j}Nx)\end{aligned} \tag{6-154}$$

将上式代入式(6-121)和式(6-124)，可得平行极化的折射波的电场强度和磁场强度矢量分别为

$$\begin{cases}\boldsymbol{E}_{\mathrm{t}}=\boldsymbol{E}_{\mathrm{tm}}\mathrm{e}^{\mathrm{j}(\omega t-\boldsymbol{k}_{\mathrm{t}}\cdot\boldsymbol{r})}=\boldsymbol{E}_{\mathrm{tm}}\mathrm{e}^{\mathrm{j}(\omega t-\beta_2 Mz-\mathrm{j}\beta_2 Nx)}=\boldsymbol{E}_{\mathrm{tm}}\mathrm{e}^{\beta_2 Nx}\mathrm{e}^{\mathrm{j}(\omega t-\beta_2 Mz)}\\ \boldsymbol{H}_{\mathrm{t}}=H_{\mathrm{ty}}\boldsymbol{e}_y=\dfrac{E_{\mathrm{tm}}}{Z_2}\mathrm{e}^{\beta_2 Nx}\mathrm{e}^{\mathrm{j}(\omega t-\beta_2 Mz)}\boldsymbol{e}_y\end{cases} \tag{6-155}$$

由上式可见，当 $\theta_{\mathrm{i}}>\theta_{\mathrm{c}}$ 时，只有沿 $+z$ 方向行进的波，而其振幅沿 $-x$ 方向按指数律衰减。这就是在式(6-153)中取 $\cos\theta_{\mathrm{t}}=-\mathrm{j}N$ 的原因，否则振幅将沿 $-x$ 方向按指数律增长，显然这是不可能的。这种波的等相面(z 为常数的平面)与等幅面(x 为常数的平面)不一致，故为非均匀平面波。对于平行极化的折射波，$\boldsymbol{E}_{\mathrm{t}}$ 具有在传播方向($+z$ 方向)上的纵向分量，而 $\boldsymbol{H}_{\mathrm{t}}$ 仅有与传播方向垂直的横向分量，故为 TM 波。同理，在垂直极化的情形下，则为 TE 波。

在媒质 2 中，波沿 $+z$ 方向的相速为

$$v_{\mathrm{p}}=\frac{\omega}{\beta_z}=\frac{\omega}{\beta_2 M}=\frac{v_2}{M}<v_2=\frac{1}{\sqrt{\varepsilon_2\mu_2}} \tag{6-156}$$

可见，这种波沿传播方向的相速小于介质 2 中均匀平面波沿传播方向的相速，故称为慢波。又因慢波的振幅沿 $-x$ 方向按指数律衰减，即其场量主要集中于介质表面附近，故又称为表面波，也称为倏逝波(消逝波)。

全反射现象有很多应用。电磁波在介质与空气分界面上的全反射是实现表面波传输的物理基础。例如，放在空气中的一块介质板(见图 6-20)，当介质板内的电磁波在两个分界面上的入射角 $\theta_{\mathrm{i}}>\theta_{\mathrm{c}}=\arcsin\sqrt{\dfrac{\varepsilon_0}{\varepsilon}}$ 时，电磁波将发生全反射而被约束在介质板内，并沿 $+z$ 方向传播。在板外，场量沿垂直于板面的 $\pm x$ 方向按指数律迅速衰减，因而没有辐射。电磁波在介质板内的全反射同样适用于圆形介质线。当介质线内的电磁波发生全反射时，可使它沿介质线传输。这种传输电磁波的系统称为介质波导或表面波波导。1966 年高锟提出的光学纤维或称光导纤维也是一种介质波导，亦称为光波导，即是近年来在光通信中广泛应用的光纤。

全反射在实用上也有不利的一面。例如，显像管或示波管的荧光屏上(见图 6-21)，由电子枪射出的电子束打到荧光层上使其发光并向四面八方射出，由于光在玻璃与空气的分界面上发生全反射，只有在锥角为 $2\theta_{\mathrm{c}}$ 以内的光才能透射入空气中，其余的光被界面反射回去，从而降低了光的输出效率。为此，需要在荧光层上再镀一层非常薄的铝反射膜，以提高光的亮度。

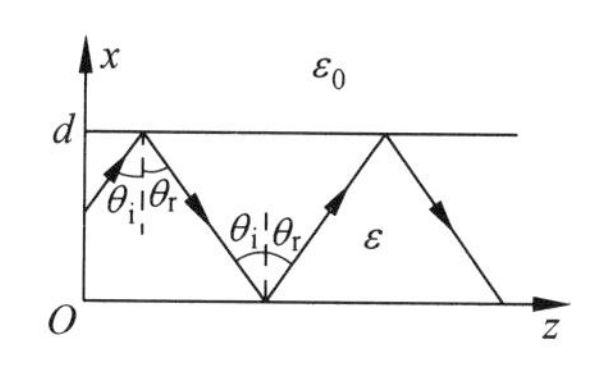

图 6-20　利用全反射在介质板内传输电磁波

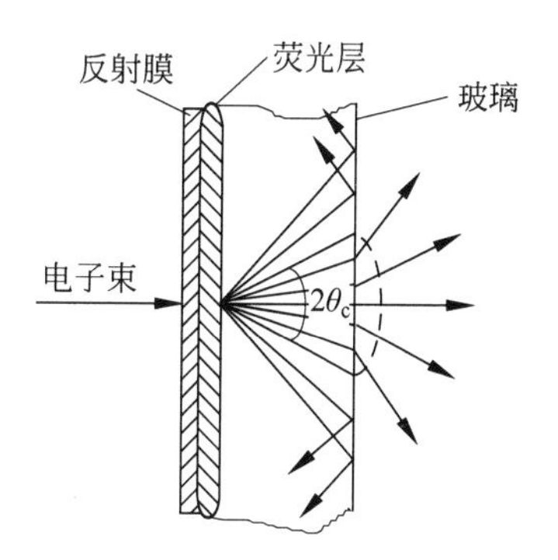

图 6-21　荧光屏内的全反射

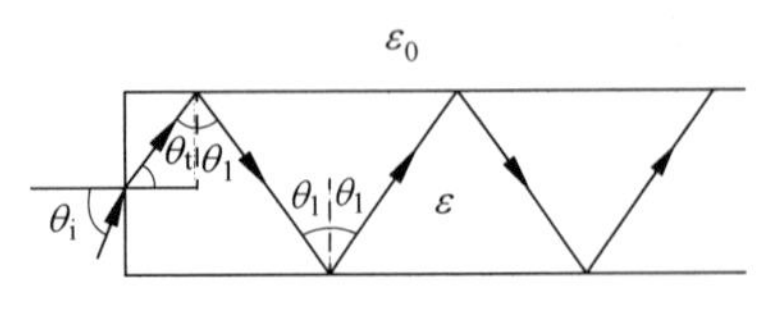

图 6-22 用介质波导传输电磁波

例 6.8 如图 6-22 所示,用二维介质波导作为传输线来传输电磁能量。如果要求电磁波以任意角度入射到介质线的一端面上时,透入介质中的电磁能量能全部传输到另一端。试求介质线相对介电常数的最小值。

解 在介质线的侧表面上发生全反射时,必须有 $\theta_1 \geqslant \theta_c$,故有

$$\sin\theta_1 = \sin\left(\frac{\pi}{2} - \theta_t\right) = \cos\theta_t \geqslant \sin\theta_c = \sqrt{\frac{\varepsilon_0}{\varepsilon}} = \frac{1}{\sqrt{\varepsilon_r}}$$

再由折射定律得

$$\sin\theta_t = \sqrt{\frac{\varepsilon_0}{\varepsilon}}\sin\theta_i = \frac{1}{\sqrt{\varepsilon_r}}\sin\theta_i$$

则

$$\cos\theta_t = \sqrt{1 - \sin^2\theta_t} = \sqrt{1 - \frac{1}{\varepsilon_r}\sin^2\theta_i} \geqslant \frac{1}{\sqrt{\varepsilon_r}}$$

即 $1 - \frac{1}{\varepsilon_r}\sin^2\theta_i \geqslant \frac{1}{\varepsilon_r}$,故有 $\varepsilon_r \geqslant 1 + \sin^2\theta_i$。当 $\theta_i = \frac{\pi}{2}$ 时,$\varepsilon_r \geqslant 2$,即折射率 $n \geqslant \sqrt{2}$,玻璃($n = 1.5$)可以满足这一要求。

6.4.4 正入射

若入射角 $\theta_i = 0$,即电磁波垂直入射于分界面,则属于正入射情形。此时因入射面不确定,故没有垂直极化与平行极化的区别,但反射定律、折射定律以及菲涅耳公式仍然成立。由 $\theta_r = \theta_t = 0$,知反射波和折射波都沿界面的法线方向传播。图 6-23 为图 6-18 中 $\theta_i \to 0$ 时的极限情形,将入射角 $\theta_i = 0$ 代入式(6-143)、式(6-144),即可得正入射时反射系数和传输系数分别为

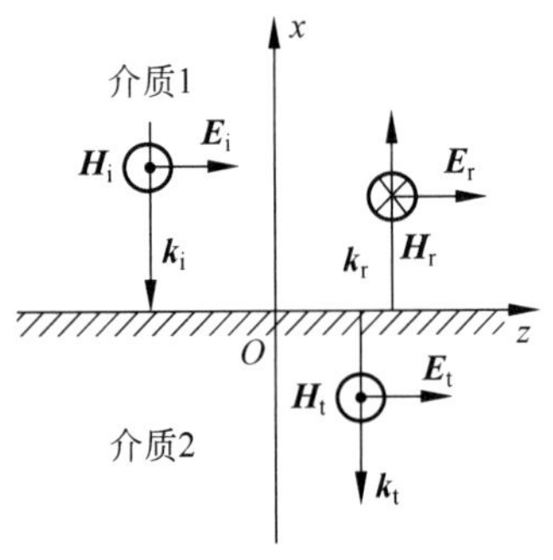

图 6-23 电磁波正入射到介质分界面上

$$\Gamma = \frac{E_{rm}}{E_{im}} = \frac{Z_2 - Z_1}{Z_2 + Z_1} \tag{6-157}$$

和

$$T = \frac{E_{tm}}{E_{im}} = \frac{2Z_2}{Z_2 + Z_1} \tag{6-158}$$

延伸思考:若代入式(6-133)时结果与式(6-157)相差一负号,这是由于平行极化中(见图 6-16)$\theta_i \to 0$ 时,反射电场的方向恰与图 6-23 所示的方向相反之故!所以参考方向不同,导致反射系数具有相对的正负性。考虑这个因素,二者实无本质不同。通常,在正入射时,参考方向一般选择如图 6-23 所示的方向。

对于非磁性介质有 $Z_1 = \sqrt{\frac{\mu_0}{\varepsilon_1}}$ 与 $Z_2 = \sqrt{\frac{\mu_0}{\varepsilon_2}}$,上面两式还可以表示为

$$\Gamma=\frac{\sqrt{\varepsilon_1}-\sqrt{\varepsilon_2}}{\sqrt{\varepsilon_1}+\sqrt{\varepsilon_2}}=\frac{\sqrt{\varepsilon_{r1}}-\sqrt{\varepsilon_{r2}}}{\sqrt{\varepsilon_{r1}}+\sqrt{\varepsilon_{r2}}} \tag{6-159}$$

$$T=\frac{2\sqrt{\varepsilon_1}}{\sqrt{\varepsilon_1}+\sqrt{\varepsilon_2}}=\frac{2\sqrt{\varepsilon_{r1}}}{\sqrt{\varepsilon_{r1}}+\sqrt{\varepsilon_{r2}}} \tag{6-160}$$

因此，如果已知入射波的场量和两介质中的波阻抗，并利用 $H_{im}=E_{im}/Z_1$，$H_{rm}=-E_{rm}/Z_1$ 及 $H_{tm}=E_{tm}/Z_2$，由式(6-157)和式(6-158)可以求出反射波、折射波的电场强度和磁场强度分别为

$$E_{rm}=\Gamma E_{im}=\frac{Z_2-Z_1}{Z_2+Z_1}E_{im} \tag{6-161}$$

$$H_{rm}=-\frac{\Gamma E_{im}}{Z_1}=-\Gamma H_{im}=\frac{Z_1-Z_2}{Z_2+Z_1}H_{im} \tag{6-162}$$

$$E_{tm}=TE_{im}=\frac{2Z_2}{Z_2+Z_1}E_{im} \tag{6-163}$$

$$H_{tm}=\frac{TE_{im}}{Z_2}=\frac{TZ_1H_{im}}{Z_2}=\frac{2Z_1}{Z_2+Z_1}H_{im} \tag{6-164}$$

*6.4.5　负折射和零折射

以上讨论的是电磁波在常规介质分界面上的反射和折射规律。本小节对电磁波从常规介质入射到人工电磁媒质中的反射和折射特性进行讨论。随着人们对人工电磁材料的深入研究，除了20世纪中期提出的介电常数和磁导率都为负数的左手材料外，还有一类介电常数为零、磁导率为零或者二者同时为零的新型电磁超材料，也是目前研究热点之一，该种材料称为零折射率超材料。接下来具体分析电磁波从普通介质入射到负折射率超材料或零折射率超材料中的反射和折射规律。

1. 负折射

设介质1与介质2的分界面仍为无限大平面，介质2中 $\varepsilon_2<0$，$\mu_2<0$，如图6-24所示。如果入射波、反射波和折射波的方向分别沿着各自波矢量 $\boldsymbol{k}_i$、$\boldsymbol{k}_r$ 和 $\boldsymbol{k}_t$ 的方向，则它们的电场强度可分别表示为

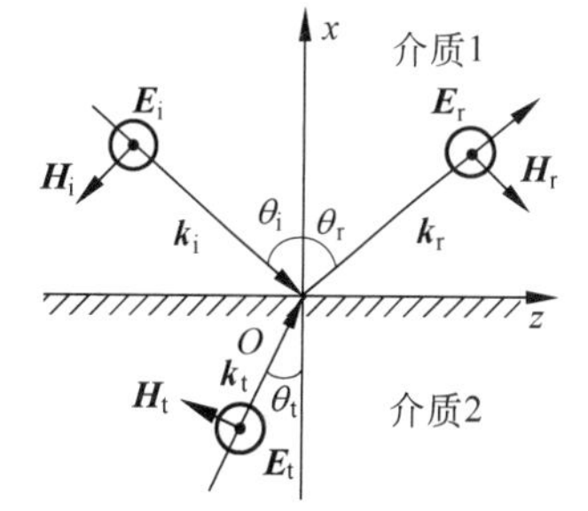

图6-24　电磁波从右手媒质斜入射到左手媒质的分界面上

$$\begin{cases}\boldsymbol{E}_i=\boldsymbol{E}_{im}e^{j(\omega_i t-\boldsymbol{k}_i\cdot\boldsymbol{r})}\\ \boldsymbol{E}_r=\boldsymbol{E}_{rm}e^{j(\omega_r t-\boldsymbol{k}_r\cdot\boldsymbol{r})}\\ \boldsymbol{E}_t=\boldsymbol{E}_{tm}e^{j(\omega_t t-\boldsymbol{k}_t\cdot\boldsymbol{r})}\end{cases} \tag{6-165}$$

在两介质的分界面即 $x=0$ 的平面上，根据电场强度和磁场强度的切向分量连续的边界条件，仍有

$$\begin{cases}\omega_i=\omega_r=\omega_t=\omega\\ k_{iz}=k_{rz}=k_{tz}\end{cases} \tag{6-166}$$

由 $k_{iz}=k_{rz}$，可得

$$k_i\sin\theta_i = k_r\sin\theta_r$$

故

$$\theta_r = \theta_i \tag{6-167}$$

考虑到 $k_i = k_1 = k_0 n_1$，$k_t = k_2 = k_0 n_2$，对于负折射率超材料有 $n_2 < 0$，因此有

$$\frac{\sin\theta_t}{\sin\theta_i} = -\frac{k_1}{|k_2|} = -\frac{n_1}{|n_2|} \tag{6-168}$$

相对于图 6-24 中的 θ_t，该种情况下的折射角 $\theta_t < 0$，即折射线与入射线位居于法线同侧，故称为负折射现象。

可见，在由右手材料和左手材料组成的无限大平面分界面上，反射规律跟普通介质相同，但折射规律则为负折射，式(6-168)即为有负折射率材料存在时的斯奈尔折射定律。

2. 零折射

在介质 2 中，若 $\varepsilon_2 = 0$ 或 $\mu_2 = 0$，则有 $n_2 = 0$。当入射波从介质 1 射入介质 2 时，由 $\theta_C = \arcsin\frac{n_2}{n_1}$ 知，$\theta_C = 0$，故在入射角取任意不为零值的情况下总会发生全反射现象。

若入射波由介质 2 入射到介质 1，设入射角、折射角分别为 θ_2、θ_1，由折射定律 $\frac{\sin\theta_1}{\sin\theta_2} = \frac{n_2}{n_1}$ 知，因 $n_2 = 0$，知折射角 $\theta_1 \equiv 0$。可见，在这种情况下，无论入射角大小如何，折射的方向总沿着法线，此即为零折射现象。利用零折射率超材料可以实现高指向性辐射。

6.5 电磁波在导体表面上的反射与折射

6.5.1 电磁波在导体表面上的反射与折射介绍

1. 斜入射

如果均匀平面电磁波从介质中斜入射到介质与导电媒质的分界面上，则 $\varepsilon_2 = \varepsilon_c = \varepsilon - j\frac{\sigma}{\omega}$，并注意到 $\omega\varepsilon_0 = \frac{k_0}{Z_0} = \frac{1}{60\lambda_0}$，则导电媒质的相对介电常数可表示为

$$\varepsilon_{rc} = \frac{\varepsilon_c}{\varepsilon_0} = \varepsilon_r - j\frac{\sigma}{\omega\varepsilon_0} = \varepsilon_r - j60\lambda_0\sigma \tag{6-169}$$

按照折射定律有 $\sin\theta_t = \sqrt{\frac{\varepsilon_1}{\varepsilon_c}}\sin\theta_i$，得

$$\cos\theta_t = \sqrt{1 - \frac{\varepsilon_1}{\varepsilon_c}\sin^2\theta_i} \tag{6-170}$$

在介质与非磁性导电媒质的分界面上，平行极化波和垂直极化波的菲涅耳公式式(6-133)、式(6-134)和式(6-143)、式(6-144)相应变为

$$\Gamma_{/\!/} = \frac{E_{rm/\!/}}{E_{im/\!/}} = \frac{\frac{\varepsilon_c}{\varepsilon_1}\cos\theta_i - \sqrt{\frac{\varepsilon_c}{\varepsilon_1} - \sin^2\theta_i}}{\frac{\varepsilon_c}{\varepsilon_1}\cos\theta_i + \sqrt{\frac{\varepsilon_c}{\varepsilon_1} - \sin^2\theta_i}} \tag{6-171}$$

$$T_{/\!/}=\frac{E_{\mathrm{tm}/\!/}}{E_{\mathrm{im}/\!/}}=\frac{2\sqrt{\dfrac{\varepsilon_c}{\varepsilon_1}}\cos\theta_i}{\dfrac{\varepsilon_c}{\varepsilon_1}\cos\theta_i+\sqrt{\dfrac{\varepsilon_c}{\varepsilon_1}-\sin^2\theta_i}} \tag{6-172}$$

$$\Gamma_{\perp}=\frac{E_{\mathrm{rm}\perp}}{E_{\mathrm{im}\perp}}=\frac{\cos\theta_i-\sqrt{\dfrac{\varepsilon_c}{\varepsilon_1}-\sin^2\theta_i}}{\cos\theta_i+\sqrt{\dfrac{\varepsilon_c}{\varepsilon_1}-\sin^2\theta_i}} \tag{6-173}$$

$$T_{\perp}=\frac{E_{\mathrm{tm}\perp}}{E_{\mathrm{im}\perp}}=\frac{2\cos\theta_i}{\cos\theta_i+\sqrt{\dfrac{\varepsilon_c}{\varepsilon_1}-\sin^2\theta_i}} \tag{6-174}$$

由上述菲涅耳公式可计算出平行极化波和垂直极化波的反射系数与透射系数。它们在一般情况下都是复数，其模值表明反射波、折射波与入射波的振幅之比，而辐角则表明它们的相位差。另外，从上述分析不难看出，如果均匀平面电磁波从一种导电媒质入射到另一种导电媒质的分界面上，同样可由上列各式计算，只要将式(6-133)、式(6-134)、式(6-143)和式(6-144)中的介电常数 ε_1 和 ε_2 改为相应导电媒质的 ε_{c1} 与 ε_{c2} 即可。

在上列各式中 ε_c 虽然是一个复数，但因一般介质的介电常数都不大，而一般的金属导体都是良导体，则 $\varepsilon_2=\varepsilon_c\approx -\mathrm{j}\dfrac{\sigma}{\omega}$，于是

$$\left|\frac{\varepsilon_c}{\varepsilon_1}\right|\approx\frac{\sigma}{\omega\varepsilon_1}\gg 1 \tag{6-175}$$

将上式代入式(6-171)～式(6-174)，可得在介质与非磁性良导体分界面上平行极化波和垂直极化波的反射系数与透射系数。因为

$$\left|\frac{\varepsilon_1}{\varepsilon_c}\right|\approx\frac{\omega\varepsilon_1}{\sigma}\ll 1$$

由式(6-170)可得

$$\cos\theta_t\approx 1$$

即

$$\theta_t\approx 0 \tag{6-176}$$

由此可以得出一个重要结论：即不论入射角 θ_i 如何，电磁波基本上沿着良导体表面的法线方向透射入导体内，并按 $\mathrm{e}^{-\alpha z}$ 的指数规律迅速衰减。

前面已指出，实际金属导体的表面可以用理想导体的边界来代替，而对于介质与理想导体的分界面而言，$\left|\dfrac{\varepsilon_c}{\varepsilon_1}\right|\to\infty$，故有

$$\begin{cases}\Gamma_{/\!/}=1\\ \Gamma_{\perp}=-1\\ T_{/\!/}=T_{\perp}=0\end{cases} \tag{6-177}$$

这表明无论是平行极化波还是垂直极化波在理想导体的表面上都将发生全反射，而不能透射入理想导体内部，即 $E_{\mathrm{tm}/\!/}=E_{\mathrm{tm}\perp}=0$。反射波的方向由反射定律 $\theta_r=\theta_i$ 给出。对于

平行极化波，由上式得

$$E_{\mathrm{rm}//}=E_{\mathrm{im}//} \tag{6-178}$$

对于垂直极化波，则有

$$E_{\mathrm{rm}\perp}=-E_{\mathrm{im}\perp} \tag{6-179}$$

值得注意的是，从式(6-179)可见，垂直极化时显然存在着半波损失现象。事实上，在平行极化时，电场的水平分量也存在着半波损失，这是由理想介质与理想导体的分界面上电场强度切向分量的连续性决定的。

2. 正入射

若电磁波正入射到介质与导电媒质的分界面上，式(6-157)、式(6-158)和式(6-161)～式(6-164)同样适用，只是将 Z_2 理解为导电媒质的波阻抗即可，即

$$Z_2=Z_{\mathrm{c}}=\sqrt{\frac{\mu}{|\varepsilon_{\mathrm{c}}|}}\,\mathrm{e}^{\mathrm{j}\frac{\delta_{\mathrm{c}}}{2}} \tag{6-180}$$

同样地，如果导电媒质是良导体，则有

$$Z_2=Z_{\mathrm{c}}=\sqrt{\frac{\mu\omega}{\sigma}}\,\mathrm{e}^{\mathrm{j}\frac{\pi}{4}} \tag{6-181}$$

如果导电媒质是金属导体，它可以用理想导体来代替，则 $Z_2=0$，由式(6-157)和式(6-158)可得电磁波正入射到理想导体表面上的反射系数和透射系数分别为

$$\begin{cases}\Gamma=-1\\ T=0\end{cases} \tag{6-182}$$

可见，电磁波正入射到理想导体表面上同样发生全反射，且有半波损失现象。注意到 $Z_2=0$，由式(6-161)～式(6-164)可得

$$\begin{cases}E_{\mathrm{rm}}=-E_{\mathrm{im}}\\ H_{\mathrm{rm}}=H_{\mathrm{im}}\\ E_{\mathrm{tm}}=0\\ H_{\mathrm{tm}}=2H_{\mathrm{im}}\end{cases} \tag{6-183}$$

因此，在理想导体表面上，透射波的电场强度为零，而磁场强度却等于入射波磁场强度的两倍。在理想导体内部，则既无电场，也无磁场，因为 $\boldsymbol{H}=\frac{-1}{\mathrm{j}\omega\mu}\nabla\times\boldsymbol{E}$。这个结果和理想导体表面上的电场的边界条件 $\boldsymbol{n}\times\boldsymbol{E}=0$ 相对应，与磁场的边界条件 $\boldsymbol{n}\times\boldsymbol{H}=\boldsymbol{J}_S$ 并不矛盾，表面上的面电流 J_S 与表面磁场强度 H_{tm} 等效。如果 $\boldsymbol{H}$ 沿 $+y$ 方向，$\boldsymbol{H}=\boldsymbol{H}_{\mathrm{im}}+\boldsymbol{H}_{\mathrm{rm}}=2H_{\mathrm{im}}\boldsymbol{e}_y$ 分界面的单位法线矢量 $\boldsymbol{n}$ 沿 $-z$ 方向，则由边界条件得，理想导体表面上的面电流密度为

$$\boldsymbol{J}_S=J_{Sx}\boldsymbol{e}_x=\boldsymbol{n}\times\boldsymbol{H}=-\boldsymbol{e}_z\times(H_y\boldsymbol{e}_y)=2H_{\mathrm{im}}\boldsymbol{e}_x \tag{6-184}$$

综上所述，电磁波无论是正入射还是斜入射在理想导体的表面上，都将发生全反射。在微波技术中，传输电磁波的波导和产生微波振荡的谐振腔等就是根据这种原理设计的。

6.5.2 驻波

当电磁波从理想介质中正入射或斜入射到理想导体上，在发生全反射的同时，入射波和反射波的叠加会形成驻波。

为简单起见，首先讨论正入射情形。

若电磁波沿$+z$方向入射到理想介质与理想导体的分界面上，而电场$\boldsymbol{E}$沿$+x$方向且磁场$\boldsymbol{H}$沿$+y$方向，则由式(6-183)可得理想介质中入射波与反射波的合成电场强度和磁场强度分别为

$$\begin{aligned}\boldsymbol{E}&=\boldsymbol{E}_{\mathrm{i}}+\boldsymbol{E}_{\mathrm{r}}=(E_{\mathrm{im}}\mathrm{e}^{-\mathrm{j}\beta z}+E_{\mathrm{rm}}\mathrm{e}^{\mathrm{j}\beta z})\boldsymbol{e}_x=E_{\mathrm{im}}(\mathrm{e}^{-\mathrm{j}\beta z}-\mathrm{e}^{\mathrm{j}\beta z})\boldsymbol{e}_x\\&=-\mathrm{j}2E_{\mathrm{im}}\sin\beta z\boldsymbol{e}_x=2E_{\mathrm{im}}\sin\beta z\mathrm{e}^{-\mathrm{j}\frac{\pi}{2}}\boldsymbol{e}_x\end{aligned}\tag{6-185}$$

或

$$\boldsymbol{E}=2E_{\mathrm{im}}\sin\beta z\cos\left(\omega t-\frac{\pi}{2}\right)\boldsymbol{e}_x=2E_{\mathrm{im}}\sin\beta z\sin\omega t\boldsymbol{e}_x\tag{6-186}$$

和

$$\begin{aligned}\boldsymbol{H}&=\boldsymbol{H}_{\mathrm{i}}+\boldsymbol{H}_{\mathrm{r}}=(H_{\mathrm{im}}\mathrm{e}^{-\mathrm{j}\beta z}+H_{\mathrm{rm}}\mathrm{e}^{\mathrm{j}\beta z})\boldsymbol{e}_y=H_{\mathrm{im}}(\mathrm{e}^{-\mathrm{j}\beta z}+\mathrm{e}^{\mathrm{j}\beta z})\boldsymbol{e}_y\\&=2H_{\mathrm{im}}\cos\beta z\boldsymbol{e}_y\end{aligned}\tag{6-187}$$

或

$$\boldsymbol{H}=2H_{\mathrm{im}}\cos\beta z\cos\omega t\boldsymbol{e}_y\tag{6-188}$$

由此可见，因为电磁波在理想导体表面上的全反射，故介质中入射波和反射波的合成电场与磁场沿z方向与行波不同。随着时间的变化，电磁波沿z方向分布的最大值的位置(称为波腹)和最小值的位置(称为波节)固定不变，故称为驻波。驻波的分布形状与时间无关，而随时间只改变其数值的大小。这就是驻波的明显特征。因此，无论是电场还是磁场，其反射波与入射波叠加而形成驻波。驻波电场和磁场的分布如图6-25所示。显然，驻波的两相邻波腹或波节间的距离为$\frac{\lambda}{2}$；而最大点与其相邻最小点间的距离为$\frac{\lambda}{4}$。但电场和磁场的两个驻波错开$\frac{1}{4}$个波长。例如，在$z=0$的理想导体表面上，电场为零值，即位于波节处，而这时磁场为最大值，则位于波腹处；在$z=-\frac{\lambda}{4}$的平面上，恰好相反，电场位于波腹处，而这时磁场则位于波节处。两波节(或波腹)间的距离为$\frac{\lambda}{2}$，即为半波长。另外，它们在空间上仍相互垂直，而在时间上相差$\frac{1}{4}$个周期即相位差为$\frac{\pi}{2}$。驻波与行波的性质不同，它是两个等值而反向的行波叠加而成的振荡，因此驻波不传播电磁能量。由式(6-186)和式(6-188)，可得驻波的电磁能流密度矢量为

$$\boldsymbol{S}=\boldsymbol{E}\times\boldsymbol{H}=E_{\mathrm{im}}H_{\mathrm{im}}\sin2\beta z\sin2\omega t\boldsymbol{e}_z\tag{6-189}$$

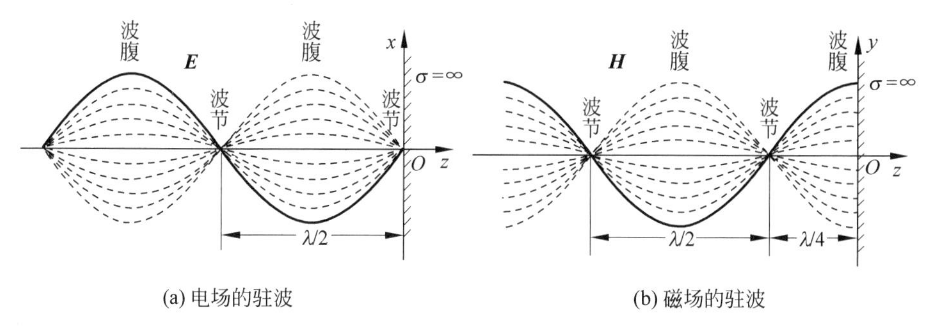

(a) 电场的驻波　(b) 磁场的驻波

图6-25　理想导体表面上电场和磁场的驻波

动画视频

动画视频

显然，驻波的电磁能流密度的时间平均值为零，即

$$\bar{\boldsymbol{S}}=0 \tag{6-190}$$

接下来讨论斜入射情形。

在直角坐标系内，以 $y=0$ 的平面为入射面。设空气中平行极化的均匀平面波以角度 θ_i 入射到良导体板上，如图 6-26 所示。根据前面的结论，在良导体表面上，电磁波近似为全反射，即有 $\theta_r=\theta_i$，$\Gamma_{/\!/}\approx 1$，则 $E_{rm}\approx E_{im}$。

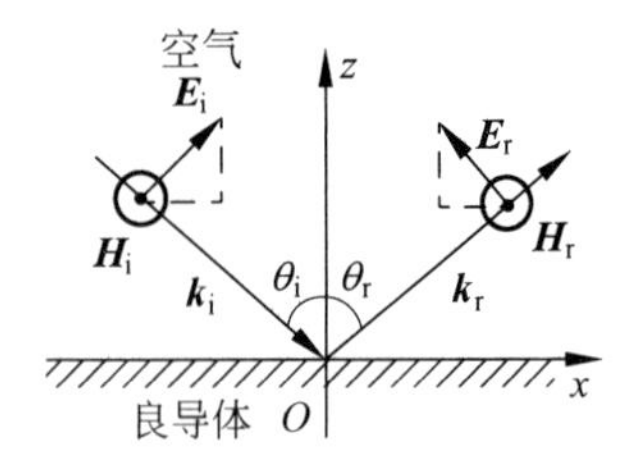

图 6-26　电磁波在良导体板上的反射

设 $\boldsymbol{E}_i=\boldsymbol{E}_{im}e^{-j\boldsymbol{k}_i\cdot\boldsymbol{r}}$，则空气中由入射波和反射波叠加的合成波的电场强度与磁场强度的分量分别为

$$\begin{aligned} E_x&=E_{ix}-E_{rx}=E_{im}\cos\theta_i e^{-j\boldsymbol{k}_i\cdot\boldsymbol{r}}-E_{rm}\cos\theta_r e^{-j\boldsymbol{k}_r\cdot\boldsymbol{r}}\\ &=E_{im}\cos\theta_i(e^{-j\boldsymbol{k}_i\cdot\boldsymbol{r}}-e^{-j\boldsymbol{k}_r\cdot\boldsymbol{r}}) \end{aligned} \tag{6-191}$$

$$\begin{aligned} E_z&=E_{iz}+E_{rz}=E_{im}\sin\theta_i e^{-j\boldsymbol{k}_i\cdot\boldsymbol{r}}+E_{rm}\sin\theta_r e^{-j\boldsymbol{k}_r\cdot\boldsymbol{r}}\\ &=E_{im}\sin\theta_i(e^{-j\boldsymbol{k}_i\cdot\boldsymbol{r}}+e^{-j\boldsymbol{k}_r\cdot\boldsymbol{r}}) \end{aligned} \tag{6-192}$$

$$\begin{aligned} H_y&=H_{iy}+H_{ry}=\frac{E_{im}}{Z_0}e^{-j\boldsymbol{k}_i\cdot\boldsymbol{r}}+\frac{E_{rm}}{Z_0}e^{-j\boldsymbol{k}_r\cdot\boldsymbol{r}}\\ &=\frac{E_{im}}{Z_0}(e^{-j\boldsymbol{k}_i\cdot\boldsymbol{r}}+e^{-j\boldsymbol{k}_r\cdot\boldsymbol{r}}) \end{aligned} \tag{6-193}$$

其中，$\boldsymbol{k}_i\cdot\boldsymbol{r}=k_0(x\sin\theta_i-z\cos\theta_i)$，$\boldsymbol{k}_r\cdot\boldsymbol{r}=k_0(x\sin\theta_i+z\cos\theta_i)$。

于是

$$\begin{aligned} E_x&=E_{im}\cos\theta_i e^{-jk_0x\sin\theta_i}(e^{jk_0z\cos\theta_i}-e^{-jk_0z\cos\theta_i})\\ &=2jE_{im}\cos\theta_i\sin(k_0z\cos\theta_i)e^{-jk_0x\sin\theta_i} \end{aligned} \tag{6-194}$$

$$\begin{aligned} E_z&=E_{im}\sin\theta_i e^{-jk_0x\sin\theta_i}(e^{jk_0z\cos\theta_i}+e^{-jk_0z\cos\theta_i})\\ &=2E_{im}\sin\theta_i\cos(k_0z\cos\theta_i)e^{-jk_0x\sin\theta_i} \end{aligned} \tag{6-195}$$

$$H_y=2\frac{E_{im}}{Z_0}\cos(k_0z\cos\theta_i)e^{-jk_0x\sin\theta_i} \tag{6-196}$$

可见，空气中合成波的电场与磁场的分量沿 $+z$ 方向均为驻波，而沿 $+x$ 方向为行波。因为磁场分量与行波的传播方向即 $+x$ 方向垂直，故这种波称为 TM 型行驻波。行波的相速为

$$v_p=\frac{\omega}{\beta_x}=\frac{\omega}{k_0\sin\theta_i}=\frac{c}{\sin\theta_i}>c \tag{6-197}$$

在良导体的表面上，$z=0$，合成波的电场强度和磁场强度的分量分别为

$$E_x=0,\quad E_z=2E_{im}\sin\theta_i e^{-jk_0x\sin\theta_i} \tag{6-198}$$

$$H_y=\frac{2E_{im}}{Z_0}e^{-jk_0x\sin\theta_i}=2H_{im}e^{-jk_0x\sin\theta_i}=H_{0m}e^{-jk_0x\sin\theta_i} \tag{6-199}$$

对式(6-195)在 $z=0$ 处求关于 z 的偏导数，则不难得到 $\left.\dfrac{\partial E_z}{\partial z}\right|_{z=0}=0$。可见，在良导体

表面上电场只有法向分量,且满足第二类齐次边界条件,即

$$E_x\big|_{z=0}=0,\quad \left.\frac{\partial E_z}{\partial z}\right|_{z=0}=0 \tag{6-200}$$

同理,磁场只有切向分量,且满足第二类齐次边界条件,即

$$\left.\frac{\partial H_y}{\partial z}\right|_{z=0}=0 \tag{6-201}$$

该结论对于式(6-185)、式(6-188)同样成立。

电场和磁场都以相速 v_p 沿 $+x$ 方向传播。良导体表面处磁场强度的幅值 $H_{0m}=2H_{im}$ 为入射波或反射波磁场强度的两倍,即二者的叠加。

电磁波在良导体表面斜入射时的传播特性正是下节分析波导中波传输的理论基础。

*6.5.3 金属界面的表面波——SPP

接下来讨论一种沿着介质与金属分界面表面附近的导行波,也称为表面等离激元(Surface Plasmon Polariton,SPP)。当电磁波入射到该交界面时,会诱发金属表面自由电子的集体振荡,最终导致表面等离子体激元的产生,它是一种表面波。波沿金属表面传播,且在垂直于表面的方向上按指数规律衰减。

考虑 TM 模,不妨设 $x=0$ 为金属和介质的分界面,波沿着 z 轴正向传播,如图 6-27 所示。设介质($x>0$)和金属($x<0$)中的磁场强度 H_y 分别为

$$\begin{cases} H_{y1}=A_1\mathrm{e}^{-k_{x1}x}\mathrm{e}^{\mathrm{j}(\omega t-k_{z1}z)}, & x>0 \\ H_{y2}=A_2\mathrm{e}^{k_{x2}x}\mathrm{e}^{\mathrm{j}(\omega t-k_{z2}z)}, & x<0 \end{cases} \tag{6-202}$$

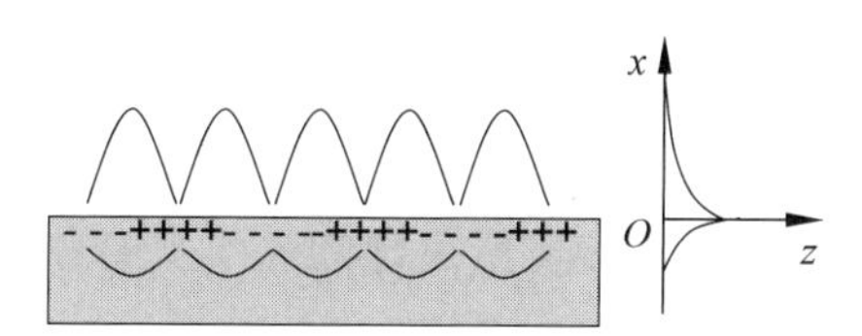

图 6-27 介质与金属分界面上形成的表面波示意图

在 $x=0$ 的分界面上,应满足 $H_{y1}=H_{y2}$,即有:$A_1=A_2=A$,$k_{z1}=k_{z2}=\beta$。再利用$\nabla\times\boldsymbol{H}=\mathrm{j}\omega\varepsilon\boldsymbol{E}$,可得

$$\begin{cases} E_{z1}=-\dfrac{k_{x1}}{\mathrm{j}\omega\varepsilon_1}A\mathrm{e}^{-k_{x1}x}\mathrm{e}^{\mathrm{j}(\omega t-\beta z)}, & x>0 \\ E_{z2}=\dfrac{k_{x2}}{\mathrm{j}\omega\varepsilon_2}A\mathrm{e}^{k_{x2}x}\mathrm{e}^{\mathrm{j}(\omega t-\beta z)}, & x<0 \end{cases} \tag{6-203}$$

再由分界面上切向电场的连续条件 $E_{z1}=E_{z2}$,得

$$\varepsilon_2 k_{x1}=-\varepsilon_1 k_{x2} \tag{6-204}$$

在两介质中,波数所满足的关系式为

$$\beta^2=\omega^2\varepsilon_1\mu_1+k_{x1}^2=\omega^2\varepsilon_2\mu_2+k_{x2}^2 \tag{6-205}$$

对于非磁性物质,可取 $\mu_1=\mu_2=\mu_0$,联立方程式(6-204)、式(6-205)得

$$
\begin{cases}
k_{x1}^2=-\omega^2\varepsilon_1\mu_0\dfrac{\varepsilon_1}{\varepsilon_1+\varepsilon_2}\\
k_{x2}^2=-\omega^2\varepsilon_2\mu_0\dfrac{\varepsilon_2}{\varepsilon_1+\varepsilon_2}\\
\beta=k_0\sqrt{\dfrac{\varepsilon_1\varepsilon_2}{\varepsilon_0(\varepsilon_1+\varepsilon_2)}}
\end{cases}
\tag{6-206}
$$

由式(6-206)可见，一种情况是：要使 k_{x1}、k_{x2} 存在实数解，ε_1 和 ε_2 之一必须取为负数；另一种情况是：当 ε_1 或 ε_2 取复数，k_{x1}、k_{x2} 存在复数解。对于金属导体而言，当频率较高时其介电常数由 Drude 模型表示，即 $\varepsilon_{2r}=\varepsilon_{r\infty}-\dfrac{\omega_p^2}{\omega^2+j\omega\Gamma_e}$。其中，$\omega_p$ 是等离子体频率，Γ_e 是电子碰撞频率。在光学频段，金属的介电常数为负数，若令 $\varepsilon_1=\varepsilon_0$，$\varepsilon_2=\varepsilon_2'-j\varepsilon_2''$，由式(6-206)可知传播常数为复数，即可表示为 $\beta=\beta'-j\beta''$，则经过详细推导可得，表面等离激元的波长、沿分界面的传播距离、在介质和金属中的趋肤深度分别为

$$
\begin{cases}
\lambda_{\text{SPP}}=\dfrac{2\pi}{\beta'}\\
L=\dfrac{1}{2\beta''}\\
\delta_i=\dfrac{1}{\alpha_i}
\end{cases}
\tag{6-207}
$$

式中，衰减常数为 $\alpha_i=\sqrt{|\beta_{\text{SPP}}^2-k_i^2|}=\sqrt{|\beta_{\text{SPP}}^2-k_0^2\varepsilon_{ir}\mu_{ir}|}$，$i=1,2$。

由式(6-202)可以看出，在分界面 $x=0$ 两侧，电场沿 x 方向上的分量均是指数衰减的，即在与传播方向垂直的方向上是倏逝波。由式(6-207)可得出表面等离激元拥有在传播方向上比光波更短的波长，可达到 X 射线波长的数量级甚至更小。有效折射率 $n_{\text{eff}}=\beta'/k_0$ 可以到达 $10^2\sim10^3$ 数量级，理论上由于衍射所决定的光学分辨率 $\lambda_0/(2n_{\text{eff}})$ 的量级将会小至纳米尺度，从而大大地提高光学分辨率。

需要指出的是，对于磁导率 $\mu_1=\mu_2$ 的介质分界面，TE 型表面等离激元是不可能存在的(读者可以根据边值关系自行证明)。只有当 $\mu_1\neq\mu_2$ 时，TE 型表面等离激元才有可能存在。实际上，对于两种非磁性材料 μ_1 和 μ_2 相差甚小，因此即使存在 TE 型表面等离激元仍可以忽略，故主要还是 TM 型表面波。

通过以上分析，可得出表面等离激元有以下几个主要特性：

(1) 表面等离子体激元与金属表面自由电子的共振有关，它是电磁波与金属表面自由电子振荡耦合的结果；

(2) 表面等离子体激元能够沿着金属和介质交界面传播，是一种表面波；

(3) 表面等离子体激元在交界面的两侧呈指数衰减，因而是倏逝波。它被紧致地束缚在金属表面附近很小的尺度范围内，从而呈现出金属表面附近的电场得到增强的效果；

(4) 表面等离子体激元为 TM 型电磁波。

基于上述特征，表面等离激元在生物基因检测、微纳光集成、高密度光存储、超分辨成像、亚波长光刻等方面有着广泛的应用。

6.5.4 趋肤效应和邻近效应

在导电媒质中沿$+z$方向传播的电磁波，由于能量损耗而使场量（电场强度、磁场强度及电流密度等）都按$e^{-\alpha z}$的指数规律衰减，且随着电导率与磁导率的增加、频率的升高而衰减得越来越快。因此，导电媒质表面处的场量最大，愈深入内部，场量愈小。电磁波的场量趋于导电媒质表面的现象称为趋肤（或集肤）效应。利用良导体内部的电磁场基本为零的原理可对电子设备进行电磁屏蔽。利用穿入导体一定深度的电磁波的电磁能转化为热能的原理，可对某些材料进行感应加热、烘干等。某些频率的电磁波可引起生物效应，在医学上可用来理疗、杀菌，在农业上可用来育种。应用高频电磁波的趋肤效应可对金属表面进行硬化处理。另一方面，由于趋肤效应致使导体内传导电流的截面减小，因而增大了导体的电阻，并减小了内自感，这也是不利的一面。

当若干个载有交变电流的导体彼此放置的距离很近时，每一个导体不仅处于自身电流产生的电磁场中，同时还受到周围其他载流导体的电磁场作用，于是每个导体内的电流分布不同于单个导体存在时的分布，这种效应称之为邻近效应。以双根线为例，如图 6-28 所示。高频电流在两导体中彼此反向流动，电流会集中于导体邻近一侧流动。反之，若两导体中彼此同向流动，电流会在导体邻近一侧减弱。这是因为：一方面，两导体各自存在着趋肤效应；同时，各自产生的交变磁场在相邻的另一根导线上产生涡流，导致由相邻导线上的电流在本导线激发的涡流与本导线原有的工作电流叠加。两种情况最终的结果都是使导体的有效电阻增加，焦耳热损耗增大。

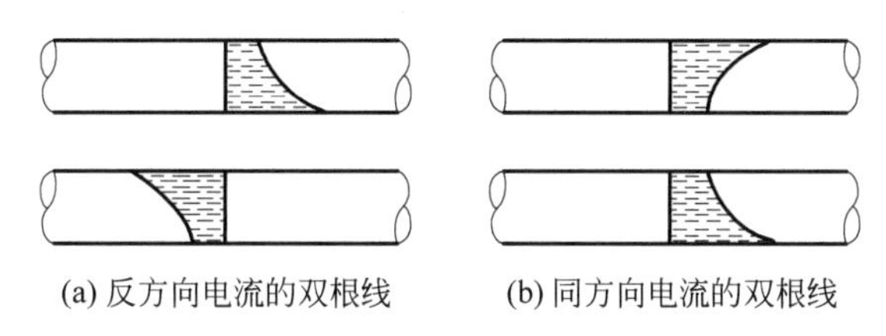
(a) 反方向电流的双根线　　(b) 同方向电流的双根线

图 6-28　双根传输线邻近效应的电流分布

又如当一些导线被缠绕成一层或几层线匝时，感应电动势随绕组的层数线性增加，产生涡流，使电流集中在绕组交界面间流动，也属于邻近效应。感应电动势越大，邻近效应越明显。感应电动势最大的地方，邻近效应也最明显。

趋肤效应与邻近效应在传输线中往往是孪生现象，但邻近效应影响远比趋肤效应影响大。因为趋肤效应只是将导线的导电面积限制在表面附近的一薄层，导致了导体热损耗的增加，它只是改变了导线表面的电流密度，而没有改变电流的幅值。然而，邻近效应中的涡流是由相邻导体中电流所产生的可变磁场引起的，而且涡流的大小随绕组层数的增加按指数规律递增。

如果邻近效应发生在绕组层间时，其危害性是很大的。通过减小最大电动势，就能相应地减小邻近效应，所以合理布置原副边绕组，就能减小最大电动势，从而减小邻近效应的影响。当然，邻近效应也可以在实际应用中合理利用，例如可将载有高频电流的线圈置于钢件附近，则钢件靠近线圈的表面部分会产生较强的涡流，从而可使钢件表面部分淬火。

6.5.5 趋肤深度及表面电阻

前已指出，无论入射角如何，透射入非磁性导电媒质中的电磁波基本沿其表面的法线方向传播，且按 $e^{-\alpha|z|}$ 的指数规律衰减。电磁波场量的幅值衰减至表面处值的 $\frac{1}{e}=0.368$ 的深度，称为趋肤深度，也称穿透深度或透入深度，以 δ 表示。由

$$e^{-\alpha z}=e^{-\alpha\delta}=e^{-1}=36.8\%$$

即 $\alpha\delta=1$，并注意到式(6-112)，可得导电媒质的趋肤深度或穿透深度为

$$\delta=\frac{1}{\alpha}=\frac{1}{\omega\sqrt{\frac{\varepsilon\mu}{2}\left[\sqrt{1+\left(\frac{\sigma}{\omega\varepsilon}\right)^2}-1\right]}} \tag{6-208}$$

对于良导体，$\frac{\sigma}{\omega\varepsilon}\gg1$，故由式(6-115)可得良导体的趋肤深度为

$$\delta=\frac{1}{\alpha}=\sqrt{\frac{2}{\omega\mu\sigma}}=\frac{1}{\sqrt{\pi f\mu\sigma}} \tag{6-209}$$

由此可见，电磁波的频率越高，良导体的磁导率和电导率越大，趋肤深度越小。显然，理想导体的趋肤深度为零。应该注意，在 $z>\delta$ 的区域，场量并不为零；另外，上述趋肤深度 δ 的公式是以平面边界导出的，但只要导体表面的曲率半径比 δ 大得多，趋肤深度的概念就可以应用于其他形状的导体。

因为良导体中的电流密度集中于表面，则与能量损耗有关的波阻抗可以称为表面阻抗。由式(6-116)和式(6-209)可得良导体的表面阻抗为

$$Z_S=(1+j)\sqrt{\frac{\pi f\mu}{\sigma}}=(1+j)\frac{1}{\sigma\delta} \tag{6-210}$$

它的实部和虚部分别称为表面电阻 R_S 与表面电抗 X_S，且二者相等，即

$$R_S=X_S=\sqrt{\frac{\pi f\mu}{\sigma}}=\frac{1}{\sigma\delta} \tag{6-211}$$

由此可见，表面电阻和表面电抗分别是每平方米表面积上厚度为 δ 的良导体所呈现的电阻和电抗，如图6-29所示。良导体的趋肤深度 δ 和表面电阻 R_S 是非常小的。

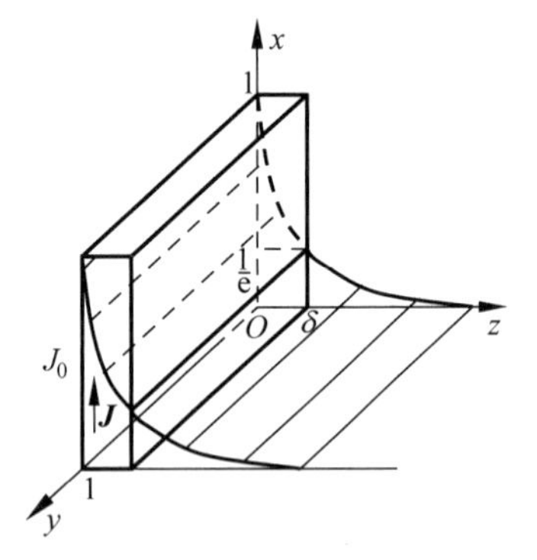

图6-29 良导体的表面电阻和表面电抗

动画视频

由式(6-211)可知，当良导体的表面沿面电流密度的方向长为 l、垂直于面电流密度方向的宽为 b 时，其表面电阻和表面电抗为

$$R'_S=X'_S=\frac{l}{\sigma b\delta}=\frac{l}{b}R_S=\frac{l}{b}X_S$$

良导体内损耗的电磁波功率可以用面电流密度和表面电阻来计算。若用 J_0 表示良导体表面处附近沿 x 方向的电流密度，则距表面为 z 处的电流密度为

$$J=J_x=J_0e^{-\gamma z}$$

因此，它在 y 方向单位宽度上总的电流密度即表面电流密度为

$$J_S=\int_0^{\infty} J_0 \mathrm{e}^{-\gamma z}\mathrm{d}z=\frac{J_0}{\gamma}$$

由于 $\boldsymbol{J}=\sigma\boldsymbol{E}$，以 $J_0=\sigma E_0$ 代入上式，并考虑到上式和式(6-210)，可得良导体表面处的电场强度为

$$E_0=\frac{J_0}{\sigma}=\frac{J_S\gamma}{\sigma}=\frac{J_S(1+\mathrm{j})\alpha}{\sigma}=J_S(1+\mathrm{j})\frac{1}{\sigma\delta}=J_SZ_S \tag{6-212}$$

又因为 $E_0=H_0Z_S$，故有

$$J_S=H_0 \tag{6-213}$$

因此，面电流密度 J_S 等于良导体表面处的磁场强度 H_0。这是理想导体表面上的边界条件式(6-184)的必然结果。

电磁波穿入单位良导体表面的功率流将在其内部被损耗而转变为焦耳热，因此，单位表面积的良导体所吸收的电磁波的平均功率为

$$p_0=\frac{\mathrm{d}P}{\mathrm{d}S}=\bar{S}=\mathrm{Re}\,\frac{1}{2}H_{0\mathrm{m}}^2Z_S=\frac{1}{2}H_{0\mathrm{m}}^2R_S\quad(\mathrm{W/m^2}) \tag{6-214}$$

或

$$p_0=\frac{1}{2}J_{S\mathrm{m}}^2R_S=J_{S\mathrm{e}}^2R_S\quad(\mathrm{W/m^2}) \tag{6-215}$$

式中，$J_{S\mathrm{m}}$ 和 $J_{S\mathrm{e}}$ 分别是面电流密度的最大值与有效值。因此，单位表面积的良导体内部的损耗功率可由面电流密度和表面电阻计算出来。这和交流电路中计算平均功率相类似。

在高频情况下，因导体中的电流趋于表面，使导线的有效横截面积减少，增加了表面电阻。为了减少导体的损耗，需要设法减小导体的表面电阻。这可以通过在导线或导体表面镀银以增加电导率或采用多股绝缘导线(见图 6-30)以增加表面积来实现。

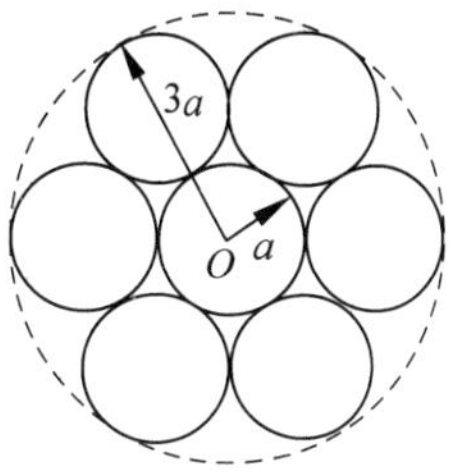

图 6-30　多股漆包线

例 6.9　已知铜的电磁参量分别为 $\sigma=5.8\times10^7\,\mathrm{S/m}$，$\varepsilon_r=\mu_r=1$；而铁的电磁参量分别为 $\sigma=10^7\,\mathrm{S/m}$，$\varepsilon_r=1$，$\mu_r=10^3$。试分别计算直径为 2mm 的铜导线和铁导线在 1MHz 频率下的趋肤深度与单位长度的表面电阻。

解　对于圆柱形导体，只要其半径 $a\gg\delta$，则可以近似地应用导体表面为平面时的趋肤深度公式。

对于铜导线，其趋肤深度和单位长度的表面电阻分别为

$$\delta=\frac{1}{\sqrt{\pi f\mu_0\sigma}}=(\pi\times10^6\times4\pi\times10^{-7}\times5.8\times10^7)^{-\frac{1}{2}}$$

$$\approx6.6\times10^{-5}\,\mathrm{m}=66\mu\mathrm{m}\ll a$$

$$R_{S0}=\frac{1}{2\pi a\sigma\delta}=\frac{R_S}{2\pi a}=\frac{1}{2\pi a}\sqrt{\frac{\pi f\mu_0}{\sigma}}=\frac{1}{2a}\sqrt{\frac{f\mu_0}{\pi\sigma}}$$

$$\approx\frac{1}{2\times10^{-3}}\left(\frac{10^6\times4\pi\times10^{-7}}{\pi\times5.8\times10^7}\right)^{\frac{1}{2}}\approx0.042\Omega$$

对于铁导线，同理可得

$$\delta=\frac{1}{\sqrt{\pi f\mu\sigma}}=(\pi\times10^6\times10^3\times4\pi\times10^{-7}\times10^7)^{-\frac{1}{2}}\approx5\times10^{-6}\,\mathrm{m}=5\mu\mathrm{m}\ll a$$

$$R_{S0}=\frac{1}{2a}\sqrt{\frac{f\mu}{\pi\sigma}}=\frac{1}{2\times10^{-3}}\left(\frac{10^6\times10^3\times4\pi\times10^{-7}}{\pi\times10^7}\right)^{\frac{1}{2}}\approx3.16\Omega$$

可见,在同样条件下,铁的趋肤深度比铜要小得多,而单位长度导线的表面电阻却大得多,故在低频下的电磁屏蔽装置宜用铁磁材料,而传导交变电流尤其是高频电流需要用铜导线。

由于非磁性良导体的表面阻抗为 $Z_S=\sqrt{\frac{\omega\mu_0}{\sigma}}\mathrm{e}^{\mathrm{j}\frac{\pi}{4}}$,因此,单位表面积的良导体板所吸收的平均功率为

$$\begin{aligned}p_0&=\bar{S}=\mathrm{Re}\,\frac{1}{2}H_{0\mathrm{m}}^2Z_S=\frac{1}{2}\sqrt{\frac{\omega\mu_0}{\sigma}}H_{0\mathrm{m}}^2\cos\frac{\pi}{4}\\&=\frac{1}{2}\sqrt{\frac{\omega\mu_0}{\sigma}}\cdot\frac{4E_{\mathrm{im}}^2}{\mu_0/\varepsilon_0}\cdot\frac{\sqrt{2}}{2}=\sqrt{\frac{2\omega}{\mu_0\sigma}}\varepsilon_0E_{\mathrm{im}}^2\quad(\mathrm{W/m})\end{aligned}$$

此功率在导体内将全部转变为焦耳热。由于 $J_{\mathrm{Sm}}=H_{0\mathrm{m}}$,于是单位表面积非磁性良导体的损耗功率为

$$p_0=\frac{1}{2}J_{\mathrm{Sm}}^2R_S=\frac{1}{2}H_{0\mathrm{m}}^2\frac{1}{\sigma\delta}=\frac{1}{2}\cdot\frac{4E_{\mathrm{im}}^2}{\frac{\mu_0}{\varepsilon_0}}\cdot\sqrt{\frac{\omega\mu_0}{2\sigma}}=\sqrt{\frac{2\omega}{\mu_0\sigma}}\varepsilon_0E_{\mathrm{im}}^2\quad(\mathrm{W/m^2})$$

6.5.6 涡流及其应用

当整块导体置于交变的磁场时,在与磁场正交的曲面上将产生闭合的感应电流,叫作涡电流,简称涡流。导体内的涡流具有热效应和去磁效应。热效应的产生源于导体内自由电子的定向运动,有着与传导电流相同的效应;去磁效应源于涡流产生的磁场反过来阻碍原电流的变化,有着与楞次定律相类似的效应。在实际应用中,有时候需要避免涡流的产生,例如电机、变压器和电抗器等应尽量克服涡流。因为大的涡流使缠绕线圈的铁芯发热过多,降低效率并存在安全隐患,减小涡流的方法是将铁芯做成叠片。而另一方面,可以利用涡流的热效应进行加热叫作感应加热。冶炼金属用的高频感应炉就是感应加热的一个重要例子。图 6-31 是感应炉的示意图。当线圈通上高频交流电流时,坩埚中的被冶炼金属内出现强大的涡流,它所产生的热量可使金属很快熔化。这种冶炼方法易于控制温度、避免有害杂质进入被炼金属中。电磁炉的工作原理也是利用涡流,即利用电磁炉线圈上交变磁场在电炒锅底及周边产生的涡流使锅内食物迅速加热。此外,涡流的磁效应可以用于电磁阻尼,使一些仪表的指针很快停止下来,便于运输和读数。

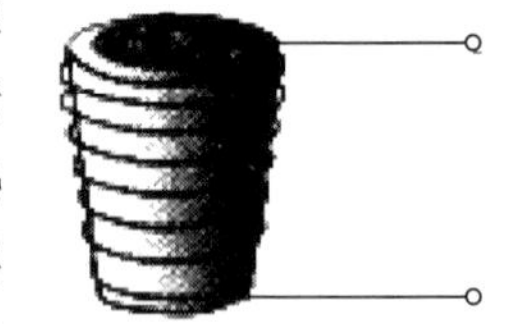

图 6-31 高频感应炉

6.5.7 电磁屏蔽

电磁屏蔽是利用导电材料或铁磁材料制成的、用于阻碍电磁场对某一区域干扰的壳层结构。屏蔽一般分为三种类型:第一类是静电屏蔽,主要用于防止静电场或变化缓慢的交变电场(如工频电场)的影响;第二类是静磁屏蔽,主要用于防止稳恒磁场或变化缓慢的交变磁场的影响;第三类是电磁屏蔽,主要用于防止高频电磁场的影响。

静电屏蔽结构一般选用金属导体壳或金属网。利用静电感应的原理,将金属导体壳接入

大地，导体球壳上电势为零，外表面没有电荷分布，壳内区域被完全屏蔽。这类屏蔽属于主动屏蔽。另一种情况是被动屏蔽，导体壳不接地，导体壳内是等势体，感应电荷或导体自身的电荷分布在导体壳表面。显然，接地导体壳可以防止电场线向外泄露，从而提高屏蔽效果。

磁场屏蔽结构选用高磁导率材料（如铁磁体、钢、铁板网等）。如果屏蔽层暴露在空气中，磁阻表达式为

$$R_{\mathrm{m}}=\frac{l}{\mu S} \tag{6-216}$$

其中，空气中 $\mu=\mu_0$，屏蔽壳中 $\mu\gg\mu_0$，所以 $R_{\mathrm{m}壳}\ll R_{\mathrm{m}空}$。根据磁路的基本理论，磁通总是走磁阻小的路径。故磁感应线几乎集中在屏蔽壳层，称为聚磁作用，壳内 $\boldsymbol{B}\approx 0$，实现了磁场屏蔽。理论推导也可以按照第4章的方法（详见习题4.27）。

前已述及良导体可以用作电磁屏蔽装置，只要屏蔽层的厚度接近良导体内电磁波的波长 $\lambda=\frac{2\pi}{\beta}\approx\frac{2\pi}{\alpha}=2\pi\delta$，即约趋肤深度的6倍，此处电磁波的场量值只是表面处值的 $\mathrm{e}^{-\alpha\lambda}=\mathrm{e}^{-2\pi}=0.187\%$，就可以使屏蔽装置内的电子设备与外部设备或空间的电磁波之间具有良好的电磁屏蔽作用。在高频下，可以用铜或铝做屏蔽材料，而在低频下宜用铁磁材料，否则屏蔽层就太厚了。

6.6　波导和谐振腔

在第6.1节中，介绍了无界空间中的电磁波。在无界空间中，电磁波最基本的存在形式是平面电磁波。这种波的电场和磁场都做横向振动，沿传播方向无场量，这种类型的波称为横电磁波（TEM）。在第6.5节中，介绍了电磁波在介质与导体构成的无限大分界面附近的传播。电磁波在导体表面发生全反射，透入导体内的量由趋肤深度决定。当导体近似看作理想导体时，趋肤深度等于零。入射波与反射波的合成波沿分界面方向以行波传播，在横向为驻波形式。这种有界空间中传播的电磁波的特性不同于横电磁波，被广泛应用于无线电技术的实际问题中。其中，在微波技术中，应用波导进行电磁能量的传输就属于此。本节主要介绍矩形金属波导中的电磁波的传播和电磁波的振荡。

6.6.1　高频电磁能量的传输

传播电磁信息有两种基本方式：无线传播和有线传播。前者包括电磁波在空间的传播和不同媒质分界面的反射和折射。后者主要包括电磁波在导波系统中的传输。导波系统是指引导电磁波传输的各种传输线或波导。根据前面的学习可知，在所有情况下，电磁能量是在场中传播的。在稳恒电流或低频情况下，由于场与电路中电荷和电流关系较为简单，可以用电路方程解决实际问题。但在高频情况下，场的波动性增强，集中参量如电阻、电感、电容等不再适用。随着频率的提高，低频电力系统中使用的双根传输线因趋肤效应明显以及波的辐射也无法使用。这时常用中空的金属管代替双根线，这种结构的传输线称为波导。根据其横截面形状不同，通常分为矩形波导、圆形波导和椭圆形波导等。

6.6.2　矩形波导中的电磁波

矩形波导是结构最简单、用途最多的一种波导。对该种结构波导的分析，适用于其他类

型的情形。

1. TE 模和 TM 模

现在以矩形波导为例来求波导内电磁波的解。建立如图 6-32 所示的直角坐标系，取波导内壁面为 $x=0,a$ 和 $y=0,b$，z 轴为波的传播方向。

在一定频率下，管内电磁波满足亥姆霍兹方程

$$\nabla^2 \boldsymbol{E}+k^2\boldsymbol{E}=0 \tag{6-217}$$

其中，$k=\omega\sqrt{\varepsilon\mu}=\dfrac{2\pi}{\lambda}$，以及$\nabla\cdot\boldsymbol{E}=0$。

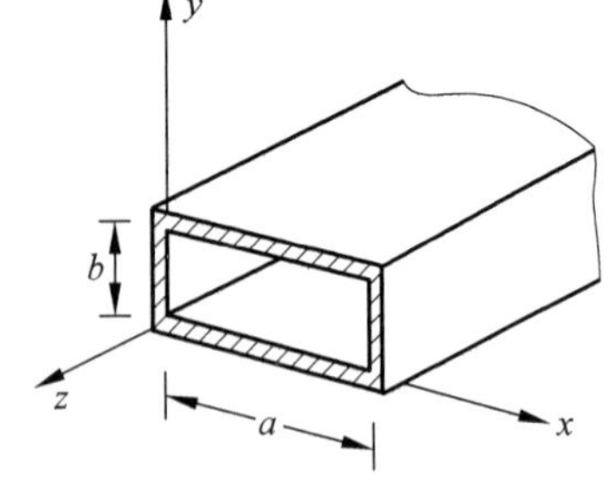

图 6-32 矩形波导结构

对于沿 z 方向传播的波，由第 6.5 节知，相应的传播因子为 $e^{j(\omega t-k_z z)}$。因此，电场强度可以表示为 $\boldsymbol{E}(x,y,z)=\boldsymbol{E}(x,y)e^{j(\omega t-k_z z)}$，代入式(6-217)，得

$$\left(\frac{\partial^2}{\partial x^2}+\frac{\partial^2}{\partial y^2}\right)\boldsymbol{E}(x,y)+(k^2-k_z^2)\boldsymbol{E}(x,y)=0 \tag{6-218}$$

用 $u(x,y)$表示电磁场中任意一个分量。在直角坐标系中，采用分离变量法，设

$$u(x,y)=X(x)Y(y)$$

代入式(6-218)，可分离成两个方程

$$\begin{cases}\dfrac{d^2X}{dx^2}+k_x^2X=0\\[2ex]\dfrac{d^2Y}{dy^2}+k_y^2Y=0\end{cases} \tag{6-219}$$

其中，k_x、k_y 为分离常数，且 $k_x^2+k_y^2+k_z^2=k^2$。

解式(6-219)，可得 $u(x,y)$的通解为

$$u(x,y)=(A_1\cos k_x x+B_1\sin k_x x)(A_2\cos k_y y+B_2\sin k_y y) \tag{6-220}$$

其中，A_1、B_1、A_2 和 B_2 为待定常数。当 $u(x,y)$具体表示 $\boldsymbol{E}$ 的某一分量时，待定常数的确定需结合相应的边界条件。

利用$\nabla\cdot\boldsymbol{E}=0$ 确定电场的边界条件非常方便。如在 $x=0$ 的平面上，显然有 $E_z=E_y=0$，代入$\nabla\cdot\boldsymbol{E}=0$，不难得到$\dfrac{\partial E_x}{\partial x}=0$，这与式(6-200)的结论相一致。于是，电场 $\boldsymbol{E}$ 的边界条件可以具体表示为

$$E_z=E_y=0,\quad \frac{\partial E_x}{\partial x}=0\quad (x=0,a) \tag{6-221}$$

$$E_z=E_x=0,\quad \frac{\partial E_y}{\partial y}=0\quad (y=0,b) \tag{6-222}$$

由上两式中 $x=0$，a 和 $y=0$，b 面上的边界条件可得

$$\begin{cases}E_x=C_1\cos k_x x\sin k_y y e^{-jk_z z}\\E_y=C_2\sin k_x x\cos k_y y e^{-jk_z z}\\E_z=C_3\sin k_x x\sin k_y y e^{-jk_z z}\end{cases} \tag{6-223}$$

以及

$$k_x=\frac{m\pi}{a},\quad k_y=\frac{n\pi}{b}\quad (m,n=0,1,2,\cdots) \tag{6-224}$$

从式(6-223)可以看出,电磁波在矩形波导中沿 x、y 方向为驻波,沿 z 方向为行波。m 和 n 分别代表沿矩形两边的半波数,即沿着矩形波导横截面两边驻波对应的波腹(或波节)个数。

解式(6-220)还必须满足条件 $\nabla\cdot\boldsymbol{E}=0$,由此条件可得

$$C_1k_x+C_2k_y+\mathrm{j}C_3k_z=0 \tag{6-225}$$

由此可见,在 C_1、C_2 和 C_3 中只有两个是独立的。因此,对于每一组$(m,\ n)$存在两种独立的模式。

$\boldsymbol{E}$ 的解求出后,磁场 $\boldsymbol{H}$ 由麦克斯韦方程可得

$$\boldsymbol{H}=\frac{\mathrm{j}}{\omega\mu}\nabla\times\boldsymbol{E} \tag{6-226}$$

由式(6-225),对一定的(m,n),若选一种模式使其电场分量 $E_z=0$,则该模式的 $C_1/C_2=-k_x/k_y$ 就可以完全确定,因而另一种线性无关的模式必然要求 $E_z\neq0$。由式(6-226)可见,对于 $E_z=0$ 的模式,必有 $H_z\neq0$;同理,对于 $H_z=0$ 的波模,必有 $E_z\neq0$。由此可见,在矩形波导中传播的电磁波不同于无限大空间中的情形,不存在电、磁场的 z 分量同时等于零的模式,即不存在 TEM 模。通常将 $E_z=0$ 的模称为横电(TE)波,而将 $H_z=0$ 的模称为横磁(TM)波。TE 波和 TM 波又根据(m,n)的值得不同而分为 TE_{mn} 和 TM_{mn}。一般情形下,波导中存在的模是这两种独立模的叠加。

2. 截止特性

在式(6-217)中,k 为介质中的波数,它由激励频率 ω 决定;k_x、k_y 则由式(6-224)决定,它们取决于波导管壁的几何尺寸和模数(m,n)的大小。当波数 $k<\sqrt{k_x^2+k_y^2}$ 时,k_z 成为纯虚数,这时传播因子 $\mathrm{e}^{\mathrm{j}k_zz}$ 变为负指数,即为衰减因子。在这种情形下,电磁波不再是沿 z 方向传播的行进波,而是在 z 方向的衰减波。于是将能够在波导中传播的最小波数称为截止波数,用 k_c 表示,则 $k_c=\sqrt{k_x^2+k_y^2}$。相应的最小频率称为截止频率 f_c,显然有

$$f_c=\frac{1}{2\sqrt{\varepsilon\mu}}\sqrt{\left(\frac{m}{a}\right)^2+\left(\frac{n}{b}\right)^2} \tag{6-227}$$

相应的截止波长 λ_c 为

$$\lambda_c=\frac{2\pi}{\sqrt{k_x^2+k_y^2}}=\frac{2}{\sqrt{\left(\frac{m}{a}\right)^2+\left(\frac{n}{b}\right)^2}} \tag{6-228}$$

定义波导波长 λ_g 为

$$\lambda_g=\frac{2\pi}{k_z}=\frac{\lambda}{\sqrt{1-\left(\frac{\lambda}{\lambda_c}\right)^2}} \tag{6-229}$$

当 $a>b$ 时,最小的截止波数对应于 $m=1,n=0$,对应的模式称之为矩形波导的基模,且有

$$k_{c,10}=\frac{\pi}{a} \tag{6-230}$$

相应的截止波长为最长,其大小为 $\lambda_{c,10}=2a$。

以 $a=7\text{cm}$,$b=3\text{cm}$ 的矩形波导为例,把按式(6-228)求出的各种模式的截止波长依序排列,如图 6-33 所示。

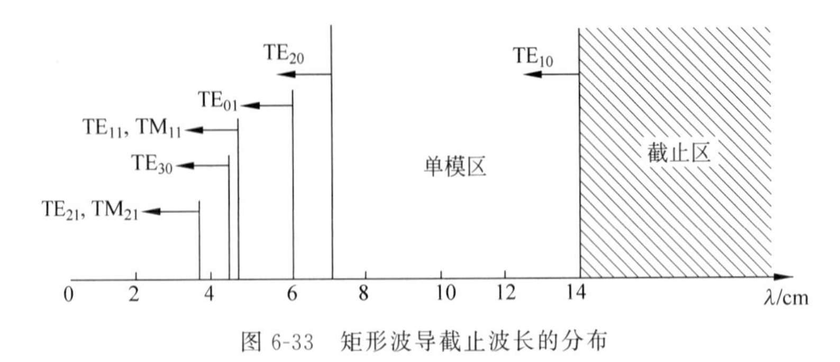

图 6-33 矩形波导截止波长的分布

由式(6-227)知,对于不同模式的 TE 波或 TM 波,只要 m、n 取值相同,截止频率就相同,这种现象称为模式简并。例如在图 6-33 中,TE_{11} 与 TM_{11}、TE_{21} 与 TM_{21} 均属于简并模式。

由图 6-33 可知,在矩形波导中能够通过的最长波长为 $2a$,由于波导的几何尺寸不能做得过大或过小,用波导来传输较长的无线电波以及较短的太赫兹波都是不现实的,在厘米波段,波导的应用最广。

矩形波导中 TE_{10} 模是最常用的一种模式。它具有最低的截止频率,容易实现单模传输,而其他高次模的截止频率都比较高,不易实现单模传输。因此,根据实际需要,可以在某一频率范围内选择适当尺寸的波导使其中只通过 TE_{10} 模。

3. TE_{10} 波的电磁场

当 $m=1$,$n=0$ 时,$k_x=\dfrac{\pi}{a}$,$k_y=0$。对 TE 模,由式(6-223)知,$E_x=E_z=0$,因而电场只有 y 分量。由式(6-226)可以得到磁场的分量。为了形式上的简洁,不妨令 $C_2=-\dfrac{\text{j}\omega\mu a}{\pi}H_0$,则电磁场的各分量为

$$\begin{cases} H_z=H_0\cos\dfrac{\pi x}{a}\text{e}^{-\text{j}k_z z} \\ E_y=-\dfrac{\text{j}\omega\mu a}{\pi}H_0\sin\dfrac{\pi x}{a}\text{e}^{-\text{j}k_z z} \\ H_x=\dfrac{\text{j}k_z a}{\pi}H_0\sin\dfrac{\pi x}{a}\text{e}^{-\text{j}k_z z} \\ E_x=E_z=H_y=0 \end{cases} \tag{6-231}$$

上式中只有一个待定常数 H_0,它是波导内 TE_{10} 模的 H_z 的振幅,其值由激励波导内场的功率决定。

TE_{10} 模的电磁场如图 6-34 所示。求出电磁场以后,根据边界条件

$$\boldsymbol{n}\times\boldsymbol{H}=\boldsymbol{J}_s \tag{6-232}$$

可得出管壁上电流分布。由上式,管壁上电流和边界上的磁场线正交。TE_{10} 模的管壁电流分布如图 6-35 所示。波导窄边上没有纵向电流,电流是横过窄边。因此波导窄边上任意纵向裂缝都对 TE_{10} 模波的传播有很大的扰动,并导致向外辐射电磁波,但横向裂缝却不会影响电磁波在波导内的传播。在波导的宽边上,既有纵向电流,也有横向电流。在宽边的中线

上，横向电流为零，只有纵向电流。因此在中线上开缝不影响波的传播。上述管壁电流分布特征广泛应用于裂缝波导天线和用探针测量物理量的测量技术中。

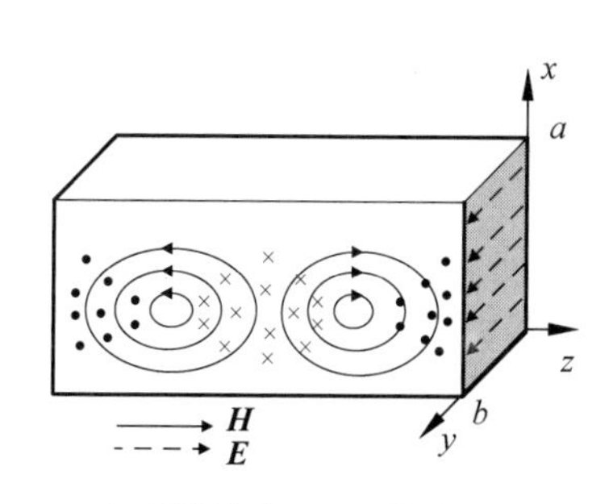

图 6-34　矩形波导中 TE_{10} 模波的电磁场分布

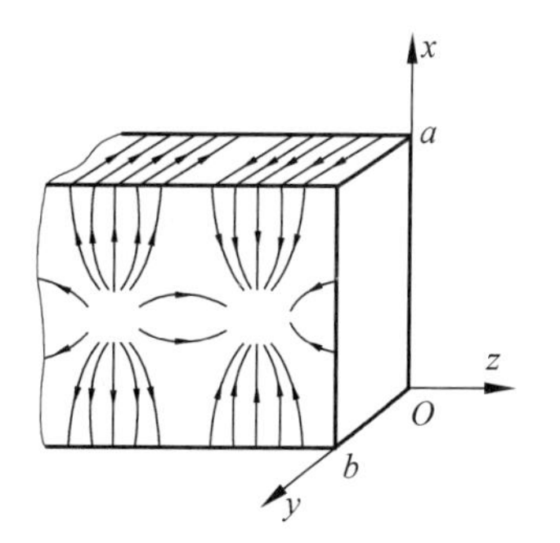

图 6-35　矩形波导中 TE_{10} 模波的管壁电流分布

对 TM 模，则不存在 TM_{m0} 或 TM_{0n} 模，只能存在 $TM_{mn}(m\neq 0, n\neq 0)$的模。有兴趣的同学可以推证之，在此从略。

重点提醒：本节中涉及三种波长：工作波长、截止波长和波导波长。工作波长是指激励波导内产生导行波所对应的电磁波的波长，在真空中，$\lambda_0=\dfrac{c}{f}$，其中 f 为激励频率；截止波长指对应于截止波数 k_c 的波长，由 $\lambda_c=\dfrac{2\pi}{k_c}$决定；波导波长是指能够在波导中沿纵向 z 传播的行波的波长，由 $\lambda_g=\dfrac{2\pi}{k_z}$决定。在具体计算中一定要注意概念的区别。

例 6.10　一矩形波导的宽边为 $a=8$ cm，窄边为 $b=4$cm，当工作频率 $f=3$GHz 时波导中可传输哪些波形？当工作频率为 5GHz 时波导中又可传输哪些波形？

解　当工作频率 $f=3$GHz 时，工作波长 $\lambda_0=\dfrac{c}{f}=\dfrac{3\times10^8}{3\times10^9}=10$cm。由矩形波导的截止波长

$$\lambda_c=\frac{2}{\sqrt{\left(\frac{m}{a}\right)^2+\left(\frac{n}{b}\right)^2}}$$

可得 H_{10} 波的 $\lambda_{c,10}=2a=16$cm，H_{20} 波的 $\lambda_{c,20}=a=8$cm，H_{01} 波的 $\lambda_{c,01}=2b=8$cm，根据波导的传输条件 $\lambda_0<\lambda_c$，波导中只能传输 H_{10} 波。

当工作频率为 5GHz 时，工作波长 $\lambda_0=6$cm。由上式可得 H_{11} 波和 E_{11} 波的 $\lambda_{c,11}=7.16$cm，H_{30} 波的 $\lambda_{c,30}=5.3$cm，根据波导的传输条件 $\lambda_0<\lambda_c$，此时波导中能传输 H_{10}、H_{20}、H_{01}、H_{11}、E_{11} 等波形。

6.6.3　谐振腔

谐振腔是中空的金属腔，电磁波可以在腔内以某种特定频率振荡，形成激励源。低频无线电波采用 LC 回路产生振荡。如果要提高谐振频率，就必须减小 L 或 C 的值。但当频率提高到一定程度时，由于趋肤效应和电磁波的向外辐射，LC 电路根本无法产生高频振荡。

在微波波段，通常采用金属壁围成的谐振腔来满足振荡的要求。

1. 矩形谐振腔内的电磁场

现在以矩形谐振腔为例来求谐振腔内电磁场的解。在如图 6-36 所示的直角坐标系中，设金属内壁面分别为 $x=0$ 和 a，$y=0$ 和 b，$z=0$ 和 c。腔内电场和磁场均满足亥姆霍兹方程。设 $u(x,y,z)$ 表示电磁场中任意一个分量，则

$$\nabla^2 u + k^2 u = 0 \tag{6-233}$$

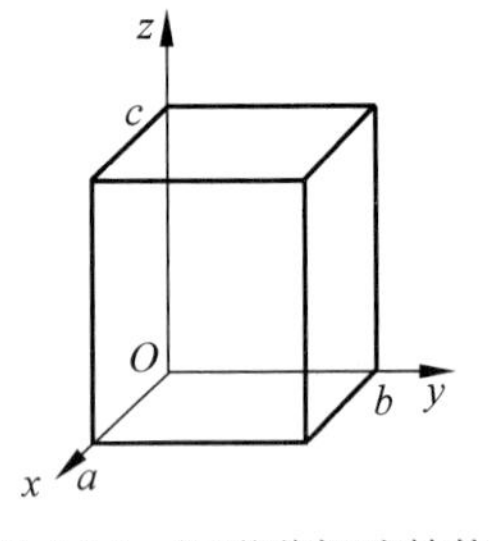

图 6-36　矩形谐振腔结构

在直角坐标系运用分离变量法，令

$$u(x,y,z) = X(x)Y(y)Z(z) \tag{6-234}$$

代入(6-233)式，可分离成三个常微分方程

$$\begin{cases} \dfrac{\mathrm{d}^2 X}{\mathrm{d}x^2} + k_x^2 X = 0 \\ \dfrac{\mathrm{d}^2 Y}{\mathrm{d}y^2} + k_y^2 Y = 0 \\ \dfrac{\mathrm{d}^2 Z}{\mathrm{d}z^2} + k_z^2 Z = 0 \end{cases} \tag{6-235}$$

其中，

$$k_x^2 + k_y^2 + k_z^2 = k^2 \tag{6-236}$$

解式(6-235)，可得 $u(x,y,z)$ 的通解为

$$\begin{aligned} u(x,y,z) = &(A_1 \cos k_x x + B_1 \sin k_x x)(A_2 \cos k_y y + B_2 \sin k_y y) \times \\ &(A_3 \cos k_z z + B_3 \sin k_z z) \end{aligned} \tag{6-237}$$

其中，A_i、B_i，$i=1,2,3$ 为待定常数。如 $u(x,y,z)$ 具体表示 $\boldsymbol{E}$ 的某一分量时，所满足的相应边界条件对这些常数有一定的约束。

若考虑电场 E_x，在 $y=0$ 和 b，$z=0$ 和 c 面上，需满足切向分量为零的边界条件；在 $x=0$、a 面上满足法向分量的导数为零的边界条件。故有

$$E_x = C_1 \cos k_x x \sin k_y y \sin k_z z \tag{6-238}$$

同理，可得电场的其他分量为

$$\begin{cases} E_y = C_2 \sin k_x x \cos k_y y \sin k_z z \\ E_z = C_3 \sin k_x x \sin k_y y \cos k_z z \end{cases} \tag{6-239}$$

以及

$$k_x = \frac{m\pi}{a}, \quad k_y = \frac{n\pi}{b}, \quad k_z = \frac{l\pi}{c} \quad (m,n,l = 0,1,2,\cdots) \tag{6-240}$$

其中，m、n 和 l 分别代表沿长方体 a、b、c 三边的半波数。

综上，矩形谐振腔内的电场分量表达式可表示为

$$\begin{cases} E_x = C_1 \cos \dfrac{m\pi}{a}x \sin \dfrac{n\pi}{b}y \sin \dfrac{l\pi}{c}z \\ E_y = C_2 \sin \dfrac{m\pi}{a}x \cos \dfrac{n\pi}{b}y \sin \dfrac{l\pi}{c}z \\ E_z = C_3 \sin \dfrac{m\pi}{a}x \sin \dfrac{n\pi}{b}y \cos \dfrac{l\pi}{c}z \end{cases} \tag{6-241}$$

$\boldsymbol{E}$ 的解求出后，磁场 $\boldsymbol{H}$ 由麦克斯韦方程给出：

$$\boldsymbol{H}=\frac{\mathrm{j}}{\omega\mu}\nabla\times\boldsymbol{E} \tag{6-242}$$

解式(6-238)、式(6-239)还必须满足条件 $\nabla\cdot\boldsymbol{E}=0$，由此条件可得

$$C_1k_x+C_2k_y+C_3k_z=0 \tag{6-243}$$

可见，在 C_1、C_2 和 C_3 中只有两个是独立的。因此，对于每一组 (m,n,l)，存在两种独立的模式，分别称为 TE_{mnl} 和 TM_{mnl} 模。

由式(6-241)，对一定的 (m,n,l)，若选一种模式使其电场分量 $E_z=0$，则该模式的 $C_1/C_2=-k_x/k_y$ 就可以完全确定，相应的 $H_z\neq0$；另一种线性无关的模式中若 $H_z=0$，必有 $E_z\neq0$。一般情形下，谐振腔内存在的模是这两种独立模的叠加。

2. 矩形谐振腔的谐振频率

由式(6-236)和式(6-240)，可得

$$\left(\frac{m\pi}{a}\right)^2+\left(\frac{n\pi}{b}\right)^2+\left(\frac{l\pi}{c}\right)^2=k^2=\omega^2\varepsilon\mu \tag{6-244}$$

由此可见，ω 的值不可任取，而是依赖于谐振腔的几何尺寸、介质电磁参数和半波数而定，故用 ω_{mnl} 表示，于是有

$$\omega_{mnl}=\frac{\pi}{\sqrt{\varepsilon\mu}}\sqrt{\left(\frac{m}{a}\right)^2+\left(\frac{n}{b}\right)^2+\left(\frac{l}{c}\right)^2} \tag{6-245}$$

称 ω_{mnl} 为谐振腔的谐振频率或本征频率。

对于 TE_{mnl} 模，若取 $a\geqslant b\geqslant c$，则最小谐振频率对应于 $m=1,n=1,l=0$。谐振频率为

$$f_{110}=\frac{1}{2\sqrt{\varepsilon\mu}}\sqrt{\frac{1}{a^2}+\frac{1}{b^2}} \tag{6-246}$$

相应的电磁波波长为

$$\lambda_{110}=\frac{2ab}{\sqrt{a^2+b^2}} \tag{6-247}$$

此波长与谐振腔的线度为同一数量级。在微波技术中通常用谐振腔的最低波模来产生特定频率的电磁波。在更高频率情况下也用到谐振腔的一些较高模次。

由于腔壁存在表面电流导致焦耳热的损耗，要维持一定的输出功率，必须从外界供给能量来维持腔内的电磁振荡，这个问题在微波技术中有专门研究，这里不予详细讨论。

例 6.11　横截面尺寸为 $a=22.86\mathrm{mm}$，$b=10.16\mathrm{mm}$ 的矩形波导，传输频率为 10GHz 的 H_{10} 波，在某横截面上放一导体板，试问在何处再放导体板，才能构成振荡模式为 H_{101} 模的矩形谐振腔；若其包括 l 在内的其他条件不变，只是改变工作频率，则腔体中有无其他振荡模式存在？若将腔长 l 加大一倍，工作频率不变，此时腔中的振荡模式是什么？谐振波长有无变化？

解　由式(6-229)知，矩形波导的波导波长为

$$\lambda_g=\frac{\lambda_0}{\sqrt{1-\left(\frac{\lambda_0}{2a}\right)^2}}=\frac{3}{\sqrt{1-\left(\frac{3}{2\times2.286}\right)^2}}=3.98\mathrm{cm}$$

由于第二块导体板应放在相邻的波节处，故两板间的距离为

$$l=\frac{\lambda_g}{2}=1.99\text{cm}$$

由矩形波导谐振腔的谐振波长：

$$\lambda_0=\frac{2}{\sqrt{\left(\frac{m}{a}\right)^2+\left(\frac{n}{b}\right)^2+\left(\frac{p}{l}\right)^2}}$$

可见，若 a、b、l 的尺寸不变，频率改变，则谐振波长 λ_0 随之改变，因而 m、n、p 不同，谐振腔是多谐的，故有可能存在其他许多谐振模式。

若腔长增加一倍，设 $l'=2l$，则

$$(\lambda_0)_{H_{102}}=\frac{2}{\sqrt{\left(\frac{1}{a}\right)^2+\left(\frac{2}{l'}\right)^2}}=\frac{2}{\sqrt{\left(\frac{1}{a}\right)^2+\left(\frac{1}{l}\right)^2}}$$

由此可见，振荡模式变为 H_{102}，谐振波长不变。

*6.7 科技前沿：左手材料的前世今生

前面已指出，左手材料属于人工电磁材料之一，是指在一定的频率范围内同时具有负介电常数和负磁导率(从而具有负的折射率)的复合材料或复合结构。物理学家 V. G. Veselago 在 1967 年预言了平面电磁波在这样一种介质中传播时 $\boldsymbol{E}$、$\boldsymbol{H}$ 和 $\boldsymbol{k}$ 服从左手定则，故被称为左手材料。相应地，普通介质的介电常数和磁导率均为正数，电磁波在其中传播时服从右手定则，则被称为右手材料。进入 21 世纪以来，左手材料成为物理学、材料科学以及电磁场理论研究领域的热点之一。并于 2003 年被美国的《科学》杂志评选为当年世界十大科技进展之一。随后，越来越受到人们的关注。

6.7.1 左手材料的基本特性

1. 服从“左手规则”

在左手材料中，$\varepsilon<0$，$\mu<0$，根据式(6-64)，可以得出 $\boldsymbol{E}$、$\boldsymbol{H}$ 和 $\boldsymbol{k}$ 服从左手关系，而坡印亭矢量仍为 $\boldsymbol{S}=\boldsymbol{E}\times\boldsymbol{H}$，即服从右手螺旋定则，故 $\boldsymbol{k}$ 与 $\boldsymbol{S}$ 方向相反。由于 $\boldsymbol{k}$ 代表相速度方向，$\boldsymbol{S}$ 代表能流方向，所以在左手材料中，相速度方向和波的能流方向相反。

乍一看相速度为负值似乎不可能，但是相速度仅仅对应于等相位面的方向，而不是能量传播的方向，因此这种可能是存在的。

2. 负折射现象

左手材料的一个重要特征是负折射现象，虽然光子晶体和手征媒质也具有负折射现象，但机理和左手材料不同。

当电磁波从常规材料斜入射到左手材料中，折射线与入射线处于分界面法线的同侧，这就是负折射现象。关于这个问题的定量分析，在第 6.4.5 小节中已有专门讨论，在此从略。

3. 完美透镜效应

利用左手材料的负折射规律，可以用平板状的左手材料实现类似于一般凸透镜的聚光功能，这种“平板透镜”没有光轴，不受旁轴条件的限制，且可以形成正立、等大的实像，其成像原理如图 6-37 所示。

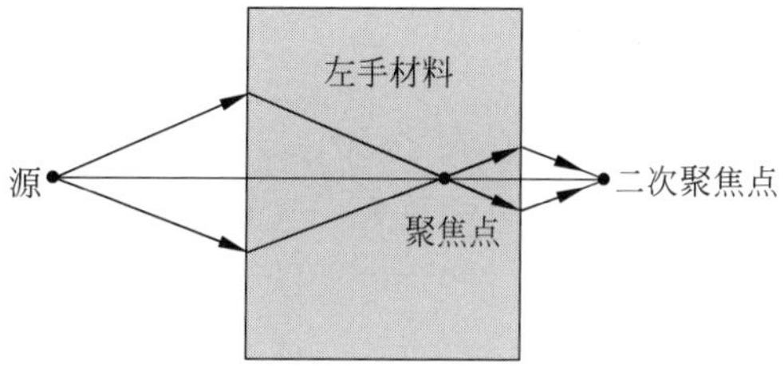

左手材料

源

聚焦点

二次聚焦点

图 6-37　左手材料平板透镜成像原理

更重要的是，这种平板透镜不仅能够捕捉电磁场中属于传播波的成分，而且能够放大倏逝波成分，从而可以实现对倏逝波的成像。

对于常规材料，当电磁波在两种不同介质中传播，如果满足全反射条件时，由式(6-155)可知，透射波沿 x 负方向的电场按照负指数规律 $e^{\beta_2 Nx}$ 衰减，这种沿着分界面以行波形式传播而在垂直方向上按指数衰减的波为倏逝波。而如果电磁波透入左手媒质，情况就有所不同。由于负折射率导致 $\beta_2<0$，从而使得 $e^{\beta_2 Nx}$ 在平板透镜中按正指数的规律增大，这就是放大倏逝波的基本原理。这样，电磁场的所有信息都无损失地参与了成像，不仅突破了传统透镜的最大分辨率受制于电磁波波长的局限，同时能够实现二次汇聚效应，达到完美透镜的效果。在图 6-37 中，由辐射源发出的两束电磁波在第一个交界面上以等角度斜入射到左手材料薄板时，由于左手材料的负折射特性，电磁波能够以相对于法线的同侧偏折，在薄板另一侧实现二次聚焦。

左手材料完美透镜虽然可以实现亚波长分辨率，但是实现完美透镜的条件是相当苛刻的。若要实现完美聚焦的效果，达到完美透射且无反射产生，不仅要求左手材料的折射率 n_L 与常规介质的折射率 n_R 满足条件 $n_R=-n_L$，而且其电磁参数必须满足 $\varepsilon_R=-\varepsilon_L$，$\mu_R=-\mu_L$。这就是完美透镜难以实现的重要原因之一。而且，由于左手材料是色散介质，必然存在损耗，这也极大地影响了完美透镜的效果。

4. 逆古斯-汉森位移效应

古斯-汉森位移效应是指电磁波束以某个角度入射到折射率较小的媒质上发生全反射时，反射波在交界面上出现的位移现象。这一现象最早由牛顿提出，并由古斯和汉森从实验上得到证实。在普通媒质和左手材料的分界面上，表现出不同于常规媒质分界面的位移效应，即为逆古斯-汉森位移效应，如图 6-38 所示。

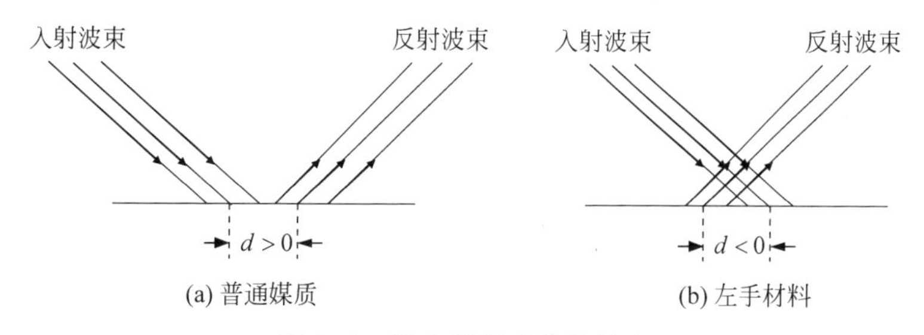

图 6-38　逆古斯-汉森位移效应

此外，还有逆多普勒效应、逆切伦科夫辐射效应等，不属于本课程的讨论范围，在此从略。

6.7.2 左手材料的实现

虽然自然界不存在左手材料，但是存在 $\varepsilon<0,\mu>0$ 的媒质，例如气体等离子体和金属内自由电子的等离子体激元，其相对介电常数为

$$\varepsilon_r(\omega)=1-\frac{\omega_p^2}{\omega^2} \tag{6-248}$$

其中，ω_p 为等离子体振荡的本征频率。当 $\omega<\omega_p$ 时，就可以得到 $\varepsilon<0$。在 V. G. Veselago 提出左手材料的 20 年后，英国皇家学院院士 Pendry 教授在理论上研究了导线阵列和有缺口的环形谐振器(Split-Ring Resonators，SRR)阵列的电磁性质。对于前者，有限长的金属导线内产生的等离子体激元，其等效介电常数与式(6-248)类同。对于后者，当存在垂直于环面的磁场振动时，环内产生振荡电流和电荷，从而产生等效磁导率，其相对磁导率的表达式为

$$\mu_r(\omega)=1-\frac{F_{\omega_0}^2}{\omega^2-\omega_0^2-j\omega\Gamma} \tag{6-249}$$

该式在某些频段为负值。在上述理论的基础上，美国加州大学圣迭戈分校的 Smith 等又迈出了关键的一步。他们将上述的两种结构结合在一起，并在微波实验中首次实现了同一块材料中介电常数和磁导率同时为负。随后，科学家们又相继提出了对称结构、Ω 结构、S 结构、多频带、随机结构、有源左手材料等，有兴趣的读者可以查阅相关文献。

6.7.3 左手材料的应用领域

目前，利用左手材料的独特性质设计和实现电磁波隐身、强方向性天线、超分辨透镜、小型化谐振器等见诸报道。在实现隐身技术方面，现代隐身技术是通过外形设计、吸波材料、等离子体方式等实现隐身的低可探测技术，只是在一定程度上降低了可探测的概率，并没有实现真正意义上的隐身。左手材料则不同，通过变换光学原理设计、拟合的负折射率材料，能够控制电磁波绕过物体，而不被雷达检测到，从而达到隐身效果。在天线技术上，用各向异性左手材料可调控媒质的色散曲线，实现天线的高指向性辐射。在光学成像技术上，利用左手材料放大倏逝波及其负折射效应，实现能够突破衍射极限的完美透镜。在微波技术上，用左手材料作为微带谐振器的底衬，能够达到几何尺寸远小于传统半波长尺寸的微带谐振器。还可以实现新型滤波器，具有谐振抑制功能，且拥有结构紧凑、体积小的优点。另外，左手材料可以实现新型耦合器件，能够达到紧密耦合的效果。此外，在生物医学方面，可实现红外波段的磁响应、生物安全成像、生物分子的指纹识别等。

尽管左手材料有着广阔的应用前景，但目前技术中存在着带宽窄、损耗高、电磁参数呈现各向异性等的限制，制约着它在实际应用技术中的普及推广。未来的发展离不开工艺的进一步提高、新材料的不断挖掘和结构设计的优化等。

*6.8 行波、驻波、极化等电磁波的 MATLAB 可视化

电磁波在传播时，有行波和驻波之分；且电磁波有不同的极化形式。而在波导和谐振腔中，电磁波有各种各样的模式。如果能够用动画的方法将行波、驻波、各种极化形式和不

同的电磁模式表示出来，对于初学者的学习大有裨益。因此，本节将详细介绍如何在MATLAB下实现电磁波的可视化。

1. 行波和驻波及其可视化

在理想介质中传播的电磁波，其电场和磁场没有传播方向上的纵向分量，而只有与传播方向垂直的横向分量，且场量在横向截面上分布均匀，故这类电磁波称为均匀平面波。均匀平面波的电场矢量 $\boldsymbol{E}$ 和磁场矢量 $\boldsymbol{H}$ 在时间上同相位，在空间互相垂直。为讨论方便，考虑沿 z 方向行进的波，若电场只有 E_x 分量，磁场只有 H_y 分量，其瞬时值可以写为

$$\boldsymbol{E}(z,t)=E_{\mathrm{m}}\cos(\omega t-kz)\boldsymbol{e}_x$$

其中，kz 代表初始相位，k 为波数。该均匀平面波的磁场强度矢量 $\boldsymbol{H}$ 可以写为

$$\boldsymbol{H}(z,t)=\frac{1}{Z}\boldsymbol{e}_z\times\boldsymbol{E}(z,t)=\frac{E_{\mathrm{m}}}{Z}\cos(\omega t-kz)\boldsymbol{e}_y$$

式中，

$$Z=\frac{E}{H}=\frac{\omega\mu}{k}=\sqrt{\frac{\mu}{\varepsilon}}$$

为电磁波在介质中的波阻抗。

电磁波在无限大空间中传播，电磁场能量向前不断传输，这样的电磁波叫行波。电磁波入射到理想导体表面时会发生全反射，反射波与入射波叠加形成驻波。驻波的特点是：随着时间的变化，电磁波沿 z 方向分布的最大值和最小值的位置固定不变。驻波上每一点电磁场数值大小随时间变化，但波形与时间无关。可以用动画形式来形象直观地观察上述描述，从而加深理解。

下面的代码用于给出沿 z 轴正向传播的均匀平面波的动画展示过程。

```
omega = 2 * pi;                     % 设定行波角频率;
t = 0;                              % 设置时间变量初始值
z = 0:0.01:15;                      % 传输距离
k = 1;                              % 波数
for i = 1:100                       % 总帧数
Ex = cos(omega * t - k * z);        % 电场表达式
plot(z,Ex,'linewidth',1.5);
axis([0 15 - 2 2]);                 % 观察范围
pause(0.1);                         % 波形显示 0.1s
t = t + 0.1;                        % 时间变量变化微小量
end
```

行波动画截图如图 6-39(a)所示。当改变语句“Ex=cos(omega * t-k * z)”中的负号为正号时，波的传播方向发生变化。当两列同频率、同幅度但传播方向相反的行波相遇时，根据叠加原理，这两个行波会发生叠加，从而形成所谓的驻波。可以运用 MATLAB 函数作出沿 z 方向和 $-z$ 方向两列行波叠加而成的驻波动画，代码如下：

```
omega = 2 * pi;                     % 设置角频率
t = 0;                              % 设置时间变量初始值
z = 0:0.01:30;                      % 传输距离
k = 1;
for i = 1:150                       % 帧数
```

```
Ex1 = cos(omega * t - k * z);                   % z 轴正向行波
Ex2 = cos(omega * t + k * z);                   % z 轴负向行波
Ex = Ex1 + Ex2;                                 % 叠加原理
plot(z,Ex1, 'b','LineWidth',1.5); hold on;
plot(z,Ex2, 'g:','LineWidth',1.5);
plot(z,Ex, 'r-.','LineWidth',1.5);hold off;     % 绘制三个波
axis([0,30, -2.5,2.5]);                         % 观察范围
pause(0.1);                                     % 波形显示 0.1s
t = t + 0.05;                                   % 时间变量变化微小量
end;
```

驻波的动画截图如图 6-39(b)所示。从图中可以看出,实线、虚线所表示的两个行波相向而行,它们叠加之后形成了点画线表示的驻波。驻波上各点尽管随时间做简谐振动,但是该振动仅局限于原地,波不会向前或者向后传播,因此称为"驻波"。

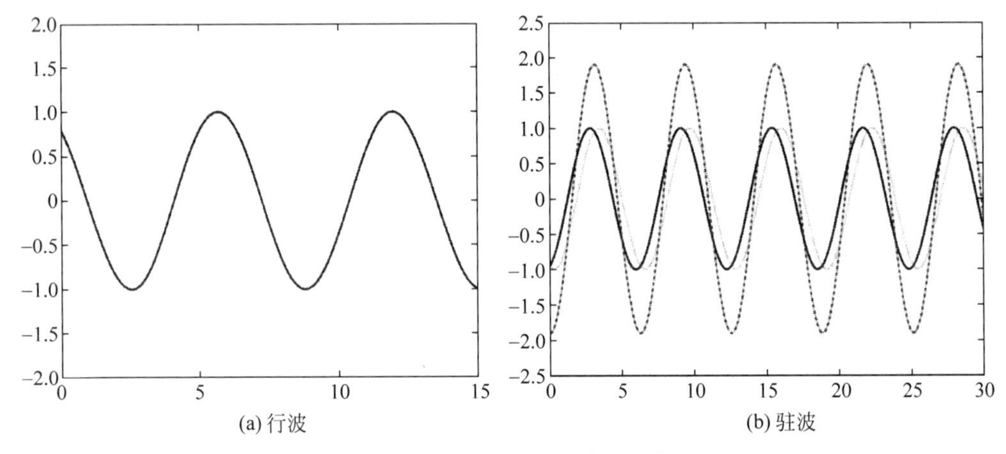

图 6-39 正弦波行波及驻波动画截图

2. 线性极化波的动画展示

假设有一个沿 x 方向传播的均匀平面波,其电场的两个分量分别为

$$E_y = E_{ym}\cos(\omega t - \beta x)$$
$$E_z = E_{zm}\cos(\omega t - \beta x)$$

取 $x=0$ 的等相面观察,有

$$E_y = E_{ym}\cos\omega t$$
$$E_z = E_{zm}\cos\omega t$$

由 6.1.4 节内容可知,这是一个沿 x 方向传播的线性极化电磁波。下面的代码给出了该线性极化波的 MATLAB 动画演示程序。

```
x = (0:0.4:30);                    % 传输距离
beta = 0.8;
Eym = 1;                           % 振幅
Ezm = 2;                           % 振幅
y = zeros(size(x));                % 设置 y 为与 z 尺寸相同的零向量
z = y;
Ex = zeros(size(x));               % 电磁波沿 x 轴传播,所以 Ex 为零
t = 0;                             % 时间变量
```

```
for i = 1:300                                          % 帧数
    omega = 2 * pi;
    Ey = Eym * cos(omega * t - beta * x);              % 电场横向 y 分量
    Ez = Ezm * cos(omega * t - beta * x);              % 电场横向 z 分量
    quiver3(x,y,z,Ex,Ey,Ez);                 % 以(x,0,0)为起点画出传输方向上每一点的电场矢量图
    axis([0,30, - 4,4, - 4,4]); view(20,40);           % 观察范围
    pause(0.01);                                       % 矢量图显示 0.01s;
    t = t + 0.01;                                      % 时间变量变化微小量
end;
```

运行后动画截图如图 6-40 所示，在 x 为常数的等相位面上任意一点，都可以观察到相同的规律。如果将程序中的 x 设为常数，t 设为变数，即可实现时间轴上的观察。参见后面程序。

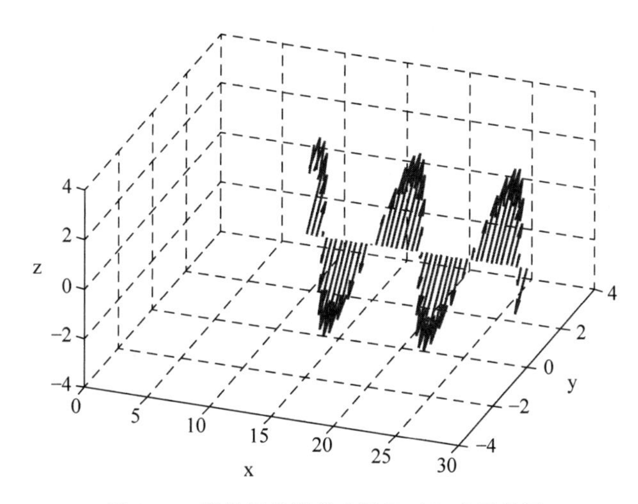

图 6-40　线性极化波的 MATLAB 动画截图

3. 圆极化波

假设有一个沿 x 方向传播的均匀平面波，其电场强度的各个分量写为

$$E_y = E_m \cos(\omega t - \beta x)$$

$$E_z = E_m \cos\left(\omega t - \beta x \mp \frac{\pi}{2}\right) = \pm E_m \sin(\omega t - \beta x) \tag{6-250}$$

在 $x=0$ 的等相面上，则有

$$E_y = E_m \cos\omega t$$

$$E_z = \pm E_m \sin\omega t$$

这种波是典型的圆极化波。如果迎着波的传播方向看去，当 E_z 较 E_y 滞后 90°时，即式(6-250)的右侧取正号，$\boldsymbol{E}$ 矢量沿逆时针方向旋转，称这种圆极化波为右旋圆极化波；反之，当 E_z 较 E_y 超前 90°时，即式(6-250)的最右侧部分取负号，$\boldsymbol{E}$ 矢量沿顺时针方向旋转，则称为左旋圆极化波。

下面给出了沿 x 方向传播的右旋圆极化波 MATLAB 动画演示程序：

```
x = (0:0.4:30);                          % 传输距离
y = zeros(size(x)); z = y;
Ex = zeros(size(x));                     % Ex 为零
```

```
  t = 0;                                    % 时间变量
  for i = 1:150                             % 帧数
    omega = 2 * pi;
    Ey = cos(omega * t - 0.8 * x);              % 电场横向 y 分量
    Ez = cos(omega * t - 0.8 * x - pi/2);       % 电场横向 z 分量
    quiver3(x,y,z,Ex,Ey,Ez);                % 以(x,0,0)为起点画出传输方向上每一点的电场矢量图
    axis([0,30, - 4,4, - 4,4]); view(20,40);    % 观察范围
    pause(0.01);                                % 矢量图显示 0.01s
    t = t + 0.01;                               % 时间变量变化微小量
  end
```

程序运行得到的动画截图如图 6-41 所示。若改变语句"Ez=cos(omega * t−0.8 * x−pi/2)"中的符号,如"Ez=cos(omega * t−0.8 * x+pi/2)",则圆极化的旋转方向发生改变,即变为左旋圆极化波;如果修改该语句为"Ez=cos(omega * t+0.8 * x−pi/2)",则电磁波的传播方向发生改变,同时极化形式也改变为左旋圆极化方式。可以通过对上述代码的修改,来仔细体会这种差异。

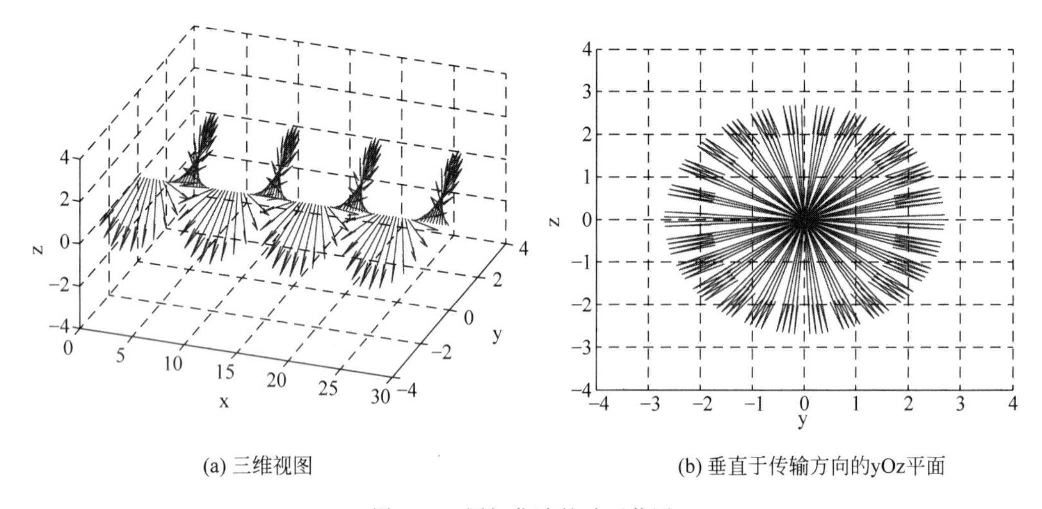

(a) 三维视图　　(b) 垂直于传输方向的yOz平面

图 6-41　圆极化波的动画截图

4. 椭圆极化波

在一般情况下,对于沿 x 方向传播的均匀平面波,其电场强度 $\boldsymbol{E}$ 的两个横向分量 E_z 和 E_y 的振幅与相位都不相同,即电场分量的瞬时值式分别为

$$E_y = E_{ym}\cos(\omega t - \beta x) \tag{6-251}$$

$$E_z = E_{zm}\cos(\omega t - \beta x - \psi) \tag{6-252}$$

则在 $x=0$ 的等相面上,有

$$E_y = E_{ym}\cos\omega t$$

$$E_z = E_{zm}\cos(\omega t - \psi)$$

此时,电磁波的极化形式为椭圆极化。当 $\psi>0$(即 E_z 滞后于 E_y)时,迎着波的传播方向看,$\boldsymbol{E}$ 矢量沿逆时针方向旋转,此时 $\boldsymbol{E}$ 矢量的旋转方向与波的传播方向之间符合右手螺旋定则,称这种椭圆极化波为右旋椭圆极化波;反之,$\boldsymbol{E}$ 矢量沿顺时针方向旋转,则称为左旋椭圆极化波。

下面给出了沿 x 方向传播且 $\psi=\pi/4$ 时的右旋椭圆极化波 MATLAB 动画演示程序：

```
x = (0:0.3:30);                              % 传输距离
y = zeros(size(x)); z = y;
Ex = zeros(size(x));                         % Ex 为零
t = 0;                                       % 时间变量
for i = 1:500                                % 帧数
  Eym = 1;
  Ezm = 3;
  omega = 2 * pi;
  Ey = Eym * cos(omega * t - 0.8 * x);       % 电场横向分量
  Ez = Ezm * cos(omega * t - 0.8 * x - pi/4);  % 电场横向分量
  quiver3(x,y,z,Ex,Ey,Ez);                  % 以(x,0,0)为起点画出传输方向上每一点的电场矢量图
  axis([0,30, - 4,4, - 4,4]); view(20,40);   % 观察范围
  pause(0.01);                               % 矢量图显示 0.01s
  t = t + 0.01;                              % 时间变量变化微小量
end
```

动画截图如图 6-42 所示。将程序中的“Ez=Ezm * cos(omega * t－0.8 * x－pi/4)”修改为“Ez=Ezm * cos(omega * t－0.8 * x＋pi/4)”，即可得到左旋圆极化波的传播动画。

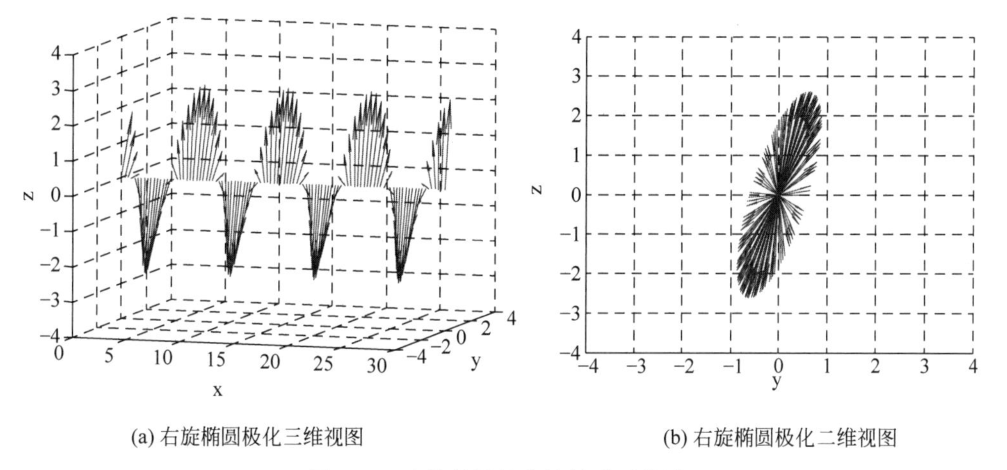

(a) 右旋椭圆极化三维视图　　(b) 右旋椭圆极化二维视图

图 6-42　右旋椭圆极化波的动画截图

由于极化表述的是在垂直于波的传播方向的横截面内电场强度矢量末端的轨迹，因此可以直接在此横截面内绘制电场强度随时间的变化轨迹，从而直观地观察到电磁波的极化方式。为达到这一目的，可以在均匀平面电磁波的一般表达式，如式(6-251)、式(6-252)中取 $x=0$ 的平面为横截面，从而完成这一工作。下面的代码就展示了这个过程。

```
t = 0;                                       % 给时间变量 t 赋初值
x = 0;                                       % 沿传播方向取一个截面,x = 0
Eym = 1; Ezm = 1; phi = 0 * pi/2;            % 设置两个电场分量,修改可以得到不同极化
Scope = 1.5 * max([Eym Ezm]);                % 设置显示范围
omega = 2 * pi;                              % 角频率
for i = 1:500                                % 循环 100 次,获取 100 帧数据
  Ey = Eym * cos(omega * t - 0.8 * x);       % 电场横向分量 Ey
  Ez = Ezm * cos(omega * t - 0.8 * x - phi); % 电场横向分量 Ez
  quiver(0,0,Ey,Ez,1);                       % 以(0,0)为起点绘制电场矢量箭头图
   % plot(Ey,Ez,'*');                        % 另一种展示方式
  axis equal;                                % 等比例显示
```

```
 % hold on;                                 %绘图保持模式打开
 axis([ - Scope Scope  - Scope Scope]);     %设置显示范围
 pause(0.01);                               %矢量图显示 0.01s
 t = t + 0.01;                              %时间变量变化微小量
end
```

在上述程序中，可以通过修改电场两个分量的幅度和相位差，从而获得不同的极化方式。程序中 plot 语句和 hold on 语句被暂时备注，通过 quiver 函数绘制箭头图来展示极化；也可以根据需要将其取消备注，而将 quiver 函数注释掉；于是将获得不同的动画展现方式。图 6-43 给出了几种不同的极化状态和动画展现方式。

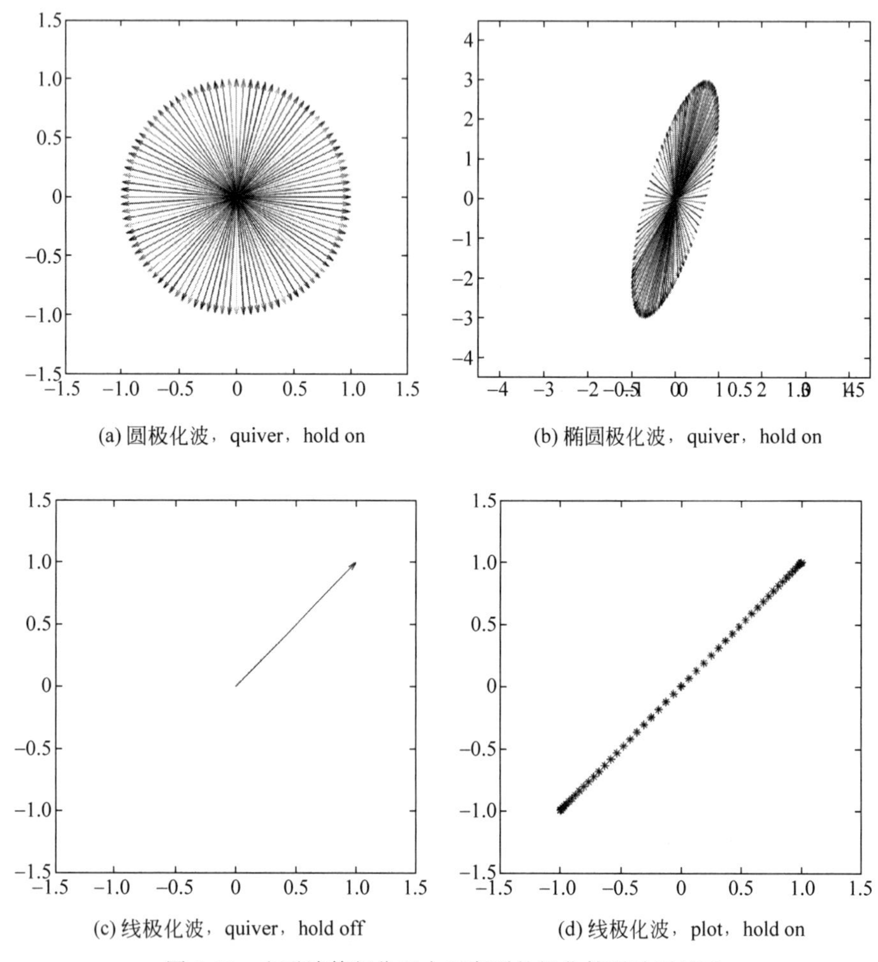

(a) 圆极化波，quiver，hold on

(b) 椭圆极化波，quiver，hold on

(c) 线极化波，quiver，hold off

(d) 线极化波，plot，hold on

图 6-43　电磁波等相位面内观察到的极化情形动画展示

5. 矩形波导中的电磁模式可视化

由 6.6.2 节可知，TE_{10} 模是矩形波导中最常用的一种模式，它具有最低的截止频率和最长的截止波长，因此称其为矩形波导的基模。当工作频率 $f_{c(TE_{20})} > f > f_{c(TE_{10})}$ 时，波导中只传输 TE_{10} 模，即实现单模传输。此时有 $m = 1, n = 0, k_x = \dfrac{\pi}{a}, k_y = 0$，由式(6-231)知，$TE_{10}$ 模电磁场的各场分量复数表达式为

$$
\begin{cases}
H_z = H_0 \cos\dfrac{\pi x}{a} \mathrm{e}^{-\mathrm{j}k_z z} \\
E_y = -\dfrac{\mathrm{j}\omega\mu a}{\pi} H_0 \sin\dfrac{\pi x}{a} \mathrm{e}^{-\mathrm{j}k_z z} \\
H_x = \dfrac{\mathrm{j}k_z a}{\pi} H_0 \sin\dfrac{\pi x}{a} \mathrm{e}^{-\mathrm{j}k_z z} \\
E_x = E_z = H_y = 0
\end{cases}
\tag{6-253}
$$

式中，H_0 为待定常数，它是波导内 TE_{10} 模的 H_z 振幅，其值由激励波导内场的功率决定。瞬时值表达式为

$$
\begin{cases}
H_z = H_0 \cos\dfrac{\pi x}{a} \cos(\omega t - k_z z) \\
E_y = \dfrac{\omega\mu a}{\pi} H_0 \sin\dfrac{\pi x}{a} \sin(\omega t - k_z z) \\
H_x = -\dfrac{k_z a}{\pi} H_0 \sin\dfrac{\pi x}{a} \sin(\omega t - k_z z) \\
E_x = E_z = H_y = 0
\end{cases}
\tag{6-254}
$$

运用 MATLAB 编程绘出 TE_{10} 模在波导中传输的动态图，具体 MATLAB 程序如下：

```
ao = 22.86;bo = 10.16;                    % 矩形波导尺寸,单位为 mm
u = 4 * pi * 10^( - 7);                   % 磁导率
d = 8;                                    % 箭头个数
H0 = 1;
f = 9.84 * 10^9;                          % 工作频率
T = 1/f;
a = ao/1000;                              % 单位换算成 m
b = bo/1000;                              % 单位换算成 m
lamdac = 2 * a;                           % TE10 模的截止波长
lamda0 = 3 * 10^8/f;                      % 工作波长
if(lamda0 > lamdac)
        return;                           % 工作波长大于截止波长,模式截止,停止运算
else
        clf;
lamdag = lamda0/((1 - (lamda0/lamdac)^2)^0.5);
                                          % 波导波长
c = lamdag;                               % 传输方向长度取一个波导波长
Beta = 2 * pi/lamdag;                     % 相移常数
w = Beta * 3 * 10^8;                      % 角频率
t = 0;                                    % 初始时刻
x = 0:a/d:a;
y = 0:b/d:b;
z = 0:c/d:c;
[x1,y1,z1] = meshgrid(x,y,z);
v  =  VideoWriter('Rew.avi');             % 创建视频文件
open(v);                                  % 打开视频文件
    for i = 1:200
        hx = - Beta. * a. * H0. * sin(pi./a. * x1). * sin(w * t - Beta. * z1)./pi;
        hz = H0. * cos(pi./a. * x1). * cos(w * t - z1. * Beta);
        hy = zeros(size(y1));             % 磁场的三个分量赋值
        H = quiver3(z1,x1,y1,hz,hx,hy,'b');
```

```
            axis([ - 0.002 c + 0.001  - 0.002 a + 0.001  - 0.002 b + 0.001]);
            hold on;
            x2 = x1 - 0.001;
            y2 = y1 - 0.001;
            z2 = z1 - 0.001;
            ex = zeros(size(x2));
            ey = w. * u. * a. * H0. * sin(pi./a. * x2). * sin(w * t - Beta. * z2)./pi;
            ez = zeros(size(z2));                 % 电场的三个分量赋值
            E = quiver3(z2,x2,y2,ez,ex,ey,'r');
            view( - 25,60);
            frame = getframe(gcf);                % 捕捉当前视频帧
            writeVideo(v,frame);                  % 写入视频文件中
            hold on
            pause(0.01);
            t = t + T * 0.05;
            hold off
        end
    end
    close(v);                                     % 关闭视频文件
```

如图 6-44 所示为 $t=0, \dfrac{1}{4}T, \dfrac{1}{2}T, \dfrac{3}{4}T$ 四个时刻电力线和磁力线的截图。

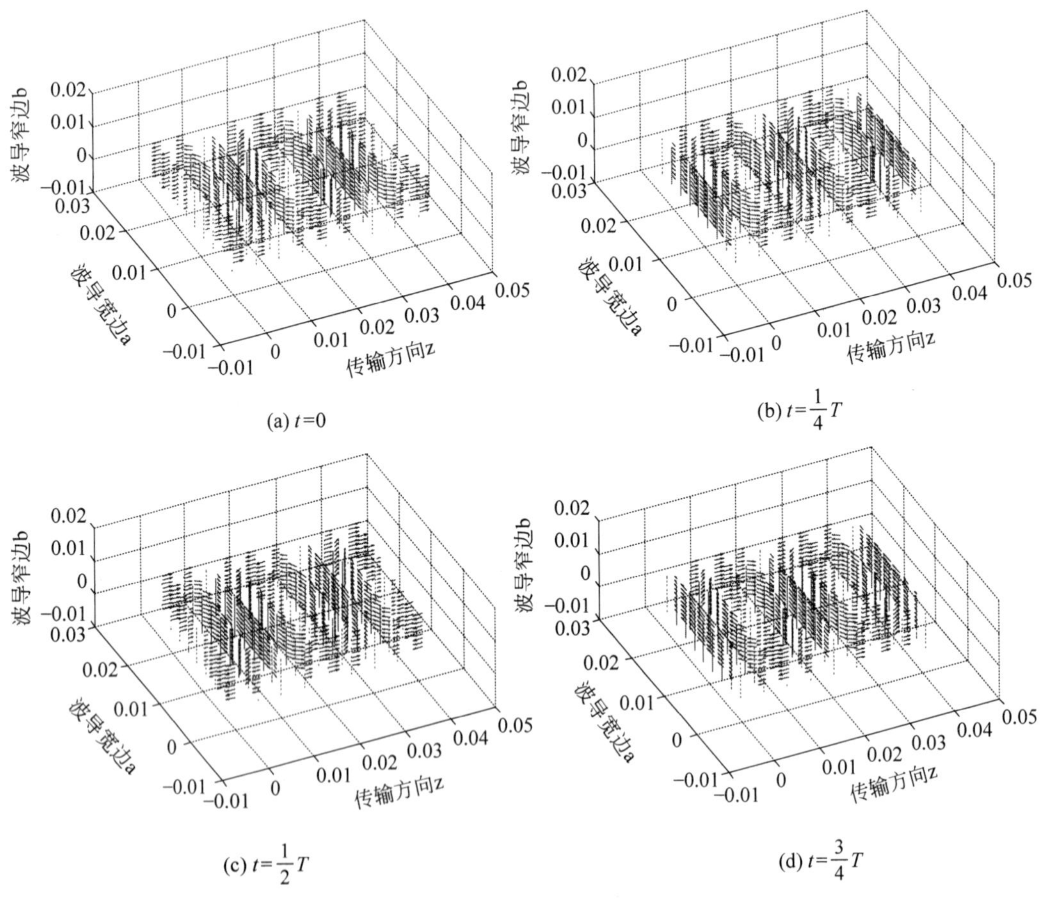

图 6-44　矩形波导中 TE_{10} 模在四个时刻的电磁场分布

(水平方向箭头对应磁场,垂直方向箭头对应电场)

6. 矩形谐振腔中的电磁模式可视化

6.6.3节中分析了矩形谐振腔中的电磁振荡模式，本节对这些电磁模式实现可视化。这里假设 $a=22.86\text{mm}$，$b=10.43\text{mm}$，$c=22.86\text{mm}$，用MATLAB编程实现 TE_{101} 模在谐振腔中的动态显示，已知 TE_{101} 模的场表达式为

$$\begin{cases} H_x=-H_0\dfrac{a}{c}\sin\dfrac{\pi}{a}x\cos\dfrac{\pi z}{c} \\ H_z=H_0\cos\dfrac{\pi}{a}x\sin\dfrac{\pi z}{c} \\ E_y=-\text{j}\dfrac{\omega\mu a}{\pi}H_0\sin\dfrac{\pi}{a}x\sin\dfrac{\pi z}{c} \\ E_x=E_z=H_y=0 \end{cases} \tag{6-255}$$

式中，H_0 为待定常数，它是谐振腔内 TE_{101} 模的 H_z 振幅，由激励波导内场的功率决定。瞬时值表达式为

$$\begin{cases} H_x=-H_0\dfrac{a}{c}\sin\dfrac{\pi}{a}x\cos\dfrac{\pi z}{c}\cos\omega t \\ H_z=H_0\cos\dfrac{\pi}{a}x\sin\dfrac{\pi z}{c}\cos\omega t \\ E_y=\dfrac{\omega\mu a}{\pi}H_0\sin\dfrac{\pi}{a}x\sin\dfrac{\pi z}{c}\sin\omega t \\ E_x=E_z=H_y=0 \end{cases} \tag{6-256}$$

以 TE_{101} 模为例，运用MATLAB编程绘出谐振腔中的电磁场的动态振荡图，代码如下

```
a = 22.86;b = 10.16;c = 22.86;                    % 谐振腔尺寸,单位为 mm
a = a/1000; b = b/1000; c = c/1000;               % 转化单位为 m
d = 8;                                            % 决定矢量的密集程度
H0 = 1;                                           % 磁场 z 分量振幅
omega = pi * 3e8 * sqrt((1/a)^2 + (1/c)^2);       % 谐振角频率
f = omega/2/pi;                                   % 谐振频率
T = 1/f;                                          % 周期
t = 0;
u = 4 * pi * 10^( - 7);                           % 磁导率
w = omega;
x = 0:a/d:a;
y = 0:b/d:b;
z = 0:c/d:c;
[x1,y1,z1] = meshgrid(x,y,z);                     % 生成网格
v = VideoWriter('Resonator.avi');                 % 创建视频文件
open(v);
for i = 1:200
    hx = - a/c * H0. * sin(pi./a. * x1). * cos(pi./c. * z1) * cos(w * t);
    hz = H0. * cos(pi./a. * x1). * sin(pi./c. * z1). * cos(w * t);
    hy = zeros(size(y1));                         % 磁场的三个分量
    H = quiver3(z1,x1,y1,hz,hx,hy,'b');
    axis([ - 0.002 c + 0.001  - 0.002 a + 0.001  - 0.002 b + 0.001]);
    hold on;
```

```
        x2 = x1 - 0.001;
        y2 = y1 - 0.001;
        z2 = z1 - 0.001;
        ex = zeros(size(x2));
        ey = w. * u. * a. * H0. * sin(pi./a. * x2). * sin(pi./c. * z2). * sin(w * t)./pi;
        ez = zeros(size(z2));                              % 电场的三个分量
        E = quiver3(z2,x2,y2,ez,ex,ey,'r');
        hold off;
        view( - 25,60);
        frame = getframe(gcf);                             % 捕捉当前视频帧
        writeVideo(v,frame);                               % 写入视频文件
        t = t + T * 0.05;
    end
    close(v);                                              % 关闭视频文件
```

如图 6-45 所示为 $t=0,\frac{1}{4}T,\frac{1}{2}T,\frac{3}{4}T$ 四个时刻电力线和磁力线的分布图。可以从图中观察到谐振腔中电磁场的明显驻波特征。

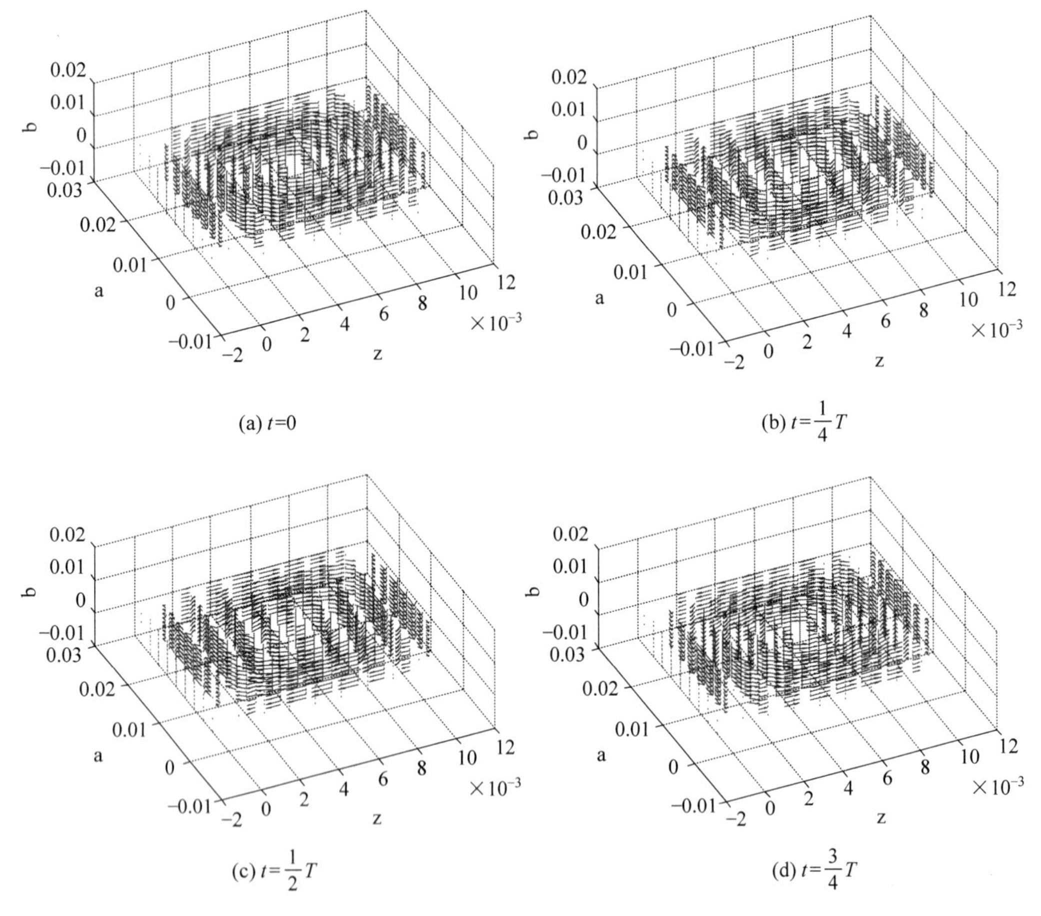

图 6-45 矩形谐振腔中 TE_{101} 模在四个时刻的电磁场分布(水平方向箭头对应磁场,垂直方向箭头对应电场)

本章小结

1. 知识结构关系

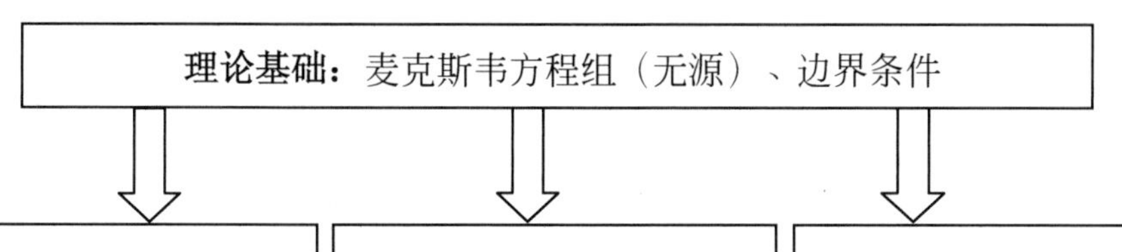

基本概念：

(1) 平面电磁波：TEM；

(2) 电磁波的传播参量：

ω、λ、$\boldsymbol{k}$、v、v_p、v_g

α、β、Z；

(3) 波的极化；

(4) 全反射、全透射、反射系数、透射系数；

(5) 趋肤效应、趋肤深度；

(6) 导行电磁波、行驻波

基本规律：

(1) 平面电磁波的波动方程及其解：

$$\nabla^2\begin{pmatrix}\boldsymbol{E}\\ \boldsymbol{H}\end{pmatrix}-\varepsilon\mu\frac{\partial^2}{\partial t^2}\begin{pmatrix}\boldsymbol{E}\\ \boldsymbol{H}\end{pmatrix}=0$$

$$\boldsymbol{E}=\boldsymbol{E}_m e^{j(\omega t-\boldsymbol{k}\cdot\boldsymbol{r})}$$

$$\boldsymbol{H}=\boldsymbol{H}_m e^{j(\omega t-\boldsymbol{k}\cdot\boldsymbol{r})}$$

(2) 连续边界条件：

$$E_{1t}=E_{2t},\ H_{1t}=H_{2t}$$

(3) 反射定律、折射定律、菲涅耳公式

基本计算：

(1) 已知电场求磁场：

$$\boldsymbol{H}=\frac{1}{Z}\boldsymbol{e}_k\times\boldsymbol{E}$$

(2) 已知磁场求电场：

$$\boldsymbol{E}=Z\boldsymbol{H}\times\boldsymbol{e}_k$$

(3) 能量、能流密度：

$$\boldsymbol{S}=\boldsymbol{E}\times\boldsymbol{H}=\frac{E^2}{Z}\boldsymbol{e}_k=ZH^2\boldsymbol{e}_k=w\boldsymbol{v}$$

$$w=2w_e=2w_m=\varepsilon E^2=\mu H^2$$

(4) 波导截止波数、谐振腔的谐振频率

2. 理想介质中均匀平面电磁波的传播特性

(1) 波型：横电磁(TEM)波；

(2) 电场与磁场的关系：$\boldsymbol{E}\cdot\boldsymbol{H}=0$，$\boldsymbol{k}\cdot\boldsymbol{E}=0$ 及 $\boldsymbol{k}\cdot\boldsymbol{H}=0$，

$$\boldsymbol{H}=\frac{1}{\omega\mu}\boldsymbol{k}\times\boldsymbol{E}=\frac{1}{Z}\boldsymbol{e}_k\times\boldsymbol{E},\quad \boldsymbol{E}=-\frac{1}{\omega\varepsilon}\boldsymbol{k}\times\boldsymbol{H}=Z\boldsymbol{H}\times\boldsymbol{e}_k;$$

(3) 波阻抗：$Z=\dfrac{E}{H}=\sqrt{\dfrac{\mu}{\varepsilon}}=\sqrt{\dfrac{\mu_r}{\varepsilon_r}}Z_0\,\Omega$，$Z_0\approx377\Omega$；

(4) 能量密度：$w=2w_e=2w_m=\varepsilon E^2=\mu H^2$

平均能量密度：$\bar{w}=\dfrac{1}{2}\varepsilon E_m^2=\dfrac{1}{2}\mu H_m^2=\varepsilon E_e^2=\mu H_e^2$；

(5) 能流密度：$\boldsymbol{S}=\boldsymbol{E}\times\boldsymbol{H}=\dfrac{E^2}{Z}\boldsymbol{e}_k=ZH^2\boldsymbol{e}_k=w\boldsymbol{v}$

平均能流密度：$\bar{\boldsymbol{S}}=\dfrac{1}{2}\mathrm{Re}[\boldsymbol{E}_m\times\boldsymbol{H}_m^*]=\dfrac{E_m^2}{2Z}\boldsymbol{e}_k=\dfrac{1}{2}ZH_m^2\boldsymbol{e}_k=\bar{w}\boldsymbol{v}$；

(6) 极化方式：一般是左旋或右旋椭圆极化波，线性极化波和左旋或右旋圆极化波只是椭圆极化波的特例。

3. 均匀平面波的传播特性参数

媒质	介电常数 ε	电场强度 E	衰减常数 α	相移常数 β	波速 v 或相速(在 $\boldsymbol{k}$ 方向)$v_p=\lambda f$	波阻抗 Z	趋肤深度 δ
自由空间	$\varepsilon_0=\frac{10^{-9}}{36\pi}\mathrm{F/m}$	$E_m\cos(\omega t-\beta z)$	0	$\omega\sqrt{\varepsilon_0\mu_0}=\frac{\omega}{c}$	$\frac{1}{\sqrt{\varepsilon_0\mu_0}}=c$ $=2.997\,924\,58\times10^8$ $\approx3\times10^8\mathrm{m/s}$	$\sqrt{\frac{\mu_0}{\varepsilon_0}}=Z_0\approx377\Omega$	∞
理想介质	$\varepsilon=\varepsilon_r\varepsilon_0$	$E_m\cos(\omega t-\beta z)$	0	$\omega\sqrt{\varepsilon\mu}=\frac{\omega}{v}$	$\frac{1}{\sqrt{\varepsilon\mu}}=\frac{c}{\sqrt{\varepsilon_r\mu_r}}$	$\sqrt{\frac{\mu}{\varepsilon}}=\sqrt{\frac{\mu_r}{\varepsilon_r}}Z_0$	∞
有耗介质	$\varepsilon=\varepsilon'-j\varepsilon''$ $=\varepsilon_0(\varepsilon_r'-j\varepsilon_r'')$	$E_{0m}e^{-\alpha z}\cos(\omega t-\beta z)$	$\omega\sqrt{\frac{\varepsilon'\mu}{2}\left[\sqrt{1+\left(\frac{\varepsilon''}{\varepsilon'}\right)^2}-1\right]}$	$\omega\sqrt{\frac{\varepsilon'\mu}{2}\left[\sqrt{1+\left(\frac{\varepsilon''}{\varepsilon'}\right)^2}+1\right]}$	$\frac{1}{\sqrt{\frac{\varepsilon'\mu}{2}\left[\sqrt{1+\left(\frac{\varepsilon''}{\varepsilon'}\right)^2}+1\right]}}$	$\sqrt{\frac{\mu}{\varepsilon}}=\sqrt{\frac{\mu}{\lvert\varepsilon\rvert}}e^{j\frac{\delta_e}{2}}$ $\left(\tan\delta_e=\frac{\varepsilon''}{\varepsilon'}\right)$	$\frac{1}{\alpha}$
导电媒质	$\varepsilon_c=\varepsilon-j\frac{\sigma}{\omega}$	$E_{0m}e^{-\alpha z}\cos(\omega t-\beta z)$	$\omega\sqrt{\frac{\varepsilon\mu}{2}\left[\sqrt{1+\left(\frac{\sigma}{\omega\varepsilon}\right)^2}-1\right]}$	$\omega\sqrt{\frac{\varepsilon\mu}{2}\left[\sqrt{1+\left(\frac{\sigma}{\omega\varepsilon}\right)^2}+1\right]}$	$\frac{1}{\sqrt{\frac{\varepsilon\mu}{2}\left[\sqrt{1+\left(\frac{\sigma}{\omega\varepsilon}\right)^2}+1\right]}}$	$\sqrt{\frac{\mu}{\varepsilon}}=\sqrt{\frac{\mu}{\lvert\varepsilon_c\rvert}}e^{j\frac{\delta_c}{2}}$ $\left(\tan\delta_c=\frac{\sigma}{\omega\varepsilon}\right)$	$\frac{1}{\alpha}$
良导体	$\varepsilon_c\approx-j\frac{\sigma}{\omega}$	$E_{0m}e^{-\alpha z}\cos(\omega t-\beta z)$	$\sqrt{\pi f\mu\sigma}$	$\sqrt{\pi f\mu\sigma}$	$\sqrt{\frac{2\omega}{\mu\sigma}}$	$\sqrt{\frac{\omega\mu}{\sigma}}e^{j\frac{\pi}{4}}=(1+j)\sqrt{\frac{\pi f\mu}{\sigma}}$	$\frac{1}{\sqrt{\pi f\mu\sigma}}$
理想导体		0	∞	∞	0	0	0

习题

6.1 自由空间中传播的均匀平面电磁波的电场强度(单位 V/m)为

$$\boldsymbol{E}=37.7\cos(6\pi\times10^{8}t+2\pi z)\boldsymbol{e}_y$$

试求该电磁波的频率、波长、相移常数、传播方向和磁场强度矢量。

6.2 一角频率为 ω 的均匀平面波在自由空间中沿 $+z$ 方向传播,其电场强度的幅值为 E_m,沿 $+y$ 方向。有一个面积为 a^2、绕有 N 匝的正方形环状线圈,已知其环面的法线与电磁波传播方向的夹角为 α,且与电场方向垂直。试计算正方形环状线圈中感应电动势的幅值。

6.3 已知理想介质中均匀平面电磁波的电场(单位 V/m)和磁场(单位 A/m)分别为

$$\boldsymbol{E}=-5\cos(3\pi\times10^{7}t+0.2\pi z)\boldsymbol{e}_x$$

$$\boldsymbol{H}=\frac{1}{12\pi}\cos(3\pi\times10^{7}t+0.2\pi z)\boldsymbol{e}_y$$

试求该介质的相对介电常数和相对磁导率。

6.4 已知真空中均匀平面电磁波的电场强度(V/m)矢量为

$$\boldsymbol{E}=5(\boldsymbol{e}_x+\sqrt{3}\boldsymbol{e}_y)\cos\left[6\pi\times10^{7}t-0.05\pi(3x-\sqrt{3}y+2z)\right]$$

试求:

(1) 电场强度的振幅、波矢量及电磁波的波长;

(2) 磁场强度矢量;

(3) 坡印亭矢量的平均值。

6.5 在非磁性理想介质中传播的均匀平面波的磁场强度(A/m)为

$$\boldsymbol{H}=5(2\boldsymbol{e}_x-\boldsymbol{e}_y+2\boldsymbol{e}_z)\cos\left[3\pi\times10^{10}t+40\pi(x+By-2z)\right]$$

试求:

(1) 常数 B;

(2) 波矢量、波的频率、波长与波速;

(3) 介质的介电常数;

(4) 电场强度矢量与坡印亭矢量。

6.6 自由空间中有一在 z 方向线性极化的频率为 30MHz 且幅值为 E_m 的均匀平面波,其传播方向在 $z=0$ 的平面上和 x 轴与 y 轴的夹角分别为 30°与 60°。试求该电磁波的电场强度矢量 $\boldsymbol{E}$ 与磁场强度矢量 $\boldsymbol{H}$ 的表达式。

6.7 已知真空中均匀平面电磁波的电场强度复矢量(V/m)为

$$\boldsymbol{E}=\left[10^{-3}\mathrm{e}^{-\mathrm{j}20\pi z}\boldsymbol{e}_x+10^{-3}\mathrm{e}^{-\mathrm{j}(20\pi z-0.5\pi)}\boldsymbol{e}_y\right]$$

试求:

(1) 该平面波的传播方向和电磁波的波长;

(2) 波的极化方式;

(3) 通过与传播方向垂直的单位面积上的平均功率。

6.8 试证明一个圆极化波可分解为两个频率和振幅均相等但相位差 90°且极化方向互相垂直的线性极化波,并证明圆极化波的平均坡印亭矢量是这两个线性极化波的平均坡印亭矢量之和。

6.9　自由空间中有一均匀平面波，在 $z=0$ 的平面内传播且沿 y 方向的相速度为 $v_p=2\sqrt{3}\times10^8\text{m/s}$。试求该电磁波的传播方向及其沿 x 方向的相速度。

6.10　一波长为 $\lambda=10\text{m}$ 的均匀平面波，在正常频散无耗媒质里的相速为 $v_p=2\times10^7\lambda^{\frac{2}{3}}\text{m/s}$。试求该电磁波的群速度。

6.11　设海水的电磁参量为 $\varepsilon_r=81,\mu_r=1,\sigma=1\text{S/m}$。试分别求频率为 1kHz、1MHz、1GHz 的均匀平面电磁波在海水中传播的波长、相速、衰减常数及波阻抗。欲使 80%以上的电磁波能量进入 1m 以下的深度，电磁波的频率应如何选择？

6.12　试证明均匀平面电磁波在良导体内传播时，场量的衰减约为 55 分贝每波长。

6.13　在介电常数为 ε、磁导率为 μ、电导率为 σ 的良导体中传播一频率为 f 的均匀平面波。试求：

(1) 相速度和群速度；

(2) 电场的能量密度和磁场的能量密度的时间平均值，哪一个大一些？为什么？

6.14　如题 6.14 图所示，在两种理想介质的分界面上，若已知垂直极化波的入射角和折射角分别为 $\theta_i=\theta_1,\theta_t=\theta_2$，反射系数 $\Gamma_\perp=\dfrac{1}{2}$。试求传输系数 $T_\perp$。如果垂直极化波在介质 2 以 $\theta_i'=\theta_2$ 入射到界面上，试求折射角 θ_t'、反射系数 $\Gamma_\perp'$ 和传输系数 $T_\perp'$。在这两种情况下，传输系数 $T_\perp$ 和 $T_\perp'$ 是否相等？

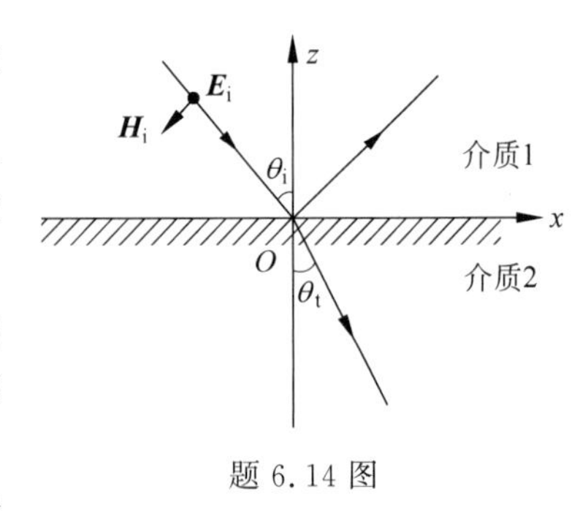

题 6.14 图

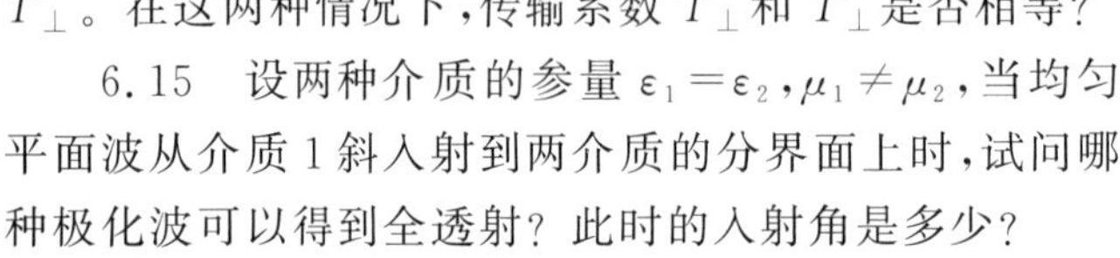

6.15　设两种介质的参量 $\varepsilon_1=\varepsilon_2,\mu_1\neq\mu_2$，当均匀平面波从介质 1 斜入射到两介质的分界面上时，试问哪种极化波可以得到全透射？此时的入射角是多少？

6.16　设两种介质的介电常数分别为 ε_1 和 ε_2，磁导率均为 μ_0。一圆极化波斜入射于两介质的分界面上，试分别求反射波和折射波的极化特性。在什么情况下，反射波成为线性极化波？

6.17　空气中一均匀平面波的复数电场强度为

$$\boldsymbol{E}=(4\boldsymbol{e}_y+3\boldsymbol{e}_z)\mathrm{e}^{\mathrm{j}(6y-8z)}\ \text{V/m}$$

它入射到 $z=0$ 的无限大介质平面上。若介质的参数 $\varepsilon_r=9,\mu_r=1$，试求：

(1) 入射角、反射角和折射角；

(2) 入射波和折射波的频率及波长；

(3) 两区域内电场强度和磁场强度的瞬时值及平均坡印亭矢量。

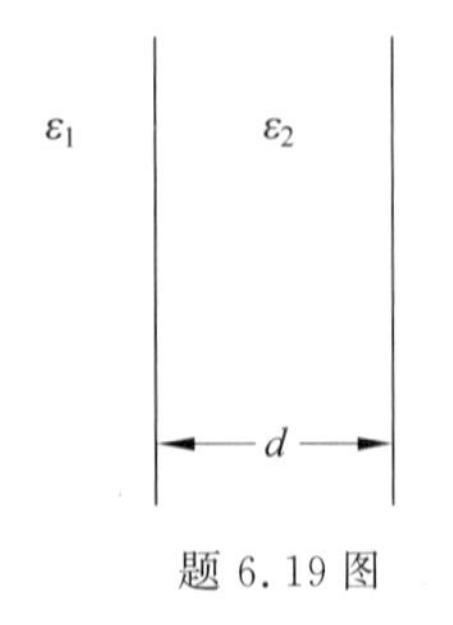

题 6.19 图

6.18　一均匀平面波从空气中垂直入射到一理想介质($\varepsilon_r=4,\mu_r=1$)中，求反射波和透射波的振幅之比。

6.19　如题 6.19 图所示，在介电常数分别为 ε_1 和 ε_3 的半无限大的介质中间放置一块厚度为 d 的介质板，其介电常数为 ε_2，三个区域中介质的磁导率均为 μ_0。若均匀平面波从介质 1 中垂直入射于介质板上，试证明当 $\varepsilon_2=\sqrt{\varepsilon_1\varepsilon_3}$ 且 $d=\dfrac{\lambda_0}{4\sqrt{\varepsilon_{r2}}}$($\lambda_0$ 为自由空间

波长)时没有反射。

6.20 设两种介质的介电常数分别为 ε_1 和 ε_2,磁导率均为 μ_0。一圆极化波从介质 1 垂直投射于这两种介质的分界面,入射波的电场强度为 $\boldsymbol{E}=E_{\mathrm{m}}(\boldsymbol{e}_x+\mathrm{j}\boldsymbol{e}_y)\mathrm{e}^{-\mathrm{j}\beta z}$,试求反射波与透射波的电场强度,并指出它们的极化旋转方向。

6.21 一均匀平面电磁波由空气斜入射到 $z=0$ 的理想导体平面上,已知其复数电场强度为

$$\boldsymbol{E}=\boldsymbol{e}_y 10\mathrm{e}^{-\mathrm{j}(6x+8z)}$$

试求:

(1) 入射波的频率、反射波的电场强度和磁场强度;

(2) 空气中的平均能流密度;

(3) 理想导体表面上的自由电流密度和电荷密度。

6.22 已知铜的参数为 $\varepsilon_{\mathrm{r}}=\mu_{\mathrm{r}}=1,\sigma=5.8\times10^7\mathrm{S/m}$;铁的参数为 $\varepsilon_{\mathrm{r}}=1,\mu_{\mathrm{r}}=10^3,\sigma=10^7\mathrm{S/m}$。一频率为 10kHz 的均匀平面波,从空气中垂直入射于

(1) 一块大铜板上;

(2) 一块大铁板上。

试分别求铜板与铁板表面上的反射系数和传输系数及趋肤深度与表面电阻。

6.23 空气中有一均匀平面波垂直入射于半无限大理想导体平面上。若入射波的振幅 $E_{\mathrm{m}}=1\mathrm{V/m}$,试求空气中坡印亭矢量的平均值与最大值及最大值的位置至导体平面的距离。

6.24 空气中有一频率为 100MHz、电场强度的有效值为 1V/m 的均匀平面波垂直入射于一块大而厚的铜板上。已知铜的参数 $\varepsilon_{\mathrm{r}}=\mu_{\mathrm{r}}=1,\sigma=5.8\times10^7\mathrm{S/m}$,试求:

(1) 空气中紧邻其表面处的电场强度和磁场强度的有效值;

(2) 铜板中紧邻其表面处的电场强度和磁场强度的有效值;

(3) 铜板表面处的传导电流密度和离表面 0.01mm 处的传导电流密度;

(4) 穿入单位面积铜板中的平均功率。

6.25 试述矩形波导、圆形波导不能传输 TEM 波的理由。

6.26 矩形波导传输 TE 波,已知 TE_{11} 的纵向磁场分量(A/m)为

$$H_z=10^{-3}\cos\frac{\pi x}{3}\cos\frac{\pi y}{2}\mathrm{e}^{\mathrm{j}(\omega t-\beta z)}$$

长度以 cm 为单位。当工作频率为 10GHz 时,求最低 TE 波的 λ_{c}、f_{c}、λ_{g} 的值。该波导还可能存在哪些波形?

6.27 矩形波导传输 TE 波,已知

$$E_x=E_0\sin\left(\frac{\pi}{b}y\right)\mathrm{e}^{\mathrm{j}(\omega t-\beta z)}$$

$$E_y=0$$

试求其他场分量,并画出场结构。

6.28 尺寸为 $a=4\mathrm{cm}$,$b=3\mathrm{cm}$,$l=5\mathrm{cm}$ 的无耗矩形谐振腔,腔内为空气。试求:

(1) 前三个低次谐振模式和它们的谐振频率;

(2) 若矩形谐振腔工作于主模式,求腔中储存的电磁能量。

第7章 电磁波的辐射

CHAPTER 7

本章导读：第6章从最基本的均匀平面电磁波入手，介绍了电磁波的传播特性。作为发射和接收电磁波的核心设备，天线具有举足轻重的地位。本章将重点介绍天线的常用电参数及其计算方法、线天线的分析流程等。在此基础之上，以电偶极子、磁偶极子和对称半波振子天线等线天线为例介绍电磁波的辐射特性；作为相控天线阵的基础，介绍二元阵、均匀直线式天线阵、平面天线阵等的工作原理及其使用特性。最后简单介绍电磁超表面的相控阵原理及超材料天线。

7.1 天线的分类和常用电参数

在静态场的情形下，场和场源是不可分割的。场源周围存在着场，场源消失时，场也随之消失。但时变场的情形却与静态场不同，电磁波必须有波源才能产生，但电磁波产生之后，即使波源不存在了，已产生的电磁波仍可继续向空间传播。电磁能量由波源产生且可以脱离波源以电磁波的形式在空间传播而不再返回波源的现象，称为电磁波的辐射。

任何需要辐射和接收电磁波的无线电技术设备(例如通信、雷达、导航等)都配有天线。天线实质上是一个转换器，它把高频电流形式(或导波形式)的能量转换为同频率的电磁波能量或将电磁波能量转换为高频电流。为了实现高效的电磁波辐射，必须对天线的结构、形状、大小及所用材料进行优化设计。因此，天线的分析和设计也是电磁领域的重要课题之一。

7.1.1 天线的分类

为了适应各种不同用途的要求，人们设计了不同的天线，其具体形式繁多，分类方法不一，简单分类如表7-1所示。

表7-1 天线的分类

分类依据	天线种类
使用方式	发射天线、接收天线、收发共用天线等
使用目的	通信天线、广播天线、电视天线、雷达天线、导航天线、卫视天线、基站天线、测向天线等
结构类型	线天线、面天线等
方向性	强方向性天线、弱方向性天线、定向天线、全向天线、针状波束天线、扇形波束天线等

续表

分类依据	天线种类
极化特性	线极化天线、左旋(右旋)圆极化天线、左旋(右旋)椭圆极化天线等
频带特性	窄频带天线、宽频带天线、超宽频带天线等
馈电方式	对称天线、不对称天线等
外形结构	T形天线、V形天线、L形天线、菱形天线、环形天线、螺旋天线、喇叭天线、透镜天线、反射面天线、微带天线等

7.1.2　天线的常用电参数

衡量一副天线好坏的指标非常多。为了定量地描述天线的电磁特性，必须定义相应的技术参数以表征天线的相应性能指标，通常天线的电磁性能用下述几个电参数来表征。

1. 辐射功率 $\boldsymbol{P_r}$ 与辐射电阻 $\boldsymbol{R_r}$

天线向自由空间辐射的电磁波功率，称为辐射功率，用 P_r 表示，即

$$P_r = \oint_S \mathrm{Re}\boldsymbol{S}_c \cdot \mathrm{d}\boldsymbol{S} = \oint_S \bar{\boldsymbol{S}} \cdot \mathrm{d}\boldsymbol{S} \tag{7-1}$$

式中，S 为包围天线的闭合面，$\boldsymbol{S}_c$ 为辐射电磁波的复数坡印亭矢量，其实部等于坡印亭矢量的时间平均值，即 $\bar{\boldsymbol{S}} = \mathrm{Re}\boldsymbol{S}_c$。

由于辐射功率全部耗散在天线周围的自由空间，所以它具有功率耗散特性。故可用一个等效的负载即辐射电阻 R_r 的概念来表示辐射功率。于是可得

$$R_r = \frac{P_r}{I^2} \tag{7-2}$$

其中，I 为波源馈入天线上电流的有效值。辐射电阻和辐射功率都用来表示天线辐射能力的大小。辐射功率不仅取决于天线的性质，而且还与天线中的电流强度有关，而辐射电阻却唯一地决定于天线本身的结构特性。因此，辐射电阻的大小决定于天线的尺寸、形状及馈源的波长等参数。

2. 天线效率 $\boldsymbol{\eta}$

天线的效率表示天线的辐射功率与输入天线上的总功率之比，即

$$\eta = \frac{P_r}{P_i} \tag{7-3}$$

天线效率用于计算天线输入端和天线结构内的损耗，这些损耗首先是天线与馈线失配引起的反射损耗，其次是功率损耗，包括导体损耗和介质损耗。

3. 天线的方向性

天线向空间辐射的电磁波能量在各个方向上的分布通常总是不均匀的，它取决于天线自身固有的辐射特性，即天线的方向性。对于天线的方向特性，常用下列参数来表征。

1) 方向图函数 $F(\theta,\varphi)$

实际天线辐射的电磁波具有方向性，即它是非均匀球面波。天线的辐射电磁场在固定距离上随空间角坐标(θ,φ)分布的图形，称为天线的方向图，即辐射远区任一方向的场强与同一距离的最大场强之比和方向角之间的关系曲线。它是相对的空间方向图。表述方向图的函数也称为方向图因子，亦即方向图函数是表示天线相对的辐射场强与方向间的关系，它

是归一化场强方向图函数，即

$$F(\theta,\varphi)=\frac{|E(\theta,\varphi)|}{|E_{\max}|} \tag{7-4}$$

在三维坐标中，天线方向图是空间立体模型——三维曲面，称为立体方向图或空间方向图。立体方向图形象直观，但比较复杂且不实用。因此，实际上常用两个主要平面(主平面)上的方向图，即空间方向图与两个互相垂直的平面的交线，称为平面方向图。

> **难点点拨**：主平面的选取，需根据实际应用的方便而定。对架设在地面上的线天线，由于地面影响比较明显，通常采用水平平面和垂直平面为两个主平面。此外，在研究线极化天线时，通常采用电场和磁场所在平面(E 平面和 H 平面)作为主平面。E 平面是指最大辐射方向与电场矢量 $\boldsymbol{E}$ 所在的平面，而 H 平面是指最大辐射方向与磁场矢量 $\boldsymbol{H}$ 所在的平面，对应的方向图函数分别用 $F_{\mathrm{E}}(\theta)$ 和 $F_{\mathrm{H}}(\varphi)$ 来表示。

有时，还用天线在不同方向上辐射功率密度的相对量来表示，即归一化功率方向图函数为

$$P(\theta,\varphi)=F^2(\theta,\varphi) \tag{7-5}$$

通信、雷达、导航等各无线电工程部门使用不同用途的天线，它们所要求的方向图的形状是不同的，图 7-1 给出了几种典型的方向图形状。例如尖锐铅笔形方向图(见图 7-1(a))多用于精确测定目标的天线，如炮瞄雷达；一般铅笔形方向图(见图 7-1(b))主要用于中继通信站天线；而扇形方向图(见图 7-1(c))和余割平方形方向图(见图 7-1(d))则主要用于搜索雷达，可以有效地利用辐射能量以搜索广大的区域。

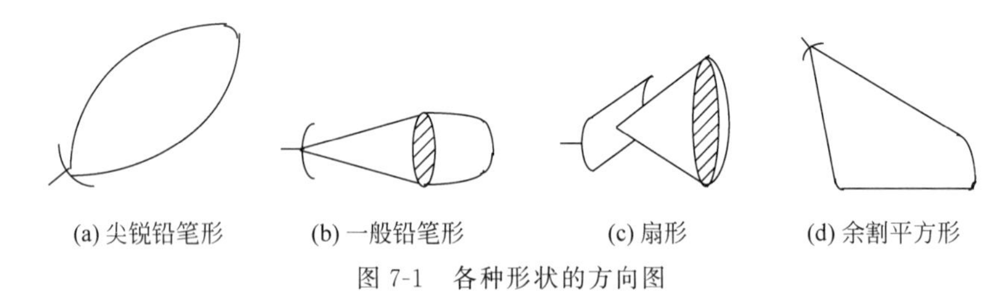

(a) 尖锐铅笔形　(b) 一般铅笔形　(c) 扇形　(d) 余割平方形

图 7-1　各种形状的方向图

2) 主瓣宽度和旁瓣电平

方向图常呈花瓣状，故方向图又称波瓣图，最大辐射方向所在的瓣称为主瓣，其余的瓣称为旁瓣或副瓣，如图 7-2 所示。主瓣宽度是主瓣最大值两侧的功率密度(功率流)等于最大辐射方向上功率密度一半的两个方向间的夹角。在 E、H 平面内分别为 $2\theta_{0.5}$ 与 $2\varphi_{0.5}$。通常，不希望方向图有旁瓣或应尽可能使它减至最小。

旁瓣代表了天线在不需要方向的辐射或接收的能力，其除损耗能量外，还会对目标测量带来错误，所以希望它越小越好。旁瓣电平通常是指主瓣旁第一个旁瓣的最大值(通常是最大旁瓣的最大值)与主瓣最大值之比，通常用分贝来表示，记为

$$\mathrm{PSLL}=20\lg\frac{\text{旁瓣最大值}}{\text{主瓣最大值}}\mathrm{dB} \tag{7-6}$$

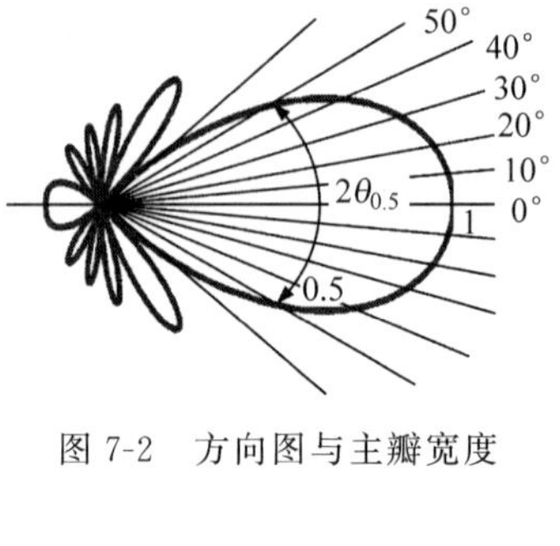

图 7-2　方向图与主瓣宽度

3）方向性系数 D

虽然方向图形象地表现了天线的方向特性，但它不能定量地确定方向特性的优劣；主瓣宽度在一定程度上给出了天线方向性好坏的量值，但也只是一种直观的量度。为了定量说明天线辐射功率的集中程度，需要用无方向性的理想点源天线（尽管它在实际上并不存在）作为比较的标准。所谓理想点源天线是其方向图为一球形，即在各方向上辐射功率相同的均匀辐射天线，亦即全向辐射均匀球面波的天线。天线的方向性系数定义为：在实际天线的辐射功率 P_r 与理想点源天线的辐射功率 P_{r0} 相等的条件下，实际天线在空间某点所产生的电场强度的平方值与点源天线在同一点所产生的电场强度的平方值之比，即

$$D(\theta,\varphi)=\left.\frac{E^2(\theta,\varphi)}{E_0^2}\right|_{P_r=P_{r0}} \tag{7-7}$$

而最大方向性系数则为

$$D_{\max}=\frac{E_{\max}^2}{E_0^2} \tag{7-8}$$

式中，$E_{\max}$ 和 E_0 分别为某天线产生的最大电场强度与理想点源天线在同一点产生的电场强度。因为两天线的辐射功率相同，故 E_0^2 是 $E^2(\theta,\varphi)$ 在各方向的平均值，即

$$E_0^2=\frac{\oint_S E^2(\theta,\varphi)\mathrm{d}S}{S} \tag{7-9}$$

其中，$S=4\pi r^2$ 是球面面积。由于天线辐射的电场强度值一般可表示为

$$E(\theta,\varphi)=AF(\theta,\varphi) \tag{7-10}$$

式中，A 是与角度 θ、φ 无关的系数。由于球面面元 $\mathrm{d}S=r^2\sin\theta\mathrm{d}\theta\mathrm{d}\varphi$，于是式(7-9)变为

$$E_0^2=\frac{A^2}{4\pi}\int_0^{2\pi}\mathrm{d}\varphi\int_0^{\pi}F^2(\theta,\varphi)\sin\theta\mathrm{d}\theta$$

因此，由式(7-7)可得方向性系数为

$$D(\theta,\varphi)=\frac{4\pi F^2(\theta,\varphi)}{\int_0^{2\pi}\mathrm{d}\varphi\int_0^{\pi}F^2(\theta,\varphi)\sin\theta\mathrm{d}\theta} \tag{7-11}$$

故由上式可得最大方向性系数为

$$D_{\max}=\frac{4\pi F^2(\theta_m,\varphi_m)}{\int_0^{2\pi}\mathrm{d}\varphi\int_0^{\pi}F^2(\theta,\varphi)\sin\theta\mathrm{d}\theta} \tag{7-12}$$

其中，θ_m 和 φ_m 分别是天线最大辐射方向的极角与方位角，称为主向角。如果方向图是轴对称的，即 $E(\theta,\varphi)$ 与 φ 无关，则最大方向性系数可表示为

$$D_{\max}=\frac{2F^2(\theta_m)}{\int_0^{\pi}F^2(\theta)\sin\theta\mathrm{d}\theta} \tag{7-13}$$

由于场强平方与功率成正比，因此方向性系数也用另一种形式来定义：在空间某处实际天线产生的场强 E 与理想点源天线产生的场强 E_0 相等时，点源天线的总辐射功率 P_{r0} 与实际天线的总辐射功率 P_r 之比，即

$$D_{\max}=\left.\frac{P_{r0}}{P_r}\right|_{E=E_0} \tag{7-14}$$

4. 天线增益 G

天线增益是天线增益系数的简称,也是与标准参考天线进行比较而定义的。如果将点源天线视为无方向性的无耗理想天线,则其效率为100%,其输入功率 P_{i0} 等于它的辐射功率,即 $P_{i0}=P_{r0}$。于是在产生相等的最大电场强度的条件下,理想点源天线所馈入的输入功率 P_{i0} 与某天线所馈入的输入功率 P_i 之比,称为天线的增益或功率增益系数,即

$$G=\frac{P_{i0}}{P_i}=\frac{P_{r0}}{P_i} \tag{7-15}$$

由式(7-3)和式(7-14),则有

$$G=\frac{P_r}{P_i}\frac{P_{r0}}{P_r}=\eta\cdot D \tag{7-16}$$

实用中天线的增益常用分贝作单位,这时有

$$G'=10\lg G\quad \text{dB} \tag{7-17}$$

天线增益随观察点方向的不同而不同,通常所讲的增益表示某天线在最大辐射方向上与无方向性的理想点源天线比较而言,其输入功率增大的倍数。

5. 输入阻抗 Z_i

天线的输入阻抗是指天线在其馈电端所呈现的阻抗,其值为馈电点的电压与电流的比值。输入天线的功率被输入阻抗所吸收,并由天线转换成辐射功率。要使天线从馈源得到最大功率,必须使天线和馈线有良好的匹配,即需要使天线的输入阻抗等于馈线的特性阻抗。天线的输入阻抗决定于天线本身的几何结构、工作波长与激励方式,甚至有时还会受到周围环境和物体的影响。

6. 极化

天线的极化是天线的重要参数之一,对于发射天线来说,天线在某方向的极化是指天线在该方向上辐射无线电波的极化;而对接收天线来说,天线在某方向的极化是指接收天线在该方向上接收获得最大接收功率时入射无线电波的极化。若接收天线与发射天线的极化相同时,称收、发天线间的极化是匹配的。通常所说的天线极化是指在最大辐射方向或最大接收方向上电场矢量的取向。天线的极化必须和它所辐射电磁波的极化一致。若地面与 $y=0$ 的平面相合,则电磁波的电场矢量垂直地面时($E_x=0,E_y\neq0$)称为垂直极化,而电磁波的电场矢量与地面平行时($E_x\neq0,E_y=0$)称为水平极化,与此相应的天线称为垂直极化天线和水平极化天线。

重点提醒: 电磁波还有左(右)旋圆极化($E_x=\pm E_y\neq0$),也有左(右)旋椭圆极化($E_x\neq E_y,E_x\neq0,E_y\neq0$),相应的天线称为左(右)旋圆极化天线,左(右)旋椭圆极化天线。使用中,左(右)旋圆极化天线只能接收左(右)旋圆极化波;左(右)旋椭圆极化天线只能接收左(右)旋椭圆极化波。

7. 有效长度 l_e 和有效口径 A_e 或有效面积 S_e

对于线天线,有效长度 l_e 是指在天线辐射的最大场强相等时,实际电流非均匀分布的某线天线的长度等效于电流均匀分布的线天线的长度。对于面天线,有效口径 A_e 或有效面积 S_e 是指在天线辐射的最大场强相等时,非均匀分布的口径辐射场的某实际天线的口径

面积等效于均匀分布的口径辐射场的天线口径面积。

8. 频带宽度 B_f

当工作频率变化时,天线的各种电参数不超出允许变动值的工作频率范围,称为天线的频带宽度。

除此之外,对于各类天线实际上还有一些共同的要求,例如机械强度牢固,使用可靠;尺寸小,重量轻;天线馈电系统匹配良好;结构简单易调整;使用安全、易安装、成本低等。

重点提醒:天线可以工作在发射状态,也可以工作在接收状态。互易定理表明:天线的电参量取决于天线本身,而不依赖于它用作发射天线还是接收天线,它们有相同的方向性系数、输入阻抗、增益等。据此,接收天线的所有电参量均可按其作为发射天线时的情况计算。本章讨论时均将天线作为发射天线讨论。

7.1.3 天线辐射场的求解方法

天线的研究对象是电磁波的辐射问题,即研究天线所产生的空间电磁场分布。这需要求解特定条件下(激励条件、边界条件和辐射条件)的麦克斯韦方程组,在数学上的严格求解是十分困难的,有时甚至无法求解。因此,常需采用一些近似方法。在线天线中多采用电流元的积分来求解,首先得到电流元的辐射场,然后再利用叠加原理可解连续元(线天线)和分立元(阵列天线)的辐射场,这种方法又称为矢势法或辅助函数法。在面天线中,大多是求解口径的绕射场问题,绕射场往往用基尔霍夫公式来计算。基尔霍夫公式是惠更斯原理的数学表达式,它可求出包围辐射源的封闭面外任一点的电磁场。当然也可采用面电流法,由感应(激励)面电流密度来求解辐射场。当工作波长比系统的线性尺寸小得多时,也可采用几何光学法,根据几何光学定律,利用射线来分析电磁波的辐射。本书主要以线天线为例进行天线的分析和计算,其流程如图 7-3 所示。

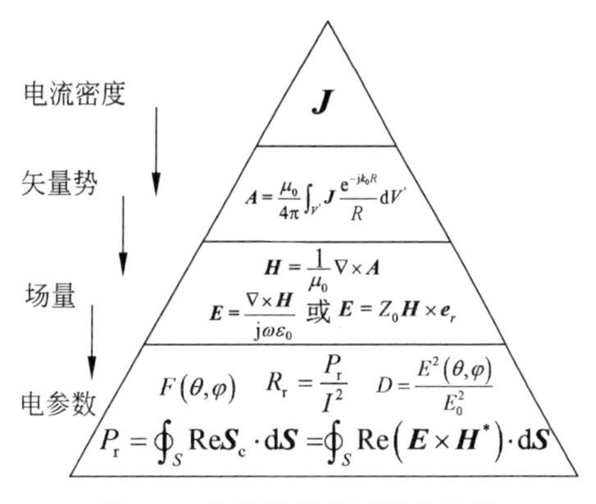

图 7-3 分析计算线天线的流程

7.2 电偶极子辐射和磁偶极子辐射

7.2.1 电偶极子辐射

通常,交变电偶极子(电偶极子两端的电荷交替变化)上的电荷变化可视为偶极子上的电流变化,因而交变电偶极子也可视为一个电流元。最简单的辐射元是一个很短的直线电流元。设此电流元的长度 Δl 总是远小于自由空间的电磁波波长 λ_0,即 $\Delta l \ll \lambda_0$,则可认为其上电流的幅值和相位处处相同,即电流均匀分布;且其直径 d 与其长度相比可忽略不计,即有 $d \ll \Delta l$。这样,对交变电偶极子的分析也就是对电流元的分析。这种短直线电流元称为电偶极子或电基本振子,也称为赫兹振子(赫兹偶极子)。

设有一时谐电流元 $I\Delta l$ 沿 z 轴放置,其中心位于直角坐标系的原点,如图 7-4 所示。若 $\Delta l \ll \lambda_0$,则电流元相当于一个时谐电偶极子。

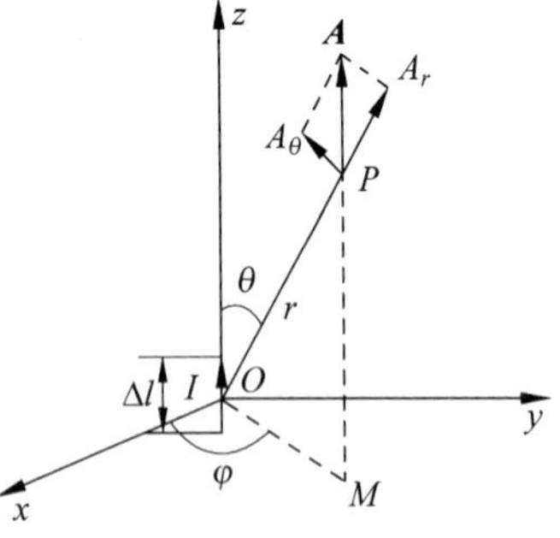

图 7-4　电偶极子及其矢势

1. 电偶极子辐射的电磁场

此处的电流元 $I\mathrm{d}\boldsymbol{l}'$ 沿 z 方向,则它的矢量势为

$$\boldsymbol{A} = \frac{\mu_0}{4\pi}\int_{\Delta l} \frac{I\mathrm{d}\boldsymbol{l}'\mathrm{e}^{-\mathrm{j}k_0 R}}{R} = \frac{\mu_0}{4\pi}\int_{\Delta l} \frac{I\mathrm{d}l'\mathrm{e}^{-\mathrm{j}k_0 R}}{R}\boldsymbol{e}_z \tag{7-18}$$

由于 $\Delta l \ll \lambda_0$,因此积分过程中可以认为 R 基本不变,即 $R \approx r$,由于矢量势只是 r 的函数,故采用球坐标系较为方便,球坐标系中矢量势可表示为

$$\boldsymbol{A} = \frac{\mu_0 I\Delta l}{4\pi r}\mathrm{e}^{-\mathrm{j}k_0 r}\boldsymbol{e}_z = \frac{\mu_0 I\Delta l}{4\pi}\frac{\mathrm{e}^{-\mathrm{j}k_0 r}}{r}(\cos\theta\boldsymbol{e}_r - \sin\theta\boldsymbol{e}_\theta) \tag{7-19}$$

则磁场强度为

$$\boldsymbol{H} = \frac{1}{\mu_0}\nabla\times\boldsymbol{A} = \frac{1}{\mu_0 r^2\sin\theta}\begin{vmatrix} \boldsymbol{e}_r & r\boldsymbol{e}_\theta & r\sin\theta\boldsymbol{e}_\varphi \\ \dfrac{\partial}{\partial r} & \dfrac{\partial}{\partial\theta} & 0 \\ A_r & rA_\theta & 0 \end{vmatrix}$$

$$= \frac{I\Delta l}{4\pi r}\left(\mathrm{j}k_0\sin\theta + \frac{\sin\theta}{r}\right)\mathrm{e}^{-\mathrm{j}k_0 r}\boldsymbol{e}_\varphi \tag{7-20}$$

即

$$\boldsymbol{H} = \frac{I\Delta l}{4\pi}k_0^2\sin\theta\left(\frac{\mathrm{j}}{k_0 r} + \frac{1}{k_0^2 r^2}\right)\mathrm{e}^{-\mathrm{j}k_0 r}\boldsymbol{e}_\varphi \tag{7-21}$$

由麦克斯韦第一方程可得电场强度为

$$\boldsymbol{E} = \frac{1}{\mathrm{j}\omega\varepsilon_0}\nabla\times\boldsymbol{H}$$

$$= \frac{1}{\mathrm{j}\omega\varepsilon_0}\begin{vmatrix} \dfrac{\boldsymbol{e}_r}{r^2\sin\theta} & \dfrac{\boldsymbol{e}_\theta}{r\sin\theta} & \dfrac{\boldsymbol{e}_\varphi}{r} \\ \dfrac{\partial}{\partial r} & \dfrac{\partial}{\partial\theta} & 0 \\ 0 & 0 & r\sin\theta H_\varphi \end{vmatrix}$$

$$= \frac{I\Delta l}{\mathrm{j}4\pi\omega\varepsilon_0}\left[\frac{\boldsymbol{e}_r}{r^2}\left(\mathrm{j}k_0 + \frac{1}{r}\right)2\cos\theta - \frac{\boldsymbol{e}_\theta}{r}\sin\theta\left(k_0^2 - \frac{\mathrm{j}k_0}{r} - \frac{1}{r^2}\right)\right]\mathrm{e}^{-\mathrm{j}k_0 r} \tag{7-22}$$

即

$$\boldsymbol{E} = \frac{I\Delta l}{4\pi\omega\varepsilon_0}k_0^3\left[2\cos\theta\left(\frac{1}{k_0^2 r^2} - \frac{\mathrm{j}}{k_0^3 r^3}\right)\boldsymbol{e}_r + \sin\theta\left(\frac{\mathrm{j}}{k_0 r} + \frac{1}{k_0^2 r^2} - \frac{\mathrm{j}}{k_0^3 r^3}\right)\boldsymbol{e}_\theta\right]\mathrm{e}^{-\mathrm{j}k_0 r} \tag{7-23}$$

根据观测点 P 到电偶极子的距离 r 的不同,可分为三种区域:$r \ll \dfrac{\lambda_0}{6}$ 的区域称为近区,

$r\sim\frac{\lambda_0}{6}$的区域称为感应区(中间区)，$r\gg\frac{\lambda_0}{6}$的区域称为远区(或辐射区)。在此三种区域内，电偶极子的场是不同的。

2. 电偶极子的近区束缚场

在近区，r 很小，$k_0r\ll1$，$\mathrm{e}^{-\mathrm{j}k_0r}\approx1$，可忽略推迟作用，且在式(7-21)和式(7-23)中起主要作用的是分母含 k_0r 的高次项，其他项可略去，于是可得电偶极子近区的电磁场为

$$\boldsymbol{E}=-\mathrm{j}\frac{I\Delta l}{4\pi\omega\varepsilon_0r^3}(2\cos\theta\boldsymbol{e}_r+\sin\theta\boldsymbol{e}_\theta)\tag{7-24}$$

和

$$\boldsymbol{H}=\frac{I\Delta l}{4\pi r^2}\sin\theta\boldsymbol{e}_\varphi\tag{7-25}$$

由式(7-24)和式(7-25)可见，近区的电场和磁场在相位上相差$\frac{\pi}{2}$，能量只能在电场和磁场间相互转换，其坡印亭矢量的时间平均值为零。因此，电磁波不能辐射出去，称为束缚电磁波；近区场是非辐射场，并且与静态场一样直接被场源(电荷和电流)所控制，故近区场又常称为束缚场。

3. 电偶极子的远区辐射场

在远区，由于 $r\gg\frac{\lambda_0}{6}$，则 $k_0r\gg1$，在式(7-21)和式(7-23)中起主要作用的是分母含 k_0r 的一次项，其他项可略去不计，注意到$\frac{k_0}{\omega\varepsilon_0}=\sqrt{\frac{\mu_0}{\varepsilon_0}}=Z_0$ 和 $k_0=2\pi/\lambda_0$，于是可得远区的辐射场为

$$\boldsymbol{E}=\mathrm{j}\frac{I\Delta lk_0^2}{4\pi\omega\varepsilon_0r}\sin\theta\mathrm{e}^{-\mathrm{j}k_0r}\boldsymbol{e}_\theta=\mathrm{j}\frac{I\Delta l}{2\lambda_0r}Z_0\sin\theta\mathrm{e}^{-\mathrm{j}k_0r}\boldsymbol{e}_\theta\tag{7-26}$$

$$\boldsymbol{H}=\mathrm{j}\frac{I\Delta l}{4\pi r}k_0\sin\theta\mathrm{e}^{-\mathrm{j}k_0r}\boldsymbol{e}_\varphi=\mathrm{j}\frac{I\Delta l}{2\lambda_0r}\sin\theta\mathrm{e}^{-\mathrm{j}k_0r}\boldsymbol{e}_\varphi\tag{7-27}$$

由式(7-26)和式(7-27)可见，远区电场和磁场的方向在空间上互相垂直；而在时间上同相位，比电流超前的相位为 $\pi/2-k_0r$；远区场的振幅还与极角 θ 有关，且随 r 的增大而减小，电场与磁场的幅值之比为 $E_\theta/H_\varphi=Z_0$，因而远区场是一个沿径向 r 向外行进的 TEM 型非均匀球面行波，故远区场又称为辐射场。

在天线的中间区，式(7-21)、式(7-23)中的各项都不可忽略，电磁场是近区场和辐射场的综合，必须用精确的公式表示其场量。

4. 电偶极子辐射的电参数

1) 方向图函数

由式(7-26)和式(7-27)可见，电偶极子的场强方向图函数和功率方向图函数分别为

$$F(\theta)=\sin\theta\tag{7-28}$$

和

$$P(\theta)=\sin^2\theta\tag{7-29}$$

由方向图函数可知，在 r 等于常数的球面上，并垂直于天线轴线方向即 $\theta=\theta_\mathrm{m}=\frac{\pi}{2}$的方

向上场的振幅最大，辐射最强；而沿天线轴线方向即 $\theta=0$、π 的方向上场的振幅为零，无辐射；在 $\theta=0\sim\frac{\pi}{2}$ 或 $\theta=\frac{\pi}{2}\sim\pi$ 之间场的振幅按 $\sin\theta$ 的规律变化。

电场矢量所在的 E 面方向图如图 7-5(a)所示；磁场矢量所在的 H 面方向图如图 7-5(b)所示。将图 7-5(a)中的曲线绕偶极子的轴旋转一周而成的立体方向图如图 7-5(c)所示。

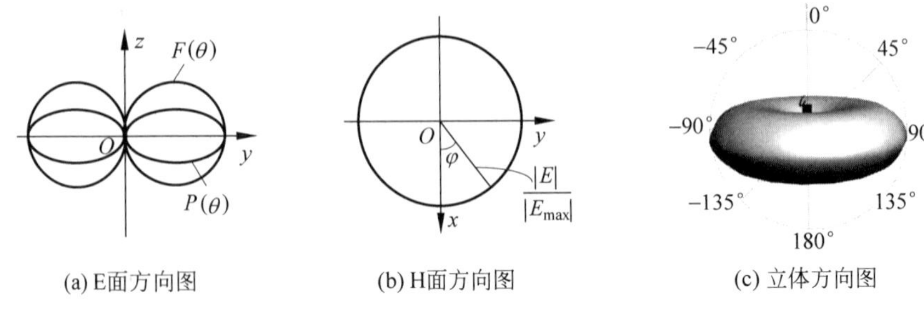

(a) E面方向图　(b) H面方向图　(c) 立体方向图

图 7-5　电偶极子的方向图

动画视频

2）辐射功率和辐射电阻

电偶极子天线在其辐射场内任一点的平均坡印亭矢量为

$$\bar{\boldsymbol{S}}=\mathrm{Re}\boldsymbol{S}_{c}=\mathrm{Re}\boldsymbol{E}\times\boldsymbol{H}^{*}=Z_{0}\mid H_{\varphi}\mid^{2}\boldsymbol{e}_{r}=Z_{0}\left(\frac{I\Delta l}{2\lambda_{0}r}\right)^{2}\sin^{2}\theta\boldsymbol{e}_{r} \tag{7-30}$$

可见 $\bar{\boldsymbol{S}}$ 为实数，且有方向性，辐射功率为有功功率，其能量只以球面电磁波的形式(TEM 波)向外辐射，而与场源间无能量交换。如果用一个很大的球面把电偶极子天线包围起来，而天线放在球心，如图 7-6 所示，则从天线辐射出去的能量必然全部通过此球面。在球面上球带形的面积元矢量为

$$\mathrm{d}\boldsymbol{S}=2\pi r^{2}\sin\theta\mathrm{d}\theta\boldsymbol{e}_{r} \tag{7-31}$$

图 7-6　球带面积元

因此通过任一以电偶极子天线为心的球面的总辐射功率为

$$\begin{aligned}P_{\mathrm{r}}&=\int_{S}\bar{\boldsymbol{S}}\cdot\mathrm{d}\boldsymbol{S}=\int_{0}^{\pi}Z_{0}\left(\frac{I\Delta l}{2\lambda_{0}r}\right)^{2}\sin^{2}\theta\ 2\pi r^{2}\sin\theta\mathrm{d}\theta\\&=\frac{Z_{0}\pi}{2}\left(\frac{I\Delta l}{\lambda_{0}}\right)^{2}\int_{0}^{\pi}\sin^{3}\theta\mathrm{d}\theta=\frac{120\pi^{2}}{2}\left(\frac{I\Delta l}{\lambda_{0}}\right)^{2}\frac{4}{3}=80\pi^{2}I^{2}\left(\frac{\Delta l}{\lambda_{0}}\right)^{2}\end{aligned} \tag{7-32}$$

由此可见，电偶极子辐射的总功率取决于天线上的电流和电长度，且与频率的平方成正比。因此，频率对于辐射电磁波起着重要的作用，频率越高，才能越有效地辐射。另一方面，辐射功率与球的半径无关，从而保证了电磁能量可向任意远处辐射。

电偶极子天线的辐射电阻为

$$R_{\mathrm{r}}=\frac{P_{\mathrm{r}}}{I^{2}}=80\pi^{2}\left(\frac{\Delta l}{\lambda_{0}}\right)^{2} \tag{7-33}$$

3）方向性系数及主瓣宽度

由式(7-26)可知，电偶极子天线的最大辐射方向即其主向角为 $\theta_{\mathrm{m}}=90°$，可得它的辐射电场强度值及其最大值分别为

$$\mid E(\theta)\mid=\frac{I\Delta l}{2\lambda_{0}r}Z_{0}\sin\theta \tag{7-34}$$

和

$$E_{max}=\frac{I\Delta l}{2\lambda_0 r}Z_0 \tag{7-35}$$

在包围理想点源天线的球面上各点都产生与式(7-34)相等的电场强度,故点源天线的总辐射功率为

$$P_0=\frac{E^2(\theta)}{Z_0}S=\left(\frac{I\Delta l}{2\lambda_0 r}\right)^2 Z_0\sin^2\theta\cdot 4\pi r^2=120\pi^2 I^2\left(\frac{\Delta l}{\lambda_0}\right)^2\sin^2\theta \tag{7-36}$$

电偶极子天线辐射的方向性系数由式(7-7)或式(7-14)可得为

$$D(\theta)=1.5\sin^2\theta \tag{7-37}$$

电偶极子天线在最大辐射方向($\theta_m=90°$)的最大方向性系数为

$$D_{max}=1.5 \tag{7-38}$$

它表明在相等的辐射功率的条件下,电偶极子天线在垂直于天线轴的方向所产生的最大电场强度值是点源天线在该方向所产生的场强的$\sqrt{1.5}\approx 1.22$倍。

根据主瓣宽度的定义,由式(7-29),得 $\sin^2\theta_h=\frac{1}{2}$,则电偶极子天线的主瓣宽度为

$$2\theta_{0.5}=90° \tag{7-39}$$

7.2.2　电磁场的对偶原理——二重性原理

仿照电荷和电流的概念,人为地定义一种假想的磁荷与磁流。依照电偶极子的结构,对于磁偶极子可以设想由相距很近的磁荷组成(见图7-7),其对应的磁偶极矩为

$$\boldsymbol{p}_m=Q_m\boldsymbol{l} \tag{7-40}$$

式中,Q_m 为假想的磁荷,$\boldsymbol{p}_m$ 的方向即为由负磁荷指向正磁荷的距离矢量 $\boldsymbol{l}$ 的方向,且与环电流为正的方向符合右手螺旋定则。

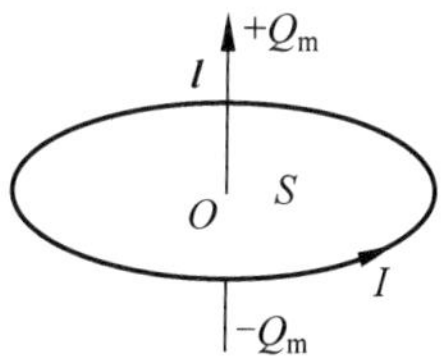

+Qm
l
O
S
I
-Qm

图7-7　磁偶极子

在静态场中,由于磁偶极子的磁场与电偶极子的电场相似,故可得出类似于电场库仑力的磁场的库仑定律,即

$$\boldsymbol{F}=\frac{Q_{m1}Q_{m2}}{4\pi\mu R^2}\boldsymbol{e}_R \tag{7-41}$$

虽然磁荷及后面的磁流在客观上并不存在,但引出这种概念可使问题分析简化,它是一种数学上的类比方法;同时,很多情况下可以用等效的办法"产生"磁荷和磁流;更为重要的是,添加了磁荷与磁流后,麦克斯韦方程组和边界条件更加一般化,且可分别改写成对称形式,即

$$\begin{cases}\nabla\times\boldsymbol{H}=\boldsymbol{J}+\dfrac{\partial\boldsymbol{D}}{\partial t}\\ \nabla\times\boldsymbol{E}=-\boldsymbol{J}_m-\dfrac{\partial\boldsymbol{B}}{\partial t}\\ \nabla\cdot\boldsymbol{B}=\rho_m\\ \nabla\cdot\boldsymbol{D}=\rho\end{cases} \tag{7-42}$$

和

$$\begin{cases} \boldsymbol{n} \times (\boldsymbol{H}_1 - \boldsymbol{H}_2) = \boldsymbol{J}_S \\ \boldsymbol{n} \times (\boldsymbol{E}_1 - \boldsymbol{E}_2) = -\boldsymbol{J}_{mS} \\ \boldsymbol{n} \cdot (\boldsymbol{B}_1 - \boldsymbol{B}_2) = \rho_{mS} \\ \boldsymbol{n} \cdot (\boldsymbol{D}_1 - \boldsymbol{D}_2) = \rho_S \end{cases} \tag{7-43}$$

式中,ρ_{mS} 和 $\boldsymbol{J}_{mS}$ 分别为分界面上的磁荷面密度与面磁流密度。方程式(7-42)表明传导电流密度 $\boldsymbol{J}$ 和位移电流密度$\frac{\partial \boldsymbol{D}}{\partial t}$产生磁场;传导磁流密度 $\boldsymbol{J}_m$ 和位移磁流密度$\frac{\partial \boldsymbol{B}}{\partial t}$产生电场,电荷密度 ρ 是电感应强度(即电位移)的源,磁荷密度 ρ_m 是磁感应强度的源。

引入磁荷与磁流的概念后,作为场源不仅有电荷与电流(电源),而且有磁荷与磁流(磁源)。对于电源和磁源所产生的场分别用下标"e"与"m"加以区别。这样将电源、磁源及相应的场量分开写成两组方程,即在只有电流和电荷以及只有磁流和磁荷时,其电磁场方程分别为

$$\begin{cases} \nabla \times \boldsymbol{H}_e = \boldsymbol{J}_e + \dfrac{\partial \boldsymbol{D}_e}{\partial t} \\ \nabla \times \boldsymbol{E}_e = -\dfrac{\partial \boldsymbol{B}_e}{\partial t} \\ \nabla \cdot \boldsymbol{B}_e = 0 \\ \nabla \cdot \boldsymbol{D}_e = \rho_e \end{cases} \tag{7-44}$$

和

$$\begin{cases} \nabla \times \boldsymbol{H}_m = \dfrac{\partial \boldsymbol{D}_m}{\partial t} \\ \nabla \times \boldsymbol{E}_m = -\boldsymbol{J}_m - \dfrac{\partial \boldsymbol{B}_m}{\partial t} \\ \nabla \cdot \boldsymbol{B}_m = \rho_m \\ \nabla \cdot \boldsymbol{D}_m = 0 \end{cases} \tag{7-45}$$

同样,边界条件分别为

$$\begin{cases} \boldsymbol{n} \times (\boldsymbol{H}_{e1} - \boldsymbol{H}_{e2}) = \boldsymbol{J}_{eS} \\ \boldsymbol{n} \times (\boldsymbol{E}_{e1} - \boldsymbol{E}_{e2}) = 0 \\ \boldsymbol{n} \cdot (\boldsymbol{B}_{e1} - \boldsymbol{B}_{e2}) = 0 \\ \boldsymbol{n} \cdot (\boldsymbol{D}_{e1} - \boldsymbol{D}_{e2}) = \rho_{eS} \end{cases} \tag{7-46}$$

和

$$\begin{cases} \boldsymbol{n} \times (\boldsymbol{H}_{m1} - \boldsymbol{H}_{m2}) = 0 \\ \boldsymbol{n} \times (\boldsymbol{E}_{m1} - \boldsymbol{E}_{m2}) = -\boldsymbol{J}_{mS} \\ \boldsymbol{n} \cdot (\boldsymbol{B}_{m1} - \boldsymbol{B}_{m2}) = \rho_{mS} \\ \boldsymbol{n} \cdot (\boldsymbol{D}_{m1} - \boldsymbol{D}_{m2}) = 0 \end{cases} \tag{7-47}$$

可见,式(7-44)与式(7-45)及式(7-46)与式(7-47)相互对偶,这表明由电荷、电流产生的场与由磁荷、磁流产生的场形式对称,其对偶量如表 7-2 所示。

表 7-2　电偶极子与磁偶极子的场量的对偶

电量	$\boldsymbol{H}_{\mathrm{e}}$	$\boldsymbol{E}_{\mathrm{e}}$	$-\boldsymbol{B}_{\mathrm{e}}$	$\boldsymbol{D}_{\mathrm{e}}$	ε	μ	ρ_{e}	$\boldsymbol{J}_{\mathrm{e}}$
磁量	$-\boldsymbol{E}_{\mathrm{m}}$	$\boldsymbol{H}_{\mathrm{m}}$	$\boldsymbol{D}_{\mathrm{m}}$	$\boldsymbol{B}_{\mathrm{m}}$	μ	ε	ρ_{m}	$\boldsymbol{J}_{\mathrm{m}}$

上述的对偶关系有几种，这里只是选取较简便的一种。对于对偶量，它们满足相似的麦克斯韦方程组和边界条件，具有同样形式的解。利用对偶关系来求解对偶量的场分布，称为电磁场的对偶原理，也称为电磁场的二重性原理。

解题点拨：如果有两个问题，第一个问题满足式(7-44)与式(7-46)，第二个问题满足式(7-45)与式(7-47)，则只要作对偶量的代换，即可由第一个问题的解得到第二个问题的解，反之亦然。

7.2.3　磁偶极子辐射

磁偶极子是一个很小的细圆环电流元。当电流环的周长 $2\pi a$ 远小于电磁波的波长 λ_0，即其半径 $a \ll \dfrac{\lambda_0}{2\pi} \approx \dfrac{\lambda_0}{6}$ 时，可认为流过圆环的时谐电流的振幅与相位处处相同，即电流均匀分布。磁偶极子也是一个基本辐射单元，称为磁基本振子。下面应用场的对偶原理可由电偶极子的场求得磁偶极子的场。

1. 磁偶极子辐射的电磁场

如图 7-8 所示，取电流圆环的中心为球坐标系的原点，并使 z 轴与电流圆环的轴线重合，根据时谐电偶极子电荷与电流间的关系 $I=\dfrac{\mathrm{d}Q}{\mathrm{d}t}=\mathrm{j}\omega Q$，可得电偶极子的偶极矩为

$$\boldsymbol{p}=Q\Delta \boldsymbol{l}=-\mathrm{j}\,\frac{I\Delta \boldsymbol{l}}{\omega} \tag{7-48}$$

同样，磁偶极子的偶极矩可表示为

$$\boldsymbol{p}_{\mathrm{m}}=\mu_0 I\boldsymbol{S}=Q_{\mathrm{m}}\Delta \boldsymbol{l}=-\mathrm{j}\,\frac{I_{\mathrm{m}}\Delta \boldsymbol{l}}{\omega} \tag{7-49}$$

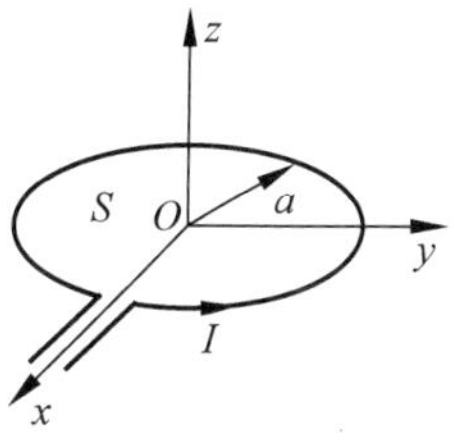

图 7-8　磁偶极子

式中，Q_{m} 和 I_{m} 分别为磁偶极子的磁荷及其对应的磁流，$S=\pi a^2$ 是圆环面积。需要指出，这里磁偶极矩的定义与稳恒磁场中的磁矩不同，故用 $\boldsymbol{p}_{\mathrm{m}}$ 表示。

按照场的对偶原理，电偶极子的电偶极矩 $\boldsymbol{p}$ 与磁偶极子的磁偶极矩 $\boldsymbol{p}_{\mathrm{m}}$ 对偶，即将 $-\mathrm{j}I\Delta l/\omega \leftrightarrow \mu_0 IS$ 或 $I\Delta l \leftrightarrow \mathrm{j}\omega\mu_0 IS$ 作对偶代换，则由电偶极子电磁场的表示式(7-21)和式(7-23)可求得磁偶极子电磁场的表示式分别为

$$\boldsymbol{E}=-\mathrm{j}\,\frac{\omega\mu_0 IS}{4\pi}k_0^2\sin\theta\left(\frac{\mathrm{j}}{k_0 r}+\frac{1}{k_0^2 r^2}\right)\mathrm{e}^{-\mathrm{j}k_0 r}\boldsymbol{e}_{\varphi} \tag{7-50}$$

和

$$\boldsymbol{H}=\mathrm{j}\,\frac{IS}{4\pi}k_0^3\left[2\cos\theta\left(\frac{1}{k_0^2 r^2}-\frac{\mathrm{j}}{k_0^3 r^3}\right)\boldsymbol{e}_r+\sin\theta\left(\frac{\mathrm{j}}{k_0 r}+\frac{1}{k_0^2 r^2}-\frac{\mathrm{j}}{k_0^3 r^3}\right)\boldsymbol{e}_{\theta}\right]\mathrm{e}^{-\mathrm{j}k_0 r} \tag{7-51}$$

可见，两种偶极子的电场与磁场恰好互换，但在空间上仍互相垂直。

磁偶极子的电磁场也可分为近区和远区来讨论。在近区,有 $k_0 r \ll 1$,则 $e^{-jk_0 r} \approx 1$,在上面两式中起主要作用的是分母含 $k_0 r$ 的高次项,略去其他项,同样可得近区的束缚电磁场。

2. 磁偶极子的远区辐射场

在远区,$k_0 r \gg 1$,在式(7-50)和式(7-51)中起主要作用的是分母含 $k_0 r$ 的一次项,其他项略去不计,考虑到 $\omega\mu_0 = \omega\sqrt{\varepsilon_0\mu_0}\sqrt{\mu_0/\varepsilon_0} = k_0 Z_0$ 和 $k_0 = 2\pi/\lambda_0$,于是可得磁偶极子的远区辐射场为

$$\boldsymbol{E} = \frac{\pi IS}{\lambda_0^2 r} Z_0 \sin\theta e^{-jk_0 r} \boldsymbol{e}_\varphi \tag{7-52}$$

和

$$\boldsymbol{H} = -\frac{\pi IS}{\lambda_0^2 r} \sin\theta e^{-jk_0 r} \boldsymbol{e}_\theta \tag{7-53}$$

由此可见,磁偶极子的远区辐射场也是沿径向 r 的 TEM 型非均匀球面行波,能流密度 $\boldsymbol{S}$ 沿 $\boldsymbol{e}_r$ 方向($\boldsymbol{E}$ 沿 $\boldsymbol{e}_\varphi$ 方向时 $\boldsymbol{H}$ 沿 $-\boldsymbol{e}_\theta$ 方向),电场与磁场同相位,二者的振幅比亦为波阻抗 Z_0;其场强方向图函数与电基本振子的相同,即 $F(\theta) = \sin\theta$。

3. 磁偶极子的电参数

由式(7-52)和式(7-53)可得磁偶极子辐射场的平均坡印亭矢量为

$$\bar{\boldsymbol{S}} = \mathrm{Re}\boldsymbol{E} \times \boldsymbol{H}^* = \frac{\pi^2 I^2 S^2}{\lambda_0^4 r^2} Z_0 \sin^2\theta \boldsymbol{e}_r \tag{7-54}$$

因此,磁偶极子天线的辐射功率和辐射电阻分别为

$$\begin{aligned} P_r &= \int_S \bar{\boldsymbol{S}} \cdot d\boldsymbol{S} = \int_0^\pi Z_0 \left(\frac{\pi IS}{\lambda_0^2 r}\right)^2 \sin^2\theta 2\pi r^2 \sin\theta d\theta \\ &= \frac{320\pi^4 I^2 S^2}{\lambda_0^4} \end{aligned} \tag{7-55}$$

和

$$R_r = \frac{P_r}{I^2} = \frac{320\pi^4 S^2}{\lambda_0^4} \tag{7-56}$$

可见,磁偶极子的辐射功率和辐射电阻与频率的四次方成正比,还与电流回路面积的平方成正比。由于磁基本振子的场强方向图函数与电基本振子的相同,所以,磁偶极子天线的最大方向性系数和主瓣宽度分别为

$$D_{\max} = 1.5 \tag{7-57}$$

和

$$2\theta_{0.5} = 90° \tag{7-58}$$

例 7.1 空气中有一长度 $l = 1\text{m}$ 的导线段,试计算在波源频率为 $f = 1\text{MHz}$ 时,该导线分别为直线与绕制成圆环形的辐射电阻。

解 由于天线在自由空间中辐射电磁波的波长为

$$\lambda_0 = \frac{c}{f} = \frac{3 \times 10^8}{10^6} = 300\text{m}$$

因此,导线长度 $l = 1\text{m} \ll \lambda_0$,可把这段直导线或圆环形导线分别看成电基本振子和磁基本振子。它们的辐射电阻分别为

$$R_{re}=80\pi^2\left(\frac{l}{\lambda_0}\right)^2=80\pi^2\left(\frac{1}{300}\right)^2=0.88\times10^{-2}\Omega=8.8\text{m}\Omega$$

$$R_{rm}=320\pi^4\left(\frac{S}{\lambda_0^2}\right)^2=320\pi^4\left(\frac{1}{4\pi\times300^2}\right)^2=2.44\times10^{-8}\Omega=24.4\text{n}\Omega$$

*7.2.4 使用MATLAB绘制天线方向图

方向图函数对于理解天线的辐射特性具有重要的意义。一般情况下,方向图函数是球坐标系下方位角的函数,即 $F(\theta,\varphi)$。在球坐标系下绘制方向图的时候,可以定义函数 $r=F(\theta,\varphi)$,这样,在空间对(r,θ,φ)进行描点,所得曲面即为方向图。

在二维情况下,可以使用 MATLAB 下的 polar(theta, r)函数进行方向图绘制。比如对电偶极子,$F(\theta)=\sin\theta$,可以定义函数 $r=F(\theta,\varphi)=\sin\theta$,然后在极坐标系下直接绘图即可。

```
theta = [ - pi:0.1:pi];                    % 定义 θ 的取值范围
r = abs(sin(theta));                       % 定义方向图函数
polar(theta,r);                            % 利用 polar 绘制曲线
```

图 7-9(a)就是利用 MATLAB 绘制的方向图。为了方便同学们观察,把绘制的图逆时针旋转了 90°。可见,这是一个典型的"8"字形图案。其他更为复杂的方向图,其绘制机理完全一致。

在三维情况下,可以使用 surf 函数来绘制立体的方向图,从而使方向图看起来更加真实、直观。图 7-9(b)就给出了电偶极子的立体方向图形式。具体的 MATLAB 代码如下,其核心是将球坐标系下的变量转换为直角坐标系下的变量,从而可以使用 surf 函数绘制曲面。

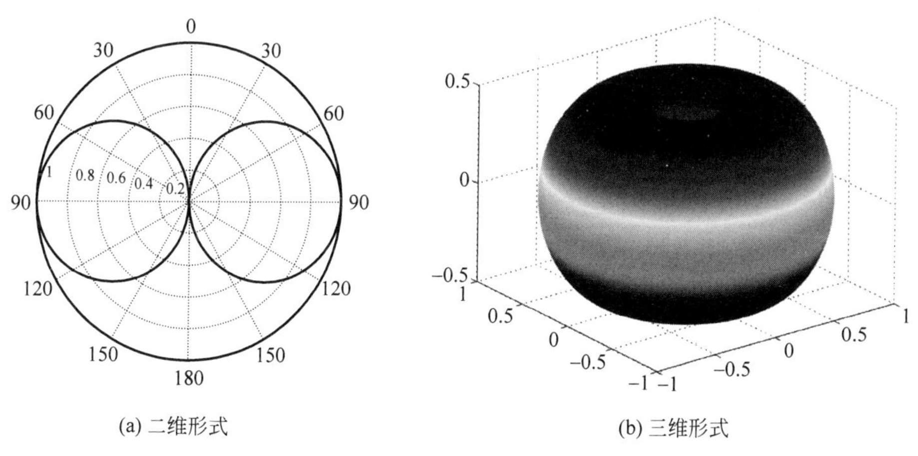

图 7-9 利用 MATLAB 绘制的电偶极子的方向图

```
clc; clear;                                % 清屏,清内存
theta = (0:pi/100:pi);                     % theta 向量定义
phi = 0:pi/100:2 * pi;                     % phi 向量定义
[Theta, Phi] = meshgrid(theta, phi);       % 定义网格
R = sin(Theta);                            % 计算方向图函数
x = R. * sin(Theta). * cos(Phi);           % 计算 x 坐标
```

```
y = R. * sin(Theta). * sin(Phi);          % 计算 y 坐标
z = R. * cos(Theta);                      % 计算 z 坐标
surf(x,y,z);                              % 绘制三维方向图
shading interp;                           % 颜色做插值
```

在后续章节中，大家还会遇到天线阵的阵因子，也可以用上述方法绘制。

7.3 振子天线

由于电偶极子的总辐射功率与$\left(\frac{\Delta l}{\lambda_0}\right)^2$成正比，而$\Delta l \ll \lambda_0$，故其辐射能力很弱。要提高辐射功率必须使天线长度增加到与波长同数量级。常用的是半波天线，其长度为半个波长，此天线上的电流分布是不均匀的。工程上常用近似方法，即将天线上的电流分布假定与均匀无耗传输线上的电流分布相同。如图 7-10 所示是在中点馈电的对称振子天线，它是由两根长短、粗细相同的导线置于同一轴线上构成，可以看成是将末端开路的均匀传输线张开而形成的，并近似地认为张开后的电流分布与张开前的相同。无耗开路长线电流沿线按正弦分布，所以认为对称振子上的电流也按正弦分布。

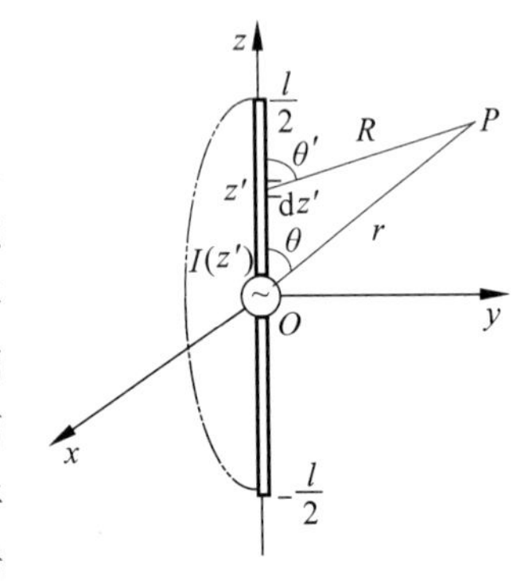

图 7-10 对称振子天线

7.3.1 对称半波振子天线

设振子中心位于坐标原点，其轴线与 z 轴重合，振子长度为 l，振子上的电流 I 沿 z 方向为正，因而矢量势仅有 z 分量。为了求得远区场，把振子当作是终端开路并展开成为平行双根传输线，沿振子上的电流分布与开路传输线上的电流分布相同，振子终端为电流波节，振子两臂对应点的电流大小相同，且对称于振子中心，振子上的电流按正弦分布，即

$$I(z') = I_m \sin\left(\frac{k_0 l}{2} - k_0 \mid z' \mid\right), \quad \mid z' \mid \leqslant \frac{l}{2} \tag{7-59}$$

式中，I_m 是电流的振幅，l 是振子的总长度。

对于半波振子天线，$l=\frac{\lambda_0}{2}$，$\frac{k_0 l}{2}=\frac{2\pi\lambda_0}{\lambda_0 4}=\frac{\pi}{2}$，则上式变为

$$I(z') = I_m \cos k_0 z', \quad \mid z' \mid \leqslant \frac{\lambda_0}{4} \tag{7-60}$$

对称半波振子天线上的电流分布恰是如图 7-10 所示的一个驻波。将上式代入式(7-18)，得其矢量势为

$$\boldsymbol{A} = \frac{\mu_0}{4\pi}\int_{-\frac{\lambda_0}{4}}^{\frac{\lambda_0}{4}} \frac{I_m \cos k_0 z'}{R} \mathrm{e}^{-\mathrm{j}k_0 R} \boldsymbol{e}_z \mathrm{d}z' \tag{7-61}$$

由于 $z' \ll r$，利用近似公式$(1+x)^\alpha \approx 1+\alpha x(|x|<1)$，在计算远区场时，远区任一点到振子元 $\mathrm{d}z'$的距离为

$$R = (r^2 + z'^2 - 2rz'\cos\theta)^{\frac{1}{2}} \approx r - z'\cos\theta$$

将式(7-61)分母中的R用r代替，但天线各部分到观察点P的距离差可达若干波长，故相位因子e^{-jk_0R}中的R用上式代替，则有

$$\boldsymbol{A}=\frac{\mu_0 I_m e^{-jk_0 r}}{4\pi r}\boldsymbol{e}_z\int_{-\frac{\lambda_0}{4}}^{\frac{\lambda_0}{4}}\cos k_0 z' e^{jk_0 z'\cos\theta}dz' \tag{7-62}$$

上式中的积分为

$$\begin{aligned}\int_{-\frac{\lambda_0}{4}}^{\frac{\lambda_0}{4}}\cos k_0 z' e^{jk_0 z'\cos\theta}dz' &=\int_{-\frac{\lambda_0}{4}}^{\frac{\lambda_0}{4}}\cos k_0 z'\left[\cos(k_0 z'\cos\theta)+j\sin(k_0 z'\cos\theta)\right]dz'\\ &=2\int_0^{\frac{\lambda_0}{4}}\cos k_0 z'\cos(k_0 z'\cos\theta)dz'\\ &=\int_0^{\frac{\lambda_0}{4}}\cos[k_0 z'(1+\cos\theta)]dz'+\int_0^{\frac{\lambda_0}{4}}\cos[k_0 z'(1-\cos\theta)]dz'\\ &=\frac{\cos\left(\frac{\pi}{2}\cos\theta\right)}{k_0}\left(\frac{1}{1+\cos\theta}+\frac{1}{1-\cos\theta}\right)=\frac{2\cos\left(\frac{\pi}{2}\cos\theta\right)}{k_0\sin^2\theta}\end{aligned}$$

于是，矢量势为

$$\boldsymbol{A}=\frac{\mu_0 I_m e^{-jk_0 r}}{2\pi k_0 r}\frac{\cos\left(\frac{\pi}{2}\cos\theta\right)}{\sin^2\theta}\boldsymbol{e}_z \tag{7-63}$$

考虑到$\boldsymbol{e}_z=\cos\theta\boldsymbol{e}_r-\sin\theta\boldsymbol{e}_\theta$，用与求电偶极子远区场相同的方法，可得对称半波振子天线的远区辐射场为

$$\begin{cases}\boldsymbol{E}=j\dfrac{I_m\cos\left(\frac{\pi}{2}\cos\theta\right)}{2\pi r\sin\theta}Z_0 e^{-jk_0 r}\boldsymbol{e}_\theta\\[2ex] \boldsymbol{H}=j\dfrac{I_m\cos\left(\frac{\pi}{2}\cos\theta\right)}{2\pi r\sin\theta}e^{-jk_0 r}\boldsymbol{e}_\varphi\end{cases} \tag{7-64}$$

可见，对称半波振子天线的远区辐射的电场与磁场在空间上仍相互垂直，在时间上同相位，其振幅比为波阻抗，亦是沿径向r传播的TEM型非均匀球面行波。

由式(7-64)可知，半波振子天线的远区辐射场的方向图函数为

$$F(\theta)=\frac{\cos\left(\frac{\pi}{2}\cos\theta\right)}{\sin\theta} \tag{7-65}$$

难点点拨：在推演过程中，又一次在近似时遇到了“厚此薄彼”的情况，即对于场强幅度的计算，使用比较粗略的近似；对于场强相位的计算，使用更加精细的近似值。由于天线大都工作在远区，因此，对于距离上的些许误差(如半个波长)，场强的幅度不会有大的变化；但对于相位来讲，结果将出现180°的反相，绝不可忽视。这就是实际中“抓大放小”的具体体现。通过这种区别操作，使得复杂的计算变得异常简单，且解析分析成为可能。在天线分析中，这是常见的情况。请读者一定要灵活掌握！

图 7-11 为半波振子天线的 E 面方向图,可见在垂直于振子轴的方向辐射最强,沿振子轴方向无能量辐射。与偶极子天线相比,半波振子天线的方向图更尖锐些。但最大辐射方向即主向角仍是 $\theta_m=90°$ 的方向。半波振子天线方向图改善的原因是天线各部分电流元辐射的电磁波到达 $\theta_m=90°$方向上远区的 P 点时,因路程相同而没有波程差,故同相叠加,使辐射加强;而在其他方向上则有波程差,电磁波不再是同相叠加,故辐射变弱。

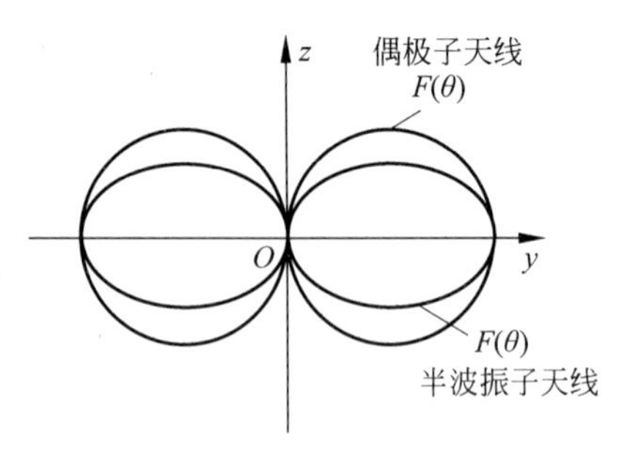

图 7-11 半波振子天线的方向图

由式(7-65)得 $\dfrac{\cos^2\left(\dfrac{\pi}{2}\cos\theta_h\right)}{\sin^2\theta_h}=\dfrac{1}{2}$,用数值方法求解,可得 $\theta_h=51°$,于是半波振子天线的主瓣宽度为

$$2\theta_{0.5}=78° \tag{7-66}$$

由式(7-64),可得半波振子天线辐射的平均能流密度矢量为

$$\begin{aligned}\bar{\boldsymbol{S}}&=\mathrm{Re}\,\frac{1}{2}\boldsymbol{E}\times\boldsymbol{H}^*=\frac{I_m^2}{8\pi^2r^2}Z_0\frac{\cos^2\left(\dfrac{\pi}{2}\cos\theta\right)}{\sin^2\theta}\boldsymbol{e}_r\\&=\frac{I^2}{4\pi^2r^2}120\pi\frac{\cos^2\left(\dfrac{\pi}{2}\cos\theta\right)}{\sin^2\theta}\boldsymbol{e}_r=\frac{30I^2}{\pi r^2}\frac{\cos^2\left(\dfrac{\pi}{2}\cos\theta\right)}{\sin^2\theta}\boldsymbol{e}_r\end{aligned} \tag{7-67}$$

答疑解惑:本章中统一用 I_m 表示电流的幅值,I 表示电流的有效值,因此有关系式 $I^2=\dfrac{1}{2}I_m^2$,后面任意长度振子天线的坡印亭矢量的时间平均值推导中亦用到此关系式。事实上,大家可以基于坡印亭矢量的计算公式(7-67),辐射电阻的表达式(7-70)等,通过观察系数有无 $\dfrac{1}{2}$ 来识别最大值和有效值。

因此,半波振子天线的总辐射功率为

$$P_r=\oint_S\bar{\boldsymbol{S}}\cdot\mathrm{d}\boldsymbol{S}=60I^2\int_0^{\pi}\frac{\cos^2\left(\dfrac{\pi}{2}\cos\theta\right)}{\sin\theta}\mathrm{d}\theta \tag{7-68}$$

经变量代换并数值积分,可得半波振子天线的总辐射功率为

$$P_r=73.13I^2 \tag{7-69}$$

因此,半波振子天线的辐射电阻为

$$R_r=\frac{P_r}{I^2}=73.13\Omega \tag{7-70}$$

难点点拨:式(7-69)和式(7-70)中的最终数值 $73.13I^2$ 和 73.13Ω 是基于后续的 7.3.3 小节中 MATLAB 在天线场计算中的应用,利用数值积分和计算特殊函数的值得到的结果。

可见，半波振子天线的辐射能力是相当强的。

半波振子天线的方向性系数为

$$D(\theta)=\frac{P_0}{P_r}=\frac{30I^2\cos^2\left(\frac{\pi}{2}\cos\theta\right)\cdot\frac{4\pi r^2}{\pi r^2\sin^2\theta}}{73.13I^2}$$

$$=1.64\frac{\cos^2\left(\frac{\pi}{2}\cos\theta\right)}{\sin^2\theta} \tag{7-71}$$

在最大辐射方向上的最大方向性系数为

$$D_{max}=1.64 \tag{7-72}$$

7.3.2 任意长度的振子天线

对于任意长度的振子天线，可由矢量势求得其辐射场，即用求半波振子辐射场的方法求得，这时振子上的电流可由式(7-59)表示；也可将振子分成很多小段，每段的长度元 dz' 作为电基本振子，则远区场可视为许多电基本振子所产生的远区辐射场的叠加来求得。天线上的任一电流元 $I(z')dz'$，在远区任一点 P 处所产生的电场可由式(7-26)来确定，并将 Δl 换为 dz'，r 换为 R，θ 换为 θ'，则有

$$dE_\theta=j\frac{I(z')dz'}{2\lambda_0R}Z_0\sin\theta' e^{-jk_0R} \tag{7-73}$$

上式分母中的 R 可用 r 代替，即 $R\approx r$，$\theta'\approx\theta$，而相位因子中的 R 则为 $R\approx r-z'\cos\theta$，并将式(7-59)代入上式，积分可得远区的辐射电场为

$$E_\theta=j\frac{I_m Z_0\sin\theta}{2\lambda_0 r}e^{-jk_0r}\int_{-\frac{l}{2}}^{\frac{l}{2}}\sin k_0\left(\frac{l}{2}-|z'|\right)e^{jk_0z'\cos\theta}dz' \tag{7-74}$$

上式中的积分为

$$\begin{aligned}
&\int_{-\frac{l}{2}}^{\frac{l}{2}}\sin k_0\left(\frac{l}{2}-|z'|\right)e^{jk_0z'\cos\theta}dz'\\
&=\int_{-\frac{l}{2}}^{\frac{l}{2}}\sin k_0\left(\frac{l}{2}-|z'|\right)[\cos(k_0z'\cos\theta)+j\sin(k_0z'\cos\theta)]dz'\\
&=2\int_0^{\frac{l}{2}}\sin k_0\left(\frac{l}{2}-|z'|\right)\cos(k_0z'\cos\theta)dz'\\
&=\int_0^{\frac{l}{2}}\sin k_0\left[(\cos\theta-1)z'+\frac{l}{2}\right]dz'-\int_0^{\frac{l}{2}}\sin k_0\left[(\cos\theta+1)z'-\frac{l}{2}\right]dz'\\
&=\frac{1}{k_0}\left[\cos\left(\frac{k_0l}{2}\cos\theta\right)-\cos\frac{k_0l}{2}\right]\left(\frac{1}{1-\cos\theta}+\frac{1}{1+\cos\theta}\right)\\
&=\frac{2\left[\cos\left(\frac{k_0l}{2}\cos\theta\right)-\cos\frac{k_0l}{2}\right]}{k_0\sin^2\theta}
\end{aligned}$$

考虑到 $k_0=\frac{2\pi}{\lambda_0}$，将上面的积分结果代入式(7-74)，故得

$$E_\theta=j\frac{I_mZ_0}{2\pi r}\frac{\cos\left(\frac{k_0l}{2}\cos\theta\right)-\cos\frac{k_0l}{2}}{\sin\theta}e^{-jk_0r}$$

$$=\mathrm{j}\,\frac{60I_{\mathrm{m}}}{r}\,\frac{\cos\left(\dfrac{k_0 l}{2}\cos\theta\right)-\cos\dfrac{k_0 l}{2}}{\sin\theta}\mathrm{e}^{-\mathrm{j}k_0 r} \tag{7-75}$$

同理可得

$$H_{\varphi}=\mathrm{j}\,\frac{I_{\mathrm{m}}}{2\pi r}\,\frac{\cos\left(\dfrac{k_0 l}{2}\cos\theta\right)-\cos\dfrac{k_0 l}{2}}{\sin\theta}\mathrm{e}^{-\mathrm{j}k_0 r} \tag{7-76}$$

由此可见,远区辐射场的方向图函数为

$$F(\theta)=\frac{\cos\left(\dfrac{k_0 l}{2}\cos\theta\right)-\cos\dfrac{k_0 l}{2}}{\sin\theta} \tag{7-77}$$

图 7-12 是几种不同长度的振子天线的方向图。当振子长度增至一个波长时,即全波天线,如图 7-12(a)所示,其方向性变得明显尖锐了(主瓣宽度约为 47°),这是由于元振子数目增加,而每一个元振子都具有一定方向性而叠加的结果,但全波振子的输入阻抗很大(即馈电点电流很小),且随频率变化较剧烈,很难与馈线匹配。而当振子总长度增为 $1.25\lambda_0$ 时,由于振子上的电流分布改变,即在振子的 $\lambda_0/5$ 长度上的电流与其余部分电流的符号相反,使之在 H 平面上的辐射由于部分抵消而减弱,因此其方向图出现旁瓣,如图 7-12(b)所示。若再继续增加振子长度,具有异号电流的振子段也随之增加,使 H 平面上的辐射继续减小,从而旁瓣增大,其最大值也向振子轴靠近。在振子总长度为 $2\lambda_0$ 时,振子上电流异号的线段长度相同,H 平面上的辐射完全抵消,成为图 7-12(c)所示形状。由此可见,综合考虑不同对称振子的辐射性能和便于使用,以半波对称振子为宜,因此,它在工程上得到了广泛的应用。

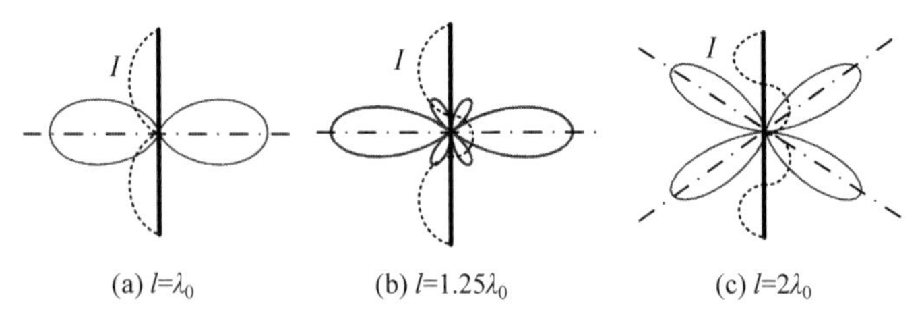

图 7-12 不同长度振子天线的辐射方向图

任意长度振子辐射场的平均能流密度矢量为

$$\bar{\boldsymbol{S}}=\mathrm{Re}\,\frac{1}{2}\boldsymbol{E}\times\boldsymbol{H}^{*}=\frac{30I_{\mathrm{m}}^{2}}{2\pi r^{2}}\,\frac{\left[\cos\left(\dfrac{k_0 l}{2}\cos\theta\right)-\cos\dfrac{k_0 l}{2}\right]^{2}}{\sin^{2}\theta}\boldsymbol{e}_r$$

$$=\frac{30I^{2}}{\pi r^{2}}\,\frac{\left[\cos\left(\dfrac{k_0 l}{2}\cos\theta\right)-\cos\dfrac{k_0 l}{2}\right]^{2}}{\sin^{2}\theta}\boldsymbol{e}_r \tag{7-78}$$

于是,任意长度振子天线的总辐射功率为

$$P_{\mathrm{r}}=\oint_S\bar{\boldsymbol{S}}\cdot\mathrm{d}\boldsymbol{S}=60I^{2}\int_0^{\pi}\frac{\left[\cos\left(\dfrac{k_0 l}{2}\cos\theta\right)-\cos\dfrac{k_0 l}{2}\right]^{2}}{\sin\theta}\mathrm{d}\theta=I^{2}R_{\mathrm{r}} \tag{7-79}$$

因此,任意长度的振子天线的辐射电阻为

$$R_r = \frac{P_r}{I^2} = 60\int_0^{\pi} \frac{\left[\cos\left(\frac{k_0 l}{2}\cos\theta\right) - \cos\frac{k_0 l}{2}\right]^2}{\sin\theta}\mathrm{d}\theta \tag{7-80}$$

由式(7-78)可求得任意长度振子天线的方向性系数为

$$D(\theta) = \frac{\frac{30I^2}{\pi r^2}\frac{\left[\cos\left(\frac{k_0 l}{2}\cos\theta\right) - \cos\frac{k_0 l}{2}\right]^2}{\sin^2\theta}4\pi r^2}{I^2 R_r}$$

$$= \frac{120}{R_r}\frac{\left[\cos\left(\frac{k_0 l}{2}\cos\theta\right) - \cos\frac{k_0 l}{2}\right]^2}{\sin^2\theta} \tag{7-81}$$

例 7.2　一半波振子天线的电流振幅为1A，试求距离天线1.5km处的最大电场强度。

解　半波振子天线的电场强度为

$$\boldsymbol{E}_\theta = \frac{\mathrm{j}60I_m \mathrm{e}^{-\mathrm{j}k_0 r}}{r}\cdot\frac{\cos\left(\frac{\pi}{2}\cos\theta\right)}{\sin\theta}\boldsymbol{e}_\theta$$

当$\theta=\frac{\pi}{2}$时，电场强度取最大值，其幅值为

$$|E_{\max}| = \frac{60I_m}{r_0} = \frac{60}{1500} = 40\ \mathrm{mV/m}$$

*7.3.3　MATLAB在天线场计算中的应用

从振子天线的分析中可以看出，尽管有一整套理论框架作为支撑，但一般情况下，对于天线的分析是繁杂、冗长的，很多时候需要借助数值计算工具才能得到结果。

1. 方程求根

在半波振子一节，计算其半功率点和主瓣宽度的过程中，由式(7-65)可得

$$\frac{\cos^2\left(\frac{\pi}{2}\cos\theta_h\right)}{\sin^2\theta_h} = \frac{1}{2}\quad 或\quad \frac{\cos\left(\frac{\pi}{2}\cos\theta_h\right)}{\sin\theta_h} = \frac{\sqrt{2}}{2}$$

其中，θ_h是半功率点所对应的极角。需要对上述方程进行求解，得到满足上述方程的根，才可以计算出主瓣宽度等参数。求根是科学研究中经常出现的情形，MATLAB中专门有fzero(fun,x0)函数可以对函数"fun"在x_0附近进行根的求解，十分方便。其中x_0是大致估计的根，在本题目中，可以设置为$\frac{\pi}{2}$附近的任意一个常数即可。

```
f = inline('cos(pi/2 * cos(theta))./sin(theta) - 2^( - 0.5)');
% 定义函数 f(θ) = cos(π/2 cosθh)/sinθh - √2/2
theta = fzero(f,pi/2) * 180/pi;          % 求根,并将其转换为度数,θh = 50.9611
(90 - theta) * 2;                        % 将半功率点对应的极角转换为主瓣宽度,即 78.0777
```

MATLAB给出的数值解为78.0777°。这就是前面引用的数据。

2. 数值积分

在分析计算半波振子的辐射功率时，需要对下面的函数进行积分。由于没有解析公式，

只能借助于 MATLAB 进行数值计算。函数如下：

$$P_r=\oint_S \bar{\boldsymbol{S}}\cdot \mathrm{d}\boldsymbol{S}=60I^2\int_0^{\pi}\frac{\cos^2\left(\dfrac{\pi}{2}\cos\theta\right)}{\sin\theta}\mathrm{d}\theta$$

在 MATLAB 中，可以借助 quadl(fun,a,b)对函数“fun”在区间[a,b]上进行积分，如下：

```
f = inline('cos(pi/2 * cos(theta)).^2./sin(theta)');        % 定义被积函数
quadl(f,0,pi);                                              % 在区间[0,π]上进行积分
```

MATLAB 得到的数值积分结果为：1.2188。代入上式，即可得到辐射功率为 $73.13I^2$。

3. 计算特殊函数的值

在半波振子和任意长度振子天线的推演中遇到了下面的积分，并且用数值积分的方法，得到了半波振子的辐射功率和辐射电阻。事实上，该积分可以用所谓的正弦和余弦积分表示出来，如下：

$$\begin{aligned}R_r&=\frac{P_r}{I^2}=60\int_0^{\pi}\frac{\left[\cos\left(\dfrac{k_0l}{2}\cos\theta\right)-\cos\dfrac{k_0l}{2}\right]^2}{\sin\theta}\mathrm{d}\theta\\&=30\left\{2[\ln\gamma+\ln(k_0l)-\mathrm{Ci}(k_0l)]+\sin(k_0l)[\mathrm{Si}(2k_0l)-2\mathrm{Si}(k_0l)]+\right.\\&\qquad\left.\cos(k_0l)\left[\ln\gamma+\ln\frac{k_0l}{2}+\mathrm{Ci}(2k_0l)-2\mathrm{Ci}(k_0l)\right]\right\}\end{aligned}$$

上式称为巴拉金(Ballantine)公式，其中，$\gamma=1.718\cdots$称为欧拉常数；

$\mathrm{Si}(x)=\int_0^x\frac{\sin v}{v}\mathrm{d}v=\sum_{n=0}^{\infty}(-1)^n\frac{x^{2n+1}}{(2n+1)!\ (2n+1)}$ 称为正弦积分；

$\mathrm{Ci}(x)=-\int_x^{\infty}\frac{\cos v}{v}\mathrm{d}v=\gamma+\ln x+\sum_{n=1}^{\infty}(-1)^n\frac{x^{2n}}{(2n)!\ (2n)}$ 称为余弦积分。

这些积分，数学上看起来很复杂。但正如本书一直所强调的，任何特殊函数都“不特殊”。事实上，这些函数在 MATLAB 下是作为内置函数且可以直接调用的，十分方便。下面短短几条语句，就可以计算这两个函数的数值，并且绘制出相应的曲线，如图 7-13 所示。

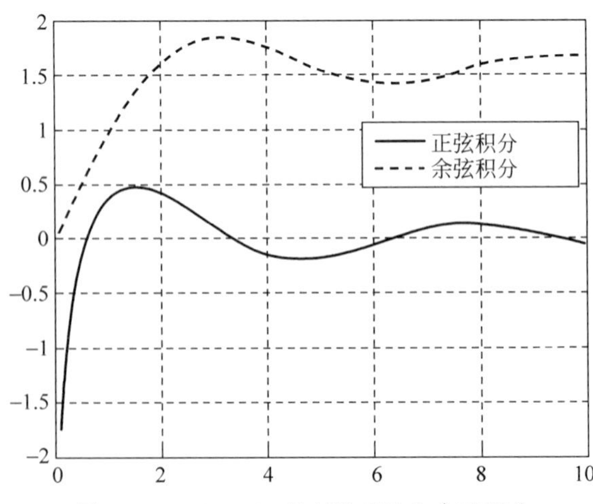

图 7-13　MATLAB 绘制的正弦和余弦积分

```
x = linspace(0,10,100);                %定义 x 的取值范围
y = cosint(x);                         %计算余弦积分
y1 = sinint(x);                        %计算正弦积分
plot(x,y,x,y1);                        %绘制两条曲线
```

如果利用巴拉金公式，对于半波振子有

$$R_r = 30[\ln 2\pi\gamma - \mathrm{Ci}(2\pi)] \approx 73.13\Omega$$

于是，辐射功率为 $P_r = I^2 R_r = 73.13I^2$，这也能够与前面结果符合上。

7.4 天线阵

若干个辐射单元按一定规律排列起来所构成的天线系统，称为天线阵。组成天线阵的辐射单元称为阵元，阵元可以是任何类型的单一天线，也可以本身就是一个小型天线阵。天线阵按其单元天线的排列方式可分为直线阵、平面阵和立体阵。立体阵可以从平面阵推广得到，平面阵可以从直线阵推广得到，而直线阵可由二元阵推广得到。因此，二元阵是天线阵的基础。

7.4.1 二元阵

设有两个结构及排列取向都相同但馈电可能不同的天线元，排列如图 7-14 所示。两天线间的距离为 d，至观测点 P 的距离分别为 r_0 和 r_1。本着“抓大放小”的思路，由于 P 点很远，r_0 和 r_1 可视为平行，且在计算距离时，近似有 $r_0 \approx r_1$；但计算相位时，取 $r_1 = r_0 - d\cos\varphi$。设两天线电流的大小和相位分别为

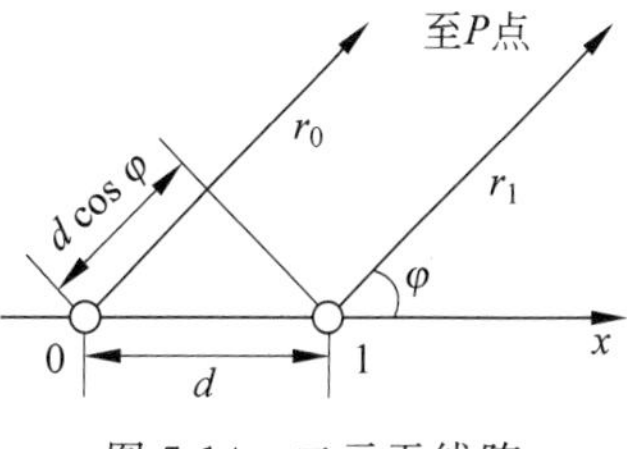

图 7-14 二元天线阵

$$\begin{cases} \dot{I}_0 = I_0 e^{j\varphi_0} \\ \dot{I}_1 = I_1 e^{j\varphi_1} = mI_0 e^{j(\varphi_0 - \xi)} = m\dot{I}_0 e^{-j\xi} \end{cases} \tag{7-82}$$

式中，m 是两电流的振幅比，即 $m = I_1/I_0$。$m=1$ 为等幅二元阵，否则为不等幅二元阵。ξ 是两电流的相位差，即天线 1 上电流的相位滞后于天线 0 上电流的相位。天线 1 的辐射波到达远区 P 点时较天线 0 的辐射波超前的相位为

$$\psi = k_0 d\cos\varphi - \xi \tag{7-83}$$

其中，第一项是由两天线的辐射波到达远区 P 点时的波程差所引起，第二项是由于两天线上电流的相位差所引起。

由于线天线所辐射的电场强度与电流成正比，如果天线 0 在远区 P 点所产生的场强为 $\boldsymbol{E}_0$，则天线 1 在 P 点处所产生的场强应为

$$\boldsymbol{E}_1 = m\boldsymbol{E}_0 e^{j\psi} \tag{7-84}$$

于是，两天线在远区 P 点所产生的合成场强为

$$\boldsymbol{E} = \boldsymbol{E}_0 + \boldsymbol{E}_1 = \boldsymbol{E}_0(1 + me^{j\psi}) \tag{7-85}$$

上式是由两部分相乘求得的，第一个因子 $\boldsymbol{E}_0$ 是天线 0 单独在 P 点所产生的场强，它是由天线 0 的类型（电流分布及振子类型）决定的，称为天线阵方向图函数的单元因子，以 $f_0(\theta,\varphi)$ 表示，第二个因子 $(1+me^{j\psi})$ 则决定于两天线间电流的比值、两电流的相位差以及它们间的相对位置，与天线的类型无关，称为阵因子，以 $f_a(\theta,\varphi)$ 表示。因此，相同类型天线构成的天线阵，其方向图函数是单个天线的方向图函数乘以阵因子。一般地，天线阵的方向

图函数可表示为

$$F(\theta,\varphi)=f_0(\theta,\varphi)\cdot f_a(\theta,\varphi) \tag{7-86}$$

这称为方向图乘积定理。它不仅适用于取向一致的同类型单元天线所组成的二元阵，对任意由 N 个取向相同、同类型单元天线所组成的天线阵也是普遍适用的。

式(7-85)中小括号内的因子，即 $1+m\mathrm{e}^{\mathrm{j}\psi}$，就是二元阵的阵因子。当单元天线是全向天线时(也就是 $f_0(\theta,\varphi)=1$)，阵因子就是天线阵的方向图函数。图 7-15 给出了不同情况下几种二元阵的阵因子。这些曲线也都是在 MATLAB 下利用 polar 函数绘制得到的，感兴趣的读者可以尝试一下。

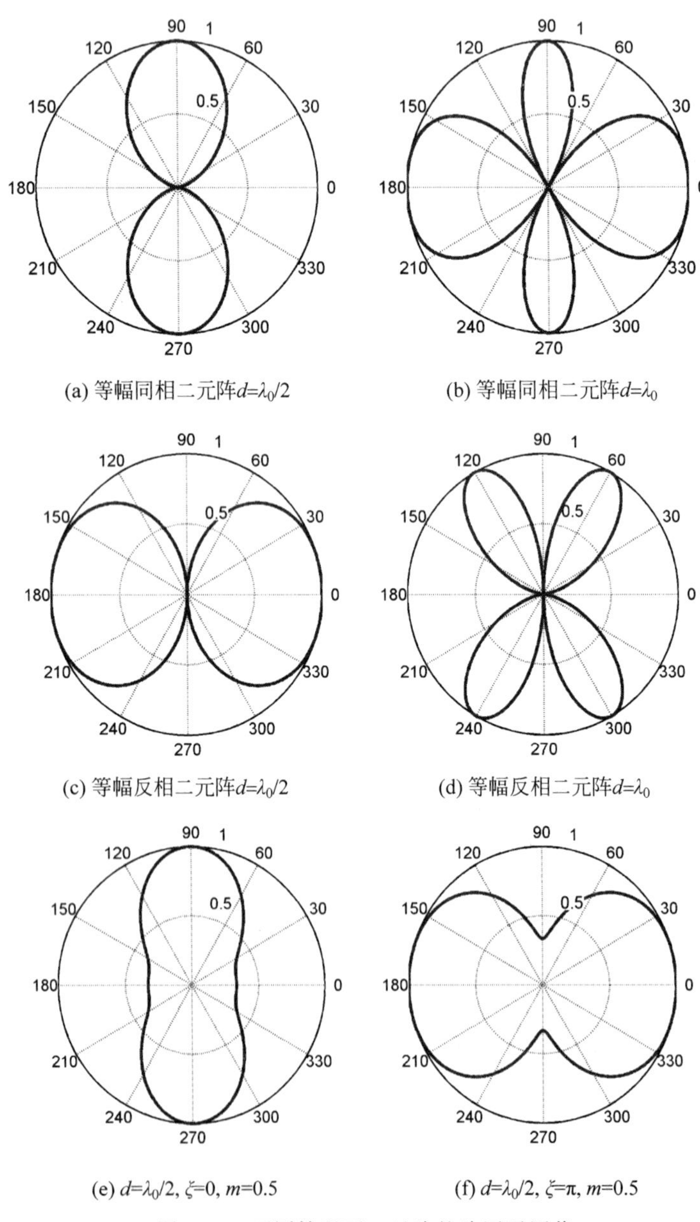

(a) 等幅同相二元阵 $d=\lambda_0/2$

(b) 等幅同相二元阵 $d=\lambda_0$

(c) 等幅反相二元阵 $d=\lambda_0/2$

(d) 等幅反相二元阵 $d=\lambda_0$

(e) $d=\lambda_0/2$, $\xi=0$, $m=0.5$

(f) $d=\lambda_0/2$, $\xi=\pi$, $m=0.5$

图 7-15 不同情况下二元阵的阵因子图像

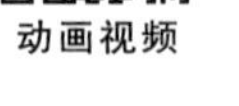

动画视频

7.4.2 均匀直线式天线阵

图 7-16 是 N 元均匀直线式天线阵，其单元天线以相同取向、相等间距排列在一条直线上，且它们的电流大小相等，相位则以均匀比例递增或递减(如沿 x 方向相邻两单元天线递减的相位差为 ξ)，则天线 1 在远区 P 点处的辐射波较天线 0 的辐射波超前的相位是

$$\psi_1 = k_0 d\cos\varphi - \xi$$

天线 2 在远区 P 点处的辐射波较天线 0 的辐射波超前的相位为

$$\psi_2 = 2(k_0 d\cos\varphi - \xi) = 2\psi_1$$

天线 3 在远区 P 点处的辐射波较天线 0 的辐射波超前的相位为

$$\psi_3 = 3(k_0 d\cos\varphi - \xi) = 3\psi_1$$

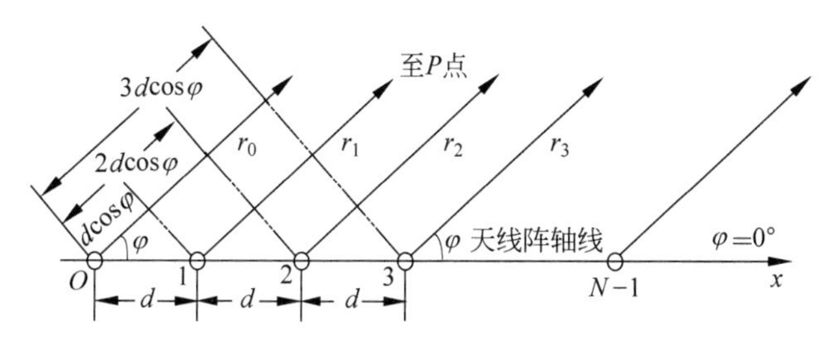

图 7-16 N 元均匀直线式天线阵

依此类推，可得远区 P 点处的合成辐射场为

$$\begin{aligned}\boldsymbol{E} &= \boldsymbol{E}_0 + \boldsymbol{E}_1 + \boldsymbol{E}_2 + \cdots + \boldsymbol{E}_{N-1} \\ &= \boldsymbol{E}_0(1 + \mathrm{e}^{\mathrm{j}\psi} + \mathrm{e}^{\mathrm{j}2\psi} + \cdots + \mathrm{e}^{\mathrm{j}(N-1)\psi})\end{aligned} \tag{7-87}$$

式中，

$$\psi = \psi_1 = k_0 d\cos\varphi - \xi \tag{7-88}$$

利用等比级数的求和公式，则远区的合成场强为

$$\begin{aligned}\boldsymbol{E} &= \boldsymbol{E}_0\,\frac{1-\mathrm{e}^{\mathrm{j}N\psi}}{1-\mathrm{e}^{\mathrm{j}\psi}} = \boldsymbol{E}_0\,\frac{\mathrm{e}^{\mathrm{j}\frac{N}{2}\psi}\left(\mathrm{e}^{-\mathrm{j}\frac{N}{2}\psi}-\mathrm{e}^{\mathrm{j}\frac{N}{2}\psi}\right)}{\mathrm{e}^{\mathrm{j}\frac{\psi}{2}}\left(\mathrm{e}^{-\mathrm{j}\frac{\psi}{2}}-\mathrm{e}^{\mathrm{j}\frac{\psi}{2}}\right)} = \boldsymbol{E}_0\,\frac{\sin\dfrac{N\psi}{2}}{\sin\dfrac{\psi}{2}}\mathrm{e}^{\mathrm{j}\frac{N-1}{2}\psi} \\ &= \boldsymbol{E}_{0\max} f_0(\theta,\varphi) f_{\mathrm{a}}(\psi)\mathrm{e}^{-\mathrm{j}\left(k_0 r-\frac{N-1}{2}\psi\right)}\end{aligned} \tag{7-89}$$

式中，$\boldsymbol{E}_{0\max}$ 是单元天线的振幅最大值矢量，$f_0(\theta,\varphi)$ 是它的方向图函数，$\mathrm{e}^{-\mathrm{j}\left(k_0 r-\frac{N-1}{2}\psi\right)}$ 是 N 元均匀直线式天线阵的相位因子，而

$$f_{\mathrm{a}}(\psi) = \frac{\sin\dfrac{N\psi}{2}}{\sin\dfrac{\psi}{2}} \tag{7-90}$$

称为均匀直线式天线阵的阵因子，它为最大值的条件可由 $\dfrac{\mathrm{d}f_{\mathrm{a}}(\psi)}{\mathrm{d}\psi}=0$ 求得，则

$$\frac{N}{2}\cos\frac{N\psi}{2}\sin\frac{\psi}{2} = \frac{1}{2}\cos\frac{\psi}{2}\sin\frac{N\psi}{2}$$

故得

$$\tan\frac{N\psi}{2}=N\tan\frac{\psi}{2} \tag{7-91}$$

式(7-91)仅当 $\psi=0$ 时成立，故阵因子出现最大值的条件为

$$\psi=k_0 d\cos\varphi_{\mathrm{m}}-\xi=0 \tag{7-92}$$

因此，均匀直线式天线阵的最大辐射条件可写为

$$\cos\varphi_{\mathrm{m}}=\frac{\xi}{k_0 d} \tag{7-93}$$

式中，φ_{m} 是天线阵有最大辐射的方向角即最大辐射方向。阵因子的最大值为

$$\lim_{\psi\to 0}f_{\mathrm{a}}(\psi)=\lim_{\psi\to 0}\frac{\sin\dfrac{N\psi}{2}}{\sin\dfrac{\psi}{2}}=N \tag{7-94}$$

这表明 N 元直线式天线阵在 $\psi=0$ 时有最大辐射，因为在这个方向上各单元天线的辐射场同相叠加。此时天线阵的总辐射场为单元天线辐射场的 N 倍，而最大辐射方向 φ_{m} 取决于相邻两单元天线间的相位差 ξ、间距 d 和工作波长 λ_0 或工作频率 f。改变相邻两天线间的相位差 ξ，可改变天线阵的最大辐射方向，这就是相控阵天线的基本原理。

为了比较不同天线阵的方向性，定义

$$\overline{f_{\mathrm{a}}}(\psi)=\frac{f_{\mathrm{a}}(\psi)}{N}=\frac{\sin\dfrac{N\psi}{2}}{N\sin\dfrac{\psi}{2}} \tag{7-95}$$

为归一化阵因子。它的方向图与原来的方向图完全一样，只是缩小为原来的 $\frac{1}{N}$，其最大值为 1。

1. 侧射式天线阵

当 $\xi=0$ 时，均匀直线式天线阵的各单元天线同相，称为等幅同相直线阵，有 $\psi=k_0 d\cos\varphi$。因此，等幅同相直线式天线阵的阵因子为

$$f_{\mathrm{a}}(\psi)=\frac{\sin\left(\dfrac{N}{2}k_0 d\cos\varphi\right)}{\sin\left(\dfrac{1}{2}k_0 d\cos\varphi\right)} \tag{7-96}$$

由最大辐射条件 $\psi=k_0 d\cos\varphi_{\mathrm{m}}=0$，得

$$\varphi_{\mathrm{m}}=(2n-1)\frac{\pi}{2}\quad(n=1,2,3,\cdots) \tag{7-97}$$

可见，在 $\varphi_{\mathrm{m}}=\frac{\pi}{2}$ 和 $\frac{3\pi}{2}$ 的方向，即在与直线式天线阵轴线垂直的方向，天线阵有最大的辐射。由于等幅同相直线式天线阵两侧有最大辐射，故也称为侧射式天线阵。图 7-17 示出了按式(7-96)作出的四元侧射式天线阵的方向图。由图可见，增加振子的数目可使天线阵的方向图的主瓣非常尖锐，天线阵的定向辐射能力大大增强，但也出现了不希望有的副瓣或旁瓣，使辐射功率分散，用作接收天线时会在副瓣方向上接收到外界干扰信号。

通常用主瓣宽度来衡量天线阵方向性的强弱。它是在最大辐射方向的两侧出现第一个零辐射或最小辐射方向之间的夹角 $2\varphi_0$。这样定义的主瓣宽度称为零值主瓣宽度，也称主瓣张角，它与第 7.1 节中定义的半功率值主瓣宽度 $2\varphi_{0.5}$ 不同。由式(7-96)可知，当

$$\frac{N}{2}k_0 d\cos\varphi = m\pi \quad (m=\pm 1, \pm 2, \cdots)$$

时，$f_a(\psi)=0$，即沿这些方向的辐射为零。由图 7-17 可见，主瓣旁出现第一个零值辐射的方向为 $\varphi=\varphi_1=\frac{\pi}{2}-\varphi_0$，这时 $m=1$，则有

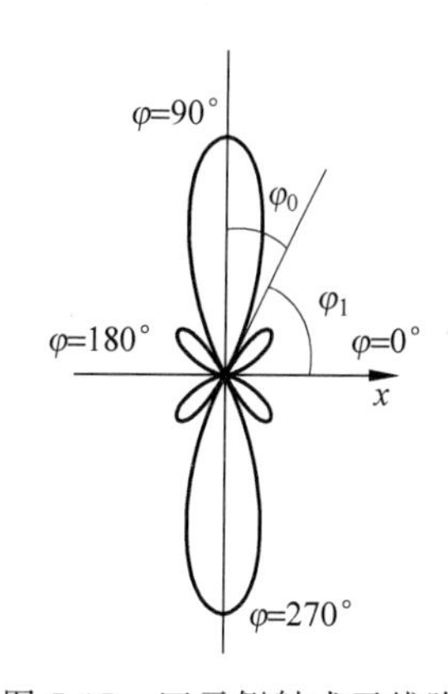

图 7-17　四元侧射式天线阵的方向图

$$\frac{N}{2}k_0 d\cos\left(\frac{\pi}{2}-\varphi_0\right) = \frac{N}{2}k_0 d\sin\varphi_0 = \pi$$

即

$$\sin\varphi_0 = \frac{2\pi}{Nk_0 d} = \frac{\lambda_0}{Nd}$$

因此，侧射式天线阵的零值主瓣宽度为

$$2\varphi_0 = 2\arcsin\frac{\lambda_0}{Nd}$$

可见，只有当 $Nd \gg \lambda_0$ 时，才可能获得很强的定向辐射，此时因为有 $\sin\varphi_0 \approx \varphi_0$，故零值主瓣宽度也可近似表示为

$$2\varphi_0 \approx \frac{2\lambda_0}{Nd}$$

因此，零值主瓣宽度 $2\varphi_0$ 与天线阵的长度 $L=Nd$ 成反比，增加天线阵的长度可以减小零值主瓣宽度。另外，工作频率 f 越高，工作波长 λ_0 越短，天线阵的方向性越好。

2. 端射式天线阵

当 $\xi=k_0 d$ 时，$\varphi_m=0$。最大辐射方向在天线阵的轴线方向，且指向天线阵中各单元天线上的电流相位滞后的方向。因此，这种 $\xi=k_0 d$ 的均匀直线式天线阵又称为端射式天线阵。

在端射式天线阵中，各单元天线上电流的相位应依次滞后一个角度 ξ，这个角度 ξ 在数值上等于相邻两单元天线之间的距离在 $\varphi=0°$方向上所引起的相位差 $k_0 d$。当 $\xi=k_0 d$ 时，两相邻单元天线所产生的场在 $\varphi=0°$方向上的波程所引起的相位差 $k_0 d$ 正好与它们自身电流的相位差 $\xi=k_0 d$ 相补偿，从而使得在 $\varphi=0°$方向上所有单元天线产生的场同相叠加而达到最大值。

端射式等幅直线阵的归一化阵因子为

$$\overline{f_a}(\varphi) = \frac{\sin\left[\frac{Nk_0 d}{2}(\cos\varphi - 1)\right]}{N\sin\left[\frac{k_0 d}{2}(\cos\varphi - 1)\right]} \tag{7-98}$$

图 7-18(a)是两相邻天线的间距 $d=\frac{\lambda_0}{4}$、$\xi=k_0 d=\frac{\pi}{2}$ 的八元等幅端射式直线阵的方向图。显然，这种普通端射阵，其主瓣较宽，不能给出最大方向性系数。由方向性系数的计算表明，端射阵最大方向性系数的条件是 $\varphi=0°$ 时，$\psi=-\frac{\pi}{N}$，将其代入式(7-88)可得所需 ξ 值为

$$\xi=k_0 d+\frac{\pi}{N}$$

如果各单元天线的馈电满足此相位条件，则称为强方向性端射阵。此时有

$$\psi=k_0 d(\cos\varphi-1)-\frac{\pi}{N}$$

因此，强方向性端射阵的阵因子为

$$f_{\mathrm{a}}(\varphi)=\frac{\sin\left\{\frac{N}{2}\left[k_0 d(\cos\varphi-1)-\frac{\pi}{N}\right]\right\}}{\sin\left\{\frac{1}{2}\left[k_0 d(\cos\varphi-1)-\frac{\pi}{N}\right]\right\}}$$

图 7-18(b)是两相邻天线的间距 $d=\frac{\lambda_0}{4}$ 而 $\xi=k_0 d+\frac{\pi}{10}=108°$ 的强方向性十元等幅端射式直线阵的方向图，它比一般端射阵的方向性好。

根据以上讨论可知，通过改变直线阵两相邻天线之间的相位差，可使主瓣的方向不断变化，可由侧射($\varphi_{\mathrm{m}}=\pi/2$)扫描到端射($\varphi_{\mathrm{m}}=0$)。这就是相控天线阵的优势和特点，并且在实际工作中得到了广泛应用。

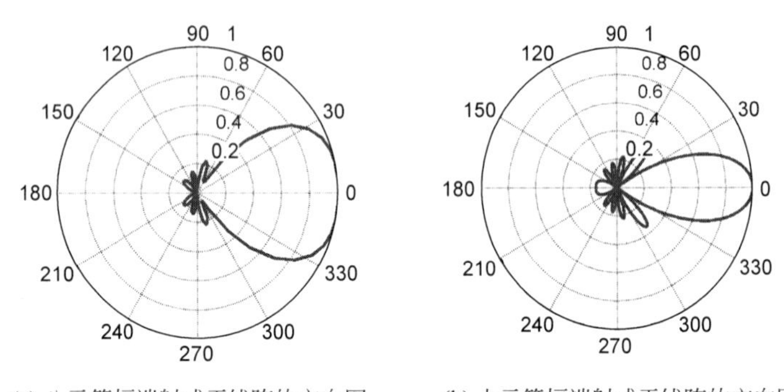

(a) 八元等幅端射式天线阵的方向图　　(b) 十元等幅端射式天线阵的方向图

图 7-18　两个端射阵的方向图

难点点拨：在分析均匀直线式天线阵的时候，应该特别注意方位角 φ 的定义，即场点方向与各单元天线馈电相位递减方向的夹角，否则计算时公式中会出现正弦和余弦的差异。实际上，只要大家理解了“同相叠加”的原理，无论出现何种情况，都可以应对，绝对不能机械地记忆公式。

7.4.3 均匀平面天线阵

均匀平面天线阵如图7-19所示，设沿x方向和y方向分别有M与N个结构和取向相同、电流振幅相等的单元天线，馈电电流的相位沿x、y方向依次递减，分别为ξ_x和ξ_y，而且两相邻单元天线的间距分别为d_x与d_y。

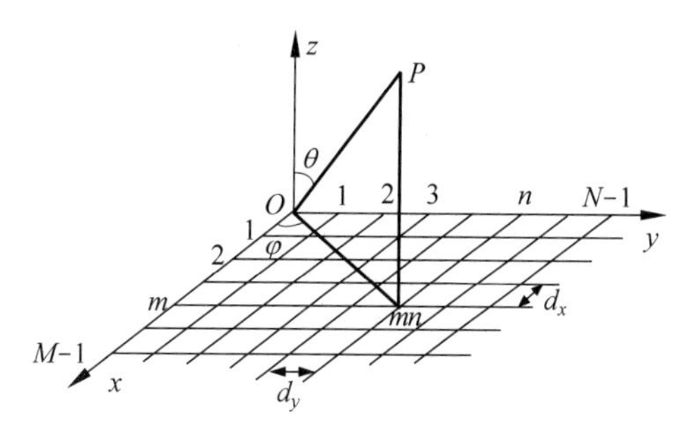

图7-19 均匀平面天线阵

此平面阵可视为以N元均匀直线阵为“新阵元”，共有M个这样的新阵元在x轴上排列，组成一个(以N元均匀直线阵为阵元的)M元均匀直线阵。由前面关于N元均匀直线阵的结论可知，该N元均匀直线阵的阵因子为

$$f_{ay}(\theta,\varphi)=\frac{\sin\left[\frac{N}{2}(k_0d_y\sin\theta\sin\varphi-\xi_y)\right]}{\sin\left[\frac{1}{2}(k_0d_y\sin\theta\sin\varphi-\xi_y)\right]}=\frac{\sin\left(\frac{N}{2}\psi_y\right)}{\sin\frac{\psi_y}{2}} \tag{7-99}$$

式中，定义$\psi_y=k_0d_y\sin\theta\sin\varphi-\xi_y$，第一项是由沿$y$方向相邻两天线的辐射波到达远区$P$点时的波程差所引起，第二项是由于两天线上馈电电流的相位差所引起，二者之差表示沿y方向相邻两个单元天线的辐射波到达远区同一场点时的相位净超前量。

以新阵元构造沿x方向的M元均匀直线阵，其阵因子为

$$f_{ax}(\theta,\varphi)=\frac{\sin\left[\frac{M}{2}(k_0d_x\sin\theta\cos\varphi-\xi_x)\right]}{\sin\left[\frac{1}{2}(k_0d_x\sin\theta\cos\varphi-\xi_x)\right]}=\frac{\sin\left(\frac{M}{2}\psi_x\right)}{\sin\frac{\psi_x}{2}} \tag{7-100}$$

式中，$\psi_x=k_0d_x\sin\theta\cos\varphi-\xi_x$，第一项是由沿$x$方向相邻两天线的辐射波到达远区$P$点时的波程差所引起，第二项是由两天线上馈电电流的相位差所引起，二者之差表示沿x方向相邻两个单元天线的辐射波到达远区P点的相位净超前量。

利用方向图乘积定理得$M\times N$元均匀平面阵的总方向图函数为

$$f_{M\times N}=f_0f_{ax}f_{ay}=f_0\frac{\sin\left(\frac{M}{2}\psi_x\right)}{\sin\frac{\psi_x}{2}}\frac{\sin\left(\frac{N}{2}\psi_y\right)}{\sin\frac{\psi_y}{2}}=f_0f_a \tag{7-101}$$

其中，f_0为组成此$M\times N$元均匀平面阵的阵元的方向图函数。于是可得$M\times N$元均匀平面阵的阵因子为

$$f_a(\theta,\varphi)=f_{ax}f_{ay}=\frac{\sin\left(\frac{M}{2}\psi_x\right)}{\sin\frac{\psi_x}{2}}\ \frac{\sin\left(\frac{N}{2}\psi_y\right)}{\sin\frac{\psi_y}{2}} \tag{7-102}$$

由 $f_{ax}(\theta,\varphi)$和 $f_{ay}(\theta,\varphi)$的最大辐射条件 $\psi_x=0$ 与 $\psi_y=0$,可分别得

$$\sin\theta_m\cos\varphi_m=\frac{\xi_x}{k_0 d_x} \tag{7-103}$$

和

$$\sin\theta_m\sin\varphi_m=\frac{\xi_y}{k_0 d_y} \tag{7-104}$$

联立式(7-103)和式(7-104)可得平面天线阵的主瓣指向,即主向角 θ_m 与 φ_m 应分别满足下列等式:

$$\tan\varphi_m=\frac{\xi_y d_x}{\xi_x d_y} \tag{7-105}$$

$$\sin\theta_m=\sqrt{\left(\frac{\xi_x}{k_0 d_x}\right)^2+\left(\frac{\xi_y}{k_0 d_y}\right)^2} \tag{7-106}$$

因此,改变 ξ_x 与 ξ_y,即可改变主向角 θ_m 与 φ_m。

在有最大辐射的主向角上要求 $\sin^2\theta_m\leqslant 1$,即

$$\left(\frac{\xi_x}{k_0 d_x}\right)^2+\left(\frac{\xi_y}{k_0 d_y}\right)^2\leqslant 1 \tag{7-107}$$

当给定 λ_0、d_x 和 d_y 及 ξ_x(或 ξ_y)时,就可以根据上式确定 ξ_y(或 ξ_x)的变动范围。

当 $\xi_x=\xi_y=0$ 时,表示各单元天线的电流为同相激励,波束指向平面阵的法线方向($\theta_m=0$),即沿正上方的 z 轴方向。平面天线阵的面主瓣宽度为

$$2\theta_{Bm}=2\theta_{xm}\cdot 2\theta_{ym} \tag{7-108}$$

式中,$2\theta_{xm}$、$2\theta_{ym}$ 分别表示沿 x、y 方向直线阵在侧射时的主瓣宽度。

平面天线阵的方向性系数为

$$D_m=4\pi\frac{S}{\lambda_0^2}=4\pi\frac{Md_x}{\lambda_0}\cdot\frac{Nd_y}{\lambda_0} \tag{7-109}$$

当 $d_x=d_y=\frac{\lambda_0}{2}$时,平面天线阵的方向性系数变为

$$D_m=\pi MN\approx\pi D_x D_y \tag{7-110}$$

式中,D_x、D_y 分别为沿 x、y 方向直线阵在侧射时的方向性系数。

重点提醒:以上所讲的均匀直线式天线阵、均匀平面天线阵的各单元天线的振幅都是相等的,即都为等幅天线阵,实际中还存在不等幅天线阵;从排布方式上还有环形天线阵、方形天线阵、三角阵等;事实上,只要大家敢于想象和创新,其他形式的天线阵也不是不可能的。

例 7.3 一均匀直线式天线阵中各单元天线上电流的相位依次滞后$\frac{\pi}{4}$,天线阵的工作

频率是 100MHz,且在最大辐射时的方位角为 $\varphi_m=\pm\frac{\pi}{3}$。试求两相邻天线的间距。

解　天线阵达到最大辐射的条件是 $\psi=k_0 d\cos\varphi_m-\xi=0$。由 $\xi=\frac{\pi}{4}$,$\varphi_m=\pm\frac{\pi}{3}$,$f=10^8$ Hz,代入此式得

$$d=\frac{\xi}{k_0\cos\varphi_m}=\frac{\xi c}{2\pi f\cos\varphi_m}=\frac{\frac{\pi}{4}\times 3\times 10^8}{2\pi\times 10^8\times\cos\frac{\pi}{3}}=0.75\text{m}$$

7.4.4　立体天线阵

把前述的 $M\times N$ 元均匀平面阵作为新阵元,将 S 个相同的此平面阵列沿 Z 轴方向按 d_z 的间距平行排列后,即构成 $n=M\times N\times S$ 元矩形立体阵列。矩形立体阵的各个子阵列,即 x 阵、y 阵和 z 阵,通常分别具有相同的电流分布规律。参照平面阵的分析方法,立体阵的阵因子为三个直线阵的阵因子的乘积,即为

$$f_{av}(\theta,\varphi)=f_{ax}(\theta,\varphi)\cdot f_{ay}(\theta,\varphi)\cdot f_{az}(\theta,\varphi)\tag{7-111}$$

式中,$f_{az}(\theta,\varphi)=\frac{\sin\left(\frac{S}{2}\psi_z\right)}{\sin\frac{\psi_z}{2}}$,而 $\psi_z=k_0 d_z\cos\theta-\xi_z$,表示沿 z 方向相邻两个单元天线的辐射波到达远区同一场点时的相位净超前量。

延伸思考:生活中也有天线阵。人们常说“三个臭皮匠顶个诸葛亮”,就是生活中天线阵的例子,人们也把它叫作“团队精神”。但是,生活中有时候也会出现“三个和尚没水吃”的情况,属于组阵失败的例子。无论是哪种天线阵,都必须保证“同相叠加”,这样才能达到目的!

*7.5　电磁超表面的相控阵解释

前面已经提到,电磁材料,是指由人工亚波长结构(“人工原子”)按照一定宏观规律排列而成的复合材料,电磁波波长远大于“人工原子”的单元尺度,从而很难分辨其微观结构,因此人工电磁材料可近似等效为均匀媒质。借助电磁共振机理,人工电磁材料原则上可实现任意大小的等效介电常数和磁导率,这远远突破了自然材料所能覆盖的电磁参数范围,因此获得了广泛应用。

最近,人们进一步提出了二维的人工电磁材料,即人工电磁表面(简称超表面)。这个表面具有超薄的厚度,在平面内使用“人工原子”按照一定规律排列。在外加电磁场的照射下,人工原子结构作为次波源,像单元天线一样向四周辐射,且可实现受控的电磁辐射强度和相位分布,从而完成灵活的电磁波调控,对外呈现特异的电磁特性,比如反常折射定律等,具有

广阔的研究及应用前景。下面结合相控阵的理论，对其中的一些电磁现象进行分析。

以反射型电磁超表面为例，在微波频段，电磁超表面一般是由金属衬底、介质板以及覆盖在介质板上的特定金属图案构成的，如图 7-20 所示。每个金属图案构成一个"人工原子"，实际上就是微带小天线，按照特定规律在二维平面内排布(如以 d 为周期)。当电磁波垂直入射时，小天线被激励，向四周做二次辐射，这就是反射。电磁能量被全部反射回来，没有透射，因此称为反射型超表面。通过对"人工原子"的几何结构如尺寸 w 进行调控，可以对反射电磁波的幅度、相位等进行操控(反射型主要是相位)，从而实现对反射电磁波的灵活控制。典型情况下，可以设置一种"人工原子"的反射相位为 0，而另外一种单元结构的反射相位为 π。对这两种单元结构进行适当的排列，即可实现特定功能。

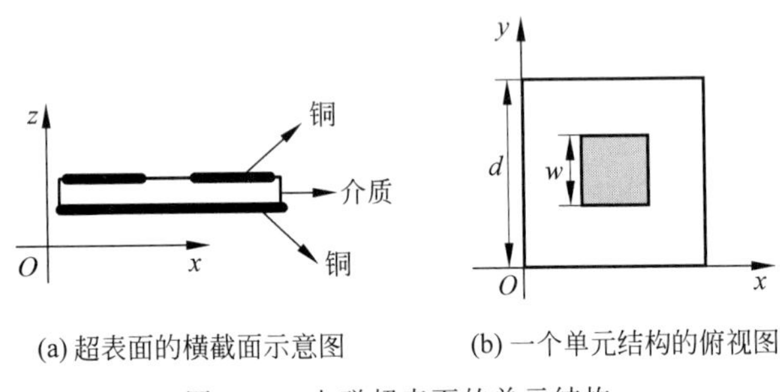

(a) 超表面的横截面示意图　　(b) 一个单元结构的俯视图

图 7-20　电磁超表面的单元结构

如图 7-21(a)所示，各个单元结构或者小天线沿 x、y 方向周期排布，但只在 x 方向有相位差。这实际上可以看作是一个一维情况，可以使用均匀直线式天线阵分析。从图中可以断定，在垂直于表面的远处，各个单元(元天线)的辐射幅度相同，但是相位差为 π，所以叠加后无反射场；或者说，反射的最大方向一定不在 z 方向。确定最大的反射方向，就可以用线性天线阵的理论。假设最大反射方向与 xOy 平面的夹角为 φ，则根据均匀直线式天线阵理论，有

$$kd\cos\varphi=\xi$$

这里，$\xi=\pm\pi$，假设 $d=\lambda$，代入上式，则 $\varphi=\pm\dfrac{\pi}{3}$。换句话说，当电磁波从垂直方向入射的时候，反射波束有两个，它们与 xOy 平面的夹角为 $\varphi=\pm\dfrac{\pi}{3}$。这个现象说明：电磁波垂直入射到电磁超表面的时候，发生了反常反射！入射角为 0，但是反射角为 $\pm\dfrac{\pi}{6}$。

0	π	0	π
0	π	0	π
0	π	0	π
0	π	0	π

(a) 排布方式一

0	π	0	π
π	0	π	0
0	π	0	π
π	0	π	0

(b) 排布方式二

图 7-21　电磁超表面单元小天线的两种排布方式

如图 7-21(b)所示，如果各个单元结构或者小天线沿 x、y 方向周期排布，相位差为 $\pm\pi$。则各个单元结构组成了一个均匀平面天线阵。确定最大的反射方向，就可以用平面天线阵的理论。根据式(7-103)、式(7-104)有

$$kd\sin\theta\cos\varphi=\xi_x=\pm\pi,\quad kd\sin\theta\sin\varphi=\xi_y=\pm\pi$$

假设各个单元之间的间距依旧为工作波长，则可以求得

$$\theta_m=\frac{\pi}{4},\quad \varphi_m=\pm\frac{\pi}{4}\quad 或\quad \varphi_m=\pm\frac{3\pi}{4}$$

可以看到,在这个情况下,反射波束共有四个,分布在$\theta=\frac{\pi}{4}$的圆锥面上。

如果将上述电磁超表面覆盖在武器装备上,则敌方雷达发射电磁波探测时,反射电磁波不会返回到探测雷达的方向,也就无法被接收(这叫作单站雷达)。因此,可以实现电磁隐形的功能!

考虑一个具有6×6个单元的反射型电磁超表面结构,相邻单元间的尺寸为一个工作波长,其示意图如图7-21所示。下面的MATLAB代码,可以利用叠加原理计算该电磁超表面对入射电磁波的反射结果。

```
freq = 1e + 9;                                          % 工作频率
omega = 2 * pi * freq;
c = 3e8;                                                % 光速
lambda = c/freq;                                        % 波长
k = 2 * pi/lambda;                                      % 波数
m = 6;n = 6;                                            % 反射面的尺寸
reflect_phi = repmat([1 0],m,n/2);                      % 相位矩阵图 7-21(a)所示情景
 % reflect_phi = repmat(eye(2,2),m/2,n/2);                % 相位矩阵图 7-21(b)所示情景
reflect_amp = ones(size(reflect_phi));                  % 幅度矩阵
reflect_phi = reflect_phi. * pi;                        % 相位矩阵
d = lambda;                                             % 单元间距
M = 500;N = 500;                                        % 方位角离散化的个数
theta = linspace(0,pi/2,M);phi = linspace(0,pi * 2,N);  % theta 方向 M 份;phi 方向 N 份
[THETA,PHI] = meshgrid(theta,phi);                      % 构造网格
E_total = zeros(M,N);                                   % 初始电场强度,各方向均为 0
for ii = 1:1:m                                          % 循环 m×n 次,叠加原理计算远场
for jj = 1:1:n
E_total = E_total + reflect_amp(ii,jj). * exp(1i. * (reflect_phi(ii,jj) + k. * d. * ((jj - 1/2).
* cos(PHI) + (ii - 1/2). * sin(PHI)). * sin(THETA)));
% 叠加原理,1/2 是考虑位置从单元中心计算,核心是波程造成的相位差别
end
end
Ex = abs(E_total). * sin(THETA). * cos(PHI);
Ey = abs(E_total). * sin(THETA). * sin(PHI);
Ez = abs(E_total). * cos(THETA);                        % 电场三个分量
Exx = sin(THETA). * cos(PHI);Eyy = sin(THETA). * sin(PHI);  % 将方位角转换为直角坐标
Ezz = abs(E_total);                                     % 方位角上对应的电场模值
% ********************************************************************
figure;
surf(Ex,Ey,Ez,'EdgeColor','none');                      % 绘制立体方向图
xlabel('Ex','fontsize',12,'fontweight','b','color','r');
ylabel('Ey','fontsize',12,'fontweight','b','color','b');
zlabel('Ez','fontsize',12,'fontweight','b');
grid off;
% ********************************************************************
figure(2)
contourf(Exx,Eyy,Ezz,'LineStyle','none');               % 绘制等高线并填充
```

```
hold on;
theta0 = pi/6;phi0 = [0 pi];                        % 对图 7 - 21(a)解析计算的结果
% theta0 = pi/4;phi0 = [pi/4:pi/2:7 * pi/4];        % 对图 7 - 21(b)解析计算的结果
x0 = sin(theta0) * cos(phi0);
y0 = sin(theta0) * sin(phi0);
plot(x0,y0,'w+');                                   % 绘制解析结果以验证
axis equal
```

图 7-22 给出了相位排布方式一对应的反射方向图。可以看出,在该种相位分布下,垂直入射的电磁波被反射后,沿两个主要波束方向传播,利用前面天线阵计算的最大辐射方向,以两个白色"+"号的形式绘制在图 7-22(b)中,此结果与数值结算结果完全相符。

(a) 三维远区方向图　　(b) 二维远区方向图

图 7-22　相位排布方式一时,电磁超表面的远区方向图

图 7-23 给出了相位排布方式二对应的情形。由图中可以看出,数值计算与解析分析的结果完全一致。

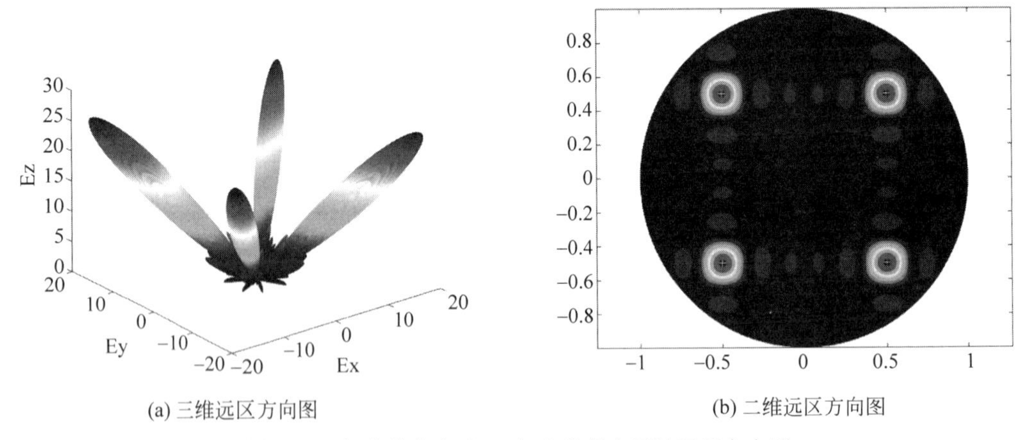

(a) 三维远区方向图　　(b) 二维远区方向图

图 7-23　相位排布方式二时,电磁超表面的远区方向图

再进一步,如果将上述两种单元结构以随机的方式在平面内排布,这就构成了所谓的随机超表面。此时,电磁波垂直入射时,会出现类似漫反射的效果,也可以用来隐形。

大家还可以再大胆假设一下,如果设计单元结构的时候,可以设计多种反射相位,如 0、

$\frac{\pi}{2}$、π、$\frac{3\pi}{2}$，这样就有四种单元结构可以选择，使用中灵活性不就更大了吗？或者干脆采用FPGA阵列，对每个单元结构进行电子控制，使其反射相位动态可调，则最终所得超表面将会具有更加强大的功能，但其核心理论，都可以用天线阵的知识来考虑。

*7.6 超材料天线介绍

前面给大家介绍了一些常用的天线，并分析了相控天线阵的基本工作机理。实际应用中，对天线的要求是非常苛刻的，除了机械特性、几何特性等之外，对特定天线电参数的要求更是难上加难。因此，设计一个具有实际应用价值的天线，是一个富有挑战性的工作，在国防和军事领域，更是如此。人工电磁材料或者说超材料的出现，给天线的设计和加工提供了新的可能，是当前天线领域研究的热点问题之一。

超材料在天线中的应用，大致有以下几种情况。

1. 利用超材料设计高定向性、高增益的天线

许多天线要求有极高的方向性，采用称为零折射率材料的电磁超材料，可以完成这个功能。根据斯奈尔定理，当材料的折射率为零时，如果电磁波从其中向外辐射，则无论入射角为何值，折射角都将为零。换句话说，电磁波透射过零折射率超材料平板后，出射电磁波的方向都垂直于材料的出射面，因此零折射率超材料对电磁波可以起到定向作用。如果在一个天线发射源前面放置一个零折射率超材料的透镜，天线的增益和方向性都将得到很大的提升，对于希望获得高增益和高定向性的天线来说非常具有吸引力。

还可以在传统的微带贴片天线上方添加覆盖层来实现高增益天线。这种覆盖层由超材料组成，在特定频段内具有可控的部分反射特性，当覆盖层与微带天线馈源接地板的间距满足一定共振条件时，两者就构成了一个法布里-珀罗谐振腔，具备对电磁波的选频作用。从而在谐振腔内的天线辐射出的电磁波会在腔内产生多次反射和透射，而且每次透射的电磁波分量能够同相叠加，从而提高天线的增益并锐化波束宽度。采用这种结构实现的高增益天线能够有效地避免传统高增益天线所具有的结构过于复杂、尺寸大以及损耗高等诸多问题。此外，可以利用人工方法控制覆盖层的反射相位，构造出具有极低剖面的谐振腔天线来。

2. 利用超材料降低天线的散射截面，实现隐形天线

近年来，随着隐身和探测技术的快速发展，目标雷达散射截面（Radar Cross Section，RCS）的减缩越来越受到世界各国的关注。微带天线具有剖面低、重量轻、结构紧凑和易于加工等优点，被大量地应用于军事和民用系统。为了更有效地辐射和接收电磁信号，往往使用阵列天线代替单个天线，但是阵列天线尺寸变大，增加了整个系统的RCS，降低了系统平台的隐身性能。基于人工电磁超材料并利用吸收和散射两种机制，可以实现天线隐身。

传统的电磁吸收材料不具有频率选择功能，加载到天线上用以降低天线的RCS，并同时降低天线的辐射性能，从而导致天线的RCS缩减与辐射性能之间的矛盾。超材料的出现为解决这一矛盾提供了有效的技术途径，通过在传统天线结构中加载具有频率选择特性的电磁吸收结构，可以在实现对外界入射的电磁波吸收的同时，不影响天线本身的辐射性能，进而提高天线的隐身能力。2008年，利用超材料结构，科学家提出了一种具有近似100%吸波率的微波频段的超材料吸波器,由于其与自由空间中的阻抗相匹配,可以使反射波在特定频段降到零。超材料吸波器结构紧凑、平面化,将其适当布置在天线附近,对入射的雷达波进行吸收,为天线的RCS减缩提供了一种新的可行方法。

此外,利用人工磁导体的零相位反射特性,通过与理想金属板一起实现相位抵消,可以有效地减少天线的散射能量,实现RCS减缩。这个工作机理在电磁超表面的相控阵解释那一节,也做了适当的介绍。

3. 利用超材料设计和实现电小天线

移动通信的一个发展趋势就是通信设备不断向小型化、集成化发展。作为手持终端中应用最多的微带天线,对其小型化研究也越来越得到重视。所谓电小天线就是指天线尺寸与工作波长相比很小(小于1/10)的天线。目前,微带天线的小型化技术主要有采用高介电常数基板、开槽开缝、短路加载、附加有源网络、异形贴片等。超材料的出现为天线小型化提供了新思路。

实现电小天线的方式,一种是运用等效结构,通过在传统微带天线的贴片上加载各种不同形式的结构单元来实现微带天线的小型化。另一种是通过在介质基板中填充某种结构单元构成复合材料,从而使得微带贴片天线的物理尺寸不主要取决于构成材料的性质,而取决于其中填充的人工结构,从而实现了微带天线的小型化。

基于复合左/右手传输线,也可以实现天线小型化。在微带电路中,科学家们提出了左手传输线的思想。左手传输线由串联电容和并联电感构成,与传统的传输线由串联电感和并联电容组成的构造恰好相反。电磁波在左手传输线传播时电场、磁场和波矢遵循左手定则。当基于复合左/右手传输线的微带天线处于零阶谐振时,其谐振频率只和等效电路的本构参数有关,而和天线的物理尺寸无关。利用这一特点可以大幅度减小天线的尺寸,同时对天线的其他性能参数产生较小的负面影响,能够很好地保证天线的其他性能参数。

4. 超材料在频率可重构天线、多频天线方面的应用

由于通信系统的迅猛发展,作为通信系统的重要部件,天线的发展也是突飞猛进,并且在通信领域发挥着越来越重要的作用。生活中很多无线电通信系统都需要工作在不同的频段,例如无线局域网(WLAN)的工作频段为2.4GHz、5.2GHz以及5.8GHz;作为具有比WLAN技术传输距离更远和数据传输速率更高的另一种无线网络接入技术,WiMAX3.5/5.8GHz同样被广泛用于各种无线通信系统中。此外,手机、雷达或基站天线等都需要不同的工作频带,单频天线已经不能满足日益复杂的无线电通信系统的要求。传统的解决方案是利用多个工作在不同频段的发射天线和接收天线,但这样不仅操作复杂,而且带来更大的加工成本,因此多频天线或者频率可重构天线就成了研究的热点。

上世纪末,美国国防高级研发局(DARPA)发起了一个关于可重构天线的研究计划,该计划邀请了一些研究所和大学参与其中,对可重构天线进行初步的研究,取得了一定的成果。DARPA的研究内容包括了研究适合可重构天线的MEMS开关、适用于天线的新结构研发等多方面的内容。

基于超材料的频率可重构天线主要基于超材料的可控特性。通过在超材料单元结构中引入变容二极管等电子开关,或对超表面的单元结构进行机械调节,可以实现对材料宏观特性的灵活控制,以此完成对天线工作频率的有效改变。此外,由于超材料具有亚波长的谐振特性,它能够在很大程度上缩小天线的尺寸,同时能够实现天线的多频段。当传统微带天线加载超材料谐振器时，能够增加新的谐振频点，而对天线其他工作频段影响较小，因此可以实现多频段功能。

综上所述，与传统天线相比，超材料天线能够充分利用超材料的特异性质，无论是在尺寸、带宽方面，还是在增益和效率等方面都表现出良好的实用性，因此具有很高的科研和应用价值。

本章小结

1. 天线的常用电参数

天线的常用电参数是：方向特性(方向图函数、主瓣宽度、方向性系数等)，辐射功率和辐射电阻，增益，效率，带宽及输入阻抗等。天线的主瓣宽度越窄，方向性系数 D 值越大，方向性越好；其增益系数 $G=\eta\cdot D$。

2. 求解线天线辐射场的方法

由 $\boldsymbol{J}\Rightarrow\boldsymbol{A}=\frac{\mu_0}{4\pi}\int_{V'}\boldsymbol{J}\frac{e^{-jk_0R}}{R}\mathrm{d}V'$，然后由 $\boldsymbol{H}=\frac{1}{\mu_0}\nabla\times\boldsymbol{A}$ 和 $\boldsymbol{E}=Z_0\boldsymbol{H}\times\boldsymbol{e}_r$ 可得场量 $\boldsymbol{E}$、$\boldsymbol{H}$。最后由场量可得天线的方向图函数 $F(\theta,\varphi)$，辐射功率 $P_r=\oint_S\mathrm{Re}(\boldsymbol{E}\times\boldsymbol{H}^*)\cdot\mathrm{d}\boldsymbol{S}$ 和方向性系数 $D=\frac{P_0}{P_r}=\frac{E^2(\theta,\varphi)}{E_0^2}$。

3. 三种基本振子的辐射特性

三种基本振子的辐射特性如表 7-3 所示。

表 7-3　三种基本振子的辐射特性

振子天线	远区辐射场(电场)	方向图函数	辐射电阻	最大方向性系数	主瓣宽度
电基本振子	$\frac{jI\Delta l}{2\lambda_0 r}Z_0\sin\theta e^{-jk_0r}\boldsymbol{e}_\theta$	$\sin\theta$	$80\pi^2\left(\frac{\Delta l}{\lambda_0}\right)^2$	1.5	90°
磁基本振子	$\frac{\pi IS}{\lambda_0^2 r}Z_0\sin\theta e^{-jk_0r}\boldsymbol{e}_\varphi$	$\sin\theta$	$320\pi^4\left(\frac{S}{\lambda_0^2}\right)^2$	1.5	90°
半波振子	$\frac{jI_m Z_0}{2\pi r}\frac{\cos\left(\frac{\pi}{2}\cos\theta\right)}{\sin\theta}e^{-jk_0r}\boldsymbol{e}_\theta$	$\frac{\cos\left(\frac{\pi}{2}\cos\theta\right)}{\sin\theta}$	73.13Ω	1.64	78°

4. 天线阵

均匀直线式天线阵的方向图函数是单元天线的方向图函数与阵因子的乘积，此为方向图乘积定理。天线阵的最大辐射条件是 $\cos\varphi_m=\frac{\xi}{k_0d}=\frac{\xi\lambda_0}{2\pi d}$，此时改变两相邻天线的相位差就可以改变天线阵的最大辐射方向，此即相控阵天线的基本原理。

单元天线还可以排布在一个平面内构成平面阵。$M\times N$ 元均匀平面阵的阵因子为

$f_{\mathrm{a}}(\theta,\varphi)=f_{\mathrm{ax}}f_{\mathrm{ay}}=\dfrac{\sin\left(\dfrac{M}{2}\psi_x\right)}{\sin\dfrac{\psi_x}{2}}\dfrac{\sin\left(\dfrac{N}{2}\psi_y\right)}{\sin\dfrac{\psi_y}{2}}$,参照平面阵的分析方法,$M\times N\times S$ 元立体阵的阵因子为三个直线阵的阵因子的乘积,即为 $f_{\mathrm{av}}(\theta,\varphi)=f_{\mathrm{ax}}(\theta,\varphi)\cdot f_{\mathrm{ay}}(\theta,\varphi)\cdot f_{\mathrm{az}}(\theta,\varphi)$。

习题

7.1 一个天线的方向图函数为

$$F(\theta)=\exp(-10\theta),\quad 其中\ 0\leqslant\theta\leqslant\pi$$

试计算:

(1) 半功率主瓣宽度;

(2) 天线的最大方向性系数。

7.2 一个天线的方向图函数如下:

$$F(\theta,\varphi)=\begin{cases}\sin\theta\cos\varphi, & 0\leqslant\theta\leqslant\pi,-\pi/2\leqslant\varphi\leqslant\pi/2\\ 0, & 其他\end{cases}$$

试计算:

(1) 最大辐射方向;

(2) 最大方向性系数;

(3) 天线的模式立体角;

(4) xOz 平面上的半功率主瓣宽度。

提示:天线的模式立体角定义为 $\Omega_{\mathrm{p}}=\iint F^2(\theta,\varphi)\sin\theta\,\mathrm{d}\theta\,\mathrm{d}\varphi$,单位是立体弧度(sr)。

7.3 如果一个天线的模式立体角为 1.5sr,辐射的总功率为 30W,试求在距离天线 1km 处的最大辐射功率密度。

7.4 一天线的辐射效率为 90%,方向性系数为 6.7dB,试求它的增益为多少分贝?

7.5 一天线在远区所激发的电场强度为 $E_\theta=\dfrac{15}{r}I_0\mathrm{e}^{-\mathrm{j}k_0r}$ V/m,其中 I_0 是馈电电流的最大值。试求:

(1) 相应的磁场强度;

(2) 天线的辐射功率;

(3) 辐射电阻;

(4) 此天线是理想的全向天线吗?

(5) 如果要达到 75kW 的辐射功率,则 I_0 应为多少?

7.6 已知 A 天线的方向系数 $D_A=20\mathrm{dB}$,效率 $\eta_A=1$;B 天线的方向系数 $D_B=22\mathrm{dB}$,效率 $\eta_B=0.5$,现将两天线置于同一位置,且主瓣最大值方向均指向观察点 P。试求:

(1) 当辐射功率相同时,两天线在 P 点所产生的场强比;

(2) 当输入功率相同时,两天线在 P 点所产生的场强比;

(3) 当两天线在 P 点产生的场强比相同时,两天线的辐射功率比和输入功率比。

7.7　证明对于一个位于 z 轴上的载流导线，其所产生的远区辐射场的磁场强度可以近似表示为

$$H_{\varphi}=\frac{\mathrm{j}k}{\mu}\sin\theta A_{z}$$

7.8　有一个矩形线圈，长度和宽度分别为 L_x 和 L_y，且满足 L_x、$L_y \ll \lambda$，线圈中的电流为 $i(t)=I_0\cos(\omega t)$。将线圈放在 xOy 平面上，其中心与原点重合，两边分别与 x 轴和 y 轴平行。对远区任意一点，试求：

(1) 矢量势 $\boldsymbol{A}$；

(2) 电场强度 $\boldsymbol{E}$；

(3) 磁场强度 $\boldsymbol{H}$。

并将此结果和磁偶极子的辐射场作对照。

7.9　对赫兹偶极子，试计算其矢量势 $\boldsymbol{A}$ 以及标量势 ϕ，并根据这两个势函数计算远区的电场强度。

7.10　一个长度为 l 的振子天线($l \ll \lambda$)，假设其电流分布为

$$I(z)=\begin{cases}I_0(1-2z/l), & 0\leqslant z\leqslant l/2\\ I_0(1+2z/l), & -l/2\leqslant z\leqslant 0\end{cases}$$

利用它来计算：

(1) 远区的电场强度和磁场强度；

(2) 远区的功率密度函数；

(3) 最大方向性系数 D；

(4) 辐射电阻。

7.11　一个赫兹偶极子天线在 1km 处的最大辐射功率密度为 $60\mathrm{nW/m^2}$。如果其馈电电流的最大值为 $I_{\mathrm{m}}=10\mathrm{A}$，试计算辐射电阻。

7.12　一个 2m 长的中间馈电的天线，工作在 AM 频段，工作频率为 1MHz。天线由半径为 1mm 的铜线加工而成($\sigma=5.8\times10^7\mathrm{S/m}$)，试确定：

(1) 天线的辐射效率；

(2) 天线的增益是多少分贝？

(3) 如果天线的辐射功率为 20W，则馈电电流是多少？此时信号源供给天线的功率是多少？

7.13　有一个环状铜质天线($\sigma=5.8\times10^7\mathrm{S/m}$)，其截面半径为 5mm，天线的半径为 0.5m，工作在 3MHz 的频段。环中流过的电流的最大值为 100A。试确定：

(1) 该天线的辐射功率；

(2) 天线的辐射电阻；

(3) 天线的辐射效率。

7.14　一长度 $d=1\mathrm{m}$ 的电基本振子位于自由空间，天线上的电流为 $I=0.266\mathrm{A}$，工作波长 $\lambda_0=100\mathrm{m}$，试求天线在下列各点产生的场强振幅和相位：

(1) 在振子垂直的方向上距振子中点 10km、10.025km；

(2) 在与振子轴线成 30°的方向上，距振子中点 10km；

(3) 在振子轴线方向上，距振子中点10km。

7.15 已知电基本振子在 P_1 点(yOz 平面上)的场强为10mV/m(见题7.15图)，试求在 P_2 点的场强(见题7.15图，P_1、P_2 点均在远区)。

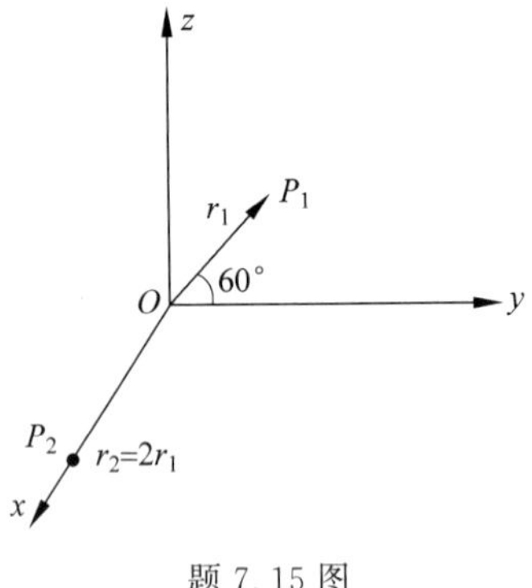

题7.15图

7.16 一个半波振子天线在1km处的最大辐射功率密度为 $50\mu W/m^2$，试计算其馈电电流的最大值。

7.17 一个1/4波长的垂直天线，放置在一个理想的导体平面上，底部所馈入的交变电流为 $I_z=I_0\cos(\beta z)$，试利用镜像法来计算其辐射场、辐射功率和辐射电阻。

7.18 对于一个振子天线，人们经常定义一个所谓的有效高度的量，远区场和该高度成正比，其定义如下：

$$2h_e(\theta)=\sin\theta\int_{-h}^{h}\sin k_0(h-|z|)e^{jk_0 z\cos\theta}dz$$

(1) 计算半波振子天线的有效高度；

(2) 其最大值是多少？

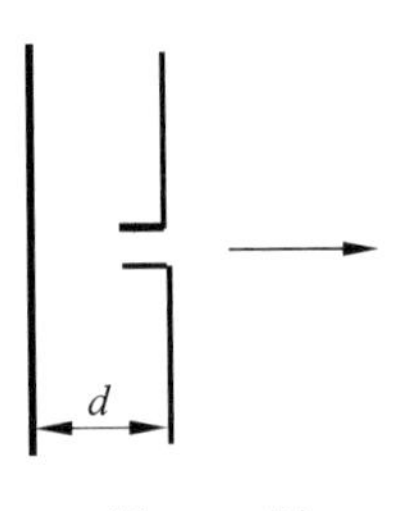

题7.19图

7.19 如题7.19图所示，在半波振子天线的后面放置一个反射棒，可以改变半波振子的方向性。如果两者之间的距离为 d。试分别求下面情况下沿箭头方向的远区场(用半波振子的场来表示)，并给出(1)的最大方向性系数。

(1) $d=\lambda_0/4$；

(2) $d=\lambda_0/2$。

7.20 一个半波振子，远区有一点 $P(5km,\pi/6,\varphi)$ 对应的电场强度的幅值为0.01V/m。如果其工作频率为30MHz，试求天线的长度以及辐射功率，并写出电场和磁场的瞬时值形式。

7.21 无线电台的覆盖范围表示的是垂直于发射天线且电场强度达到25mV/m的广大区域。如果要保证100km的覆盖范围，则对于半波振子天线来讲，其最大馈电电流应该为多少？辐射功率是多少？

7.22 试证明对于全波振子，其归一化方向图函数为

$$F(\theta,\varphi)=\frac{\cos(\pi\cos\theta)+1}{\sin\theta}$$

7.23 两个赫兹偶极子天线，长度都为 $2h(h\ll\lambda)$。将它们沿 z 轴放置，轴线方向与 z 轴重合，中心的距离为 d，且 $d>2h$。假设两个天线的馈电电流等幅，相位差为 ξ，试求：

(1) 远区场的表达式；

(2) 该天线阵的方向图函数；

(3) $d=\lambda_0/2,\xi=0$ 的最大辐射方向。

7.24 如题7.24图所示，两个赫兹偶极子天线构成二元天线阵，若这两个天线的馈电电流幅度相等，但相位差为 $\pi/4$，$d=\lambda_0/2$，试计算：

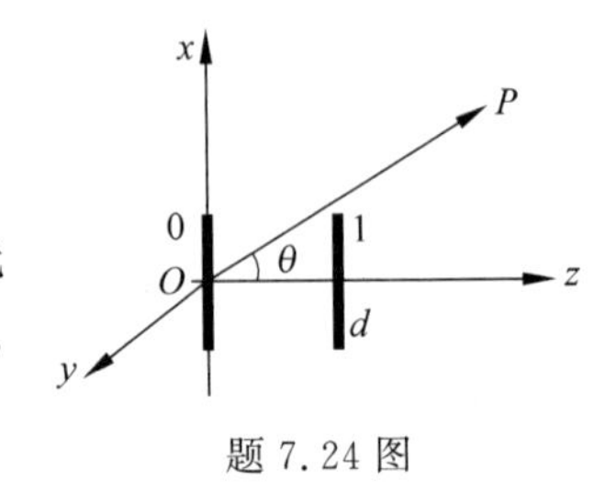

题7.24图

(1) xOz 平面内的方向图函数；

(2) 相位差为何值时，该天线阵在 z 方向获得最大辐射。

7.25　一个8元均匀直线式相控天线阵，间距为 $\lambda_0/2$，如果要使最大辐射方向与天线阵的轴线方向的夹角为60°，试确定相邻两个单元天线的馈电电流的相位差，并确定该天线阵的阵因子。

7.26　一个5元直线天线阵，间距为 $d=\lambda_0/2$，如果其馈电电流是同相位的，但幅度分布遵从二项式分布，即

$$a_i=\frac{(N-1)!}{i!(N-i-1)!}\quad i=0,1,\cdots,N-1,N\text{ 为单元的数目}$$

试求该直线天线阵的阵因子。

7.27　两个理想点源天线分别位于 $z=0$，$z=d$ 的位置上，其馈电电流的幅度分别为 a_0、a_1，在 $z=d$ 处的天线的电流的相位较 $z=0$ 处的天线超前 δ，请计算下列情况下此二元阵列的方向图函数：

(1) $a_0=a_1=1,\delta=\pi/4,d=\lambda_0/2$；

(2) $a_0=1,a_1=2,\delta=0,d=\lambda_0$；

(3) $a_0=a_1=1,\delta=-\pi/2,d=\lambda_0/2$；

(4) $a_0=1,a_1=2,\delta=\pi/4,d=\lambda_0/2$；

(5) $a_0=1,a_1=2,\delta=\pi/2,d=\lambda_0/4$。

7.28　如题7.28图中放置两个半波振子(振子轴垂直纸面)，设两者电流等辐反相，若要求最大辐射方向为 $\alpha=30°$，其间距应为多少？

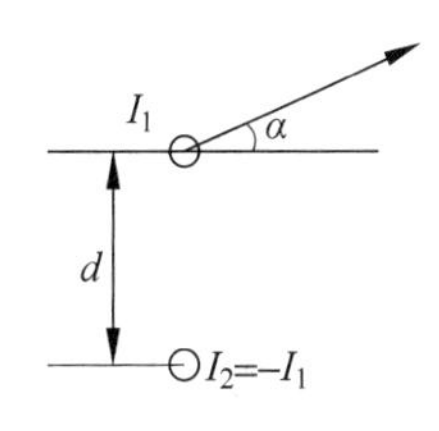

题7.28图

部分习题参考答案

第 1 章

1.1　$b_1=7, c_1=-4$；$b_2=-\frac{37}{5}, c_2=\frac{16}{5}$。

1.2～1.4　略。

1.5　0。

1.6、1.7　略。

1.8　$(36x^3y^3-3x^5y^2)\boldsymbol{e}_x-27x^2y^4\boldsymbol{e}_y+15x^4y^2z\boldsymbol{e}_z$。

1.9　略。

1.10　$-9\left(1+\frac{\pi}{2}\right)$。

1.11　$\nabla\cdot\boldsymbol{r}=3, I=4\pi a^3$。

1.12　$\left(A-\frac{B}{r^2}\right)\cos\varphi\boldsymbol{e}_r-\left(A+\frac{B}{r^2}\right)\sin\varphi\boldsymbol{e}_\varphi$。

1.13　(1) $\left(-\frac{3\sqrt{3}}{2}, \frac{9}{2}, 3\right)$；(2) $\left(6, \frac{\pi}{3}, \frac{2\pi}{3}\right)$。

1.14　$u=\frac{1}{r}+C$，C 为任意常数。

1.15～1.17　略。

第 2 章

2.1　$\boldsymbol{E}=\frac{z\rho_{s0}}{2\varepsilon_0}\left(\sqrt{z^2+a^2}+\frac{z^2}{\sqrt{z^2+a^2}}-2|z|\right)\boldsymbol{e}_z$。

2.2　$\boldsymbol{Q}=\frac{2\pi\varepsilon_0 d^3 mg}{\boldsymbol{Q}_0\sqrt{l^2-\left(\frac{d}{2}\right)^2}}$。

2.3　$\boldsymbol{E}=\frac{\mathrm{e}^{\left(-\frac{2}{a}r\right)}e[1+2r/a+2r^2/a^2]}{4\pi\varepsilon_0 r^2}\boldsymbol{e}_r$。

2.4　$\boldsymbol{E}=\frac{\rho_s z}{2\varepsilon_0}\left(\frac{1}{|z|}-\frac{1}{\sqrt{z^2+a^2}}\right)\boldsymbol{e}_z$。

2.5　$\boldsymbol{Q}_P=\frac{2\varepsilon_0\psi_0\sqrt{a^2+b^2}}{\sqrt{a^2+b^2}-a}$。

2.6　$\boldsymbol{E}_\mathrm{i}=\frac{\rho_0}{\varepsilon_0 r\alpha}\left(\frac{1}{\alpha}-r\mathrm{e}^{-\alpha r}-\frac{1}{\alpha}\mathrm{e}^{-\alpha r}\right)\boldsymbol{e}_r$；$\boldsymbol{E}_\mathrm{o}=\frac{\rho_0}{\varepsilon_0 r\alpha}\left(\frac{1}{\alpha}-a\mathrm{e}^{-\alpha a}-\frac{1}{\alpha}\mathrm{e}^{-\alpha a}\right)\boldsymbol{e}_r$。

2.7 $\rho=\frac{A}{r^4}\varepsilon_0\cos\theta$。

2.8 $\phi=\frac{3\rho_l}{2\pi\varepsilon_0}\ln\frac{a/2+\sqrt{z^2+a^2/3}}{\sqrt{z^2+a^2/12}}$。

2.9 $\phi=\frac{2\rho_l}{\pi\varepsilon_0}\ln\left|\frac{a/2+\sqrt{z^2+a^2/2}}{\sqrt{a^2/4+z^2}}\right|$。

2.10 (1) $\boldsymbol{E}_i=0$；$\boldsymbol{E}_e=-E_0(1+2a^3/r^3)\cos\theta\boldsymbol{e}_r+E_0(1-a^3/r^3)\sin\theta\boldsymbol{e}_\theta$；

(2) $\rho_s=-3\varepsilon_0E_0\cos\theta$。

2.11 $\rho=-\phi_0\delta(r)-\frac{\alpha^2\phi_0}{4\pi r}\mathrm{e}^{-\alpha r}$，$Q=\phi_0\mathrm{e}^{-\alpha a}(a\alpha+1)$。$a\to\infty$，$Q\to0$。

2.12 $\sqrt[3]{4}\phi_0$。

2.13 $\boldsymbol{E}=\frac{Qa}{\pi^2\varepsilon_0(a^2+z^2)^{3/2}}\boldsymbol{e}_y$。

2.14 (1) $\boldsymbol{E}_i=\frac{Q_0r}{2\pi a^2\varepsilon_0}\boldsymbol{e}_r$，　$\boldsymbol{E}_o=\frac{Q_0}{2\pi\varepsilon_0r}\boldsymbol{e}_r$；

选取 $r=a$ 处 $\phi=0$，则 $\phi_i=\frac{Q_0}{4\pi\varepsilon_0a^2}(a^2-r^2)$，$\phi_o=\frac{Q_0}{2\pi\varepsilon_0}\ln\frac{a}{r}$

(2) 设 $r=a$ 处电势为 0，则柱内：$\boldsymbol{E}_i=0$，$\phi_i=0$；

对于柱外，$\boldsymbol{E}_o=\frac{Q_0}{2\pi\varepsilon_0r}\boldsymbol{e}_r$，$\phi_o=\frac{Q_0}{2\pi\varepsilon_0}\ln\frac{a}{r}$

2.15 $\boldsymbol{E}_i=\frac{\rho r}{3\varepsilon_0}\boldsymbol{e}_r$，$\boldsymbol{E}_o=\frac{\rho a^3}{3\varepsilon_0r^2}\boldsymbol{e}_r$，$\phi_i=\frac{\rho a^2}{2\varepsilon_0}-\frac{\rho r^2}{6\varepsilon_0}$，$\phi_o=\frac{\rho a^3}{3\varepsilon_0r}$。

当 $r\to0$ 时，$\phi_{\max}=\frac{\rho a^2}{2\varepsilon_0}$；当 $r=a$ 时，$\boldsymbol{E}_{\max}=\frac{\rho a}{3\varepsilon_0}\boldsymbol{e}_r$。

2.16 (1) $\phi=\frac{Qd^2}{4\pi\varepsilon_0r^3}[3\cos^2\theta-1]$

$\boldsymbol{E}=\frac{3Qd^2}{4\pi\varepsilon_0r^4}\{\boldsymbol{e}_r[3\cos^2\theta-1]+\boldsymbol{e}_\theta\sin2\theta\}$；

(2) $\phi=\frac{Qa^2}{4\pi\varepsilon_0r^3}\left[\frac{3}{2}\sin^2\theta\sin2\varphi\right]$

$\boldsymbol{E}=\frac{3a^2Q}{8\pi\varepsilon_0r^4}[3\sin^2\theta\sin2\varphi\boldsymbol{e}_r-\sin2\theta\sin2\varphi\boldsymbol{e}_\theta-2\sin\theta\cos2\varphi\boldsymbol{e}_\varphi]$。

2.17 $Q=\frac{1}{3}a^2\times10^{-3}\mathrm{C}$，$\phi_{\max}=3a\times10^6\mathrm{V}$。

2.18 $\boldsymbol{E}=-\frac{P_0}{3\varepsilon_0}\boldsymbol{e}_z$。

2.19 $r<a$，$\boldsymbol{E}_i=\frac{P_0}{(\varepsilon-\varepsilon_0)r}\boldsymbol{e}_r$，$\phi_i=\frac{P_0}{\varepsilon-\varepsilon_0}\left(\ln\frac{a}{r}+\frac{\varepsilon}{\varepsilon_0}\right)$，$Q_b=-4\pi aP_0$，

$Q_{Sb}=4\pi aP_0$；$r>a$，$\boldsymbol{E}_o=\frac{a\varepsilon P_0}{\varepsilon_0(\varepsilon-\varepsilon_0)r^2}\boldsymbol{e}_r$，$\phi_o=\frac{a\varepsilon P_0}{\varepsilon_0(\varepsilon-\varepsilon_0)r}$。

2.20 $\boldsymbol{E}=\begin{cases}0, & 0<r<a \\ \dfrac{Q}{4\pi\varepsilon\ r^2}\boldsymbol{e}_r, & a\leqslant r\leqslant b \\ \dfrac{Q}{4\pi\varepsilon_0 r^2}\boldsymbol{e}_r, & b<r\end{cases}$。

$\rho_b=0, \rho_{Sbi}=-(\varepsilon-\varepsilon_0)\dfrac{Q}{4\pi\varepsilon\ a^2}, \rho_{Sbo}=(\varepsilon-\varepsilon_0)\dfrac{Q}{4\pi\varepsilon\ b^2}, Q_b=0$。

2.21 $Q=4\pi a(r_2-r_1)$,从内到外,三个区域中:

$E_0=0$; $E_1=\dfrac{a(r-r_1)}{\varepsilon\ r^2}$; $E_2=\dfrac{a(r_2-r_1)}{\varepsilon_0\ r^2}$;

$\phi_0=\dfrac{a}{\varepsilon}\left[\ln\dfrac{r_2}{r_1}+\dfrac{r_1}{r_2}-1\right]+\dfrac{a(r_2-r_1)}{\varepsilon_0 r_2}$; $\phi_1=\dfrac{a}{\varepsilon}\left[\ln\dfrac{r_2}{r}+\dfrac{r_1}{r_2}-\dfrac{r_1}{r}\right]+\dfrac{a(r_2-r_1)}{\varepsilon_0 r_2}$;

$\phi_2=\dfrac{a(r_2-r_1)}{\varepsilon_0\ r}$。

2.22 $r<a$ 时,$\boldsymbol{E}=0, \phi=\dfrac{Q_1}{4\pi\varepsilon}\left(\dfrac{1}{a}-\dfrac{1}{b}\right)+\dfrac{Q_1+Q_2}{4\pi\varepsilon_0 c}$;

$a<r<b$ 时,$\boldsymbol{E}=\dfrac{Q_1}{4\pi\varepsilon r^2}\boldsymbol{e}_r, \phi=\dfrac{Q_1}{4\pi\varepsilon}\left(\dfrac{1}{r}-\dfrac{1}{b}\right)+\dfrac{Q_1+Q_2}{4\pi\varepsilon_0 c}$;

$b<r<c, \boldsymbol{E}=0, \phi=\dfrac{Q_1+Q_2}{4\pi\varepsilon_0 c}$;

$r>c$ 时,$\boldsymbol{E}=\dfrac{Q_1+Q_2}{4\pi\varepsilon_0 r^2}\boldsymbol{e}_r, \phi=\dfrac{Q_1+Q_2}{4\pi\varepsilon_0 r}$。

2.23 $a=\dfrac{b}{e}$时,$\boldsymbol{E}_{\min}|_a=\dfrac{\mathrm{e}U}{b}\boldsymbol{e}_r$。

2.24 $\dfrac{\varepsilon_1}{\varepsilon_2}=\dfrac{b}{a}$。

2.25 $\dfrac{k}{\ln(d+1)}$。

2.26 $\Delta Q=\dfrac{a_2 d-a_1 a_2}{(a_1+a_2)d-2a_1 a_2}Q, \phi=\dfrac{Q}{4\pi\varepsilon_0\ d}\left[\dfrac{d^2-a_1 a_2}{(a_1+a_2)d-2a_1 a_2}\right]$。

2.27 $C=\dfrac{(4\pi-\Omega)\varepsilon_0+\Omega\varepsilon}{r_2-r_1}r_1 r_2$。

2.28 $C=\dfrac{\varepsilon_0 S}{d-l\cos\alpha\left(1-\dfrac{1}{\varepsilon_r}\right)}$。

2.29 $E_0=\dfrac{\varepsilon U}{\varepsilon_0 t+\varepsilon(d-t)}, E_d=\dfrac{\varepsilon_0 U}{\varepsilon_0 t+\varepsilon(d-t)}$;

$\rho_{Sb1}=-(\varepsilon-\varepsilon_0)\dfrac{\varepsilon_0 U}{\varepsilon_0 t+\varepsilon(d-t)}, \rho_{Sb2}=(\varepsilon-\varepsilon_0)\dfrac{\varepsilon_0 U}{\varepsilon_0 t+\varepsilon(d-t)}$。

2.30 $r_1<r<r_2, \boldsymbol{E}=\dfrac{Q}{2\pi a}\boldsymbol{e}_r$; $\rho_b=\dfrac{Q\varepsilon_0}{2\pi ra}, \rho_{Sb1}=\dfrac{Q}{2\pi}\left(\dfrac{\varepsilon_0}{a}-\dfrac{1}{r_1}\right)$,

$\rho_{Sb2}=\dfrac{Q}{2\pi}\left(\dfrac{1}{r_2}-\dfrac{\varepsilon_0}{a}\right)$；单位长度上总的束缚电荷 $Q_b=0$。

2.31 (1) $\boldsymbol{E}_i=\dfrac{kx}{\varepsilon-\varepsilon_0}\boldsymbol{e}_x$；

(2) $\rho_b=-k, \rho_{Sb2}=kx_2, \rho_{Sb1}=-kx_1, Q_b=0$。

2.32 $r_d=\dfrac{E_{m1}\cdot\varepsilon_1}{E_{m2}\cdot\varepsilon_2}\cdot r_1$。

2.33 略。

2.34 $\boldsymbol{E}=\dfrac{U}{r\ln\dfrac{r_2}{r_1}}\boldsymbol{e}_r, \phi=\dfrac{U}{\ln\dfrac{r_1}{r_2}}\ln\dfrac{r}{r_2}$；$\rho_{Sb1}=-\dfrac{(\varepsilon-\varepsilon_0)U}{r_1\ln\dfrac{r_2}{r_1}}$，

$\rho_{S1}=\dfrac{\varepsilon U}{r_1\ln\dfrac{r_2}{r_1}}$；$\rho_{Sb2}=\dfrac{(\varepsilon-\varepsilon_0)U}{r_2\ln\dfrac{r_2}{r_1}}, \rho_{S2}=-\dfrac{\varepsilon U}{r_2\ln\dfrac{r_2}{r_1}}$。

2.35 (1) $W_e=\dfrac{1}{2}CU^2$；(2) $W_e=\dfrac{1}{2}\dfrac{\varepsilon}{\varepsilon_0}CU^2$；(3) $W_e=\dfrac{1}{2}C\dfrac{\varepsilon^2}{\varepsilon_0^2}U^2$。

2.36 介质内 $w_{e0}=\dfrac{Q_1^2}{32\pi^2\varepsilon r^4}$；球壳外 $w_{e1}=\dfrac{(Q_1+Q_2)^2}{32\pi^2\varepsilon_0 r^4}$；

$W_e=\dfrac{Q_1^2}{8\pi\varepsilon}\left(\dfrac{1}{a}-\dfrac{1}{b}\right)+\dfrac{(Q_1+Q_2)^2}{8\pi\varepsilon_0 c}$；$w_e=\dfrac{(Q_1+Q_2)^2}{32\pi^2\varepsilon_0 r^4}, W_e=\dfrac{(Q_1+Q_2)^2}{8\pi\varepsilon_0 c}$。

2.37 (1) $C=4\pi\varepsilon_0 a, W_e=\dfrac{Q^2}{8\pi\varepsilon_0 a}$；(2) $C=\dfrac{10\pi\varepsilon_0 a}{3}, W_e=\dfrac{3Q^2}{20\pi\varepsilon_0 a}$。

2.38 $W_e=\dfrac{Q^2}{8\pi}\left[\dfrac{1}{\varepsilon a}+\dfrac{1}{b}\left(\dfrac{1}{\varepsilon_0}-\dfrac{1}{\varepsilon}\right)\right]$。

2.39 $C=2\pi a(\varepsilon_1+\varepsilon_2), W=\dfrac{Q^2}{4\pi a(\varepsilon_1+\varepsilon_2)}$。

第 3 章

3.1 (1) $\dfrac{3\omega Qr\sin\theta}{4\pi a^3}\boldsymbol{e}_\varphi$；(2) $\dfrac{\omega Q\sin\theta}{4\pi a}\boldsymbol{e}_\varphi$。

3.2 $\dfrac{I}{\pi r_1\sigma U_0}\ln\dfrac{r_2}{r_1}$。

3.3 $\phi=\dfrac{Ur_1(r_2-r)}{r(r_2-r_1)}$；$\boldsymbol{E}=\dfrac{U}{r^2\left(\dfrac{1}{r_1}-\dfrac{1}{r_2}\right)}\boldsymbol{e}_r$；$G=\dfrac{4\pi\sigma r_1 r_2}{r_2-r_1}$。

3.4 $E_1=\dfrac{\sigma_2\dot{U}_0}{\sigma_1 d_2+\sigma_2 d_1}$；　$E_2=\dfrac{\sigma_1 U_0}{\sigma_1 d_2+\sigma_2 d_1}$；

$J_1=J_2=\dfrac{U_0\sigma_1\sigma_2}{\sigma_1 d_2+\sigma_2 d_1}$；　$\rho_{Sb}=\dfrac{U_0[\varepsilon_0(\sigma_1-\sigma_2)+(\varepsilon_1\sigma_2-\varepsilon_2\sigma_1)]}{\sigma_1 d_2+\sigma_2 d_1}$。

3.5 (1) ① $\phi_1=\dfrac{\sigma_2 U\theta}{\sigma_2\theta_1+\sigma_1\theta_2}, 0<\theta<\theta_1$；

$$\phi_2=\frac{U}{\sigma_2\theta_1+\sigma_1\theta_2}[\sigma_2\theta_1+(\theta-\theta_1)\sigma_1],\theta_1<\theta<(\theta_1+\theta_2);$$

② $I=\dfrac{Ud\sigma_1\sigma_2}{\sigma_2\theta_1+\sigma_1\theta_2}\ln\dfrac{r_2}{r_1};R=\dfrac{\sigma_2\theta_1+\sigma_1\theta_2}{\sigma_1\sigma_2 d\ln\dfrac{r_2}{r_1}};$

③ $\rho_s=\dfrac{U(\varepsilon_1\sigma_2-\varepsilon_2\sigma_1)}{r(\sigma_2\theta_1+\sigma_1\theta_2)};$

(2) 当改变电极位置时,则

① $\phi_1=\phi_2=\dfrac{U\ln\dfrac{r_2}{r}}{\ln\dfrac{r_2}{r_1}};$

② $I=\dfrac{(\sigma_1\theta_1+\sigma_2\theta_2)Ud}{\ln\dfrac{r_2}{r_1}},\ R=\dfrac{\ln\dfrac{r_2}{r_1}}{d(\sigma_1\theta_1+\sigma_2\theta_2)};$

③ $\rho_s=0$。

3.6 $R=1/(4\pi\sigma a)$。

3.7 $F_{m12}=\dfrac{\mu_0 I^2}{2\pi d}$,相互排斥。

3.8 $\boldsymbol{B}=\dfrac{\mu_0 I}{\pi b}\arctan\dfrac{b}{2x}\boldsymbol{e}_y$;令面电流密度 $J_S=\dfrac{I}{b}$,则 $b\to\infty$时,考虑 $x>0$ 和 $x<0$ 两种情形,$\boldsymbol{B}=\pm\dfrac{\mu_0 J_S}{2}\boldsymbol{e}_y$。

3.9 $\boldsymbol{B}=\dfrac{n\mu_0 I}{2}\left[\dfrac{\dfrac{l}{2}-z}{\sqrt{a^2+\left(\dfrac{l}{2}-z\right)^2}}+\dfrac{\dfrac{l}{2}+z}{\sqrt{a^2+\left(\dfrac{l}{2}+z\right)^2}}\right]\boldsymbol{e}_z$;(以 l 的中点为原点,轴线为 z 轴)

$\boldsymbol{B}=n\mu_0 I\boldsymbol{e}_z(l\to\infty)$。

3.10 (1) $\dfrac{\mu_0 I}{4a}$;(2) $\dfrac{\mu_0 I(2+\pi)}{4\pi a}$;(3) $\dfrac{\mu_0 I}{4a}(\boldsymbol{e}_y+\boldsymbol{e}_z)$。

3.11 (1) 不表示磁场;(2) $-2a\boldsymbol{e}_z$;(3) 0;(4) $\dfrac{\mu_0 I}{\pi a^2}\boldsymbol{e}_z$。

3.12 $1.74\times10^9\ \text{A}\cdot\text{m}^{-2}$。

3.13 因为磁场不做功,故电子的动能就等于它在电场里失去的势能。

3.14 $\boldsymbol{B}=\begin{cases}0, & 0<r<r_1\\ \dfrac{\mu_0 I}{2\pi r}\cdot\dfrac{r^2-r_1^2}{r_2^2-r_1^2}\boldsymbol{e}_\varphi, & r_1\leqslant r\leqslant r_2\\ \dfrac{\mu_0 I}{2\pi r}\boldsymbol{e}_\varphi, & r_2<r\end{cases}$。

3.15 $\boldsymbol{B}=\dfrac{\mu_0 J_0}{2}\boldsymbol{e}_z\times\boldsymbol{d}$。

3.16 $T=NIa^2B_0\sin\alpha$。

3.17 $\boldsymbol{T}=\dfrac{\mu_0 mI}{2\pi d}(-\boldsymbol{e}_r)$。

3.18 $\boldsymbol{m}=\dfrac{N\pi Ia^2}{3}\boldsymbol{e}_z$。

3.19 $\boldsymbol{B}=\mu nI\boldsymbol{e}_z,\boldsymbol{H}=nI\boldsymbol{e}_z,\boldsymbol{J}_{\mathrm{Sm}}=\mu nI\left(\dfrac{1}{\mu_0}-\dfrac{1}{\mu}\right)\boldsymbol{e}_\varphi$。

3.20 $B=\dfrac{NI}{\dfrac{\pi a+2h+2a+d}{\mu}+\dfrac{2t}{\mu_0}}$；$\psi_{\mathrm{m}}=\dfrac{NI}{\dfrac{\pi a+2h+2a+d}{\mu bd}+\dfrac{2t}{\mu_0 bd}}$；

$R_{\mathrm{m1}}=\dfrac{\pi a+2h}{\mu bd}$， $R_{\mathrm{m2}}=\dfrac{2t}{\mu_0 bd}$， $R_{\mathrm{m3}}=\dfrac{d+2a}{\mu bd}$。

3.21 $\boldsymbol{H}=\begin{cases}\dfrac{Ir}{2\pi a^2}\boldsymbol{e}_\varphi, & 0\leqslant r\leqslant a\\ \dfrac{I}{2\pi r}\boldsymbol{e}_\varphi, & a\leqslant r\leqslant b\\ \dfrac{I}{2\pi r}\boldsymbol{e}_\varphi, & b\leqslant r\leqslant c\\ \dfrac{I}{2\pi r}\boldsymbol{e}_\varphi, & c<r\end{cases},\boldsymbol{B}=\begin{cases}\dfrac{\mu_0 Ir}{2\pi a^2}\boldsymbol{e}_\varphi, & 0\leqslant r\leqslant a\\ \dfrac{\mu_0 I}{2\pi r}\boldsymbol{e}_\varphi, & a\leqslant r\leqslant b\\ \dfrac{\mu I}{2\pi r}\boldsymbol{e}_\varphi, & b\leqslant r\leqslant c\\ \dfrac{\mu_0 I}{2\pi r}\boldsymbol{e}_\varphi, & c<r\end{cases}$，

$\boldsymbol{J}_{\mathrm{m}}|_{r=b}=\dfrac{(\mu_r-1)I}{2\pi b}\boldsymbol{e}_z,\boldsymbol{J}_{\mathrm{m}}|_{r=c}=\dfrac{(1-\mu_r)I}{2\pi c}\boldsymbol{e}_z$；

若移去磁介质圆套管，磁化电流不复存在；对磁场强度没影响；在 $b\leqslant r\leqslant c$ 区域，磁感应强度为$\dfrac{\mu_0 I}{2\pi r}\boldsymbol{e}_\varphi$。

3.22 $J_{\mathrm{m}}=0$；$\boldsymbol{J}_{\mathrm{Sm}}=M_0\boldsymbol{e}_\varphi$；

$\boldsymbol{B}=\dfrac{\mu_0\boldsymbol{M}_0}{2}\left(\dfrac{z+L/2}{\sqrt{a^2+(z+(L/2)^2)}}-\dfrac{z-L/2}{\sqrt{a^2+(z-(L/2)^2)}}\right)$；

注：以棒的中心为坐标原点，轴线为 z 轴。

3.23 $C=\dfrac{2\mu_0}{a^3\mu}D$， $\boldsymbol{J}_{\mathrm{S}}=\left(1+\dfrac{\mu}{2\mu_0}\right)C\sin\theta\boldsymbol{e}_\varphi$， $\boldsymbol{J}_{\mathrm{St}}=\dfrac{3\mu}{2\mu_0}C\sin\theta\boldsymbol{e}_\varphi$。

3.24 对应的磁标势和磁感应强度为

$$\begin{cases}\phi_{\mathrm{m1}}=0 & (0\leqslant|z|<r_1)\\ \phi_{\mathrm{m2}}=\pm\dfrac{M_0(|z|^3-r_1^3)}{3z^2} & (r_1\leqslant|z|<r_2)\\ \phi_{\mathrm{m3}}=\pm\dfrac{M_0(r_2^3-r_1^3)}{3z^2} & (r_2<|z|)\end{cases},$$

$$\boldsymbol{B}=\begin{cases}0, & 0\leqslant|z|<r_1\\ \dfrac{2\mu_0 M_0}{3}\left(1-\dfrac{r_1^3}{|z|^3}\right)\boldsymbol{e}_z, & r_1<|z|<r_2\\ \dfrac{2\mu_0(r_2^3-r_1^3)M_0}{3|z|^3}\boldsymbol{e}_z, & r_2<|z|\end{cases}$$

3.25 $\boldsymbol{H}=\dfrac{\mu_0 I}{\pi(\mu+\mu_0)r}\boldsymbol{e}_\varphi$，$\boldsymbol{H}_0=\dfrac{\mu I}{\pi(\mu+\mu_0)r}\boldsymbol{e}_\varphi$，$\boldsymbol{B}=\boldsymbol{B}_0=\dfrac{\mu\mu_0 I}{\pi(\mu+\mu_0)r}\boldsymbol{e}_\varphi$。

3.26 $L=\dfrac{\mu_0 N^2 b^2}{2a}$。

3.27 $M=\dfrac{\mu_0}{2\pi}\ln\dfrac{r_{23}r_{14}}{r_{13}r_{24}}$。

3.28 $M=\dfrac{\psi_m}{I}=\dfrac{\mu_0 a}{2\pi}\ln\dfrac{d+\dfrac{b}{\sqrt{2}}}{d}=\dfrac{\mu_0 a}{2\pi}\ln\dfrac{b+\sqrt{2}d}{\sqrt{2}d}$。

3.29 $W_m=\dfrac{\mu I^2}{4\pi(r_2^2-r_1^2)^2}\left[\dfrac{1}{4}r_2^4+\dfrac{3}{4}r_1^4-r_1^2r_2^2+r_1^4\ln\dfrac{r_2}{r_1}\right]$；

$L_i=\dfrac{\mu}{2\pi(r_2^2-r_1^2)^2}\left[\dfrac{1}{4}r_2^4+\dfrac{3}{4}r_1^4-r_1^2r_2^2+r_1^4\ln\dfrac{r_2}{r_1}\right]$。

3.30 $L=\dfrac{\mu N^2 b^2}{2a}$，$W_m=\dfrac{\mu N^2 b^2 I^2}{4a}$。

3.31 证明略。

3.32 （1）$L=2.346\text{H}$；（2）$L=0.944\text{H}$；（3）比值为：1.488。

第 4 章

4.1 $\boldsymbol{E}=\dfrac{\rho_l}{2\pi\varepsilon_0}\left(\dfrac{x\boldsymbol{e}_x+(z-h)\boldsymbol{e}_z}{x^2+(z-h)^2}-\dfrac{x\boldsymbol{e}_x+(h+z)\boldsymbol{e}_z}{x^2+(z+h)^2}\right)$；

$\rho_S=-\dfrac{\rho_l h}{\pi(x^2+h^2)}$；$C_0=\dfrac{2\pi\varepsilon_0}{\ln\dfrac{2h-a}{a}}$。

4.2 $Q=\pm 4h\sqrt{\pi\varepsilon_0 mg}$；$Q=4\pi h^2\rho_S\pm\sqrt{(4\pi h^2\rho_S)^2+16\pi\varepsilon_0 h^2 mg}$。

4.3 （1）
$$\phi(x,y,z)=\frac{Q}{4\pi\varepsilon_0}\left[\frac{1}{[(x-h_1)^2+(y-h_2)^2+z^2]^{\frac{1}{2}}}-\frac{1}{[(x+h_1)^2+(y-h_2)^2+z^2]^{\frac{1}{2}}}+\frac{1}{[(x+h_1)^2+(y+h_2)^2+z^2]^{\frac{1}{2}}}-\frac{1}{[(x-h_1)^2+(y+h_2)^2+z^2]^{\frac{1}{2}}}\right];$$

$$\boldsymbol{E}(x,y,z)=\frac{Q}{4\pi\varepsilon_0}\left[\frac{(x-h_1)\boldsymbol{e}_x+(y-h_2)\boldsymbol{e}_y+z\boldsymbol{e}_z}{[(x-h_1)^2+(y-h_2)^2+z^2]^{\frac{3}{2}}}-\frac{(x+h_1)\boldsymbol{e}_x+(y-h_2)\boldsymbol{e}_y+z\boldsymbol{e}_z}{[(x+h_1)^2+(y-h_2)^2+z^2]^{\frac{3}{2}}}+\frac{(x+h_1)\boldsymbol{e}_x+(y+h_2)\boldsymbol{e}_y+z\boldsymbol{e}_z}{[(x+h_1)^2+(y+h_2)^2+z^2]^{\frac{3}{2}}}-\frac{(x-h_1)\boldsymbol{e}_x+(y+h_2)\boldsymbol{e}_y+z\boldsymbol{e}_z}{[(x-h_1)^2+(y+h_2)^2+z^2]^{\frac{3}{2}}}\right]。$$

（2）
$$\rho_{S1}=\frac{Qh_2}{2\pi}\left[\frac{1}{[(x+h_1)^2+h_2^2+z^2]^{\frac{3}{2}}}-\frac{1}{[(x-h_1)^2+h_2^2+z^2]^{\frac{3}{2}}}\right];$$

$$\rho_{S2}=\frac{Qh_1}{2\pi}\left[\frac{1}{[h_1^2+(y+h_2)^2+z^2]^{\frac{3}{2}}}-\frac{1}{[h_1^2+(y-h_2)^2+z^2]^{\frac{3}{2}}}\right];$$

$$Q_{S1}=-2\frac{Q}{\pi}\arctan\frac{h_1}{h_2};\ Q_{S2}=-2\frac{Q}{\pi}\arctan\frac{h_2}{h_1}。$$

4.4 $\dfrac{\pi\varepsilon_0}{\ln\dfrac{2hD}{a\sqrt{4h^2+D^2}}}$。

4.5 如果选择柱面为等势面，则 $\phi=\dfrac{\rho_l}{2\pi\varepsilon}\ln\dfrac{R'}{R}+C=-\dfrac{\rho_l}{4\pi\varepsilon}\ln\dfrac{a^2(r^2+d^2-2rd\cos\varphi)}{(a^4+d^2r^2-2a^2dr\cos\varphi)}$，

如果选择其他的位置电势为零，而取上面的待定常数 C 为零，则

$$\phi=\frac{\rho_l}{2\pi\varepsilon}\ln\frac{R'}{R}=-\frac{\rho_l}{4\pi\varepsilon}\ln\frac{d^2(r^2+d^2-2rd\cos\varphi)}{(a^4+d^2r^2-2a^2dr\cos\varphi)}。$$

$$\boldsymbol{E}(r,\varphi)=\frac{\rho_l}{2\pi\varepsilon}\left(\frac{(r-d\cos\varphi)\boldsymbol{e}_r+d\sin\varphi\boldsymbol{e}_\varphi}{d^2+r^2-2dr\cos\varphi}-\frac{[r-(a^2/d)\cos\varphi]\boldsymbol{e}_r+[a^2/d]\sin\varphi\boldsymbol{e}_\varphi}{a^4/d^2+r^2-2(a^2/d)r\cos\varphi}\right)$$

$$\rho_S=\frac{\rho_l}{2\pi}\frac{d^2/a-a}{d^2+a^2-2da\cos\varphi}。$$

4.6 $$\boldsymbol{B}(r,\varphi)=-\boldsymbol{e}_r\frac{\mu_0 I}{2\pi}\sin\varphi\left(\frac{d}{d^2+r^2-2dr\cos\varphi}+\frac{a^2/d}{a^4/d^2+r^2-2(a^2/d)r\cos\varphi}\right)+$$

$$\boldsymbol{e}_\varphi\frac{\mu_0 I}{2\pi}\left(\frac{r-d\cos\varphi}{d^2+r^2-2dr\cos\varphi}+\frac{r-(a^2/d)\cos\varphi}{a^4/d^2+r^2-2(a^2/d)r\cos\varphi}-\frac{1}{r}\right)。$$

4.7 $$\phi=\frac{Q}{4\pi\varepsilon_0}\left[\frac{1}{[r^2+d^2-2dr\cos\theta]^{\frac{1}{2}}}-\frac{a}{d}\frac{1}{[r^2+a^4/d^2-2(a^2/d)r\cos\theta]^{\frac{1}{2}}}\right],$$

$$\boldsymbol{E}(r,\theta)=\frac{Q}{4\pi\varepsilon_0}\left[\frac{(r-d\cos\theta)\boldsymbol{e}_r+d\sin\theta\boldsymbol{e}_\theta}{[r^2+d^2-2dr\cos\theta]^{\frac{3}{2}}}-\frac{a}{d}\frac{[r-(a^2/d)\cos\theta]\boldsymbol{e}_r+(a^2/d)\sin\theta\boldsymbol{e}_\theta}{[r^2+a^4/d^2-2(a^2/d)r\cos\theta]^{\frac{3}{2}}}\right],$$

$$\rho_S=-\frac{Q}{4\pi}\left[\frac{a-d^2/a}{[a^2+d^2-2da\cos\theta]^{\frac{3}{2}}}\right]。$$

4.8 $\pm\dfrac{a}{d}Q$，位置在 $\pm\dfrac{a^2}{d}$，其偶极矩 $p=Q'd'=\dfrac{a}{d}Q\cdot\dfrac{2a^2}{d}=\dfrac{2a^3Q}{d^2}$。

4.9 略。

4.10 $$\phi=\frac{Q}{4\pi\varepsilon_0}\left\{\begin{aligned}&\frac{1}{(r^2+h^2-2rh\cos\theta)^{\frac{1}{2}}}-\frac{1}{\left[\left(\frac{h}{a}r\right)^2+a^2-2hr\cos\theta\right]^{\frac{1}{2}}}\\&-\frac{1}{(r^2+h^2+2rh\cos\theta)^{\frac{1}{2}}}+\frac{1}{\left[\left(\frac{h}{a}r\right)^2+a^2+2hr\cos\theta\right]^{\frac{1}{2}}}\end{aligned}\right\};$$

$$Q_S=-Q\left[1-\frac{h^2-a^2}{h(h^2+a^2)^{\frac{1}{2}}}\right]。$$

4.11 $$\phi=\frac{Q}{4\pi\varepsilon_0}\left[\frac{1}{\sqrt{d^2+r^2-2rd\cos\theta}}-\frac{r_2}{d}\cdot\frac{1}{\sqrt{\frac{r_2^4}{d^2}+r^2-2r\frac{r_2^2}{d}\cos\theta}}\right.$$

$$-\frac{r_1}{d}\cdot\frac{1}{\sqrt{\frac{r_1^4}{d^2}+r^2-2r\frac{r_1^2}{d}\cos\theta}}+\frac{r_1}{d}\cdot\frac{1}{r}+\cdots\Bigg]。$$

4.12 $\rho_s=-\frac{\sqrt{3}Q}{12\pi a^2}$。

4.13 $\phi(x,y,z)=\begin{cases}\frac{\rho_{S0}}{2\varepsilon_0\sqrt{\alpha^2+\beta^2}}\sin\alpha x\sin\beta y\exp(-\Gamma z) & z\geqslant 0\\ \frac{\rho_{S0}}{2\varepsilon_0\sqrt{\alpha^2+\beta^2}}\sin\alpha x\sin\beta y\exp(\Gamma z) & z\leqslant 0\end{cases}$,

其中 $\Gamma=\sqrt{\alpha^2+\beta^2}$。

4.14 $\phi=\frac{4\phi_0}{\pi^2}\sum_{n=1}^{\infty}\frac{(-1)^{n-1}}{(2n-1)^2\sinh\frac{(2n-1)\pi a}{b}}\sinh\frac{(2n-1)\pi x}{b}\sin\frac{(2n-1)\pi y}{b}$。

4.15 (1) $\phi=\phi_0\left[-\frac{\cosh\frac{\pi b}{a}}{\sinh\frac{\pi b}{a}}\sinh\frac{\pi y}{a}+\cosh\frac{\pi y}{a}\right]\sin\frac{\pi x}{a}$

$$=\phi_0\frac{\sinh\frac{\pi(b-y)}{a}}{\sinh\frac{\pi b}{a}}\sin\frac{\pi x}{a};$$

(2) $\phi=\frac{4\phi_0}{\pi}\sum_{n=1}^{\infty}\frac{1}{2n-1}\left[\cosh\frac{(2n-1)\pi x}{b}+\right.$

$$\left.\frac{1-\cosh\frac{(2n-1)\pi a}{b}}{\sinh\frac{(2n-1)\pi a}{b}}\sinh\frac{(2n-1)\pi x}{b}\right]\sin\frac{(2n-1)\pi y}{b}。$$

4.16 $\phi=\frac{\phi_0}{b}(b-y)$。

4.17

$$\phi(x,y,z)=\sum_n\sum_m\left[A_{mn}\sinh\Gamma_{mn}x+B_{mn}\cosh\Gamma_{mn}x\right]\sin\frac{(2m-1)\pi}{b}y\sin\frac{(2n-1)\pi}{c}z$$

$$A_{mn}=\left(\frac{4\phi_0}{(2n-1)\pi}\delta_{3(2m-1)}-\frac{16\phi_0\cosh\Gamma_{mn}a}{(2m-1)(2n-1)\pi^2}\right)/\sinh\Gamma_{mn}a,$$

$$B_{mn}=\frac{16\phi_0}{(2m-1)(2n-1)\pi^2},\quad \Gamma_{mn}=\sqrt{\left(\frac{(2m-1)\pi}{a}\right)^2+\left(\frac{(2n-1)\pi}{b}\right)^2}。$$

4.18 $\boldsymbol{E}_o=\left(1+\frac{a^2}{r^2}\right)E_0\cos\varphi\boldsymbol{e}_r+\left(-1+\frac{a^2}{r^2}\right)E_0\sin\varphi\boldsymbol{e}_\varphi$;$\phi=\left(-r+\frac{a^2}{r}\right)E_0\cos\varphi$;

$\rho_S=2\varepsilon_0E_0\cos\varphi$,$\rho_{S\max}=2\varepsilon_0E_0$。

4.19 $\phi=\sum_{n=1}^{\infty}\left\{\frac{2\phi_0}{x_{0n}J_1(x_{0n})}\left[\frac{\sinh\left(\frac{x_{0n}z}{a}\right)}{\sinh\left(\frac{x_{0n}d}{a}\right)}\right]J_0\left(\frac{x_{0n}r}{a}\right)+\right.$

$\left.\left[\frac{2\phi_0}{\pi}\frac{(-1)^{n+1}+\cos\frac{n\pi}{2}}{nI_0\left(\frac{n\pi a}{d}\right)}\sin\frac{n\pi z}{d}\right]I_0\left(\frac{n\pi r}{d}\right)\right\}$。

4.20 $\phi_1=\left[-\frac{2E_0\varepsilon_0 b^2}{(\varepsilon+\varepsilon_0)b^2+(\varepsilon-\varepsilon_0)a^2}r+\frac{2E_0\varepsilon_0 a^2b^2}{(\varepsilon+\varepsilon_0)b^2+(\varepsilon-\varepsilon_0)a^2}\frac{1}{r}\right]\cos\varphi$；

$\phi_2=E_0\left[-r+\frac{(\varepsilon-\varepsilon_0)b^4+(\varepsilon+\varepsilon_0)a^2b^2}{(\varepsilon+\varepsilon_0)b^2+(\varepsilon-\varepsilon_0)a^2}\frac{1}{r}\right]\cos\varphi$。

4.21 $\phi(r,\varphi)=U_0\left(ar^{-1}\cos\varphi+\frac{3}{2}a^3r^{-3}\cos3\varphi\right)$。

4.22 $\phi=\frac{4\phi_0}{\pi}\sum_{n=1}^{\infty}\frac{1}{2n-1}\left(\frac{r_1^{4n-2}}{r_1^{8n-4}-r_2^{8n-4}}r^{4n-2}-\frac{r_1^{4n-2}r_2^{8n-4}}{r_1^{8n-4}-r_2^{8n-4}}r^{-(4n-2)}\right)\sin(4n-2)\varphi$，

$n=1,2,3,\cdots$

4.23 $V_2(\rho,\varphi)=\frac{4U_0}{\pi}\sum_{k=1}^{\infty}\frac{a^{2k-1}\sin[(2k-1)\varphi]}{(2k-1)\rho^{2k-1}},\rho>a$

$V_1(\rho,\varphi)=\frac{4U_0}{\pi}\sum_{k=1}^{\infty}\frac{\rho^{2k-1}\sin[(2k-1)\varphi]}{(2k-1)a^{2k-1}},\rho<a$。

4.24 $\phi=\phi_0+\sum_{n=1}^{\infty}\left[\frac{2\phi_0}{n\pi}\frac{[(-1)^n-1]}{I_0\left(\frac{n\pi a}{l}\right)}I_0\left(\frac{n\pi r}{l}\right)\sin\frac{n\pi z}{l}\right]$。

4.25 $\phi_1=\frac{Q}{4\pi\varepsilon}\sum_{n=0}^{\infty}\left(\frac{r^n}{d^{n+1}}-\frac{a^{2n+1}}{(dr)^{n+1}}\right)\mathrm{P}_n(\cos\theta)$， $(a\leqslant r\leqslant d)$；

$\phi_2=\frac{Q}{4\pi\varepsilon}\sum_{n=0}^{\infty}\left(\frac{d^n}{r^{n+1}}-\frac{a^{2n+1}}{(dr)^{n+1}}\right)\mathrm{P}_n(\cos\theta)$， $(r\geqslant d)$。

4.26 $\phi(r,\varphi)=\frac{V_2-V_1}{\ln(R_2/R_1)}\ln r+\frac{V_1\ln R_2-V_2\ln R_1}{\ln(R_2/R_1)}$。

4.27 $H_i=\frac{9\mu\mu_0H_0}{(2\mu+\mu_0)(\mu+2\mu_0)-2(\mu-\mu_0)^2\left(\frac{r_1}{r_2}\right)^3}$；$K=\frac{9}{2\mu_r(1-r_1^3/r_2^3)}$。

4.28 (1) 以球心(或者球面)为电势参考点，并利用叠加原理，得到电势分布为

$$\begin{cases}\phi_1=\left(-r+\frac{a^3}{r^2}\right)E_0\cos\theta+\frac{Q}{4\pi\varepsilon_0}\left(\frac{1}{r}-\frac{1}{a}\right) & r>a\\ \phi_2=0 & r<a\end{cases},$$

电场强度分布为

$$\begin{cases}\boldsymbol{E}_1=\left[\left(1+2\frac{a^3}{r^3}\right)E_0\cos\theta+\frac{Q}{4\pi\varepsilon_0r^2}\right]\boldsymbol{e}_r+\left(-1+\frac{a^3}{r^3}\right)E_0\sin\theta\boldsymbol{e}_\theta & r>a\\ \boldsymbol{E}_2=0 & r<a\end{cases};$$

(2) 以球心为电势参考零点，并利用叠加原理，得到电势分布为

$$\begin{cases}\phi_1=\left(-r+\dfrac{\varepsilon-\varepsilon_0}{2\varepsilon_0+\varepsilon}\dfrac{a^3}{r^2}\right)E_0\cos\theta+\dfrac{Q}{4\pi\varepsilon_0}\left(\dfrac{1}{r}-\dfrac{1}{a}\right)-\dfrac{Q}{8\pi\varepsilon a} & r>a\\ \phi_2=-\dfrac{3\varepsilon_0}{2\varepsilon_0+\varepsilon}E_0r\cos\theta-\dfrac{Qr^2}{8\pi\varepsilon a^3} & r<a\end{cases},$$

电场强度分布为

$$\begin{cases}\boldsymbol{E}_1=\left[\left(1+\dfrac{2(\varepsilon-\varepsilon_0)}{\varepsilon+2\varepsilon_0}\dfrac{a^3}{r^3}\right)E_0\cos\theta+\dfrac{Q}{4\pi\varepsilon_0r^2}\right]\boldsymbol{e}_r+\left(-1+\dfrac{\varepsilon-\varepsilon_0}{\varepsilon+2\varepsilon_0}\dfrac{a^3}{r^3}\right)E_0\sin\theta\boldsymbol{e}_\theta & r>a\\ \boldsymbol{E}_2=\left(\dfrac{3\varepsilon_0}{2\varepsilon_0+\varepsilon}E_0\cos\theta+\dfrac{Qr}{4\pi\varepsilon a^3}\right)\boldsymbol{e}_r-\dfrac{3\varepsilon_0}{2\varepsilon_0+\varepsilon}E_0\sin\theta\boldsymbol{e}_\theta & r<a\end{cases}。$$

4.29 $\phi=\left(-r+\dfrac{a^3}{r^2}\right)E_0P_1(\cos\theta)\quad z>0,r\geqslant a$；

$$\boldsymbol{E}=\left(1+\frac{2a^3}{r^3}\right)E_0\cos\theta\boldsymbol{e}_r+\left(-1+\frac{a^3}{r^3}\right)E_0\sin\theta\boldsymbol{e}_\theta\quad z>0,r\geqslant a;$$

球面上：$\rho_S=3\varepsilon_0E_0\cos\theta$；平板上：$\rho_S=\left(1-\dfrac{a^3}{r^3}\right)\varepsilon_0E_0$。

4.30 $F=\dfrac{9}{2}\pi a^2\varepsilon_0E_0^2$。

4.31 略。

4.32

$$\begin{aligned}G_1(x,y)&=\frac{2}{\pi\varepsilon_0}\sum_n\frac{\sin\frac{n\pi}{a}x'\sinh\frac{n\pi}{a}(b-y')}{n\sinh\frac{n\pi}{a}b}\sin\frac{n\pi}{a}x\sinh\frac{n\pi}{a}y,\quad 0\leqslant x\leqslant a,0\leqslant y\leqslant y'\\ G_2(x,y)&=-\frac{2}{\pi\varepsilon_0}\sum_n\frac{\sin\frac{n\pi}{a}x'\sinh\frac{n\pi}{a}y'}{n\sinh\frac{n\pi}{a}b}\sin\frac{n\pi}{a}x\sinh\frac{n\pi}{a}(y-b)\quad 0\leqslant x\leqslant a,y'\leqslant y\leqslant b\end{aligned}。$$

4.33 $G_1=\dfrac{a_nb}{2n\pi\varepsilon_0}e^{\frac{n\pi}{b}(x-x')}\sin\dfrac{n\pi y}{b},\quad x\leqslant x',0\leqslant y\leqslant b$；

$G_2=\dfrac{a_nb}{2n\pi\varepsilon_0}e^{-\frac{n\pi}{b}(x-x')}\sin\dfrac{n\pi y}{b},\quad x\geqslant x',0\leqslant y\leqslant b$。

4.34 $\phi=\dfrac{1}{4\pi\varepsilon}\ln\dfrac{(x-x')^2+(y+h)^2}{(x-x')^2+(y-h)^2}$。

4.35 $\phi=\dfrac{1}{4\pi\varepsilon_0}\ln\dfrac{r^2r'^2+a^4-2a^2rr'\cos(\varphi-\varphi')}{a^2[r^2+r'^2-2rr'\cos(\varphi-\varphi')]}$。

4.36 $\phi=-\dfrac{\rho_l}{4\pi\varepsilon_0}\ln\dfrac{r+r'-2\sqrt{rr'}\cos[(\varphi-\varphi')/2]}{r+r'-2\sqrt{rr'}\cos[(\varphi+\varphi')/2]}$，

$$\boldsymbol{E}=\frac{\rho_l}{4\pi\varepsilon_0}\left(\frac{1-\sqrt{r'/r}\cos[(\varphi-\varphi')/2]}{r+r'-2\sqrt{rr'}\cos[(\varphi-\varphi')/2]}-\frac{1-\sqrt{r'/r}\cos[(\varphi+\varphi')/2]}{r+r'-2\sqrt{rr'}\cos[(\varphi+\varphi')/2]}\right)\boldsymbol{e}_r$$

$$+\frac{\sqrt{r'/r}\rho_l}{4\pi\varepsilon_0}\left(\frac{\sin[(\varphi-\varphi')/2]}{r+r'-2\sqrt{rr'}\cos[(\varphi-\varphi')/2]}-\frac{\sin[(\varphi+\varphi')/2]}{r+r'-2\sqrt{rr'}\cos[(\varphi+\varphi')/2]}\right)\boldsymbol{e}_\varphi,$$

$$\rho_S=-\frac{\sqrt{r'/r}\rho_l}{\pi}\frac{\sin(\varphi'/2)}{r+r'-2\sqrt{rr'}\cos(\varphi'/2)}。$$

4.37 $$\phi=-\frac{\rho_l}{4\pi\varepsilon_0}\ln\frac{\sin^2\frac{\pi x}{a}\cosh^2\frac{\pi y}{a}+\left(\cos\frac{\pi x}{a}\sinh\frac{\pi y}{a}-\sinh\frac{\pi b}{a}\right)^2}{\sin^2\frac{\pi x}{a}\cosh^2\frac{\pi y}{a}+\left(\cos\frac{\pi x}{a}\sinh\frac{\pi y}{a}+\sinh\frac{\pi b}{a}\right)^2}。$$

4.38 $$C=\frac{2\pi\varepsilon}{\ln\frac{a_2+b_2}{a_1+b_1}}。$$

4.39 采用 $w=\arccos\frac{z}{a}$，$\phi=\phi_0\left(1-\frac{u}{\pi}\right)=\phi_0-\frac{\phi_0}{\pi}\mathrm{Re}\left[\arccos\frac{z}{a}\right]$。

采用复数形式表示电场强度，则

$$\dot{E}=E_x+\mathrm{j}E_y=-\frac{\phi_0}{\pi\sqrt[4]{(a^2-x^2+y^2)^2+4x^2y^2}}\mathrm{e}^{-\mathrm{j}\frac{\theta}{2}},\theta=\arctan\frac{2xy}{a^2-x^2+y^2}。$$

4.40 $\frac{\varepsilon_0\pi}{4\ln(b/a)}$。

第 5 章

5.1 求解此题目需要注意感应电动势参考正方向的选取(与磁场的正方向满足右手螺旋定则)，$\mathscr{E}=-2bE_m\sin\frac{\beta a\cos\alpha}{2}\cos\omega t$。

5.2 (1) $$\mathscr{E}_1=-\frac{\mathrm{d}\psi_m}{\mathrm{d}t}=\frac{\mu_0 I_0 ab\omega\left(d+\frac{a}{2}\right)\sin\omega t}{4\pi}\left(\frac{1}{r_2^2}+\frac{1}{r_1^2}\right)$$

$$r_1=\left[\left(d+\frac{a}{2}\right)^2+\left(\frac{a}{2}\right)^2-\left(d+\frac{a}{2}\right)a\cos\omega t\right]^{\frac{1}{2}},$$

$$r_2=\left[\left(d+\frac{a}{2}\right)^2+\left(\frac{a}{2}\right)^2+\left(d+\frac{a}{2}\right)a\cos\omega t\right]^{\frac{1}{2}}。$$

(2) $$\mathscr{E}_2=\frac{\mu_0 I_m ab\omega\left(d+\frac{a}{2}\right)\cos\Omega t\sin\omega t}{4\pi}\left(\frac{1}{r_2^2}+\frac{1}{r_1^2}\right)+\frac{\mu_0 I_m b\Omega\sin\Omega t}{2\pi}\ln\frac{r_2}{r_1}。$$

5.3 $\mathscr{E}=-\frac{\mathrm{d}\psi_m}{\mathrm{d}t}=0.348\sin(2\pi\times10^7 t)\mathrm{V}$。

5.4 $\boldsymbol{E}=E_\varphi(r,t)\boldsymbol{e}_\varphi=-\boldsymbol{e}_\varphi\frac{\mu_0}{r}\int_0^r r'\frac{\partial f(r',t)}{\partial t}\mathrm{d}r'$，$\boldsymbol{E}=-\frac{\mu_0 C}{3}r^2\boldsymbol{e}_\varphi$。

5.5 $\boldsymbol{J}_D=\frac{\varepsilon\omega U_m\cos\omega t}{r\ln\frac{r_2}{r_1}}\boldsymbol{e}_r$，$i_D=\frac{2\pi l\varepsilon\omega U_m\cos\omega t}{\ln\frac{r_2}{r_1}}$。

5.6 当 $f=10\text{kHz}$ 时,有 $i_D=9.6\times10^{-15}\text{A}$,

当 $f=100\text{MHz}$ 时,有 $i_D=9.6\times10^{-11}\text{A}$。

5.7 $\boldsymbol{J}_D=\dfrac{r_1r_2}{r_2-r_1}\cdot\dfrac{1}{r^2}\cdot\varepsilon\omega U_m\cos\omega t\boldsymbol{e}_r$, $i_D=\dfrac{4\pi r_1r_2\varepsilon\omega}{r_2-r_1}U_m\cos\omega t$。

5.8 $\boldsymbol{J}_D=-0.02\pi\sin(6\pi\times10^6t-2\pi z)\boldsymbol{e}_x\text{A/m}^2$。

5.9 $\boldsymbol{B}=-\dfrac{\beta}{\omega}E_m[\sin(\omega t-\beta z)\boldsymbol{e}_x-\cos(\omega t-\beta z)\boldsymbol{e}_y]$。

5.10 (1) $\boldsymbol{E}=E_m\cos(\omega t-\beta z)\boldsymbol{e}_x$;

(2) $\boldsymbol{H}=H_m\mathrm{e}^{-\alpha z}\cos(\omega t-\beta z)\boldsymbol{e}_y$;

(3) $\boldsymbol{E}=E_m\sin\beta z\cos\omega t\boldsymbol{e}_x$;

(4) $\boldsymbol{E}=80\cos(\omega t-20z-\pi/4)\boldsymbol{e}_x$;

(5) $\boldsymbol{H}=4\cos(\omega t+\beta z)\boldsymbol{e}_x-5\sin(\omega t+\beta z)\boldsymbol{e}_y$;

(6) $\boldsymbol{E}=10\cos(\omega t-6x-8z)\boldsymbol{e}_y$。

5.11 $\boldsymbol{H}=\dfrac{\beta}{\omega\mu_0}E_m\cos(\omega t-\beta z)\boldsymbol{e}_y$;

$\rho_S|_{x=d}=-\varepsilon_0E_m\cos(\omega t-\beta z)$, $\rho_S|_{x=0}=\varepsilon_0E_m\cos(\omega t-\beta z)$;

$\boldsymbol{J}_S|_{x=d}=-\dfrac{\beta E_m}{\mu_0\omega}\cos(\omega t-\beta z)\boldsymbol{e}_z$, $\boldsymbol{J}_S|_{x=0}=\dfrac{\beta E_m}{\mu_0\omega}\cos(\omega t-\beta z)\boldsymbol{e}_z$。

5.12 $A=\dfrac{\mu_0\omega}{\beta}B$ 且 $\omega\varepsilon A=\beta B$, $\beta=\omega\sqrt{\varepsilon\mu_0}$;

$\rho_S|_{r=r_1}=\dfrac{\varepsilon A}{r_1}\sin\beta z\mathrm{e}^{\mathrm{j}\omega t}$, $\rho_S|_{r=r_2}=-\dfrac{\varepsilon A}{r_2}\sin\beta z\mathrm{e}^{\mathrm{j}\omega t}$;

$\rho_S|_{z=0,l}=0$。$\boldsymbol{J}_S|_{r=r_1}=\mathrm{j}\dfrac{B}{r_1}\cos\beta z\mathrm{e}^{\mathrm{j}\omega t}\boldsymbol{e}_z$, $\boldsymbol{J}_S|_{r=r_2}=-\mathrm{j}\dfrac{B}{r_2}\cos\beta z\mathrm{e}^{\mathrm{j}\omega t}\boldsymbol{e}_z$;

$\boldsymbol{J}_S|_{z=0}=-\mathrm{j}\dfrac{B}{r}\mathrm{e}^{\mathrm{j}\omega t}\boldsymbol{e}_r$, $\boldsymbol{J}_S|_{z=l}=\mathrm{j}\dfrac{B}{r}\mathrm{e}^{\mathrm{j}\omega t}\cos\beta l\boldsymbol{e}_r$。

5.13 (1) $\boldsymbol{E}(z,t)=96\pi(\boldsymbol{e}_x-\boldsymbol{e}_y)\cos(6\pi\times10^8t-2\pi z)\quad \text{V/m}$;

(2) $\boldsymbol{S}=\boldsymbol{E}(z,t)\times\boldsymbol{H}(z,t)=\boldsymbol{e}_z153.6\pi\cos^2(6\pi\times10^8t-2\pi z)\quad \text{W/m}^2$。

5.14 $\boldsymbol{S}=-\dfrac{\sigma U_0^2r}{2d^2}\boldsymbol{e}_r$。

5.15
$$\oint_S(\boldsymbol{E}\times\boldsymbol{H})\cdot\mathrm{d}\boldsymbol{S}=\int_V\nabla\cdot(\boldsymbol{E}\times\boldsymbol{H})\mathrm{d}V=\int_V[(\nabla\times\boldsymbol{E})\cdot\boldsymbol{H}-\boldsymbol{E}\cdot(\nabla\times\boldsymbol{H})]\mathrm{d}V$$
$$=\int_V[0\cdot\boldsymbol{H}-\boldsymbol{E}\cdot0]\mathrm{d}V=0$$

5.16 (1) $\boldsymbol{H}=\dfrac{E_m}{\omega\mu_0}\left[-\beta\sin\dfrac{\pi x}{a}\sin(\omega t-\beta z)\boldsymbol{e}_x+\dfrac{\pi}{a}\cos\dfrac{\pi x}{a}\cos(\omega t-\beta z)\boldsymbol{e}_z\right]$,

$\boldsymbol{J}_S\big|_{x=0}=-\dfrac{\pi E_m}{a\omega\mu_0}\cos(\omega t-\beta z)\boldsymbol{e}_y$, $\boldsymbol{J}_S|_{x=a}=\dfrac{\pi E_m}{a\omega\mu_0}\cos(\omega t-\beta z)\boldsymbol{e}_y$,

$\boldsymbol{J}_S\big|_{y=0}=\dfrac{\pi E_m}{a\omega\mu_0}\cos\dfrac{\pi x}{a}\cos(\omega t-\beta z)\boldsymbol{e}_x+\dfrac{\beta E_m}{\omega\mu_0}\sin\dfrac{\pi x}{a}\sin(\omega t-\beta z)\boldsymbol{e}_z$

$\boldsymbol{J}_S|_{y=b}=-\frac{\pi E_m}{a\omega\mu_0}\cos\frac{\pi x}{a}\cos(\omega t-\beta z)\boldsymbol{e}_x-\frac{\beta E_m}{\omega\mu_0}\sin\frac{\pi x}{a}\sin(\omega t-\beta z)\boldsymbol{e}_z$。

(2) $\boldsymbol{J}_D=\varepsilon_0\omega E_m\sin\frac{\pi x}{a}\cos(\omega t-\beta z)\boldsymbol{e}_y$。

(3) $\boldsymbol{S}=\frac{\pi E_m^2}{4\mu_0 a\omega}\sin\frac{2\pi x}{a}\sin(2\omega t-2\beta z)\boldsymbol{e}_x+\frac{\beta E_m^2}{\mu_0\omega}\sin^2\frac{\pi x}{a}\sin^2(\omega t-\beta z)\boldsymbol{e}_z$,

$\bar{\boldsymbol{S}}=\frac{\beta E_m^2}{2\mu_0\omega}\sin^2\frac{\pi x}{a}\boldsymbol{e}_z$。

(4) $P=\frac{\beta E_m^2 ab}{4\mu_0\omega}$。

5.17 $\boldsymbol{H}=\frac{1}{\mu}\nabla\times\boldsymbol{A}=-\frac{kA_m}{\mu}\cos(\omega t-kz)\boldsymbol{e}_y$;

$\boldsymbol{E}=-\boldsymbol{e}_x\omega A_m\cos(\omega t-kz)$; $\boldsymbol{S}=\boldsymbol{E}\times\boldsymbol{H}=\boldsymbol{e}_z\frac{\omega k}{\mu}A_m^2\cos^2(\omega t-kz)$。

5.18 良导体内有 $\phi\approx0$。

5.19 $\boldsymbol{H}=-\frac{f'(r)}{\mu}e^{j(\omega t-\beta z)}\boldsymbol{e}_\varphi$;

$\boldsymbol{E}=-\boldsymbol{e}_r\frac{\beta}{\omega\varepsilon\mu}f'(r)e^{j(\omega t-\beta z)}+\boldsymbol{e}_z j\frac{\beta^2-\omega^2\varepsilon\mu}{\omega\varepsilon\mu}f(r)e^{j(\omega t-\beta z)}$。

5.20 当 $k^2=\omega^2\varepsilon\mu$ 时,$\boldsymbol{E}=\boldsymbol{E}_m e^{-j\boldsymbol{k}\cdot\boldsymbol{r}}$ 才为波动方程的解。条件是:$\boldsymbol{k}\cdot\boldsymbol{E}_m=0$。

5.21 将计算结果在 $r\gg1$ 条件下进行简化即可。

5.22 $A_z=\frac{\mu_0 I_m l e^{-jkr}}{4\pi r}\mathrm{Sa}\left(\frac{(\beta-k\cos\theta)l}{2}\right)$,方向为 z 轴正方向;

$\boldsymbol{H}=\frac{jkI_m l e^{-jkr}}{4\pi r}\mathrm{Sa}\left(\frac{(\beta-k\cos\theta)l}{2}\right)\sin\theta\boldsymbol{e}_\varphi$。

第 6 章

6.1 $f=3\times10^8$ Hz; $\lambda=1$m; $\beta=2\pi$rad·m^{-1}; 传播方向沿 $-z$ 方向; $\boldsymbol{H}=0.1\cos(6\pi\times10^8 t+2\pi z)\boldsymbol{e}_x$ A/m。

6.2 $2NaE_m\sin\frac{ka\sin\alpha}{2}$,其中 k 为波数。

6.3 $\varepsilon_r=4,\mu_r=1$。

6.4 (1) $E_m=10$V/m,$\boldsymbol{k}=0.05\pi(3\boldsymbol{e}_x-\sqrt{3}\boldsymbol{e}_y+2\boldsymbol{e}_z)$m^{-1},$\lambda=10$m;

(2) $\boldsymbol{H}=\frac{5}{754}(-\sqrt{3}\boldsymbol{e}_x+\boldsymbol{e}_y+2\sqrt{3}\boldsymbol{e}_z)\cos[6\pi\times10^7 t-0.05\pi(3x-\sqrt{3}y+2z)]$A/m;

(3) $\bar{\boldsymbol{S}}=\frac{25}{754}(3\boldsymbol{e}_x-\sqrt{3}\boldsymbol{e}_y+2\boldsymbol{e}_z)$W/m^2。

6.5 (1) $B=-2$;

(2) $\boldsymbol{k}=40\pi(-\boldsymbol{e}_x+2\boldsymbol{e}_y+2\boldsymbol{e}_z)$m^{-1},$f=1.5\times10^{10}$ Hz,$v=2.5\times10^8$m/s,

$\lambda=\frac{1}{60}$m;

(3) $\varepsilon_r=1.44$;

(4) $\boldsymbol{E}=500\pi(-2\boldsymbol{e}_x-2\boldsymbol{e}_y+\boldsymbol{e}_z)\cos[3\pi\times10^{10}t+40\pi(x-2y-2z)]\text{V/m}$;

$\boldsymbol{S}=7500\pi(-\boldsymbol{e}_x+2\boldsymbol{e}_y+2\boldsymbol{e}_z)\cos^2[3\pi\times10^{10}t+40\pi(x-2y-2z)]\text{W/m}^2$。

6.6 $\boldsymbol{E}=E_m e^{j[6\pi\times10^7t-0.1\pi(\sqrt{3}x+y)]}\boldsymbol{e}_z$; $\boldsymbol{H}=\dfrac{E_m(\boldsymbol{e}_x-\sqrt{3}\boldsymbol{e}_y)}{240\pi}e^{j[6\pi\times10^7t-0.1\pi(\sqrt{3}x+y)]}$。

6.7 (1) 沿$+z$方向传播,$\lambda=0.1\text{m}$;

(2) 左旋圆极化波;

(3) $\bar{\boldsymbol{S}}=\dfrac{10^{-6}}{120\pi}\boldsymbol{e}_z\text{W/m}^2$。

6.8 $\boldsymbol{E}=E_0(\boldsymbol{e}_x+j\boldsymbol{e}_y)e^{j(\omega t-\beta z)}$,$\boldsymbol{E}_1=E_0e^{j(\omega t-\beta z)}\boldsymbol{e}_x$,$\boldsymbol{E}_2=jE_0e^{j(\omega t-\beta z)}\boldsymbol{e}_y$;

$\bar{\boldsymbol{S}}=\sqrt{\dfrac{\varepsilon}{\mu}}E_0^2\boldsymbol{e}_z$。

6.9 $\boldsymbol{e}_k=\pm\dfrac{1}{2}\boldsymbol{e}_x+\dfrac{\sqrt{3}}{2}\boldsymbol{e}_y$;$v_p=6\times10^8\text{m/s}$。

6.10 $v_g=3.09\times10^7\text{m/s}$。

6.11 $f=1\text{kHz}$时,$\dfrac{\sigma}{\omega\varepsilon}\gg1$,$\alpha\approx\beta=0.02\pi=0.0628\text{Np/m}$,

$\lambda=100\text{m}$,$v_p=10^5\text{m/s}$,$Z=2\pi(1+j)\times10^{-2}\Omega$;

$f=1\text{MHz}$时,$\dfrac{\sigma}{\omega\varepsilon}\gg1$,$\alpha\approx\beta=1.99\text{Np/m}$,

$\lambda=3.16\text{m}$,$v_p=3.16\times10^6\text{m/s}$,$Z=1.99(1+j)\Omega$;

$f=1\text{GHz}$时,$\alpha=20.8\text{Np/m}$,$\lambda=0.033\text{m}$,$v_p=3.3\times10^7\text{m/s}$,

$Z=(41.14+4.52j)\Omega$;

$f\leqslant3.156\text{kHz}$。

6.12 $\alpha\approx\beta=\sqrt{\pi f\mu\sigma}\text{Np/m}$,$e^{-\alpha\lambda}=e^{-\beta\lambda}=e^{-2\pi}=0.002$,

$20\lg0.002\approx-54.8$。

6.13 (1) $v_p=\sqrt{\dfrac{2\omega}{\mu\sigma}}$,$v_g=2v_p$;(2) 平均磁能密度大。

6.14 $T_\perp=\dfrac{3}{2}$, $\theta_t'=\theta_1$, $\Gamma_\perp'=-\dfrac{1}{2}$, $T_\perp'=\dfrac{1}{2}$。

在这两种情况下,传输系数$T_\perp$和$T_\perp'$不相等。

6.15 垂直极化波可以发生全透射,$\theta_B=\arcsin\sqrt{\dfrac{\mu_2}{\mu_1+\mu_2}}$。

6.16 反射波和折射波均为椭圆极化波;以布儒斯特角入射,反射波成为线性极化波。

6.17 (1) $\theta_i=\arcsin\dfrac{3}{5}$,$\theta_t=\arcsin\dfrac{1}{5}$;

(2) $f=\dfrac{3}{2\pi}\times10^9\text{Hz}$,$\lambda_0=0.2\pi\text{m}$,$\lambda=\dfrac{0.2\pi}{3}\text{m}$;

(3) $\boldsymbol{E}_r=(-1.68\boldsymbol{e}_y+1.26\boldsymbol{e}_z)\cos(3\times10^9t+6y+8z)\text{V/m}$,

$\boldsymbol{E}_{\mathrm{t}}=(2.3\boldsymbol{e}_y+0.47\boldsymbol{e}_z)(3\times10^9t+6y-29.4z)\mathrm{V/m}$，

$\boldsymbol{H}_{\mathrm{i}}=-\dfrac{5}{377}\cos(3\times10^9t+6y-8z)\boldsymbol{e}_x\mathrm{A/m}$，

$\boldsymbol{H}_{\mathrm{r}}=-\dfrac{2.1}{377}\cos(3\times10^9t+6y+8z)\boldsymbol{e}_x\mathrm{A/m}$，

$\boldsymbol{H}_{\mathrm{t}}=-\dfrac{7.04}{377}\cos(3\times10^9t+6y-29.4z)\boldsymbol{e}_x\mathrm{A/m}$。

入射波、反射波和透射波的平均坡印亭矢量分别为：

$\bar{\boldsymbol{S}}_{\mathrm{i}}=\dfrac{5}{754}(-3\boldsymbol{e}_y+4\boldsymbol{e}_z)\mathrm{W/m^2}$，　$\bar{\boldsymbol{S}}_{\mathrm{r}}=\dfrac{0.88}{754}(-3\boldsymbol{e}_y-4\boldsymbol{e}_z)\mathrm{W/m^2}$，

$\bar{\boldsymbol{S}}_{\mathrm{t}}=\dfrac{3.3}{754}(-\boldsymbol{e}_y+4.9\boldsymbol{e}_z)\mathrm{W/m^2}$，

$\bar{\boldsymbol{S}}_1=-\dfrac{17.6}{754}\boldsymbol{e}_y+\dfrac{16.5}{754}\boldsymbol{e}_z-\dfrac{12.6}{754}\cos(16z)\boldsymbol{e}_y\mathrm{W/m^2}$。

6.18　1∶2。

6.19　提示：满足总反射系数 $\Gamma=0$ 即可。

6.20　以左旋圆极化波入射为例，反射波与透射波分别为：

$$\boldsymbol{E}_{\mathrm{r}}=\Gamma\cdot E_{\mathrm{m}}(\boldsymbol{e}_x+\mathrm{j}\boldsymbol{e}_y)e^{\mathrm{j}\beta z},\quad \boldsymbol{E}_{\mathrm{t}}=T\cdot E_{\mathrm{m}}(\boldsymbol{e}_x+\mathrm{j}\boldsymbol{e}_y)\mathrm{e}^{-\mathrm{j}\beta' z}。$$

反射波中沿 x、y 分量的振幅仍相等，传播方向为 $-z$ 轴，y 分量的相位超前 x 分量为$\dfrac{\pi}{2}$，故相对于反射波的传播方向为右旋圆极化波。透射电磁波仍为左旋圆极化波。当入射波为右旋圆极化时，可以做类似分析。

6.21　(1) $f=\dfrac{3}{2\pi}\times10^9\mathrm{Hz}$，

$\boldsymbol{E}_{\mathrm{r}}=-10\mathrm{e}^{-\mathrm{j}(6x-8z)}\boldsymbol{e}_y$，　$\boldsymbol{H}_{\mathrm{r}}=-\dfrac{1}{60\pi}(4\boldsymbol{e}_x+3\boldsymbol{e}_z)\mathrm{e}^{-\mathrm{j}(6x-8z)}$。

(2) $\bar{\boldsymbol{S}}_{\mathrm{i}}=\dfrac{1}{12\pi}(3\boldsymbol{e}_x+4\boldsymbol{e}_z)$，$\bar{\boldsymbol{S}}_{\mathrm{r}}=\dfrac{1}{12\pi}(3\boldsymbol{e}_x-4\boldsymbol{e}_z)$，

$\bar{\boldsymbol{S}}_1=\dfrac{1}{2\pi}\boldsymbol{e}_x-\dfrac{1}{2\pi}\cos(16z)\boldsymbol{e}_x$。

(3) $\boldsymbol{J}_S=\dfrac{2}{15\pi}\mathrm{e}^{-\mathrm{j}6x}\boldsymbol{e}_y$，$\rho_S=0$。

6.22　(1) 铜板：$\Gamma\approx-1$；$T\approx0$；$\delta=6.6\times10^{-4}\mathrm{m}$；$R_S=2.6\times10^{-5}\Omega$；

(2) 铁板：$\Gamma\approx-1$；$T\approx0$；$\delta\approx5.0\times10^{-5}\mathrm{m}$；$R_S\approx1.99\times10^{-3}\Omega$。

6.23　$\bar{\boldsymbol{S}}_{\mathrm{i}}=\dfrac{1}{754}\boldsymbol{e}_z\mathrm{W/m^2}$，$\bar{\boldsymbol{S}}_{\mathrm{r}}=-\dfrac{1}{754}\boldsymbol{e}_z\mathrm{W/m^2}$，

坡印亭矢量平均值为 $\bar{\boldsymbol{S}}=0$，$S_{\max}=\dfrac{1}{377}\mathrm{W/m^2}$，$\Delta z=\dfrac{\lambda_0}{8}$。

6.24　(1) $E_{\mathrm{i}}=1\mathrm{V/m}$；$E_{\mathrm{r}}=-1\mathrm{V/m}$；$H_{\mathrm{i}}=\dfrac{1}{377}\mathrm{A/m}$；$H_{\mathrm{r}}=\dfrac{1}{377}\mathrm{A/m}$；

(2) $E_{\mathrm{t}}=0$，$H_{\mathrm{t}}=\dfrac{2}{377}\mathrm{A/m}$；

(3) $J_S=\frac{2}{377}\text{A/m}$；0.012A/m；

(4) $Z=(1+\text{j})\sqrt{\frac{\pi f\mu}{\sigma}}=2.6\times10^{-3}(1+\text{j})\Omega$；$p_0=7.3\times10^{-8}\text{W/m}^2$。

6.25 证明(略)。

6.26 $\lambda_c=6\text{cm}, f_c=5\text{GHz}, \lambda_g=3.46\text{cm}$；$H_{01}$、$H_{11}$、$E_{11}$。

6.27 $E_z=H_x=0, H_y=\frac{\beta}{\omega\mu}E_0\sin\left(\frac{\pi}{b}y\right)e^{j(\omega t-\beta z)}$，

$H_z=-j\frac{\pi}{\omega\mu b}E_0\cos\left(\frac{\pi}{b}y\right)e^{j(\omega t-\beta z)}$。

6.28 (1) $TE_{101}, f_0=4.8\text{GHz}$；$TE_{011}, f_0=5.83\text{GHz}$；$TM_{110}, f_0=6.25\text{GHz}$。

(2) $1.968\pi H_0^2\times10^{-11}\text{J}$ $\left(\text{设磁场强度的 } z \text{ 分量为 } H_z=-j2H_0\cos\frac{\pi}{a}x\sin\frac{\pi}{l}z\text{A/m}\right)$。

第 7 章

7.1 (1) 0.069rad；(2) 802。

7.2 (1) $\theta=\frac{\pi}{2}, \varphi=0$ 或 x 轴方向；(2) 6；(3) $\frac{2\pi}{3}$；(4) $\frac{\pi}{2}$。

7.3 $20\mu\text{W/m}^2$。

7.4 6.2dB。

7.5 (1) $H_\varphi=\frac{1}{Z_0}\frac{15}{r}I_0e^{-jk_0r}$ A/m；(2) $3.75I_0^2$W；(3) 7.5Ω；(4) 是；(5) 141A。

7.6 (1) 0.794；(2) 1.123；(3) 1.585,0.793。

7.7 略。

7.8 (1) $A_\varphi=jk_0I_mL_xL_y\frac{\mu_0}{4\pi}\frac{\sin\theta}{r}e^{-jk_0r}=jk_0m\frac{\mu_0}{4\pi}\frac{\sin\theta}{r}e^{-jk_0r}, m=I_mI_xI_y$；

(2) $E_\varphi=Z_0\frac{k_0^2m}{4\pi}\frac{\sin\theta}{r}e^{-jk_0r}$；(3) $H_\theta=-\frac{k_0^2m}{4\pi}\frac{\sin\theta}{r}e^{-jk_0r}$。

7.9 利用 $\boldsymbol{E}=-\nabla\phi-j\omega\boldsymbol{A}$，所得结果与赫兹偶极子的场完全一样。

7.10 (1) $E_\theta=Z_0\frac{jk_0I_0l}{8\pi}\frac{\sin\theta}{r}e^{-jk_0r}$，$H_\varphi=\frac{jk_0I_0l}{8\pi}\frac{\sin\theta}{r}e^{-jk_0r}$；

(2) $S=Z_0\frac{k_0^2I_0^2l^2}{128\pi^2r^2}\sin^2\theta e^{-jk_0r}$；(3) 1.5；(4) $R=\frac{\pi}{6}Z_0\left(\frac{l}{\lambda}\right)^2$。

7.11 10mΩ。

7.12 (1) 29.7%；(2) −3.51dB；(3) 33.8A,67.5W。

7.13 (1) 0.96W；(2) 0.192mΩ；(3) 0.42%。

7.14 (1) 50.1μV/m；π/2,49.98μV/m,0；(2) 25.0μV/m,π/2；

(3) 0,任意。

7.15 10mV/m,方向为 z 轴负方向。

7.16 3.23A。

7.17　在上半空间，场分布与半波振子相同，而辐射功率与辐射电阻为半波振子的一半。

7.18　(1) $h_e=\dfrac{\cos(k_0 h\cos\theta)-\cos k_0 h}{k_0\sin\theta}=\dfrac{\cos\left(\dfrac{\pi}{2}\cos\theta\right)}{k_0\sin\theta}$；(2) $\dfrac{1}{k_0}$。

7.19　(1) $2E$，6.56；(2) 0。

7.20　5m，146.4W，$H_\varphi=-\dfrac{1}{\pi r}\dfrac{\cos\left(\dfrac{\pi}{2}\cos\theta\right)}{\sin\theta}\sin\left(6\pi\times10^7 t-\dfrac{\pi}{5}r\right)$，

$$E_\theta=-\frac{120}{r}\frac{\cos\left(\frac{\pi}{2}\cos\theta\right)}{\sin\theta}\sin\left(6\pi\times10^7 t-\frac{\pi}{5}r\right)。$$

7.21　41.67A，63.55kW。

7.22　略。

7.23　(1) $A(1+\mathrm{e}^{\mathrm{j}(kd\cos\theta-\xi)})$，$A$ 表示单个赫兹偶极子天线的电场或磁场；

(2) $\sin\theta\left|\cos\left[\dfrac{1}{2}(kd\cos\theta-\xi)\right]\right|$；

(3) $\theta=\dfrac{\pi}{2}$。

7.24　(1) $\left|\cos\theta\cos\left[\dfrac{\pi}{2}\left(\cos\theta-\dfrac{1}{4}\right)\right]\right|$；(2) π。

7.25　$\dfrac{\pi}{2}$，$\left|\dfrac{\sin 4\pi\left(\cos\varphi-\dfrac{1}{2}\right)}{\sin\dfrac{\pi}{2}\left(\cos\varphi-\dfrac{1}{2}\right)}\right|$。

7.26　$F_a(\theta)=|6+8\cos(\pi\cos\theta)+2\cos(2\pi\cos\theta)|=16\left|\cos^4\left(\dfrac{\pi\cos\theta}{2}\right)\right|$。

7.27　(1) $F_\theta=\cos\dfrac{\pi}{2}\left(\cos\theta+\dfrac{1}{4}\right)$；

(2) $F_\theta=[4\cos(2\pi\cos\theta)+5]^{\frac{1}{2}}$；

(3) $F_\theta=\cos\dfrac{\pi}{2}\left(\cos\theta-\dfrac{1}{2}\right)$；

(4) $F_\theta=\left[4\cos\left(\pi\cos\theta+\dfrac{\pi}{4}\right)+5\right]^{\frac{1}{2}}$；

(5) $F(\theta)=\left[5+4\cos\dfrac{\pi}{2}(\cos\theta+1)\right]^{\frac{1}{2}}$。

7.28　λ。

附录A 三种常用坐标系中一些量的表达式

APPENDIX A

坐标系	直角坐标系	圆柱坐标系	球坐标系
坐标变量	x,y,z	r,φ,z	r,θ,φ
基矢	$\boldsymbol{e}_x,\boldsymbol{e}_y,\boldsymbol{e}_z$	$\boldsymbol{e}_r,\boldsymbol{e}_\varphi,\boldsymbol{e}_z$	$\boldsymbol{e}_r,\boldsymbol{e}_\theta,\boldsymbol{e}_\varphi$
拉梅系数	$h_1=h_2=h_3=1$	$h_1=h_3=1,h_2=r$	$h_1=1,h_2=r,$ $h_3=r\sin\theta$
线元矢量	$\mathrm{d}\boldsymbol{l}=\mathrm{d}x\boldsymbol{e}_x+\mathrm{d}y\boldsymbol{e}_y+\mathrm{d}z\boldsymbol{e}_z$	$\mathrm{d}\boldsymbol{l}=\mathrm{d}r\boldsymbol{e}_r+r\mathrm{d}\varphi\boldsymbol{e}_\varphi+\mathrm{d}z\boldsymbol{e}_z$	$\mathrm{d}\boldsymbol{l}=\mathrm{d}r\boldsymbol{e}_r+r\mathrm{d}\theta\boldsymbol{e}_\theta+r\sin\theta\mathrm{d}\varphi\boldsymbol{e}_\varphi$
面元矢量	$\mathrm{d}\boldsymbol{S}=\mathrm{d}y\mathrm{d}z\boldsymbol{e}_x+\mathrm{d}z\mathrm{d}x\boldsymbol{e}_y+\mathrm{d}x\mathrm{d}y\boldsymbol{e}_z$	$\mathrm{d}\boldsymbol{S}=r\mathrm{d}\varphi\mathrm{d}z\boldsymbol{e}_r+\mathrm{d}z\mathrm{d}r\boldsymbol{e}_\varphi+r\mathrm{d}r\mathrm{d}\varphi\boldsymbol{e}_z$	$\mathrm{d}\boldsymbol{S}=r^2\sin\theta\mathrm{d}\theta\mathrm{d}\varphi\boldsymbol{e}_r+r\sin\theta\mathrm{d}\varphi\mathrm{d}r\boldsymbol{e}_\theta+r\mathrm{d}r\mathrm{d}\theta\boldsymbol{e}_\varphi$
体积元	$\mathrm{d}V=\mathrm{d}x\mathrm{d}y\mathrm{d}z$	$\mathrm{d}V=r\mathrm{d}r\mathrm{d}\varphi\mathrm{d}z$	$\mathrm{d}V=r^2\sin\theta\mathrm{d}r\mathrm{d}\theta\mathrm{d}\varphi$
梯度	$\nabla f=\boldsymbol{e}_x\frac{\partial f}{\partial x}+\boldsymbol{e}_y\frac{\partial f}{\partial y}+\boldsymbol{e}_z\frac{\partial f}{\partial z}$	$\nabla f=\boldsymbol{e}_r\frac{\partial f}{\partial r}+\frac{\boldsymbol{e}_\varphi}{r}\frac{\partial f}{\partial\varphi}+\boldsymbol{e}_z\frac{\partial f}{\partial z}$	$\nabla f=\boldsymbol{e}_r\frac{\partial f}{\partial r}+\frac{\boldsymbol{e}_\theta}{r}\frac{\partial f}{\partial\theta}+\frac{\boldsymbol{e}_\varphi}{r\sin\theta}\frac{\partial f}{\partial\varphi}$
散度	$\nabla\cdot\boldsymbol{F}=\frac{\partial F_x}{\partial x}+\frac{\partial F_y}{\partial y}+\frac{\partial F_z}{\partial z}$	$\nabla\cdot\boldsymbol{F}=\frac{1}{r}\left[\frac{\partial}{\partial r}(rF_r)+\frac{\partial F_\varphi}{\partial\varphi}+r\frac{\partial F_z}{\partial z}\right]$	$\nabla\cdot\boldsymbol{F}=\frac{1}{r^2\sin\theta}\left[\sin\theta\frac{\partial}{\partial r}(r^2F_r)+r\frac{\partial}{\partial\theta}(\sin\theta F_\theta)+r\frac{\partial F_\varphi}{\partial\varphi}\right]$
旋度	$\nabla\times\boldsymbol{F}=\begin{vmatrix}\boldsymbol{e}_x & \boldsymbol{e}_y & \boldsymbol{e}_z\\ \frac{\partial}{\partial x} & \frac{\partial}{\partial y} & \frac{\partial}{\partial z}\\ F_x & F_y & F_z\end{vmatrix}$ $=\left(\frac{\partial F_z}{\partial y}-\frac{\partial F_y}{\partial z}\right)\boldsymbol{e}_x+\left(\frac{\partial F_x}{\partial z}-\frac{\partial F_z}{\partial x}\right)\boldsymbol{e}_y+\left(\frac{\partial F_y}{\partial x}-\frac{\partial F_x}{\partial y}\right)\boldsymbol{e}_z$	$\nabla\times\boldsymbol{F}=\begin{vmatrix}\frac{\boldsymbol{e}_r}{r} & \boldsymbol{e}_\varphi & \frac{\boldsymbol{e}_z}{r}\\ \frac{\partial}{\partial r} & \frac{\partial}{\partial\varphi} & \frac{\partial}{\partial z}\\ F_r & rF_\varphi & F_z\end{vmatrix}$ $=\frac{\boldsymbol{e}_r}{r}\left[\frac{\partial F_z}{\partial\varphi}-r\frac{\partial F_\varphi}{\partial z}\right]+\boldsymbol{e}_\varphi\left[\frac{\partial F_r}{\partial z}-\frac{\partial F_z}{\partial r}\right]+\frac{\boldsymbol{e}_z}{r}\left[\frac{\partial(rF_\varphi)}{\partial r}-\frac{\partial F_r}{\partial\varphi}\right]$	$\nabla\times\boldsymbol{F}=\begin{vmatrix}\frac{\boldsymbol{e}_r}{r^2\sin\theta} & \frac{\boldsymbol{e}_\theta}{r\sin\theta} & \frac{\boldsymbol{e}_\varphi}{r}\\ \frac{\partial}{\partial r} & \frac{\partial}{\partial\theta} & \frac{\partial}{\partial\varphi}\\ F_r & rF_\theta & r\sin\theta F_\varphi\end{vmatrix}$ $=\frac{\boldsymbol{e}_r}{r^2\sin\theta}\left[r\frac{\partial(\sin\theta F_\varphi)}{\partial\theta}-r\frac{\partial F_\theta}{\partial\varphi}\right]+\frac{\boldsymbol{e}_\theta}{r\sin\theta}\left[\frac{\partial F_r}{\partial\varphi}-\sin\theta\frac{\partial(rF_\varphi)}{\partial r}\right]+\frac{\boldsymbol{e}_\varphi}{r}\left[\frac{\partial(rF_\theta)}{\partial r}-\frac{\partial F_r}{\partial\theta}\right]$
拉普拉斯	$\nabla^2 f=\frac{\partial^2 f}{\partial x^2}+\frac{\partial^2 f}{\partial y^2}+\frac{\partial^2 f}{\partial z^2}$	$\nabla^2 f=\frac{1}{r}\left[\frac{\partial}{\partial r}\left(r\frac{\partial f}{\partial r}\right)+\frac{1}{r}\frac{\partial^2 f}{\partial\varphi^2}+r\frac{\partial^2 f}{\partial z^2}\right]$	$\nabla^2 f=\frac{1}{r^2\sin\theta}\left[\sin\theta\frac{\partial}{\partial r}\left(r^2\frac{\partial f}{\partial r}\right)+\frac{\partial}{\partial\theta}\left(\sin\theta\frac{\partial f}{\partial\theta}\right)+\frac{1}{\sin\theta}\frac{\partial^2 f}{\partial\varphi^2}\right]$

附录 B 矢量恒等式

APPENDIX B

B.1 矢量代数恒等式

(1) $\boldsymbol{A}\pm\boldsymbol{B}=(A_x\pm B_x)\boldsymbol{e}_x+(A_y\pm B_y)\boldsymbol{e}_y+(A_z\pm B_z)\boldsymbol{e}_z$

(2) $\boldsymbol{A}\cdot\boldsymbol{B}=\boldsymbol{B}\cdot\boldsymbol{A}=|\boldsymbol{A}||\boldsymbol{B}|\cos\theta=A_xB_x+A_yB_y+A_zB_z$

(3) $\boldsymbol{A}\times\boldsymbol{B}=-\boldsymbol{B}\times\boldsymbol{A}=\boldsymbol{C}=|\boldsymbol{A}||\boldsymbol{B}|\sin\theta\boldsymbol{e}_C=\begin{vmatrix}\boldsymbol{e}_x & \boldsymbol{e}_y & \boldsymbol{e}_z\\ A_x & A_y & A_z\\ B_x & B_y & B_z\end{vmatrix}$

$=(A_yB_z-B_yA_z)\boldsymbol{e}_x+(A_zB_x-B_zA_x)\boldsymbol{e}_y+(A_xB_y-B_xA_y)\boldsymbol{e}_z$

(4) $\boldsymbol{A}\cdot(\boldsymbol{B}\times\boldsymbol{C})=\boldsymbol{B}\cdot(\boldsymbol{C}\times\boldsymbol{A})=\boldsymbol{C}\cdot(\boldsymbol{A}\times\boldsymbol{B})$

(5) $\boldsymbol{A}\times(\boldsymbol{B}\times\boldsymbol{C})=(\boldsymbol{A}\cdot\boldsymbol{C})\boldsymbol{B}-(\boldsymbol{A}\cdot\boldsymbol{B})\boldsymbol{C}$

(6) $(\boldsymbol{A}\times\boldsymbol{B})\cdot(\boldsymbol{C}\times\boldsymbol{D})=\boldsymbol{A}\cdot[\boldsymbol{B}\times(\boldsymbol{C}\times\boldsymbol{D})]=\boldsymbol{A}\cdot[(\boldsymbol{B}\cdot\boldsymbol{D})\boldsymbol{C}-(\boldsymbol{B}\cdot\boldsymbol{C})\boldsymbol{D}]$

$=(\boldsymbol{A}\cdot\boldsymbol{C})(\boldsymbol{B}\cdot\boldsymbol{D})-(\boldsymbol{A}\cdot\boldsymbol{D})(\boldsymbol{B}\cdot\boldsymbol{C})$

(7) $(\boldsymbol{A}\times\boldsymbol{B})\times(\boldsymbol{C}\times\boldsymbol{D})=(\boldsymbol{A}\times\boldsymbol{B}\cdot\boldsymbol{D})\boldsymbol{C}-(\boldsymbol{A}\times\boldsymbol{B}\cdot\boldsymbol{C})\boldsymbol{D}$

B.2 矢量微分恒等式

(1) $\nabla(\phi+\psi)=\nabla\phi+\nabla\psi$

(2) $\nabla\cdot(\boldsymbol{A}+\boldsymbol{B})=\nabla\cdot\boldsymbol{A}+\nabla\cdot\boldsymbol{B}$

(3) $\nabla\times(\boldsymbol{A}+\boldsymbol{B})=\nabla\times\boldsymbol{A}+\nabla\times\boldsymbol{B}$

(4) $\nabla(\phi\psi)=\psi\nabla\phi+\phi\nabla\psi$

(5) $\nabla\cdot(\psi\boldsymbol{A})=\boldsymbol{A}\cdot\nabla\psi+\psi\nabla\cdot\boldsymbol{A}$

(6) $\nabla\times(\phi\boldsymbol{A})=\nabla\phi\times\boldsymbol{A}+\phi\nabla\times\boldsymbol{A}$

(7) $\nabla(\boldsymbol{A}\cdot\boldsymbol{B})=(\boldsymbol{A}\cdot\nabla)\boldsymbol{B}+(\boldsymbol{B}\cdot\nabla)\boldsymbol{A}+\boldsymbol{A}\times(\nabla\times\boldsymbol{B})+\boldsymbol{B}\times(\nabla\times\boldsymbol{A})$

(8) $\nabla\cdot(\boldsymbol{A}\times\boldsymbol{B})=\boldsymbol{B}\cdot(\nabla\times\boldsymbol{A})-\boldsymbol{A}\cdot(\nabla\times\boldsymbol{B})$

(9) $\nabla\times(\boldsymbol{A}\times\boldsymbol{B})=\boldsymbol{A}\nabla\cdot\boldsymbol{B}-\boldsymbol{B}\nabla\cdot\boldsymbol{A}+(\boldsymbol{B}\cdot\nabla)\boldsymbol{A}-(\boldsymbol{A}\cdot\nabla)\boldsymbol{B}$

(10) $\nabla\cdot\nabla\phi=\nabla^2\phi$

(11) $\nabla\times\nabla\phi=0$

(12) $\nabla \cdot \nabla \times \boldsymbol{A}=0$

(13) $\nabla \times \nabla \times \boldsymbol{A}=\nabla(\nabla \cdot \boldsymbol{A})-\nabla^2 \boldsymbol{A}$

(14) $\nabla^2(\phi\psi)=\psi \nabla^2 \phi+\phi \nabla^2 \psi+2(\nabla\phi)\cdot(\nabla\psi)$

B.3 矢量积分恒等式

$\int_V \nabla \cdot \boldsymbol{A}\,\mathrm{d}V=\oint_S \boldsymbol{A} \cdot \mathrm{d}\boldsymbol{S}$　（高斯散度定理）

$\int_V \nabla \times \boldsymbol{A}\,\mathrm{d}V=\oint_S \boldsymbol{n} \times \boldsymbol{A}\,\mathrm{d}S$　（旋度定理）

$\int_V \nabla\phi\,\mathrm{d}V=\oint_S \phi\,\mathrm{d}\boldsymbol{S}$　（梯度定理）

$\int_S \nabla \times \boldsymbol{A} \cdot \mathrm{d}\boldsymbol{S}=\oint_l \boldsymbol{A} \cdot \mathrm{d}\boldsymbol{l}$　（斯托克斯定理）

$\int_S \boldsymbol{n} \times \nabla\phi\,\mathrm{d}S=\oint_l \phi\,\mathrm{d}\boldsymbol{l}$

$\int_V (\psi \nabla^2 \phi+\nabla\phi \cdot \nabla\psi)\mathrm{d}V=\oint_S \psi \nabla\phi \cdot \mathrm{d}\boldsymbol{S}$　（格林第一恒等式）

$\int_V (\psi \nabla^2 \phi-\phi \nabla^2 \psi)\mathrm{d}V=\oint_S (\psi \nabla\phi-\phi \nabla\psi) \cdot \mathrm{d}\boldsymbol{S}$　（格林第二恒等式）

$$\int_V \nabla \cdot (\boldsymbol{A} \times \nabla \times \boldsymbol{B})\mathrm{d}V=\int_V [(\nabla \times \boldsymbol{A}) \cdot (\nabla \times \boldsymbol{B})-\boldsymbol{A} \cdot (\nabla \times \nabla \times \boldsymbol{B})]\mathrm{d}V$$

$$=\oint_S \boldsymbol{A} \times (\nabla \times \boldsymbol{B}) \cdot \mathrm{d}\boldsymbol{S}$$　（矢量格林第一恒等式）

$$\int_V (\boldsymbol{B} \cdot \nabla \times \nabla \times \boldsymbol{A}-\boldsymbol{A} \cdot \nabla \times \nabla \times \boldsymbol{B})\mathrm{d}V=\oint_S [\boldsymbol{A} \times (\nabla \times \boldsymbol{B})-\boldsymbol{B} \times (\nabla \times \boldsymbol{A})] \cdot \mathrm{d}\boldsymbol{S}$$

（矢量格林第二恒等式）

附录 C

APPENDIX C

物 理 常 数

真空介电常数	$\varepsilon_0=8.854\times10^{-12}\approx\frac{1}{36\pi}\times10^{-9}\text{F/m}$
真空磁导率	$\mu_0=4\pi\times10^{-7}=1.257\times10^{-6}\text{H/m}$
真空光速	$c=2.998\times10^{8}\text{m/s}$
自由空间波阻抗	$Z_0=376.7\approx120\pi\Omega$
电子电荷	$e=1.602\times10^{-19}\text{C}$
电子静质量	$m=9.110\times10^{-31}\text{kg}$
电子荷质比	$\frac{e}{m}=1.761\times10^{11}\text{C/kg}$
经典电子半径	$r=2.818\times10^{-15}\text{m}$
质子静质量	$M=1.673\times10^{-27}\text{kg}$
普朗克常数	$h=6.626\times10^{-34}\text{J}\cdot\text{s}$
玻尔兹曼常数	$k=1.381\times10^{-23}\text{J/K}$
电子伏特	$\text{eV}=1.602\times10^{-19}\text{J}$
电子静止能量	$mc^2=0.511\times10^{6}\text{eV}$
质子静止能量	$Mc^2=0.938\times10^{9}\text{eV}$

附录 D APPENDIX D 希腊字母表

现代希腊语字母表

序号	Times New Roman		英文标注	音标注音	中文注音
1	Α	α	alpha	['ælfə]	阿尔法
2	Β	β	beta	['beitə]	贝塔/比特
3	Γ	γ	gamma	['gæmə]	伽马
4	Δ	δ	delta	['deltə]	德尔塔
5	Ε	ε	epsilon	[ep'sailən]	埃普西龙
6	Ζ	ς	zeta	['zi:tə]	截塔/埃塔
7	Η	η	eta	['i:tə]	伊塔
8	Θ	θ	theta	['θi:tə]	西塔
9	Ι	ι	iota	[ai'əutə]	爱欧塔/约塔
10	Κ	κ	kappa	[kæpə]	卡帕
11	Λ	λ	lambda	['læmdə]	兰布达
12	Μ	μ	mu	[mju:]	谬/木
13	Ν	ν	nu	[nju:]	拗/怒
14	Ξ	ξ	xi	[ksai]	克赛/克西
15	Ο	ο	omicron	[əumaik'rən]	欧麦克荣 欧米克荣
16	Π	π	pi	[pai]	派
17	Ρ	ρ	rho	[rəu]	楼
18	Σ	σ	sigma	['sigmə]	西格玛
19	Τ	τ	tau	[tau]	套/拓
20	Υ	υ	upsilon	[ju:p'silən]	宇普西龙 哦普斯龙
21	Φ	ϕ	phi	[fai]	佛爱/佛伊
22	Χ	χ	chi	[kai]	恺/可亿
23	Ψ	ψ	psi	[psai]	普西/普赛
24	Ω	ω	omega	['əumigə]	欧美伽 欧米伽

附录 E

APPENDIX E

用于构成十进制倍数和分数单位的词头

所表示的因数	词头符号	词头中文名称	词头英文名称
10^{18}	E	艾(可萨)	exa
10^{15}	P	拍(它)	peta
10^{12}	T	太(拉)	tera
10^{9}	G	吉(咖)	giga
10^{6}	M	兆	mega
10^{3}	k	千	kilo
10^{2}	h	百	hecto
10^{1}	da	十	deca
10^{-1}	d	分	deci
10^{-2}	c	厘	centi
10^{-3}	m	毫	milli
10^{-6}	μ	微	micro
10^{-9}	n	纳(诺)	nano
10^{-12}	p	皮(可)	pico
10^{-15}	f	飞(母托)	femto
10^{-18}	a	阿(托)	atto

附录 F APPENDIX F 常用保角变换对照表

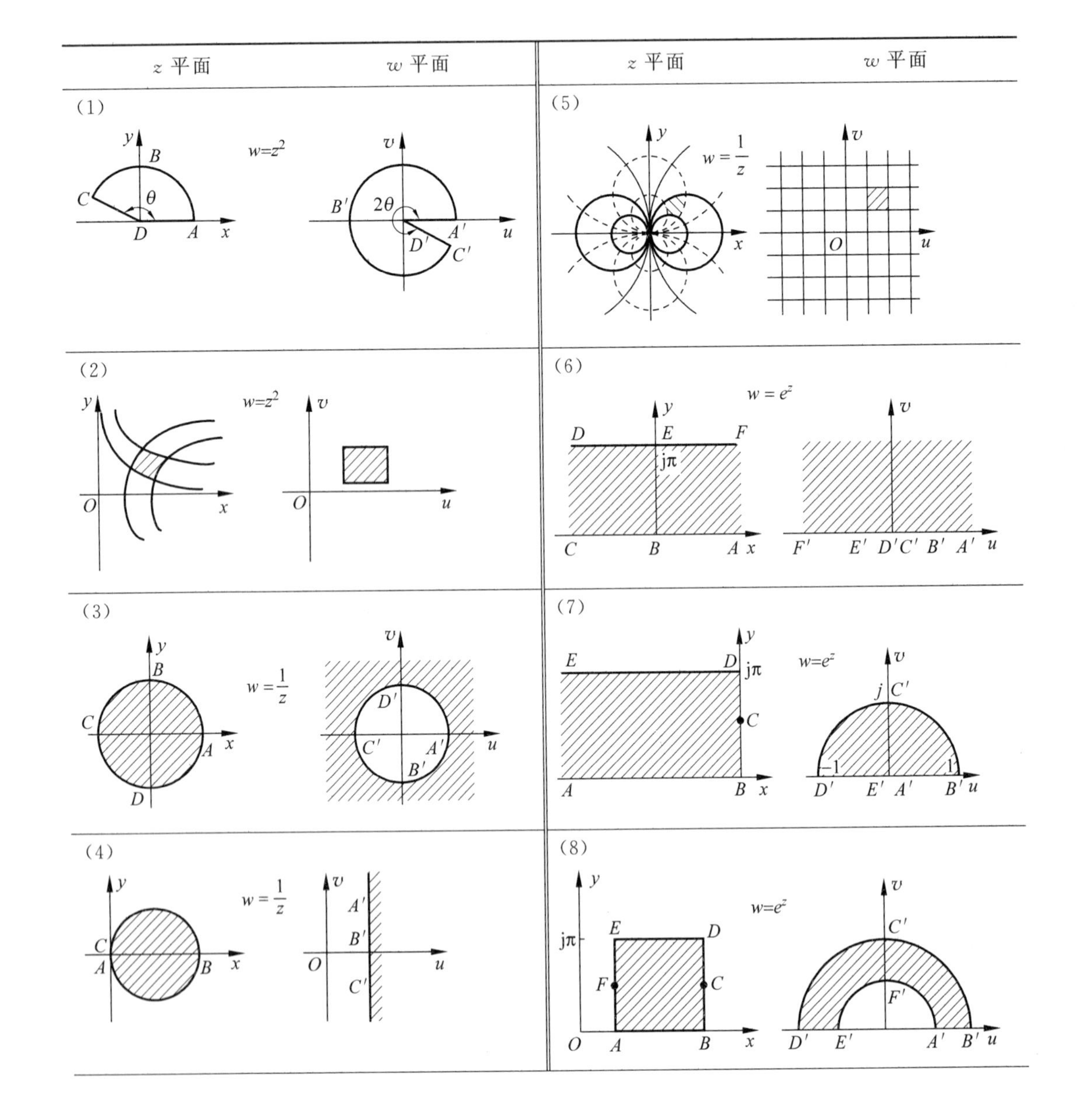

续表

z 平面	w 平面	z 平面	w 平面
(9) y, O, x	$w=\ln z$; v, O, u	(13) y, x	$w=\arcsin z$; v, u
(10) y, S', N', Q', P', O, $\frac{1}{2a}$, x	$w=\dfrac{1}{z}$; v, N, Q', S, P, O, a, u	(14) y, A, B, 1, C, -1, D, E, x	$w=\dfrac{z-1}{z+1}$; v, B', C', -1, A', 1, E', u, D'
(11) y, E, A, D, B, $-\frac{\pi}{2}$, C, $\frac{\pi}{2}$, x	$w=\sin z$; v, -1, 1, E', D', C', B', A', u	(15) y, -1, 1, A, B, C, D, E, x	$W=\dfrac{j-z}{j+z}$; v, D', -1, 1, A', E', C', u, B'
(12) y, D, A, C, B, O, $\frac{\pi}{2}$, x	$w=\sin z$; v, D', 1, C', B', A', u	(16) y, C, -1, 1, D, E, A, B, x	$w=z+\dfrac{1}{z}$; E', D', C', B', A', -2, 2, u

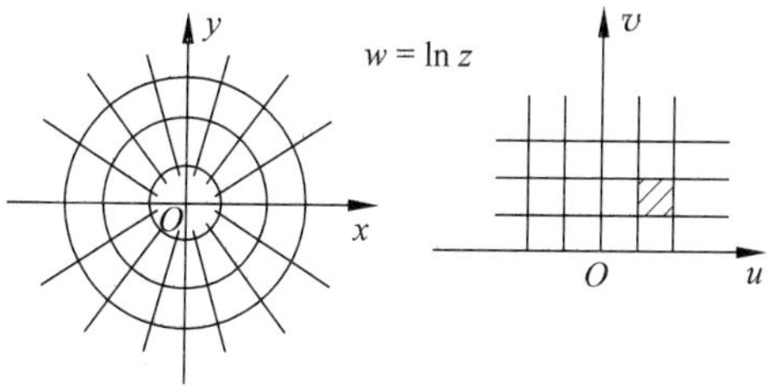

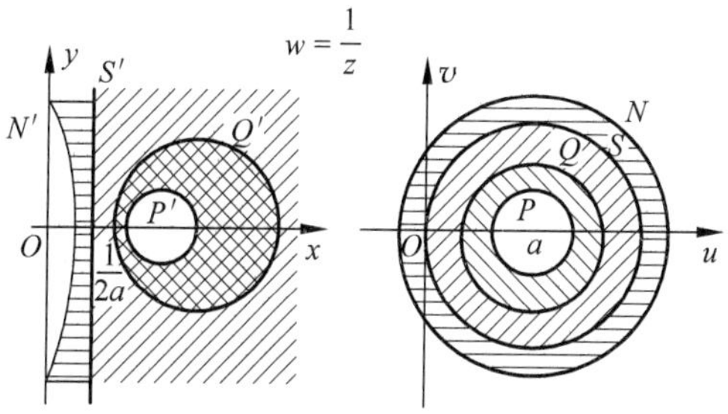

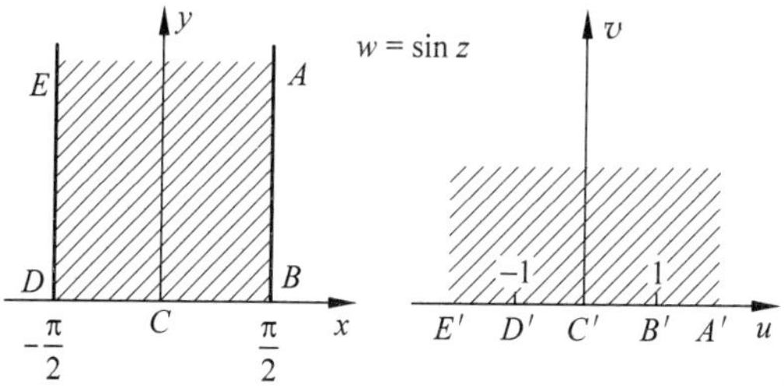

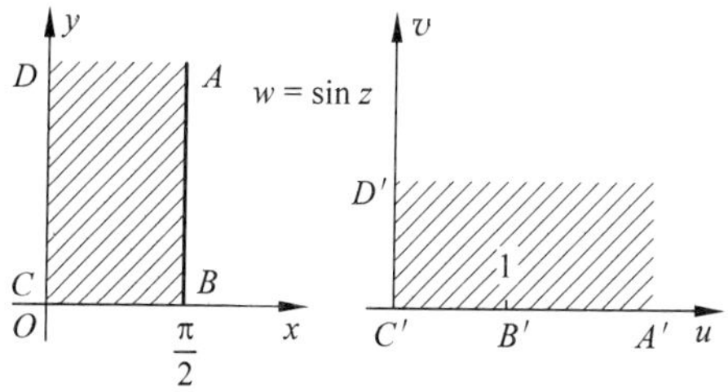

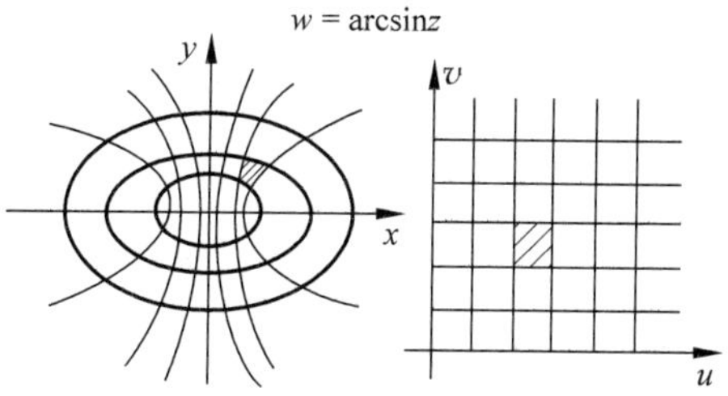

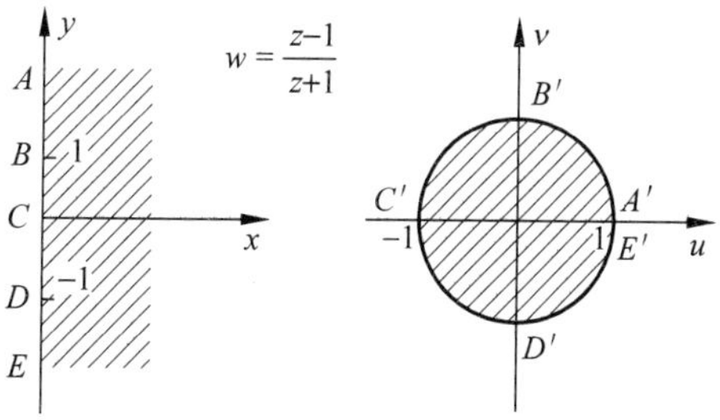

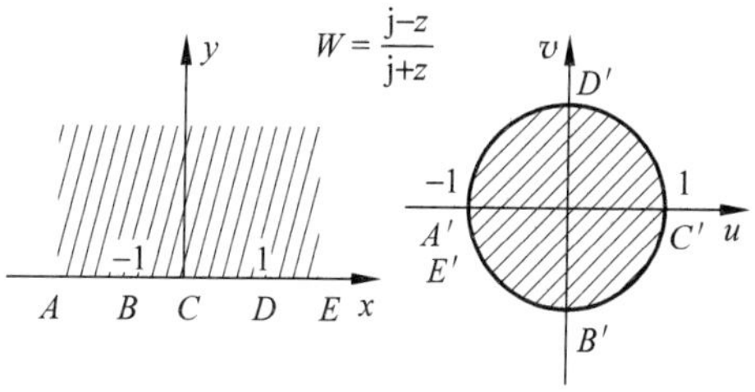

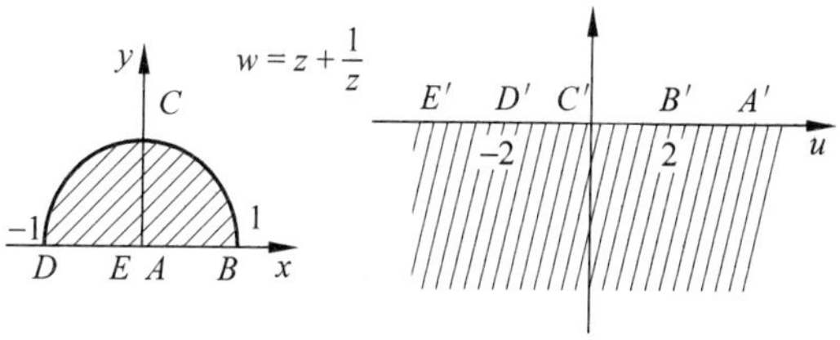

续表

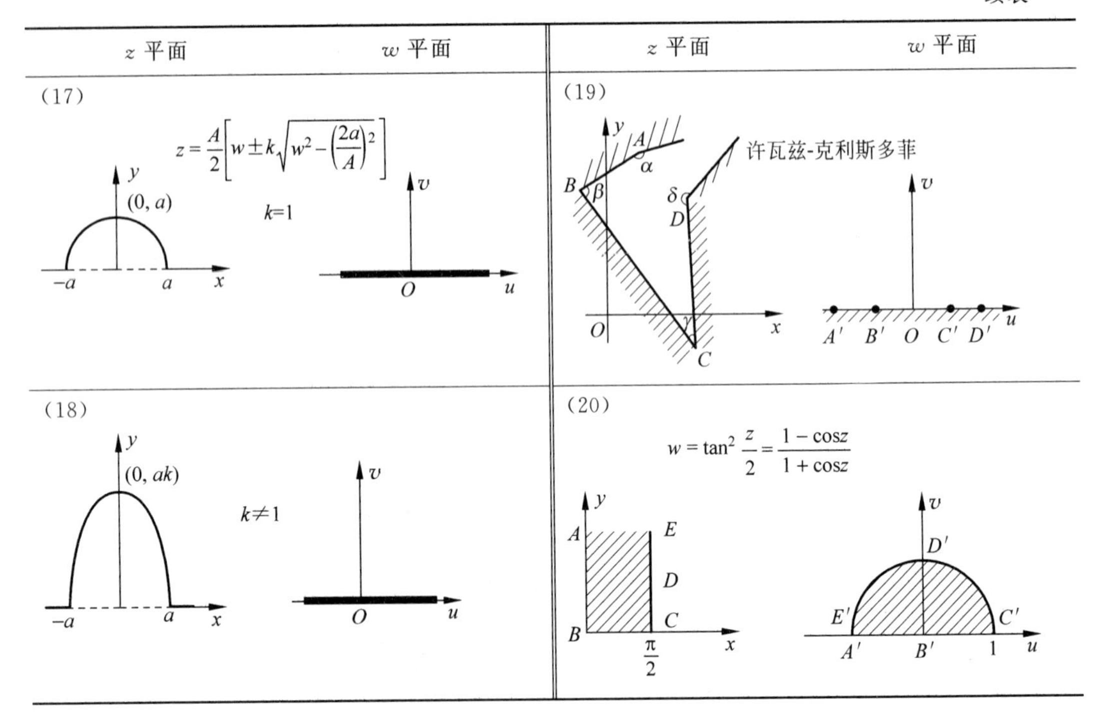

z 平面
w 平面
z 平面
w 平面
(17)
z = A/2[w ± k√(w² − (2a/A)²)]
y
(0, a)
k=1
v
−a
a
x
O
u
(19)
y
A
α
许瓦兹-克利斯多菲
B
β
δ
D
v
O
x
γ
C
u
A′
B′
O
C′
D′
(18)
y
(0, ak)
v
k≠1
−a
a
x
O
u
(20)
w = tan² z/2 = (1 − cosz)/(1 + cosz)
y
A
E
D
C
B
π/2
x
v
D′
E′
C′
A′
B′
1
u

参 考 文 献

[1] 陈孟尧. 电磁场与微波技术[M]. 北京：高等教育出版社，1989.

[2] 许福永. 电磁场与电磁波[M]. 北京：科学出版社，2005.

[3] 谢处方. 电磁场与电磁波[M]. 3 版. 北京：高等教育出版社，1999.

[4] 梁昆淼. 数学物理方法[M]. 4 版. 北京：高等教育出版社，2010.

[5] 张克潜. 微波与光电子学中的电磁理论[M]. 北京：电子工业出版社，2001.

[6] 冯恩信. 电磁场与波[M]. 西安：西安交通大学出版社，1999.

[7] 王蔷. 电磁场理论基础[M]. 北京：清华大学出版社，2001.

[8] 牛中奇. 电磁场理论基础[M]. 北京：电子工业出版社，2001.

[9] 林为干. 电磁场理论[M]. 北京：人民邮电出版社，1996.

[10] 李斌颖. 天线原理与应用[M]. 兰州：兰州大学出版社，1993.

[11] 赵克玉. 微波原理与技术[M]. 北京：高等教育出版社，2006.

[12] 崔万照. 电磁超介质及其应用[M]. 北京：国防工业出版社，2008.

[13] 郭硕鸿. 电动力学[M]. 3 版. 北京：高等教育出版社，2008.

[14] 梅中磊. MATLAB电磁场与微波技术仿真[M]. 北京：清华大学出版社，2020.

[15] Balanis C A. Antenna theory：analysis and design[M]. 3rd ed. New York：John Wiley and Sons，2005.

[16] Hayt W H，Buck J A. Engineering electromagnetics(影印版)[M]. 北京：机械工业出版社，2002.

[17] Guru B S，Hiziroğlu Hüseyin R. Electromagnetic field theory fundamentals(影印版)[M]. 2nd ed. 北京：机械工业出版社，2005.

[18] Leonhardt U. Optical conformal mapping[J]. Science，2006，312(5781)：1777.

[19] Pendry J B，Schurig D，Smith D R. Controlling electromagnetic fields[J]. Science，2006，312(5781)：1780.

[20] Gömöry F，Solovyov M，Souc J，et al. Experimental realization of a magnetic cloak[J]. Science，2012，335(6075)：1466.

[21] Zeng L，Zhao Y，Zhao Z，et al. Electret electrostatic cloak[J]. Physica B Physics of Condensed Matter，2015，462：70-75.

[22] Lan C，Yang Y，Geng Z，et al. Electrostatic Field Invisibility Cloak[J]. Scientific Reports，2015，5.

[23] Souc J，Solovyov M，Gömöry F，et al. A quasistatic magnetic cloak[J]. New Journal of Physics，2013，15(5)：053019.

[24] Kurs A，Karalis A，Moffatt R，et al. Wireless power transfer via strongly coupled magnetic resonances[J]. Science，2007，317(5834)：83.

[25] Cui T J，Qi M Q，Wan X，et al. Coding metamaterials，digital metamaterials and programmable metamaterials[J]. Light Science & Applications，2014，3(10)：e218.

[26] Shelby R A，Smith D R，Schultz S. Experimental verification of a negative index of refraction[J]. Science，2001，292(5514)：77.

[27] Veselago V G. Reviews of topical problems：the electrodynamics of substances with simultaneously negative values of ε and μ[J]. Physics-Uspekhi，1968，10(4)：509.

[28] Vasquez F G, Milton G W, Onofrei D. Active exterior cloaking for the 2D Laplace and Helmholtz equations[J]. Physical Review Letters, 2009, 103(7): 073901.

[29] Ma Q, Mei Z L, Zhu S K, et al. Experiments on active cloaking and illusion for Laplace equation [J]. Physical Review Letters, 2013, 111(17): 173901.

[30] Yang F, Mei Z L, Jin T Y, et al. Dc electric invisibility cloak[J]. Physical Review Letters, 2012, 109(5): 053902.

图 书 资 源 支 持

感谢您一直以来对清华大学出版社图书的支持和爱护。为了配合本书的使用，本书提供配套的资源，有需求的读者请扫描下方的“书圈”微信公众号二维码，在图书专区下载，也可以拨打电话或发送电子邮件咨询。

如果您在使用本书的过程中遇到了什么问题，或者有相关图书出版计划，也请您发邮件告诉我们，以便我们更好地为您服务。

我们的联系方式：

地　　址：北京市海淀区双清路学研大厦 A 座 714

邮　　编：100084

电　　话：010-83470236　010-83470237

资源下载：http://www.tup.com.cn

客服邮箱：tupjsj@vip.163.com

QQ：2301891038（请写明您的单位和姓名）

教学资源 · 教学样书 · 新书信息

人工智能科学与技术
人工智能|电子通信|自动控制

资料下载 · 样书申请

书圈

用微信扫一扫右边的二维码，即可关注清华大学出版社公众号。